“十二五”国家重点图书出版规划项目
材料科学技术著作丛书

# 新型水相吸附材料

于　岩　编著

科学出版社
北　京

## 内 容 简 介

本书结合作者多年来的研究成果，着重介绍新型水相吸附材料的设计、制备、测试、表征和应用等。全书共六章。第1章主要概述水相污染物的种类和特点，以及水相吸附材料的研究现状和发展；第2章从无机吸附材料、高分子吸附材料和纳米吸附材料等不同角度综述水相吸附材料的特点，以及影响水相吸附的因素、水相吸附材料的研究表征方法等；第3章至第5章为作者的科研成果，主要介绍两种新型吸附材料：结构自生长型体吸附材料和新型酸碱双功能吸附材料的设计、制备、功能化和表征；第6章提出新型水相吸附材料的发展趋势，并展望应用前景。

本书可供从事与表面、界面科学有关的科研和工程技术人员参考，也可作为化学、化工、材料和环境科学等学科的研究生和高年级大学生的教学参考书。

**图书在版编目（CIP）数据**

新型水相吸附材料/于岩编著. —北京：科学出版社，2016

（材料科学技术著作丛书）

“十二五”国家重点图书出版规划项目

ISBN 978-7-03-049093-3

Ⅰ.①新… Ⅱ.①于 Ⅲ.①水相-吸附-材料-研究 Ⅳ.①TB39

中国版本图书馆CIP数据核字（2016）第142078号

责任编辑：牛宇锋 罗 娟 / 责任校对：桂伟利

责任印制：张 倩 / 封面设计：蓝正设计

科学出版社 出版

北京东黄城根北街16号

邮政编码：100717

http://www.sciencep.com

三河市骏杰印刷有限公司 印刷

科学出版社发行 各地新华书店经销

*

2016年6月第 一 版 开本：720×1000 1/16

2016年6月第一次印刷 印张：24 1/2

字数：473 000

**定价：160.00元**

（如有印装质量问题，我社负责调换）

## 《材料科学技术著作丛书》编委会


**顾　　问**　师昌绪　严东生　李恒德　柯　俊
　　　　　　颜鸣皋　肖纪美

**名誉主编**　师昌绪

**主　　编**　黄伯云

**编　　委**　（按姓氏笔画排序）

干　勇　才鸿年　王占国　卢　柯
白春礼　朱道本　江东亮　李元元
李光宪　张　泽　陈立泉　欧阳世翕
范守善　罗宏杰　周　玉　周　廉
施尔畏　徐　坚　高瑞平　屠海令
韩雅芳　黎懋明　戴国强　魏炳波

# 序

随着我国经济的发展和人民生活水平的提高，由此带来的严峻的环境污染问题也日益受到人们的关注。在各种环境污染中，水体污染面最广，且最为严重和最难以治理。我国人均水资源拥有量仅为世界平均水平的四分之一。水资源短缺加上严重的污染，使得我们急需发展高效的水净化材料和技术。这对实现我国的社会经济可持续发展，保障人民群众身体健康具有重大现实和战略意义。

相对于大气污染，水污染来源渠道多，成分十分复杂。在众多环境治理技术中，吸附法是最为传统的废水处理方法，其主要基于材料的多孔结构、巨大的比表面积以及分布在材料表面的活性基团，通过物理静电作用，特别是通过化学配位与污染物离子作用实现对水的净化。吸附法具有吸附容量高、使用方便、稳定可靠、成本低、净化速度快、容易再生等优点，因此依然是目前的研发热点之一。

近年来，在许多科技工作者的努力下，新型、高效、环保、低成本的吸附剂不断被发现和报道，丰富和拓展了吸附材料的研究，使得特定废水中目标污染物的去除有了更多更好的选择。经过多年的不懈努力，于岩教授等在新型水相吸附材料的设计、制备、功能化、表征、吸附功效评价等方面进行了系统研究，取得了显著的理论和应用成果。该书内容主要包括水相污染物的特点、影响水相吸附的因素、水相吸附材料的研究表征方法、典型的水相吸附材料介绍等内容，特别介绍了两种新型吸附材料：结构自生长型体吸附材料和新型酸碱双功能吸附材料的设计、制备和表征。

该书工作是我国学者在新型水相吸附材料研究方面的自主创新成果，它的出版对于水相吸附材料的研究有很好的借鉴作用，可供从事与表面、界面科学有关的科研和工程技术人员参考，也可作为化学、化工、材料和环境科学等学科的研究生和高年级大学生的教学参考书。

2016 年 5 月

# 前　　言

水是人类社会赖以生存的资源，水资源直接关系到社会的可持续发展。如今，地球生态环境已被人类活动严重破坏，尤其是水污染的严重性尤为突出。我国被联合国列为水资源紧缺国家，又是世界上用水量最多的国家。我国水污染面广量大，已到了非治理不可的程度。

本书结合作者多年来的研究成果，系统介绍水相污染物的特点、影响水相吸附的因素、水相吸附材料的研究表征方法、典型的水相吸附材料以及新型水相吸附材料等内容，着重介绍新型水相吸附材料的设计、制备、测试、表征和应用等，能反映水相吸附材料的最新研究成果及其发展。

针对水相中污染离子的吸附去除，本书重点介绍结构自生长型体吸附材料和双功能吸附材料两种新型水相吸附材料。在结构自生长吸附材料方面，制备了一种具有三维立体网络结构的吸附材料，该吸附材料表面质点高度活化，在吸附的同时，吸附产物以原吸附载体为骨架和核心有序沉积，继续自动形成多级立体网孔状结构，不但不会封闭原吸附材料的活性表面，而且创造更多的活性中心吸附点，实现吸附材料边吸附、边生长的新模式。该吸附材料突破了传统吸附剂普遍存在的易饱和、效率低和难以回收的不足，实现了吸附机理上的突破，设计了吸附结构的新思路，对废水治理、保护环境具有重要科学意义和实际应用价值。本书还介绍新型酸碱双功能吸附材料的设计、制备和表征，基于正、负离子污染物在水中共存的通性，针对现有吸附材料功能基团单一，只能单向吸附去除废水中某一电性污染离子的现状，提出设计制备表面具有分立酸性和碱性中心的双功效分子筛基废水净化吸附材料的新思路和新方法，解决酸碱功能基团的自发失效等难题，对于完善和发展吸附理论并扩展吸附新技术，推动废水净化吸附材料的应用开发和研究具有重要理论和实际价值。以上两种吸附材料的设计均来自作者课题组的科研积累，均为原创，其他专著或书籍中未见报道！

本书的核心内容系福州大学于岩教授多年的研究成果。感谢作者的多名学生参与了编著工作，具体分工如下：王秀和游玮捷参与了第 1 章的编写工作，张晓斌和李冲参与了第 2 章的编写工作，张复伟进行了第 3 章的编写工作，第 4 章和第 5 章分别系陈霏云和巫秋萍硕士学位论文的主体工作，李冲和吴琼进行了第 6 章的编写工作，洪明珠同学参与了整体的校稿和核对工作。

受作者水平限制，本书难免存在疏漏与不足，敬请各位专家与读者批评指正。同时，对书中所参考的文献资料的中外作者致以崇高的敬意和衷心的感谢！

作　者

2016 年 5 月 1 日

# 目　　录

# 第 1 章　水相吸附概论

## 1.1　水相污染物及特点

在地球这个大环境中，所有使水体的水质、生物质、底质质量恶化的各种物质均可称为水相污染物或水污染物。根据对环境污染危害的情况不同，可将水污染物分为以下几个类别：固体污染物，生物污染物，需氧有机污染物，富营养性污染物，感官污染物，酸、碱、盐类污染物，有毒污染物，油类污染物，热污染物等[1]。

### 1.1.1　固体污染物及其去除

固体污染物是指在水相中以固体形态存在的污染物，其存在形态包括悬浮状态、胶体状态和溶解状态三种。

呈悬浮状态的物质通常称为悬浮物，是指粒径大于 100nm 的杂质，这种杂质会造成水质显著混浊。其中颗粒较重的多数是泥沙类的无机物，以悬浮状态存在于水中，在静置时会自行沉降；颗粒较轻的多为动植物腐败而产生的有机物质，浮在水面上。悬浮物还包括浮游生物（如蓝藻类、硅藻类）微生物。在紊动的水流中，悬浮物能悬浮于水中，但悬浮是有条件和暂时的，一旦维持悬浮的条件（水的紊动）消失，它就从水中分离出来，相对密度大于 1 的沉入水底，小于 1 的浮于水面。通常把前者称为沉降性悬浮物，后者称为漂浮性悬浮物。沉降性悬浮物能在技术操作（一般不大于 2h）内用标准沉降管沉降分离的，称为可沉物（其颗粒粒径大体在 10$\mu$m）；难于沉降分离的，称为难沉物。

悬浮物是废水的一项重要水质指标。悬浮物的主要危害是造成沟渠管道和抽水设备的堵塞、淤积和磨损；造成接纳水体的淤积和土壤空隙的堵塞；造成水生生物的呼吸困难；造成给水水源的浑浊；干扰废水处理和回收设备的工作。由于绝大多数废水中都含有数量不同的悬浮物，所以去除悬浮物就成为废水处理的一项基本任务。

所谓胶体状态的物质状态的物质是指粒径在 1～100nm 的杂质，胶体杂质多数是黏土无机胶体和高分子有机胶体[2]。高分子有机胶体是相对分子质量很大的物质，一般是水中的植物残骸经过腐烂分解的产物，如腐殖酸、腐殖质等。黏土性无机胶体则是造成水质混浊的主要原因。胶体杂质具有两种特性：一种是由于单位容积中胶体的总面积很大，因而吸附大量离子而带有电性，使胶体之间产生电性斥力而不能互相黏结，颗粒始终稳定在微粒状态而不能自行下沉；另一种是光线照射到胶体上被散射而造成混浊现象。

呈溶解状态的物质，其粒径大约在 1nm 以下，主要以低分子或离子状态存在。这种杂质不会产生水的外表混浊现象。例如，食盐溶解于水，水仍然是透明的。水中的溶解性固体主要是盐类，亦包括其他溶解的污染物。含盐量高的废水，对农业和渔业生产有不良影响。

综上所述，水相中固体污染物质主要是指固体悬浮物。大量悬浮物排入水体中，造成外观恶化，混浊度升高，水的颜色改变。悬浮物在水体中沉积后，会淤塞河道，危害水体底栖生物的繁殖，影响渔业生产。灌溉时，悬浮物会阻塞土壤的孔隙，不利于作物生长。大量悬浮物的存在，还干扰废水处理和回收设备的工作。

在水质分析中，常用一定孔径的滤膜过滤的方法将固体微粒分为两部分：被滤膜截留的悬浮固体（SS）和透过滤膜的溶解性固体（DS）[3]，二者合称总固体（TS）。必须指出，这种分类仅仅是水处理技术的需要。这时，一部分胶体包括在悬浮物内，另一部分包括在溶解性固体内。在废水处理中，通常采用筛滤、沉淀等方法使悬浮物与废水分离而除去。

### 1.1.2 生物污染物及其去除

生物污染物是指废水中的致病微生物及其他有害的生物体，主要包括病毒、病菌、寄生虫卵等各种致病体。此外，废水中若生长有铁菌、硫菌、藻类、水草及贝壳类动物时，会堵塞管道、腐蚀金属及恶化水质，也属于生物污染物。

生活污水、制革废水、医院废水中都含有相当数量的有害微生物，如病原菌、炭疽菌、病毒及寄生性虫卵等。它们在水中会使有机物腐败、发臭，是引起水质恶化的罪魁祸首。对人和动植物也会引起病害，影响健康和正常的生命活动，严重时会造成死亡。特别是在当今地球生态环境恶变的条件下，也给有害微生物提供了适宜的生存环境，助长了有害微生物的蔓延，整个地球特别是水生态环境受有害微生物的控制，这是水域生态环境恶化的根源。其中，病原微生物的水污染危害历史最久，至今仍是危害人类健康和生命的重要水污染类型。洁净的天然水一般含细菌是很少的，病原微生物就更少，受病原微生物污染后的水体，微生物激增，其中许多是致病菌、病虫卵和病毒，它们往往与其他细菌和大肠杆菌共存，所以通常规定用细菌总数和菌指数为病原微生物污染的间接指标。

病原微生物的特点是：数量大，分布广，存活时间较长，繁殖速度很快，易产生抗药性，很难消灭。因此，此类污染物实际上可通过多种途径进入人体，并在体内生存，一旦条件适合，就会引起人体疾病。

### 1.1.3 需氧有机污染物及其去除

需氧污染物是指废水中能通过生物化学和化学作用而消耗水中溶解氧的物质。绝大多数的需氧污染物是有机物，无机物主要有 Fe、$Fe^{2+}$、$S^{2-}$、$SO_3^{2-}$、$CN^-$

等,仅占很少量的部分,因而,在水污染控制中,一般情况下需氧物即指有机物[4]。

天然水体不同来源的有机物质,种类繁多,组成复杂,要一一测定它们的含量极为困难,又因为需氧有机污染物的主要危害是消耗水中溶解氧,所以在实际工作中一般采用下列指标来表示水中需氧有机物的含量:生物化学需氧量,化学需氧量,总有机碳,总需氧量[5]。

天然水中的有机物一般指天然的腐殖物质及水生生物的生命活动产物。生活废水、食品加工和造纸等工业废水中,含有大量的有机物,如碳水化合物、蛋白质、油脂、木质素、纤维素等[6]。有机物的共同特点是这些物质直接进入水体后,通过微生物的生物化学作用而分解为简单的无机物质——二氧化碳和水,在分解过程中需要消耗水中的溶解氧,而在缺氧条件下污染物就发生腐败分解、恶化水质,因此常称这些有机物为需氧有机物。水体中需氧有机物越多,耗氧也越多,水质也越差,说明水体污染越严重。在一给定的水体中,大量有机物质能导致氧近似完全地消耗,很明显对于那些需氧的生物来说,要生存是不可能的,鱼类和浮游动物在这种环境下就会死亡。需氧有机物常出现在生活废水及部分工业废水中,如有机合成原料、有机酸碱、油脂类、高分子化合物、表面活性剂、生活废水等。它的来源多,排放量大,所以污染范围广。

利用需氧微生物(主要是需氧细菌)分解废水中的有机污染物,使废水无害化的处理方法,其机理是当废水同微生物接触后,水中的可溶性有机物透过细菌的细胞壁和细胞膜而被吸收进入菌体内;胶体和悬浮性有机物则被吸附在菌体表面,由细菌的外酶分解为溶解性的物质后,也进入菌体内[7]。这些有机物在菌体内通过分解代谢过程被氧化降解,产生的能量供给细菌生命活动的需要;一部分氧化中间产物通过合成代谢成为新的细胞物质,使细菌得以生长繁殖。处理的最终产物是二氧化碳、水、氨、硫酸盐和磷酸盐等稳定的无机物。处理时,要供给微生物以充足的氧和各种必要的营养源,如碳、氮、磷以及钾、镁、钙、硫、钠等元素;同时应控制微生物的生存条件,如 pH 宜为 6.5～9,水温宜为 10～35℃等。主要方法有活性污泥法、生物膜法、氧化塘法等。活性污泥法是以污水中有机污染物作为培养基,在有氧的条件下培养各种微生物群体形成充满微生物的絮状物——活性污泥,通过凝聚、吸附、氧化、分解、沉淀等过程去除废水中的污染物[8]。生物膜法是利用生物滤池等设备,使废水通过生物膜,在生物氧化作用下达到一定程度的净化。氧化塘法是利用水中自然存在的微生物和藻类去除废水中的有机物。

### 1.1.4 富营养性污染物及其去除

富营养性污染物是指可引起水体富营养化的物质,主要是指氮、磷等元素,其他尚有钾、硫等。此外,可生化降解的有机物、维生素类物质、热污染等也能触发或促进富营养化过程。

从农作物生长的角度看，植物营养物是宝贵的物质，但过多的营养物质进入天然水体，将使水质恶化，影响渔业的发展和危害人体健康。一般来说，水中氮和磷的浓度分别超过 0.2mg/L 和 0.02mg/L，会促使藻类等绿色植物大量繁殖，在流动缓慢的水域聚集而形成大片的水华(在湖泊、水库)或赤潮(在海洋)；而藻类的死亡和腐化又会引起水中溶解氧的大量减少，使水质恶化，鱼类等水生生物死亡；严重时，某些植物及其残骸的淤塞，会导致湖泊逐渐消亡。这就是水体的营养性污染(又称富营养化)。

水中营养物质主要来自化肥。施入农田的化肥只有一部分为农作物所吸收，其余绝大部分被农田排水和地表径流携带至河、湖和地下水中。①氮源：农田径流挟带的大量氨氮和硝酸盐氮进入水体后，改变了其中原有的氮平衡，促进某些适应新条件的藻类种属迅速增殖，覆盖了大面积水面。例如，我国南方水网地区一些湖汊河道中从农田流入的大量的氮促进了水花生、水葫芦、水浮莲、鸭草等浮水植物的大量繁殖，致使有些河段影响航运。在这些水生植物死亡后，细菌将其分解，从而使其所在水体中增加了有机物，导致其进一步耗氧，使大批鱼类死亡。最近，美国的有关研究部门发现，含有尿素、氨氮为主要氮形态的生活污水和人畜粪便，排入水体后会使正常的氮循环变成“短路循环”，即尿素和氨氮的大量排入，破坏了正常的氮、磷比例，并且导致在这一水域生存的浮游植物群落完全改变，原来正常的浮游植物群落是由硅藻、鞭毛虫和腰鞭虫组成的，而这些种群几乎完全被蓝藻、红藻和小的鞭毛虫类所取代。②磷源：水体中的过量磷主要来源于肥料、农业废弃物和城市污水。据有关资料说明，在过去的 15 年内地表水的磷酸盐含量增加了 25 倍，在美国进入水体的磷酸盐有 60%来自城市污水。在城市污水中磷酸盐的主要来源是洗涤剂，它除了引起水体富营养化，还使许多水体产生大量泡沫。水体中过量的磷一方面来自外来的工业废水和生活污水；另一方面还有其内源作用，即水体中的底泥在还原状态下会释放磷酸盐，从而增加磷的含量，特别是在一些因硝酸盐引起的富营养化的湖泊中，城市污水的排入使之更加复杂，会使该系统迅速恶化，即使停止加入磷酸盐，问题也不会解决。这是因为多年来在底部沉积了大量的富含磷酸盐的沉淀物，它由于不溶性的铁盐保护层作用通常是不会参与混合的。但是，当底层水氧含量低而处于还原状态时(通常在夏季分层时出现)，保护层消失，从而使磷酸盐释入水中。其次，营养物质还来自于人、畜、禽的粪便及含磷洗涤剂。此外，食品厂、印染厂、化肥厂、染料厂、洗毛厂、制革厂、炸药厂等排出的废水中均含有大量氮、磷等营养元素。

富营养化的防治是水污染处理中最为复杂和困难的问题。这是因为：污染源的复杂性，导致水质富营养化的氮、磷营养物质，既有天然源又有人为源，既有外源性又有内源性，这就给控制污染源带来了困难。营养物质去除的高难度，至今还没有任何单一的生物学、化学和物理措施能够彻底去除废水的氮、磷营养物质。通常的二级生化处理方法只能去除30%～50%的氮、磷。控制外源性营养物质输入和减少内源性营养物质负荷至关重要。

化学方法是一类包括凝聚沉降和用化学药剂杀藻的方法，例如，有许多种阳离子可以使磷有效地从水溶液中沉淀出来，其中最有价值的是价格比较便宜的铁、铝和钙，它们都能与磷酸盐生成不溶性沉淀物而沉降下来。例如，美国华盛顿州西部的长湖是一个富营养水体，1980年10月用向湖中投加铝盐的办法来沉淀湖中的磷酸盐。在投加铝盐后的第四年夏天，湖水中的磷浓度由原来的65μg/L降到30μg/L，湖泊水质有较明显的改善。在化学法中，还有一种方法是用杀藻剂杀死藻类。这种方法适合于水华盈湖的水体。杀藻剂将藻杀死后，水藻腐烂分解仍旧会释放出磷，因此，应该将被杀死的藻类及时捞出，或者再投加适当的化学药品，将藻类腐烂分解释放出的磷酸盐沉降。

生物性措施是利用水生生物吸收利用氮、磷元素进行代谢活动以去除水体中氮、磷营养物质的方法。目前，有些国家开始试验用大型水生植物污水处理系统净化富营养化的水体。大型水生植物包括凤眼莲、芦苇、狭叶香蒲、加拿大海罗地、多穗尾藻、丽藻、破铜钱等许多种类，可根据不同的气候条件和污染物的性质进行适宜的选栽。水生植物净化水体的特点是以大型水生植物为主体，植物和根区微生物共生，产生协同效应，净化污水。经过植物直接吸收、微生物转化、物理吸附和沉降作用除去氮、磷和悬浮颗粒，同时对重金属分子也有降解效果。水生植物一般生长快，收割后经处理可作为燃料、饲料，或经发酵产生沼气。这是目前国内外治理湖泊水体富营养化的重要措施。

### 1.1.5 感官污染物及其去除

感官性污染物是指废水中能引起异色、浑浊、泡沫、恶臭等现象的物质，虽然感官性污染物对环境并没有严重危害，但是会引起人们感官上的极度不快。对于供游览和文体活动的水体，感官性污染物的危害则较大。水体感官性污染物主要由以下几种组成。

(1) 色泽变化。天然水是无色透明的。水体受污染后可使水色发生变化，从而影响感官感受。例如，印染废水污染往往使水色变红，炼油废水污染可使水呈黑褐色等，水色变化不仅影响感官感受，破坏风景，有时还很难处理[9]。

(2) 浊度变化。水体中含有泥沙、有机质以及无机物质的悬浮物和胶体物，产生混浊现象，导致降低水的透明度，影响感官感受甚至影响水生生物的生活。

(3) 泡状物。许多污染物排入水中会产生泡沫，如洗涤剂等。漂浮于水面的泡沫，不仅影响观感，还可在其孔隙中栖存细菌，造成生活用水污染。

(4) 臭味。水体发生臭味是一种常见的污染现象。水体发臭多属有机质在嫌气状态腐败发臭，属综合性恶臭，有明显的阴沟臭。恶臭的危害是使人憋气、恶心，水产品无法食用,水体失去旅游功能等。

各类水质标准中,对色度、浊度、漂浮物、臭味等指标都做了相应的规定。

### 1.1.6 酸、碱、盐类污染物及其去除

酸碱污染物主要由工业废水排放的酸、碱及酸雨带来。酸碱污染物使水体的pH发生变化,破坏自然缓冲作用,消灭或抑制细菌及微生物的生长,妨碍水体自净,使水质恶化、土壤酸化或盐碱化。

污染水体中的酸主要来自酸雨、矿山排水和各类工厂,特别是化工厂的生产废水。碱主要来源于碱法造纸、化学纤维、制碱、制革以及炼油等工业废水。酸性废水或碱性废水中和处理后可产生盐,而且这两类废水与地表物质相互反应也能生成一般无机盐类,所以酸和碱的污染必然伴随着无机盐类的污染。酸、碱污染水体后使pH发生变化,由此破坏水体的自然缓冲作用,消灭或抑制细菌和微生物的生长,妨碍水体自净,还可腐蚀金属船体。若水体长期受到污染,将对水体的整个生态系统产生不良影响,并使水的硬度逐渐提高,危及工业用水的水质。一般说来,对含酸、碱工业废水的治理常用中和法。对酸性废水常用的碱性药剂有:苛性钠、生石灰、纯碱、石灰石、氨、碳酸氢钠和含钙动物贝壳等,在比较这些药剂中和酸的能力时常用碱度因数做指标,所谓碱度因数是以CaO为基准而计得给定药剂的中和容量。除碱度因数外,药剂的溶解度也是决定中和能力的一个重要因素。

各种生物都有自己的pH适应范围,超过该范围,就会影响其生存。对渔业水体而言,pH不得低于6或高于9.2,当pH为5.5时,一些鱼类就不能生存或繁殖率下降。农业灌溉用水的pH应为4.5~8.5。此外,酸性废水也对金属和混凝土材料造成腐蚀。

无机盐的增加能提高水的渗透压,对淡水生物、植物生长有不良影响。在盐碱化地区,地面水、地下水中的盐将进一步危害土壤质量。酸、碱、盐污染造成水硬度的增长在某些地质条件下非常显著。无机酸、碱主要来源于矿山排水,许多工业废水及大气中的硫氧化物、氮氧化物转变成酸雨。美国水体中的酸有70%来自矿山排水,尤以煤矿排水含酸最多,它由硫化物的氧化作用而产生。含酸工业废水主要来自酸洗废水、黏胶纤维和酸性造纸、制酸工业等;含碱废水主要来自造纸、化纤、制碱、制革及炼油废水。

控制酸、碱的污染及盐的污染,根本途径是控制好这些污染来源,采取中和方法来治理酸、碱废水的传统方法,减轻对生物的直接毒性是有意义的。但酸与碱往往同时进入同一水体,从pH角度看,酸、碱污染因中和作用而自净了,但会产生各种盐类,又成了水体的新污染物。因此,减少酸、碱的流失量才是根本的途径。

### 1.1.7 有毒污染物及其去除

废水中能对生物引起毒性反应的物质称为有毒污染物，简称为毒物。工业上使用的有毒化学物质已经超过 12 000 种，而且以每年 500 种的速度递增。毒物可引起生物急性中毒或慢性中毒，其毒性的大小与毒物的种类、浓度、作用时间、环境条件(如温度、pH、溶解氧浓度等)、有机体的种类及健康状况等因素有关[10]。大量有毒物质排入水体，不仅危及鱼类等水生生物的生存，而且许多有毒物质能在食物链中逐级转移、浓缩，最后进入人体，危害人的健康。

人类在生产和生活过程中将会产生大量的废水和污水排放到环境中，其中含有各种对人体有毒有害的污染物，水中的有毒污染物有很多，但是主要分为有机物和重金属两大类，而有机染料是水中有机污染物重要的一类[11]。另外，最近由于纳米材料的大量使用，导致环境污染；纳米污染物越来越引起研究者的注意，许多在体外和体内研究已经证明：银和金纳米粒子对于哺乳动物细胞有毒性，这些纳米粒子可以破坏生命过程，会导致哺乳动物的 DNA 损伤和线粒体减少[11]。

废水中的毒物可分为无机毒物、有机毒物和放射性物质等三类。

1. 无机毒物

无机毒物包括金属和非金属两类。金属毒物主要为重金属(汞、镉、镍、锌、铜、锰、钴、钛、钒等)及轻金属铍。重金属不能被生物所降解，其毒性以离子态存在时最为严重，故常称其为重金属离子毒物。重金属能被生物富集于体内，有时还可被生物转化为毒性更大的物质(如无机汞被转化为烷基汞)，是危害特别大的一类污染物。举例如下。

(1) 汞，通称为水银，所有汞及其化合物都有剧毒。除氯化汞、硝酸汞、硫化汞、氰化汞等无机汞盐外，有机汞如甲氧苯-乙苯汞等，尤其是甲基汞的毒性更大。汞的人为污染源主要来自氯碱、有色冶金、仪表、医药等工业废水，而且它是世界上危害最大的工业废水。在日本、瑞典、加拿大、美国等国家，已严重污染了许多水域或水体，且造成了极其严重的后果。海水中有害物质最高容许汞浓度：第一类为 0.0005mg/L，第二类为 0.001mg/L，第三类为 0.001mg/L。

(2) 铜，是红色有光泽的金属，富延展性。它的污染来源为电镀、冶金、合金、仪表、化工等废水和废渣。铜是生物体必需的微量元素，是鱼类血液中的氧载体-血蓝蛋白的中心原子，还是鱼类生长发育内环境多种金属酶的重要组成部分。但由于铜具有蓄积作用，如过剩可引起生物体急性中毒。海水中有害物质最高容许铜浓度：第一类为 0.01mg/L，第二类为 0.1mg/L，第三类为 0.1mg/L。

(3) 铅，为银灰色具有延展性的金属。它的工业污染主要来自矿山开采、冶炼、染料、铅玻璃、电缆、铅管等生产废水和废弃物；天然来源为铅矿、白铅矿、硫酸铅矿等，汽车排气中的四乙基铅是剧毒物质。海水中有害物质最高容许铅浓度：第一类为 0.05mg/L，第二类为 0.1mg/L，第三类为 0.1mg/L。

(4) 锌，为青灰色有光泽的金属，不溶于水，溶于强酸或碱液。其污染源为电镀、合金、电池、漂白、锌精制及锌制取废水。天然来源为锌、铅矿渣及土壤淋洗作用。锌是人和生物体必需的元素，是机体内环境酶的组成部分，参与新陈代谢生理功能。锌的毒性虽小，但过量也可引起严重中毒。同时锌化合物对水生物的毒性受制于多种环境因素，特别是硬度、溶解氧和温度等，如温度升高和溶解下降都会增加锌的毒性。海水中有害物质最高容许锌浓度：第一类为 0.1mg/L，第二类为 1.0mg/L，第三类为 1.0mg/L。

(5) 镉，是一种软的白色易熔金属，有许多特性类似于铅和锌。从生物学角度看，它是一种非必需而无益的元素。其污染主要来自印染、农药、陶瓷、矿山开采、冶炼等行业。天然界通常以硫代镉矿存在并共存于铜、铅矿中。据国内外有关研究资料，急性镉中毒，鱼类游动失常、上下窜动或侧卧翻滚，肌肉抽筋，有些鱼呼吸频率加快，甚至每分钟超过 200 次左右。海水中有害物质最高容许镉浓度：第一类为 0.005mg/L，第二类为 0.01mg/L，第三类为 0.01mg/L。

非金属毒物有砷、硒、氰化物、氟化物、硫化物、亚硝酸盐等。砷、硒因其危害特性与重金属相近，故在环境科学中常将其列入重金属范畴。举例如下。

(1) 砷和砷类化合物均有剧毒。通常以三氧化二砷、五氧化二砷、砷酸盐、亚砷酸盐等形式存在。砷的主要污染源为水对高砷土壤的冲刷，矿渣、染料、制革、制药、农药等废渣或污水。

(2) 氰化物，常见的有氰化钠、氰化钾、氰化氢等。污染来源于电镀、炼金、煤气、制革、有机玻璃、苯、甲苯、二甲苯和农药生产的废弃物，其天然来源为空气中的雷电激发及有机物的分解产物等。氰化物是剧毒物质，它能使水产生苦杏仁臭味，其嗅觉值为 0.1mg/L。它在水中对鱼类的毒性很大，致死浓度为 0.04～0.1mg/L，但在江河、湖泊等水体分散较快[12]。

2. 有机毒物

这类毒物大多是人工合成有机物，难以被生化降解，毒性很大。在环境污染中具有重要意义的有机毒物包括有机农药、多氯联苯、稠环芳香烃、芳香胺类、杂环化合物、酚类、腈类等。许多有机毒物因其“三致”(致畸、致突变、致癌)效应和蓄积作用而引起人们格外的关注。举例如下。

(1) 石油类，主要包括各种原油、汽油、柴油、煤油等，其主要成分包括多种饱和与不饱和的烃类。其污染主要来自石油开采及其产品加工、车船洗涤水、机舱水、机器油污和浅漏及油轮运输事故等。轻度油类玷污时，鱼体表分泌的黏液可将油污消除一部分，重度污染则难以消除。同时，油和油膜黏附在鱼鳃的表皮细胞上，可影响鱼类正常呼吸，甚至窒息死亡。如吞食或经鳃吸入后，可使鱼肉产生异味，失去商品价值。此外，油类还能导致底质污染，影响底栖生物生长、繁殖，甚至使之死亡。总之，石油污染对水生物的危害很大。据有关研究资料显示，能影响肝、肾的正常生理功能，使肝的调节机能下降，肾尿管细胞线粒体变性，破坏细胞底膜。由于石油污染对水生生物有一定的危害性，所以我国渔业水域水质标准中规定石油类不超过 0.05mg/L。海水中有害物质最高容许浓度：第一类为 0.05mg/L，第二类为 0.1mg/L，第三类为 0.5mg/L。

(2) 酚类，是芳香烃苯环上连有羟基的一类化合物，通常可分为一元酚、二元酚和多元酚。酚类化合物大多是无色的晶体，而且难溶于水。酚类的工业污染主要来自钢铁工业、煤气发生站、石油化工、木材防腐、焦化、煤气洗涤、苯酚及苯类化合物生产、合成树脂等工业废水。酚类化合物是一种原质型毒物，水溶液易被体表皮肤吸收。当水中酚含量为 0.002mg/L 时，加氯消毒往往会发生氯酚恶臭。据研究报道，水中酚浓度为 0.1～0.2mg/L 时，鱼肌肉即玷污产生异味，甚至不能食用。

(3) 有机氯农药，首先其具有很强的化学稳定性，在自然环境中的半衰期为十几年到几十年，其次它们都可通过食物链在人体内富集，危害人体健康。如 DDT 能蓄积于鱼脂中，浓度可比水体中高 12500 倍[12]。

### 3. 放射性物质

放射性是指原子核衰变而释放射线的物质属性。废水中的放射性物质主要来自铀、镭等放射性金属的生产和使用过程，如核试验、核燃料再处理、原料冶炼厂等。其浓度一般较低，主要会引起慢性辐射和后期效应，如诱发癌症、对孕妇和婴儿产生损伤、引起遗传性伤害等[12]。

有毒污染在水生物中的行为如下所示。

(1) 摄取。水体中水生生物的生态类群虽然不同，但形成了一个连串的链状食物关系(摄食关系)，这称为食物链。又由于许多食物链交叉错综复杂，联系在一起，形如网状，又称为食物网。它们彼此之间的关系列举如下：鲢鱼→浮游植物；草鱼→水生植物；鳙鱼→浮游动物→浮游植物和细菌；凶猛鱼→鱼类→浮游动物→浮游植物和细菌。以上箭头指向为被食者。所以鱼类等生物积累污染毒物的主要途径之一是食物摄取，最终通过水产品转移到人体。

(2) 吸附。以鱼类为主的水生物都有吸附污染毒物的能力。一般而言，吸附量随生物体接触时间而增加，接触时间越长，则吸附量越多。

(3) 吸收。上述污染毒物吸附在体表后，就被渗透、吸收入体内。此外，呼吸器官也起很大作用。鱼类直接从水中摄取污染毒物时主要通过鳃的吸收，而后由血液输送至各组织器官。水生动物还通过消化道从食物中吸收污染物。同时，吸收随生物的种类、组织器官、污染毒物的性质和存在浓度而异，且受环境条件等诸多因素(如水质条件、接触时间长短、多种毒物的综合效应等)的影响。

(4) 积累。上述污染毒物通过不同途径进入生物体后，虽然有极少部分能排出体外，但大部分积累在机体中，对生物体生长、发育存在潜在性危害。

水中有毒污染物处理的方法有很多，其处理过程涉及化学、生物、物理、材料、环境、化工等多个学科。目前，世界各国对水中有毒污染物的处理方法主要有三种。

第一种是化学法，即水中有毒污染物通过发生化学反应去除。化学法包括铁氧体共沉淀法、中和沉淀法、化学氧化还原法和电化学还原法等[11]。

第二种是物理法，主要是对水中的有毒污染物进行吸附、浓缩、分离，包括吸附、蒸发、离子交换和膜分离等。

第三种是生物法，借助植物、动物或微生物的吸收、累积和富集等作用去除水中有毒污染物。其中包括生物化学法、微生物修复法、生物絮凝和植物生态修复等。

还有磁性纳米法，利用磁性纳米粒子作为催化剂或者吸附剂，并对其表面进行修饰，不仅能快速、高效地去除水中的有毒污染物，其独特的磁学性质还可方便地利用外加磁场进行回收，并且有很好的可重复再利用性[11]。

### 1.1.8 油类污染物及其去除

在人类生活和生产活动中，从自然界中取用的水受到污染，改变了原来的性质而被废弃外排的水称为废水[13]。导致取用水改变原来的性质，丧失使用价值的基本原因是水中混进了各种污染物，水中油类污染物主要来源于含油废水的排放和石油及石油产品污染水体[14]。含油废水是指废弃的水中含有天然石油、石油产品、焦油及其分馏物，以及食用动植物油和脂肪类等[15]。从对水体的污染来说，主要是石油和焦油。水体油含量达 0.01mg/L 即可使鱼肉带有特殊气味而影响食用，含油稍多时，在水面形成油膜，使大气与水隔绝，导致水体缺氧；油膜附着在鱼鳃上，会使鱼类呼吸困难，甚至窒息死亡[14]。海洋中的油类污染物，不仅影响海洋生物的生长，降低海洋的自净能力，而且影响海滨环境[13]。油类污染物也是军港港区环境污染的主要因素之一。

油类污染物在水中通常以三种状态存在，即浮油、乳化油和溶解油。

浮油的油品在水中分散颗粒较大，粒径大于 100μm，称为浮油。这种油占水中总油含量的 60%～80%，是水中油类污染物的主要部分，易于从水中分离出来。

乳化油的油品在水中分散的粒径很小，呈乳化状态。乳化油比较稳定，不易从水中分离出来。

溶解油的小部分油品在水中呈溶解状态，溶解度为 5～15mg/L。

油污染是水体污染的重要类型之一，在河口、近海水域更为严重，主要是由工业排放、海上采油、石油运输船只的船舱清洗及油船意外事故的流出等造成的。漂浮在水面上的油形成一层薄膜，影响大气中氧的溶入，从而影响鱼类的生存和水体的自净作用，也干扰某些水处理设施的正常运行[16]。油脂类污染物还能附着于土壤颗粒表面和动植物体表，影响养分的吸收和废物的排出。

不同类型的含油污水要采用不同的处理方法，目前国内外含油污水的处理技术按处理原理可分为四种：物理法、化学法、物理化学法和生物化学法[17]。

1. 物理处理法

其重点是去除含油污水中的矿物质和大部分固体悬浮物、油等，包括重力分离、离心分离、粗粒化、过滤、膜分离等方法。

重力分离法是初级处理方法，它利用油和水的密度差及油和水的不相溶性，在静止或流动状态下实现油珠、悬浮物与水的分离。

离心分离法是使装有采油污水的容器高速旋转，形成离心力场，因油粒和污水的性质不同，受到的离心力也不同，相对密度大的水受到较大的离心力被甩到外侧，相对密度小的油珠则被留在内侧，并聚结成大的油珠而上浮达到分离目的[18]。

粗粒化法是利用油-水两相相对于聚结材料亲和力的不同来进行分离，当含油污水流经过一些疏水亲油物质时，油珠在其润湿、聚结、碰撞聚结、截流、附着等联合作用下聚集成较大的油滴。

过滤法是将含油污水通过设有孔眼的装置或通过由某种介质组成的滤层，去除污水中的悬浮物。主要是利用颗粒介质的截流、惯性碰撞、筛分、表面黏附、聚并等作用，将水中油分除去[19]。

膜分离法是利用膜的选择透过性对采油污水进行分离和提纯的方法，其机理是用 1 张(或 1 对)多孔滤膜，利用液-液分散体系中两相与固体膜表面亲和力不同而达到分离的目的。

2. 化学处理法

主要用于处理含油污水中不能单独用物理方法或生物方法去除的一部分胶体和溶解性物质，常用的方法有化学破乳法、化学氧化法等。

化学破乳法包括盐析法、酸化法、凝聚法。由于乳化油呈稳定状态，要达到油水分离首先要破乳，即向水中投入化学试剂，试剂在水中水解后形成带正电荷的胶团,与带负电荷的乳化油发生电中和作用,以降低其表面电位,再经过处理使油粒聚集,粒径变大,使浮力随之增大,从而达到油水分离的目的。

化学氧化法能将污水中呈溶解态的无机物和有机物转化为微毒、无毒物质或转化成容易与水分离的形态。氧化法又可分为氧化剂氧化法、电解氧化法和光化学催化氧化法。氧化剂氧化法是指利用强氧化剂氧化分解污水中的油和COD等污染物质以达到净化含油污水的一种方法。电解氧化法是指在污水中插入电极并通过直流电,使污水中的油和COD等污染物质在阳极发生电氧化作用或与电解所产生的氧化性物质发生作用以达到净化含油污水的一种方法。光化学催化氧化法是采用半导体材料,利用太阳光能或人造光能以达到净化含油污水的一种方法[20]。

### 3. 物理化学法

主要包括气浮法、吸附法、电化学法、超声波分离法等,这些方法一般都具有适应性较强、选择性广的优点[21]。

气浮法是依靠气泡表面吸附油粒或悬浮物以达到分离的目的,在含油污水中通入空气或其他气体产生微细气泡,使水中的一些细小悬浮油珠及固体颗粒附着在气泡上,形成水-气-油粒三相混合体系[22],随气泡一起上浮到水面形成浮渣,然后使用适当的撇油器将油撇去。

吸附法是利用吸附剂的多孔性和大的比表面积,将含油污水中的溶解油和其他溶解性有机物吸附在表面,从而实现分离。

电化学法包括电凝聚、电气浮和电火花法。电凝聚是利用溶解性电极电解含油污水,从溶解性阳极溶解出金属离子,金属离子水解生成氢氧化物,它能吸附和凝聚乳化油与溶解油,沉淀后除去油。电气浮是利用不溶性电极电解采油污水,在电解分解作用和初生态的微小气泡上浮作用下,使乳化油破坏,并使油珠附着在气泡上。电火花法是利用交流电来去除采油污水中的乳化油和溶解油,在电场作用下筒内的导电颗粒间会产生电火花,在电火花和水中均匀分布的氧的作用下,油分被氧化和燃烧分解。

超声波分离法是当超声波通过含油污水时,会使微小油滴与水一起振动,而由于大小不同的粒子具有不同的相对振动速度,油滴将会相互碰撞、黏合,使其体积增大,随后变大的粒子不能随声波振动,只做无规则运动,最后水中的油滴凝聚并上浮,再用其他设备分离。

### 4. 生物化学(生化)处理法

生物化学(生化)处理法利用微生物的生化作用,将复杂的有机物分解为简单物质,从而将有毒物质转化为无毒物质,使含油污水得到净化[23]。微生物可将有机物作为营养物质，使其一部分被吸收转化成为微生物体内的有机成分或增殖成新的微生物，其余部分可被微生物氧化分解成简单的有机或无机物质[24]。根据氧气的供应与否，生化法可分为好氧生物处理和厌氧生物处理；从过程形式上可分为污泥法、生物过滤法和氧化塘法。张海等[25]针对大庆地区石油类化合物污染湖泊水质的特点和气候条件，分别采用包含砾石床、砾石芦苇床、炉渣芦苇床、炉渣床去除石油，平均去除率分别为 24.7%、28.4%、45.9%、42.9%。

综上所述，含油污水的处理方法较多，各有优缺点。一般情况下单一方法的处理效果均不佳，在实际应用中通常是两三种方法联合使用，才能使水质达到标准。处理手段一般是先用物理方法分离，然后用化学法去除，再用生物化学法降解。

### 1.1.9　热污染物及其去除

热污染物是指废水温度过高而引起危害的物质。热污染的主要危害有以下几点。

(1) 由于水温升高，使水体溶解氧浓度降低，大气中的氧向水体传递的速度也减慢；另外，水温升高会导致生物耗氧速度加快，促使水体中的溶解氧更快被耗尽，水质迅速恶化，造成异色和水生生物因缺氧而死亡。

(2) 水温升高会加快藻类繁殖，从而加快水体富营养化进程。

(3) 水温升高可导致水体中的化学反应加快，使水体的物理化学性质，如离子浓度、电导率、腐蚀性，发生变化，从而引起管道和容器的腐蚀[26]。

(4) 水温升高会加速细菌生长繁殖，增加后续水处理的费用。

主要处理方法就是严格控制冷却水未经处理直接排放到天然水体；充分利用工业的余热，是减少热污染的最主要措施。生产过程中产生的余热种类繁多，有高温烟气余热、高温产品余热、冷却介质余热和废气废水余热等。这些余热都是可以利用的二次能源。我国每年可利用的工业余热相当于 5000 万吨标煤的发热量。在冶金、发电、化工、建材等行业，通过热交换器利用余热来预热空气、原燃料、干燥产品、生产蒸气、供应热水等。此外，还可以调节水田水温，调节港口水温以防止冻结。对于冷却介质余热的利用方面，主要是电厂和水泥厂等冷却水的循环使用，改进冷却方式，减少冷却水排放。对于压力高、温度高的废气，要通过汽轮机等动力机械直接将热能转为机械能。

## 1.2　吸附法发展概论

### 1.2.1　吸附理论

固体内部分子所受分子间的作用力是对称的，而固体表面分子所受力是不对称的。向内的一面受内部分子的作用力较大，而表面向外一面所受的作用力较小，因而当气体分子或溶液中溶质分子在运动过程中碰到固体表面时就会被吸引而停留在固体表面上，受力分布如图 1-1 所示。

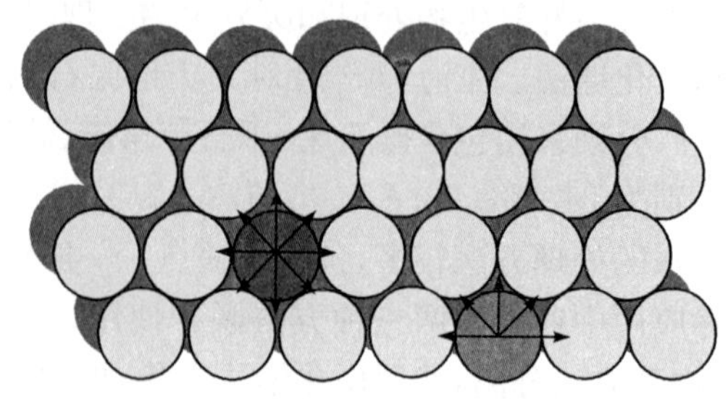

图 1-1　界面上分子和内部分子所受的力

吸附是由于物理或化学作用的力场，某些物质的分子能够附着或结合在两相界面上的浓度与两相不同的现象，即发生在界面上的增浓现象。吸附现象与原子或分子之间在界面上不对称或不平衡的力有关。根据吸附力的本质，可将其分为物理吸附和化学吸附。物理吸附是吸附剂表面与吸附质分子之间的范德华力产生的，是一种无选择性的吸附，是一个可逆过程。化学吸附则是由吸附剂与吸附质间的化学键力引起的，是一种有选择性的、不可逆的吸附，其本质是吸附剂表面与吸附质之间形成了化学键[27]。

1. 吸附热力学研究

吸附理论包括吸附平衡理论和吸附速率理论。吸附平衡理论属热力学范畴，其作用有以下三个方面：获得吸附等温线方程式，表达和预示吸附等温线；获得吸附剂的孔结构参数，评价吸附剂；揭示吸附现象本质和规律[28]。在吸附研究中吸附量是最重要的物理量。由吸附等温线的形状和变化规律可以了解吸附质与吸附剂的作用强弱、界面上吸附分子的状态和吸附层结构。能描述吸附等温线的方程式称为吸附等温线。各种成功的吸附理论大多是根据一定的理论假设和模型，经过数学推导得到能描述某种或几种类型吸附等温线的方程式，并且通过对实验数据的处理，求出等温式中的某些常数，这些常数与吸附机制、吸附层结构、吸附剂的宏观表面某些结构有关[29]。因此，研究吸附等温线是进行吸附研究的首要工作。只有先获得吸附等温线特征，才能很好地解释吸附动力学过程。吸附剂从溶液中将吸附质分离出来是一个动态平衡过程，吸附等温线能很好地对这个过程进行描述。为此，人们使用了许多模型来解释吸附平衡，要想成功地应用这些模型，最关键的因素是模型对整个工艺条件范围要能适用。

1）吸附等温模型

对于固-液相吸附，使用最广泛的是 Langmuir 和 Freundlich 吸附等温式、

Redlich-Peterson 模型、Henry 公式、Temkin 方程等[30]。

(1) Langmuir 吸附等温式[31]。

人类对吸附理论的研究在 18 世纪才取得进展。1916 年 Langmuir 提出了最基本的吸附理论，即 Langmuir 模型。

Langmuir 吸附等温式模型的建立基于以下假设：吸附剂与吸附质之间发生化学吸附。每个吸附位上可吸附一个分子，吸附是单分子层的；吸附剂表面是均匀的，即均匀分布的各吸附位的吸附热 $\Delta H$ 为一个常数；被吸附的分子间相互不作用。当达到平衡时，分子撞击表面而被吸附的速度与已吸附分子从表面上逃逸的速度相等[32]。Langmuir 吸附等温式可表示为

$$Q_e = Q_m b C_e / (1 + b C_e) \tag{1-1}$$

其线性形式为

$$C_e / Q_e = 1/(b Q_m) + C_e / Q_m \tag{1-2}$$

式中，$C_e$ 为平衡浓度(mg/L)；$b$ 为吸附平衡常数；$Q_e$ 为平衡时吸附量(mg/g)；$Q_m$ 为饱和吸附量(mg/g)。

(2) Freundlich 吸附等温式。

Freundlich 吸附等温式模型是假设表面能不均匀，在 Freundlich 吸附等温式中的能量是表面覆盖度的函数。Freundlich 吸附等温式可表示为

$$Q = K C_e^{1/n} \tag{1-3}$$

其线性形式为

$$\ln Q_e = \ln K + (\ln C_e)/n \tag{1-4}$$

式中，$Q_e$ 为平衡时吸附量(mg/g)；$C_e$ 为平衡浓度(mg/L)；$K$ 为表征吸附能力的常数；$n$ 为表示吸附趋势的大小的常数[33]。

Freundlich 吸附等温式在溶液吸附中应用十分普遍，适用于等温线中部的非线性区段。在中等浓度区，它一般与 Langmuir 等温式和实验数据吻合。但是在浓度很低时，它不会还原成线性吸附关系；在高浓度时，它不能给出饱和吸附量。

(3) Redlich-Peterson 模型[34]。

$$q_e = K_R C_e / (1 + a_R C_e^{\alpha}) \tag{1-5}$$

式中，$C_e$ 为溶液平衡浓度(mmol/L)；$q_e$ 为吸附量；$K_R$、$a_R$ 和 $\alpha$ 均为经验常数。

(4) Henry 公式[33]。

$$q = kc \tag{1-6}$$

式中，$q$ 为吸附量(mg/g)；$c$ 为吸附质的平衡质量浓度(mg/L)；$k$ 为分配系数。

(5) Temkin 方程[35]。

Temkin 方程所描述的能量关系是，吸附热随吸附量线性降低的简单的方程形式。

$$q = A + B\log C_e \tag{1-7}$$

式中，$C_e$ 为平衡浓度；$q$ 为吸附量；$A$ 和 $B$ 是方程的两个常数。以 $q$ 对 $\log C_e$ 作图为一直线，可确定该方程对实验数据的拟合程度。

2）吸附等温线的获得

吸附质在固体上的吸附量($M$)是热力学温度($T$)、液体浓度($C$)和固体-气体之间的吸附作用势($E$)的函数，用下式表示。

$$M=f(T,C,E) \tag{1-8}$$

吸附量 $M$ 是单位吸附剂质量或单位表面积上的吸附质质量(或物质的量)，通常作为纵轴，在固体-液体时采用各种绝对浓度或相对浓度作为横轴。

测定吸附等温线时，先准备数个具塞容器(管形瓶等)，每个容器中装入不同质量的吸附剂，设装入的吸附剂质量为 $M_1$，然后再各个容器中加入一定体积 $V$ 的溶液，溶质的浓度为 $C_0$。盖上瓶盖，把容器放在恒温槽中搅拌。达到平衡后，用离心或过滤方法分离吸附剂，采用适当方法测量滤液中的溶质浓度。这个浓度就是吸附平衡浓度 $C_1$。由式(1-9)计算单位质量吸附剂的平衡吸附量 $W_1$：

$$W_1=V(C_0-C_1)/M_1 \tag{1-9}$$

以 $W_1$ 为纵轴、$C_1$ 为横轴作图，得到如图 1-2 所示的各种吸附等温线。

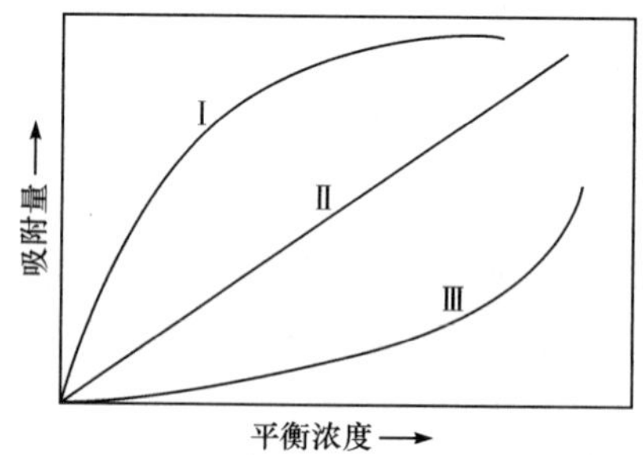


图 1-2　各种吸附等温线

在测定吸附等温线时，也可以改变溶液的体积 $V$ 或溶质初始浓度 $C_0$。如果吸附过程可逆，无论采用哪种方法，结果都相同。由于用式(1-9)计算吸附量时没有考虑溶剂的吸附，在溶剂吸附与溶质吸附的程度大致相同时，必须加以修正。

图 1-2 的曲线Ⅰ说明在吸附剂表面与吸附质之间存在促进吸附的引力作用，曲线通常向上凸。直线Ⅱ发生于稀溶液中或吸附量小、吸附剂表面覆盖率低时。此外，在发生与吸附类似的现象即吸收或分配时也是直线Ⅱ。曲线Ⅲ发生在吸附剂和吸附质之间的引力非常弱的情况，曲线向下凹。工业上发生的吸附主要是曲线Ⅰ的情况。

3）稀溶液中的吸附等温线

当溶液中一种组分远低于另一组分浓度时，把组分小的看作溶质，组分大的看作溶剂。对于这种体系的吸附等温线，Giles[36]对 1961 年以前的文献中的实验数据进行了分类整理，这些等温线包括了许多有机化合物在固体表面的吸附数据。根据低浓度时的斜率将这些吸附等温线分为四个大类，再根据曲线的上部形状进一步细分。如图 1-3 所示，共有四个大类：S 型、L 型、H 型和 C 型，每个大类有包括若干小类型。

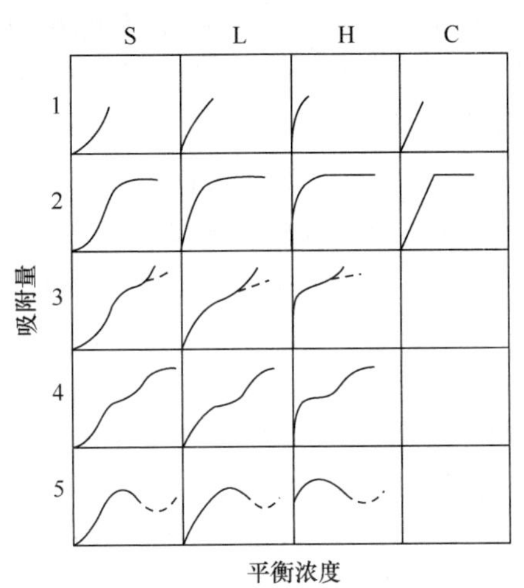


图 1-3　稀溶液中的吸附等温线类型

（1）S 型等温线。

S 型吸附等温线的特点是在低浓度时，吸附的溶质越多，溶质就越容易吸附。这表明吸附剂表面的吸附质分子促进了吸附，这称为协同吸附。一般认为需要满足下述条件才出现 S 型等温线：①吸附质分子内只有一个官能团；②分子间作用力适中，吸附层内的分子垂直排列，紧密填充；③溶剂分子对吸附剂的吸附位竞争很强。例如，氧化铝等极性吸附剂从水及其他极性溶剂中吸附苯酚时，水分子对吸附位的竞争很强烈，这时就是 S 型等温线。但是，当溶剂是苯等非极性溶剂时，溶剂分子在氧化铝上的吸附力不太强，就不是 S 型等温线。

（2）L 型等温线。

这是最常见的等温线。随着吸附剂中的吸附位被覆盖，吸附质分子越来越难碰撞到表面吸附位上，也就是吸附质分子在吸附剂表面不是垂直排列，或者同吸附剂表面的溶剂分子没有强烈的竞争。

在下列任何一种情况下都出现 L 型等温线：①已吸附的分子呈水平排列，氧化铝吸附间苯二酚或对苯二甲醛就是这样；②如果已吸附的分子呈垂直排列，则吸附质分子几乎不同溶剂发生竞争吸附。二氧化硅从无水的苯中吸附对硝基苯酚就是 L 型等温线，但从含水的苯中吸附时，由于水分子争夺吸附位就呈 S 型等温线。

（3）H 型等温线。

这是 L 型等温线的一个特例。吸附质对吸附剂的亲和力非常大，即使浓度极低，吸附质也几乎完全被吸附，溶液中的残余量极少，几乎检测不出。因此，吸附等温线的开始部分就是近似垂直。H 型等温线的粒子有高分子吸附、离子型表面活性剂在极性吸附剂上的吸附、苯中的硬脂酸在金属粉末上的吸附。

（4）C 型等温线。

C 型等温线表示在低浓度时的吸附和分配。曲线表示吸附质在溶液中和吸附剂表面达到饱和之前，进行恒定分配。直线说明吸附位数是一定的，也就是吸附位被吸附质占领后，有产生新的相同数量的吸附位。

C型等温线的例子有：乙酸酯在四氯化碳中吸附偶氮染料，干燥羊毛从苯中吸附庚烷和从水中吸附丁醇，二氧化硅粉末从水中吸附氨基酸和肽，合成多肽从水中吸附苯酚。

4）复合吸附等温线的分类

Schay 和 Nagy[37]将混合液体中的吸附等温线分成五类。前三类的吸附量都取正值，后两类的吸附量有时取正值，有时取负值。Ⅰ型等温线在中等浓度区有一个吸附极大值，但极大吸附量不是很大。Ⅱ型等温线在较低浓度区有一个很大的极大吸附量，在高浓度区，吸附量直线下降。这种吸附等温线在分子筛上常见。Ⅲ型等温线的特征是首先出现吸附极大值，然后直线下降，在更高的浓度区，吸附等温线向下弯曲。Ⅳ型等温线特征是直线部分延伸到负吸附区。Ⅴ型等温线与Ⅳ型类似，但没有直线部分。表 1-1 给出了复合吸附等温线的各种类型及其实例。

**表 1-1　复合吸附等温线**

| 类型 | 吸附体系（温度） |
|---|---|
| Ⅰ | 苯/正庚烷/Graphom（70℃），硝基甲烷/二氧杂环己烷、氧化铝（30℃） |
| Ⅱ | 苯/乙酸乙酯/活性炭（30℃），苯/环己烷/活性炭（30℃） |
| Ⅲ | 苯/环己烷/硅胶（20℃），乙酸/水/活性炭（25℃） |
| Ⅳ | 苯/乙醇/活性炭（25℃），乙酸乙酯/环己烷/活性炭（30℃） |
| Ⅴ | 1，2-二氯乙烷/苯/活性炭（25℃），环己烷/乙醇/活性炭（30℃） |

2. 吸附动力学研究

吸附动力学是研究吸附过程和时间关系的理论，即吸附速度和吸附动态平衡的问题。吸附速度和吸附动态平衡都涉及物质的传递现象和物质扩散速度的大小，这些除了和温度、压力（浓度）等外界条件有关，还由吸附剂的孔结构以及颗粒的形状和大小等内在因素所决定[38]。

近年来，各国研究者使用了不同的动力学模型来预测吸附机理，如准一级动力学模型、准二级动力学模型、Elovich 动力学模型和粒子内扩散模型、双常数方程等。这些模型中得到广泛使用的是 Bangham 粒子内扩散模型和准一级动力学模型。目前，因为准二级动力学模型在大多数情况下，对实验数据拥有更好的拟合性，所以在吸附研究中得到了广泛应用。

1）吸附动力学一级模型

准一级动力学模型表述如下：

$$dQ/dt=k_1(Q_c-Q) \tag{1-10}$$

结合初始条件，在 $t=0$ 到 $t=t$ 时，$Q$ 值分别为 0 和 $Q_t$。对式(1-10)进行积分，动力学表达式可转换为线性形式：

$$\lg(Q_c - Q_t) = \lg Q_c - k_1 t/2.303 \tag{1-11}$$

通过 $\lg(Q_c - Q_t)$对 $t$ 作图，从斜率可得到准一级动力学模型速率常数 $k_1$。

2）吸附动力学二级模型

吸附动力学二级模型可以用 McKay 方程描述，它是建立在速率控制步骤是化学反应或通过电子共享或电子得失的化学吸附基础上的。准二级动力学模型表述如下[39]：

$$dQ/dt = k_2(Q_e - Q)^2 \tag{1-12}$$

结合初始条件，在 $t=0$ 到 $t=t$ 时，$Q$ 值分别为 0 和 $Q_t$。对式(1-12)进行积分，动力学表达式可简化为

$$t/Q_t = (k_2 Q_e^2)^{-1} + t/Q_e \tag{1-13}$$

$$h = k_2 Q_e^2 \tag{1-14}$$

式中，$h$ 代表初始吸附速率[mg/(g · min)]；$k_2$ 代表准二级模型的速率常数[g/(mg · min)]，可由 $t/Q_t$ 对 $t$ 作图求得。

3）颗粒内扩散模型

颗粒内扩散模型最早由 Weber 等[40]提出，其表达式为

$$Q_t = k_p t^{1/2} \tag{1-15}$$

式中，$k_p$ 为颗粒内扩散速率常数[mg/(g · $\min^{1/2}$)]，$k_p$ 值越大，吸附质越易在吸附剂内部扩散，由 $Q_t$-$t^{1/2}$ 的线形图的斜率可得到 $k_p$。根据内部扩散方程，以 $Q_t$ 对 $t^{1/2}$ 作图可以得到一条直线。若存在颗粒内扩散，$Q_t$ 对 $t^{1/2}$ 为线性关系，且若直线通过原点，则速率控制过程仅由内扩散控制。否则，其他吸附机制将伴随着内扩散进行[41]。

4）Elovich 方程

Elovich 方程[42]是对由反应速率和扩散因子综合调控的非均相扩散过程的描述，是另一个基于吸附容量的动力学方程，见方程(1-16)。

$$Q_t = (1/\beta)\ln(\alpha\beta) + (1/\beta)\ln t \tag{1-16}$$

式中，$\alpha$、$\beta$ 为 Elovich 常数，分别表示初始吸附速率[g/(mg · min)]及解吸常数(g/mg)，可通过 $Q_t$ 对 $t$ 作图求得。

5）双常数方程

双常数方程[43]表达式为

$$\ln Q_t = A + B\ln t \tag{1-17}$$

以上各方程中，$Q_t$ 为吸附或解吸量(mg/kg)；$A$、$B$ 为方程参数；$t$ 为吸附或解吸时间。

按照上述五种动力学模型，都是利用最小二乘法对实验数据进行线性拟合，通过直线的斜率和截距计算得到的动力学参数。尽管一级动力学模型已经广泛地用

于各种吸附过程，但它有局限性。一级线性图是由 $\ln(Q_c-Q_t)$ 对时间作图，因此必须先得到 $Q_c$ 值，但在实际的吸附系统中，可能由于吸附太慢，达到平衡所需时间太长，因而不可准确测得其平衡吸附量 $Q_c$。因此，它常常只适合于吸附初始阶段的动力学描述，而不能准确地描述吸附的全过程。若符合二级模型，则说明吸附动力学主要是受化学作用所控制，而不是受物质传输步骤所控制[44]。

综上所述，常见的吸附动力学方程如表 1-2 所示。

**表 1-2　常见的吸附动力学方程**

| 方程名称 | 公式 | 参数含义 |
| --- | --- | --- |
| 拟一级动力学方程 | $q_t=q_e[1-\exp(-k_1t)]$ | $q_e$ 为平衡吸附量(mg/g)；$k_1$ 为一级方程速率常数 |
| 拟二级动力学方程 | $\frac{t}{q_t}=\frac{1}{k_2qe^2}+\frac{t}{q_e}=\frac{1}{v_0}+\frac{t}{q_e}$ | $q_e$ 为平衡吸附量(mg/g)；$k_2$ 为一级方程速率常数；$v_0$ 为初始吸附速率 |
| Elovich 方程 | $q_t=a+b\ln t$ | $a$ 和 $b$ 为 Elovich 吸附动力学速率常数 |
| Freundich 修正式 | $q_t=kC_et^{\frac{1}{m}}$ | $k$ 和 $m$ 为常数($m<1$)；$C_e$ 为平衡浓度(mg/L) |

3. 吸附机理

多孔吸附剂的吸附过程，一般认为由“串联的”三个连续步骤完成。

(1) 吸附质通过固体表面“液膜”向固体吸附剂表面扩散，称为膜扩散。“液膜”是固体表面的滞留边界层，其厚度与搅拌强度或流速有关，可以把它理解为分子向表面扩散一种阻力。

(2) 吸附质在吸附剂颗粒内部的扩散，由孔隙中的扩散(孔隙扩散)和孔隙内表面的二维扩散(内表面扩散)并列的两部分构成。

(3) 吸附质在吸附剂微孔表面上的吸附反应。吸附过程的总速率按上述顺序取决于最慢的一步(速率控制步骤)。

通常在物理吸附中，第三步“吸附反应”速率很快，迅速在微孔表面各点上建立吸附平衡，因此，总的吸附速率由膜扩散或颗粒内扩散控制，可以分为以下三种情况：①膜扩散>颗粒内扩散；②膜扩散<颗粒内扩散；③膜扩散≈颗粒内扩散[45]。对于情况①和②，吸附速率分别由颗粒内扩散和膜扩散控制。通常情况下，颗粒内扩散控制整个吸附过程的情况有：①良好的吸附效果；②吸附质浓度高；③颗粒粒度大；④吸附质和吸附剂之间的亲和力差。相反，吸附过程则由膜扩散过程控制[46]。

### 1.2.2　吸附剂及其再生

吸附剂是能有效地从气体或液体中吸附其中某些成分的固体物质。吸附法处理是利用多孔性固体物质吸收分离水中污染物的水处理过程。吸着分离水中污染物的固体物质称为吸附剂。

吸附剂一般有以下特点：大的比表面、适宜的孔结构及表面结构；对吸附质有强烈的吸附能力；一般不与吸附质和介质发生化学反应；制造方便，容易再生；有良好的机械强度等。吸附剂可按孔径大小、颗粒形状、化学成分、表面极性等分类，如粗孔和细孔吸附剂，粉状、粒状、条状吸附剂，碳质和氧化物吸附剂，极性和非极性吸附剂等。

在吸附操作中，用以选择性吸附气体或液体混合物中某些组分的多孔性固体物质，通常制成球形、圆柱形、无定形的颗粒或粉末。优良吸附剂应具有的特性主要是单位质量吸附剂具有较大的表面积，对吸附质具有较大的吸附能力（即平衡吸附量大），并且具有良好的选择性，即能优先吸附混合物中某些组分。此外，还要求容易再生（即平衡吸附量对温度或压力的变化敏感），具有足够的强度和耐磨性等。

吸附剂也称吸收剂，这种物质可使活性成分附着在其颗粒表面，使液态微量化合物添加剂变为固态化合物，有利于实施均匀混合，其特性是吸附性强。

衡量吸附剂的主要指标有：对不同气体杂质的吸附容量、磨耗率、松装堆积密度、比表面积、抗压碎强度等。用于滤除毒气，精炼石油和植物油，防止病毒和霉菌，回收天然气中的汽油以及食糖和其他带色物质脱色等。工业上常用的吸附剂有：硅胶、活性氧化铝、活性炭、分子筛等，另外还有针对某种组分选择性吸附而研制的吸附材料。气体吸附分离成功与否，极大程度上依赖于吸附剂的性能，因此选择吸附剂是确定吸附操作的首要问题。

### 1. 吸附剂的种类

常用的吸附剂有极性的和非极性的两种。人工合成的，如大网格吸附剂、分子筛等两种都有，但大多属非极性的。工业上常用的吸附剂有硅胶、活性氧化铝、活性炭、大网格吸附树脂、沸石分子筛、膨润土、硅藻土等。

#### 1）硅胶

硅胶的分子式为 $SiO_2 \cdot xH_2O$，是胶体氧化硅脱水后的固体颗粒，典型的多孔极性吸附剂，平均孔径 2～20nm。

硅胶是一种酸性吸附剂，适用于中性或酸性成分的柱色谱。同时硅胶又是一种弱酸性阳离子交换剂，其表面上的硅醇基能释放弱酸性的氢离子，当遇到较强的碱性化合物时，则可因离子交换反应而吸附碱性化合物。硅胶作为吸附剂有较大的吸附容量，分离范围广，能用于极性和非极性化合物的分离，如有机酸、挥发油、蒽醌、黄酮、氨基酸、皂苷等，但不宜分离碱性物质。天然物中存在的各类成分大都用硅胶进行分离。

#### 2）活性氧化铝

活性氧化铝是具有吸附和催化性能的多孔大表面氧化铝。通常氧化铝按晶型可以分为八种类型：$\alpha$ 型、$\beta$ 型、$\gamma$ 型、$\theta$ 型、$\eta$ 型、$\chi$ 型、$\kappa$ 型、$\rho$ 型。活性氧化铝是一种多孔性、高分散度的固体材料，平均孔径 40～50nm。

氧化铝有碱性氧化铝、中性氧化铝和酸性氧化铝。①碱性氧化铝，因其中混有碳酸钠等成分而带有碱性，对于分离一些碱性成分，如生物碱类的分离颇为理想，但是碱性氧化铝不宜用于醛、酮、酯、内酯等类型的化合物分离，因为有时碱性氧化铝可与上述成分发生次级反应，如异构化、氧化、消除反应等。②中性氧化铝是由碱性氧化铝除去氧化铝中碱性杂质再用水冲洗至中性得到的产物。中性氧化铝仍属于碱性吸附剂的范畴，不适用于酸性成分的分离。③酸性氧化铝是氧化铝用稀硝酸或稀盐酸处理得到的产物，不仅中和了氧化铝中含有的碱性杂质，并使氧化铝颗粒表面带有 $NO_3^-$ 或 $Cl^-$ 的阴离子，从而具有离子交换剂的性质，酸性氧化铝适合于酸性成分的柱色谱。活性氧化铝一般由氢氧化铝脱水制得。不同类型的氢氧化铝在空气中加热脱水生成不同晶型的氧化铝。

影响活性氧化铝吸附性能的主要因素：①颗粒粒径；②原水 pH；③原水初始氟浓度；④原水碱度；⑤氯离子和硫酸根离子；⑥砷的影响。

3）活性炭

活性炭是使用较多的一种非极性吸附剂。一般需要先用稀盐酸洗涤，其次用乙醇洗，再用水洗净，于 80℃ 干燥后即可供柱色谱用。柱色谱用的活性炭，最好选用颗粒活性炭，若为活性炭细粉，则需加入适量硅藻土作为助滤剂一并装柱，以免流速太慢。

活性炭是非极性吸附剂，其吸附作用与硅胶和氧化铝相反，对非极性物质具有较强的亲和能力，在水溶液中吸附力最强，在有机溶剂中较弱，因此水的洗脱能力最弱而有机溶剂较强。从活性炭上洗脱被吸附物质时，溶剂的极性减小，活性炭对溶质的吸附能力也随之减小，洗脱剂的洗脱能力增强。主要分离水溶性成分，如氨基酸、糖、苷等[47]。

在城市给水工艺中，活性炭可以去除水中存在的天然有机物以及消毒工艺产生的消毒副产物。通常，在投加活性炭前，需先去除部分溶解性有机物和悬浮物，以发挥活性炭的最大吸附性能。特别是在应急供水中，活性炭是最常用的有效吸附剂。

4）大网格吸附树脂

吸附树脂是一类由高交联度的高分子共聚物构成的多孔球形颗粒物，具有较大的比表面积和可控的孔径，适合去除气体和水中的污染物。吸附树脂可分为非离子型和离子型两大类，其中离子交换树脂应用最广。

离子交换树脂具有离子交换功能，种类繁多，被广泛应用于各个领域。按交换基团性质可分为阳离子和阴离子交换树脂两大类，它们可分别与水中的阳离子和阴离子进行交换，阳离子交换树脂又分为强酸性和弱酸性两类，阴离子交换树脂又分为强碱性和弱碱性两类；按基体种类可分为苯乙烯系、丙烯酸系、醋酸系、环氧系、酚醛系、乙烯吡啶系等离子交换树脂；按孔隙结构可分为凝胶型和大孔型两类。

非离子型树脂的分子结构中不含离子型基团，主要通过范德华力进行吸附。按极性大小，可分为强极性、中极性、弱极性和非极性；其他分类方法同离子交换树脂。

吸附树脂的比表面积一般在 100～1500$m^2/g$，内部孔径分布较均一。根据树脂合成条件的不同，孔径可在几十埃至上万埃，孔结构也比较稳定。树脂的交换容量是指单位质量或者单位体积的树脂所能交换的离子的摩尔数，直观反映了离子交换树脂的交换能力(具体在第2章中介绍)。

5）沸石分子筛

沸石分子筛具有晶体的结构和特征，表面为固体骨架，内部的孔穴可起到吸附分子的作用。孔穴之间有孔道相互连接，分子由孔道经过。

沸石分子筛按其孔或通道体系可分为小孔、中孔和双孔沸石三个组别。小孔沸石的孔口属八元环体系，其最大的自由直径为 0.43nm，包括林德 A、毛沸石、菱沸石、ZK-5、ZK-4、ZK-21、ZK-22 等。中孔沸石属十元环体系，其通道开口居于较小的八元环和较大的十二元环之间，最大的自由直径为 0.63nm，主要包括浊沸石、ZSM-5、ZSM-12、ZSM-23、ZSM-48、ZSM-11 等。双孔主要是具有两组孔结构，即有十二元和八元环孔口或十元和八元孔口的交联通道，包括丝光沸石、菱钾沸石、林德 T、纳菱沸石、片沸石或斜法费石、镁碱沸石、ZSM-35、ZSM-38、辉沸石、环晶石、柱沸石等。

6）膨润土

膨润土是一种以蒙脱石为主要成分的黏土矿物，其化学成分为铝硅酸盐，化学式为 $Al_2O_3 \cdot 4SiO_2 \cdot 3H_2O$，微观结构的单位晶胞由两个 $SiO_2$ 四面体晶片和它们之间夹着的一个 $AlO_2$ 或 $Al(OH)_3$ 八面体晶片组成[48]。两者之间靠共用氧原子连接。八面体中有部分 $Al^{3+}$ 被 $mg^{2+}$ 置换，四面体中有部分 $Si^{4+}$ 被 $Al^{3+}$ 置换，便产生了永久性负电荷，必须吸附阳离子以求得平衡，因而膨润土具有较强的吸附性和离子交性。

7）硅藻土

硅藻土是一种水合 Mg、Al 和 Si 的黏土矿，是生长在海洋或湖泊中的单细胞植物-硅藻的残骸沉积形成的。其主要分为非晶质的 $SiO_2$，还有 $Al_2O_3$、$Fe_2O_3$、MgO 及一定的有机质[49]。

### 2. 吸附剂的再生

吸附剂再生是指在吸附剂本身结构不发生或极少发生变化的情况下用某种方法将吸附质从吸附剂微孔中除去，从而使吸附饱和的吸附剂能够重复使用的处理过程。常用的再生方法如下。

(1) 加热法:利用直接燃烧的多段再生炉使吸附饱和的吸附剂干燥、炭化和活化(活化温度达 700～10000℃)。

(2) 蒸汽法:用水蒸气吹脱吸附剂上的低沸点吸附质。

(3) 溶剂法:利用能解吸的溶剂或酸碱溶液造成吸附质的强离子化或生成盐类。

(4) 臭氧化法:利用臭氧将吸附剂上吸附质强氧化分解。

(5) 生物法:将吸附质生化氧化分解。每次再生处理的吸附剂损失率不应超过 5%～10%,下面着重介绍活性炭的再生。

活性炭是一种非常重要的吸附剂,活性炭的再生主要有以下几种方法。

(1) 加热再生法:在高温下,吸附质分子提高了振动能,因而易于从吸附剂活性中心点脱离;同时,被吸附的有机物在高温下能氧化分解,或以气态分子逸出,或断裂成短链,因此也降低了吸附能力。加热再生过程分五步进行。

① 脱水:使活性炭和输送液分离。

② 干燥:加温到 100～150℃,将细孔中的水分蒸发出来,同时使一部分低沸点的有机物也挥发出来。

③ 炭化:加热到 300～700℃,高沸点的有机物由于热分解,一部分成为低沸点物质而挥发,另一部分被炭化留在活性炭细孔中。

④ 活化:加热到 700～1000℃,使炭化后留在细孔中的残留碳与活化气体(如蒸汽、$CO_2$、$O_2$ 等)反应,反应产物以气态形式($CO_2$、CO、$H_2$)逸出,达到重新造孔的目的。

⑤ 冷却:活化后的活性炭用水急剧冷却,防止氧化。

(2) 化学再生法:通过化学反应,可使吸附质转化为易溶于水的物质而解吸下来。例如,处理含铬废水时,用浓度为 10%～20%的硫酸浸泡活性炭 4～6h,使铬变成硫酸铬溶解出来;也可用氢氧化钠使六价铬转化成 $Na_2CrO_4$ 溶解下来。再如,吸附苯酚的活性炭,可用氢氧化钠再生,使其以酚钠盐的形式溶于水而解吸。化学再生法还包括使用某种溶剂将被活性炭吸附的物质解吸下来。常用的溶剂有酸、碱、苯、丙酮、甲醇等。化学氧化法也属于一种化学再生法。

(3) 生物再生法:利用微生物的作用,将被活性炭吸附的有机物氧化分解,从而可使活性炭得到再生。此法目前尚处于试验阶段。

### 1.2.3 吸附法在污水处理中的应用

废水处理中的吸附处理法,主要是指利用固体吸附剂的物理吸附和化学吸附性能,去除废水中多种污染物的过程,处理对象为剧毒物质和生物难降解污染物。

由于吸附法对水的预处理要求高,吸附剂的价格昂贵,所以在废水处理中,吸附法主要用来去除废水中的微量污染物，达到深度净化的目的。或是从高浓度的废水中吸附某些物质达到资源回收和治理目的。水处理过程中常采用吸附过滤床对水进行吸附法处理，可去除水中重金属离子（如汞、铬、银、镍、铅等），有时也用于水的深度处理。吸附法还可用于净化水中低浓度有机废气，如含氰、硫化氢的废气，一般采用固定床吸附装置。例如，废水中少量重金属离子的去除、有害的生物难降解有机物的去除、脱色除臭等。

我们着重介绍重金属离子的去除，除去水中重金属离子的方法很多，传统的有化学沉淀法、氧化还原法、铁氧体法、电解法、蒸发浓缩法、离子交换树脂法等[50]，这些方法存在投资大、运行成本高、操作管理麻烦、并且会产生二次污染和不能很好地解决金属和水资源再利用等问题。目前在实际运用中较多的是采用吸附法。吸附法因其材料便宜易得、成本低、去除效果好而一直受到人们的青睐[51]。近年来研究者在这方面的研究主要集中在寻求更为合适的新型廉价吸附材料，取得了一系列的成果，工艺逐步成熟，现在已开始应用在实际工程中[52]。

### 1. 吸附法用于水处理的优点及特性

1）吸附法用于水处理的优点

（1）处理程度高。

（2）应用范围广，对水中绝大多数有机物都有效，包括微生物难以降解的有机物。

（3）粒状炭可进行再生重复使用，被吸附的有机物在再生过程中被烧掉，不产生污泥。

（4）用于处理废水可回收有用物质。例如，用活性炭处理含酚废水，用碱再生吸附饱和的活性炭，可以回收酚钠盐。

2）活性炭的吸附特性

（1）分子结构。

（2）界面张力（表面活性）。

（3）溶解度。

（4）离子性及极性。

（5）分子大小，吸附量与相对分子质量也有关系。

（6）pH。

（7）浓度。

（8）共存物质。

### 2. 吸附在水处理中的应用

1）在微污染水源净化中的应用

20 世纪 60 年代末 70 年代初，由于煤制粒装炭的大量生产和再生技术的解决，在世界范围内，尤其是工业发达和科学技术先进的国家，为了消除饮用水水源的污染，开展了活性炭吸附、臭氧氧化、氧化剂氧化等方法[53]去除水中微量有机物的研究工作，近年来在水处理工艺方面发生了巨大的变革，将粒状活性炭吸附装置用于去除饮用水污染的新处理系统中。我国目前也开始将活性炭技术用于污染水源的除臭味。

2）用于城市污水及有机工业废水深度处理

城市污水及工业废水中以有机污染物为主，其中有的毒性较大，如酚类、苯类、农药及石油化工产品等。目前采用的污水处理技术，一般将沉淀作为一级处理，去除有机及无机悬浮物；将活性污泥等生化处理法作为二级处理，去除能被生物氧化分解的溶解性有机物[53]。由于排放污水水质的复杂化，经过二级处理后有些有机物不能被生物分解，出水仍达不到排放要求。在水资源缺乏的地区，由于考虑污水的再利用问题，对排放水质要求较高，因此近年来用活性炭吸附法去除污水中剩余溶解性有机物，已在城市污水和工业废水三级处理流程中，逐渐得到广泛应用。

3）吸附法处理含汞废水

处理含汞废水的流程如图 1-4 所示。

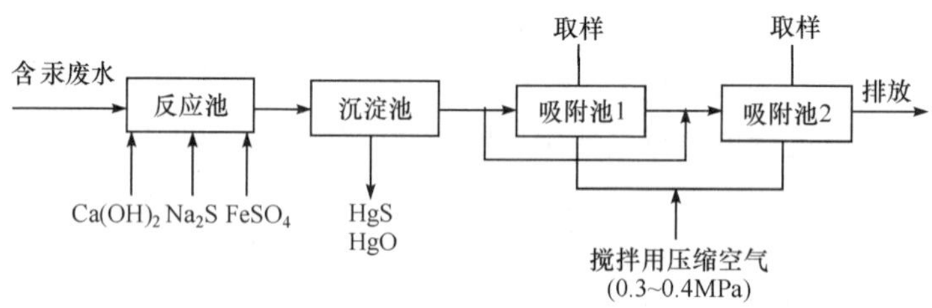


图 1-4　吸附法处理含汞废水流程

含汞废水经硫化钠的沉淀(同时投加石灰石调节 pH，加硫酸亚铁作为混凝剂)处理后，仍含汞约 1mg/L，高峰时达 2～3mg/L，而允许排放的标准是 0.05mg/L，所以需要采用活性炭法进一步处理，由于水量较小（10～20$m^3$/d），采用静态间歇吸附池两个，交替工作，即一池进行处理时，废水进入另一池，内装有活性炭。当吸附池中注满废水后，用压缩空气搅拌，然后静止沉淀，经取样测定含汞量符合排放标准后，放掉上清液，进行下一批处理。

## 1.3　影响水相吸附的因素

气相吸附只有吸附剂和气体两种组分，比较容易处理。液相吸附增加了溶剂这种组分，处理很复杂。如图 1-3 所示，在研究液相吸附时，除了考虑吸附剂-溶质之间的相互作用,还必须考虑溶质-溶剂之间和吸附剂-溶剂之间的相互作用。在吸附剂-溶质之间存在范德华力、静电引力和氢键力。溶质是非极性分子时主要是范德华力。吸附剂-溶质之间的亲和力越大,吸附力就越强。溶质-溶剂之间的亲和力与溶质在溶剂中的溶解性质有很大关系,溶质-溶剂之间的亲和力越大,溶质在溶液中越能够稳定存在,溶解度就越大。吸附过程类似于溶质从溶液中析出转移到吸附相的过程。溶质在溶液中能够稳定存在,从溶液中析出就难,也就难吸附。因此,为了吸附溶质,溶质-溶剂之间的亲和力最好要小,亲和力对溶质吸附产生副作用。吸附剂-溶剂之间的亲和力与溶剂在吸附剂上的吸附有关,亲和力越大,溶剂在吸附剂上的吸附就越强。通常,由于溶剂分子比溶质分子多很多,吸附剂首先吸附溶剂。吸附剂吸附溶质时,溶剂必须先脱附,这种亲和力溶质吸附也是副作用。

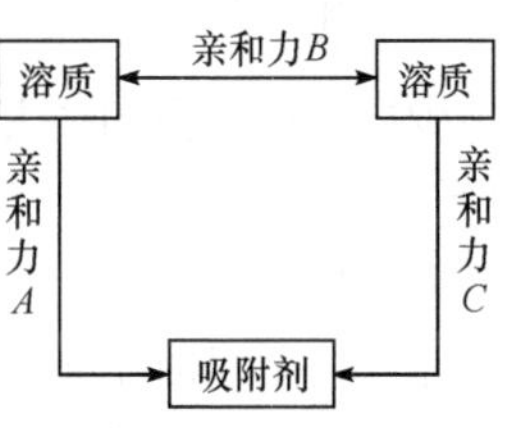

图 1-5 液相吸附时的相互作用

因此,为了使吸附剂吸附溶质,图 1-5 中的亲和力 $A$ 要尽可能大,亲和力 $B$ 和 $C$ 则要尽量小。活性炭优异的水处理用吸附剂就是因为活性炭表面呈憎水性,与溶剂水分子的亲和力 $C$ 小。硅胶和氧化铝等吸附剂的表面呈亲水性,亲和力 $C$ 大,不适合水处理。吸附剂是憎水性吸附树脂,溶剂是水,溶质是乙酸和正丁酸,那么乙酸和正丁酸哪一个吸附得多呢?从亲和力 $A$ 看,由于正丁酸的分子大,范德华力就大,正丁酸容易吸附。从亲和力 $B$ 看,乙酸的烷基小,在水中的溶解度就大,也是正丁酸容易吸附。对于亲和力 $C$,乙酸和正丁酸都相同。根据以上结果,可以认定正丁酸容易吸附。如果溶剂是甲苯,结果又是怎样呢?对于亲和力 $A$,与水的情况相同,正丁酸容易吸附。对于亲和力 $B$,正丁酸的烷基大,在甲苯中的溶解度就大,乙酸容易吸附。对于亲和力 $C$,乙酸和正丁酸都相同。因此,结果随着亲和力 $A$ 和 $B$ 的大小而变化。低相对分子质量的化合物在物理吸附时由于亲和力 $A$ 比较小,亲和力 $B$ 的影响就大。但是,在高分子化合物吸附时由于范德华力大,亲和力 $A$ 的影响就大。

虽然液相吸附中上述三种相互作用很重要,但也必须考虑其他各种相互关系。首先是溶剂中溶质分子之间的相互聚集现象。有些燃料分子即使浓度很低也会发生聚集,聚集引起分子尺寸变大,从而影响吸附。表面活性剂在达到某个浓度时发生分子之间的聚集,生成胶束,这时还必须考虑胶束的吸附。溶剂分子之间也存在聚集现象。由于水分子之间的氢键作用,水分子互相连在一起,这种现象即在已吸附的溶质分子上在吸附其他溶质分子,例如,离子型表面活性剂吸附在极性吸附剂上时,在第一层,表面活性剂分子的亲水基吸附在吸附剂表面,憎水基朝着水相。第二层吸附时,这个憎水基与另一个表面活性剂分子的憎水基通过憎水性互相作用结合，另一端的亲水基朝向水，形成稳定结构。溶质分子的溶剂和也影响吸附，特别是离子吸附时，离子周围的水合水对吸附的影响很大。溶质分子在水溶液中发生水解时，吸附前后的溶液 pH 往往会发生变化。吸附是界面现象，不是液相界面分配，不是分子从一个相转移到另一个相。即使被吸附，吸附分子也与溶剂接触，吸附质与溶剂之间还存在相互作用[54]。

### 1.3.1 吸附的影响因素

影响吸附的因素是多方面的，吸附剂结构、吸附质性质、吸附过程的操作条件等都影响吸附效果，认识和了解这些因素，对选择合适的吸附剂、控制最佳的操作条件都是重要的[54]。

1. 吸附剂的特性

吸附剂的良好吸附性能是由于它具有密集的细孔构造。吸附剂的物理化学性能如下。

1）密度

单位体积物质的质量称为密度。对于多孔性的吸附剂，根据不同方法测量体积，其密度有表观密度、堆积密度和真密度之分。

（1）表观密度。表观密度指单位表观体积吸附剂的质量，表观体积包括吸附剂物质本身的体积及其孔体积（包括微孔、中孔和大孔）。常用汞比重瓶法测量表观体积，其原理是利用汞的表面张力大、不浸润固体表面、不能进入吸附剂的空隙内部而进行，常预先在吸附剂表面涂一薄层石蜡，以防汞渗入孔内。测量方法是：在一固定溶剂的比重瓶内，测定完全充汞的质量，然后再测定加有吸附剂样品和充汞的质量，算出吸附剂样品的体积和原样品的质量即可求出表观密度。

（2）堆积密度。堆积密度又称假密度，指单位体积吸附剂的质量。体积在量筒中测定，在振动条件下装入吸附剂，至总体积不再改变时记录体积值，并称量吸附剂质量。该方法误差较大，并且随振动强度的不同而值不同。

（3）真密度。真密度指吸附剂本身的密度，常用比重瓶法测定。称量一定质量的吸附剂于比重瓶中，加入某种可润湿固体的液体（这种液体能填充除骨架外的所有的孔体积和间隙），根据液体的密度、比重瓶质量、吸附剂质量就可以算出真密度[55]。

2）比表面积

比表面积是多孔材料重要性能参数之一，对吸附量有重要影响，单位质量吸附剂的表面积称为比表面积。吸附剂的粒径越小，或是微孔越发达，其比表面积越大。吸附剂的比表面积越大，则吸附能力越强。对于一定的吸附质，增大比表面的效果是有限的。吸附现象在界面发生，因此吸附剂表面积越大，吸附量越多，可通过将吸附剂磨碎成小的颗粒来增加吸附剂表面积。

无机吸附材料可采用粒度测量法测出粒度，然后用密度数据计算得到。多孔性吸附材料的比表面积可采用气体吸附法、液体吸附法和浸润法测量。其中气体吸附法是测定比表面积最为通用的方法，根据 BET 多分子层吸附理论由单分子层饱和吸附量计算得出。该方法常用的吸附质气体是氮气，测出一定质量吸附剂在恒定温度下吸附量随气体压力的变化关系，根据 BET 二常数公式求出。

3) 孔结构

(1) 孔容。吸附剂中微孔的容积称为孔容，通常以单位质量吸附剂中吸附剂微孔的容积来表示($cm^3/g$)。孔容是吸附剂的有效体积，它是用饱和吸附量推算出来的值，也就是吸附剂能容纳吸附质的体积，所以孔容以大为好。吸附剂的孔体积($V_k$)不一定等于孔容($V_p$)，吸附剂中的微孔才有吸附作用，所以 $V_p$ 中不包括粗孔。而 $V_k$ 中包括了所有孔的体积，一般要比 $V_p$ 大。孔容的测定常用毛细管凝聚法，其基本原理是：气体在多孔物质吸附后，在压力较高时会在孔中发生凝聚作用。

(2) 平均孔径。多孔性吸附材料的孔径由形状很不规则、大小不一的孔道组成，不能用孔径这一参数来描述，更不能精确地测量其孔径。但为了研究方便，常常把复杂的孔简化为圆筒孔模型，即所有的孔是一平均半径为 $r$、长度为 $l$ 的圆筒孔。若比表面积为 $S$，孔容为 $V_p$，则平均孔半径为 $r=2V_p/S$。平均孔径是孔大小的粗略表征，实验证明，平均孔径常与孔径分布的微分曲线最高峰相应的孔半径接近。

(3) 孔径与孔径分布。在吸附剂内，孔的形状极不规则，孔隙大小也各不相同。直径在数埃(Å)至数十埃的孔称为细孔，直径在数百埃以上的孔称为粗孔。细孔越多，则孔容越大，比表面也大，有利于吸附质的吸附。粗孔的作用是提供吸附质分子进入吸附剂的通路。吸附剂内孔的大小和分布对吸附性能影响很大。孔径太大，比表面积小，吸附能力差；孔径太小，则不利于吸附质扩散，并对直径较大的分子起屏蔽作用。大孔的表面对吸附能贡献不大，仅提供吸附质和溶剂的扩散通道。过渡孔吸附较大分子溶质，并帮助小分子溶质通向微孔。大部分吸附表面积由微孔提供，因此吸附量主要受微孔支配。

采用不同的原料和活化工艺制备的吸附剂其孔径分布是不同的。孔径分布是表示孔径大小和与之对应的孔体积的关系。由此来表征吸附剂的孔特性。孔径分布的测定方法有毛细管凝聚法、压汞仪法、小角度 X 射线衍射法和热孔计法等。

(4) 孔度。孔度是指吸附材料内部孔隙的总容积占吸附材料本身真实容积的百分比。

4) 吸附剂的粒度

粒度是指粒子的大小，可视为粒子在空间范围内的线性尺度。球形颗粒粒度即为其直径，非球形颗粒粒度可用相当于球形的直径作为其粒度，对于远非球形的颗粒有时也用其几何量(如宽度、长度、周长)和流体力学直径等表示其粒度。粒度的测定方法有筛分分析法、显微镜法、沉降分析法和比表面法。吸附剂的粒度能够影响吸附容量但对吸附性质没有影响，如吸附剂颗粒过小，吸附柱流速太低，不利于工业上实际操作。将粉末吸附剂人工集合成输送的聚集体可兼得吸附均匀和高流速的效果。

5）吸附剂的表面化学性质

吸附剂在制造过程中会形成一定量的不均匀表面氧化物，其成分和数量随原料和活化工艺不同而异。一般把表面氧化物分成酸性的和碱性的两大类，并按这种分类来解释吸附作用。经常指的酸性氧化物基团有羟基、酚羟基、酸酐基及环式过氧基等。其中羟基团、内配基反酚羟基被多次报道为主要酸性氧化物，对碱金属氢氧化物有很好的吸附能力。酸性氧化物在低温（＜500℃）活化时形成。

6）吸附剂的活化

活化的方法也可增加吸附剂的吸附容量。吸附剂的活化，就是通过处理使其表面具有一定的吸附特性或增加表面积。吸附剂的特性由于制备和活化方法不同，可有很大差别。如活性炭，在 500℃活化后容易吸附酸而不吸附碱，在 800℃活化后却易吸附碱而不吸附酸。凝胶状态的吸附剂，如磷酸钙凝聚等，其吸附能力和陈化程度（即制得后放置时间）有关，原因是凝聚的表面积是随时间改变的。制备和活化方法的不同对氧化镁吸附剂的影响更明显，用某种方法制备的氧化镁几乎全部分解所吸附的胡萝卜素，但在另一条件下制备的则不引起胡萝卜素的分解，而在又一条件下制取的却没有吸附作用。

另外，还要求吸附剂的机械强度好，吸附速度快。影响吸附速度的主要有吸附剂的颗粒度和孔径分布，颗粒度越小，吸附速度越快；孔径大，有利于吸附物向空隙中扩散。

### 2. 吸附物的性质

吸附效果还与吸附物的性质、吸附物在溶液中的溶解度和解离状况、分子结构及能否与溶剂形成氢键有关。吸附物的物理化学性质如下。

（1）能使表面张力降低的物质易为表面所吸附。根据吉布斯吸附方程式，易被固体吸附的液体，它对固体的表面张力较小。

（2）一般极性吸附剂易吸附极性物质，非极性吸附剂易吸附非极性物质。因而极性吸附剂适宜从非极性溶剂中吸附极性物质，而非极性吸附剂适宜从极性溶剂中吸附非极性物质。如活性炭是非极性的，它在水溶液中是吸附一些有机化合物的良好吸附剂。硅胶是极性的，它较为适宜在有机溶剂中吸附极性物质。

（3）溶质从较易溶解的溶剂中被吸附时，吸附量较少。相反，吸附时，采用溶解度较大的溶剂，吸附就较容易。吸附物若在介质中发生离解，其吸附量必然下降。例如，两性化合物（氨基酸、蛋白质等）的吸附，最好在非极性或低极性介质内进行，这是离解甚微；若在极性介质内吸附，则应在其等电点附近的 pH 范围内进行。

(4) 对于同系列物质,吸附量的变化是有规则的,分子越大,极性越差,因而越易为非极性吸附剂所吸附,越难为极性吸附剂所吸附。

(5) 吸附物若能与溶剂形成氢键,则吸附物极易溶于溶剂之中,吸附物就不易被吸附剂所吸附。如果吸附物与吸附剂形成氢键,则可提高吸附量。

在实际生产中,脱色和除热源一般用活性炭,去过敏物质常用白陶土。在制备酶类等药物时,要求采用的吸附剂选择性较强,须选择多种吸附剂进行试验才能确定。

### 3. 吸附条件

(1) 温度。吸附热度越大,温度对吸附的影响越大。对于物理吸附,一般吸附热较小,温度变化对吸附的影响不大。对于化学吸附和低温时,吸附量随温度升高而增加。温度对吸附物的溶解度有影响,吸附物的溶解度随温度升高而增大者,升温不利于吸附,适用低温吸附。同时也要考虑吸附速度的影响,在低温时,有些吸附过程往往在短时内达不到平衡,而升高温度会使吸附速度加快,此时适当提高温度可使吸附量增加。

生化物质吸附温度的选择,还要考虑其热稳定性。对酶来说,如果是热不稳定的,一般在0℃左右进行吸附;如果比较稳定,则可在室温操作。

(2) pH。溶液的pH会影响吸附剂或吸附质的解离情况,进而影响吸附量。一般在等电点附近吸附量最大。各种溶质吸附的最佳pH需通过试验确定。例如,有机酸类溶于碱,胺类物质溶于酸。有机酸在碱性条件下较易被非极性吸附剂所吸附[56]。

(3) 盐的浓度。盐类对吸附作用的影响比较复杂,有些情况下盐能阻止吸附,在低浓度盐溶液中吸附的蛋白质或酶,常用高浓度盐溶液进行洗脱。但在另一些情况下盐能促进吸附,甚至有的吸附剂一定要在盐的条件下,才能对某种吸附物进行吸附。例如,硅胶吸附某种蛋白质,硫酸铵的存在可使吸附量增加。

正是因为盐对不同物质的吸附有不同的影响,盐的浓度对于选择性吸附很重要,在生产工艺上也要靠试验来确定合适的盐浓度。

(4) 溶剂的影响。单溶剂与混合剂对吸附作用有不同的影响。一般吸附物质溶解在单溶剂中易被吸附,而溶解在混合溶剂(无论极性还是非极性混合溶剂或者是极性与极性混合溶剂)中不易被吸附。所以一般用单溶剂吸附,用混合溶剂解吸。

### 4. 吸附物浓度与吸附剂用量

一般吸附物浓度大时,吸附量也大。由于杂质的存在,浓度升高后吸附的杂质质量也上升,吸附选择性下降。因此在使用吸附法时,为提高吸附选择性,常将料液进行适当稀释。如用吸附法对蛋白质或酶进行分离时,常要求其浓度在1%以下;用活性炭脱色和去热原时,为了避免对有效成分的吸附,往往将药液稀释后进行。

吸附量这里是指单位质量吸附剂所吸附物物质的量。从分析提纯的角度,还要考虑被吸附物质的总量,也就是应考虑吸附剂的用量。吸附剂用量增大,吸附物的平衡浓度要变小,每克吸附剂所吸附物质的量也要变少,但吸附物质的总量会多些。同时吸附剂用量过多,会导致成本增高、吸附选择性下降等,所以吸附剂的用量应综合各种因素,通过试验来确定。

### 1.3.2 吸附剂与吸附质的相互作用

吸附现象是吸附剂和吸附质之间发生的相互作用。吸附剂和吸附质的种类有很多,它们的性质各不相同,吸附剂和吸附质的不同组合决定了不同的吸附相互作用。这种吸附相互作用大致分为以下六种。

1. London 色散力

固体表面原子和吸附质分子之间或吸附质分子相互之间彼此靠近时,吸附质分子和表面原子的原子核由于同周围轨道的电子产生相对振动,发生瞬间极化,并诱导邻近原子产生极化,在这两个极化原子之间存在约 104J/mol 的弱电相互作用力[London 色散力(London dispersion force)]。力的大小与 $r^{-6}$ 成正比,$r$ 表示原子间的距离。原子核外电子数越多、原子量和原子序数越大,则原子或分子的色散力就越大。同样,吸附分子之间彼此靠近时,它们之间也产生色散力,对吸附产生影响。所有物质之间都存在色散力相互作用。设原子核间的距离为 $r$,$a$ 为色散力系数,$b$ 为物质相互靠近时的斥力系数,势能曲线 $U(r)$ 由 Lenard-Jones[57] 公式[式(1-18)]表示,则如图 1-6 所示。

$$U(r)=-ar^{-6}+b^{r-12} \tag{1-18}$$

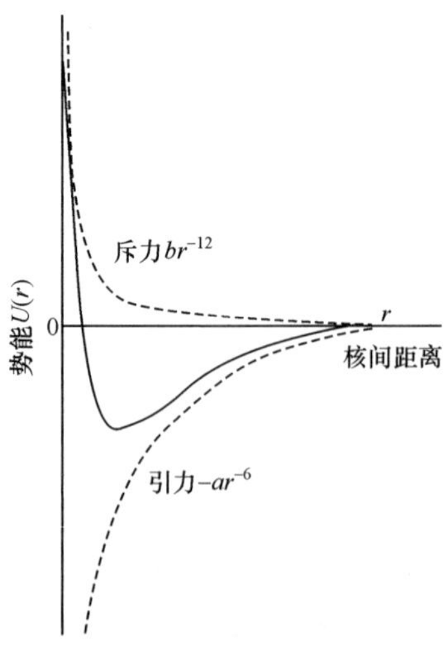


图 1-6 势能曲线

### 2. 表面修饰

如果把反应活性低的物质覆盖在极性表面，或者用非极性官能团置换表面的极性官能团，极性表面就变成非极性表面，表面的吸附性质和反应性质也随之改变[58]。采用这种方法表面修饰(surface modification)能制备具有新性质的复合材料。

例如，醇、烷氧基硅烷、卤化硅烷或它们的衍生物与固体表面的羟基反应生成烷氧基。

利用这些反应能够将固体表面从亲水性变为不同程度的憎水性，也能在置换碱性官能团后用于分离精制。由于这些置换基团容易水解，水解后又恢复到表面的原来性质，所以修饰表面的寿命很短，所以，必须努力使表面修饰官能团发生聚合，延长表面置换基团的寿命。

用氧化剂或还原剂处理活性炭能够改变活性炭的表面官能团、表面积和孔径。通过改变位置基团的种类及其表面浓度，能够改变表面的化学、物理性质(如孔径、亲水性或憎水性)，获得具有不同选择吸附性质的表面。

把不同的胶体状氧化物混合或用一种氧化物覆盖另一种氧化物，制成多组分氧化物，就能够控制表面的酸性和反应性质。这个原理在催化分解、气相色谱和液相色谱的吸附分离柱中发挥了很大的作用。

氧化钛表面除了 $Ti^{4+}$，还存在 $Ti^{3+}$ 和 $Fe^{3+}$、$Fe^{2+}$(来自于制造原料)等杂质离子，光照射能够激发这些杂质原子的电子能级，引发光化学反应。由于有这个特性，氧化钛可用作除臭剂。氧化钛也广泛用作白色颜料，但因受光照后容易发生光化学反应，作为室外涂料时树脂容易发黄。为了防止发生光化学反应，必须提高氧化钛的纯度，并在氧化钛表面吸附几个分子后的二氧化硅制成复合氧化物。这种复合氧化物的颜色接近二氧化钛，表面性质接近二氧化硅，能够抑制氧化钛颜料发黄。

利用这种光化学反应性质，氧化钛还用于减少环境中的有害物质和分解水。氧化钛的复合材料被用于涂料、墨水和电子材料。氧化钛的用途今后将更加广阔。

### 3. 四极子相互作用

表面相邻的原子团发生电荷分布偏移，形成四极子，这时的点位等高线是马鞍形，形成四极矩。具有自极矩的吸附质分子与表面的四极子发生吸附相互作用，这种四极子相互作用(electric quadrupole interaction)力[59]比偶极子相互作用力更弱。例如，含四极子的氮分子吸附在含四极矩的石墨表面时，与只有 London 色散子时相比，氮分子的取向具有各向异性。这时吸附分子的截面积为 $0.13nm^2$。当氮分子在不含四极矩的表面上吸附时，由于这时的范德华力没有方向性，氮分子近似为球形，截面积为 $0.162nm^2$。因此，在测量石墨比表面积时，为了提高测量的可靠性，必须把由氮分子测得的比表面积和由氩分子（不含四极矩）测得的比表面积进行比较和分析。磁相互作用更弱，作用距离极短，可以忽略。上述的 London 色散力、偶极子作用和四极子作用总称为范德华力。

4. 静电力

与单原子分子形成 1s、2s、2p 等不连续的电子能级不同，固体内有许多原子，这些原子的能级互相扰动，形成一个连续的能带。例如，金属 A、B 都形成几个能带，电子要跑到真空中需要一定的功函数 $W_A$、$W_B$。当金属 A/B 中导带电子的最高能级——费米能级相等时，在表面形成所示的接触电位差。

当绝缘性固体或绝缘性液体之间相互接触时，在界面产生静电荷，虽然电量很小，但能产生高达几千伏的强电场。点位的发生机理还不太清楚，但可以根据电荷的正负顺序将不同绝缘体的接触电位排序，见表 1-3，这个经验序列称为“带点序”。因此，固体界面常常带电，在吸附质和吸附剂之间或吸附剂相互之间也产生静电引力或静电斥力，这种力是长距离弱相互作用。因此，胶体中带异号电荷的粒子之间或不带电荷的粒子之间容量聚集，这也是乳浊液和悬浊液稳定分散的主要原因。

**表 1-3　带电序**（任何两种物质接触，在前面的物质带正电在后面的物质带负电）

| | |
|---|---|
| （+） | 聚苯乙烯 |
| 含石英微粉末的硅橡胶 | 酚醛塑料 |
| 硼硅酸玻璃 | 环氧树脂 |
| 聚甲基丙烯酸甲酯 | 丁腈橡胶 |
| 乙基纤维素 | 天然橡胶 |
| 尼龙 66 | 聚丙烯腈 |
| 食盐 | 硫黄 |
| 甲醛树脂 | 聚乙烯 |
| 羊毛 | 聚氯乙烯 |
| 丝 | 聚四氟乙烯塑料 |
| 醋酸纤维素 | （−） |
| 聚氨酯橡胶 | |

当固体表面有酸性位或碱性位时，表面就带正电或负电。例如，表面有酸性官能团或碱性官能团时，固定表面就带正电或带负电。溶液的酸性取决于它们的酸常数。这种表面也是离子吸附位或离子交换位。在电解质水溶液中，粒子的表面电荷吸引电解质离子，形成双电层，如图 1-7 所示。给这种粒子加上电场 $E$，粒子就以速度 $V$ 朝异号电荷方向运动，这种现象称为电泳（electrophoresis）。设水溶液的介电常数为 $\varepsilon$，黏度为 $\eta$，有效表面积为 $\xi$，则点位按 $\xi$ 或图 1-8 那样随着水溶液

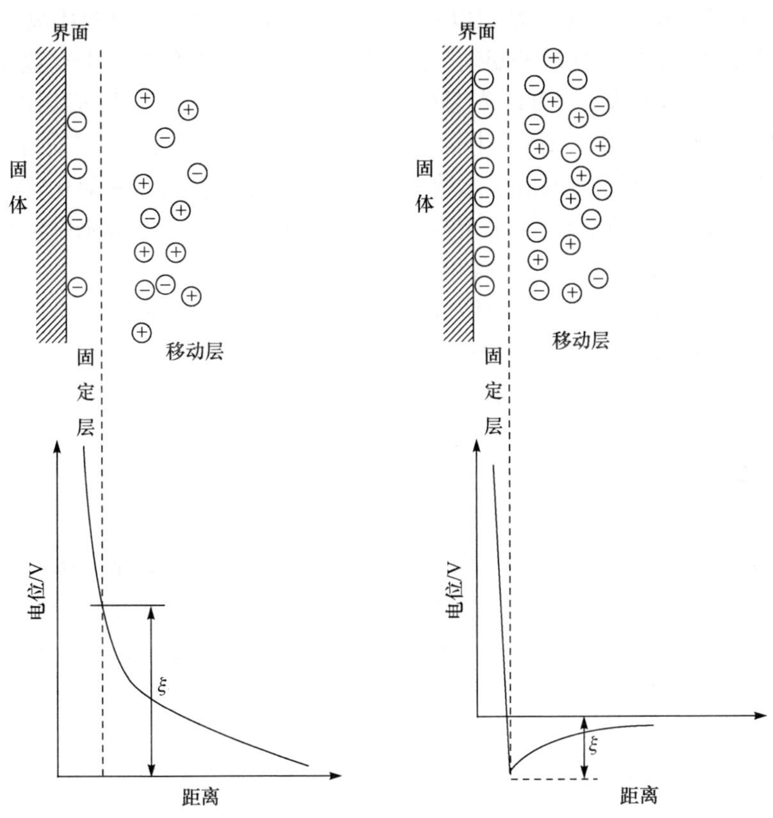


图 1-7　固体表面的双电层

pH 变化。在某个 pH 时，点位等于零，这个 pH 称为等电点，分散体系就稳定。当水溶液的 pH 为等电点时，或者让固体粒子吸附高价异号的溶质离子使固体粒子的表面电荷被中和时，固体粒子间的静电斥力消失，粒子发生凝聚。同时，由于悬浮粒子吸附在容器壁上，在测量稀溶液中蛋白质的吸附量时，将产生较大的测量误差。固体表面的静电荷不但影响吸附，还影响包括高分子、蛋白质、酶和细菌等胶体粒子的凝聚。小分子的静电吸附大多可逆，高分子特别是蛋白质由于在吸脱附时，被吸附分子的结构往往发生了变化，一般为不可逆吸附。

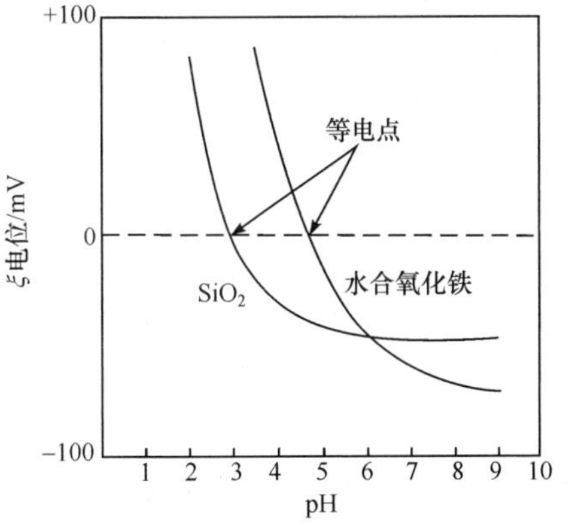


图 1-8　胶体粒子的电位随 pH 的变化

离子交换(ion exchange)是指以离子键结合在表面的原子与溶质离子发生变换[60]。虽然离子交换有化学键变化,与吸附定义稍有不同,但广义上也包含在吸附中。表面官能团如羟基(—OH)、羧基(—COOH)、磺酸基(—$SO_3H$)等酸性基团或氨基(—$NH_2$)等碱性基团在水溶液中与电解质阳离子或阴离子发生离子交换反应。

采用离子交换剂很容易除去水溶液中的微量离子。高分子和氧化物的离子交换率高,广泛用于水的精制、离子交换色谱、匀速电泳的分析柱、海水中稀有元素的提炼、稀土元素混合物的工业分离和精制。

把含酸性位或碱性位的材料做成催化剂载体,浸泡在金属盐中,金属离子和羟基中的质子交换并还原,在固体表面上生成金属原子簇,成为催化反应的活性点。这种非均相催化剂大大提高了单位质量催化剂的表面积,反应选择性高,能节约稀有资源。

#### 5. 偶极子相互作用

在吸附质分子中,或者是电负性(电子亲和性)不同的表面原子在形成化学键时,电荷偏向电负性大的原子。若偏移的电荷量为 $e^+$、$e^-$,两种电荷的中心距离为 $r$,则在两个结合原子之间产生的电矩 $u=er$,成为键矩。这种表面偶极子或具有表面极性官能团的键矩与偶极性吸附分子发生相互作用[偶极子相互作用(electric dipole-dipole interaction)],这种作用正比于 $r^{-3}$,比 London 色散力小。吸附分子或表面分子中有一方存在偶极矩时,都能诱导对方分子产生偶极矩,发生弱相互作用。

#### 6. 电荷转移相互作用

1) 氢键

固体表面往往存在含氢原子的极性官能团,如羟基(—OH)、羧基(—COOH)、磺酸基(—$SO_3H$)、磷杂醇基(—POH)、氨基(—$NH_2$)。这些表面官能团上氢原子同吸附分子中电负性大的原子如氧、硫、氮、氟、氯的孤对电子作用,形成键角约为 180°的氢键。同样,结合在表面官能团中氢原子上的氧、氮、氟等原子的孤对电子也可与吸附分子中的氢原子作用形成氢键。氢键与前述的静电引力作用不同。地球生物圈内到处都存在大量的水,吸附质内有时也含有水,水与固体表面形成氢键吸附是极其重要的现象。氢键的强度是范德华力的 5～10 倍,通过氢键吸附的分子在室温很难脱附,需要在 100～150℃真空除气才能脱附,对含微孔的多孔体,脱附温度更高。从这个意义上,可以说氢键吸附是准可逆吸附。表面官能团中存在氢键时,由于含偶极矩,偶极子相互作用也常见。

2) 酸、减、π 轨道相互作用

当吸附剂表面存在杂质原子 X 时[图 1-9(a)],如果杂质原子 X 的原子价或电负性与吸附剂的主要原子 M 不同，例如，X 原子的电子过剩时，就是给电子体，也称为 Lewis 酸；如果 X 原子的电子不足，就是受电子体，也称为 Bronsted 酸。当表面原子中含有未成对电子时，表面的反应活性就高，表面具有给电子性质。例如，表面杂质和负载在表面的过渡元素，这些原子的 d 轨道或 f 轨道上存在未成对电子；表面原子和表面官能团被紫外线、X 射线、γ 射线等高能粒子激发或热激发，化学键被破坏，在表面产生不稳定的未成对电子。这些未成对电子或自由基的反应活性很高，表面具有给电子性质。

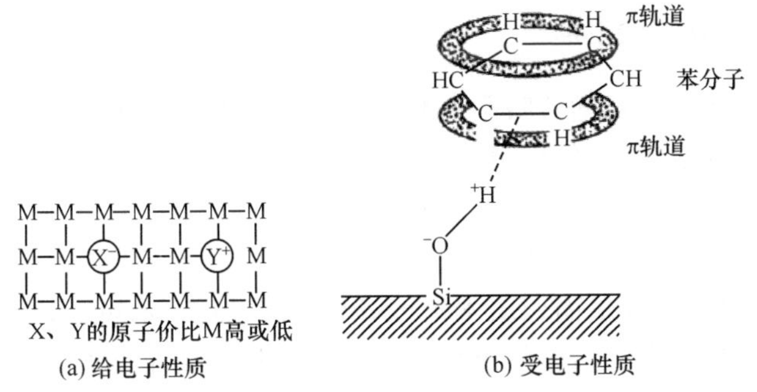


图 1-9　杂质的给电子性质和受电子性质表面羟基接受 π 轨道电子

如图 1-9(b)所示，π 轨道的负电荷分布发生变化，产生电荷移动，不饱和烃被吸附。硝基苯 $C_6H_3(NO_2)_3$ 和四氰乙烯 $(CN)_2CC(CN)_2$ 分子中有多个吸电子的氰根(—CN)或硝基($—NO_2$)，使 π 轨道上的负电荷不足，能够接受电子。反之，具有给电子性质的氢原子和烷基结合在碳原子上时，π 轨道能够提供电子。这些分子能够与表面上的给电子体或受电子体作用生成电荷转移型络合物。

这种吸附型络合物分子的电子轨道反应活性高，可以作为不饱和烃聚合、分解、还原等接触反应的催化剂。二氧化硅表面存在羟基，羟基中的质子具有比较弱的电荷转移作用，所以，二氧化硅能够吸附并分离饱和有机物中的不饱和有机物组分。此外，用吸附剂干燥气体时，如果吸附剂表面存在杂质，例如，硅胶含杂质铝时，在进行吸脱附循环的过程中，表面吸附剂的酸性位与气体中的有机物作用，发生接触分解，造成吸附剂表面的炭化和吸附剂性能的降低。

## 1.4　水相吸附材料发展现状

### 1.4.1　水相吸附的简介

吸附是指在固相-气相、固相-液相、固相-固相、液相-气相、液相-液相等体系中，某个相的物质密度或溶于该相中的溶质浓度在界面上发生改变的现象[61]。国际纯粹和应用化学联合会(IUPAC)建议把处在本体中的吸附质称为“adsorptive”。可以根据吸附量、吸附作用力、吸附层结构表征和研究吸附状态，但吸附量是表征吸附状态的最基本参数。其中水相吸附是指通过气相、液相或固相的吸附剂吸附液相中的重金属离子或营养物溶质。这在工程或自然水系统的污染物和自然微量物质的扩散、生物利用和运动中起到至关重要的作用。例如，吸附过程能使营养物和污染物都堆积到一个固体颗粒上，而不是在水溶液系统中停留。这一系列反应能够确定容易被吸附的物质是否对某目标离子或分子有效，并能确定什么化学反应可能发生。

### 1.4.2 水相吸附材料的发展

人类文明的历史也伴随着吸附材料的发展史，吸附现象在很久以前就被人们利用。据说在古埃及王国，使用最古老的吸附剂对棉、丝等动植物纤维进行染色，用木炭、骨炭对酒、水和砂糖等饮料和食品进行脱色精制。在东亚，与吸附有关的最早的古迹是中国长沙十几年前发现的贵族古墓——马王堆。这个古墓修建于公元前 178 年，古墓结构为里面四层木棺，木棺外面放置 5t 木炭，木炭周围再用白陶土防水。这些完美的保护措施使得墓中的尸体和随葬品在经历了两千多年的漫长时间后依然保持着令人难以置信的完好状态。

至于水相吸附材料，从最初活性炭、硅胶、黏土、树脂到目前研究比较成熟的沸石分子筛、介孔材料(MCM-41、FSM16 等)[62-65]，再到近几年讨论比较多的高分子吸附剂材料、生物吸附等。水相吸附材料种类繁多，各个吸附材料的详细情况将在第 2 章进行介绍。

### 1.4.3 水相吸附材料的应用

吸附法进行废水处理主要还是以活性炭、黏土矿物、吸附树脂等为吸附剂。活性炭主要用于吸附废水中的有机物；黏土矿物主要用于去除金属离子；吸附树脂类则处理有机物和离子兼而有之。从成本来说，黏土和活性炭应用最多[66]。

由于黏土矿物价廉，近来使其表面有机改性用于吸附有机物的研究颇多。各地因地制宜使用本地富产的各种黏土、沸石、硅藻土、甲壳质材料等为吸附剂进行废水处理也多有报道。

近年来因环保意识的增强，废水处理量的增大，选择低廉原料(如各种废弃的植物和动物性原料、变质程度低的品质不好的煤炭等)制备各种吸附剂。有时也应用复合吸附剂。

在选择和制备吸附剂时除要求其高效、低损耗等外，还要易再生，设计简便，流程合理。使吸附剂再生是废水处理不可缺少的环节。

### 1. 处理含金属离子废水

处理含金属离子废水的主要吸附剂是黏土、离子交换树脂、甲壳质类吸附剂、活性炭等[67]。

对于 $Cu^{2+}$、$Zn^{2+}$、$Cd^{2+}$、$Ni^{2+}$ 等离子，沈学优等[68]用膨润土、高岭土和伊利石进行吸附，得到的吸附效果顺序为膨润土＞高岭土＞伊利石，这显然与这些黏土晶格结构的可膨胀性和比表面积有关。Naseem 等[69]将膨润土在 150～200℃活化后，对水中 $Pb^{2+}$ 的去除率达到 96%以上，对酸性溶液中的 $Pb^{2+}$ 去除率也明显提高。凹凸棒土对含有重金属离子的废水处理有应用前景。

陈炳稔[70]系统地研究了可再生甲壳质吸附 $Cr^{6+}$ 与介质 pH 及外加无机盐的性质与浓度、温度等因素有关。结果表明，pH 在 3～5.5 时吸附量最大，这与 $Cr^{6+}$ 在不同 pH 时的存在状态有关。汪玉庭等[71]研究了交联壳聚糖对 $Cu^{2+}$、$Cr^{2+}$、$Zn^{2+}$、$Cd^{2+}$、$Ni^{2+}$、$Pb^{2+}$、$Hg^{2+}$ 重金属离子的吸附。

活性炭可用于吸附水中的 $Cr^{6+}$ 已有许多报道，它还可用于吸附氰化物提取液中的金。活性炭对铀的吸附能力不大，但若将磷酸酯(如双-2-乙基己基磷酸酯)先沉淀于炭表面，可使其对铀的吸附能力提高数倍。这是由于铀可以通过螯合作用附着在表面上。

汞污染引发的水俣病已众所周知。用于处理含汞废水的吸附剂主要有以下几类。

1) 活性炭

在酸性条件下，用活性炭处理低浓度无极汞的效果较好；在碱性条件下，用活性炭处理也有效果。如对汞含量为 $0.48\times10^{-6}$(质量分数)的汞法生产氯乙烯的废水加入 0.5%活性炭进行处理，总汞含量可降低至 $0.053\times10^{-6}$。

2) 离子交换树脂

用强碱性树脂处理含 $1\sim40\times10^{-6}$ 汞废水(以 $HgCl^{3-}$ 形式存在)，处理好汞浓度可降至 $0.01\sim0.1\times10^{-6}$。用离子交换树脂吸附除汞时，除汞效率、吸附汞量及水流通过倍率等，均与水的 pH 及水中盐的浓度有关；在 pH＝2～3，盐浓度＜50%时效果较好。

3) 螯合树脂

在有多配位集的螯合树脂上，给体原子是氧、硫和氮。当与金属 M 发生螯合作用时，形成环状结构。其中，硫脲型、连二硫酸基型、硫醇基型等都是对汞有效的螯合树脂，其他如羊毛和头发等有机固体对汞也有可观的吸附能力。

活性炭纤维的某些有机基团具有强的氧化还原能力，可将 $Au^{3+}$、$Ag^{+}$、$Pt^{4+}$、$Pd^{2+}$ 等贵金属离子还原为低价离子或金属单质，并吸附在活性炭纤维上。用多种氧化剂对活性炭纤维进行表面改性可提高其还原吸附 $Ag(NH_3)^{2+}$ 的能力。

2. 处理含芳香有机物的废水

吸附芳香化合物最好的吸附剂是低氧含量的活性炭，这是因为芳香化合物与炭表面的强烈相互作用。由于黏土矿物价廉，经有机改性后对芳香化合物也有很好的吸附能力。例如，膨润土用十六烷基三甲基溴化铵改性后吸附芳烃，如苯酚、对硝基苯酚、苯胺；十四烷基溴化吡啶改性膨润土吸附萘；十六烷基三甲基溴化铵改性凹凸棒土吸附苯酚等。Viraraghavan 等[72]以三种天然物质(泥炭、飘尘、膨润土)为吸附剂研究了它们对废水中苯酚的吸附。

活性炭纤维的某些有机基团具有强的氧化还原能力，可将 $Au^{3+}$、$Ag^{+}$、$Pt^{4+}$、$Pd^{2+}$ 等贵金属离子还原为低价离子或金属单质，并吸附在活性炭纤维上。用多种氧化剂对活性炭纤维进行表面改性可提高其还原吸附 $Ag(NH_3)^{2+}$ 的能力。

3. 处理含染料的废水

染料分子中大多数含有苯环、杂环和各种极性与非极性基团。活性炭表面不规则交联六角形结构和各种酸性及碱性含氧基团(这些基团的含量可依处理条件不同而变化)，使各种类型的染料分子均可被吸附。换言之，活性炭是处理含染料废水(及各种有色废水)的首选吸附剂。潘建民[73]对染料吸附进行过系统的研究，并有综述性文章发表。戴闽光等[74]也对多种染料在活性炭上的吸附动力学、吸附热力学和吸附机理进行过研究。这些工作对于用活性炭处理含染料废水有指导意义。各类刊物上常有碳素材料吸附染料的具体工作发表。如用竹签、椰壳炭、稻壳炭、花生壳炭等吸附亚甲基蓝，用椰壳纤维吸附罗丹明-B、酸性紫染料和用红泥处理物吸附刚果红等。

改性黏土矿物在含染料废水的处理中也有广泛应用，如用聚合铁改性膨润土吸附酸性大红、酸性黑、活性艳红，用羟基铁对膨润土改性后吸附弱酸性深蓝 GR。利用黏土或改性黏土使各种废水脱色的报道更多。

利用各种型号的吸附树脂吸附染料和使废水脱色早在 20 世纪 60 年代就已有应用[75]。余颖等[76]用自制 NKY 树脂吸附活性艳蓝 KN-R，比较了几种树脂和活性炭的吸附能力，并进行了热力学研究。

4. 废水中纳米污染物的处理

纳米污染物是对废水中多种污染物的新说法。原则上只要一维尺寸大小在 1～100nm 的污染物均可称为纳米污染物，因而几乎所有的不利于环境和人体健康的纳米级无机、有机和生物物质都是纳米污染物。处理废水中纳米污染物的方法仍是絮凝、沉淀、吸附、过滤等，因为这些方法本来就是发生在微界面上的过程。在用吸附法处理废水时，大多都是污染物以分子(离子)或小的聚集体形式吸附于固液界面上。即使对于有机毒物降解的深度化学氧化法，除应用各种物理场的作用以外，主要还是利用这些毒物在纳米级催化剂（如纳米 $TiO_2$）上吸附催化的作用。在工业废水和生活污水应用最多的生化处理中，无论传统工艺（如生物滤池法、生物膜法、活性污泥法等）还是现代发展的新工艺，生物吸附絮凝等微界面作用都是其核心部分[77]。

工业废水和生活污水还可能有各种其他物质（如油脂、农药、无机阴离子、蛋白质、糖等），对这些物质的吸附处理大多也是应用活性炭、黏土、吸附树脂等，只是应根据实际处理体系的性质，对吸附剂进行选择和适当改性。

5. 饮用水处理中的吸附技术

在给水处理中，为了提高水质，需要在工艺末端增加活性炭过滤，去除水中的微量污染物（如 PPCPs、PFCs 等）和消毒副产物。采用颗粒活性炭作为吸附剂，能够满足实际需要。随着水质标准的提高，越来越多的污染物被关注，包括原水残留污染物和消毒副产物[78]。这些污染物的性质各异，对活性炭的要求会更高。因此，需要研究不用活性炭和其他吸附剂对这些污染物的吸附特性和机理，为现场应用提供可靠的吸附剂。

当采用含砷含氟地下水作为饮水水源时，吸附技术能有效去除水中的砷和氟，是地下水除砷除氟的主要方法。地下水除砷除氟是吸附技术在环境领域应用的主要方面，有很大的实际需求。目前针对地下水吸附除砷除氟方面，重点还是开发新型高效吸附剂，提高吸附剂的吸附能力，特别是在低浓度下吸附剂对砷或氟的吸附量；开发适合同时去除 As(Ⅲ)和 As(Ⅴ)的吸附剂，同时去除砷和氟的多功能吸附剂，适合处理砷和氟同时存在的地下水；吸附剂的价格也是限制其应用的重要因素，在制备中尽可能选用廉价金属化合物，采用多金属掺杂的方法制备高效吸附剂。中国科学院生态环境研究中心的曲久辉[79]课题组开发出高效的 Fe-Mn 复合除砷吸附剂，并在实际中得到应用。在除砷除氟吸附剂再生方面，还需要继续开展研究，寻找原位易操作的安全再生方法。另外，针对农场家庭除砷除氟的需求，也要研制高效廉价、使用方便的小型装置。

作为饮用水处理的吸附材料，除了要保证对目标污染物有较好去除效果，还要保证吸附剂性质稳定，不易溶解，不易脱落，自身没有毒性。例如，纳米材料作为吸附剂时，要保证其不脱落，否则自身就是污染物，影响处理后的水质。

6. 水污染应急吸附技术

在突发的环境污染事件中，地表水常常会被严重污染，吸附技术能发挥快速、高效去除污染物的特点，因而被广泛采用[80]。例如，粉末活性炭可以去除水中多种有机物污染物，在 2005 年硝基苯污染松花江事件和 2007 年太湖蓝藻污染事件中发挥了很好的作用。在污染源，活性炭可以快速吸附高浓度的有机污染物，防止其扩散；以低浓度的污染水为水源时，给水厂可以通过在取水口添加粉末活性炭吸附有机污染物，然后在混凝过程中去除吸附污染物的活性炭，达到去除污染物的目的；当然，给水厂也可以通过最后的颗粒活性炭吸附去除残留的污染物。活性炭对疏水性较强的有机污染物的去除效果较好，但对极性强的有机物和重金属吸附能力普遍不强。因此，针对重金属和极性强的有机污染物，开发适用于环境应急的廉价高效吸附剂是以后努力的方向。

7. 持久性有机污染物的处理

近年来，POPs 的危害受到人们的高度关注，如何削减和控制这些污染物也成为热点问题[81]。目前列入 POPs 公约的污染物有 22 种(类)，产品类 POPs 物质(如农药等)列入公约后，其生产和使用就会得到有效控制，最终会停止生产，因此就不存在源头污染问题；而非故意产生的 POPs 类物质(UP-POPs)，如五氟苯、六氯苯和多氯联苯等，会在各种生产中作为副产品不断被产生和排放，如何从源头控制是长期的任务。

在钢铁、水泥、垃圾焚烧等行业的燃烧过程中都会产生和排放 UP-POPs，目前有关二噁英的污染控制研究较多，其中吸附法是重要的控制技术，在实际中得到广泛应用。针对排放烟气中超标的二噁英(排放标准为 0.1ng I-TEQ、$Nm^3$)，在除尘前注入粉末活性炭是常用的方法，能够将气相中的二噁英吸附到活性炭上得以去除。由于二噁英只是由气相转移到固相飞灰中，投加的活性炭增加了危险飞灰的处理量，需要更多场地处理这些危险固体。为了减少活性炭的使用量，可以选用合适高效的活性炭提高对二噁英的吸附效果；也可以使用固定的颗粒活性炭床或在除尘后喷注粉末活性炭并重复使用来充分发挥活性炭的吸附效果，从而降低其使用量。如果能将吸附和催化氧化技术结合，开发具有吸附和催化氧化功能的复合材料，将二噁英富集后催化氧化降解，不仅可以完全分解二噁英，而且可以重复使用材料。这对复合材料有较高的稳定性要求，也是研究的难点。除了二噁英研究较多，其他 UP-POPs 物质控制研究很少，烟气中氯苯类物质尽管毒性远远低于二噁英，但质量浓度比二噁英高很多，也会是将来的研究热点。

8. 药品和个人护肤品的处理

药物和个人护肤品(PPCPs)包括各种各样的化学物质，如各种处方药和非处方药(如抗生素、类固醇、消炎药、镇静剂、抗癫痫药、止痛药、降压药、避孕药、催眠药、减肥药等)、香料、化妆品、遮光剂、染发剂、发胶、香皂、洗发水等[82]。PPCPs 对水环境的污染在全世界范围内受到越来越广泛的关注，成为环境的热点问题。我国是世界上最大的药物生产国，拥有全球最大的药品市场。随着社会经济的发展，个人护理品的生产和使用量迅猛增加。大量 PPCPs 在生产和使用过程中通过各种途径进入水环境，一些 PPCPs 具有环境持久性、生物累积性和高毒性(PBT)，直接危害生态系统和人类的健康，造成潜在环境风险；作为饮用水的水源，PPCPs 也影响饮用水的安全。水污染和控制是国家中长期科技发展支持的重点，以 PPCPs 为代表的微量污染物是水污染控制的重要内容。PPCPs 种类多、水中含量低，但危害大，是今后水污染控制的重点。

随着人们对水中 PPCPs 污染的关注，去除控制这些污染的技术受到人们的重视。吸附法是去除 PPCPs 重要的有效方法之一，具有操作使用简单、效果好等特点。污水和地表水中普遍存在 PPCPs，活性炭是有效的吸附剂。活性炭的孔径大小直接决定不同分子大小的 PPCPs 的吸附效果，同时不同 PPCPs 的基团和活性炭表面的基团也会发生相互作用，产生不同的吸附机理。

PPCPs 种类繁多，含有不同的分子结构和多种基团，而不同的吸附剂对其吸附效果差异也很大，需要继续开展工作阐明不同吸附剂吸附不同 PPCPs 的吸附特性和机理。特别是 PPCPs 是水中微量的污染物，开展选择性吸附也非常重要。吸附剂吸附 PPCPs 后的再生也是实际应用中需要解决的问题，开发具有吸附和氧化降解 PPCPs 的复合材料或吸附-氧化联合技术也是努力的方向。

### 1.4.4 水相吸附材料的展望

在吸附作用的基础研究方面，我国学者在以下领域取得了重要成果，有些受到国际同行的重视：表面活性剂在气液界面的吸附规律；表面活性剂在固液界面吸附的通用等温式；液相吸附的直线型等温式；活性炭对染料的吸附；液相吸附的计量置换模型；分子筛的设计和合成等[83]。

吸附材料是吸附技术的核心和关键，新型高效吸附剂始终是研究中关注的热点，而在实际应用中也要关注吸附剂的成本问题，只有性价比高的吸附剂才能得到应用。随着科技的发展和针对当前环境问题，对吸附材料也提出新的要求。吸附效率高、造价成本低、功能性强、可再生是吸附材料发展的必然趋势。下面简单介绍几种目前比较新型的水相吸附材料和吸附理念。

#### 1. 高效廉价吸附材料

开发廉价高效的吸附材料一直是热点问题。从事材料和化学方面的研究者在开发吸附材料方面具有优势，很多新型高效的吸附剂被开发出来，但这些材料多数没有直接针对环境的需求，属于基础性研究；而从事环境研究者往往缺失制备材料的优势，但熟悉环境问题和需求[84,85]。因此，加强各领域的合作能开发出解决环境问题的实用吸附材料。

高效吸附材料主要体现在吸附量高、吸附速率快和选择性强等方面。吸附量高可以通过提高材料的比表面积和增加材料有效表面的吸附官能团密度来实现，当然要保证多孔材料具有适宜的孔径大小，保证目标吸附质能够进入；吸附质的吸附速率不仅受控于吸附剂的性质(如孔径大小、吸附官能团等)，而且和吸附质的性质有关。无孔吸附剂普遍比多孔吸附剂吸附速率快；颗粒越小的多孔吸附剂吸附速率越快；孔径越大越规则，吸附速率越快，吸附质和吸附剂之间的作用力也影响吸附速率；吸附选择性可以通过空间位置识别(如分子印迹技术)和专一吸附(汞)来实现。

在解决环境问题的实际应用中，吸附剂的价格也是决定因素，只有具有合适性价比的材料才能在实际中得到应用。常见的廉价天然吸附剂往往对污染物的吸附量不高，通过化学改性可以得到高效吸附剂，但往往改性吸附剂具有较高的价格，有的甚至是非常昂贵的价格，限制其推广应用。廉价的活性炭是目前应用最广泛的吸附剂，具有来源广泛、价格低、适用范围广等特点，但对重金属、强极性有机物和大分子污染物吸附效果不理想，也存在再生能耗高、易损失等问题。价格昂贵的高效吸附剂必须具有可再生和重复使用的性能，保证其可长期使用，才可能在实际中得到应用。针对环境中特定的环境问题，开发一些专一高效的吸附剂也是今后的主要方向。

2. 吸附-降解多功能复合材料

吸附只是将污染物从水相中富集分离，污染物没有被降解，从饱和吸附剂上脱附的污染物如果不得到有效处理，还可能污染环境。因此，开发具有吸附和降解复合的多功能材料不仅能实现吸附剂的再生，而且能降解污染物，这一直是研究者努力的方向。吸附到吸附剂上的污染物可以通过生物和催化氧化等方法降解。生物活性炭是典型的吸附同时降解污染物的材料，活性炭不仅可以吸附水中的有机污染物，同时在活性炭表面生长的生物可以降解吸附的污染物，吸附和降解相互促进，达到动态平衡，使活性炭保持相对稳定的吸附能力。吸附氧化复合材料通过吸附剂吸附环境介质的污染物，并采用氧化技术降解吸附的污染物，同时实现吸附剂的再生或污染物降解的目的。研究者尝试过在 $TiO_2$ 颗粒表面聚合苯二胺吸附水中的氯酚，吸附饱和后采用光催化氧化吸附在吸附剂上的污染物，达到分解污染物再生吸附剂的目的。尽管该方法能够分解污染物，实现吸附剂的再生，但光催化氧化没有选择性，也会氧化破坏 $TiO_2$ 表面的有机吸附官能团，降低吸附剂的吸附性能[86]。可见，为了保证吸附剂不被氧化，必须采用抗氧化的材料。无机物在氧化中不容易被氧化，但无机材料对有机物的吸附性较弱，对水中的污染物吸附量不高。有机材料容易吸附有机污染物，但往往不具有抗氧化性，在氧化污染物的同时，吸附材料的吸附官能团也会被氧化。因此，开发稳定的吸附氧化物复合材料是难点问题。吸附剂吸附有机污染物后，也可以通过氧化再生法降解污染物，实现吸附剂的再生。例如，活性炭也会被氧化，而出现活性炭损失的问题。因此，开发具有化学稳定性的吸附-降解复合材料是今后研究的一个重要方向。

3. 纳米吸附材料

目前常见的纳米材料包括碳纳米管、富勒烯、纳米二氧化钛、纳米二氧化硅、纳米铁、纳米氧化铁、纳米银等，其中碳纳米管和纳米二氧化钛产量大、应用广[87]。由于纳米材料具有高比表面积和表面能，对污染物有很强的吸附能力，容易吸附环境中的有毒污染物而改变自身的毒性，影响其迁移和归趋。研究纳米材料在水环境中吸附污染物，揭示微观界面的吸附过程是近年来环境化学的研究热点。目前文献中报道的纳米材料吸附物的污染物主要包括天然有机物(腐殖酸、富里酸等)、芳香族化合物(钛酸酯、菲、氯酚、硝基苯、苯、多环芳烃等)、药物和个人护肤品(PPCPs)(雌二醇、土霉素、四环素、卡马西平、泰乐菌素、磺胺药等)；而研究的纳米材料包括碳纳米材料(碳纳米管、功能化碳纳米材料)、纳米金属(Fe、Cu、Al、Ag)、金属氧化物($TiO_2$、$SiO_2$、$Al_2O_3$、ZnO等)，其中研究最多的是碳纳米管(CNTs)、包括单壁、多壁和功能化的碳纳米管。碳纳米管有较大的比表面积和较强的疏水性，很多研究已经证明其与有机物之间存在较强的吸附作用。有关碳纳米管吸附污染物的报道很多，重金属和有机污染物都可以在碳纳米管上吸附。杨坤和邢宝山系统地总结了碳纳米材料对水中常见的碳氢有机化合物的吸附特征与作用机制的相关研究工作。多数吸附到纳米材料上的污染物在自然环境下，经生物和光照等作用能被降解，而持久性有机物吸附到纳米材料上，难以被降解，其危害性更大，目前这方面的研究还很少。

有关纳米材料在水环境中的稳定性、迁移以及吸附污染物的研究很多，但用纳米材料作为吸附剂去除环境中的污染物的研究并不很多。纳米材料具有较高的比表面积，是理想吸附剂，但由于在水中容易团聚，可利用的比表面积小，也存在难分离和易流失等问题，限制了其直接使用。多数纳米材料的制造成本高，也限制其实际应用。针对这些问题，可以通过将纳米材料负载到多孔材料解决难分离和易流失等问题，如将氧化铁等金属纳米颗粒负载到多孔树脂中；也可以具有磁性的金属材料负载在碳纳米管上，通过磁性分离；可以通过分散和固定的方法降低纳米材料的团聚，提高吸附效果。目前利用无机纳米材料(氧化铁、氧化锰、氧化铝、氧化钛等)吸附去除重金属的研究较多，而纳米材料去除有机污染物的研究不多。碳纳米管对有机物有较好的吸附能力，是理想的吸附材料，但需要克服其在水中容易团聚等问题。如何开发基于碳纳米管的高效吸附剂是将来的一个发展方向，特别是吸附到碳纳米管上的污染物可以通过电化学氧化降解，同时实现吸附剂的再生和污染物的降解。随着碳纳米管制备成本的下降，基于碳纳米管的吸附剂的成本也会得到降低。

4. 生物吸附法

生物吸附法是一种较为新颖的处理含重金属废水的方法，因具有高效、廉价的潜在优势逐渐引起了人们的研究兴趣。所谓生物吸附法就是利用某些生物体本身的化学结构及成分特性来吸附溶于水中的金属离子，再通过固液两相分离来去除水溶液中金属离子的方法。这种方法适合处理大体积、低浓度重金属废水，自 20 世纪 80 年代以来受到广泛关注和研究。随着研究的发展，有机物，如染料造成的色度等也逐步成为生物吸附的研究对象[88]。

人们研究各类生物材料用于重金属吸附，包括细菌、丝状真菌、酵母、藻类、工农业生物废弃物、生物体提取的多糖物质、基因工程菌等。这些材料可以不同程度地吸附各类金属，表现出特异性吸附或非特异性吸附。工农业生物废弃物是较容易大量获得的廉价材料。生物材料均可能成为生物吸附剂的制备原材料，从经济性、实用化角度考虑，低成本的生物材料较易引起人们的兴趣。

从操作可行性及经济性方面考虑，生物吸附剂应具备以下几个条件：①吸附和解吸附率快；②生产成本低，可重复使用；③有理想的粒度、形状、机械强度，以便在连续流系统中应用；④水溶液的两相分离应高效、快速、廉价；⑤具有选择性；⑥再生时吸附剂损失量小，经济上可行。

生物吸附剂有的来自于实验室的规模培养，有的来自于一些发酵工业的废弃微生物，还有的取自于自然环境中（如马尾藻、海藻等），也有少数人用活性污泥作为生物吸附剂进行研究。近年来研究较多的生物吸附剂如表 1-4 所示。

**表 1-4 生物吸附剂的种类**

| 种类 | 生物吸附剂 |
|---|---|
| 生物质 | 纤维素、淀粉、壳聚糖、植物秆 |
| 细菌 | 枯草杆菌、芽孢杆菌、假单胞菌 |
| 酵母 | 啤酒酵母、假丝酵母 |
| 霉菌 | 黄曲霉、米曲霉、黄绿青霉、黑曲霉 |
| 藻类 | 鱼腥藻、小球藻、马尾藻、海带 |

5. 酸碱双功能吸附材料

目前，治理可溶性无机污染物的主要策略是分步处理法，即先利用一种吸附材料选择性吸附废水中的一种电性的离子，而后再选用另外一种吸附材料吸附相反电性的离子。如采用富含酸性中心的吸附材料去除阳离子，再用含有碱性中心的吸附材料去除阴离子。这种方法对于简单的污染体系可能是有效的，但是对于多离子共存的复杂水溶液体系，因受腐殖酸浓度、酸碱度、离子强度、温度和溶解氧的循环等各种因素影响，不同离子和不同基团之间会发生电荷传质、氢键作用、疏水作用等，导致阴、阳离子在吸附材料上发生吸附/络合、解吸释放和迁移转化等复杂的变化，因此很难取得满意的净化效果。例如，对于含铬废水，pH 接近 7 时带有负电荷腐殖酸会部分络合 $Cr^{3+}$ 形成 $CrO_3^{2-}$、$CrO_4^{2-}$ 和 $CrO^{2-}$ 等不同形式的络合物而以阴离子基团形式存在，而部分未被络合的 $Cr^{3+}$ 仍以阳离子形式存在。若用含碱性位点的吸附材料除 $Cr^{3+}$ 后，再要除去相应的 $CrO_3^{2-}$、$CrO_4^{2-}$ 和 $CrO^{2-}$ 的腐殖酸络合物，就需要用含酸性位点的吸附材料或者对废水的 pH 等进行调节。这种微环境的改变会影响腐殖酸与铬离子的络合状态，使原来以 $CrO_3^{2-}$、$CrO_4^{2-}$ 和 $CrO^{2-}$ 等形式存在的阴离子遭到破坏，导致 $Cr^{3+}$ 恢复。因此，发展同时具有多功能活性吸附位点的材料，使之既具有酸性吸附位点，同时也具有特定碱性吸附位点，则可以实现对废水中阴、阳离子的同时吸附脱除，从而达到对无机废水理想的净化效果。

Alauzun 等[89]采用二硫化物和 Boc 保护的氨基作为前体，再通过还原、氧化和热分解，得到了一个骨架上含有磺酸中心，孔道内含有氨基基团的多孔硅材料，这两种基团在催化剂材料表面被隔离。Alauzun 等的工作展示了一个在骨架上和表面上都有有机官能团的介孔有机硅的自组装合成。Jaronie[90]高度评价了 Alauzun 的工作，启示人们可以尝试对性质相反的基团进行协调。此后，不断有学者探索新的表面双功能化途径，其中有机基团和无机载体之间的协同取得了很多进展，利用载体的刚性结构，可较为方便地调控基团间距，实现酸碱和平共处，Asefa 等[91]通过后接枝改性的方法，用氨基对 MCM 分子筛表面进行一步修饰，利用 MCM 分子筛本身硅醇键氢质子的弱酸性得到了酸碱共存的催化剂，Motokura 等[92]在其基础上引入强酸性的基团，进一步增加了协同效应。此外，一系列钒的席夫碱配合物、伯胺和叔胺等通过长链被成功固载到了 MCM 系列分子筛和无定形硅铝基质上。这些材料虽然以催化过程为目标，但完全可以扩展到吸附材料的设计制备，通过设计和制备骨架酸性/表面碱性或者骨架碱性/表面酸性的双功能化吸附材料，可达到同时吸附去除不同荷电性污染物的目的。

## 1.5　水相吸附材料研究方法

### 1.5.1　水相吸附材料的组成结构表征

吸附材料多为多孔性的，多孔材料结构的特殊性使其具有吸附功能并在吸附领域得到了广泛使用。多孔材料中孔结构的不同会影响一系列动力学参数及选择性，还会影响其作为吸附剂自身的寿命、机械强度、耐热性等，所以研究孔结构及其表征，对提高吸附效率和吸附杂质的选择性有重要意义。孔结构的表征包括孔径、孔径分布、孔容和孔隙率等几个方面。多孔材料的表征方法很多，根据检测目的不同，一般可分为氮气低温物理吸附法、X射线小角度衍射法、电子显微镜观察法、气泡法、离心力法、透过法、核磁共振等[93]。

1. 物理吸附法测定表征孔结构

孔结构的测定表征主要有两种方法：物理吸附法和压汞法。压汞测孔[94]被提出后，毛细原理[95]一直是这一技术的理论基础。与压汞法进展平缓的情势不同，物理吸附的研究十分活跃，从提出 Langmuir 方程到 1978 年 6 月第三次国际孔结构学术会议，是以凝聚理论发展带动介孔分析的发展期；20 世纪 70 年代末至今，这一时期孔模型-数学分析与微孔分析获得重大进展，物理吸附研究进入新的发展期。

这一领域关注的重点仍然是介孔分析长期未解决的Ⅳ型等温线滞后回线解释，由于脱附支轨迹常决定于孔网络渗透效应，而吸附支的延迟凝聚又是介稳多层持续的结果，且夹缝孔尤为明显，因此吸附只代表热力学平衡，从而使孔分布计算依据的“理论”正确性成为争论中心。此外回线本身的大小和形状也指示孔填充-孔倒空机制的存在，加上计算机应用发展，促进了密度函数理论（DFT）法和模型等温拟合实验等温线进行孔分布分析。

微孔分析取得实质性进展，尤其体现在改进的 D-R 方程、H-K 方程、Jaronincc 吸附势分布方程和 CA 方程法，以及蒙特卡罗统计模拟的应用[96,97]。

分形几何引入模拟方程，有可能解决孔结构分析中几何不均匀性问题。

分子筛材料孔分布分析达到应用水平，尤其介孔分子筛的工作，可以得到完美定义的Ⅳ型可逆吸附等温线。

试验技术上虽然动态法仪器的使用呈减少趋势，但静态容量法仪器小型化和计算机模拟多种模型软件的制备，使之成为通用化和标准化的孔分析仪器，特别是新的自动低压动力学吸附仪的问世，称为高分辨率吸附（HRADS）技术，可用于研究吸附质在分子筛上的吸附等容热。

孔径（孔隙度）分布测定利用的是毛细凝聚现象和体积等效代换的原理，即以被测孔中充满的液氮量等效为孔的体积。吸附理论假设孔的形状为圆柱形管状，从而建立毛细凝聚模型。由毛细凝聚理论可知，在不同的 $P/P_0$ 下，能够发生毛细凝聚的孔径范围是不一样的，随着 $P/P_0$ 增加，能够发生凝聚的孔半径也增大。对应于一定的 $P/P_0$ 值，存在一临界孔半径 $R_k$，半径小于 $R_k$ 的所有孔皆发生毛细凝聚，液氮在其中填充，大于 $R_k$ 的孔皆不发生毛细凝聚，液氮不会在其中填充。理论和实践表明，当 $P/P_0$ 大于 0.4 时，毛细凝聚现在才发生。通过测定样品在不同 $P/P_0$ 下凝聚氮气量，可绘制出等温吸附脱附曲线，通过不同的理论方法可得出孔容积和孔分布曲线。最常用的计算方法是利用 BJH 理论，通常称为 BJH 孔容积和孔径分布，基于 Kelvin 方程的 BJH 法已被接受为孔分布分析的经典方法。

2. 小角 X 射线衍射测孔结构

晶体 XRD 图谱是对晶体微观结构的一种形象变换，对于多孔材料的表征，利用小角度 XRD 可检测介孔材料的孔道排列的规则程度，有序排列的孔道会在小角度区域(约 10°)产生相应的衍射峰。值得提出的是，小角度 XRD 不能很好地判断多孔材料是否介孔材料，它只是判断介孔材料的有序性，因为堆积层状化合物(特别是以高分子层状模板制备的化合物)层间距很大，小角度区域(约 10°)也会产生相应的衍射峰。另一个值得提出的是，根据 Bragg 方程，在小角度区域，晶面间距(对孔材料来说表示孔径大小)与衍射角的正弦成反比，因此介孔材料的孔径越大，小角度衍射峰出现在越低的角度区域。X 射线小角度衍射法可以给出均匀一致物质上存在的孔径为 1～100nm 孔的某些有用信息，但是对于化学组成变化的样品或含有与孔同样大小颗粒的样品，X 射线小角度衍射峰不可能或很难测定孔的大小，虽然 X 射线小角度衍射峰是一种特殊的技术，但是能满足其应用的物质较少。

由中子小角度散射法可以获得有关孔大小分布的信息，从某种意义上其类似于使用 X 射线，中子还具有以下的优点，由元素到元素散射的横截面的变化比 X 射线小。由 X 射线发现，散射横截面随着原子序数的增加而显著增大，而在使用中子时不存在此现象。因此存在化学不均匀性时，采用中子比使用 X 射线能更加顺利地研究孔的结构。

3. 透射电镜观察

显微镜法以直接观察和测量孔的大小为依据，但是在大多数情况下，由于孔的形状变化不一，在进行有意义的孔的大小测量时经常遇到困难，因而很难获得准确的数据。一般说来，为了得到有关孔结构的定性评价和吸附剂形貌及纹理等方面的特征，显微镜法是非常有效的。

透射电子显微镜(TEM)可以提供样品的形态、粒径、孔径大小和分布情况等，结合电子衍射图，可以知道样品的晶体性质以及每个衍射环所对应的衍射晶面。高分辨透射电子显微镜可以在原子尺度直接观察多孔材料的微缺陷和骨架结构。如果所观察的多孔材料是晶体，将出现晶格条纹图，通过晶格条纹图可以很直观地看到孔结构的有序性、孔排列情况、孔壁厚度以及外来原子的填充情况等。

4. 扫描电镜观察

扫描电子显微镜(SEM)是利用二次电子成像技术对材料表面的显微形貌进行观察。而对于多孔材料，孔穴处不能产生二次电子，故不能成像而显示较深的颜色，这为我们分析多孔材料的 SEM 相片提供了依据。因为扫描电子显微镜的景深大，用它分析多孔材料的优点之一是能在低分辨率的情况下呈现三维立体孔结构图像。用普通扫描电子显微镜只能观察材料的微米级孔结构，因此普通扫描电子显微镜一般多用于观测大孔材料；对于分辨率要求很高的多孔材料的表征，如纳米孔（微孔、介孔）材料，则需要用场发射扫描电子显微镜（FESEM），又称为高倍数扫描电镜，它可以实现分辨率观察。

### 1.5.2 吸附材料的吸附机理及其研究方法

吸附剂的种类繁多，既包括多孔的活性炭、树脂、沸石、活性铝，也包括无孔（少孔）的氧化铁、二氧化钛、纤维、黏土等材料，而环境中的污染物（吸附质）也多种多样，既包括铜、铅、汞等重金属，也包括农药、腐殖酸、内分泌干扰（EDCs）、持久性有机污染物（POPs）、药物和个人护肤品（PPCPs）等有机物。目前吸附都是围绕着吸附剂和吸附质之间一对一、一对多或多对多的研究，阐明吸附特性，揭示吸附机理。

由于吸附剂和吸附质种类繁多、性质各异，吸附特性和机理都有所不同。吸附特性是外在表现，吸附机理是内在的控制因子，是掌握吸附的关键。吸附剂和吸附质的基团决定了吸附机理。常见的吸附作用力包括范德华力、疏水作用、静电作用（离子交换）、络合作用、氢键作用、π-π 键作用等。

范德华力是分子或原子之间的静电相互作用，可以分为诱导力、色散力和取向力三种作用力；范德华力是一种电性引力，它比化学键弱得多；其中分子的大小和范德华力的大小成正比，通常其能量小于 5kJ/mol；通常分子的相对分子质量越大，范德华力越大；在吸附剂和吸附质之间同样存在这样的作用力。除了范德华力，由于吸附剂和吸附质之间的基团作用，会产生多种作用力。吸附剂表面的非极性或弱极性基团可以通过疏水作用吸附非极性或弱极性的污染物；表面含有阴离子基团（羧基、磷酸基、磺酸基等）的吸附剂可以通过阳离子交换吸附水中的阳离子重金属等吸附质；含有季铵基团的吸附剂可以通过阴离子交换吸附水中的阴离子污染物；吸附剂表面的羟基、巯基、氨基等基团可以和重金属发生络合作用，同时这些基团中的氢原子可以和污染物上含有氧、氮的基团发生氢键作用；吸附剂表面的苯环可以通过 π-π 键作用吸附含有苯环的污染物。

吸附机理是吸附研究的难点，多数吸附作用力还只能定性分析，目前还做不到定量分析。上述的一些吸附作用力可以通过吸附特性研究、吸附剂和吸附质的性质分析以及各种仪器分析进行分析推断。例如，阳离子交换树脂吸附阳离子重金属，通过分析吸附过程中释放的离子和吸附的重金属的关系，可以判断离子交换是否是唯一机理；通过吸附等温线分析，可以判断疏水作用是否唯一机理；通过分析吸附剂表面的电性以及污染物在溶液的物种，可以判断静电作用是否吸附等。仪器分析能够为吸附机理的研究提供可靠的直接或间接证据，目前常用的分析手段包括傅里叶红外光谱(FTIR)、X 射线电子能谱(XPS)、X 射线吸收精细结构光谱(X-ray absorption fine structure,XAFS)、核磁共振光谱(NMR)、紫外可见吸收光谱(UV-vis)等。

1. FTIR 分析

FTIR 是研究吸附剂表面官能团的有效手段,可以通过分析吸附剂吸附污染物前后材料表面有效官能团的特征峰变化来判断参与吸附的基团。吸附污染物后,吸附剂表面官能团特征峰的位置会发生偏移,从而证明污染物通过化学键吸附到吸附剂表面的官能团上。例如,氨化吸附剂通过氨基络合吸附重金属时,氨基的特征峰会发生明显的移动。当吸附剂吸附分子结构复杂的有机物时,吸附后的吸附剂红外光谱由于污染物特征峰的存在而变得复杂,有时甚至难以看出特征峰的变化。FTIR 分析得到吸附质官能团的特征峰时,不能说明发生了吸附,因为吸附质也可以通过物理作用或随溶液残留在吸附剂表面。红外光谱需要找出通过化学作用参与吸附的官能团,从而为揭示吸附机理提供依据。粉末吸附剂可以和 KBr 混合,压片后采用投射红外光谱进行分析;如果样品是颗粒较大的吸附剂,则需要采用全反射傅里叶红外光谱分析(ATR-FTIR),样品直接分析,不需磨碎混合。

2. XPS 分析

XPS 不仅可以分析出吸附剂表面的元素及其含量,还可以分析出各元素的价态,判断出同一元素在不同基团的比例。当吸附质通过化学键和吸附剂发生作用时,由于电子发生偏移,导致吸附剂表面相应基团的元素电子束缚能发生改变,从而判断出参与吸附的基团。另外,分析吸附质相应元素的电子束缚能也会发生变化,如重金属被吸附后,其电子束缚能的位置会发生偏移。

3. XAFS 分析

XAFS 包括 X 射线近边吸收光谱(X-ray absorption near-edge structure,XANES)和扩展 X 射线吸收精细结构光谱(extended XAFS,EXAFS)。XAFS 现象只取决于短程有序作用,并且 X 射线吸收边具有元素特征,可以通过调节 X 射线的能量,对凝聚态和软态物质等简单或复杂体系中原子的周围环境进行研究,给出吸收原子近邻配位原子的种类、距离、配位数和无序度因子等结构信息,是研究物质局域结构最有力的工具。XAFS 分析技术在分析无机物的吸附机理方面有广泛的应用。例如,在研究磁赤铁矿吸附 As(Ⅲ)和 As(Ⅴ)的机理时,XANES 证明了 As(Ⅲ)在吸附中没有被氧化,EXAFS 分析出 As(Ⅲ)和 As(Ⅴ)都和磁赤铁矿发生了内层配位,并测出 As-Fe 之间的距离。

4. NMR 分析

NMR 技术是利用具有自旋特性的原子核在外加磁场中吸收射频脉冲能量在相邻能级发生跃迁，产生共振。核磁共振已成为一种鉴定化合物结构和研究化学动力学极为重要的方法。在吸附研究中，可以分析吸附剂表面吸附分子的形态，特别是分子筛等材料表面的吸附行为，是研究吸附剂和吸附质之间相互作用的有效方法。例如，在研究芳香族化合物在碳纳米管上的吸附机理时，利用$^{13}$C-NMR 分析高磁场化学位移，为吸附中的 π-π 键电子供受体（electron-donor-acceptor，EDA）作用提供了依据。

## 参考文献

[1] 韩立端，李功华. 水体主要污染物及评价指标[J]. 生物学教学，1997，6：36-37.

[2] 郑忠安. 污水处理过程监控及综合评价系统设计[D]. 沈阳：东北大学，2002.

[3] 高廷耀，顾国维，周琪. 水污染控制工程[M]. 北京：高等教育出版社，2012.

[4] 杨正亮，冯贵颖，呼世斌，等. 水体重金属污染研究现状及治理技术[J]. 干旱地区农业研究，2005，23(1)：219-222.

[5] 陆阳. 水体中有机污染物的来源及影响[J]. 信阳农专学报，1996，6(4)：42-62.

[6] 韩志荣. 论污水再生利用的意义及前景[J]. 全国污水处理工程，2004，7：28-34.

[7] 孙建民，于丽青，孙汉文. 重金属废水处理技术进展[J]. 河北大学学报（自然科学版），2004，14：438-443.

[8] 郑平. 环境微生物学[M]. 杭州：浙江大学出版社，2010.

[9] 周琪，赵由才. 染料对人体健康和生态环境的危害[J]. 环境与健康杂志，2005，22(3)：229-231.

[10] 夏世斌，许丹，张晟，等. MFC 处理持久性有毒污染物的研究进展[J]. 工业安全与环保，2013，39(5)：1-5.

[11] 李永记. 磁性纳米材料去除水中有毒污染物的应用研究[D]. 重庆：西南大学，2013.

[12] 李静欣，陈志洵. 浅谈水体污染物对水生生物的影响[J]. 黑龙江水产，2001，(2)：29-32.

[13] 张振炜. 氢气潜水应用研究及进展[J]. 海军医学杂志，2001，22(2)：161-163.

[14] 陶永华，殷明. 水中油类污染物生物处理技术方法概述[J]. 海军医学杂志，2001，22(2)：164-166.

[15] 张学佳，纪巍，康志军，等. 土壤中石油类污染物自然降解研究进展[J]. 石化技术与应用，2008，26(3)：273-278.

[16] 雷莹. 外输原油含水率超标分析及处理措施[J]. 中国石油与化工标准与质量，2013，(4)：252.

[17] 魏淑伟. 水体中油污染现状及测定方法研究[J]. 枣庄学院学报，2011，28(2)：92-94.

[18] 张学佳，纪巍，康志军，等. 水环境中石油类污染物的危害及其处理技术[J]. 石化技术与应用，2009，27(2)：181-186.

[19] 隋智慧,秦煜民.油水分离的研究进展[J].油气田地面工程,2002,22(6):115-116.
[20] 李美蓉.回注采出水深度除油复合配方的优选[J].石油化工环境保护,2006,29(2):43-45.
[21] 丰国斌.高含盐油田采出水处理技术研究与应用[J].石油规划设计,2006,17(4):17-19.
[22] 涂华,杨旭,王亮.含油污水处理用浮选剂的分子结构分析及室内评价[D].石油和天然气化工,上海:中国科学院上海冶金研究所,2003,6,1007-3426.
[23] 陈国华.水体油污治理[M].北京:化学工业出版社,2002.
[24] 沈哲.直罗采油厂采油污水回注处理技术研究[D].西安:西安石油大学,2010.
[25] 张海,张旭,钟毅,等.潜流人工湿地去除大庆地区湖泊水体中石油化合物的研究[J].环境科学,2007,28(7):1449-1454.
[26] 汪大翚,徐新华,赵伟荣.化工环境工程概论[M].北京:化学工业出版社,2007.
[27] 北川浩,铃木谦一郎.吸附的基础与设计[M].鹿政理译.北京:化学工业出版社,1983.
[28] 吴飞飞.污水污泥吸附剂除磷及其效能与研究与应用[D].哈尔滨:哈尔滨工业大学,2009.
[29] 李晓微.不同吸附剂对除草剂在土壤中吸附解吸行为的影响[D].哈尔滨:东北农业大学,2009.
[30] 赵振国.吸附作用应用原理[M].北京:化学工业出版社,2005:11-12.
[31] 李鑫,蒋白懿,孙志民,等.活性污泥对垃圾渗滤液吸附等温线的研究[J].辽宁化工,2010,39(2):157-163.
[32] 马宏飞,李薇,韩秋菊,等.废茶渣对 Cr(Ⅵ)的等温吸附模型研究[J].科学技术与工程,2010,12(27):1671-1815.
[33] 马霞,冯莉,王彬果,等.$MnO_2$ 负载蒙脱土的制备表征及其吸附性能[J].功能材料,2008,9(29):1538-1541.
[34] 李琴,翟建平,张文艺,等.膨润土对 $Pb^{2+}$、$Cu^{2+}$、$Cr^{3+}$ 的吸附动力学及等温线研究[J].环境污染治理技术与设备,2006,7(10):55-58.
[35] 王辉,谈世韶,郭汉基.硫水解的吸附等温线模型优选[J].太原工业大学学报,1990,21(3):55-61.
[36] Giles C H, Smith D, Huitson A. A general treatment and classification of the solute adsorption isotherm. I. Theoretical[J]. Journal of Colloid and Interface Science, 1974, 47(3): 755-765.
[37] Goworek J, Nieradka A. Adsorption from ternary liquid mixtures on silica gel and aluminium oxide[J]. Journal of Thermal Analysis and Calorimetry, 1996, 46(2): 417-429.
[38] 李鸿萍.改性松针对废水中染料及重金属离子的脱除研究[D].河南:郑州大学,2011.
[39] 郭卓,袁悦.介孔碳 CMK-3 对苯酚的吸附动力学和热力学研究[J].高等学校化学学报,2007,28(2):289-292.
[40] Weber W J, Morris J C. Proceeding of International Conference on Water Pollution Symposium [M]. Oxford: Pergamon Press, 1962: 231.
[41] 张继义,王利平,常玉枝.麦草对水中苯胺的吸附平衡、热力学和动力学研究[J].农业系统科学与综合研究,2011,27(3):335-343.
[42] 贾海红,韩宝平,马卫兴,等.壳聚糖吸附溴酚蓝的动力学及热力学研究[J].环境科学与技

术,2011,34(5):43-60.

[43] 王英英,温华,史小云,等.土壤矿质胶体对镉的吸附解吸热力学与动力学研究[J].安全与环境学报,2006,6(3):72-76.

[44] 丁世敏,封享华,汪玉庭,等.交联壳聚糖多孔微球对染料的吸附平衡及吸附动力学分析[J].分析科学学报,2005,21(2):127-129.

[45] 湛含辉,罗彦伟,张晶晶.吸附过程中流场分布对液膜扩散传质影响模型的研究[J].环境科学研究,2008,21(2):140-144.

[46] 柏珊珊.介孔分子筛的表面修饰及其对重金属离子的吸附性能研究[D].哈尔滨:哈尔滨工业大学,2010.

[47] 邓述波,余刚.环境吸附材料及应用原理[M].北京:科学出版社,2012.

[48] 刘转年,周安宁,金奇庭.粘土吸附剂在废水处理中的应用[J].环境污染治理技术与设备,2003,4(2):50-57.

[49] 杨仁海,石云兴,严建华,等.非金属矿物吸附剂在水处理方面的应用[J].中国非金属矿工业导刊,2007,59(1):18-21.

[50] 玄哲仙.生物吸附剂桔子皮的制备及对重金属 $Pb^{2+}$、$Cu^{2+}$ 的吸附研究[D].长春:东北师范大学,2006.

[51] 房芳.复合型微生物絮凝剂吸附重金属离子的研究[D].吉林:吉林大学,2003.

[52] 黄君涛,熊帆,谢伟立,等.吸附法处理重金属废水研究进展[J].水处理技术,2006,32(2):9-12.

[53] 尤涛.活性炭对甲酚异构体的吸附、解吸与生物再生[D].辽宁:大连理工大学,2008.

[54] 近藤精一,石川达雄,安倍郁夫.吸附科学[M].李国希译.北京:化学工业出版社,2005.

[55] 冯玉杰,孙晓君,刘俊峰.环境功能材料[M].北京:化学工业出版社,2010.

[56] 李莉,袁文辉,韦朝海.二氧化碳的高温吸附剂及其吸附过程[J].化工进展,2006,25(8):918-922.

[57] Lenard-Jones J E, Staudinger H, Meyer K H, et al. General discussion[J]. Transactions of the Faraday Society, 1936, (32): 37-38.

[58] 张立.高性能一氧化碳沸石分子筛吸附剂的研究[D].太原:太原理工大学,2008.

[59] Fujii S, Sugimoto O. Note on the electric quadrupole absorption in the nuclear photo-reaction [J]. Il Nuovo Cimento, 1959, (6): 513-522.

[60] 鞠菲.离子交换树脂的有机物污染及其复苏[J].中国环境管理干部学院学报,2015,25(1):71-72.

[61] 赵振国.吸附作用应用原理[M].北京:化学工业出版社,2005.

[62] Guo B, Chang L P, Xie K C. Adsorption of carbon dioxide on activated carbon[J]. Journal of Natural Gas Chemistry, 2006, 137: 223-229.

[63] 程燕茹,王玉婴,蒋南飞,等.硅胶的发展现状及应用[J].化学工程师,2014,228(9):36-39,51.

[64] 陈鹏,潘健民,周雅菲.介孔分子筛在改善环境方面的研究进展[J].中国科技纵横,2014,(4):14,16.

[65] 张世春,王恩文,雷绍民,等. 沸石分子筛在大气与水污染治理应用的研究进展[J]. 无机盐工业,2014,46(11):9-12,16.

[66] 雷明婧,朱健,王平,等. 粘土矿物无机柱撑改性及其吸附研究进展[J]. 中南林业科技大学学报,2012,32(12):67-71.

[67] 张树强. 甲壳素去除水体中金属离子的性能研究[J]. 广东水利水电,2002,(6):29-30.

[68] 沈学优,陈曙光,王烨. 不同粘土处理水中重金属的性能研究[J]. 环境污染与防治,1998,20(3):15-18.

[69] Naseem R,Tahir S. Removal of Pb(II) from aqueous/acidic solutions by using bentonite as an adsorbent[J]. Journal of Environmental Engineering,2009,35(16):3982-3986.

[70] 陈炳稔. 可再生甲壳质的吸附特性研究[M]. 广州:华南理工大学出版社,1998.

[71] 汪玉庭,程格,朱海,等. 交联壳聚糖对重金属离子的吸附性能研究[J]. 环境污染与防治,1998,20(1):1-3.

[72] Viraraghavan T,Alfaro F M. Adsorption of phenol from wastewater by peat,fly ash and bentonite[J]. Journal of Hazardous Materials,1988,(1):59-70.

[73] 潘健民. MCM-48 介孔分子筛与染料废水处理研究[M]. 南京:南京大学出版社,2014.

[74] 戴闽光,林清清,阙凯文. 活性炭的 Zeta 电位对其吸附各种染料规律的影响[J]. 林产化学与工业,1994,14(2):25-30.

[75] 孙琳,刘春萍,刘淑芬,等. 胺基酚醛型吸附树脂对染料废水的吸附与脱色[J]. 离子交换与吸附,2006,22(6):571-576.

[76] 余颖,张永刚,庄源益. NKY 功能化树脂静态吸附混合染料的研究[J]. 环境化学,2003,22(4):353-358.

[77] Sahle-Demessie E,Tadesse H. Kinetics and equilibrium adsorption of nano-$TiO_2$ particles on synthetic biofilm[J]. Surface Science,2011,(13-14):1177-1184.

[78] Qada E N E,Allen S J,Walker G M. Adsorption of basic dyes onto activated carbon using microcolumns[J]. Industrial and Engineering Chemistry Research,2006,(17):6044-6049.

[79] 常芳芳,曲久辉,刘锐平,等. 铁锰复合氧化物的制备及吸附除砷性能[J]. 环境科学学报,2006,26(11):1769-1774.

[80] 陆曦,梅凯. 突发性水污染事故的应急处理[J]. 中国给水排水杂志,2007,23(8):14-18.

[81] Baisa N,Bouzazab A,Guerniona P Y,et al. Elimination of persistent organic pollutants (POPs) by adsorption at high temperature: The case of fluoranthene and hexachlorobenzene[J]. Chemical Engineering and Processing:Process Intensification,2008,(3):316-322.

[82] Xu J,Wu L,Chang A C. Degradation and adsorption of selected pharmaceuticals and personacare products (PPCPs) in agricultural soils[J]. Chemosphere,2009,(10):1299-1305.

[83] 王春霞,朱利中,江桂斌. 环境化学学科前沿与展望[M]. 北京:化学工业出版社,2000.

[84] 黄剑,唐辉,方瑞萍,等. 高分子吸附材料的研究进展[J]. 化工新型材料,2014,42(4):84-88.

[85] 朱坤坤,彭政,龚霄,等. 鱼鳞吸附材料研究进展[J]. 食品工业科技,2013,34(12):396-400.

[86] 柏耀辉,孙庆华,邢瑞,等. 生物沸石对吡啶、喹啉的降解与吸附作用[J]. 环境科学,2010,31

(9):2143-2147.

[87] Prasad B, Ghosh C, Chakraborty A, et al. Adsorption of arsenite ($As^{3+}$) on nano-sized $Fe_2O_3$ waste powder from the steel industry[J]. Desalination, 2011, (1/2/3): 105-122.

[88] Oudshoorn A, van der Wielen L A M, Straathof A J J. Adsorption equilibria of bio-based butanol solutions using zeolite[J]. Biochemical Engineering Journal, 2009, (1): 99-103.

[89] Alauzun J, Mehdi A, Reyé C, et al. mesoporous materials with an acidic framework and basic pores. A successful cohabitation[J]. Journal of the American Chemical Society, 2006, 128: 8718-8719.

[90] Jaroniec M. Organosilica the conciliator[J]. Nature, 2006, 442: 638-640.

[91] Sharma K K, Asefa T. Efficient bifunctional nanocatalysts by simple postgrafting of spatially isolated catalytic groups on mesoporous materials[J]. Angewandte Chemie International Edition, 2007, 46: 2879-2882.

[92] Motokura K, Tomita M, Tada M, et al. Acid-base bifunctional catalysis of silica-alumina-supported organic amines for carbon-carbon bond-forming reactions[J]. Chemistry -A European Journal, 2008, 14: 4017-4027.

[93] 吴秀文,马鸿文,李志宏,等. 介孔分子筛孔尺寸表征方法比较[J]. 材料导报,2006,(2):53-55.

[94] 四川省化学研究所. 压汞测孔仪测量装置的改进[J]. 化工自动化及仪表,1976,(3):76-78.

[95] Tanyanyiw J. Improved capacitively coupled conductivity detector for capillary electrophoresis[J]. Analyst, 2000, 127: 214-218.

[96] Lashaki M J, Fayaz M, Niknaddaf S, et al. Effect of the adsorbate kinetic diameter on the accuracy of the Dubinin-Radushkevich equation for modeling adsorption of organic vapors on activated carbon[J]. Journal of Hazardous Materials, 2012, 241/242: 154-163.

[97] Rasmussen C J, Vishnyakov A, Neimark A V. Monte Carlo simulation of polymer adsorption[J]. Adsorption, 2011, 17(1): 265-271.

# 第 2 章　典型的水相吸附材料

吸附材料是能有效地从气体或液体中吸附其中某些成分的固体物质。吸附材料一般有以下特点:大的比表面、适宜的孔结构及表面结构;对吸附质有强烈的吸附能力;一般不与吸附质和介质发生化学反应;制造方便,容易再生;有良好的机械强度等。吸附材料可按孔径大小、颗粒形状、化学成分、表面极性等分类,如粗孔和细孔吸附材料,粉状、粒状、条状吸附材料,碳质和氧化物吸附材料,极性和非极性吸附材料等。

由前叙可知,水相吸附是指固体物质表面富集周围液体介质中的分子或离子的过程,根据作用力的不同,吸附包括物理吸附和化学吸附。对于吸附材料的分类,根据材料的比表面积大小,可以分为多孔吸附材料和无孔吸附材料;根据材料的吸附机理,可以分为化学吸附剂、物理吸附剂和亲和吸附剂;根据材料的形态和孔结构,可以分为球形颗粒吸附剂、纤维形吸附剂和无定形颗粒吸附剂;根据组成成分,把吸附材料分为无机吸附材料、有机(高分子)吸附材料和纳米吸附材料。本章主要介绍一些典型的无机、有机和纳米吸附材料。

## 2.1　无机吸附材料

无机吸附材料是指具有一定孔结构、很大比表面积的一类天然或人工合成的无机化合物,往往具有离子交换性质,因此通常称为无机离子交换剂,其特点是来源广泛、成本低廉、吸附量较高。无机吸附材料是最常见的吸附材料,具有很高的性价比,故其应用最为广泛,其中的代表有活性炭、沸石分子筛、硅胶、活性氧化铝以及一些黏土矿物和其他一些无机吸附材料,其中分子筛、硅胶常作为高选择性吸附剂(色谱的固定相)和催化剂载体。

### 2.1.1　活性炭

活性炭又称活性炭黑,是黑色粉末状或颗粒状的无定形碳。活性炭是由含炭为主的物质作原料,经高温炭化和活化制得的疏水性吸附剂[1]。活性炭含有大量微孔,具有巨大的比表面积,能有效地去除色度、臭味,可去除二级出水中大多数有机污染物和某些无机物,包含某些有毒的重金属。由于原料来源、制造方法、外观形状和应用场合不同,活性炭的种类很多[2]。

按原料来源可分为木质活性炭、兽骨、血炭、矿物质原料活性炭、其他原料的活性炭、再生活性炭等。按制造方法分为物理法活性炭、化学法活性炭、物理-化学法活性炭等。按外观形状分为粉状活性炭、颗粒活性炭、球形活性炭、不定形颗粒活性炭、圆柱形活性炭、其他形状的活性炭等。

### 1. 活性炭的性能

1）吸附性

活性炭是一种很细小的炭粒，有很大的表面积，而且炭粒中还有更细小的孔——毛细管。这种毛细管具有很强的吸附能力，由于炭粒的表面积很大，所以能与气体（杂质）充分接触。当这些气体（杂质）碰到毛细管被吸附时，起净化作用。活性炭的表面积研究是非常重要的，活性炭的比表面积检测数据只有采用 BET 方法检测出来的结果才是真实可靠的。

2）催化特性

活性炭在许多吸附过程中伴有催化反应，表现出催化剂的活性。例如，活性炭吸附二氧化硫经催化氧化变成三氧化硫。由于活性炭有特异的表面含氧化合物或络合物存在，对多种反应具有催化剂的活性，例如，使氯气和一氧化碳生成光气。由于活性炭和载持物之间会形成络合物，这种络合物催化剂使催化活性大增，例如，载持钯盐的活性炭，即使没有铜盐的催化剂存在，烯烃的氧化反应也能催化进行，而且速度快、选择性高。由于活性炭具有发达的细孔结构、巨大的内表面积和很好的耐热性、耐酸性、耐碱性，可作为催化剂的载体。例如，有机化学中加氢、脱氢环化、异构化等的反应中，活性炭是铂、钯催化剂的优良载体。

3）化学性能

活性炭的吸附除了物理吸附，还有化学吸附。活性炭的吸附性既取决于孔隙结构，又取决于化学组成。活性炭不仅含碳，而且含少量的化学结合、功能基团的氧和氢，如羰基、羧基、酚类、内酯类、醌类、醚类。这些表面上含有的氧化物和络合物，有些来自原料的衍生物，有些是在活化时、活化后由空气或水蒸气的作用而生成的。有时还会生成表面硫化物和氯化物。在活化中原料所含矿物质集中到活性炭里成为灰分，灰分的主要成分是碱金属和碱土金属的盐类，如碳酸盐和磷酸盐等。这些灰分含量可经水洗或酸洗的处理而降低。

4）机械特性

（1）粒度：采用一套标准筛筛分法，求出留在和通过每只筛子的活性炭质量，表示粒度分布。

（2）静观密度或堆密度：包括孔隙容积和颗粒间空隙容积的单位体积活性炭的质量。

（3）体积密度和颗粒密度：包括孔隙容积而不包括颗粒间空隙容积的单位体积活性炭的质量。

(4) 强度:即活性炭的耐破碎性。

(5) 耐磨性:即耐磨损或抗摩擦的性能。

这些力学性质直接影响活性炭应用,例如,密度影响容器大小;粉炭粗细影响过滤;粒炭粒度分布影响流体阻力和压降;破碎性影响活性炭使用寿命和废炭再生。

### 2. 活性炭的制备和改性

木质活性炭可由木材、锯屑、果核、硬果壳、蔗糖浆粕、秸秆等制备得到。其中椰子壳已成为制造活性炭最常用的原料,这些原料大都是工业、农业生产产生的废弃物,将它们加工成活性炭在变废为宝的同时节约了大量自然资源[3]。

活性炭制备一般需要经过炭化和活化两个阶段,其中活化是造孔阶段,最为关键。炭化是把有机原料在隔绝空气的条件下加热以减少非碳成分,制作出适合于后一步活化反应的碳质材料。活化,即造孔过程,气体与碳发生氧化反应,将碳化物表面侵蚀,使之产生微孔发达的构造,同时高温产生的水煤气能将附在炭表面的有机物除去,使炭产生活性。活化一般是通过气体活化和药剂活化来实现的。气体活化法首先在 400～500℃炭化以除去大部分挥发物质,然后在 800～1000℃部分汽化以扩大活性炭的孔隙度和比表面积。因为内表面积反应速率远远小于孔径的扩散速率,汽化过程有时采用比较温和的氧化性气体,如二氧化碳和水蒸气或烟气进行活化,同时也可保证在造粒过程中孔隙的形成比较均一。活化过程一般采用固定床,近些年来也有使用流化床。气体活化和药剂活化各有优势和不足。气体活化多生产颗粒状活性炭,微孔居多,更适合吸附小分子污染物,生产成本较低,对环境污染小,但活性炭收率不高,活化温度较高;药剂活化法多制备粉状活性炭,孔径可控,可制备微孔或中孔为主的产品,但对环境污染较大,而且对设备腐蚀性大。

活性炭的主要成分除了碳还有氧、氢以及少量灰分。纯的炭表面应该是极性的,但实际上表面总有若干碳-氧络合物 $C_xO_y$,其组成可变。300～500℃时,碳与氧反应形成表面氧化物,与水作用生成酸性表面基团,800～1000℃加热可形成碱性基团。

### 3. 影响活性炭吸附性能的因素

活性炭的特性、被吸附物的特性和浓度、废水的 pH、悬浮固体含量、接触系统及运行方式等因素都会影响活性炭的吸附性能。活性炭吸附是城市污水高级处理中最重要最有效的处理技术,得到了广泛应用。

常规活性炭的孔径分布不规则,主要以微孔为主。为了提高吸附效能,中孔活性炭受到关注。中孔活性炭也称为介孔活性炭,孔径范围在 2～50nm,可以通过模板法、催化活化法、有机凝胶炭化法及自组装制得。相对于普通活性炭，介孔活性炭具有原子水平无序、介观水平有序、孔隙率高、孔径分布窄、孔径大小可调等特点，是很好的储氢材料和吸附分离材料，对大分子有机污染物有很好的吸附去除效果。

活性炭的吸附行为：①气体吸附，当气体的相对压力适宜时，在活性炭的中孔内可发生毛细凝结，大孔则是单层或多层吸附，微孔的吸附机制是微孔填充。对活性炭吸附起主要作用的是由微孔提供的巨大表面积。②溶液吸附，活性炭就主体而言为非极性吸附剂，极易从水溶液中吸附非极性和长链有机物，但活性炭表面有含氧基团，所以对某些极性物（特别非水体系中）也有吸附能力。

为了使活性炭适合吸附不同的污染物，需要对活性炭表面结构特性和表面化学性质进行改性，这就是活性炭改性。表面物理结构改性是指通过物理或者化学方法增大活性炭比表面积，控制孔径大小及其分布，从而提高其物理吸附性能。表面化学性质改性主要是通过氧化还原反应提高活性炭表面含氧酸性、碱性基团的相对含量以及负载金属改性，提供特定吸附活性点，调节其极性、亲水性以及与金属或金属氧化物的结合性，从而改变对极性、弱极性或非极性物质的吸附能力[4]。表面氧化改性是利用硝酸或过氧化氢等强氧化剂来氧化活性炭表面官能团，提高表面含氧酸性官能团的数量，增强极性和亲水性，可提高对极性有机污染物的吸附；表面还原改性，利用还原剂（氢气、氮气、氨水、苯胺）对活性炭表面官能团进行还原处理，提高碱性官能团的数量，另外，表面含有含氮官能团的活性炭对重金属和阴离子污染物有较好的吸附能力；负载金属改性是指活性炭表面吸附金属离子，然后利用活性炭的还原性将其还原成单质或者低价态离子，再通过金属离子或金属对污染物进行更强的吸附。

#### 4. 活性炭在水相吸附中的应用

活性炭广泛用于饮用水和废水处理两大方面。在饮用水处理方面，活性炭吸附建立在常规给水处理基础上，一般设置在砂过滤之后，也可与砂滤料组成双层滤料过滤或以活性炭过滤代替砂过滤。在利用活性炭吸附进行饮用水深度处理的过程中，发现在活性炭滤料上生长有大量的微生物，使出水水质提高且再生延长，于是发展了一种经济有效的去除水中的微污染物质的生物活性炭工艺，流程为原水—(加入混凝剂)—澄清—过滤(加入臭氧)，再利用活性炭吸附，最后出水。

活性炭广泛用于废水处理。废水中的一些有机物是难以为微生物或一般氧化法所氧化分解的，如酚、苯、石油及其产品、杀虫剂、洗涤剂、合成染料、胺类化合物以及许多人工合成有机物，经生化处理后很难达到对排放要求较高的水体中排放的标准，也严重影响废水的回用，因此需要深度处理。

在污水进行深度处理中，活性炭多用于除去二级生物处理中无法去除的难降解溶解性有机物，如木质素、丹宁、黑腐素等[5]。除了溶解性有机物，表面活性剂、重金属、余氯以及色度均能在一定程度上去除。在对工业废水的处理中，活性炭吸附工艺不仅处理程度高、应用范围广，而且适应性强，对于特殊废水还能回收有用物质。例如，在含酚废水的处理中，达到吸附饱和的活性炭用碱再生后可回收酚钠盐。

由于活性炭对有机物的吸附能力强，在废水深度处理中得到广泛应用，具有以下优点。

(1) 处理程度高，城市污水用活性炭进行深度处理后，BOD 可降低 99%，TOC 可降到 1～3mg/L。

(2) 应用范围广，对废水中绝大多数有机物都有效，包括微生物难于降解的有机物。

(3) 适应性强，对水量及有机物负荷的变动有较强的适应性能，可得到稳定的处理效果。

(4) 粒状炭可进行再生重复使用，被吸附的有机物在再生过程中被烧掉，不产生污泥。

(5) 可回收有用物质，例如，用活性炭处理含酚废水，用碱再生吸附饱和的活性炭，可以回收酚钠盐。

(6) 设备紧凑、管理方便。

此外，活性炭在其他领域也用途广泛，例如，在食品行业用于饮料、酒类、味精母液及食品的精制、脱色、提纯、除臭；在黄金行业用于炭浆法、堆浸法提金工艺中黄金提取和尾液回收。

由前叙可知，活性炭广泛应用于饮用水、工业用水和废水的深度净化和生活、工业水质净化及气相吸附，如发电、石化、炼油、食品饮料、制糖制酒、医药、电子、养鱼、海运等行业水质净化处理，能有效吸附水中的游离氯、酚、硫和其他有机污染物，特别是致突变物(THM)的前驱物质，达到净化除杂去异味。还可用于工业尾气净化、气体脱硫、石油催化重整、气体分离、变压吸附、空气干燥、食品保鲜、防毒面具、解媒载体，以及工业溶剂过滤、脱色、提纯等。

活性炭有脱硫脱氮的作用。通常工业处理烟气多用吸收法单独脱硫，廉价高效，但是如果要同时脱硫脱氮则非常困难，而利用活性炭对低浓度 $SO_2$ 进行吸附处理，可以同时对 $NO_x$ 进行较彻底的去除且能回收利用[5]。活性炭脱硫脱氮既可分别进行、分别回收，也可同时进行，且相对于其他吸附材料，活性炭吸附处理速率快、吸附量大、效果明显。但是也存在两个问题：一是活性炭再生缓慢；二是由于多数烟气中还有氧气，易导致活性炭着火甚至爆炸。

活性炭有去除 VOCs 的作用。活性炭吸附处理挥发性有机污染物(VOCs)现在已广泛应用于石油化工、有机化工等部门，是主要的处理单元。VOCs 与多孔性吸附材料接触，利用其表面的范德华力和化学键力，将 VOCs 固着在固体表面，工业上多用颗粒状、粉末状或纤维状活性炭代替其他吸附剂（氧化铝、硅胶等），主要因为废气中多含有水蒸气，水分子显极性容易和吸附剂上带有极性的分子进行结合，降低吸附效果[5]。相对其他吸附材料，活性炭极性最小，吸附性能最佳。对于份量较大，而浓度较低的 VOCs 废气处理，将传统吸附与催化燃烧处理有机废气的工艺相融合，已达到净化目的。

对于室内环境净化，活性炭吸附可以达到脱湿、去除有害气体、脱臭的效果。相对通风条件不好或空调通风系统能耗大的地方，活性炭吸附净化器可以用来弥补不足。净化器一般用于吸附空气中的恶臭物质及有害物质，活性炭吸附性能降低时需要及时更换。对于有机溶剂类气体，使用普通活性炭；而对于氨气、硫化氢等腐败性臭气，则使用改性活性炭，但活性炭吸附饱和后污染物的再释放是需要解决的问题。

近些年来，活性炭的改性技术不断得到发展和改进，相信活性炭在水相吸附和其他方面会更好地服务于人们。

### 2.1.2 沸石

无机微孔材料由于具有规则的孔道以及丰富的组成而广泛应用于离子交换、催化、吸附等领域。沸石作为微孔材料中的一个重要家族，它的应用也日益广泛。沸石(zeolite)是一种矿石，最早发现于 1756 年。瑞典的矿物学家克朗斯提(Cronstedt)发现有一类天然硅铝酸盐矿石在灼烧时会产生沸腾现象，因此命名为“沸石”。其化学通式为 $A_{x/n}[(AlO_2)_x(SiO_2)_y]\cdot m(H_2O)$，A 为 Ca、Na、K、Ba、Sr 等阳离子，$y/x$ 通常在 1～5，$(x+y)$是单位晶胞中四面体的个数。

#### 1. 沸石的性能及改性

沸石是沸石族矿物的总称，是一种含水的碱金属或碱土金属的铝硅酸矿物。按沸石矿物特征分为架状、片状、纤维状及未分类四种，按孔道体系特征分为一维、二维、三维体系。任何沸石都由硅氧四面体和铝氧四面体组成。四面体只能以顶点相连，即共用一个氧原子，而不能“边”或“面”相连。铝氧四面体本身不能相连，其间至少有一个硅氧四面体，而硅氧四面体可以直接相连。硅氧四面体中的硅，可被铝原子置换而构成铝氧四面体，但铝原子是三价的，所以在铝氧四面体中，有一个氧原子的电价没有得到中和，而产生电荷不平衡，使整个铝氧四面体带负电。为了保持中性，必须由带正电的离子来抵消，一般由碱金属和碱土金属离子来补偿，如 Na、Ca 及 Sr、Ba、K、Mg 等金属离子。由于沸石具有独特的内部结构和结晶化学性质，因而使沸石拥有多种可供工农业利用的特性。

人工合成沸石是以含硅和含铝的盐为原料，经过水热合成孔径大小与分子大小相当的材料，也称为分子筛。沸石是一种强极性吸附剂，极易吸附水分子等极性分子，且由于自身铝硅比和孔径大小不同，对不同极性分子具有选择性，孔道内有可被交换的金属阳离子，对某些特定分子有特殊的吸附作用[6]。

沸石的制备和改性：由于天然沸石矿物纯度较低，硅铝比又比较高，所以吸附性能和阳离子交换容量普遍偏低，这一特点限制了它们在环保等高产值领域中的应用。我国拥有非常丰富的天然沸石资源，但是沸石矿的开发和利用还处于初级阶段，现有的沸石合成技术生产成本高、工艺复杂，已经远远不能适应发展要求。因此，合理利用廉价的天然沸石矿床，具有重要的现实意义。目前，天然沸石最常见的改性方法是加热活化法、离子交换法和碱溶液水热法，这些方法都能在一定程度上提高天然沸石的离子交换容量和稳定性。徐超等[7]使用 NaCl 和 NaOH 溶液对天然斜发沸石进行改性，以增强沸石的离子交换和吸附性能。

### 2. 沸石滤料在水相吸附中的应用

#### 1）吸附废水中的氨氮

利用沸石的离子交换能力，可以吸附废水中的氨氮，也可以利用改性沸石处理高氟污水或地下水，有价格低的优势，但吸附容量往往不高。活化沸石是天然沸石经过多种工艺活化而成的，其吸附性能比天然沸石更强，离子交换性能也更好，不仅可以去除水中的浊度、色度、异味，而且对水中有害的重金属，如铬、镉镍、锌、汞、铁离子，以及有机物酚、三氮、氨氮、磷酸根离子等物质具有吸附交换作用，也有利于去除水中各种微污染物，因此活化沸石是工业给水、废水处理及自来水过滤的新型理想滤料。

$NH_4^+$ 存在于水中是一个严重的环境问题，因为它毒害鱼和水生生物，造成海藻污染、溶解氧减少，对供水的消毒产生有害影响，对某些金属和建筑材料有腐蚀作用。

在我国，沸石在城市和工业污水除 $NH_4^+$ 和处理污水清除重金属方面应用最广泛。实践证明，采用斜发沸石离子交换塔柱处理城市、工业污水中 $NH_4^+$ 的效果，均比空气清洗法、拐点氯化法好。

用模拟和真实的城市污水进行的实验研究，详细研究了影响用斜发沸石除铵的因素。这些研究的主要成果如下：①斜发沸石交换铵的总能力随着铵的初始浓度降低、流速和干扰阳离子浓度的增高而降低；②斜发沸石交换铵的总能力对铝斜发沸石和钙斜发沸石差不多相同，而钠斜发沸石的饱和容量要大 1 倍多；③水除铵的最佳 pH 取值范围为 4 和 8 之间；④活性预处理使斜发沸石交换铵的总能力稍有增强；⑤减小斜发沸石的粒度会增高使用阶段中铵的吸入量以及再生阶段中洗提出来的铵的数量；⑥在特定的 pH 条件下除某个极限值外，提高再生剂中 NaCl 的浓度不影响所需再生剂的数量；⑦流动速度和柱床长度对再生结果没有太大的影响。

除斜发沸石以外的沸石，如钙十字沸石、菱沸石、丝光沸石和毛沸石，一直被认为能用于污水除铵。比较分批投料和整体投料的结果表明，钙十字沸石对铵的选择性最强，阳离子交换能力也最强。另外，含钙十字沸石的物质被证明比较容易粉碎，因此不如含斜发沸石的物质那样适合塔柱生产。

最后应当指出的是，将含沸石物质用于水产养殖（渔场）。实际上，用斜发沸石柱床过滤水，能有效地除去鱼类排泄出的对鱼类本身有毒的铵。用钙十字沸石柱床过滤养殖金鱼和淡菜的水获得了同样的效果。

2）吸附重金属

在处理污水清除重金属方面，沸石也能扮演重要角色。

由于下列原因，重金属排放到污水中是一个非常严重的环境问题：①它们对动、植物乃至对人类（经过食物链）有毒；②它们在许多工业生产过程中广泛使用。这种污染源的多样性反映在污水中重金属浓度范围的广阔性。

国外利用沸石在“三废”、重金属、核废料处理等方面，均取得很好的效果。沸石在安徽省巢湖、淮河的治理，合肥市大城市化所带来的污染处理中，发挥了巨大的潜在的作用，并取得良好的社会效益和经济效益。

就钙十字沸石而言，已报道的所有数据说明，即使在有大量干扰剂存在的条件下都具有非常肯定的结果（有效交换能力 WEC、选择性 $S$ 和效率 $E$ 等值都很高，质量交换带很短）。就钠菱沸石而言，在加入干扰剂少时才得到肯定的结果。

可以用直接加入廉价的粉末状含沸石废弃物质来进行污水除铅。

用将波特兰水泥熟料掺和进 75%用过的含铅石粉制成的水泥浆和用将波特兰水泥熟料结合 10%用过的含铅石粉制成的水泥砂浆所做的淋洗试验都表明，释放出的铅低于法定限度。静态条件下的污水除铅的难处在于非常严格的法定限度（0.02mg/L），要达到此值，可直接将含沸石物质加进污水中，但会产生大量的污泥。

对其他重金属的吸附，文献中有关于将含沸石物质直接加进污水中以去除水中镍、铜、汞和银，以及通过在靠菱沸石凝灰岩颗粒支撑的氧化锰层上发生氧化和沉淀反应去除水中镍和锰的研究报道。

3）处理酸性矿坑水

有人提出用天然沸石（钙十字沸石、菱沸石、斜发沸石、丝光沸石和毛沸石）来处理酸性矿坑水并做了静态和动态实验。用天然沸石处理的酸性矿坑水的特点是 $2<pH<3$，并含有浓度为 1.2mg/L 到几百毫克每升的 Al、Ca、Cd、Co、Cu、Fe、K、Mg、Mn、Na、Ni、Pb 和 Zn。根据静态试验结果得到了下列有效交换容量系列的总趋势：Pb>Ca>Zn>Mn>Cu>Cd>Al>Ni。塔柱试验结果表明，要取得最大的交换量，需要很长的接触时间，将两个或更多的柱床串联在一起使用会更有效；因为某些污染离子的穿透曲线，在穿线点上保留了大量没有使用的交换容量。

在几种具有环境保护作用的工业矿物中，沸石独占鳌头。方沸石对离子直径小于 0.266nm 的 Cu、Cr、Cd 等有较高的阳离子交换容量。据报道，日本在金属加工的后处理（如电镀厂）工程中，用方沸石对废液中的这些有害金属进行处理。另外，根据不同种类沸石对不同种类的金属的交换作用，国外一些矿山企业利用沸石对矿山废水中的重金属进行了选择性提出。

4）吸附有毒废气

丝光沸石对 $SO_2$、$H_2S$、$CO_2$、$NH_3$ 的吸附值最高，可达 120mg/g，平均为 30mg/g 左右，斜发沸石对 $SO_2 \cdot H_2S \cdot CO_2 \cdot H_2O$ 的吸附量平均为 50mg/g 左右。美国在利用沸石的这种性能方面的技术水平很高，并取得了有效的结果。美国的 NRG 有限公司利用沸石清除天然气中的有害气体。该公司采用 PSA 压力转换吸阳工艺能从天然气中提出达 30%的 $CO_2 \cdot H_2S \cdot H_2O$。该公司还研制了一种菱沸石吸附柱来除去有机物造气中的有害气体。这既开辟了新的能源，同时保护了环境，并减轻了对设备的酸性腐蚀。

美国为了解决发电厂排放进大气中的硫化物和氧化硫，用斜发沸石和丝光沸石的制成品来清除烟气中的 $SO_2$。欧洲一些国家在酸厂用斜发沸石对 $SO_2$ 气体进行分离吸附。这种应用使当地的酸雨得到了较好的治理，空气质量大为好转，降雨也变得清洁。

### 2.1.3　硅胶

硅胶（silica gel）是二氧化硅微粒子的三维凝聚多孔体（这种状态的物质称为凝胶，gel）的总称。日本在 1950 年开始工业化制造硅胶，现在硅胶产品每年达到 1 万 t，产品有粒状和球状，直径从几微米到几毫米。用作吸附剂的硅胶要求纯度高、物理化学性质稳定、具有亲水性表面、对极性分子的吸附量大、表面积和孔径分布大范围可调、价格便宜等[8]。

一般来说，硅胶按其性质及组分可分为有机硅胶和无机硅胶两大类。

无机硅胶是一种高活性吸附材料，通常用硅酸钠和硫酸反应，并经老化、酸泡等一系列后处理过程而制得。硅胶属非晶态物质，其化学分子式为 $m\mathrm{SiO_2} \cdot n\mathrm{H_2O}$。不溶于水和任何溶剂，无毒无味，化学性质稳定，除强碱、氢氟酸外不与任何物质发生反应。各种型号的硅胶因其制造方法不同而形成不同的微孔结构。硅胶的化学组分和物理结构，决定了它具有许多其他同类材料难以取代的特点：吸附性能高、热稳定性好、化学性质稳定、有较高的机械强度等。

硅胶根据其孔径的大小分为大孔硅胶、粗孔硅胶、B 型硅胶、细孔硅胶。由于孔隙结构不同，所以它们的吸附性能各有特点。粗孔硅胶在相对湿度高的情况下有较高的吸附量，细孔硅胶则在相对湿度较低的情况下吸附量高于粗孔硅胶，而 B

型硅胶由于孔结构介于粗、细孔之间，其吸附量也介于粗、细孔之间。大孔硅胶一般用作催化剂载体、消光剂、牙膏磨料等。因此应根据不同的用途选择不同的品种。

硅胶吸附剂是粉末状多孔固体，其起到吸附作用的基团是硅醇基上的羟基(吸附中心)，这些羟基所处的形态不同，其吸附能力也不同。

### 1. 硅胶的制备方法

(1) 化合法：通常以稀释的水玻璃($Na_2O \cdot xSiO_2$)和硫酸溶液反应生成硅酸，硅酸分子间通过缩合而形成多聚硅酸，以至硅溶胶。

(2) 胶凝法：硅溶胶放置时自动凝固成硅酸水凝胶，pH 影响凝胶速度最明显。

(3) 老化：使水凝胶骨架坚固，水凝胶产生出汗离浆现象为老化完成的标志。

(4) 洗涤法：洗涤温度和洗涤液不但能除去杂质离子，还影响硅胶性质。

(5) 氨水浸泡：扩孔措施，制得粗孔硅胶。

(6) 活化和干燥：活化和干燥都应能除去硅胶的吸附水而不改变其表面性质和物理结构，以 150℃为好。

### 2. 硅胶的结构和性能

硅胶的孔结构由组成硅胶的胶态 $SiO_2$ 质点的大小及其堆积方式决定。一定的孔结构决定了硅胶一定的吸附性能。一般细孔硅胶对苯或水蒸气的吸附等温线为第Ⅰ型或不典型的第Ⅰ型等温线，粗孔硅胶对上述两种蒸汽的吸附等温线常为第Ⅳ型。

硅胶的骨架($SiO_2$)是以硅原子为中心，氧原子为顶点的 Si—O 四面体在空间不太规则地堆积而成的无定形体。硅胶表面有羟基存在，硅胶红外光谱中 $3750cm^{-1}$的尖峰和 $3450cm^{-1}$的宽峰表明硅胶表面存在两种类型的羟基，一种是孤立的“自由羟基”的 O—H 伸缩振动，一种是“强氢键缔合的羟基”和吸附的水分子。

为了增强硅胶的吸附力，应该增加吸附剂的活泼型结构单元。因此，如果将硅胶煅烧使其完全脱水，则硅胶的硅羟基完全被破坏而减少甚至没有吸附能力；如果硅胶中加入大量的水分，其吸附力也将减小，这是因为硅羟基与水形成了太多的氢键从而降低了其活泼型比例。

当硅胶含水量超过 70%时，硅胶就完全失去吸附能力，而产生了另外一种分离模式——分配色谱，其原理是组分在流动相溶剂和固定相的溶剂中溶解度不同(即分配系数的差异)得到分离。

3. 硅胶的改性应用

通过改性可以显著提高硅胶的吸附性能。1997 年 *Science* 上报道了在介孔硅胶材料上嫁接巯基,并用来吸附重金属汞。由于在介孔中高密度的巯基,材料的比表面积也较大,该材料对汞的吸附分配系数高达 34000[9],在水中的重金属方面有很好的应用前景。同时,杨明珠等[10]采用异相合成法,以硅胶为基质、氨基硫脲为功能试剂,通过硅烷偶联剂连接制备出一种新型吸附材料。结果表明,与未改性的硅胶相比,经氨基硫脲改性后的硅胶对 $Pd^{2+}$ 的吸附性能得到了大幅度提升。在给定的实验条件下,其动态最大吸附容量为 0.121mol/g,最大回收率为 55.91%;提高溶液初始浓度和吸附柱高度,或者降低流速,可提高材料的饱和吸附容量;材料经过 5 次循环使用后,吸附能力基本保持不变,可重复利用。

此外,改性的硅胶也可以用于废气吸附。陈琳琳等[11]研究了混合胺修饰的介孔硅胶吸附 $CO_2$ 的性能,以介孔硅胶为载体,采用"嫁接+浸渍"两步法制备了混合胺(APTS+TEPA)修饰的介孔硅胶吸附剂。结果表明,当 APTS 负载量为 30%,TEPA 负载量为 30%(TEPA30-APTS30-MSG),吸附温度为 70℃,进气流量为 30mL/min 时,该吸附剂表现出最好的吸附性能,饱和吸附量高达 3.04mmol/g,较纯 TEPA 浸渍提高了 37.6%。该吸附剂经 10 次吸脱附循环后,饱和吸附量仅下降 2.96%,具有较好的循环稳定性。

### 2.1.4　活性氧化铝

活性氧化铝是一种具有多孔性、高分散度的固体物料,有很大的比表面积,其微孔表面具备催化作用所要求的特性,既有良好的吸附性能,又有良好的耐压、耐磨损和耐热性能,因而广泛地用作高效吸附剂、干燥剂以及各种反应的催化剂载体。

1. 活性氧化铝的性能

球形活性氧化铝吸附剂为白色球状多孔颗粒,其粒度均匀,表面光滑,具有比表面积大、机械强度高、化学稳定性好、热稳定性强及表面呈酸性等特点。再者,其吸湿性强,吸水后不胀不裂保持原状,无毒、无臭、不溶于水和乙醇。活性氧化铝是一种微量水深度干燥的高效干燥剂,非常适用于无热再生装置。此外,活性氧化铝对氟有很强的吸附性,主要用于高氟地区饮用水的除氟。其除氟方法大致分以下几种:①吸附过滤法;②膜法;③絮凝沉淀法;④离子交换法。

活性氧化铝对气体、水蒸气和某些液体的水分有选择吸附本领。吸附饱和后可在 175~315℃加热除去水而复活。吸附和复活可进行多次。除用作干燥剂外,还可从污染的氧、氢、二氧化碳、天然气等中吸附润滑油蒸气。并可用作催化剂和催化剂载体及色层分析载体。

活性氧化铝有一定的再生性能。其再生剂采用的是氢氧化钠溶液，也可采用硫酸铝溶液。氢氧化钠再生剂的溶液浓度采用0.75%～1%，氢氧化钠消耗量可按每去除1g氟化物所需8～10g固体氢氧化钠计算，再生液用量为滤料体积的3～6倍。硫酸铝再生剂的溶液浓度采用2%～3%，硫酸铝的消耗量可按每去除1g氟化物需60～80g固体硫酸铝计算。

### 2. 活性氧化铝的制备

活性氧化铝的工业化生产一般都通过对氢氧化铝或水铝矿进行加热脱水或活化获得。氧化铝的结构对活性影响大，$\alpha$-$Al_2O_3$ 活性低，$\gamma$-$Al_2O_3$ 或 $\eta$-$Al_2O_3$ 活性高。不同的制备方法和制备条件，得到的氧化铝结构也不同。在制备中控制溶液的pH，可以生成一水合氧化铝，是老化后生成 $\gamma$-$Al_2O_3$ 的唯一途径。虽然制备方法不同，但必须制备出氢氧化铝，再经过高温脱水生成活性氧化铝。脱水条件的不同会生成不同晶型的活性铝，如1200℃加热，所有晶形的氧化铝都会生成 $\alpha$-$Al_2O_3$。工业上生产氧化铝常以偏铝酸钠为原料，将其放入酸性溶液中分解，生成沉淀物氢氧化铝，然后加热脱水得到活性铝。

### 3. 影响活性氧化铝吸附性能的因素

影响活性氧化铝吸附性能的主要因素如下。

(1) 颗粒粒径：粒径越小，吸附容量越高，但粒径越小，颗粒强度越低，影响其使用寿命。

(2) 原水pH：当pH大于5时，pH越低，活性氧化铝吸附容量越高。

(3) 原水初始氟浓度：初始氟浓度越高，吸附容量越大。

(4) 原水碱度：原水中重碳酸根浓度高，吸附容量将降低。

(5) 氯离子和硫酸根离子。

(6) 砷的影响：活性氧化铝对水中的砷有吸附作用，砷在活性氧化铝上的积聚造成对氟离子吸附容量的下降，且使再生时洗脱砷离子比较困难。

### 4. 活性氧化铝在水相吸附中的应用

在水处理方面，活性铝对重金属和部分有机物都有较好的吸附效果，在重金属废水的处理、饮用水去氟、水体除磷等方面有非常广泛的应用。

活性铝对工业废水中的砷、硒、铬、铜等重金属都有较好的去除效果，其吸附性能受离子价态和pH影响。随着pH增加，活性氧化铝对砷的去除率下降[12]。活性铝是目前常用的地下水除砷除氟吸附剂，有广泛的应用。尽管活性铝具有价格低等优点，但也存在吸附量不高、溶出铝影响健康等问题。目前已经开发出铁基、钛基等高效除砷除氟吸附剂。活性铝对水中的磷酸根也有很好的去除效果，且较水体中的氯离子、硫酸根离子、硝酸根离子等有更高的吸附选择性。因此活性铝可用于去除自然水体中的磷。当 pH>8 时，水中钙离子和镁离子可以通过共沉淀作用增加其吸附量，但有机物的存在会与磷竞争活性铝表面吸附点位，降低磷的吸附[13]。

活性氧化铝在水中的除氟效果虽然好，但仍然存在吸附容量低、吸附速率小等问题，因此可以通过对活性氧化铝进行改性以得到更好的除氟效果。李德贵等[14]采用硫酸铝溶液对活性氧化铝进行改性，得到的硫酸铝改性活性氧化铝的除氟性能改善明显，25min 内即可达到吸附平衡，溶液中氟离子浓度从 19mg/L 降至 0.010mg/L，去除率达到 99%以上。

### 2.1.5　黏土矿物

近年来，重金属污染及其危害性已引起国内外环境地质界和环境工程界的广泛关注。在水体污染治理过程中环境地质(界)和环境工程界更多地重视廉价高效矿物材料吸附剂技术的实验研究与应用，用以替代成本普遍较高的化学沉淀、渗透膜、离子交换、活性炭吸附等重金属污染处理技术。膨润土、硅藻土、高岭土等黏土矿物由于其比表面积大、孔隙率高、极性强等特性而对水中的重金属有害污染物质具有较强的吸附能力，是去除废水中重金属有害元素较为理想的低成本吸附剂，在水污染治理中有较大的应用前景。下面介绍以上几种黏土矿物在水相吸附方面的应用。

1. 膨润土

膨润土也称为斑脱岩、皂土或膨土岩。我国开发使用膨润土的历史悠久，原来只是作为一种洗涤剂(四川仁寿地区数百年前就有露天矿，当地人称膨润土为土粉)，真正被广泛使用却只有百年历史。美国最早发现是在怀俄明州的古地层中，呈黄绿色的黏土，加水后能膨胀成糊状，后来人们就把凡是有这种性质的黏土，统称为膨润土。其实膨润土的主要矿物成分是蒙脱石，含量在 85%～90%，膨润土的一些性质也都是由蒙脱石所决定的。蒙脱石可呈各种颜色，如黄绿、黄白、灰、白色等，可以成致密块状，也可为松散的土状，用手指搓磨时有滑感，小块体加水后体积胀大数倍至 30 倍，在水中呈悬浮状，水少时呈糊状。蒙脱石的性质和它的化学成分和内部结构有关。

1) 膨润土的性质

按蒙脱石可交换阳离子的种类、含量和层间电荷大小，膨润土可分为钠基膨润土、钙基膨润土、天然漂白土，其中钙基膨润土又包括钙钠基和钙镁基等。膨润土具有强的吸湿性和膨胀性，可吸附 8～15 倍于自身体积的水量，体积膨胀可达数倍至30倍；在水介质中能分散成胶凝状和悬浮状，这种介质溶液具有一定的黏滞性、触变性和润滑性；有较强的阳离子交换能力；对各种气体、液体、有机物质有一定的吸附能力，最大吸附量可达5倍于自身的重量；它与水、泥或细砂的掺和物具有可塑性和黏结性；具有表面活性的酸性漂白土（活性白土、天然漂白土-酸性白土）能吸附有色离子。

蒙脱石有吸附性和阳离子交换性能，可用于除去食油的毒素、汽油和煤油的净化、废水处理。膨润土吸附可以分为物理吸附、化学吸附和离子交换吸附三种类型。

（1）物理吸附。物理吸附是靠吸附剂与吸附质之间分子间引力（即范德华力）产生的。物理吸附是一种可逆的吸附过程，吸附速度与脱附速度在一定条件下呈动态平衡。产生物理吸附的主要原因是膨润土表面分子具有表面能。由于膨润土在水中高度分散，物理吸附现象十分明显。

（2）化学吸附。化学吸附是靠吸附剂与吸附质之间的化学键力产生的，化学吸附作用一般不可逆。在钻井泥浆中应用化学处理剂就是化学吸附作用的典型例子，如铁铬木质素磺酸盐加入到膨润土泥浆中就是利用铬离子在膨润土晶体的边缘上发生整合吸附。这种化学吸附作用明显比物理吸附作用稳定。因此用铁铬木质素磺酸盐处理的膨润土泥浆具有较高的耐高温能力，可作为地热和超深井的抗高温泥浆体系。

（3）离子交换吸附。膨润土矿物晶体一般带负电荷，因此在膨润土颗粒表面要吸附等当量的相反电荷的阳离子。吸附的阳离子可以和溶液中的阳离子发生交换作用，这种作用称为离子交换吸附。离子交换吸附的特点是：同号离子相互交换，等电量相互交换。离子交换吸附的反应是可逆的，吸附和脱附的速度受离子浓度的影响，这种影响符合质量作用定律。

2）影响膨润土矿物吸附作用的因素

（1）膨润土类型。钠质膨润土的吸附能力明显比钙质等其他类型的膨润土矿物吸附能力强。

（2）膨润土颗粒粉碎粒度大小。根据固体吸附的理论，进行粉碎的膨润土矿物的吸附能力明显提高，粉碎矿物越细，吸附作用越强。

（3）溶液介质。根据双电层理论，膨润土矿物晶体带负电，在形成双电层时会进行离子交换。如果溶液中离子浓度过高会压缩膨润土颗粒双电层，抑制膨润土的分散和扩散，甚至使膨润土产生凝聚和聚结。

3）膨润土在水相吸附中的应用

膨润土具有良好的吸水膨胀性、黏结性、吸附性、催化活性、触变性、悬浮性、可塑性、润滑性和阳离子交换性等性能，因而它被作为黏结剂、吸附剂、吸收剂、填充剂、催化剂、触变剂、絮凝剂、洗涤剂、稳定剂和增稠剂等，广泛应用于化工、水利、医药和环保等各个领域。

在水处理中的应用，早在 20 世纪 30 年代，人们就将膨润土作为混凝剂处理水和废水。而由有机分子、离子、聚合物等以共价键、离子键、氢键、偶极作用及范德华力等与蒙脱石结合而成的蒙脱石有机复合物——有机膨润土，是之后发展起来的一种有机改性的膨润土吸附材料，能有效吸附处理废水、废气中的有机污染物。其常用的改性剂是季铵盐阳离子表面活性剂，改性后的膨润土表面由亲水性变成疏水性，有机碳含量大大提高，对环境中疏水性有机物的吸附能力明显增强[15]。

### 2. 硅藻土

硅藻土是一种生物成因的硅质沉积岩，它主要由古代硅藻的遗骸所组成。其化学成分以 $SiO_2$ 为主，可用 $SiO_2 \cdot nH_2O$ 表示，矿物成分为蛋白石及其变种。硅藻土由无定形的 $SiO_2$ 组成，并含有少量 $Fe_2O_3$、CaO、MgO、$Al_2O_3$ 及有机杂质。硅藻土的颜色为白色、灰白色、灰色和浅灰褐色等，有细腻、松散、质轻、多孔、吸水性和渗透性强的性质。它具有一些独特的性能，如多孔性、较低的浓度、较大的比表面积、相对的不可压缩性及化学稳定性，在通过对原土的粉碎、分选、煅烧、气流分级、去杂等加工工序改变其粒度的分布状态及表面性质后，可适用于涂料油漆添加剂等多种工业要求。

工业上常用来作为保温材料、过滤材料、填料、研磨材料、水玻璃原料、脱色剂及硅藻土助滤剂，催化剂载体等。

1）硅藻土的表面结构与吸附性能

目前硅藻土用于污水处理主要利用的是硅藻土的表面性质、精度及孔系结构等带来的特殊性质，使其性能稳定，吸附性强，能吸附自身质量 1.5～4 倍的液体、吸附自身质量 11～15 倍的油。硅藻土的吸附性能与它的物理结构和化学结构密切相关。一般来说，比表面积越大，吸附量越大；孔径越大，被吸附物在孔内的扩散速率越大，则越有利于达到吸附平衡。而且硅藻土的表面及孔内表面分布有大量的硅羟基，这些硅羟基在水溶液中离解出 $H^+$，从而使硅藻土颗粒表现出一定的表面负电性[16]。

由于城市生活污水或工业废水中的胶体颗粒大多是带负电的，所以如用普通的硅藻土作为污水处理剂，无法使胶体颗粒脱稳，处理效果不佳。利用改性后的硅藻土，不但具有各传统工艺的综合优点，同时还能够弥补其不足，具有沉渣可彻底取走并回收利用的特殊优点。

2）硅藻土的改性

硅藻土的改性方法有如下几种：①用铝、铁等带正电荷的离子对其进行表面改性；②加入其他的絮凝剂复合制成改性硅藻土；③对其进行酸化、灼烧等处理。

对于改性硅藻土处理剂，硅藻土一方面可作为形成絮体的骨架，改善矾花的结构,即有助凝的作用,使形成的絮体密实而有较好的沉降性,从而改善一般的化学絮凝剂产生的矾花松散、不易下沉的状况;另一方面,由于其巨大的比表面积和表面吸附性等,脱稳胶体极易被吸附到硅藻土上,且附着了污染物质的硅藻土颗粒间相互吸附的能力也大,因而改性硅藻土用于污水处理时,能快速形成密度较大且稳定性好的絮体,甚至当絮体被打碎后,还可发生再絮凝,这是其他铝盐、铁盐等常用污水处理剂所无法比拟的。所以,在水处理方面硅藻土作为助滤剂和絮凝剂等有很好的应用前景。

3) 硅藻土在水相吸附方面的应用现状

硅藻土用于污水处理的研究大致开始于 20 世纪初。早在 1915 年就有人把硅藻土用于小型水处理装置,生产饮用水。利用硅藻土独特的理化性质处理生产废水和生活污水,具有很好的环境效益和经济效益。

第一,硅藻土用作助滤剂有其优越的性能,而且硅藻土本身较强的吸附能力也极大提升了其过滤质量。美国是硅藻土的最大生产国,年产量近 70 万吨,其产量的 64%用于水处理中的过滤,硅藻土助滤剂比传统的助滤剂过滤速度快,滤后滤液纯度高。目前,硅藻土助滤剂已应用于污水处理,如化工、造纸、制药等工业污水的过滤。近年来波兰利用硅藻土清除水面和污水中的农药,并取得了良好的效果,例如,对三种有机氯农药和两种有机磷农药的清除率达到 95%~98%。近年来,我国硅藻土助滤剂工业发展也很快,由 20 世纪 70 年代末两条简易生产线发展到 70 多条,年生产能力 10 万吨左右。硅藻土助滤剂的生产成本、过滤效果和生产率均高于同类产品,因此,美国、日本等国的使用率均在 60%以上,我国由于硅藻土助滤剂的生产能力、回收等方面的原因,使用率较低。目前,存在的主要问题是硅藻土助滤剂的回收利用困难,造成二次污染[17]。

第二,可用于去除重金属离子。电镀、制陶、玻璃、采矿及电池工业产生的废水中常含较多的重金属离子,排放后会对植物产生毒害,对人致畸或致癌。硅藻土对水溶液中重金属离子的吸附速率很快,研究显示,在吸附实验的 30min 内,水溶液中重金属离子的去除率随吸附时间的增长而迅速提高,但是吸附 30min 后,硅藻土对重金属离子的吸附速率趋于缓慢,重金属去除率随时间的增长也不再出现明显的增大[18]。

硅藻土作为吸附剂处理含镉废水,效率高,能使处理后水中 $Cd^{2+}$ 的浓度低于国家排放标准。主要是吸附、混凝、中和三个作用相互影响、协同作用的结果。硅藻土对 $Cd^{2+}$ 的吸附符合 Freundlich 吸附等温式,采用硅藻土处理废水后产生的污泥,除沉降性能好之外,还可再生利用,用 5%的硫酸可将吸附在硅藻土上的 $Cd^{2+}$ 100%地脱附,脱附液体积小,浓度高,有利于镉资源的回收。

第三,可用于处理印染废水。国外 Shawabkeh 等[19]报道了硅藻土对阳离子染料的吸附情况,研究了染料浓度、硅藻土粒径及温度对吸附的影响,试验显示,

100g 硅藻土可以吸附 42mmol 染料，认为硅藻土替代活性炭作为吸附剂是可行的，且成本更低。并用准一级及二级模型研究了它的动力学吸附机理，结果表明，硅藻土对碱性染料的吸附更符合准一级动力学模型。

另外，硅藻土对垃圾渗滤液和电镀废水均有较好的处理效果。

### 3. 高岭土

高岭土是一种含铝的硅酸盐矿物，化学式为 $Al_2O_3 \cdot 2SiO_2 \cdot 2H_2O$，呈白色软泥状，颗粒细腻，状似面粉。其化学成分相当稳定，被誉为“万能石”，是制造瓷器和陶器的主要原料。高岭石是高岭土的主要成分，为含水铝硅酸盐，比表面积大、吸附性能好、储量丰富、成本低，其作为吸附剂去除废水中的重金属日益受到关注。

1）高岭土的性质

高岭土多无光泽，质纯时颜白细腻，如含杂质时可带有灰、黄、褐等色。外观依成因不同可呈松散的土块状及致密态岩块状。具有可塑性，湿土能塑成各种形状而不致破碎，并能长期保持不变。其具有可塑性、结合性、黏性、干燥性能、烧结性、耐火性、悬浮性、可选性和吸附性。高岭土具有化学稳定性，其耐酸性能强，但耐碱性能差，利用这一性质可用它合成分子筛。优质高岭土具有良好的电绝缘性，利用这一性质可用之制作高频瓷、无线电瓷。电绝缘性能的高低可以用它的抗电击穿能力来衡量。

高岭土具有从周围介质中吸附各种离子及杂质的性能，并且在溶液中具有较弱的离子交换性质。这些性能的优劣主要取决于高岭土的主要矿物成分。

2）高岭石吸附重金属的影响因素

（1）pH。pH 是影响高岭土吸附的一个重要因素，当 pH 较低时，大量的氢离子与重金属离子发生竞争吸附，吸附值较低。

（2）吸附时间。一般情况下，在吸附开始的一段时间吸附量增加较快，随后缓慢增加，直至趋于平衡。

（3）金属离子初始浓度。随着初始浓度增大，其对高岭土的吸附位点的竞争增强，吸附量增加，但去除率降低[20]。

（4）温度。一般情况下，在一定温度范围内，吸附速率随着温度的升高而增加。

3）高岭土在水相吸附中应用

李世红等[21]研究了在 $Cs^+$ 和 $Yb^+$ 的初始浓度相近时，高岭石对 $Yb^+$ 的吸附强于对 $Cs^+$ 的吸附。尹奋平等[22]用热活法和酸活法制得的无定形的高岭土衍生物吸附 $Cd^{2+}$ 和 $Cu^{2+}$ 效果较好。何宏平等[23]研究表明，高岭石吸附重金属的吸附量大小顺序为 $Cr^{3+} > Pb^{2+} > Zn^{2+} > Cu^{2+} > Cd^{2+}$。Jia 等[24]的研究表明，磁场的作用可以提高高岭石对 $Cu^{2+}$ 的吸附能力。沈学优等[25]比较了膨润土、高岭土、伊利石等不同黏土处理重金属的性能，去除效果为膨润土＞高岭土＞伊利石。

除此之外，因为天然高岭土吸附能力较弱，对其进行改性也是一个影响其吸附效果的因素。常用的改性方法有酸、腐殖酸、阴离子表面活性剂改性等。经改性后高岭土的吸附效果都会有不同程度的改善。例如，张永利等[26]采用煅烧、酸浸的方法对高岭土进行改性，酸改性使高岭土的孔隙通畅，吸附性能增强，其对 $Cr^{5+}$ 的去除率可到 91.4％。

### 2.1.6　其他无机吸附材料

多年来，开发廉价、新颖的吸附材料代替活性炭等价格偏贵的吸附材料，以降低污水处理费用的工作受到重视。粉煤灰、褐煤、风化煤等廉价材料出现在吸附领域正是基于以上背景。

1. 煤灰、煤渣

煤灰、煤渣是燃煤电厂等企业常年排放的大量工业废弃物。特别是在我国，煤是主要动力燃料，每年要产生大量的煤灰、煤渣。用煤灰和煤渣处理污水，不仅可以大幅度降低处理费用，而且本身就是以废治废，废物利用，所以特别有意义。

煤灰是一种人工熔岩，表面具有大量的孔隙。废水中的某些疏水性物质可被孔隙表面吸附而除去。煤灰除含有氧化铝、氧化硅、氧化铁外还含有 10％～30％的残余炭。这些在炉膛中没有充分燃烧的残炭，由于高温而焦化，成为人工焦炭，具有一定的活性和多孔隙的特点而具有较高的吸附能力，所以可以把煤灰和煤渣当作废水处理的吸附剂来应用。

从烧煤粉的锅炉烟气中收集的粉状灰粒——粉煤灰，因细度小且比表面积高而具有一定的重金属吸附能力。使用粉煤灰等工业废渣作为废水处理的吸附剂，既有原料价廉易得、工业操作简单等优点，又可以解决废水废渣的环境污染以及回收再利用的问题，达到以废治废的目的，具有明显的经济效益和社会意义[27]。

例如，彭荣华等[28]对粉煤灰进行适当改性，加入一定量的硫铁矿烧渣和适量的固体 NaCl，在 90℃用硫酸废液搅拌浸取后在 300℃进行焙制。经原子吸收分光光度法测定，改性粉煤灰处理电镀废水，对 $Cr^{6+}$、$Pb^{2+}$、$Cu^{2+}$、$Cd^{2+}$ 的去除率高于 97.5％，达到国家排放标准。进行对比实验后发现，改性粉煤灰对金属离子的去除率比未改性粉煤灰高，其中原因在于粉煤灰中含有较多类似于活性炭的残炭，用酸在较高温度下浸提可使其表面和微孔内粗糙，显著增加其比表面积，相当于对粉煤灰进行了活化处理；另外，粉煤灰中的金属氧化物与硫酸反应后生成的硫酸盐使其改性后又具有混凝性能。

2. 褐煤

褐煤是煤化程度较低的劣质煤，呈褐色或暗褐色，无光泽，含有原生腐殖酸，碳含量一般在 60%～75%，热值较低。其化学反应性强，在空气中容易风化，不易储存和远运，燃烧时对空气污染严重。由于褐煤富含挥发成分，所以易于燃烧并冒烟。主要用于发电厂的燃料，也可作为化工原料、催化剂载体、吸附剂、净化污水和回收金属等。

例如，陈丕亚[29]研究了褐煤对 $Cu^{2+}$、$Cd^{2+}$、$Ni^{2+}$、$Zn^{2+}$、$Cr^{2+}$ 的吸附作用。结果表明，在一定的条件下，褐煤对这些金属离子都有良好的吸附能力，并且吸附的重金属离子不被回流热水洗脱。

3. 熄焦粉

焦化厂出炉的热焦炭在熄焦塔用水熄焦过程中从焦炭表面脱落的焦粉被称为熄焦粉，由于在产生的过程中受到水和蒸汽的作用被活化而具有吸附性能。

例如，张劲勇等[30]用混有少量硫酸的硝酸对熄焦粉进行氧化改性，可显著增加其表面酸性基团含量，提高熄焦粉的表面亲水性。改性熄焦粉可大幅提高其对原始水的处理效果，对 $Fe^{3+}$ 优先吸附，具有较强的选择性吸附能力。

无机吸附材料在处理工业废水中的重要作用以及对其显著的研究成果已为世人所公认。沿着对天然材料、工业废料进行改性或人工设计组装性能优越的吸附材料的研究思路，开发廉价高效、选择性强、利于操作的无机吸附材料是其应用研究的主要目标，而且对重金属离子的洗脱以及无机吸附材料的再生等方面的研究工作尚需继续加强。目前对无机吸附材料在废水处理中的应用研究还存在深度不够、系统性差、规模小、理论水平低等缺点，不少工作尚处于实验室研究阶段，还应该在基础理论及实际应用等方面进一步深入研究，争取实现产业化，将相关技术应用于生产实践，真正实现降低工业废水污染、造福人类的目的[27]。

## 2.2　高分子吸附材料

吸附性材料主要是指那些对某些特定离子或分子有选择性亲和作用，使两者之间发生暂时或永久性结合，进而发挥各种功效的材料。吸附性材料广泛用于环境保护过程中空气和水的净化、工业上某些物质的富集分离、轻化工产品的脱色、混合物的分离等领域，是重要的工业产品。吸附性材料根据材料的结构和属性可以分成：无机吸附材料，如分子筛、硅胶、活性炭等；有机吸附材料，如聚苯乙烯、葡聚糖凝胶、纤维素等[31]，有机吸附材料中主要都是高分子材料。

根据材料来源划分，可以分成天然和合成高分子吸附材料两种。天然吸附材料中最常见的是活性炭、硅藻土、氧化铝、甲壳质和纤维素等，它们的使用和开发较早，价格低廉，应用广泛。例如，活性炭广泛用于食糖等工业产品的脱色和防毒面具中空气的过滤，硅藻土用作工业上的沉淀剂、色谱分离吸附剂和担体材料，纤维素衍生物用于生物样品的分离和农业的吸水保墒等，都是比较典型的天然吸附剂的使用例证。合成高分子吸附材料主要包括离子交换树脂、高分子螯合剂、吸水性树脂、吸附性树脂等[31]。近年来，得益于分子设计的发展，合成高分子吸附剂的研究和生产发展较快，涌现出大量具有高吸附容量、高选择性的合成吸附材料，极大地丰富了人类调控自然的能力和手段。

根据吸附性高分子材料的性质，它们还可以具体分成以下几类。

（1）离子型吸附树脂。这种高分子材料的骨架中含有某些酸性或者碱性基团，在溶液中解离后分别具有与阳离子或者阴离子相互以静电引力生成盐而结合的趋势。这种材料中最常见的是各种离子交换树脂。它们大量用于各种阴离子和阳离子的富集和分离，也用于水的去离子和纯净水的制备过程。

（2）非离子型吸附树脂。这种树脂中不含有特殊的离子和官能团，吸附主要依靠分子间的范德华力。非离子型树脂对非极性和弱极性有机化合物具有特殊吸附作用，在分析化学和环境保护领域主要用于吸附分离处在气相和液相中的有机分子。

（3）天然高分子改性吸附剂。这类吸附剂是利用一些重要的天然有机吸附材料进行性能结构的改性，包括纤维素类吸附剂、甲壳素/壳聚糖类吸附剂、淀粉类吸附剂、木质素类吸附剂、葡聚糖类吸附剂、蛋白质类吸附剂等。近年来，天然高分子材料，包括以天然高分子为原料制备的各种吸附剂使用越来越广泛，主要原因是原料来源广泛、价格低廉、工业污染小等。

相比较无机吸附材料而言，聚合物作为吸附性材料具有以下优势：首先，通过分子设计，聚合物骨架内可以通过化学反应引入不同结构和性能的基团，从而比较容易得到各种性质的吸附剂；其次，通过调整制备工艺，可以制备各种规格的多孔性材料，大大增加吸附剂适用领域和使用性能。同时，经过一定交联的聚合物在溶剂中不溶不熔，只能被一定程度溶胀，溶胀后充分扩张的三维结构又为吸附的动力学过程提供了便利条件。这些性质是多数无机吸附剂不具备的。因此，吸附性高分子材料在工农业生产和科学研究方面获得了广泛应用，并且有继续扩大应用范围的趋势。

随着科学研究和生产技术的不断发展，吸附性高分子材料正迅速进入人们的生产和生活领域。例如，各种离子交换树脂已经在水的纯化、离子色谱分离、酸、碱催化反应等方面得到广泛应用。带有各种配位基团的高分子螯合剂成为利用络合作用消除重金属污染，富集分离贵重金属，广泛用于环境保护、物质分离、化学分析的重要材料之一。各种牌号的亲脂性高分子吸附树脂的不断出现，为各种有机分子的富集和分离创造了有利条件；大量用于含有各种功能团的有机化合物、乳化剂、表面活性剂、润滑剂、氨基酸的分离；广泛用于抗生素药物和天然植物药物的分离提纯、大气和水的有机污染物测定中被测物的富集；医疗上血液的脱毒等也用到这类吸附树脂。

合成高分子吸附剂再生容易，耐热、耐辐射、耐氧化、强度高、寿命长，在使用条件下不溶、不熔，易于再生回收，合成吸附树脂的这些特征为其进一步开发和扩大应用范围提供了有利条件。经过几十年的研究和生产，人们对高分子吸附剂的结构和作用机理已经有了深入了解，目前已经能够根据人们的需求设计生产出满足各种要求的吸附树脂。

### 2.2.1　离子交换树脂吸附剂

离子交换树脂是一类能显示离子交换功能的高分子材料。它由在交联结构的高分子基体上以化学键结合着许多交换基团的所谓固定离子和以离子键及固定离子结合的符号相反的离子组成。反离子在溶液中可以解离，并在一定条件下可与其他符号相同的离子发生交换反应。因离子交换反应一般是可逆的，在一定条件下被变换的离子可以解吸，使离子树脂又恢复到原来的离子式，所以，离子交换树脂通过交换和再生可以反复利用[32]。

目前，使用的离子交换树脂绝大多数都是以苯乙烯-二乙烯苯共聚体和丙烯酸及其衍生物与二乙烯苯的共聚体为基体。为使离子交换树脂在酸、碱及有机溶剂中不溶和在加热时不熔，高分子基体中必须含有一定量的起交联作用的交联剂，如二乙烯苯。共聚体中交联剂的百分含量称为离子交换树脂的交联度。使高分子基体进行化学反应、引入可交换基团后即成为离子交换树脂。因交换基团性质的不同，把离子交换树脂分成两大类：可与溶液中的阳离子进行交换反应的称为阳离子交换树脂，阳离子交换树脂的可解离反离子是氢离子及金属阳离子；可与溶液中的阴离子进行交换反应的称为阴离子交换树脂，阴离子树脂的可解离反离子是氢氧根离子及其他酸根离子等[32]。因此，离子交换树脂实际上是不溶不熔的高分子酸、碱或盐。和低分子酸、碱一样，根据它们解离程度的不同，离子交换树脂又分为强酸性、弱酸性、强碱性、弱碱性等。

#### 1. 离子交换树脂吸附剂的分类

1）强酸性阳离子交换树脂

这是指在交联结构高分子基体上带有磺酸基（—$SO_3H$）的离子交换树脂。若以 R 代表高分子基体，这种树脂可用 $R-SO_3H$ 表示，它在水溶液中解离如下[33]：

$$R-SO_3H \rightleftharpoons R-SO_3^- + H^+ \tag{2-1}$$

其酸性相当于硫酸、盐酸等无机酸，它在碱性、中性、甚至酸性介孔中都显示离子交换功能。以苯乙烯-二乙烯苯共聚球体为基础的强酸性阳离子交换树脂，是用途最广、用量最大的一种离子树脂，它是用浓硫酸或发烟硫酸、氯磺酸等磺化以上共聚球体而得到的，磺化后的树脂是 $H^+$ 式，为储存和运输方便，生产厂家都把它转变成 $Na^+$ 式。

此外，尚有早期发明的以苯酚-甲醛缩聚物磺化而得的强酸性树脂，这种树脂后来也可以做成球状。因它的综合性能不如聚苯乙烯系强酸性树脂，目前很少用它。

2）弱酸性阳离子交换树脂

这是指含有羧酸基、磷酸基、酚基的离子交换树脂，其中以含羧酸基的弱酸性树脂用途最广。含羧酸基的阳离子树脂和有机羧酸一样在水中解离程度较弱，为 $10^{-7} \sim 10^{-5}$，所以显弱酸性，其解离如下[33]：

$$R-COOH \rightleftharpoons R-COO^- + H^+ \tag{2-2}$$

它仅在接近中性和碱性介质中才能解离而显示离子交换功能。含羧酸基的弱酸性离子树脂常用甲基丙烯酸或丙烯酸与二乙烯苯进行悬浮共聚合，或甲基丙烯酸甲酯或丙烯酸甲酯与二乙烯苯悬浮共聚合而后水解的方法制得。近年来，根据它的高达 9 毫克当量/克左右的交换容量、容易再生，以及对二价金属离子具有较好选择性的特点，已广泛用于水处理及工业废水处理等方面。

3）强碱性阴离子交换树脂

以季胺基为交换基团的离子交换树脂称为强碱性阴离子交换树脂。这种树脂在水中解离如下[33,34]：

$$R-\overset{+}{N}(R_1)(R_3)-R_2\,OH^- \rightleftharpoons R-N^+(R_1)(R_3)-R_2 + OH^- \tag{2-3}$$

其碱性较强而相当于一般季胺碱，它在酸性、中性，甚至碱性介质中都可显示离子交换功能。

常用的强碱性离子交换树脂，是用苯乙烯—二乙烯苯共聚球粒经氯甲基化和叔胺氨化而得。当用三甲胺氨化时，得到Ⅰ型强碱性阴离子树脂；用二甲基乙醇胺胺化，得到Ⅱ型强碱性阴离子树脂。它们的碱性都很强，不仅可交换一般无机酸根阴离子，也可交换吸附硅酸、醋酸那样的弱酸。Ⅰ型强碱性树脂的碱性比Ⅱ型更强，用途更广泛。$OH^-$ 式强碱性阴离子树脂热稳定性较差，限于 60℃以下使用。

4）弱碱性阴离子交换树脂

这是指以伯胺(—NH)或仲胺(—NHR)、叔胺($—NR_2$)换基团的离子交换树脂。这种树脂在水中解离程度很小而呈弱碱性[34]：

$$R—NH_2 + H_2O \rightleftharpoons R—NH_3^+ + OH^- \quad (2\text{-}4)$$

它只在中性及酸性介质中才显示离子交换功能。这种树脂可通过聚合或缩聚的方法而得。而常用的弱碱性阴离子树脂是使苯乙烯-二乙烯苯共聚球粒经氯甲基化而后伯胺或仲胺胺化制得的。这种树脂碱性很弱，只能交换盐酸、硫酸、硝酸这样的无机酸阴离子，而对硅酸等弱酸几乎没有交换吸附能力。较高的交换容量和容易再生是这种阴离子交换树脂的重要特点。近年来，还开发了聚丙烯酸系的弱碱性阴离子交换树脂。

2. 离子交换树脂吸附剂的结构与性能

研究离子交换树脂的结构与性能的关系，对发展离子交换树脂技术有重要作用。在离子交换树脂的合成研究中，了解结构与性能的关系，可以使人们逐渐从结构设计出发，更有的放矢地改善树脂性能和合成具有特定性能的离子交换树脂新品种。在离子交换树脂的生产中，了解树脂的结构与性能关系，使人们能更注意控制影响树脂结构的工艺因素，生产高质量的产品。对于离子交换树脂的使用部门，为了正确地选择和使用树脂，了解它们的结构与性能之间的关系是很重要的。

1）离子交换树脂的结构

(1) 化学结构。

离子交换树脂是一类在交联的大分子主链上带有许多化学基团的功能高分子化合物。这些化学基团由两种电荷相反的离子组成，一种是以化学键结合在大分子链上的固定离子，另一种是以离子键与固定离子结合的反离子，在一定条件下，这些可活动的反离子可离解出来显示离子交换的功能。离子交换树脂的这种化学结构特征是影响它的物理-化学性质的主要因素，在仅有凝胶型离子树脂时，化学结构起着决定作用。

不同类型的离子交换树脂具有不同性质的化学基团，如磺酸基，羧酸基，磷酸基，季胺基，伯、仲、叔胺基，胺羧基等，根据带有这些化学基团的离子交换树脂在不同 pH 溶液中的离解程度和交换行为，把它们分成了强酸性、弱酸性、强碱性、弱碱性及螯形离子交换树脂。同一种离子树脂，其化学基团中的固定离子又可以离子键结合许多不同性质的反离子。如阳离子交换树脂可结合氢离子及各种金属阳离子，阴离子交换树脂可结合氢氧根离子和各种酸根阴离子。离子交换树脂所结合的反离子不同，性质也不一样。

另外，还有同一种化学基团结合在不同的大分子链上，以及一种化学基团在大分子链上的分布不同等问题，这些化学结构上的不同对离子交换树脂的性能都有影响，如图 2-1 所示[35]。

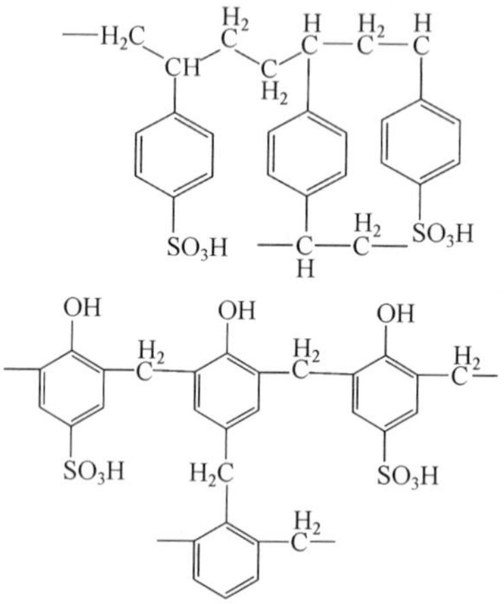

图 2-1　离子交换树脂中，同一种化学基团结合在不同的大分子链上

(2) 立体交联结构。

一般所指的离子交换树脂都是立体交联结构的高分子电解质，立体交联结构使离子交换树脂在各种水溶液和有机溶剂中表现出不溶不熔性和物理、化学稳定性。离子树脂的网络交联程度常以树脂合成时加入的交联剂占整个单体的质量分数表示。交联剂加入量越多，网络交联程度越大，大分子网络交织得越紧密。

离子交换树脂的交联结构还会因所加入的交联剂的性质不同而异。在交联剂用量相同时，由于交联剂的性质不同：第一，可能使交联结构的均匀性改变，如二乙烯苯这种交联剂，它有对位、间位、邻位三种不同的异构体，由于它们的相对反应活性不同，在用间二乙烯苯交联时，交联结构比较均匀；在用对二乙烯苯交联时，交联键的分布就不均匀，在交联结构中一部分交联程度高，交联键很密，产生一种交联网络十分紧密的核，另一部分交联程度较低，交联网络十分松散；而用邻二乙烯苯时，它们虽能共聚，但不能形成要求的交联结构，而是一种嵌段共聚体的结构[36]。工业二乙烯苯中，主要含对位和间位二乙烯苯，用它可以形成交联结构，但交联键的分布是不均匀的。第二，还可能使被交联的大分子链间距离改变，如以烷撑双甲基丙烯酸酯和烷撑双甲基丙烯酰胺等一些长链交联剂代替二乙烯苯，在用量相同时，由它们形成的交联结构，不仅比较均匀，而且交联着的大分子链间距离也更大，交联大分子链更柔软。

离子交换树脂的交联程度还可能在树脂合成过程中因某些化学反应的副反应，如氯甲基化反应、胺化反应等的副反应而提高。由这些副反应所产生的交联键称为副交联键。副交联键的多少在一定程度上可通过反应条件来控制，由氯甲基化产生的副交联键的分布是比较均匀的。由于产生了副交联键，用加入交联剂的数量来表示的交联程度就只能作为参考值。

另外还有一种特殊交联结构的离子交换树脂，它是由两个独立的交联结构大分子相互交错贯穿缠结在一起，形成一个立体交联结构的实体，这种交错型交联结构，虽然交联剂的性质和用量都和以上相同，但树脂性质完全不一样[35]。

(3) 孔结构。

人们习惯上所说的"多孔性"概念，大体上是针对离子交换树脂的交联程度、离子交换树脂的膨胀程度、交换离子向离子交换树脂球体内部扩散的难易程度而言的[37]。交联程度低，膨胀度大的称多孔性树脂。显然，这里所说的"孔"不是真正的孔，而是指大分子链间的距离稍大，现在把这种孔称为凝胶孔。凝胶孔的特点是孔径很小，一般在 30Å 以下。孔的大小随离子交换树脂所处条件不同而改变，当树脂处于水合状态时，大分子链舒伸，链间距离增大，凝胶孔就扩大；树脂干燥时，凝胶孔就缩小。溶液离子性质、浓度及 pH 变化，都会引起凝胶孔大小的改变。

近年来，发现了一种合成具有扩大凝胶孔结构离子交换树脂的方法，即单体在良溶剂存在下进行聚合反应的方法。这种方法可以在较宽的范围内改变凝胶孔结构的大小，而又不致损害树脂结构的稳定性。另外，若用长链交联剂代替二乙烯苯，也可获得较大凝胶孔结构的树脂。用化学反应产生副交联键所合成的离子交换树脂称为均孔树脂，即指大分子链间的交联分布较均匀、距离比较一致的树脂，均孔的大小可通过化学反应来控制，这种均孔显然也是凝胶孔。

与凝胶孔结构完全不同，20 世纪 60 年代，开发合成了一类具有类似活性炭、泡沸石那样物理孔结构的离子交换树脂，它们具有真正的毛细孔结构，可用一般物理方法测定，区别于前面的凝胶孔，称它为大孔。大孔的孔径比分子间距离大得多，根据树脂合成条件的不同，孔径可在数十埃至上万埃，同时，大孔结构比凝胶孔结构更稳定，孔的大小受外界条件变化的影响较小。

因凝胶孔是高分子凝胶结构中大分子链间的距离，不是真正的孔，实际上是凝胶结构的一部分，这种高分子凝胶球体仍是均相结构，只具有凝胶孔结构的树脂称为凝胶型离子交换树脂。大孔就不是高分子凝胶的一部分，它的存在使高分子凝胶球体呈非均相，亦即两相结构，大孔在树脂球体中占据了一定空间，具有大孔的树脂称为大孔型离子交换树脂。大孔树脂球体中，一部分是大孔，一部分是高分子凝胶骨架。要说明的是，这部分凝胶骨架中也有凝胶孔存在。从以后讨论可知，大孔型离子交换树脂中不仅有大孔，也有较大的凝胶孔存在，这是十分重要的。

2) 离子交换树脂的性能

(1) 含水量。

离子交换树脂是亲水性高分子化合物，总是结合一定数量的水分，称为含水量或湿含量。此外，树脂中还可能有游离水和表面水，但这是非结合水，可用离心法除去。离子交换树脂的含水量是以单位质量湿树脂的含水百分数表示的。离子交换树脂的含水量受它的交联度、化学基团的性质和数量及结合的反离子的影响。交联程度越高，含水量越低。化学基团对含水量的影响是共知的，树脂中极性化学基团越多，即交换容量越高，结合水分就越多。

(2) 密度。

离子交换树脂的密度表示法有两种，一是含水状态时的湿视密度，二是湿真密度。湿视密度是设计离子交换装置时的重要参考数据，它受树脂交联程度和交换基团性质的影响。交联度越高，湿视密度越大，带强酸性和强碱性基团的离子交换树脂比弱酸性和弱碱性基的树脂湿视密度高。另外，大孔型树脂比相应的凝胶型树脂的湿视密度低。

离子交换树脂的湿真密度是单位体积湿树脂中树脂骨架的质量。同种高分子骨架的树脂，因化学基团不同，湿真密度也不同，如聚苯乙烯系强酸性阳离子交换树脂的湿真密度为 1.30g/mL 左右，而强酸性阴离子交换树脂则为 1.1g/mL 左右[32]。对于同种树脂，湿真密度可作为树脂所含化学基团数量的量度。如聚苯乙烯的湿真密度约为 1.94g/mL，当引入磺酸基后湿真密度升高，引入的基团越多，湿真密度越大。在离子交换树脂用于混合床和双层床操作工艺时，为了使两种离子交换树脂能借真密度的不同而分层，必须使搭配树脂的湿真密度有足够的差值。

(3) 离子交换选择性。

离子交换树脂的选择性即是某种树脂对不同离子交换吸附亲和性的差别。如强酸性阳离子树脂对不同碱金属离子的交换亲和性按以下顺序增加：

$$Li^+ < Na^+ < K^+ < Rb^+ < Cs^+$$

这就是说，在相同条件下，树脂对 $Cs^+$ 的选择性最大。树脂对不同离子交换选择性的差别，可用交换基团与各种离子间静电作用强度不同来解释：因各种离子的离子半径和电荷不相同，在稀水溶液中的水合离子半径就不一样，水合离子半径越小、电荷越高的离子与交换基团间的静电作用力越大，树脂对它的选择性越强。

离子交换树脂的选择系数并不是一定值，它受离子交换树脂的交联度和化学基团性质、溶液的离子浓度和组成以及离子交换反应的周期等因素影响。但树脂对不同离子的选择仍有经验规律：在室温稀水溶液中，离子交换树脂总是按次序优先吸附多价离子，例如，$Na^+ < Ca^{+2} < La^{+3} < Th^{+4}$；对同价离子的选择性随原子序数的增加而提高，例如，$Li^+ < Na^+ < K^+ < Rb^+ < Cs^+$；树脂对尺寸较大的离子，如络合阴离子，有机离子的选择性较高[35]。

归纳以上，离子交换树脂的选择系数越大，离子的穿漏越少，处理溶液越纯，树脂的实际交换吸附能力也越高，从交换吸附来看这是很有利的。

(4) 抗氧化性。

离子交换树脂在氧化剂作用下也会发生高分子链的断裂现象。氧化的机理如

图 2-2[32]所示。

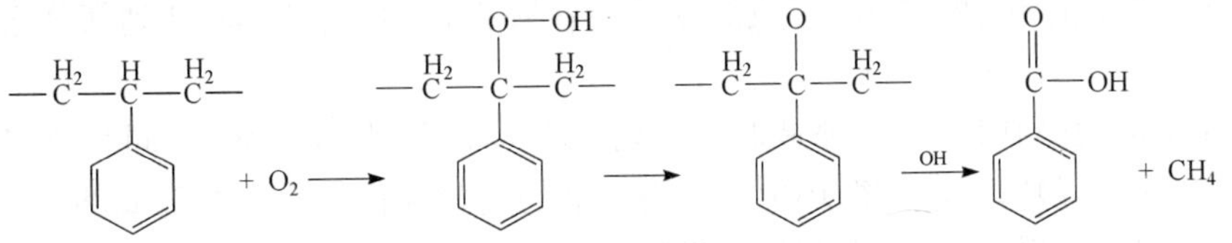

$$-\overset{H_2}{C}-\overset{H}{C}(C_6H_5)-\overset{H_2}{C}- + O_2 \longrightarrow -\overset{H_2}{C}-C(O-OH)(C_6H_5)-\overset{H_2}{C}- \longrightarrow -\overset{H_2}{C}-C(O)(C_6H_5)-\overset{H_2}{C}- \xrightarrow{OH} C_6H_5-C(=O)-OH + CH_4$$

图 2-2　离子交换树脂氧化的机理图

苯乙烯和二乙烯苯交联曲共聚物受氧化剂作用时是比较稳定的。强酸性阳离子交换树脂在 3% $H_2O_2$ 内(含 $Fe^{3+}$)加热至 70℃,经 24h 后发现质量有所损失。损失的量和交联度有关:在交联 1%时,损失 62%;在交联 2%时,损失 46%;在交联 8%时,损失 11.6%。这说明了交联度与树脂抗氧化性能有很大的关系,即交联度越高,树脂的抗氧化性越好[37]。

在水处理系统中,最容易遭受氧化的是第一级阳离子交换树脂,因此规定进入除盐系统水的含氯量不得超过 0.1mg。强碱性阴离子交换树脂也易遭受氧化,但进入水中游离氯主要被第一级阳离子交换树脂吸收,因而它受氧化的现象较少。

### 3. 离子交换树脂吸附剂的应用

#### 1) 离子交换树脂处理水

当提到离子交换树脂的应用时,首先想到的是水处理。虽然阴离子交换树脂不仅用于水处理方面,但实际上它的广泛应用首先是从水处理打开局面的,并且在较长时期内,也是离子交换树脂应用的唯一领域,就是到今天,水处理仍消耗了离子交换树脂总产量的 80%～90%,成为离子交换树脂应用的最主要方面。同时,现在人们一致认为,离子交换树脂法是进行水处理以获得不同品级纯水的一种有效且不可缺少的方法[38]。

(1) 水的软化。

水的一般软化,在使用水的很多地方,水中的各种杂质常常引起麻烦,如水中的硬度成分使锅炉产生锅垢,在染色和洗净工艺中引起沉淀。所谓硬度成分主要指的是钙、镁盐,它们一般占水中总杂质含量的 1/2 左右。水的一般软化就是除去水中的硬度成分钙、镁离子,或将它们转变成一价离子的过程。

水的软化是使含硬度成分的水通过钠式阳离子交换树脂,水中的钙、镁离子与树脂上的钠离子发生离子交换而被吸附在树脂上,无害的一价钠离于进入水中,而后被钙、镁饱和的阳离子交换树脂用浓食盐水处理又再生成钠式,如此反复的过程。当原水硬度成分在 100mg/L 左右时,工业用水须采用软化器进行软化;而当原水硬度达几百毫克/升后,就是家庭用水也应采用软化器软化处理。

水的脱碱软化,对于有较高碳酸盐成分的水,可采用脱碱软化的方式进行处理，使原水通过 $H^+$ 式阳离子交换树脂，在阳离子，包括硬度离子被除去的同时，水的 pH 下降，重碳酸根与 $H^+$ 形成的碳酸很容易变成 $CO_2$ 被除去，达到部分除盐的效果。

在水助脱碱软化中，一种是采用磺化煤作为交换剂。磺化煤中同时含有磺酸基、羧基和酚羟基，在酸式循环中根据再生剂的用量变化使它们全部或部分以 $H^+$ 式存在，即部分再生，可大大节省再生剂用量。通水时硬度离子被磺化煤吸附，重碳酸根变成 $CO_2$ 在脱气塔中被除去，这种方式的特点是十分经济。另一种是采用弱酸性阳离子交换树脂，这种树脂具有很高的交换容量且再生容易，原水通过时可有效地去除其中的钙、镁及钠离子，同时可达到软化和脱碱的目的，重碳酸根也同样变成 $CO_2$ 被除去，留下硫酸根、硝酸根和氯根在原水中，若用碱中和无机酸，则可获得中性水。

(2) 水的脱盐。

目前世界一直运转着的离子交换装置，有 1/2 以上是水的脱盐装置。水的脱盐是离子交换树脂最大的和最主要的用途。脱过盐的水也称纯水。

普通水中含有 100～300mg/L 的无机盐，作为家庭用水可以，但作为工业用水，如高压锅炉用水、无线电工业中微型或精细零部件的洗涤用水等就不行了。在用离子交换树脂制纯水的方法未确定以前，只能采用十分费时又不经济的蒸馏方法，可以这样说，由于离子交换法及其和其他方法组合制备高纯水的技术的开发，对高压锅炉的广泛采用起到促进作用。

2) 离子交换树脂处理工业废水

从环境保护出发，工业废水必须进行处理，因各工厂排出的废水不同，处理废水的方法也有很多，其中，对于危害较大的含重金属废水的处理，离子交换法是很有效的。以下介绍离子交换法处理含汞、铬、铜以及放射性废水[39]。

(1) 含汞工业废水。

汞及其化合物毒害是引起水俣病的原因。汞和镉都是重金属公害的代表物质，因而从保护环境的角度考虑对含汞废水的排放限制很严。

目前已有许多用离子交换法处理含汞废水的技术专利和研究报告发表，其中大多数与水银法电解生产产品的工厂有关。从电解槽来返回到食盐水去的溶液，含有 10mg/L 左右的汞。这些汞在盐水精制格内被转入淤泥而排除掉，其他工序也还有微量汞进入废水，这些排出的汞，从环境保护和产品成本两方面考虑，生产烧碱的工厂都应进行处理。因汞在过量氯离子存在时能生成稳定的络阴离子 $[HgCl_4]^{2-}$，所以可考虑用离子交换法，选用强碱性阴离子树脂来吸附它。

交换吸附了汞的强碱性阴离子树脂，可用浓盐酸、硫化碱、亚硫酸氢钠等再生。

$$
\begin{aligned}
&HgCl_2 + 2NaCl \longrightarrow Na_2HgCl_4 \\
&R{-}Cl + Na_2HgCl_4 \longrightarrow R_2{-}HgCl_4 + 2NaCl
\end{aligned}
\tag{2-5}
$$

(2) 含铬工业废水。

铬和汞一样，是污染环境且对生物有较大危害的重金属，铬酸仅次于氰化物，毒性极大，因而规定含铬酸废水含量严格计在 0.5mg/L 以下才能排放。含铬废水主要来自电银行业，这时铬以铬酸的形式存在，它的浓度，以铬酸计常在 100mg/L 左右，对于这样浓度范围的含铬酸废水，使用离子交换树脂法处理比用直接还原法、电还原法、铬酸盐生成法等更有利[39]。

用离子交换法处理电镀含铬废水有两种方式：一是把离子交换法作为前置处理手段，经树脂浓缩的废铬酸液再用直接还原法变成淤泥处理；另一种是只用离子交换法处理，并使铬酸回收再返回到电镀过程重复使用。两种方法原理基本相同，只是后处理稍有差别。

电镀车间的含铬废水，经预处理除去其中浑浊物、油垢、表面活性剂等后进入 $Cl^-$ 式强碱阴离子交换树脂，铬酸被树脂交换吸附，而后用再生剂 NaOH 溶液脱附，生成 $Na_2CrO_4$ 再生废液，它的铬酸浓度比原废水铬酸含量高了几百倍。若再用直接还原法处理，就先用硫酸调节再生废液 $pH<3$，然后加入亚硫酸氢钠，发生以下反应[38]：

$$4H_2CrO_4+6NaHSO_3+3H_2SO_4 \longrightarrow 2Cr_2(SO_4)_3+3Na_2SO_4+10H_2O \tag{2-6}$$

六价铬被还原成三价铬，而后再加入碱中和生成氢氧化铬沉淀析出，变成淤泥处理掉，也可将含 $Na_2CrO_4$ 的再生废液，再通过 $H^+$ 式强酸性阳离子交换树脂，变成纯度很高的铬酸再返回到生产中取用。

$$Cr_2(SO_4)_3+6NaOH \longrightarrow 2Cr(OH)_2+3Na_2SO_4 \tag{2-7}$$

(3) 含铜工业废水。

铜是一种用途很广的金属，也是有较强毒性的有害物质，因而排放废水中铜含量也应严格控制。

在铜氨丝人造纤维厂、铜线工厂和电镀工厂废水中部含有超过允许排放量的铜，对于这些量大、铜含量又较低的含铜废水可采用离子交换法处理。对于铜氨丝人造纤维厂，用离子交换法处理含铜废水、回收铜，是离子交换法处理废水的最成功的实例之一。这是因为铜氨丝工厂要使用大量的铜、氨和硫酸，同时产生大量废水。从环境保护角度和工厂的经济效益考虑都需要处理排放的废水并回收铜。因铜氨丝人造纤维厂还同时排放大量稀硫酸可用作树脂再生剂，因而为采用离子交换法创造了有利条件。

铜氨丝工厂排出的含铜废水量很大，每小时达上千吨，其中铜含量为 100mg/L 左右。这种情况若用离子交换树脂固定床处理，树脂用量会很大，还需要较大的场地，因而世界各国大多采用连续式处理工艺。

(4) 放射性废液的处理。

在核反应堆工程中用离子交换树脂法处理含放射性物质废水，目的是除去存在于轻或重水中放射性物质及腐蚀反应堆的成分，在这种情况下，采用混合床离子交换树脂法是比较经济的。而对于核反应堆,放射性同位素实验室等排出的废水用离子交换树脂法处理时,因树脂对放射性同位素并没有选择性,因而就把废水中的放射性物质及其他离子都一起除去,获得完全去离子水。在离子交换树脂处理以上放射性废水时,曾提出把被放射性物质饱和了的树脂进行再生而后循环使用,或把用过的树脂封闭储藏起来处理掉。权衡利弊后,仍认为选择再生的方法有利。但若树脂用在反应堆工程的其他方面时,并不推荐这种方法,大多数情况是树脂饱和后即取出,储藏在适当的地方。

离子交换树脂法处理放射性废水的另一个方面,是处理由于各种原因而被放射性污染的地表水,以获得可用的水或饮用水。试验表明,在较短的时间内,用离子交换法除去地表水中的放射性物质是完全可能的。当离子交换与沉淀及过滤手段结合起来时,把离子交换装置放在最后,就可获得完全不带放射性物质的饮用水,就是水中含有 1000～10000 倍允许剂量的放射性物质的废水,也可以被处理成饮用水,而处理这种废水也只有采用离子交换树脂法才合适[32]。

### 2.2.2 螯合树脂吸附剂

高分子螯合树脂通常也称为高分子螯合剂,是一类重要的吸附性功能高分子材料。其特征为高分子骨架上连接有能够对金属离子进行配位的螯合功能基,对多种金属离子具有选择性螯合作用,因此这类吸附树脂对各种金属离子有浓缩和富集作用[40]。这种树脂可以广泛用于分析检测、污染治理、环境保护和工业生产。这种吸附树脂与被吸附物之间依靠配位键相互作用,属于化学吸附。此外,当螯合树脂与特定金属离子螯合之后,形成的高分子配合物还会出现许多有用的物理化学新性质,广泛作为高分子催化剂、光敏材料和抗静电剂[41]。

1. 螯合树脂吸附剂的分类

1）氧为配位原子的螯合树脂

(1) 含羟基螯合树脂。

最常见的含羟基高分子螯合树脂为聚乙烯醇,其结构为在饱和碳链上每间隔一个碳原子连接一个羟基作为配位基,一般两个相邻的羟基与同一个中心离子配位,这样形成配位键后与中心离子会形成一个六元环稳定结构。由于高分子骨架的柔性和自由旋转特性,骨架上的配位原子空间适应性比较强,能与 $Cu^{2+}$、$Ni^{2+}$、$CO^{3+}$、$CO^{2+}$、$Fe^{3+}$、$Mn^{2+}$、$Ti^{3+}$、$Zn^{2+}$ 等多种离子形成高分子螯合物,其中二价铜的螯合物最稳定。生成螯合物后,高分子螯合树脂的许多性能会发生变化[40]。以二价铜的聚乙烯醇螯合物为例(图 2-3),首先,由于螯合过程有大量质子释放,所以溶液体系的 pH 会有较大幅度下降,原来中性的溶液会呈现酸性;其次,分子内络合物的形成会使溶液体系的比黏度大幅度下降,这是由于聚合物链在形成螯合物时发生收缩。由于同样的原因，二价铜与聚乙烯醇生成高分子螯合物后的体积收缩现象最引人注意。当聚乙烯醇薄膜放入含有 $Cu_3(PO_4)_2$ 等含有二价铜离子的水溶液中时，聚乙烯醇膜会发生较大幅度的收缩，收缩力甚至可以将膜下连着的重物提起，这实际上是发生了化学能与机械能的转化。认为这是由于聚乙烯醇上的羟基与二价铜离子发生了如下络合反应(图 2-3)，造成了聚合物分子内收缩。

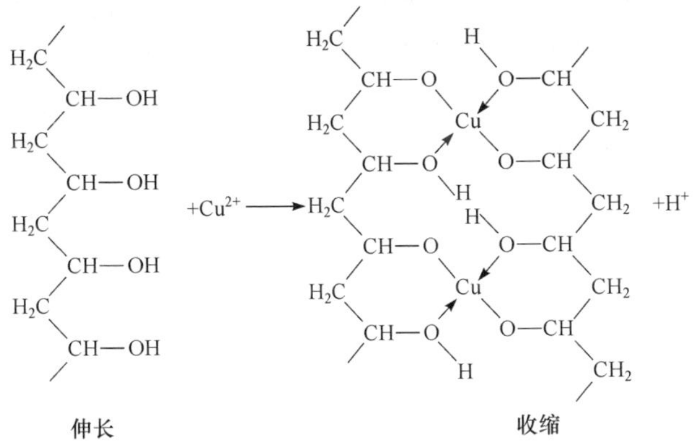

伸长　　　　收缩

图 2-3　二价铜的聚乙烯醇螯合物合成反应式

由于聚乙烯醇对一价铜离子的络合作用较弱，当加入还原性物质，采用还原反应将二价铜离子还原成一价离子时，高分子螯合物释放出一价铜离子，体积重新膨胀。因此，通过氧化还原反应可以控制上述化学能与机械能的直接转换，这种材料被称为人工肌肉，其伸长和收缩率可达 30%左右[41]。

与醇羟基相比，苯环上的酚羟基其孤对电子与苯环共轭，酸性较强，在碱性条件下容易发生离子化。含有酚羟基的聚合物较多，包括聚苯乙烯类和环氧类树脂等。酚羟基作为配位基团形成的络合物也比较稳定，但是由于苯环的刚性作用，在形成多配位螯合物时对聚合物的结构有特殊要求，形成的螯合结构也比较复杂。在聚苯乙烯树脂中引入酚羟基的方式有多种，可以由 4-乙酰氧苯乙烯共聚物通过水解反应得到对羟基聚苯乙烯树脂，也可以由聚氯乙烯为原料与苯酚反应直接引入酚羟基。这类树脂对二价镍和二价铜离子有选择性络合作用。多数情况下对镍离子的选择性高，但是当 3-位存在氨基时，对铜离子的选择性高，原因是氮原子参与了配位过程[42]。聚苯乙烯与氯甲基甲醚反应得到的聚对氯甲基苯乙烯与含有酚羟基的水杨酸、氢醌、2-羟基-3-羧基萘、2,4-二羟基苯甲酸、没食子酸等化合物进行傅克反应，同样可以得到含酚羟基的聚苯乙烯型树脂。聚苯乙烯经硝化、还原和重氮化后再与水杨酸反应可以制备带有偶氮结构的含酚羟基树脂。此外使用聚甲基丙烯酸酯为聚合物骨架，也可以通过与水杨酸等反应成酯引入上述结构。这种螯合树脂能与三价铁离子络合，生成红棕色高分子络合物。含有羧基的酚类树脂在重金属离子的分离和多种维生素、抗菌素的选择性吸附方面具有应用意义。

（2）含 β-二酮螯合树脂。

β-二酮结构是指两个羰基之间间隔一个饱和碳原子的化学结构，其中羰基氧作为配位原子[43]。β-二酮结构是重要的多配位基团，其中配位原子之间有三个碳原子间隔，因此在形成络合物时也能构成六元环结构，环内张力较小。环内双键的存在使形成的螯合物更稳定。在这类螯合树脂中 β-二酮结构可以存在于高分子的主链上或者侧链上；侧链上最常见的此类结构为乙酰乙酸酯，由于 α-H 的活泼性，可以发生烯醇化，所以化学性质比较活泼。这种高分子螯合树脂可以由甲基丙烯酰丙酮单体聚合而成，也可以与苯乙烯或者甲基丙烯酸甲酯共聚生成共聚型螯合树脂。其合成反应如图 2-4 所示。

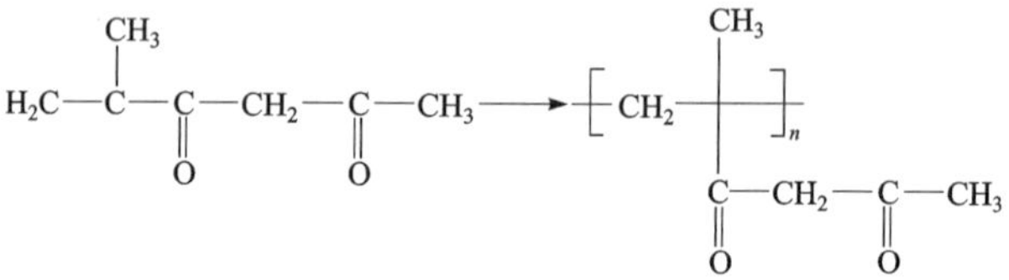

$$H_2C-\overset{CH_3}{\overset{|}{C}}-\underset{O}{\underset{\|}{C}}-CH_2-\underset{O}{\underset{\|}{C}}-CH_3 \longrightarrow \left[ CH_2-\overset{CH_3}{\overset{|}{\underset{\underset{O}{\underset{\|}{C}}-CH_2-\underset{O}{\underset{\|}{C}}-CH_3}{\underset{|}{C}}}} \right]_n$$

图 2-4　高分子螯合树脂合成反应式

该螯合树脂可以与二价铜离子络合形成稳定的螯合物。该螯合树脂除了可用于铜离子的吸附富集，生成的络合物还可以作为高分子催化剂催化过氧化氢分解反应，其催化活性高于小分子乙酰丙酮螯合物。

（3）含羧酸型螯合树脂。

羧基中含有两种氧原子，一个处在羟基上，另外一个处在羰基上，两种氧原子在配位反应时作用不同，羟基氧往往以氧负离子形式参与配位。含有羧基的高分子螯合树脂最常见的有聚甲基丙烯酸、聚丙烯酸和聚顺丁烯二酸等。由于独立羧酸两个氧原子同时配位时不能形成六元环稳定结构，所以羧基配位体有时需要与其他配位体协同作用才能生成稳定的螯合物。采用共聚反应引入其他类型的配位体是常采用的方法，如顺丁二烯二酸与噻吩共聚、甲基丙烯酸与呋喃共聚等。聚甲基丙烯酸和聚丙烯酸与二价阳离子络合时其配合物的生成常数按 $Fe^{2+} > Cu^{2+} > Cd^{2+} > Zn^{2+} > Ni^{2+} > CO^{2+} > Mg^{2+}$ 顺序递增。在一定 pH 范围内，络合一个二价金属离子需要两个羧基作为配体。研究结果表明，聚合物的立体结构对离子络合的选择性有一定影响，间同立构的聚甲基丙烯酸对二价镁离子有较强结合力，而全同聚甲基丙烯酸与二价铜离子有较强的结合力。据此，可以设计合成具有特殊选择性的螯合树脂。

2）氮为配位原子的螯合树脂

（1）含有氨基的螯合树脂。

配位原子以氨基形式出现的聚合物包括高分子脂肪胺和芳香胺，其中脂肪胺的碱性较强。含有游离氨基的单体不能直接进行聚合反应，高分子化时必须进行保护。带有聚乙烯骨架的脂肪胺可以由乙酰氨基乙烯通过聚合、水解等反应过程制备，也可以通过采用苯二甲酰保护氨基，然后与其他单体进行共聚，得到的酰胺型树脂水解释放出氨基。反应过程[44]用下式表示(图 2-5)：

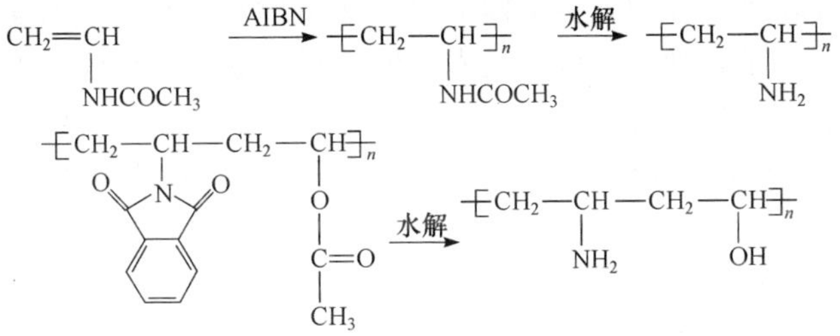

$$CH_2{=}CH(NHCOCH_3) \xrightarrow{AIBN} \left[CH_2{-}CH(NHCOCH_3)\right]_n \xrightarrow{水解} \left[CH_2{-}CH(NH_2)\right]_n$$

$$\left[CH_2{-}CH(N\text{-phthalimido}){-}CH_2{-}CH(OCOCH_3)\right]_n \xrightarrow{水解} \left[CH_2{-}CH(NH_2){-}CH_2{-}CH(OH)\right]_n$$

图 2-5　含有氨基的螯合树脂的合成过程

由于饱和碳链的柔软性好，在螯合反应中脂肪胺型螯合树脂在空间取向和占位方面具有优势，适用多种金属离子的吸附和富集。氨基对碱金属和碱土金属离子几乎没有络合能力，几乎不干扰络合过程，因此，这一类吸附树脂更适合于对海水中重金属离子的富集和分析过程。

芳香氨基型螯合树脂可以通过对氯苯乙烯的格氏反应，然后与 $N,N$-二取代甲氨基正丁基醚反应得到芳香氨基[44](图 2-6)：

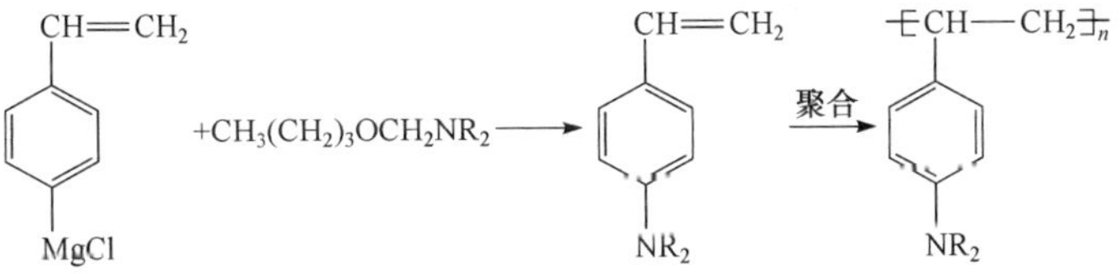

$$CH_2{=}CH{-}C_6H_4{-}MgCl + CH_3(CH_2)_3OCH_2NR_2 \longrightarrow CH_2{=}CH{-}C_6H_4{-}NR_2 \xrightarrow{聚合} \left[CH(C_6H_4NR_2){-}CH_2\right]_n$$

图 2-6　芳香氨基的合成

以聚对氯甲基苯乙烯为原料与 2-氯乙胺反应还可以制备多氨基型螯合树脂，这种螯合剂具有较高的螯合能力。对金、汞、铜、镍、锌和锰等金属离子有较强的络合作用，其中对金、汞、铜的选择性最高。

(2) 含有氮杂环结构的螯合树脂。

当氮原子处在杂环上时也表现出较强的配位能力。含氮杂环的种类较多，根据氮原子所在杂环的大小，大体上可以分为五元杂环、六元杂环和大环型杂环。五元含氮杂环包括含有一个氮原子的吡咯、吡咯酮等，含有一个以上氮原子的咪唑、吡唑、三唑、苯并咪唑和嘌呤等[45]。六元含氮杂环主要为含有吡啶、喹啉、咯嗪等结构的杂环化合物。常见的大环型含氮杂环有考啉环和卟啉环，都是著名的螯合试剂。含有这些结构的螯合树脂，其合成方法主要通过在杂环中引入端基双键、吡咯或者环氧基等可聚合基团，然后通过均聚、共聚反应高分子化。

含氮杂环型螯合树脂是比较特殊的一类高分子吸附剂，其络合性质与生物体内发生的三磷酸腺苷、二磷酸腺苷、核糖核酸、脱氧核糖核酸等与金属离子的络合过程相类似，多具有较强的生理活性[46]。此外，这类高分子螯合物与不同阳离子络合时有较鲜明的颜色变化，经常作为比色分析用显色剂，用于分析金属离子。对于含有卟啉和肽腈等大环型螯合结构的络合物可以作为电子接受体，参与电子转移过程。钌的高分子联吡啶络合物是光能转化成化学能(分解水，放出氢和氧)和光能转换成电能(有机光电池)等过程研究的重要原料。以这些高分子材料制成表面修饰电极，在分析化学、电催化反应、有机电子器件制备研究方面已经成为世界性热点[44,46]。

3）硫为配位原子的螯合树脂

硫原子具有与氧原子相同的外层电子结构，也具有配位功能。最常见的含硫原子的化学结构为硫醚和硫醇。聚乙烯硫醇和对硫甲基聚苯乙烯具有定量吸附二价汞离子的能力。吸附是可逆的，可以用1,2-二巯基丙烷的氨水溶液将吸附的汞离子洗脱，高分子螯合剂被再生。这类树脂的过渡金属螯合物多数呈现一定的催化活性。具有氨二硫代羧酸结构的化合物对重金属具有良好的络合能力，含有这种结构的高分子螯合剂可以从海水中捕集多种痕量级浓度的重金属离子。其制备方法通常以聚亚乙二基亚胺为原料，通过与二硫化碳反应引入这种氨二硫代羧酸结构。由于这类高分子螯合剂是水溶性的，为了方便使用，在引入氨二硫代羧酸结构之前需要先进行交联反应，生成不溶性网状结构。可用的交联剂有1,2-二溴乙烷、甲苯二异氰酸酯等[46]。

以聚苯乙烯为骨架的氨二硫代羧酸型高分子螯合剂也见报道。当分子中含有硫脲结构时，其中所含的硫原子也具有配位能力，但是其络合功能往往需要与相邻的氮原子共同作为配位原子发挥络合作用。除此之外，当聚合物中含有亚硫酸结构时，往往也具有一定螯合能力，也可以构成螯合树脂。

4）其他原子为配位原子的螯合树脂

除了上面提到的氧、氮、硫等原子，在有机聚合物中常见的具有配位功能的原子还有磷和砷，主要为高分子膦酸和胂酸。这种络合剂虽然在使用的广泛程度上不如上述几种螯合树脂，但是在生物活动研究中具有较重要的意义。

带有聚丙烯酸骨架的高分子膦酸可以由丙烯酸与乙烯膦酸二乙酯共聚得到线型聚合膦酸[47]。为了得到理想的空间构型，交联前先与 $Cu^{2+}$ 络合，使高分子链的构象处在最佳状态，然后用亚甲基双丙烯酰胺交联使构象固化。将铜离子脱除后即可得到具有较高吸附容量的膦酸型螯合树脂。采用这种预先络合方法制备高分子螯合物的过程被称为铸型交联法。乙二胺、三乙烯四胺或者多乙烯多胺与氯甲基膦酸反应，再经三羟基苯酚或环氧氯丙烷交联也可以得到具有聚多胺型骨架的高分子膦酸。这种高分子螯合剂对二价金属离子有较好的选择性。而以聚苯乙烯为骨架的高分子膦酸对 U、Mo、W、Zr、V、稀土金属以及某些二价和三价金属离子具有较高的吸附性。利用其吸附作用，可以用中子活化法测定金属铀中残存的杂质 La、Yb、Ho、Sm、Dy、Eu、Gd 元素，金属钼中的杂质 Mn、Zn、Cu、Fe、Ga、Co 等，金属锆中所含的 Mo、W 等[48]。含有砷元素的高分子胂酸多采用聚苯乙烯为其骨架，胂酸结构直接引入聚合物骨架中的苯环上。其对金属离子的吸附作用与溶液的酸度有密切关系，但是选择性较差。在强酸性条件下对金属离子的吸附选择性按照 $Zr^{4+}>Hf^{4+}>La^{3+}>UO_2^{2+}>Bi^{3+}>Cu^{2+}$ 顺序递减。

### 2. 螯合树脂吸附剂的结构与性能

1）配体结构与性能

螯合树脂依靠其高分子链上的官能团与金属离子配位形成螯合物，因此其配体的结构是决定螯合树脂配位性能的关键[49]。螯合基团能够与金属离子形成螯合环，导致螯合物比相应的单配位化合物稳定，这种由于与金属离子形成螯合环而使稳定性增加的现象称为螯合效应。

螯合物的稳定性与螯合基团的种类、螯合物结构和金属离子的种类密切相关，一般呈现的规律是：①通常五元螯合环比六元螯合环稳定，如果螯合环中含有双键，有时六元螯合环更稳定；②相同螯合基团不同金属离子形成螯合物的稳定性，随金属离子正电荷的增大、离子半径的减小而增大；③同种结构的配位基团，配位数越多、形成螯合环越多，螯合物的稳定性就越高。

当螯合树脂与特定金属离子螯合后，还会出现许多特殊的物理化学性质，广泛作为催化剂、光敏材料和抗静电剂。

2）高分了链结构与性能

螯合树脂具有交联的三维结构，一定程度的交联可以保证树脂具有较强的机械强度和耐酸碱性，但交联度过大则可能影响吸附容量和吸附速度。

亲水性的高分子链可以保证树脂在水溶液中具有一定的溶胀度，使树脂内部形成扩张的孔道，有利于提高金属离子在树脂中内的扩散速率；但溶胀度过大，会使树脂的强度降低，树脂的溶胀度一般应保持在 2～6[50,51]。

高分子骨架上连接有螯合基团(螯合基团连接在高分子的侧基上或高分子骨架的主链上)，对多种金属离子具有选择性螯合作用，因此可以对多种金属离子产生浓缩和富集作用。

3）形态结构与性能

螯合树脂一般为球状、粉末状或无定形状，也有螯合纤维、织物状和螯合膜等。球状树脂制备单一，使用方便，不易破碎，应用最为广泛，而粉末状树脂或无定形树脂不易实现大规模应用，一般仅用作贵金属催化剂载体或贵金属分析的螯合剂。

螯合纤维或织物状螯合树脂传质距离较短，传质过程很快，具有一定的发展前景。与此同时，螯合膜具有膜的选择性透过功能和螯合吸附剂的选择性吸附功能，比一般的膜或树脂选择性更强，但其处理成本比一般的螯合树脂吸附工艺更高。

4）孔结构与性能

螯合树脂的吸附速率和吸附容量与树脂的比表面积有关，保证树脂中具有一定的孔结构有利于提高树脂的比表面积。适宜的孔结构也有利于特定金属离子在树脂中的扩散，孔道直径与被吸附金属离子的直径之比以 6∶1 为宜。同时，树脂在水溶液中溶胀，有利于扩大树脂的孔道，凝胶型的树脂如果在水溶液中溶胀，也具有一定的孔结构。

### 3. 螯合树脂吸附剂的应用

螯合树脂的结构特征是高分子骨架上连接有螯合基团，对多种金属离子有选择性螯合作用，因此，它们在无机、冶金、分析、放射化学、药物、催化、海洋化学等领域里得到了应用。特别是近年来金属离子对水质的污染、化学工业污水的净化处理等问题日趋严重，地球化学、环境保护化学、公害防治等领域对高分子整合剂的需求也越来越高。同时从工业废液中分离回收有用的物质，这不仅有利于环境保护，而且可以充分利用资源、提高经济效益。

螯合树脂在制备超纯水方面的应用占了很大的比例(微电子工业、半导体工业以至原子能工业都需要超纯水)。1988 年张政朴等[42]把氨基膦酸树脂与 $Al^{3+}$、$Fe^{3+}$的配合物用于饮用水除氟的试验，发现 $F^-$ 的平均去除率为 72%～78%，因此对高氟水地区人民的身体健康带来了福音。

近年来，螯合树脂在废水处理方面正起着越来越大的作用，如用大孔膦酸树脂吸附 $Cd^{2+}$，研究发现动态吸附树脂容量达 162.7mg/g。王耐冬等用巯基树脂处理味精厂废水时，发现在大量 $Zn^{2+}$ 存在下能有效地分离 $Cd^{2+}$ 。此外硫脲树脂在除 $Hg^{2+}$ 、4-氨基三氮唑树脂除 $Cr^{6+}$ 等方面也具有很好的效果[47]。

(1) 稀有金属的分离。用 EDTA 大孔螯合树脂(D401)对钨中微量钼进行分离，PAR 螯合树脂用于铀矿、废水中 $UO_2^{2+}$ 的分离，大孔膦酸树脂用于 $In^{3+}$ 、$Ga^{3+}$ 的分离，用 D546 硼特效树脂和 XE-243 树脂富集地质样品中痕量硼。

(2) 同种离子不同价态的分离。利用二价铜与聚乙烯醇形成螯合物稳定，而与一价铜离子的络合作用较弱，选择性分离不同价态的离子。螯合过程由于放出 $H^+$ 而使原来的中性溶液显酸性；螯合也使原来溶液的比黏度大大下降，并发生体积收缩。如果采用还原反应将二价铜离子还原成一价离子，则螯合物被破坏而释放出一价铜离子，体积重新膨胀。因此，可以利用氧化还原反应控制螯合过程，通过体积膨胀-收缩产生机械能转换，起到人工肌肉的作用。

(3) 分离有机物。聚乙烯胺树脂可用于层析分离酸性氨基酸、丙氨酸、酪氨酸、天门冬氨酸及多肽。当该树脂用于重金属离子分离时，选择吸附性依下列顺序递减：$Cu^{2+} \gg Zn^{2+} > Ni^{2+} \approx CO^{2+} \gg Na^{+} \approx Mg^{2+}$。

### 2.2.3 天然高分子改性吸附剂

1. 天然高分子改性吸附剂的分类

1）改性纤维素类吸附剂

纤维素吸附剂的研究和应用早在 20 世纪 50 年代初就已开始，近年来，随着生命科学的飞速发展和对纯天然化工产品的需求日益扩大，纤维素作为天然高分子材料用来作吸附剂使用越来越广泛。

纤维素吸附剂用于过渡金属离子及贵重金属的吸附、分离和提取，对环境保护具有重要的意义。20 世纪 60 年代末，Yoshitaka 等[52]研究了纤维素对 $Ca^{2+}$、$Fe^{3+}$、$Fe^{2+}$、$Ce^{4+}$ 的吸附行为，测试了温度、时间、浓度对金属离子的被吸附量的影响[52]。结果显示，这些因素对 $Ca^{2+}$ 和 $Fe^{2+}$ 的吸附影响很小，而对 $Fe^{3+}$ 或 $Ce^{4+}$ 的影响显著。而且发现 $Ca^{2+}$ 或 $Fe^{2+}$ 的平衡吸附量几乎与羧基在纤维素样品中的容量相等，$Fe^{3+}$ 或 $Ce^{4+}$ 的平衡吸附量几乎与羰基在纤维素样品中的容量相等。

20 世纪 90 年代初，陈义镛[31]制取了烷基纤维素 AmACs，并研究了其对二价金属离子的吸附作用和解吸附作用，发现溶液 pH、金属离子及其初始浓度、二胺中甲基的数量明显影响着金属离子在 AmACs 上的吸附，在强酸性溶液中不发生金属离子的吸附，但在弱酸性溶液中金属离子被快速地吸附到 AmACs 上，并且吸附量随着 pH 的增大而增加。金属离子在 AmACs 上的吸附次序为 $Cu^{2+} > Ni^{2+} > Co^{2+} > Mn^{2+}$，可见 $Cu^{2+}$ 可优先从金属离子的混合溶液中被吸附出来，并且在 0.1mol/L 的 HCl 溶液中通过搅拌很容易被释放出来。后来人们进行了更多的研究，得出在弱酸性条件下 $Cu^{2+}$ 的吸附顺序是 AmACs（二胺部分的碳原子数为 $m=2$）>HDC>α-CAHDCs>β-CAHDCs。这些吸附剂能从金属离子混合溶液中（如 $Mn^{2+}$、$Co^{2+}$ 和 $Ni^{2+}$）选择性地吸附 $Cu^{2+}$。

以纤维素为基质的高吸水材料一直是人们研究与开发的活跃领域。一般说来，普通水浆水保留值为 50%，再生纤维素为 130%，而纤维素高吸水材料则可达到 200%～7000%。纤维素系高吸水材料主要采用酯化、醚化、交联、接枝共聚等方法来制备，不同方法得到的高吸水材料的吸水能力不同。目前，纤维素系高吸水材料作为一种新型功能性高聚物，已在生理卫生用品、农林园艺、土木建筑、沙漠改良、石油化工、医药、食品、包装等领域得到广泛应用。

2）改性淀粉类吸附剂

淀粉是绿色植物果实、种子、块茎、块根的主要成分，是空气中二氧化碳和水经光合作用合成的产物，是地球上最丰富的储藏性多糖。作为太阳能的储存形式之一，淀粉一直是人类和大多数动物的主要能量来源，是“取之不尽、用之不竭”的天然资源。

淀粉分散在水介质中，在较温和的条件下就具有较高的反应性能，可以用比较简单的方法将其变性和转化；淀粉还极容易被酸或酶部分或全部水解成低聚糖或单糖，这些水解产物又可进一步衍生成更多的有机化合物。而且，淀粉资源丰富、价格低廉，因此世界各国都十分重视对淀粉的研究、开发和利用。淀粉衍生物在水处理中的应用主要是作为重金属离子、$CrO^{2+}$以及酚类物质的吸附剂，此外还可作为染料废液处理剂。改性淀粉类吸附剂的制备过程大体可分为两个主要阶段：交联和接枝。交联剂主要为甲醛、环氧氯丙烷、三氯氧磷和乙二酸二乙酸酐等。在淀粉的接枝单体中，目前研究最多的接枝单体常为烯基化合物，其通式为 $CH_2=CH_2X$，其中 X 为—CN、$—CO_2R$、$—CONH_2$、$—COOC_2H_4N^+R_3Cl^-$等。而淀粉能否发生接枝反应，除与单体的性质和结构有关外，主要取决于淀粉大分子上是否存在活化的自由基。自由基可用物理或化学激发方法产生。常用的物理方法是用同位素$^{60}CO$ 的 γ 射线辐照，先活化淀粉，然后加入单体，在常温下反应。但最常用的还是化学引发方法，一般用过氧化苯酰、过硫酸钾、$Ce^{4+}$、$H_2O_2$-$Fe^{2+}$、$K_2S_2O_8$-KH-$SO^3$、$Mn^{2+}$等为引发剂。改性淀粉类吸附剂的发展趋势是进一步提高吸附剂的抗生物降解能力和抗氧化能力，以扩大其应用范围。

3）改性甲壳素/壳聚糖类吸附剂

由于壳聚糖分子中的游离氨基可接受质子成盐，在酸性水溶液中可溶解，造成流失。同时，为了提高壳聚糖对金属离子的吸附性能和选择性，可以对壳聚糖进行化学改性，常用的方法是交联、衍生化和接枝。经交联改性后壳聚糖对金属离子的选择性有明显提高。常用的交联剂有环氧氯丙烷、甲醚、聚乙二醇双缩水甘油醚、二异氰酸酯、戊二醛、香草醛等，经交联后的壳聚糖不仅极大地提高了壳聚糖的 pH 适用范围，并且对特定的金属离子表现出高选择性。

Becker 等制备了一系列的 N 位的酰化壳聚糖，对镍、锌、镉的吸附研究表明，其中两种衍生物对镍、镉有高选择性[53]。Inoue 等将壳聚糖用 ED-TA 进行修饰，对金属离子的吸附容量有大幅度提高，且在溶液 pH 为 0～1 时对金属离子有最大吸附[53]。Baba 合成了 *N*-(2-吡啶甲基壳聚糖)，发现在盐酸溶液中，它能选择性地吸附 $Au^{3+}$、$Pt^{4+}$、$Pd^{2+}$等稀有金属，而对 $Cu^{2+}$、$Ni^{2+}$、$CO^{2+}$几乎没有吸附性能[52]。在硝酸铵的溶液中，*N*-(2-吡啶甲基壳聚糖)可从 $Fe^{2+}$和 $Cu^{2+}$硝酸盐混合液中选择性吸附 $Cu^{2+}$。梁锐杰等利用流动注射分光光度法，跟踪观察交联壳聚糖树脂吸附阴离子染料的行为，讨论了外加氯化钠或甲醇以及温度等因素对吸附的影响，发现交联壳聚糖树脂吸附阴离子染料酸性铬蓝钾的表现吸附速率常随体系中氯化钠浓度或甲醇含量的增大而减小，随温度的升高而增大；利用固-液相互作用方程，求取了吸附剂-吸附质相互作用能为 26.095kJ/mol。Annadurai 研究了壳聚糖对活性 B 的吸附性能，并讨论了溶液 pH、温度和壳聚糖颗粒大小对吸附的影响[53]。

4) 改性木质素类吸附剂

木质素是一种来源丰富、价格低廉而无毒性的可再生资源，而工业木质素主要来源于制浆造纸工业的废水。因此，对工业木质素进行回收、改性，既可有效解决造纸废水污染环境的问题，又能带来明显的社会效益和经济效益[54]。

木质素具有一定的吸附特性，原本木质素中就含有较多的甲氧基、羟基和羰基，这些功能基可作为金属离子的吸附位点。经蒸煮后木质素产生了更多的酚羟基或磺酸基，所有这些基团中氧原子上的未共用电子对能与金属离子形成配位键生成木质素-金属螯合物，表现出对金属离子的吸附性。木质素对重金属离子吸附能力的大小与其羟基、羧基、磺酸基的含量和空间网络结构有关。另外，木质素含有痕量还原型的铁和其他金属，它们可与那些电化学序列中排在其后的金属反应，引起金属在木质素表面的沉积。木质素磺酸盐具有较强的亲水性和电负性，因而在水溶液中具有良好的吸附分散性能，并因此广泛应用于许多领域，如木质素磺酸盐和磺化碱木素均可用作染料分散剂；木质素的烃链为良好的吸附剂，研磨时，烃链被吸附在染料晶体上，而亲水的磺酸基在水分子之间形成双膜层，防止染料分子再度凝聚。木质素磺酸盐的减水作用主要是因为它在液-固表面上的吸附，从而减少用水量，并减少了孔洞体积等。但作为专一的吸附材料应用，尚需进一步的改性。

木质素可以通过各种方法改性以提高其吸附能力和拓宽其应用范围，如在木质素上引入氨基可以极大地改变它的物化性质，从聚酸转变成混合基或两极基。将四氨基的低分子表面活性剂作为憎水基被引入木质素的配位键，提高其对有机物的吸附能力。同时，若在木质素上接上十六烷基三甲基溴化铵，发现 DAH(一种稀酸水解松木素)对苯酚的吸附能力增加了三倍；而含有十六烷基三甲基溴化铵的 $CHAP_c$(浓盐酸处理松类木素)、$CHAP_b$(浓盐酸处理桦类木素)对苯酚的吸附量分别增加了两倍[54]。

木质素吸附剂除了以粉状或无定形颗粒出现，还能制备成球形。球形木质素吸附树脂因具有疏松和亲水性网络结构的基体，并具有比表面积大、通透性能和水力学性能好等优点，很适合于床式吸附操作，近年来成为国内外科研工作者的研究热点[54]。

## 2. 天然高分子改性吸附剂的结构与性质

1) 纤维素的结构与性质

纤维素是天然高分子化合物，经过长期的研究[54]，确定其化学结构是有很多的 D-吡喃葡萄糖酐(1-5)彼此以 P(1-4)苷键连接而成的线形巨分子，其化学式为 $C_6H_{10}O_5$，化学结构的实验分子式为 $(C_6H_{10}O_5)_n$($n$ 为聚合度)，由 44.44％碳、6.17％氢、49.39％氧三种元素组成，其结构如图 2-7 所示。

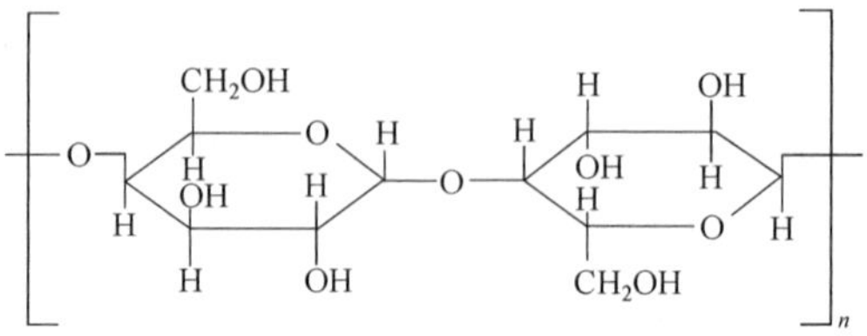

图 2-7　纤维素的结构图

研究发现，纤维素分子所构成的晶体中，存在五种结晶变体，即纤维素Ⅰ、Ⅱ、Ⅲ、Ⅳ和Ⅴ型。纤维素Ⅰ是天然存在的晶体形式，主要包括细菌和高等植物（如棉、麻、木材）的纤维素。纤维素Ⅱ是Ⅰ型经由溶液中再生或碱丝光化处理而得到的结晶变体，是工业上使用最多的纤维素形式。

纤维素分子链中，每个葡萄糖基有三个活泼羟基，两个仲醇羟基（$C_2$—OH 和 $C_2$—OH）和一个伯醇羟基（$C_2$—OH）。因此，纤维素可以进行一系列涉及羟基的反应，形成各种纤维素衍生物和其他反应产物。这些反应包括酯化反应、醚化反应和接枝共聚，羟基被—$NH_2$ 和卤素置换，羟基中的氢被 Na 置换的反应，仲羟基氧化生成醛基和酮基，—$CH_2OH$ 基氧化成—COOH 和酸、碱、盐基形成化合物等。这些反应主要取决于以下两个因素。

一是纤维素葡萄糖基环上游离羟基的反应活性。在多数情况下，伯醇羟基的化学反应活性大于仲醇羟基。对于不同类型的反应，纤维素各羟基的反应能力不同。可逆反应要发生于 $C_2$—OH，而不可逆反应则有利于 $C_2$—OH。因此，对于纤维素的酯化反应，伯醇羟基具有最高的反应能力。例如，当用纤维素对甲基磺酰氯进行酯化时，伯醇羟基的酯化速度比仲醇羟基的酯化速度要快 4～5 倍。对于纤维素的醚化反应，其先决条件是羟基的离子化，由于相邻取代基的诱导反应，酸度和离解倾向按下列顺序增强：$C_6$—OH＜ $C_3$—OH＜ $C_2$—OH。因此，$C_2$ 位羟基总是比其他羟基易于醚化，$C_2$ 位羟基取代后，$C_3$ 位羟基的酸性通常就增加，结果反应性能较高。同时，由上述顺序也可推断，在酸性介质中，主要进行纤维素仲羟基的化学反应；而在碱性介质中，则有利于伯醇羟基的反应[52]。

二是反应物到达纤维素分子羟基上的可及度，即反应物接近羟基的难易程度。$C_6$ 位上的羟基的空间位阻最小，故庞大的取代基对于 $C_6$ 位羟基的反应性能高于其他羟基。另外，纤维素物料的结晶度越高，封闭越严密，在结晶区内存在的链间键越强大，则反应物越难以到达其羟基上，而处于无定形区的羟基则易到达，故反应较快。

2）淀粉的结构与性质

淀粉是由葡萄糖单元之间脱水缩合，经糖苷键连接起来的多糖。根据葡萄糖缩水方式的不同，淀粉可以分为两大类：直链淀粉和支链淀粉。直链淀粉是脱水葡

萄糖单元经 α-1,4 苷键连接,支链淀粉的支叉位置为 α-1,6 苷键连接,其余部分则为 α-1,4 苷键连接,二者的结构式如图 2-8 所示。由图可以看出,每个脱水葡萄糖单元的 2,3,6 位上各有一个醇羟基,因此淀粉分子中存在大量可反应的基团。其中 6 位碳原子上伯醇羟基的活性最高,其次是第 2,3 位上的仲醇羟基。淀粉与化学试剂反应的程度用取代度(DS)来表示,即淀粉分子中每个脱水葡萄糖单元上羟基被取代的程度,也就是一个脱水葡萄糖单元含有取代基的平均数目,因此 DS 可在 0～3 变化。淀粉的生物合成过程不同,其支链淀粉和直链淀粉的含量不同,但大部分淀粉颗粒是由约 30%的直链淀粉和约 70%的支链淀粉组成的[55]。

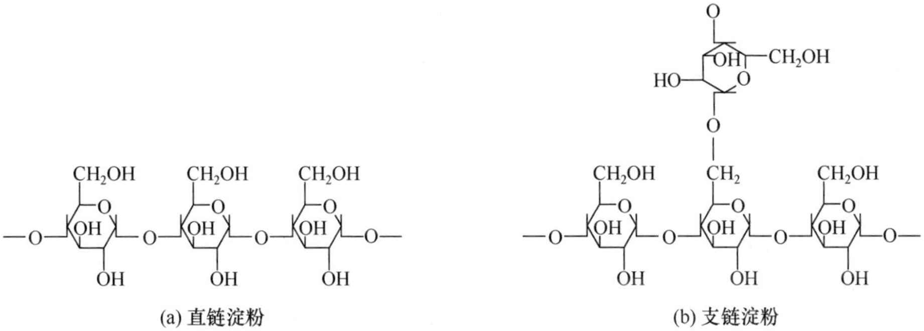

(a) 直链淀粉　　(b) 支链淀粉

图 2-8　直链淀粉和支链淀粉

淀粉具有来源丰富、价格低、清洁无污染等特点。此外,由于淀粉分子中存在众多的羟基,可进行多种修饰,且具有无毒、无免疫原性、良好的生物相容性和降解性、降解速度可控性等诸多独特的性能,在食品、医药、化工、生物医学等领域有广泛的应用价值。

淀粉分子具有众多羟基,亲水性很强,但淀粉颗粒却不溶于水,这是因为分子内羟基之间通过氢键结合;而且淀粉颗粒也不溶于一般有机溶剂,仅能溶于二甲基亚砜和二甲基甲酰胺等少数有机溶剂。直链淀粉和支链淀粉在性质方面存在着很大差别。支链淀粉难溶于水且水溶液不稳定,凝沉性强;直链淀粉易溶于水,溶液稳定,凝沉性弱。直链淀粉能制成强度高、柔软性好的纤维和薄膜,支链淀粉却不能。此外,淀粉颗粒中的结晶区和无定形区的性质也不相同,其中无定形区具有较高渗透性,化学活性较高。

天然淀粉已广泛应用于各个工业领域,不同应用领域对淀粉性质的要求不尽相同。随着工业生产技术的发展,新产品的不断出现,对淀粉性质的要求越来越苛刻,原淀粉的一些性质,如天然淀粉冷水不溶、糊黏度不具有热稳定性、抗剪切稳定性和冻融稳定性差等,已不能满足工业发展的特定需要。因此,有必要根据淀粉的结构及理化性质进行变性处理,使之能符合应用的要求。

改性淀粉是指利用物理、化学或酶的手段来改变天然淀粉的性质,通过分子切断、重排、氧化或在淀粉分子中引入取代基可制得性质发生变化、加强或具有新性质的淀粉衍生物。

如前所述，淀粉由葡萄糖分子脱水缩合而成，其化学性质集中体现在葡萄糖环上的自由羟基和缩水而成的糖苷键上，因此所有的改性反应都与这两种基团的一种或者全部有关。例如，氧化淀粉是在工业中应用最广泛的变性淀粉。它由天然淀粉在碱性条件下被 NaClO 等氧化成醛，进而转化成羧基，同时发生环断裂等反应，在氧化过程中分子链降解，溶解性能提高，分子间氢键力削弱。

3）甲壳素/壳聚糖的结构与性质

甲壳素为自然界中罕见的带正电荷的弱碱性多糖，它广泛分布于甲壳素类动物、昆虫外壳和真菌类的细胞壁中，年产量上百亿吨。由于它具有重要的生理、药理作用，从而使它具有广泛的用途和广阔的发展前景。由于甲壳素是一种丰富、可再生的天然资源，具有可降解并对环境不产生污染的特点，因此，世界各国都已开始重视对甲壳素的研究与开发。

甲壳素又称甲壳质、壳多糖等[55]，化学名称为(1，4)-2-乙酰氨基-2-脱氧-β-*D*-葡萄糖，是一种天然无毒高分子聚合物，也是细胞壁的基本结构组成结构之一，相对分子质量达到 100 万以上，甲壳质的分子结构类似纤维素，由 1000～3000 个 *N*-乙酰 α 氨基-*D*-葡萄糖胺单体以 β(1-4)糖苷键所构成的直链状高分子糖类，不具有毒性且可以被生物分解，具有生物活性，被视为最具有潜力的生物高分子。它主要存在于水生甲壳类动物、软体动物和节肢动物外壳中。近 30 年来由于实验方法和相关学科的发展，新的研究成果不断涌现，目前在国内外已经成为重要的产业，在轻工、医药、食品业中得到了广泛的应用。

甲壳素的结构[55]（图 2-9）和纤维素非常相似，只是 2 位上的—OH 基被—NHAc置换。由于甲壳素分子中的强氢键作用，分子间存在有序结构，使得结晶质密稳定，因而一般反应较纤维素更困难，成本更高一些。甲壳素是白色或者灰白色半透明片状固体，由于多糖链间氢键相连，导致甲壳素不溶于水、稀酸、稀碱或是

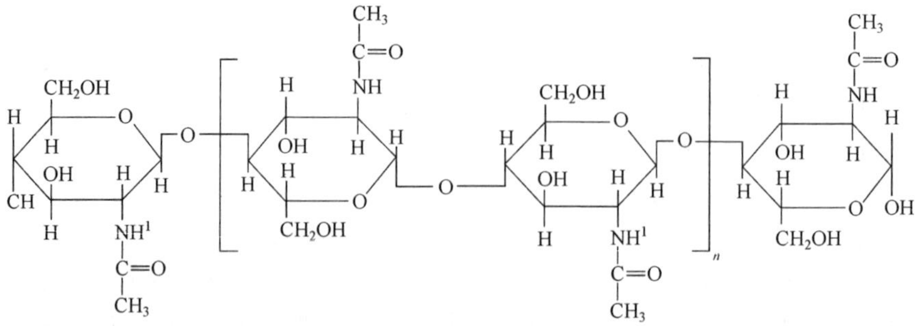

图 2-9 甲壳素的结构图

一般有机溶剂，但是可溶于浓无机酸。甲壳素经浓碱处理后生成壳聚糖。壳聚糖是白色或是灰白色略有珍珠光泽的半透明片状固体，不溶于水和碱液，可溶于大多数稀酸。

壳聚糖学名为(1,4)-2-氨基-2-脱氧-α-*D*-葡聚糖，是天然类多糖甲壳素的重要衍生物，广泛存在于甲壳类动物如虾蟹及昆虫等的外壳以及许多低等植物如菌藻类的细胞壁中，是自然界中储量仅次于纤维素的最丰富的天然高分子材料。近十几年来，壳聚糖在食品工业、医药、印染、造纸、固定化材料及环境保护等领域得到了广泛的应用，是目前天然高分子材料中研究较多的一种。壳聚糖是由甲壳素经脱乙酰化处理后得到的，其结构如图 2-10 所示。

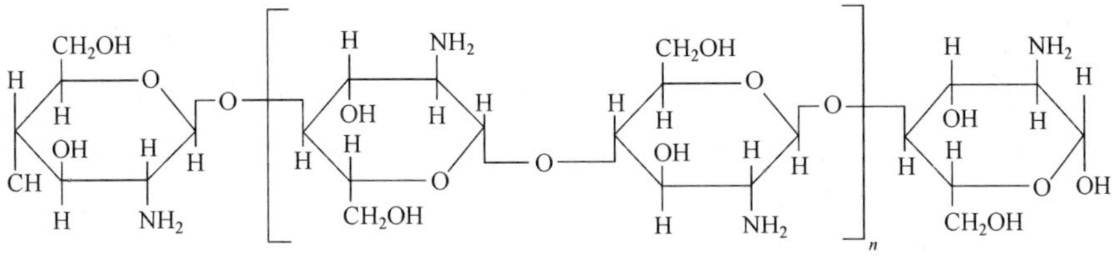

图 2-10　壳聚糖的结构图

壳聚糖的外观是白色或淡黄色半透明片状固体，略有珍珠光泽。可溶于大多数稀酸，如盐酸、醋酸、甲酸等酸溶液中，这是壳聚糖最主要、最有用的性质之一。在密闭干燥容器中保存，在常温下三年内不变质；吸湿或遇水引起分解反应；壳聚糖具有良好的保湿性、润湿性，并能防止产生静电；它无毒、无害，对皮肤及眼黏膜无刺激，易于生物降解，不污染环境。壳聚糖分子链上的氨基和羟基，都是很好的配位基团，因此具有多种作用和功能，被广泛应用；并且壳聚糖对人和生物无毒，在自然界中受到放射菌的作用能逐步降解，是典型的环境友好材料。因此，壳聚糖及其衍生物在水处理中非常具有应用前景。

4）木质素的结构与性质

木质素是一类无定形、具有巨大网状空间结构的有机高分子，目前对于木质素还没有统一的结构和定义。迄今为止的研究表明，它基本上是由三种类型的苯丙烷单体结构经各种不同的连接方式和无规则偶合而产生的一类高聚物，如图 2-11 所示。

原本木质素是不溶于任何溶剂的，分离木质素因发生了缩合或降解，许多物理性质改变了，溶解度性质也随之改变，从而有可溶性木质素和不溶性木质素之分，前者是无定形结构，后者则是原料纤维的形态结构。酚羟基和羧基的存在，使木质素能在浓的强碱溶液中溶解。分离的 Brauns 木质素[54]和有机溶剂木质素可溶于二氧六环、吡啶、甲醇、乙醇、丙酮及稀碱中，但有趣的是必须在这些溶剂中加几滴水，否则几乎不溶，因此在用乙醇提取木质素时，都是配成 50%的溶液。碱木质素

图 2-11 木质素的三种苯丙烷单体结构

和硫木质素在二氧六环中溶解后像是胶体溶液。碱木质素可溶于稀碱水、碱性或中性的极性溶剂中，木质素磺酸盐可溶于水中，它们的溶液是真正的胶体溶液。Brauns 木质素、酚木质素和许多有机溶剂木质素在二氧六环中溶解后是澄清的，很像是真溶液，酸木质素则不溶于所有的溶剂。

木质素的分子结构中存在芳香基、酚羟基、醇羟基、羰基、甲氧基、羧基、共轭双键等活性基团，可以进行氧化、还原、水解、醇解、光解、酰化、磺化、烷基化、卤化、硝化、缩聚或接枝共聚等许多化学反应。

木质素芳香核上发生的亲电取代反应与一般芳香族化合物一样，受给电子取代基的影响很大。木质素芳香核的亲核取代反应速度常数随芳香核种类和取代位置的不同而不同。在芳香核上优先发生的是卤化和硝化等，此外还有羟甲基化、酚化、接枝共聚等。

木质素侧链官能团的反应主要是烷化、酰化、异氰化、酯化、酚化，这些反应都与制浆过程和木质素化学改性有关。

### 3. 天然高分子改性吸附剂在水处理中的应用

#### 1) 改性纤维素吸附剂的应用

纤维素吸附剂的研究和应用早在 20 世纪 50 年代初就已开始，并且，随着生命科学的飞速发展和人们对纯天然化工产品的需求日益扩大，纤维素作为天然高分子材料用作吸附剂使用越来越广泛；同时由于纤维素吸附剂来源广泛、价格低廉、工业污染轻，所以有关的开发应用越来越多。

(1) 在生物化工上可以将改性后的纤维素用于染料等化学物质的吸附、溶液中离子检测、化学物质的提纯分离等。

Watties 等[55]发现一种羟丙基纤维素比纤维素本身对活性染料、直接染料、络合还原染料具有更大的亲和力，对除碱性染料外的其他染料废水的脱色效果优于活性炭。而丙烯酸纤维素的接枝共聚物，对碱性染料则显示出更大的亲和力。

Thalouth 报道了棉织物用特定浓度的双-(*N*-羟甲基-2-氨基甲酰乙基)乙胺或三-(2-*N*-羟甲基-2-氨基甲酰乙基)胺水溶液浸渍得到变性纤维素，对酸性染料有很好的吸附作用[56]。宋光薄等以棉纤维素为原料，利用尿素和磷酸等化学试剂使其改性，制成磷酸 $H^+$ 型阳离子交换纤维素，对阳离子染料进行了脱色，发现其吸附脱色性能远优于一般的活性炭。还有，利用纤维素与己二酸、二乙烯三胺、环氧氯丙烷反应制备了聚环氧氯丙烷酞胺纤维素，其对直接染料排放废水的吸附取得了满意的结果。Maeda 等报道了纤维素粉末阴离子交换剂对阴离子染料的吸附，其吸附容量为活性炭的 50～150 倍[56]。宫田等用改性纤维素类吸附剂、古田利用棉纱纤维和丙烯酰胺接枝共聚，制成弱阴离子交换剂，对离子型染料的吸附、交换十分有效，性能远优于活性炭，且易于解附、再生。

(2) 在废水处理中，常需要利用吸附剂吸附各种污染物质。目前已有利用不同功能的纤维素吸附剂回收汞，吸附金属离子、有机物质，吸附光催化剂放在水中促使有机物光解等方面的应用。

近年来，由于化学化工的发展和众多的化工产品的生产，大量的化工废弃物排入水中，造成水资源的污染。特别是一些工矿企业排放的污水中的重金属离子，如 $Cu^{2+}$、$Hg^{2+}$、$Pb^{2+}$、$Cd^{2+}$、$Ni^{2+}$、$Ag^+$ 等，这些离子大多都能在生物体内富集，引起生物体致畸或其他慢性疾病，有时还能引起某些地方病。对这些重金属离子进行回收不仅可以减少环境污染，而且可以对资源进行有效的利用。由于这些污染物在环境中分布广，浓度低，使得对它的治理变得难度大，成本高。以纤维素为基体，通过醚化、酯化、交联、取代等化学反应，对纤维素进行改性制得对重金属离子具有良好吸附性能的衍生物，特别是一些含氮、硫、磷等杂质原子的衍生物，表现出了对贵重金属离子良好的富集性能[54]。

水资源污染已是一个严重的社会问题，而油类污染是造成水污染的重要因素之一。早期的除油剂主要采用农副产物，如用玉米面、蔗渣就可除去大部分油珠。然而这些未经特殊处理的天然产物吸油能力很有限，必须通过化学改性，才能改善吸油效果，如将石蜡、脂肪酸酯、异氰酸酯等聚合物引入纤维素分子之中，便可提高材料与油的亲和性，从而提高吸油能力，又不影响其结构浮力。但是亲油性并不是决定吸油量的唯一因素，平衡吸油材料的亲油性和亲水性也很重要，使得材料在水中能够充分溶胀和隔开。

2) 改性淀粉吸附剂的应用

天然改性高分子吸附剂按其来源，可分为淀粉类、纤维素类、植物胶类和聚多糖类。而在众多研究方向中，淀粉改性吸附剂的研究开发最引人注目。因为淀粉资源广，价格低廉，产物完全可以被生物降解，在自然界形成良性循环；而且与其他高分子改性吸附剂相比，它的水溶性良好，更适合用作重金属吸附剂。

改性的目的主要是提高与改善淀粉的性能指标，扩大应用范围，提高应用效果，开辟新用途。使原淀粉改性的方法有多种，如物理、酶和化学方法。其中化学方法是主要的，应用广泛。化学变性有醚化、酯化、氧化等交联反应。适合作为重金属捕集剂的改性淀粉主要有淀粉黄原酸酯、淀粉磷酸酯、羧甲基淀粉、丙烯酰胺改性淀粉等[55,56]。

含有酰胺基的中性淀粉衍生物可除去重金属离子，这些淀粉衍生物具有不同的结构，但都含有同样的吸附基团——酰胺基，这类衍生物有聚丙烯酰胺-淀粉接枝共聚物、淀粉氨基甲酸酯、丙酰胺淀粉醚等。巫拱生等利用硫脲-过氧化氢为催化剂制得玉米与丙烯酸胺的接枝共聚物，可用于造纸工业含 $Hg^{2+}$ 废水的处理；常文越等用硝酸铈铵/硝酸引发自由基聚合过程，将丙烯酰胺接枝到淀粉基体上，得到了接枝效率 95%左右的接枝淀粉，对造纸、纺织及电镀等工业废水有良好的絮凝作用。王玉芹等以 $Ce^{4+}$-$S_2O_8{}^{2-}$ 为复合引发剂，张一峰等以 $CS_2/H_2O_2$ 为引发剂在碱性条件下合成淀粉与丙烯酰胺接枝共聚物，用于印染废水、造纸废水以及其他工业废水去除重金属离子。金漫彤探讨用淀粉接枝丙烯酸吸附重金属离子 Cr(Ⅵ)的效果和吸附条件，这种吸附剂吸附容量较大，对工矿企业污水处理有很重要的应用价值[54]。

3) 改性甲壳素/壳聚糖类吸附剂的应用

(1) 甲壳素和壳聚糖的糖残基在 $C_2$ 上有一个乙酰氨基或氨基，在 $C_3$ 上有一个羟基，从构象上来看，它们都是平伏键，这种特殊结构，使得它们对具有一定离子半径的一些金属离子在一定的 pH 条件下具有螯合作用，尤其是壳聚糖，与金属离子的螯合更广泛一些，更具特色，说明壳聚糖是一类新的天然高分子螯合剂，而且无毒、无副作用。壳聚糖和甲壳素的这一特点，使它们具有更广泛的应用价值和应用领域。壳聚糖不螯合碱金属和碱土金属离子，其原因是这些金属的离子半径较小。壳聚糖与金属离子的螯合，有以下几个特点。

① 壳聚糖与金属离子螯合后，本身的结构并未改变，但产物的性质改变了，从外观上来看，大都伴随着颜色的改变。

② 正因为碱金属和碱土金属不会被壳聚糖螯合，所以壳聚糖可在存在这些离子的水溶液中螯合分离过渡金属离子。

③ 当有两种或两种以上的过渡金属离子共存于一种溶液中时，将使离子半径合适的金属离子优先被壳聚糖结合。

④ 氧化价态不同，结合能力也不同。

⑤ 壳聚糖对过渡金属离子的结合受到阴离子的影响，氯离子会抑制金属离子的结合量，硫酸根离子会促进结合。由于壳聚糖的乙酸盐是可溶的，所以如果溶液中存在乙酸根，会改变壳聚糖颗粒的表面性质，而磺酸根本身就具有络合金属离子的能力，因此也会抑制壳聚糖对金属离子的结合。

(2) 壳聚糖的氨基有较高的结合水中卤代物的能力，可用作自来水的消毒。

壳聚糖不但能吸附除去水中的有害物质，还能在白水中或乙醇等有机溶剂中吸附卤素，如壳聚糖在碘-碘化钾水溶液中或在极性有机溶剂中对碘有很大的吸附能力。

4) 改性木质素吸附剂的应用

木质素吸附材料是木质素高值化利用的途径之一。20 世纪 80 年代后期以来，随着木质素化学研究的深入，越来越多的研究表明，各种工业木质素及其改性产物表现出良好的吸附性能，不仅可用于吸附金属阳离子(如 $Cd^{2+}$、$Pb^{2+}$、$Cu^{2+}$、$Zn^{2+}$、$Cr^{3+}$等)，也可用于吸附水中的阴离子、有机物等。

未改性的水解木质素本身可以作为吸附剂，主要用来吸附去除各种重金属离子。Fred Koch 等的研究表明，改性的木质素对二价的 $Pb^{2+}$、$Cd^{2+}$、$Cu^{2+}$、$Ca^{2+}$以及 $Cr^{3+}$、$Fe^{3+}$等都有吸附作用。Karsheva 等的研究发现，水溶性木质素是一种有效的吸附剂，可以去除水中的 $Pb^{2+}$[52]。木质素磺酸盐对铅盐的吸附容量范围为 0.47～1.72mg $Pb^{2+}$/g，利用木质素对铅盐的吸附性可用来研制治疗铅中毒的药物。

Lalvani 等利用聚合得到的球状碱木素去除水溶液中的 $Cr^{3+}$、$Cr^{6+}$、$Pb^{2+}$和 $Zn^{2+}$等金属离子。结果表明，木质素对 $Cr^{6+}$、$Pb^{2+}$和 $Zn^{2+}$有较好的去除作用，但对 $Cr^{6+}$作用不明显[56]。这是因为木质素结构中含有较多的含氧功能基团可作为阳离子交换位点，而 $Cr^{6+}$通常以阴离子形式存在。而球状木质素在聚合过程中可能失去了所有的正电荷位点，因而对 $Cr^{6+}$的吸附力非常弱。国外的科研工作者主要利用研制出的球形木质素吸附剂去除工业废水中的污染物质。

## 2.3　纳米吸附材料

纳米科学技术是 20 世纪 80 年代末崛起并迅速发展起来的新科技，纳米材料指在三维空间中至少有一维尺寸大小为 1～100nm 的物质材料，*Science* 和 *Nature* 已多次刊发过纳米材料制备方法、物理化学特性及其在化学中应用。已有大量文献报道了纳米材料在精细陶瓷、医学、能源、环境、传感器等领域中的应用。纳米材料具有较大的化学活性和表面能，很容易与外来的原子结合，作为吸附剂有以下优点：超强的吸附能力、宽的 pH 适用范围、高的选择性[57]。常见的纳米吸附材料有碳纳米管、石墨烯、富勒烯和纳米金属氧化物。除此之外，还有一些复合纳米吸附材料。下面简单介绍这些纳米吸附材料。

### 2.3.1　碳纳米管

1. 碳纳米管的结构及性质

1991 年，日本筑波 NEC 实验室的饭岛澄男在电弧法制备 $C_{60}$的过程中，用高分辨透射电镜发现了继石墨、金刚石和 $C_{60}$ 之后的又一种碳的同素异形体碳纳米管（CNT）[58]。碳纳米管可定义为将由碳六元环构成的类石墨平面卷曲而成的管状物质。单层碳纳米管(SWNT)和多层碳纳米管(MWNT)是根据碳管壁中碳原子层的数目而分的,按照结构特征可以分为锯齿形纳米管、手扶椅式纳米管和手形纳米管。

碳纳米管作为一维纳米材料,质量轻,六边形结构连接完美,具有许多特殊的力学、电学和化学性能。碳纳米管具有良好的力学性能,抗拉强度是钢的 100 倍,弹性模量是钢的近 5 倍。因为碳纳米管的结构与石墨的片层结构相同,所以具有良好的导电性能,在辅助科学实验、制造复合材料等方面应用广泛。

2. *碳纳米管的制备方法*

碳纳米管的制备方法主要为电弧放电法、激光烧蚀法、化学气相沉积法(碳氢气体热解法)、固相热解法、辉光放电法、气体燃烧法以及聚合反应合成法等。具体介绍如下。

(1) 电弧放电法,是生产碳纳米管的主要方法。1991 年日本物理学家饭岛澄男就是从电弧放电法生产的碳纤维中首次发现碳纳米管的[58]。电弧放电法的具体过程是:将石墨电极置于充满氦气或氩气的反应容器中,在两极之间激发出电弧,此时温度可以达到 4000℃左右。在这种条件下,石墨会蒸发,生成的产物有富勒烯($C_{60}$)、无定形碳和单壁或多壁的碳纳米管。通过控制催化剂和容器中的氢气含量,可以调节几种产物的相对产量。使用这一方法制备碳纳米管技术上比较简单,但是生成的碳纳米管与 $C_{60}$ 等产物混杂在一起,很难得到纯度较高的碳纳米管,并且得到的往往都是多层碳纳米管,而实际研究中人们往往需要的是单层的碳纳米管。此外该方法反应消耗能量太大。有些研究人员发现,如果采用熔融的氯化锂作为阳极,可以有效地降低反应中消耗的能量,产物纯化也比较容易。

近年来发展了化学气相沉积法,或称为碳氢气体热解法,在一定程度上克服了电弧放电法的缺陷。这种方法是让气态烃通过附着有催化剂微粒的模板,在 800～1200℃的条件下,气态烃可以分解生成碳纳米管。这种方法突出的优点是残余反应物为气体,可以离开反应体系,得到纯度比较高的碳纳米管,同时温度不需要很高,相对而言节省了能量。但是制得的碳纳米管管径不整齐,形状不规则,并且在制备过程中必须要用到催化剂。这种方法的主要研究方向是希望通过控制模板上催化剂的排列方式来控制生成的碳纳米管的结构,已经取得了一定进展。

(2) 激光烧蚀法,其的具体过程是:在一长条石英管中间放置一根金属催化剂/石墨混合的石墨靶,该管置于一加热炉内。当炉温升至一定温度时,将惰性气体冲入管内,并将一束激光聚焦于石墨靶上。在激光照射下生成气态碳,这些气态碳和催化剂粒子被气流从高温区带向低温区时,在催化剂的作用下生长成 CNTs。

(3) 固相热解法，是令常规含碳亚稳固体在高温下热解生长碳纳米管的新方法。这种方法过程比较稳定，不需要催化剂，并且是原位生长，但受到原料的限制，生产不能规模化和连续化。

(4) 离子或激光溅射法，此方法虽易于连续生产，但由于设备的原因限制了它的规模。

(5) 催化裂解法，是在 600～1000℃的温度及催化剂的作用下，使含碳气体原料(如一氧化碳、甲烷、乙烯、丙烯和苯等)分解来制备碳纳米管的一种方法。此方法在较高温度下使含碳化合物裂解为碳原子，碳原子在过渡金属-催化剂作用下，附着在催化剂微粒表面上形成碳纳米管。催化裂解法中所使用的催化剂活性组分多为第Ⅷ族过渡金属或其合金，少量加入 Cu、Zn、Mg 等可调节活性金属能量状态，改变其化学吸附与分解含碳气体的能力。催化剂前体对形成金属单质的活性有影响，金属氧化物、硫化物、碳化物及有机金属化合物也被使用过。

(6) 聚合反应合成。在碳纳米管制备方法中，聚合反应合成法一般指利用模板复制扩增的方法。碳纳米管的一般制备过程与有机合成反应类似，其副反应复杂多样，很难保证同一炉碳纳米管均为扶手椅式纳米管或锯齿形纳米管。科学家近期发现，在强酸、超声波作用下，碳纳米管可以先断裂为几段，再在一定纳米尺度催化剂颗粒作用下增殖延伸，而延伸后所得的碳纳米管与模板的卷曲方式相同。于是科学家设想，如果通过这种类似于 DNA 扩增的方式对碳纳米管进行增殖，那么只需找到少量的扶手椅式纳米管或锯齿形纳米管，便可在短时间内复制、扩增出数量几百万倍于模板数量的同类型碳纳米管。这可能会成为制备高纯度碳纳米管的新方式。

### 3. 碳纳米管的吸附机理

碳纳米管管层中碳原子通过 sp2 杂化与三个周围原子键合构成管壁，形成高度离域化的 π 电子共轭体系。这种大 π 键共轭体系，可与其他的 π 电子体系发生 π-π 作用，形成非共价键结合的复合物。碳纳米管具有一定程度的缺陷，即拓扑缺陷、杂化缺陷和不完全键合缺陷：管壁的六元环网格结构中存在五边形或七边形缺陷，端帽处是锥度和曲度最大处。这些缺陷具有较高的反应活性，是碳纳米管的最优反应部位，许多研究就是利用这一择优反应打开碳纳米管的两端和侧壁进行化学修饰的。

对多壁碳纳米管的光电子能谱研究结果表明，不论单壁碳纳米管还是多壁碳纳米管，其表面都结合有一定的官能基团，而且不同制备方法获得的碳纳米管由于制备方法各异，后处理过程不同而具有不同的表面结构。一般来讲，单壁碳纳米管具有较高的化学惰性，其表面要纯净一些，而多壁碳纳米管表面要活泼得多，结合有大量的表面基团，如羧基等。以变角 X 射线电子能谱对碳纳米管的表面检测结果表明，单壁碳纳米管表面具有化学惰性，化学结构比较简单，而且随着碳纳米管管壁层数的增加，缺陷和化学反应性增强，表面化学结构趋向复杂化。内层碳原子的化学结构比较单一，外层碳原子的化学组成比较复杂，而且外层碳原子上往往沉积有大量的无定形碳。具有物理结构和化学结构的不均匀性，碳纳米管中大量的表面碳原子具有不同的表面微环境，所以也具有能量的不均一性。

表面含有极性集团（羟基、羧基、氨基等）的碳纳米管可以通过离子交换、络合等作用吸附水中的重金属离子[59]。除了吸附重金属，碳纳米管还可以用来吸附有机污染物，如药物、酚类、苯类等。总体来说，其高比表面积、高比表面能、高反应活性使其具有优异的吸附性能 。碳纳米管虽然是一种优秀的吸附材料，但是由于其本身也是污染物，而且吸附能力较活性炭等传统吸附剂相比还不够强，所以需要进一步改善其吸附性能。在对金属离子的吸附方面，如何有针对性地选择所需官能团种类以便提高其选择性，如何增加其活性位置以便增大其吸附量的这类研究将有广阔前景。

4. 碳纳米管的改性和吸附应用

最初碳纳米管表面改性是通过共价键修饰来实现的，之后为了保持其良好的结构性能，逐渐采用非共价键法改性，包覆或负载金属、氧化物、氮化物、硫化物、生物分子等来实现碳纳米管的表面改性，提高了碳纳米管的吸附性能[60]。改性方法如下。

(1) 共价键修饰改性：直接与碳纳米管的石墨晶格结构发生相互作用，一般在中空管腔内壁和端口处发生氧化反应，引入化学官能团，大幅度提高其比表面积，并且提高其在非极性溶剂中的分散性。

(2) 非共价键修饰改性：是通过 $\pi$-$\pi$ 非共价键作用结合其他含有 $\pi$ 电子的化合物，使其表面改性的碳纳米管自身结构完好。非共价改性包括表面活性剂和聚合物或天然大分子处理、多孔性物质修饰等方法。

(3) 低温等离子体改性：低温等离子体是常温下发生的等离子体，是呈电中性的电离态气体，含有大量互相作用的带电粒子，可以在不破坏碳纳米管本体性质的情况下仅仅对其表面性能进行修饰。与传统的修饰方法相比，低温等离子体技术具有高效、节能、环保等优点。

此外，近年来更多的研究也转向了碳纳米管复合材料。例如，谢刚等[61]以酸化碳纳米管强化聚氨酯泡沫，通过原位聚合法制备碳纳米管/聚氨酯复合材料，用该复合材料对人工模拟废水中硝基苯进行吸附实验，结果表明改性后的碳纳米管对硝基苯具有较强的吸附能力。李俊等[62]采用热分解法制备了功能性的四氧化三铁/碳纳米管复合材料，探讨了其对铜离子的吸附性能，且表现出的超顺磁性，很容易通过外加磁场而从水溶液中分离出来。宗恩敏等[63]用水热法合成了氧化锆/碳纳米管复合材料，研究负载了氧化锆的碳纳米管，在酸性和弱离子强度的吸附条件下，更有利于磷的去除，由于共存阴离子加剧了对活性吸附位点的竞争，对磷具有竞争吸附作用。

总而言之，碳纳米管由于其巨大的比表面积和表面疏水性，对共存污染物尤其是有机污染物具有很强的吸附能力，但是其本身是污染源，因此，工程上的大量应用而导致碳纳米管广泛存在于环境中的环境风险应当被关注。

### 2.3.2　石墨烯

1. 石墨烯的结构及性质

石墨烯(graphene)是一种由碳原子以 sp2 杂化轨道组成六边形呈蜂巢晶格的平面薄膜，是只有一个碳原子厚度的二维材料[64]。石墨烯也是单层石墨烯、双层石墨烯和少层石墨烯的统称。石墨烯一直被认为是假设性的结构，无法单独稳定存在，直至 2004 年，英国曼彻斯特大学物理学家安德烈 · 海姆(Andre Geim)和康斯坦丁 · 诺沃肖洛夫(Konstantin Novoselov)成功地在实验中从石墨中分离出石墨烯，从而证实它可以单独存在，两人也因“在二维石墨烯材料的开创性实验”共同获得 2010 年诺贝尔物理学奖。

石墨烯是已知的世上最薄、最坚硬的纳米材料，它几乎是完全透明的，只吸收 2.3%的光，导热系数高达 5300W/(m · K)，高于碳纳米管和金刚石，常温下其电子迁移率超过 15000$cm^2$/(V · s)，又比碳纳米管或硅晶体高，而电阻率只有 10～8Ω · m，比铜或银更低，为世上电阻率最小的材料。因其电阻率极低，电子迁移的速度极快，所以期待可用来发展更薄、导电速度更快的新一代电子元件或晶体管。由于石墨烯实质上是一种透明、良好的导体，也适合用来制造透明触控屏幕、光板，甚至是太阳能电池。

石墨烯的结构非常稳定。石墨烯内部的碳原子之间的连接很柔韧，当施加外力于石墨烯时，碳原子面会弯曲变形，使得碳原子不必重新排列来适应外力，从而保持结构稳定。这种稳定的晶格结构使石墨烯具有优秀的导热性。另外，石墨烯中的电子在轨道中移动时，不会因晶格缺陷或引入外来原子而发生散射。由于原子间作用力十分强，在常温下，即使周围碳原子发生挤撞，石墨烯内部电子受到的干扰也非常小。

石墨烯是构成下列碳同素异形体的基本单元：石墨，木炭，碳纳米管和富勒烯。完美的石墨烯是二维的，它只包括六边形(等角六边形)；如果有五边形和七边形存在，则会构成石墨烯的缺陷。12 个五边形石墨烯会共同形成富勒烯。石墨烯卷成圆筒形可以用为碳纳米管；另外石墨烯还被做成弹道晶体管(ballistic transistor)

并且吸引了大批科学家的兴趣 。

石墨烯的分类如下。

(1) 单层石墨烯:指由一层以苯环结构(即六边形蜂巢结构)周期性紧密堆积的碳原子构成的一种二维碳材料。

(2) 双层石墨烯(bilayer or double-layer graphene):指由两层以苯环结构(即六边形蜂巢结构)周期性紧密堆积的碳原子以不同堆垛方式(包括 AB 堆垛、AA 堆垛、AA′堆垛等)堆垛构成的一种二维碳材料。

(3) 多层石墨烯(few-layer or multi-layer graphene):指由 3～10 层以苯环结构(即六边形蜂巢结构)周期性紧密堆积的碳原子以不同堆垛方式(包括 ABC 堆垛、ABA 堆垛等)堆垛构成的一种二维碳材料。

### 2. 石墨烯的制备方法

石墨烯的制备方法很多,可以分为物理方法和化学方法。物理方法通常是以廉价的石墨或膨胀石墨为原料,通过机械剥离法、取向附生法、液相或气相直接剥离法来制备单层或多层石墨烯。这些方法原料易得,操作相对简单,合成的石墨烯纯度高、缺陷较少。

物理法中的机械方法包括微机械分离法、取向附生法和加热 SiC 的方法;化学方法包括化学还原法与化学解离法。

1) 微机械分离法

最普通的是微机械分离法,直接将石墨烯薄片从较大的晶体上剪裁下来。用这种方法制备出的单层石墨烯,可以在外界环境下稳定存在。典型制备方法是用另外一种材料膨化或者引入缺陷的热解石墨进行摩擦,体相石墨的表面会产生絮片状的晶体,在这些絮片状的晶体中含有单层的石墨烯。但缺点是此法利用摩擦石墨表面获得的薄片来筛选出单层的石墨烯薄片,其尺寸不易控制,无法可靠地制造长度足够应用的石墨薄片样本。

2) 取向附生法——晶膜生长

取向附生法是利用生长基质原子结构“种”出石墨烯。首先让碳原子在1150℃下渗入钌,然后冷却,冷却到 850℃后,之前吸收的大量碳原子就会浮到钌表面,镜片形状的单层的碳原子“ 孤岛” 布满了整个基质表面,最终它们可长成完整的一层石墨烯。第一层覆盖 80%后,第二层开始生长。底层的石墨烯会与钌产生强烈的交互作用,而第二层后就几乎与钌完全分离,只剩下弱电耦合,得到的单层石墨烯薄片表现令人满意。但采用这种方法生产的石墨烯薄片往往厚度不均匀,且石墨烯和基质之间的黏合会影响碳层的特性。另外其使用的基质是稀有金属钌。

3) 加热 SiC 法

该法是通过加热单晶 6H-SiC 脱除 Si,在单晶(0001) 面上分解出石墨烯片层。

具体过程是:将经氧气或氢气刻蚀处理得到的样品在高真空下通过电子轰击加热,除去氧化物。用俄歇电子能谱确定表面的氧化物完全被移除后,将样品加热使之温度升高至 1250～1450℃后恒温 1～20min,从而形成极薄的石墨层,经过几年的探索,Berger 等已经能可控地制备出单层或多层石墨烯。其厚度由加热温度决定,制备大面积具有单一厚度的石墨烯比较困难。

因此,后来开发了一条以商品化碳化硅颗粒为原料,通过高温裂解规模制备高品质无支持(free standing)石墨烯材料的新途径。通过对原料碳化硅粒子、裂解温度、速率以及气氛的控制,可以实现对石墨烯结构和尺寸的调控。这是一种非常新颖,对实现石墨烯的实际应用非常重要的制备方法。

4) 化学还原法

化学还原法是将氧化石墨与水以 1mg/mL 的比例混合,用超声波振荡至溶液成为清晰无颗粒状物质,加入适量肼在 100℃回流 24h,产生黑色颗粒状沉淀,过滤、烘干,即得石墨烯。

5) 化学解离法

化学解离法是将氧化石墨通过热还原的方法制备石墨烯的方法,氧化石墨层间的含氧官能团在一定温度下发生反应,迅速放出气体,使得氧化石墨层被还原的同时解理开,得到石墨烯。这是一种重要的制备石墨烯的方法,天津大学杨全红等用低温化学解离氧化石墨的方法制备了高质量的石墨烯。

目前实验室用石墨烯主要通过化学方法来制备,该法最早以苯环或其他芳香体系为核,通过多步偶联反应使苯环或大芳香环上六个 C 均被取代,循环往复,使芳香体系变大,得到一定尺寸的平面结构的石墨烯。在此基础上人们不断加以改进,使得氧化石墨还原法成为最具有潜力和发展前途的合成石墨烯及其材料的方法。除此之外,化学气相沉积法和晶体外延生长法也可用于大规模制备高纯度的石墨烯。

### 3. 石墨烯的吸附机理和吸附应用

石墨烯为极有前途的吸附材料,是因为石墨烯的薄膜层结构使其具有巨大的比表面积[65],其理论比表面积达到 $2630m^2/g$。石墨烯表面具有大 π 键共轭体系[66],在吸附过程中有重要作用,存在如碳纳米管一样的 π-π 键、氢键,具有静电和疏水等作用。

新型石墨烯吸附剂的优势在于拥有较大的石墨层平面,对含有苯环的芳香族化合物可以通过 π-π 作用进行高效的吸附,同时具有独特的二维结构和孔径分布等特点,在处理水中重金属离子的问题上,有很大的潜力。在处理水污染方面,石墨烯应该会表现出优异的吸附性能,达到水体净化的效果[67]。而大分子的有机污染物易与石墨烯表面的基团发生相互作用,形成稳定的复合物,从而达到去除有机污染物的效果,因而许多科学家基于石墨烯对有机污染物的高效吸附去除作用,进行了研究[67]。

石墨烯对极性有机染料有很高的吸附作用,对极性有机染料如亚甲基蓝的吸附效果较好,对极性较弱的苯酚的吸附效果较差。除了对染料有吸附作用,石墨烯和氧化石墨烯对农药、水溶液中的腐殖质等有机物均有良好的吸附作用。这主要是在吸附过程中,有机污染物分子极性键中的电子易与石墨烯中的大 π 键相互作用,从而提高了石墨烯对极性染料分子的吸附作用。

除了对有机染料的吸附,一些工业废水含有 $Pb^{2+}$、$Cd^{2+}$、$Cr^{6+}$ 等重金属离子,用常规的处理办法很难去除,人们发现石墨烯材料特别是改性过的石墨烯对其吸附效果很好。Wu 等[68]用十六烷基三甲基溴化铵对石墨烯进行非共价键修饰,发现其对 $Cr^{6+}$ 的吸附效果甚至强过碳纳米管。Yang 等[69]根据氧化石墨烯在一定条件下可以折叠的特性,研究了氧化石墨烯对水体中 $Cu^{2+}$ 的吸附,发现吸附效果几乎是活性炭的十倍。

目前,人们对石墨烯吸附性能的研究时间还不长,虽然还没有大量进入实际应用的案例,但是研究结果表明石墨烯吸附材料对于重金属离子、有机染料等具有比其他吸附材料更高效的吸附结果,因此石墨烯吸附材料是最具应用潜力的吸附材料。

总而言之,氧化石墨烯和石墨烯是拥有高表面积和官能团的新型碳材料,这些材料可有效吸附液体污染物。氧化石墨烯和石墨烯可与金属/金属氧化物或有机物形成复合物,从而提高其吸附能力。磁性氧化石墨烯/石墨烯复合物的优点在于很容易磁性分离和回收再利用。目前,虽然众多学者致力于石墨烯在水溶液吸附方面的研究并取得了显著的研究成果,但是仍然存在一些问题,主要可分为以下四类:①如何大批量、低成本地连续生产高质量石墨烯,使其更广泛地应用在污水处理等环境治理方面;②需进一步深入研究石墨烯的吸附机理和热动力学;③应加强对特定污染物的选择性研究;④应加强对石墨烯生态环境安全性及其毒理性方面的研究。

### 2.3.3 富勒烯

富勒烯(fullerene) 是单质碳的第三种同素异形体。任何由碳一种元素组成,以球状、椭圆状或管状结构存在的物质,都可以称为富勒烯,多为 $C_{60}$、$C_{70}$ 或具有类似封闭结构的碳族单质。富勒烯与石墨结构类似,但石墨的结构中只有六元环,而富勒烯中可能存在五元环。1985 年 Robert Curl 等制备出了 $C_{60}$。1989 年,德国科学家 Huffman 和 Kraetschmer 的实验证实了 $C_{60}$ 的笼形结构,从此物理学家所发现的富勒烯被科学界推向一个崭新的研究阶段。富勒烯的结构和建筑师 Fuller 的代表作相似,所以称为富勒烯。

大量低成本地制备高纯度的富勒烯是富勒烯研究的基础，自从发现 $C_{60}$ 以来，人们发展了许多种富勒烯的制备方法。目前较为成熟的富勒烯的制备方法主要有电弧法、热蒸发法、燃烧法和化学气相沉积法等。

电弧法一般将电弧室抽成高真空，然后通入惰性气体，如氦气。电弧室中安置有制备富勒烯的阴极和阳极，电极阴极材料通常为光谱级石墨棒，阳极材料一般为石墨棒，通常在阳极电极中添加铁、镍、铜或碳化钨等作为催化剂。当两根高纯石墨电极靠近进行电弧放电时，炭棒气化形成等离子体，在惰性气氛下小碳分子经多次碰撞、合并、闭合而形成稳定的 $C_{60}$ 及高碳富勒烯分子，它们存在于大量颗粒状烟灰中，沉积在反应器内壁上，收集烟灰提取。电弧法非常耗电、成本高，是实验室中制备空心富勒烯和金属富勒烯常用的方法；燃烧法是利用苯、甲苯在氧气作用下不完全燃烧的炭黑中有 $C_{60}$ 和 $C_{70}$，通过调整压强、气体比例等可以控制 $C_{60}$ 与 $C_{70}$ 的比例，这是工业中生产富勒烯的主要方法。

富勒烯与其他碳质吸附剂相似，可通过范德华力和氢键等作用吸附相对分子质量较小的有机污染物。与碳纤维和碳分子筛相比，富勒烯表面不含官能团，使其对有机污染物具有非特异性吸附，适合吸附挥发性有机污染物(VOCs)[70]。

富勒烯的衍生物也被用于 Pb 的形态分析。$C_{60}$ 和经典的金属络合试剂二乙基二硫代氨基甲酸盐(NaDDC)发生光化反应，生成一种具有络合能力的富勒烯衍生物，用 Pb 作为目标物评估了新材料预富集金属和有机金属化合物的能力[57]。

随着富勒烯的研究发展，人们发现富勒烯对微生物、水生鱼类甚至人类细胞都有危害。因此，陈璇莉等[71]制备了稳定的富勒烯胶体悬浮液，并选取羟基化多层碳纳米管(MH)、羧基化多层碳纳米管(MC)、石墨化多层碳纳米管(MG)这三种多层碳纳米管作为第一类吸附剂，同时选取二氧化硅、蒙脱土、高岭土作为第二类吸附剂，用于研究这两类吸附剂与富勒烯胶体悬浮液互相作用后的吸附行为，并对其主要的吸附机理进行探讨，为富勒烯的环境行为和风险评价提供理论依据和参考信息。

### 2.3.4　纳米金属氧化物

#### 1. 纳米金属氧化物的性质

纳米氧化物是纳米科学技术中研究比较广泛的材料。例如，纳米 $TiO_2$ 作为光催化材料，纳米 $SnO_2$ 作为传感器的敏感材料等。这些纳米氧化物具有非常高的晶格能和熔点。许多纳米氧化物表面展现出既具有 Lewis 碱又具有 Lewis 酸特性，特别是在角和边上。残留的表面羟基和阴/阳离子空穴也能增加纳米氧化物的表面活性[57]。纳米材料由于具有较大的比表面积及许多未饱和的原子，对金属离子具有很强的吸附性，纳米金属氧化物由于价格低廉、容易合成。近年来，在研究纳米金属氧化物水相吸附方面受到越来越多的关注。

2. 纳米金属氧化物的吸附机理

已有的研究表明，金属氧化物纳米材料对金属离子具有较好的吸附性能，而有关其对金属离子吸附的机理，目前文献中报道还甚少。目前，认为其对金属离子的吸附作用主要有三种情况：化学吸附、离子交换、物理吸附。其中化学吸附主要是靠氢键将待吸附的金属离子键合到纳米金属氧化物表面上；离子交换主要是通过与纳米金属氧化物表面上的离子(如 $OH^-$ 等)发生交换作用而被吸附；物理吸附相对前两种是目前较普遍认为的一种作用力，其主要是通过静电引力作用实现对金属离子的吸附，这是因为纳米金属氧化物表面羟基会因溶液 pH 的改变而发生质子化或去质子化，使材料表面带正电或负电荷，因而通过静电引力可将带相反电荷的金属离子吸附在其表面上[72]。

影响纳米金属氧化物吸附金属离子的因素有溶液的酸度、吸附时间、纳米材料的用量、洗脱剂的选择及其溶度、金属离子的初始溶度等。溶液酸度是纳米金属氧化物吸附金属离子的一个关键性的因素。一般情况下，认为纳米金属氧化物在水溶液中可形成羟基化表面，且表面上的羟基会因溶液 pH 的不同而发生质子化或去质子化。当溶液 pH 低于纳米金属氧化物表面等电点时，表面羟基质子化使材料表面带正电荷，易吸附溶液中的金属酸根阴离子，且 pH 越小，对阴离子的吸附性越好；相反，则材料表面带负电荷，易吸附溶液中的金属阳离子，且 pH 越大，对阳离子的吸附性能越强[72]。

3. 纳米金属氧化物的吸附应用

1) 纳米二氧化钛

纳米二氧化钛是指其微粒在纳米尺度级的 $TiO_2$，常见的是二氧化钛纳米管。二氧化钛分子极性强，使其表面易吸附水分子，并导致水分子极化，因此又形成表面羟基[73]，可提高其吸附性能。

纳米二氧化钛是近年来受到广泛重视的一种新兴功能材料，由于表面原子周围缺少相邻的原子，具有不饱和性，易与其他原子相结合而稳定下来，所以具有很好的化学活性。又因其具有较大的比表面能和扩散率，粒子间能充分接近，故对许多金属离子具有很强的吸附能力，并且在较短的时间内即可达到吸附平衡，同时，因其比表面积非常大，因而相对于一般的吸附材料有更大的吸附容量。所以可将其应用于环境水样中金属离子的处理，也可作为痕量元素分析较为理想的分离富集材料。纳米二氧化钛不仅可以用来吸附重金属离子；在水处理中，二氧化钛纳米管通过表面的静电作用和氢键作用对有机污染物进行吸附，在紫外线照射下将其降解。

例如，Kenji 等[74]曾对水中 34 种有机污染物的光催化分解进行了系统的研究。结果表明，光催化氧化法可将水中的烃类、卤代物、羧酸、表面活性剂、染料、含氮有机物、有机磷杀虫剂等较快地完全氧化为 $CO_2$ 和 $H_2O$ 等无害物质。光催化降解技术具有常温常压下就可进行，能彻底破坏有机物，没有二次污染且费用不太高等优点。

纳米二氧化钛以其优异的吸附性能，成为开发研究的热点之一，但大多数还处于实验室阶段，要做到中试甚至产业化，还应该在基础理论和实际应用等方面进行进一步研究，争取使该项技术能真正用于生产实践，造福于人类。

2）其他纳米金属氧化物

到目前为止，利用纳米金属氧化物吸附金属离子已有不少报道。纳米 $TiO_2$ 由于具有表面活性强、分散性高、稳定、再生性能好、价格适中等优点，所以利用其对金属离子吸附的文献报道比较多。其他纳米金属氧化物对金属离子的吸附应用也有报道，但相对较少。杨秋菊等[75]利用纳米 $ZrO_2$ 和 $Fe_2O_3$ 分别吸附环境水样中的 Cr(Ⅵ)。结果表明，两种纳米材料对环境水样中 Cr(Ⅵ)的吸附效率均大于 97%，可使水样中残留 Cr(Ⅵ)的浓度远小于 Cr(Ⅵ)的排放标准。熊文明等[76]以纳米 $Al_2O_3$ 为吸附剂，系统地研究了其在静态条件下对贵金属离子 Pd(Ⅱ)的吸附性能，实验结果表明，在 pH=5.0 条件下，金属钯可被定量吸附，在优化条件下，静态饱和吸附容量可达 92.78mg/g。此外，还有纳米锰氧化物、纳米锌氧化物、纳米镁氧化物等纳米金属氧化物。

将纳米金属氧化物与较大粒径无机/有机材料相结合所得的复合材料作为吸附剂，不仅对重金属离子有较强的吸附性能，而且吸附剂极易从水中分离，得以再生重复利用[77]。张方[78]以壳聚糖和异丙醇铝为原料，采用化学键合法制备了壳聚糖/铝氧化物复合材料，并将该复合材料用于吸附 $Ni^{2+}$、$Zn^{2+}$、$CO^{2+}$ 等重金属离子。结果发现，与壳聚糖、$Al_2O_3$ 相比较，壳聚糖/铝氧化物复合材料对 $Ni^{2+}$、$Zn^{2+}$、$CO^{2+}$ 的吸附性能均有较大提高。

虽然纳米金属氧化物吸附金属离子存在很多优点，如再生性能好、吸附效率高、处理工艺简单、成本低廉等，但也存在以下两个方面的不足。

(1) 由于粉末状纳米金属氧化物颗粒粒径极小，在水溶液中不易沉降，所以吸附金属离子后，难以将其回收和再利用。

(2) 目前纳米金属氧化物对金属离子的吸附还主要是集中在对一些非放射性金属离子如 Cr(Ⅵ)、Zn(Ⅱ)等的研究上，而对放射性金属如铀、钍、镎等的吸附研究报道还极少。

纳米材料因为具有较大的化学活性和表面能，可作为新型的吸附剂。但有些纳米材料的稳定性较差，如无机纳米颗粒，在空气中吸附气体并与气体发生反应；一些纳米粒子为降低其表面能而有较大的团聚倾向；正因纳米材料的超强吸附性，给脱附、再生带来困难。为了克服这些缺点，复合纳米材料、纳米材料修饰和功能化等方面的研究将是值得期待的[57]。

目前对纳米吸附剂的吸附机理还不甚清楚，研究吸附机理方面的报道也较少，但随着纳米科学技术的发展，理论研究的进一步深入，高吸附选择性、高稳定性、高催化活性、低成本、长寿命及无污染的“超级纳米吸附剂”必将在生命科学、能源技术、环境保护等领域有着广阔的应用前景[57]。

### 2.3.5 其他纳米吸附材料

近年来，随着纳米科技的发展，出现了一些其他种类的纳米吸附材料，如金属纳米材料、有机纳米吸附材料以及复合纳米吸附材料的报道常常见诸刊物报端。

纳米金属的表面原子特别是处于边和角上的原子有较高的化学活性，这些原子正是催化剂的活性中心，也是吸附剂的活性位点。Kanel 等[79]在 $N_2$ 保护下，用 $NaBH_4$ 还原 $FeCl_3$ 制得纳米零价铁，他们用 NZVI 作为吸附剂对地下水中 As(Ⅲ)的吸附行为进行了研究。结果表明，As(Ⅲ)的初始浓度和溶液的 pH 对吸附有影响，最大吸附容量为 3.5mg As(Ⅲ)/g NZVI。

有机纳米吸附材料方面，Maier 等[80]基于纳米聚苯乙烯阳离子与寡核苷酸硫逐磷酸酯有较大亲和力，利用纳米聚苯乙烯阳离子作为吸附剂，把寡核苷酸硫逐磷酸酯从人体血浆中分离开来，回收率达 60% ～ 90%。

在复合纳米吸附材料方面，中国科学技术大学王静[81]研究了多孔 $CeO_2$-$ZrO_2$ 纳米粒子对饮用水中氟离子的吸附性能。不同初始氟离子浓度的吸附等温线拟合结果是符合朗缪尔模型的，这一结果说明，吸附氟离子的过程是单分子层吸附，在 pH 为 4 的条件下用朗缪尔模型计算出吸附剂的最大吸附容量为 175mg/g，这个吸附容量与之前文献里报道的其他材料的吸附容量的数值相比要高出很多。

陈海峰等[82]用浸渍法制备了镍铁氧体/碳纳米管(NF/MWNTs)复合材料，这种复合材料保留了碳纳米管优良的吸附性能，且具有良好的镍铁氧体负载率和优异的磁性能。质量比($m_{NF}/m_{MWNTs}$)为 1 的 NF/MWNTs 复合材料对亚甲基蓝溶液的最大吸附容量为 18.87mg/g。此外，NF/MWNTs 复合材料回收容易，活化处理简便，可重复使用。

王敏敏等[83]用羧甲基纤维素与有机蒙脱土合成复合纳米材料，在吸附温度为 30℃的条件下，当吸附时间为 4h，染料初始浓度为 800mg/L，染料 pH=10 时吸附剂对染料表现出较好的吸附效果，吸附量可达 156.64mg/g。

陈一萍和黄耀裔[84]以碳纳米管(CNTs)和海藻酸钠(SA)为主要原料，制备了环境友好型的复合吸附材料——CNTs-SA。实验结果表明，在室温，初始 Cr(Ⅲ)质量浓度为 4000mg/L，CNTs-SA 加入量为 21mg/mL，溶液 pH=5，吸附时间 3h，$m$(CNTs)∶$V$(SA)=1.0mg/mL 的条件下，CNTs-SA 对 Cr(Ⅲ)的吸附量为

120mg/g,Cr(Ⅲ)去除率为 61.5%。

复合纳米吸附材料可以发挥各种材料的优点,克服单一材料的缺陷,在水相吸附领域具有光明的应用前景。

## 2.4　水相吸附材料的设计和展望

吸附剂是决定高效能的吸附处理过程的关键因素,广义而言,一切固体都具有吸附能力,但是只有多孔物质或磨得极细的物质由于具有很大的表面积,才能作为吸附剂。吸附剂目前分为无机吸附材料、高分子吸附材料以及纳米吸附材料等,而在工业上常用的吸附剂有活性氧化铝、硅胶、活性炭等,另外还有针对某种组分选择性吸附而研制的吸附材料[85]。

工业吸附剂还必须满足下列要求:①吸附能力强;②吸附选择性好;③吸附平衡浓度低;④容易再生和再利用;⑤机械强度好;⑥化学性质稳定;⑦来源广;⑧价廉。

(1) 活性氧化铝是由铝的水合物加热脱水制成的,它的性质取决于最初氢氧化物的结构状态,一般都不是纯粹的 $Al_2O_3$,而是部分水合无定形的多孔结构物质,其中不仅有无定形的凝胶,还有氢氧化物的晶体。由于它的毛细孔通道表面具有较高的活性,故又称活性氧化铝。它对水有较强的亲和力,是一种对微量水深度干燥用的吸附剂。

(2) 硅胶是硅酸部分脱水后的产物,其成分是 $SiO_2 \cdot xH_2O$,又称为缩水硅酸,是一种坚硬、无定形链状和网状结构的硅酸聚合物颗粒,为一种亲水性的极性吸附剂。它是用硫酸处理硅酸钠的水溶液,生成凝胶,并将其水洗除去硫酸钠后干燥,便得到玻璃状的硅胶,它主要用于干燥、气体混合物及石油组分的分离等。

近年来,硅胶技术呈现出明显的专业化分工发展趋势,基础硅胶在我国发展迅猛,微粉硅胶在欧美和日韩获得长足进步。基础硅胶和微粉硅胶在形态和性能上的差异,成为多样化应用发展的直接动力。

(3) 活性炭含有很多毛细孔结构,所以具有优异的吸附能力。但是,活性炭因生产工艺、原料的不同,性能悬殊非常大,用途也不一样,目前工业上使用的活性炭有粒状和粉状两种,其中以粒状为主。与其他吸附剂相比,活性炭具有比表面积巨大以及微孔特别发达等特点,因此是目前废水处理中普遍采用的吸附剂。刘明华等曾用自己研制成功的活性炭处理制革废液中的硫化物,取得了很好的效果。此外,活性炭还可以用于炼油、含酚、印染、氯丁橡胶、腈纶、三硝基甲苯、重金属、含氟、含氯等废水的处理以及生活饮用水中有害物质的处理。活性炭的再生是活性炭能否广泛使用的关键问题,因此国内外在这方面进行了大量的研究。

然而,目前的污水以及废水中的重金属离子种类众多,而大多数吸附剂只能单一地吸附单个离子或者吸附效率过低，因此，国内外都在研究如何能够制备出可以同时吸附多重离子或阴阳离子并且可回收的新型吸附剂。从资源丰富的天然产物以及其他行业废物出发、研制有特殊选择性的吸附剂，用简单的工艺制造价格低廉、性能优异的吸附剂、是吸附理论和吸附剂未来研发的重要方向。

近年来，介孔分子筛成为广大科研工作者的研究热点，介孔材料与一般材料不同，不仅能和原子、离子及分子在材料表面发生作用，而且这种作用还能贯穿于整个材料体相内的微观空间。由于其具有有序的孔道、巨大的比表面积、可调变的孔径、稳定的骨架结构、易于掺杂的骨架组成和可修饰的表面结构，使其成为双功能吸附材料的理想载体。因此借鉴分子筛表面修饰的已有研究方法，以其为基体进行骨架掺杂和表面改性，可以制得符合要求的双功能吸附材料。

目前，对吸附机理的研究尚不成熟，所以对吸附剂性能优劣的评价只能通过直接实验得出，还不能从理论上推断，但新型吸附剂的研制、应用以及吸附工艺的优化将使吸附速度加快，吸附效率提高，并且可降低运行成本，促使吸附工艺得到更加广泛的应用。

## 参 考 文 献

[1] Duri B A, Mckay G, Geundi M S E, et al. Three-resistance transport model for dye adsorption onto bagasse pith[J]. Journal of Environment Engineering, 1990, 116: 487-502.

[2] Bernardo E C, Kawasaki J, Egashira R. Decolorization of molasses wastewater using activated carbon prepared from cane bagasse[J]. Carbon, 2001, 35(9): 1217-1221.

[3] Xia J, Kagawa S, Wakao N, et al. Production of activated carbon from bagasse (waste) of sugarcane grown in Brazil[J]. Journal of Chemical Engineering of Japan, 2002, 31(6): 987-990.

[4] 韩严和，全燮，薛大明，等. 活性炭改性研究进展[J]. 环境污染治理技术与设备，2003，4(1)：33-37.

[5] 邓述波，余刚. 环境吸附材料及应用原理[M]. 北京：科学出版社，2012.

[6] 冯玉杰，孙晓君，刘俊峰. 环境功能材料[M]. 北京：化学工业出版社，2010.

[7] 徐超，王一想，应娉，等. 改性沸石的制备及性能表征[J]. 嘉兴学院学报，2014，26(6)：106-111.

[8] 近藤精一，石川达雄，安部郁夫. 吸附科学[M]. 李国希译. 北京：化学工业出版社，2005.

[9] Feng X, Fryxell G E, Wang L Q, et al. Functionalized momolayers on ordered mesoporous supports[J]. Science, 1997, 276: 923-926.

[10] 杨明珠，李耀威，王刚，等. 氨基硫脲改性硅胶对 $Pd^{2+}$ 的动态吸附性能[J]. 中国有色金属学报，2014，24(7)：1927-1932.

[11] 陈琳琳，郭庆杰. 混合胺修饰的介孔硅胶吸附 $CO_2$ 性能研究[J]. 科研与开发，2015，44(1)：1-4.

[12] 饶品华，张文启，李永峰，等. 氧化铝对水体中重金属离子吸附去除研究[J]. 水处理技术，

2009,35(12):71-74.

[13] 王东升,杨晓芳,孙中溪.铝氧化物-水界面化学及其在水处理中的应用[J].环境科学学报,2007,27(3):353-362.

[14] 李德贵,王贤婷.硫酸铝改性活性氧化铝的除氟性能试验研究[J].材料研究与应用,2015,9(1):32-35.

[15] 朱利中.有机膨润土及其在污染控制中的作用[M].北京:科学出版社,2006.

[16] 杨宇翔,吴介达,黄忠良,等.几种硅藻土的表面电化学性质的研究[J].无机化学学报,1997,1:11-15.

[17] 于漧,包亚芳.硅藻土在污水处理中的应用[J].中国矿业,2002,11(2):33-36.

[18] 袁笛,王莹,李国宏,等.硅藻土吸附工业废水中汞离子的研究[J].环境保护科学,2005,31(2):27-29.

[19] Shawabkeh R A,Tutunji M F. Experimental study and modeling of basic dye sorption by diatomaceous clay[J]. Applied Clay Science,2003,24(1/2):111-120.

[20] Gupta S S,Bhattacharyya K G. Adsorption of Ni(II) on clays[J]. Journal of Colloid and Interface Science,2006,295(1):21-32.

[21] 李世红,李春江,于涛,等. $Cs^+$ 和 $Yb^+$ 在方解石、高岭石、蒙脱石、绿泥石和海绿石上的吸附实验研究[J].核化学与放射化学,2002,24(2):70-76.

[22] 尹奋平,何玉凤,王荣民,等.粘土矿物在废水处理中的应用[J].水处理技术,2005,31(5):1-6.

[23] 何宏平,郭九皋,朱建喜,等.蒙脱石、高岭石、伊利石对重金属离子吸附容的研究[J].岩石矿物学杂志,2001,20(4 ):573-578.

[24] Jia Y Y,Zhang G K,Hu B,et al. Adsorption capacity of kaolinite for copper(II) under magnetic field [J]. Journal of Wuhan University of Technology-Mater Sci Ed,2004,19(2):52-54.

[25] 沈学优,陈曙光,王烨,等.不同粘土处理水中重金属的性能研究[J].环境污染与防治,1998,20(3):15-18.

[26] 张永利,朱佳,史册,等.高岭土的改性及其对Cr(Ⅵ)的吸附特性[J].环境科学研究,2013,26(5):561-568.

[27] 吕晓凤,殷平,胡玉才,等.无机吸附材料在处理含重金属离子废水中的应用进展[J].化学与生物工程,2007,26(6):8-10.

[28] 彭荣华,陈丽娟,李晓湘.改性粉煤灰吸附处理含重金属离子废水的研究[J].材料保护,2005,38(1):48-50.

[29] 陈丕亚.扎赉诺尔褐煤对有毒重金属离子的吸附作用[J].上海环境科学,1985,(5):12-14,39.

[30] 张劲勇,吕玉庭,吴大清.熄焦粉表面改性及对金属离子的吸附性能[J].煤炭转化,2005,28(4):23-26.

[31] 陈义镛.功能高分子[M].上海:上海科学技术出版社,1988.

[32] 何炳林,王林富.离子交换树脂发展概况和展望[J].离子交换与吸附,1986,2(4):1-16.

[33] 麻芳,曲荣君. 生物吸附水中砷的研究进展[J]. 离子交换与吸附,2010,26(2):187-192.
[34] 王槐三,刘玉鑫,王亚宁. GSR 型金选择树脂的解吸性能研究[J]. 离子交换与吸附,1996,12(5):403-410.
[35] 张红,童明容,潘继伦,等. 大孔吸附树脂提取喜树碱的研究[J]. 离子交换与吸附,1995,2:145-150.
[36] 张全兴,王勇. 树脂吸附法处理-萘酚工业废水的研究[J]. 离子交换与吸附,1997,7(6):421-426.
[37] 赵文元,王亦军. 功能高分子材料[M]. 北京:化学工业出版社,2008.
[38] 赵文元,王亦军. 功能高分子材料化学[M]. 北京:化学工业出版社,1996.
[39] 刘瑞霞,王亚雄,汤鸿霄. 新型离子交换纤维去除水中砷酸根离子的研究[J]. 环境科学,2002,5(23):88-91.
[40] 潘祖仁. 高分子化学[M]. 北京:化学工业出版社,1997.
[41] 熊春华,舒增年. 4-氨基吡啶树脂吸附铬(Ⅵ)的研究[J]. 有色金属,2000,52(3):7-10.
[42] 张政朴,钱庭宝. 氨基膦酸树脂的合成及其对氟离子的吸附[J]. 离子交换与吸附,1988,4(1):42-48.
[43] 王耐冬,熊春华,计福根,等. 大孔膦酸树脂吸附铟的研究[J]. 高等学校化学学报,1986,7(9):765-769.
[44] 陈义镛,毛伟红,王耐冬. 4-氨基三氮唑树脂对铬(Ⅵ)的吸附、机理及应用[J]. 应用化学,1992,9(6):31-35.
[45] 陈义镛,华放,吴小彬. 聚乙烯苄硫脲树脂的合成及其对金离子螯合性的研究[J]. 高分子通讯,1985,15:335.
[46] 王耐冬,王允菊,陈义镛. 巯基树脂的合成与性能研究[J]. 离子交换与吸附,1985,(5):355-360.
[47] 熊春华,吴香梅. 大孔膦酸树脂对镉(II)的吸附性能及其机理[J]. 环境科学学报,2000,20(5):627-630.
[48] 壬耐冬,陈义镛,王蕾,等. 共振二胺树脂吸附铂的行为及热力学性质[J]. 离子交换与吸附,1989,5(4):263.
[49] 王永江,熊春华,舒增年,等. 氨基膦酸树脂吸附铈的研究[J]. 稀土,2001,22(2):17-21.
[50] 吴香梅,熊春华. 大孔膦酸树脂吸附锌的性能和机理研究[J]. 湿法冶金,1997,(1):21-25.
[51] 舒增年,熊春华. 大孔膦酸树脂吸附钇的研究[J]. 化学研究与应用,1997,9(3):289-293.
[52] 唐红霞,吕爱敏,贾爱娟,等. 高分子吸附剂的应用及其发展[J]. 河北化工,2004,18(6):18-21.
[53] 周学良,刘廷栋,刘京,等. 功能高分子材料[M]. 北京:化学工业出版社,2002.
[54] 朱伯儒,史作清,何炳林. 天然高分子吸附剂研究进展[J]. 天然产物研究与开发,1996,(3):69-76.
[55] 谭德新,王艳丽. 高吸水树脂的应用[J]. 化学推进剂与高分子材料,2009,7(6):26-30.
[56] 赵声贵,钟宏,刘广义等. 吸附性高分子材料概述[J]. 广东有色金属学报,2006,16(2):129-132.

[57] 王璟琳,刘国宏,张新荣. 纳米材料吸附剂的研究进展[J]. 分析化学评述与进展,2005,33(12):1787-1793.

[58] 王莹,贺岩峰. 利用碳纳米管吸附溶液中金属离子的研究进展[J]. 化工新型材料,2010,38(3):32-33,114.

[59] 杨孝智,高静,贺婷婷,等. 碳纳米管对水体重金属污染物的吸附/解吸性能研究进展[J]. 应用化工,2011,40(4):692-695.

[60] 常兰,秦伟超. 碳纳米管表面改性及其吸附水中污染物的研究进展[J]. 化工技术与开发,2014,43(3):43-46.

[61] 谢刚,毛宁,周林成,等. 改进碳纳米管/聚氨酯复合材料吸附硝基苯[J]. 环境工程学报,2015,9(3):1117-1123.

[62] 代明珠,李俊,康斌. 四氧化三铁/碳纳米管复合材料的制备及对放射性废水中铜离子的吸附[J]. 材料导报:研究篇,2013,27(5):83-86.

[63] 宗恩敏,魏丹,等. 磷在氧化锆-碳纳米管复合材料上的吸附研究[J]. 无机化学学报,2013,29(5):965-972.

[64] 洪伟修. 世界上最薄的材料——石墨烯[J]. 康熹化学报报,2009,11:1-4.

[65] 袁文辉,李保庆,李莉. 改进液相氧化还原法制备高性能氢气吸附用石墨烯[J]. 物理化学学报,2011,27(9):2244-2250.

[66] 周锋,万欣,傅迎庆. 氧化石墨还原法制备石墨烯及其吸附性能[J]. 深圳大学学报(理工版),2011,28(5):436-439.

[67] 李耀,刘利,胡金山,等. 基于石墨烯吸附净化材料的研究进展[J]. 功能材料,2015,增刊 I (46):11-16.

[68] Wu Y, Luo H, Wang H, et al. Adsorption of hexavalent chromium from aqueous solutions by graphene modified with cetyltrimethylammonium bromide[J]. Journal of Colloid and Interface Science, 2013, 394:183-191.

[69] Yang S T, Chang Y, Wang H, et al. Folding/aggregation of graphene oxide and its application in $Cu^{2+}$ removal[J]. Journal of Colloid and Interface Science, 2010, 351(1):122-127.

[70] 陈才,盛国英,王新明,等. 富勒烯的吸附性及其在大气挥发性有机物分析中的应用[J]. 环境化学,2000,19(2):165-169.

[71] 陈璇莉,李浩,吴敏. 富勒烯($C_{60}$)在纳米碳管和无机矿物中的吸附[J]. 农业环境科学学报,2014,33(7):1366-1371.

[72] 胡军,周跃明,梁喜珍,等. 纳米金属氧化物吸附金属离子的研究现状[J]. 广东化工,2010,37(205):21-22.

[73] 李志军,王红英. 纳米二氧化钛的性质及应用进展[J]. 广州化工,2006,34(1):23-25.

[74] Harads Kenji, Hisenaga Teruaki, et al. Photocatalytic activity of nanometer $TiO_2$ thin films prepared by the sol-gel method[J]. Water Research, 1990, 24(11):1415-1417.

[75] 杨秋菊,孔凡茂. 纳米 $ZrO_2$ 和 $Fe_2O_3$ 在处理含铬(Ⅵ)废水中的应用[J]. 水处理技术,2008,34(3):60-62.

[76] 熊文明,周方钦,江放明. 纳米氧化铝对贵金属 Pd(Ⅱ)的吸附性能研究[J]. 分析试验室,

2005,24(12):46-48.

[77] 张婵,徐宏英.纳米金属氧化物去除水体重金属的研究进展[J].化学与生物工程,2014,31(3):5-8.

[78] 张方.壳聚糖-铝氧化物复合材料对重金属离子的吸附动力学及热力学研究[D].保定:河北大学,2010.

[79] Kanel S R, Manning B, Charlet L, et al. Removal of arsehic(Ⅲ) from groundwater by nanoscace zero-valent iron[J]. Environmental Science & Technology, 2005, 39(5): 1291-1298.

[80] Maier M, Fritz H, Gerster M. Quantitation of Phosphorothioate oligoncleoticles in human blood plasma using a nanoparticle-based method for solid-phase extraction[J]. Analytical Chemistry, 1998, 70(11): 2197-2204.

[81] 王静.锆基复合纳米材料的设计、制备及其对饮用水中氟、砷吸附性能的研究[D].合肥:中国科学技术大学,2014.

[82] 陈海峰,吴雪,李良超,等.镍铁氧体/碳纳米管复合材料的制备及其对染料废水的吸附性能[J].无机化学学报,2014,30(2):337-344.

[83] 王敏敏,薛振华,王丽.羧甲基纤维素/有机蒙脱土纳米复合材料对刚果红的吸附与解吸性能[J].环境工程学报,2014,8(3):1001-1006.

[84] 陈一萍,黄耀裔.碳纳米管-海藻酸钠复合吸附材料的制备及其对高浓度Cr(III)的吸附[J].化工环保,2014,34(4):394-397.

[85] 杨国华,黄统琳,姚忠亮,等.吸附剂的应用研究现状和进展[J].化学工程与装备,2009,(6):84-88.

# 第 3 章　结构自生长吸附材料

## 3.1 引　　言

采用吸附法除废水中的磷及各种重金属污染物具有使用简便、稳定、可靠等特点，成为目前首选的废水净化方法[1]。目前已有众多的关于吸附材料的报道，但归根结底，其吸附原理仍归属于传统的物理吸附和化学吸附两种[2]。其中物理吸附指在吸附过程中被吸附离子的化学性质保持不变；在系统的温度和压力以及各组分浓度一定的情况下，吸附材料的吸附容量取决于其比表面积的大小。化学吸附过程则可以看成相界面上发生的化学反应，吸附质与吸附材料之间形成的结合方式是化学键。吸附材料内存在固定的吸附位，而且被吸附离子不能沿吸附材料表面移动。因此概括来看，迄今为止所报道的废水净化吸附材料，无论其吸附机理是物理吸附还是化学吸附或者二者兼具，都普遍存在以下缺点[3]：①具有选择性，功效单一，只对废水中的某一种污染物具有吸附作用，处理多种污染物的复杂水体则效果不佳；②饱和性，吸附产物在吸附材料表面富集后封闭表面，阻止吸附材料进一步发挥作用；③吸附容量与可回收再生的矛盾性。吸附材料的比表面积与吸附效果成正比，而成型后的吸附材料虽然易回收再生，但可利用的比表面积下降而造成吸附效率和吸附容量大大降低，因此，为了提高吸附作用效果，现有的大部分吸附材料以粉料形式投放，导致淤泥增多，回收困难，二次污染更为严重。部分可回收再生的吸附材料则由于活性比表面小，所以吸附效果不理想。

自生长吸附材料是一种在吸附过程中结构可自组装优化，实现持续起效的吸附材料。在吸附的过程中，吸附材料不会因吸附产物封闭而降低吸附容量，吸附产物可自动实现在载体上有序的沉积，继续形成多孔网状结构，不但不会封闭原有吸附材料的活性表面，而且创造更多的活性中心吸附点，使对更多的污染物起作用，且可持续起效，则可从根本上解决以上述吸附存在的三种问题。本章以现有的牡蛎壳为原料，采用硅酸盐水热改性法制备的新型自生长吸附材料为基础，主要介绍自生长吸附材料的设计与制备方法，性能表征、吸附的特性和机理。

## 3.2 结构自生长吸附材料的设计和制备

### 3.2.1 硅微粉-牡蛎壳结构自生长吸附材料的设计和制备

1. 硅微粉-牡蛎壳结构自生长吸附材料的设计

利用硅微粉粒子超细、比表面积大、活性高等特点对牡蛎壳进行硅酸盐改性，将牡蛎壳与硅微粉按适当的质量比混合以达到一定的 $CaO/SiO_2$ 比例，制成比表面积较大、不易破损的空心柱状试样，经一定温度煅烧，再经水热处理，将牡蛎壳改性为硅酸钙的水合物[$Ca_5(Si_6O_{18}H_2)_4 \cdot H_2O$]。

1）牡蛎壳简介

（1）牡蛎壳现状。

牡蛎，俗称海蛎子、蚝等，是世界上第一大养殖贝类，也是我国著名四大养殖经济贝类之一。牡蛎属于软体动物门、瓣鳃纲、异柱目、牡蛎科，栖息在浅海泥沙中。目前，全世界已经发现的牡蛎有 100 多种，我国沿海所产牡蛎有 20 多种，自渤海、黄海、南海至南沙群岛均有生产，主要产地为辽宁、河北、山东、江苏、浙江、广东、广西和海南等地。牡蛎不仅肉鲜味美、营养丰富，而且具有独特的保健功能和药用价值。随着牡蛎养殖产量的迅速增加，高效利用牡蛎资源进行高值化开发利用，为人类提供理想的海洋食品及海洋药物，对推动我国海洋产业的迅速发展具有极其重要的现实意义[4]。在贝类海产品中牡蛎以其味道鲜美、营养丰富而深受消费者喜爱，但人们在食用时，大量的贝壳作为垃圾丢弃，既污染环境又造成资源的浪费。而牡蛎壳中含有 90%以上的碳酸钙，对其开发利用很有现实意义[5]。

（2）牡蛎壳污染。

近十几年来，我国的牡蛎养殖业规模逐年扩大，年产量已位居世界首位。福建省是我国牡蛎生产的主要省份，也是主要的牡蛎输出地，仅漳浦县霞美镇一地，牡蛎养殖面积达 3 万亩（1 亩＝$10000/15m^2 \approx 666.7m^2$），年废弃牡蛎壳 1 万 t，全省堆积废弃的牡蛎壳累积已有近百万吨，每年还在快速递增。

牡蛎壳的利用率极低，除部分作为生产原料返海再生产或煅烧白灰外，大部分未能有效利用或妥善加以处理的牡蛎壳，都由环卫部门作为生产垃圾收集填埋，或被加工者直接倾倒在公路两旁、闲杂空地或废弃沟渠里，或填海，成为城乡环境的重要污染源之一。尤其以沿海乡村为甚，村里村外，房前屋后，公路两侧，牡蛎壳随处可见。

牡蛎壳理化性状稳定，不易自然分解，随意倾倒，不但有碍观瞻，影响村容村貌，而且污染土壤，造成碱化板结。同时，牡蛎撬割取肉后残存在牡蛎壳上的肉体和液体，经 6～18h 后便腐烂，散发出刺鼻的腥臭味，会引来大量苍蝇和蚊子，成为病菌繁殖和传播的温床。尤其是台风季节，抢收的牡蛎大量堆积于公共空地，来不及撬剥的牡蛎和撬剥后牡蛎壳上残余的牡蛎肉、牡蛎汁腐烂变质，滋生大量蚊蝇，更是臭气熏天，污水遍地，直接威胁人民群众的健康[6]。

（3）牡蛎壳的构造。

软体动物贝壳的种类繁多，其基本结构分为三层：最外层是由硬化蛋白构成的角质层；中间为由方解石组成的棱柱层，主要由钙质纤维交织而成，存在天然气孔[7]。棱柱层为叶片状结构，含大量 2～10$\mu$m 微孔，具有较强的吸附能力[8]；最内为珍珠层，其一般由方解石或文石等 $CaCO_3$ 矿物和少量有机质组成。

(4) 牡蛎壳的化学成分。

牡蛎壳主要由无机物及有机物构成，无机物主要是 $CaCO_3$，其总量约占牡蛎壳重的 95%左右，其次为氧化钠、二氧化硅、氧化镁、三氧化二铝等。此外还有 20 余种微量元素[9]，如硅、钠、镁、铝、钾、铁、锰、磷等。

(5) 牡蛎壳的开发应用现状。

我国水产养殖业迅猛发展，带动国家经济进步，却也遗留下一些问题。大量的牡蛎壳作为垃圾丢弃，既污染环境又造成资源的浪费，所以充分利用牡蛎壳自身的结构和性能特点，对其开发利用很有现实意义。

① 牡蛎壳的营养价值。

牡蛎壳由矿物质、蛋白质及蛋白多糖等有机物构成，其中矿物质以钙元素为主，还含有铁、锌、镁、铜、铝、钡、锶等多种元素。生长的海域及牡蛎品种不同，牡蛎壳中各成分含量不同，但总是以钙为主，一般碳酸钙含量占壳重的 90%以上。对牡蛎壳类产品的开发主要基于其含有大量钙元素。牡蛎壳可作为补钙的主要原料，如大连的“活性钙”产品“龙牡壮骨冲剂”等[4]。钙与人体的神经传导、心搏调节、肌肉收缩、血液凝固、酶激活、内分泌调节等密切相关，对人体生长发育和健康维持起着重要作用。钙的缺乏会引起人体种种障碍，如骨骼发育不好、生长不良、神经过敏、骨质疏松等。大多数补钙制品钙含量低，且不易吸收，而牡蛎壳中钙含量较高，并可制成在生物体内吸收率高的活性钙。这种利用牡蛎壳制备的，在溶解度和吸收方面均优于传统钙剂的新钙剂最早出现在日本市场。日本内田和汉药局 KH 公司的产品取名为“新力休”，日本文献也称其为“离子化钙”[10]。我国和其他国家学者在此方面也进行了大量的研究，主要集中在各种活性离子钙的制备方面。王亮等[11]用超微粉碎技术制得溶解性、分散性较好的钙添加剂。Kwon 等[12]在特定的环境下通过高温分解将牡蛎壳中不易溶解的碳酸钙转化成易消化、易吸收的氧化钙。这些活性钙可以作为添加剂或补钙制剂使用，具有较好效果。牡蛎活性离子钙的优点在于：首先，在酸性条件下可解离，服用后即可在胃中全部溶解并以钙离子($Ca^{2+}$)的形式存在，易于人体吸收，可满足补钙健身的需要，保持血液的酸碱平衡。其次，活性离子钙作为食品添加剂对原食品的色、香、味无影响，可直接强化各类食品，还可代替 $NaHCO_3$ 或 $Na_2CO_3$ 用于面制食品，达到中和酸和增加钙质的功效。再次，活性离子钙的钙含量在 50%以上，可作为营养强化剂中的新钙源，且原料丰富，可以增加人们膳食中钙的来源，是一条行之有效的新途径。因此，牡蛎壳活性离子钙成为保健品开发的热点。对于此类产品的开发，基于钙离子生理活性，可分为以下几方面：一是以钙离子的碱性保持体液呈弱碱性状态，从而达到抗癌抗衰老的目的。目前，国内研究者在此方面做了大量工作，主要集中于利用牡蛎壳提取各种活性离子钙[13-15]，以之作为食品添加剂制成富含钙质的适合儿童和老年人使用的保健营养食品。二是复合制成各种补钙剂，如“龙牡冲剂”“盖天力”等。周森麟等[16]研究表明，复方牡蛎合剂在动物体内的吸收利用以及在治疗佝偻病等方面均优于西药及其他补钙剂。

② 医药价值。

牡蛎壳是一种传统的中药材，我国药理工作者在传统医学经验的基础上运用现代研究手段对其进行了深入研究，发现其药效包括安神养心宁志、平肝息风及平肝潜阳、化痰止咳、消虚火去内热等诸多方面。牡蛎壳提取物可抑制流感病毒、酿脓链球菌、脊髓灰质炎病毒。中医认为：牡蛎壳性凉，味咸、涩，归肝、肾经，具有敛阴潜阳，止汗、涩精、化痰、软坚的功效，可治惊痫、眩晕、盗汗、自汗、遗精、淋浊、崩漏、伤寒热、温疟、拘挛、鼠瘘等症[17]。牡蛎壳与龙骨均含有大量的钙与丰富的微量元素及多种氨基酸，因此，牡蛎壳有可能作为龙骨的替代药材[18]。

另外，可以用牡蛎壳提取物牡蛎多糖。目前有研究表明，牡蛎壳提取物牡蛎多糖有抗肿瘤、增加机体免疫功能、降血脂、抗衰老及抗病毒、抗菌功能。王俊、姚澄等[19,20]以东海近江牡蛎及厚壳贻贝为材料，采用热碱法分离提纯牡蛎多糖粗品，通过免疫学、抗氧化和抗肿瘤指标测定，对牡蛎多糖的生物学活性进行研究。他们以不同剂量进行正常小鼠的相关试验，结果表明各剂量组试验均增强小鼠红细胞SOD活性。从而证实了牡蛎多糖能增强小鼠细胞免疫、体液免疫功能，并具有明显的抗肿瘤和抗氧化作用。

③ 质骨替代潜能。

2004年Mount等在*Science*报道牡蛎壳的形成与珊瑚形成以及人体内骨盐沉积有高度相似性。研究采用亚洲沿海牡蛎，证实牡蛎壳的形成也是由粒细胞不断分泌的无机盐堆积而形成的矿物质盐[21]。牡蛎壳含有丰富的微量元素和大量氨基酸[22]。Currey等[23]测定牡蛎壳的强度数据与文献中牛的皮质骨相当，远远高于珊瑚，说明其具有较好的皮质骨替代潜能。

薛恩兴等[24]将牡蛎壳用机械方法碾碎成为牡蛎壳粉末，建立牡蛎壳材料修复兔股骨下段骨缺损动物模型，应用组织学、影像学，大体观察研究该材料的生物相容性、降解能力及成骨能力。结果，术后组织无明显排斥反应，8周牡蛎壳材料开始降解，16周材料基本降解，24周材料完全降解。结论是，牡蛎壳材料具有良好的生物相容性，在体内可以发生生物降解，能促进骨修复，成骨方式为传导成骨，呈内向性。

④ 用牡蛎壳制作各种添加剂。

a. 饲料添加剂。

牡蛎壳粉中不仅钙含量高，且富含有多种微量元素，能增加饲料营养成分并促进转化。在饲料中添加贝壳粉，可起到新陈代谢的促进作用[25]。

b. 肥料添加剂。

牡蛎壳呈碱性，主要化学成分为碳酸钙，还有少量的氮、磷、钾等微量元素，故十分适用于做酸性土壤的肥料，对于缺乏石灰质的土壤，也有较好的肥效，又能起改良土壤的作用。此外，对农作物还能起防倒伏、风害、病虫害的抗性作用。牡蛎壳用作肥料，除直接施用外，还可与其他农肥制成多元素复合肥料。

c. 水泥添加剂。

牡蛎壳含有 95.5%的碳酸钙，而普通石灰石中的含量为 80%，因此，可替代石灰石烧制贝壳水泥，又由于不含或极少含有生产中的有害物质，可制中标号和高标号的水泥。

d. 涂料添加剂。

在普通涂料中，添加适量的贝壳粉，能够防止涂料长霉，在容易长霉的地方使用这种涂料尤为合适。

e. 土壤调理剂。

利用牡蛎壳纳米级微孔结构含有的生物活性氨基多糖及特性蛋白，促进土壤微生物繁殖，改善土壤特性、生态结构，促进作物对养分的吸收，达到增产、改善品质的目的，并且具有无毒、无污染、无公害的优点，是一种极有前途的土壤改良和调理剂。

f. 食品添加剂。

Choi 等[26]将牡蛎钙添加剂添加到泡菜中，发现牡蛎钙添加剂不但可以延长泡菜的货架期，并且可以提高泡菜的质量，改善泡菜的风味。

g. 药品添加剂。

牡蛎壳粉具有吸附性、分散性、矿化性、无毒性等特点，利用这些性质，可以将牡蛎壳粉制成药品添加剂，作为各种药剂、抗生素和抗菌素的优良载体。

(6) 牡蛎壳的其他用途。

牡蛎壳也可作为装饰品，制成别具特色的服装纽扣和工艺品。民间偏方“牡蛎龙骨汤”是治疗肝炎的良药；在福建沿海一带，人们用牡蛎壳砌墙建房，由于牡蛎壳中有天然气孔隔热性能好，所以用牡蛎壳制成的房子冬暖夏凉，受到当地人的爱戴。牡蛎壳还能用作建筑业的防菌剂[27]。

2) 硅微粉简介

(1) 硅微粉的物理化学性质。

硅微粉又名硅灰、硅粉，是金属硅或硅铁等合金冶炼时，产生大量挥发性很强的 $SiO_2$ 和 Si 气体与空气接触，迅速氧化并冷凝而生成的微小物质。目前市场上销售的硅微粉，一部分是烟气经过收尘器收集后直接销售的硅灰，另一部分是收尘器收集后经过处理再销售的硅灰。硅微粉平均粒径为 0.15～0.20$\mu$m，比表面积为 15000～20000$m^2$/kg。其主要成分为二氧化硅，含量为 80%～92%，杂质成分为氧化钠、氧化钙、氧化镁、氧化铁、氧化铝和活性炭等。矿石成分、冶炼工艺、收尘系统运行情况等都会造成成分波动。硅微粉的颜色随 C 和 $Fe_2O_3$ 含量增加而色泽由白—灰白—灰—深灰变化。

冷凝形成硅微粉的过程极为迅速，$SiO_2$ 还来不及形成晶体，其矿物属于非晶矿物，它是一种具有很大表面活性的火山灰物质。硅粉的 X 射线衍射图谱显示为典型的玻璃态特征的弥散峰[28]。由于硅微粉中二氧化硅属非晶物质，活性高，颗粒细小，比表面积大，具有优良的理化性能，过去认为是一种工业废弃物，现在越来越多地被认为是一种宝贵资源，一种无需经过粉碎加工、廉价的超微粉体，可以广泛应用在特殊工程中使用的混凝土、耐火材料、水泥等重要领域[29]。

(2) 硅微粉的应用。

硅微粉是国内外高新技术领域中具有广阔应用前景的优良材料。广泛用于建筑、化工、冶金等行业。

① 硅微粉在建筑行业中的应用。

硅微粉具有超微粒的特性，在改善和提高材料的性能方面有着极为重要的作用。在掺有硅微粉的物料中，硅微粉具有的微小光滑的球状体在物料中起到润滑作用，减小了物料颗粒之间的内摩擦力，从而改善了物料的可加工性能并提高材料的性能。因此，硅微粉是一种优质的水泥、混凝土掺和料和低水泥浇注料的添加剂[28]。将硅微粉作为掺和剂加入混凝土中可改善混凝土多方面的性能，如显著改善塑性混凝土黏附性能和凝聚性，大幅度降低回弹量，增大喷射混凝土一次成型厚度，缩短工期，节省工程造价等。在需要特殊高强度混凝土的场所，硅微粉作为掺和料配制高强混凝土，其强度等级可以达 100MPa。而且掺入硅微粉的混凝土的抗渗性能很好，在强度相等的条件下，掺入硅微粉的混凝土与不掺入硅微粉的混凝土相比，其抗渗性能可提高一倍以上。

② 硅微粉在化工行业中的应用。

高质量的硅微粉作为惰性填充材料应用于各种化合物中，以代替滑石和高岭土等硅酸盐材料。硅微粉还可以用作化工产品的分散隔离剂。为了防止某些化工合成粉体结块，曾经采用云母进行包覆处理，造价较高，而应用硅微粉可以取代较贵的处理材料，但要准确掌握使用的比例。挪威、法国和意大利都是采用这种方法，做分散隔离剂的应用效果很好。这种分散隔离剂广泛用于微细农药、化肥、灭火剂等产品[29]。

③ 硅微粉在冶金行业中的应用。

硅微粉可以用作冶金球团助剂。美国曾将硅微粉以每 453.6kg 硅石配 22.7kg 硅微粉的配比制成球团作为电炉冶炼原料，球的最大尺寸为 19～25mm。经电炉冶炼证明，加入较大量的球团时，炉子运行三周，没有发现硅回收率降低和单位电耗增加的现象。挪威埃肯公司也曾将 2 万 kW 金属硅炉每昼夜生产出的硅微粉用水调和制成 1～5cm 直径的球团后，不用干燥直接返回电炉进行冶炼试验，在竖炉中 800～1200℃温度下进行烧结，烧结后的球团不存在爆裂和不适应的问题，具有足够的机械强度，而且，由于不另加黏结剂，球团中杂质很少，因此可返回电炉作为冶炼材料。苏联用纸浆废液作黏结剂制球，球团强度经倒运而不碎裂，按30％比例加入电炉使用。瑞典一家铁合金厂利用硅微粉作为铬矿球团黏结剂使用[29]。

3）硅微粉水热改性牡蛎壳

使用单纯的牡蛎壳粉除铅，容易造成二次污染，材料难以回收利用，所以选择采用硅微粉对牡蛎壳进行改性制成不易破损、比表面积大、可回收循环使用的优质废水除铅材料。我国南方沿海每年产生约 100 万 t 废弃的牡蛎壳，“堆积成灾”的原材料及取材的广泛性和简单性等造就了产品成本的低廉性和可开发性，使其具备了强大的市场竞争力和广泛的应用前景。本研究变废为宝、以废治污，可促进社会经济与环境的持续可协调发展，对于解决含铅废水污染和牡蛎壳污染问题具有十分重大的意义。

4）技术路线

该方法主要是利用硅微粉粒子超细、比表面积大、活性高等特点对牡蛎壳进行硅酸盐改性，将牡蛎壳与硅微粉按适当的质量比混合以达到一定的 $CaO/SiO_2$ 比例，制成比表面积较大、不易破损的空心柱状试样，经一定温度煅烧，再经水热处理，将牡蛎壳改性为硅酸钙的水合物[$Ca_5(Si_6O_{18}H_2)\cdot 4H_2O$]，放入模拟废水中进行除铅性能测试。对各个样品除铅前后的 SEM 及能谱（EDS）进行分析，探讨除铅机理。实验流程如图 3-1 所示。

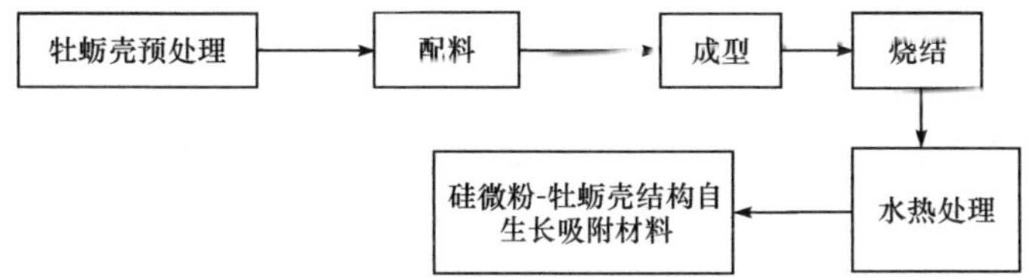


图 3-1　硅酸盐水热改性牡蛎壳废水净化材料研制实验流程图

## 2. 硅微粉-牡蛎壳结构自生长吸附材料的制备

将收集到的牡蛎壳用自来水冲洗，除去壳内附着的泥沙及其他杂质并置于太阳下晾晒一天。将块状牡蛎壳置于球磨机中球磨 8h，然后过 100 目筛。

（1）配料。

用球磨、过 100 目筛预处理后的牡蛎壳、硅微粉为原料。要将牡蛎壳改性为硅酸钙的水合物[$Ca_5(Si_6O_{18}H_2)\cdot 4H_2O$]，根据硅酸钙的水合物中 Ca/Si 摩尔比为 5∶6，计算牡蛎壳粉与硅微粉的最佳质量比值为 1.39。

(2) 混料。

将配好的粉料加适量的水混匀后过三次 30 目筛,使配方中各组分充分混合均匀。

(3) 模压成型。

为了使样品具有一定强度和较好孔隙率,采用手压成型的方式。将造粒后的粉料,用天平称取 2.0g,用模具手工压制成型,制成空心柱状样品。

(4) 烧结。

将成型后的试样,按照理论定出的烧结温度和保温时间进行烧结,初定烧成温度为 650℃。将试样放入马弗炉中煅烧,设定参数后,煅烧至所需温度,保温 2h,之后随炉冷却得到样品。

(5) 水热处理。

将烧成的试样在 130℃下进行水热处理试验,水热时间为 16h。水热后将水热釜直接水冷,取出样品烘干,即制得硅微粉-牡蛎壳结构自生长吸附材料。

### 3.2.2 铝质-牡蛎壳结构自生长吸附材料的设计和制备

1. 铝质-牡蛎壳结构自生长吸附材料的设计

铝质-牡蛎壳结构自生长吸附材料主要以铝厂污泥为基础原料,以铁合金冶炼厂产生的硅微粉、农贸市场收集的牡蛎壳作为改性结合剂,通过烧结-水热的方法制备所得。本方法变废为宝,对拓展铝质-牡蛎壳结构自生长吸附材料的应用有着重要的理论意义。

1) 吸附剂种类

吸附剂的种类多种多样,从合成角度来说,可以分为天然吸附剂和人工合成吸附剂;从自身性质角度来说,可以分为无机吸附剂、有机吸附剂或者有机无机复合的吸附剂。

(1) 天然吸附剂。

大自然中存在着丰富的天然吸附剂,如麦壳、谷壳、花生壳、蛋壳、橘子皮等农副产品,贝壳、牡蛎壳、海藻酸纤维等海产品,膨润土、沸石、硅藻土、高岭土等黏土类,褐煤、长焰煤等煤质类。这些天然的材料来源丰富、成本低,探究它们潜在的吸附性能具有重大的环保和经济效益。

Ahmad 等[30]利用蛋壳和珊瑚废弃物吸附废水中的 $Pb^{2+}$、$Cd^{2+}$、$Cu^{2+}$。研究结果表明,蛋壳对于 $Pb^{2+}$、$Cd^{2+}$、$Cu^{2+}$ 三种离子的最大吸附量分别为 32.3mg/g、22.9mg/g、4.47mg/g,而珊瑚废弃物对三种离子的最大吸附量分别为 6.77mg/g、5.52mg/g 和 1.03mg/g。蛋壳和珊瑚废弃物对三种离子的吸附顺序为 $Pb^{2+} > Cu^{2+} > Cd^{2+}$。蛋壳和珊瑚废弃物对于水中的重金属离子均有很好的吸附性能,蛋壳更胜一筹。

Taşar 等[31]则利用花生壳吸附废水中的铅离子。研究结果表明，花生壳对铅离子的吸附行为符合伪二级动力学方程，属于物理吸附。由 Langmuir 等温线模型拟合出的最大吸附量为 39mg/g。整个吸附过程属于自发的放热过程。此外，花生壳还作为生物质吸附剂应用于去除废水中的重金属离子和染料、抗生素等。

周强等[32]对牡蛎壳进行了结构分析表征，并探究了其对废水中 $Cu^{2+}$ 的吸附机理。研究表明，牡蛎壳具有特殊的物理构造，其棱柱层具有天然的多孔，对水中的 $Cu^{2+}$ 有良好的吸附作用。棱柱层对 $Cu^{2+}$ 的饱和吸附量为 8.90mg/g。此外，牡蛎壳还被运用于废水除磷、$Pb^{2+}$ 等重金属离子[33-36]。

Sari 等[37]对比了高岭石和经 $MnO_2$ 改性的高岭石对废水中 $Cd^{2+}$ 的吸附行为。研究结果表明，经 $MnO_2$ 改性的高岭石比表面积增大了 68.0%。由 Langmuir 模型拟合出的最大吸附量达到 36.47mg/g。改性的高岭石对 $Cd^{2+}$ 的吸附包含有化学离子交换过程，符合伪二级动力学模型。

范琼等[38]利用橘子皮吸附废水中的亚蓝甲染料。研究结果表明，橘子皮中含有大量羧基、氨基和磺酸基，对染料废水的吸附量大，并且在短时间内吸附即可达到饱和，有很好的应用前景。

吴春等[39]制备了玉米芯活性炭吸附剂，去除废水中的甲基蓝、碱性品红、甲基橙三种染料。研究结果表明，玉米芯活性炭吸附剂用量为 1g，试验温度为 70℃时，经过 5h 对三种染剂的吸附效果最佳。

(2) 合成吸附剂。

如今的科学工作者融合了一些新的技术，对天然吸附剂进行改性，发展出一些新的合成吸附剂。合成吸附剂扩大了吸附剂的选择范围，丰富了吸附剂的种类。例如，淀粉作为天然高分子，经过改性后，淀粉表面或内部得到活化，具有新的化学活性，理化性质发生变化。甲壳素是自然界中普遍存在的一种氨基多糖，经过脱乙酰基化可以制备出壳聚糖。壳聚糖[40,41]含有大量的羟基、氨基等官能团，这些官能团能够与重金属离子形成络合物。研究人员对改性纤维[42]及改性玉米芯[43]等也进行了研究。改性后的吸附剂表面上引入了新的功能基团，对重金属有更好的吸附效率。

Debnath 等[44]合成了一种具有磁性的石墨烯氧化物-壳聚糖复合吸附剂用于去除水中的[Cr(Ⅵ)]有害阴离子($CrO_4^{2-}$、$Cr_2O_7^{2-}$)。研究结果表明，废水处理的最佳 pH 为 3。液膜扩散模型和伪二级动力学模型适合用于描述吸附过程。热力学中的 $\Delta G^{\ominus}=-15.49\sim-15.67$kJ/mol，$\Delta H^{\ominus}=11.29$kJ/mol。

Hu 等[45]合成了一种硫化磁性石墨烯氧化物复合材料(SMGO)，用于去除废水中的 $Cu^{2+}$。研究结果表明，当溶液 pH = 4.68，含铜废液初始浓度为 73.71mg/L，试验环境温度为 50℃时，SMGO 对 $Cu^{2+}$ 的吸附量达到 62.73mg/g。吸附过程符合伪二级动力学模型和 Langmuir 等温线模型。热力学计算结果表明，吸附过程是自发的吸热过程。SMGO 是很好的除铜吸附剂。

Zhang 等[46]制备了一种氧化镧负载的活性炭纤维用于去除废水中的磷酸根。研究结果表明，氧化镧活性炭纤维的最佳制备工艺为氧化镧和活性炭纤维的质量比为 11.78%，650℃下活化 2.5h。最佳吸附条件下，氧化镧活性炭纤维对废液中的磷酸根去除率达到 97.6%。当含磷废水初始浓度为 30mg/L 时，氧化镧活性炭纤维的吸附性能依然很好。这表明，氧化镧活性炭纤维可以在较大的浓度范围内吸附磷酸根。

Zhang 等[47]合成了一种多孔的纳米复合材料，用于去除废水中的磷酸根。研究结果表明，MgO 纳米点在基质上有均匀的分布，基质的平均孔径为 50nm，而 MgO 纳米点之间的距离为 2～4nm。Langmuir 模型拟合出的最大吸附量为 835mg/g，远高于其他的吸附剂。

Kananamba 等[48]制备了一种化学改性壳聚糖，用于吸附去除废水中的 $Cu^{2+}$。研究结果表明，温度和溶液的 pH 对吸附有很大影响。当 pH＝5 时，化学改性壳聚糖对废水中 $Cu^{2+}$ 的吸附量达到最大。随着温度的升高，化学改性壳聚糖对 $Cu^{2+}$ 的吸附量增大，这表明吸附过程是一个吸热的过程。Langumir 模型拟合出的最大吸附量为 43.47mg/L。吸附行为符合伪二级动力学模型。

Jeon[49]合成了一种具有磁性的改性药石，用于去除废水中的 $Cu^{2+}$。研究结果表明，当溶液 pH＝6 时，改性药石对铜离子的最大吸附量为 13.6mg/g。吸附的主要机制是离子交换。1.5g 的改性药石可以有效去除溶液中的 $Cu^{2+}$，去除率高达 93.0%。

王萍[50]探讨了锰砂、海绵铁金属多孔物质对含磷废水的吸附行为。研究表明：在最佳实验条件下，海绵铁与锰砂的混合物对磷的吸附容量大于 9mg/g，吸附率在 89.0%以上。含铁矿物吸附剂吸附含磷废水的各项性能[51]也有人做了研究。有专家研究了预载镧氧化物稀土吸附剂对水中磷的吸附性能[52]。

2）铝质-牡蛎壳结构自生长吸附材料研究现状

目前，科学工作者对 Al、Ca、La 等多种金属氧化物及其盐类进行研究，使它们均列入吸附剂的选择范畴[52-59]。

Zhou 等[60]通过简单的水热法合成了一种新型的空心微球吸附剂。这种吸附剂具有 Zn 和 Al 双层氢氧化物膜层，拥有大的比表面积和多孔结构，对于废水中的磷有很好的吸附性能。研究结果表明，这种新型的空心微球吸附剂符合 Langmuir 等温线模型，最大吸附量为 54.1～232mg/g。吸附行为符合伪二级动力学模型和粒子内部扩散模型。

杨艳玲等[61]采用共沉淀法制备了一种复合铁铝吸附剂，用于去除废水中的磷。研究结果表明，复合铁铝吸附剂对废水中磷酸根的吸附容量随含磷废液初始浓度的升高而升高。在相同的实验条件下，吸附容量可达活性氧化铝的 3.5 倍。吸附过程以化学吸附为主。其中，$CO_3^{2-}$ 与 $PO_4^{3-}$ 会竞争吸附剂表面的吸附位点，对吸附有较强的干扰。

王玉春等[62]合成了一种以七铝酸十二钙（$Ca_{12}Al_{14}O_{33}$）为主的吸附剂，用于去除废水中的[Cr(Ⅵ)]有害阴离子（$CrO_4^{2-}$、$Cr_2O_7^{2-}$）。研究结果表明，吸附剂吸附性能良好，处理后的水质能够达到单因素铬的饮用水水质要求。

魏宁等[63]以工业废矿渣为原材料，经过铝盐改性和焙烧活化处理，制备了一种废水除氟吸附剂。研究结果表明，铝改性赤泥对废水中的氟有良好的吸附效果。未经焙烧铝改性的赤泥吸附剂和经 200℃焙烧活化的赤泥吸附剂饱和吸附量分别为 68.07mg/g 和 91.28mg/g，远高于未改性的赤泥吸附剂的饱和吸附量 13.46mg/g。处理后的水中氟含量低于 1mg/L 的国家饮用水标准。吸附过程符合 Langmuir 等温线模型。最佳的吸附 pH 为 7～8。

路英杭等[64,65]合成了一种不同于碱金属离子的铝硅酸盐。实验采用 85℃低温，以硅粉和铝粉为原料，采用简单的操作方法，在不同碱金属离子存在的碱性条件下进行制备。研究结果表明，未煅烧的样品中，锂铝硅酸盐的比表面积最大，为 146.08$m^2$/g；而钠铝硅酸盐的比表面积最小，为 10.11$m^2$/g；钾铝硅酸盐的比表面积介于两者之间。

3）铝厂污泥简介

铝厂污泥是铝型材表面处理过程中产生的。它能够提高铝型材的耐磨性能和耐腐蚀性能，从而达到提高铝型材表面质量的目的。在表面处理（脱脂、碱蚀、酸洗、氧化等）过程中产生大量的废液中含有高度分散的粒子，呈乳白色的胶体溶液，这些胶体溶液具有颗粒细小且高度分散的特点，这些粒子的直径在 0.1～1μm[66]。未经处理的这种废液一旦排放，会严重污染环境，特别会污染江河水域。然而经处理后的清液排放时，却又留下大量的污泥。必须在排放之前破坏这些废液的稳定性，从而使污泥凝聚沉淀，这些沉淀的固体即为污泥。

一般铝型材处理污泥的工艺是[66]：沉淀→凝聚→浓缩→脱水过滤；得到含水量为 70%左右的湿污泥，主要成分是 γ-AlOOH 以及少量 $Fe_3O_4$、CaO、$K_2O$ 和 $Na_2O$ 等杂质。这类污泥数量庞大。一个大型铝型材企业，一年产生的湿污泥可多达 10000 多吨；全国所有铝型材企业产生的污泥则可达到数十万吨级别。大量堆积的污泥既影响了铝型材厂的正常生产，也造成了二次污染，所以污泥的综合利用已经迫在眉睫。

污泥的性质分析是制备铝质-牡蛎壳结构自生长吸附材料的主要依据之一，污泥的组成则是其性质表现的基础。作者所在课题组曾研究过，铝厂污泥主要成分是 γ-AlOOH，部分晶体，部分非晶体。将此污泥分别置于 450℃、600℃、800℃、1000℃、1050℃、1200℃和 1300℃进行煅烧，探讨污泥在不同温度下的晶相变化[66]。XRD 和 SEM 结果表明，随着温度的升高，γ-$Al_2O_3$ 含量增加而非晶结构的微晶含量降低。当煅烧温度上升至 1200℃和 1300℃时，γ-$Al_2O_3$ 和非晶结构的微晶全部转变为 α-$Al_2O_3$。γ-$Al_2O_3$ 是介稳态，高活性；α-$Al_2O_3$ 是稳定态，低能态[66]。

4）铝质-牡蛎壳结构自生长吸附材料制备的技术路线

铝质-牡蛎壳结构自生长吸附材料制备的实验流程如图 3-2 所示。

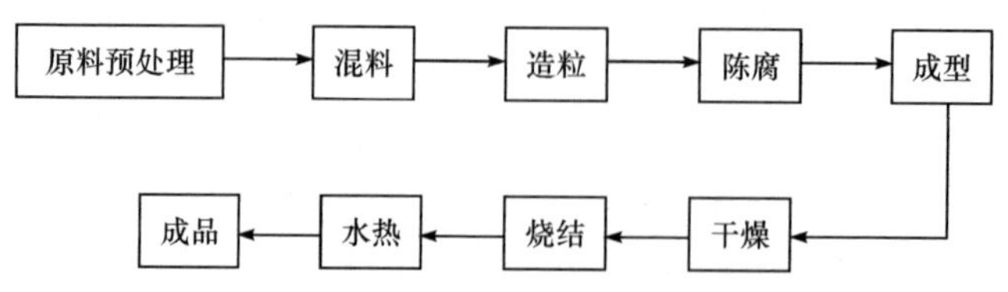


图 3-2 铝质-牡蛎壳结构自生长吸附材料制备实验流程图

2. 铝质-牡蛎壳结构自生长吸附材料的制备

（1）原料预处理。

将从福建南平铝业有限公司回收的铝厂污泥放入高温箱式炉进行预烧，以获得 $\gamma$-$Al_2O_3$。煅烧温度 900℃，保温时间 1h，升温速度 5℃/min。

将自行收集的牡蛎壳用自来水冲洗，去除腐肉和杂质后，放置于通风处自然风干。将洗净干燥后的牡蛎壳进行球磨，过 50 目筛。利用高温箱式炉对球磨后的牡蛎壳粉末进行预烧结，煅烧温度 900℃，保温时间 1h，升温速度 5℃/min。

（2）混料。

将预处理好的铝厂污泥、硅微粉、牡蛎壳粉末以一定比例混合放入球磨机，干法球磨混匀后过 50 目筛，重复三次使配方中的各组分充分混合均匀。

（3）造粒与陈腐。

在混匀后的配方中加入一定的去离子水进行造粒，将造粒好的粉末过 50 目筛，装入保鲜袋中，密封置于通风处陈腐 1 天。

（4）成型。

称取 2g 陈腐 1 天后的粉料，用片状（直径 20.00mm）模压成型模具压制样品，压力 2MPa。为使样品具有较好的孔隙率和一定的强度，实验采用手压成型的方式。

（5）烧结。

将压制成型的片状试样置于高温箱式炉中进行煅烧。煅烧温度 800～1000℃，保温时间 2h，升温速度 5℃/min。之后随炉冷却得到样品。

（6）水热。

将烧结好的样品置于水热釜中，放入电鼓风恒温干燥箱进行水热处理。水热温度 130～180℃，水热时间 13～20h。水热完成后取样烘干。

### 3.2.3 免烧结构自生长吸附材料

1. 免烧结构自生长吸附材料的设计

以牡蛎壳为主要原料，按不同配比加入水泥，制成比表面积较大、不易破损的空心柱状试样，经过 28 天常温水养护后，将样品烘干，即得到免烧结构自生长吸附材料。实验流程如图 3-3 所示。

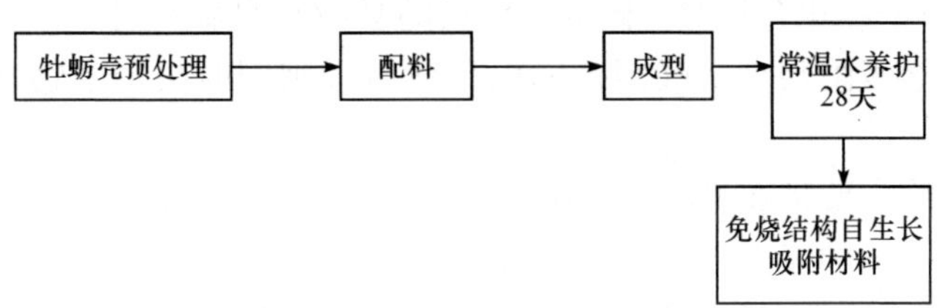


图 3-3　牡蛎壳免烧法废水净化材料研制实验流程图

2. 免烧结构自生长吸附材料的制备

1) 原料预处理

将牡蛎壳用自来水冲洗，除去壳内附着的泥沙及其他杂质并自然烘干。

2) 样品制备

制备过程大致为：球磨→配料→混料→造粒→成型。

(1) 球磨。

将预处理过的牡蛎壳按一定比例放入球磨罐中（装入量不超过球磨罐容量的 2/3），置于滚筒式球磨机中干磨 4h，使用行星式球磨机细磨 2h。

(2) 配料。

将过 100 目筛预处理后的牡蛎壳、水泥为原料，按一定配方的配比进行称量。

(3) 混料。

将 OSP、水泥按上表各配方号对应的质量比混合，将混料放入密封袋中，摇匀进而用 60 目筛子过筛，重复以上步骤三次，使原料混合均匀。

(4) 造粒。

根据每 100g 粉料 20～30g 蒸馏水的要求，造粒，过 10 目筛，陈腐 1 天。

(5) 模压成型。

将造粒后的粉料，用天平称取 2.0g，用模具手工压制成型，压成空心柱状（内径 6.00mm，外径 12.00mm，高度 16.20mm）；同时称取 5g 原料用电动液压制样机成型成柱条状。

(6) 常温水养固化。

将压好的试样静置空气中一天后置于蒸馏水中养护 28 天。烘干后即得到免烧结构自生长吸附材料。

## 3.3　结构自生长吸附材料的性能表征

吸附剂的结构、表面化学特性对其吸附性能有很大影响。结构特性主要是指微孔体积、比表面积和微孔结构等，结构特性可以影响吸附剂的物理吸附性。化学性质主要由表面的化学官能团的种类与数量、表面杂原子和化合物确定，不同的表面官能团、杂原子和化合物对不同的吸附质的吸附有明显差别[67]。化学性质决定了吸附剂的化学吸附特性。吸附剂的电化学特性则同时决定了物理吸附和化学吸附。

电化学性质主要指在电场的作用下吸附剂表面的带电性和由此而产生的化学性质变化。吸附剂的表面电势与 pH 也存在关系。例如，针对活性炭吸附剂，当电势增加时 pH 降低[68]。活性炭表面的碱性基团与酸性基团表现出一定的缓冲特性，当增加活性炭上的电势时活性炭表面将带正电荷，同时 pH 将降低，增加了对带负电物质的吸附；反之则增加了对带正电物质的吸附。

零电荷点(PZC)为表征表面酸碱性的一个重要参数，指水溶液中固体表面净电荷为零时的 pH，称为零电荷点(point of zero charge)，而 IEP 为水溶液中固体表面 $\zeta$ 电势为零时的 pH，称为等电点(isoelectric point)。若溶液中不存在除 $H^+$、$OH^-$ 之外的吸附离子，则 $pH_{PZC} = pH_{IEP}$。如果发生非电势决定离子的特殊吸附，则二者向相反的方向偏移[69]。阳离子使 PZC 和 IEP 分别向低 pH 和高 pH 方向偏移，而阴离子使之向相反方向偏移[70]。

PZC 的实验方法主要为酸碱电位滴定法和质量滴定法[71]。质量滴定法[72]指在一定离子强度(如 0.1mol/L NaCl)的水溶液中不断加入一定量的吸附剂直到 pH 不变，这一终点 pH 即为 $pH_{PZC}$。Menéndez 等[73]采用不同 pH 初始值(3、6、11)的质量滴定法测定 PZC，认为该法比酸碱电位滴定法有着明显的优势。分批平衡法[74]则更加简便而准确。为了消除 $CO_2$ 对 pH 的影响，有时需要通过加热去除水中的 $CO_2$ 并在氮气气氛中进行测试。采用酸碱滴定法可以同时测定吸附剂表面电荷密度。IEP 一般通过电泳法测定。

### 3.3.1 结构自生长吸附材料结构、表面特性表征方法

1. X 射线衍射分析(XRD)

采用 XRD 进行物相分析。将样品磨细，过 200 目筛，进行 XRD 衍射分析。测试具体参数为：Cu 靶($K\alpha$)，管电压 35kV，管电流 20mA，Ni 滤波($\lambda$=1.5418Å)，扫描角度 15°～70°，扫描速率为 4°/min。

2. 扫描电镜分析(SEM)

采用扫描电镜观察样品的表面形貌。用 PHILIPS XL30E SEM 型环境扫描电子显微镜对样品原样及除铜(磷)前后试样的微观形貌进行对比观察分析，拍照。样品需事先进行喷金处理。

3. 能谱分析(EDS)

采用扫描电镜自带的能谱仪分别对吸附前后的样品进行化学成分分析。

4. 红外光谱分析

红外吸收光谱用于检测样品的官能团。采用 KBr 压片法,对试样进行红外吸收光谱检测。扫描范围为 500～4000cm$^{-1}$。

5. ZETA 电位分析

采用微电泳仪测量样品表面的带电性质。微电泳仪的测试参数为:工作输出电压 10V,电极极性切换周期 700ms。

### 3.3.2 牡蛎壳特性表征

1. XRD 分析

将未经处理的牡蛎壳用自来水冲洗,除去壳内附着的泥沙及其他杂质,然后将块状牡蛎壳置于球磨机中球磨 8h,然后过 200 目筛,将得到的牡蛎壳粉末进行 XRD 分析,结果如图 3-4 所示。

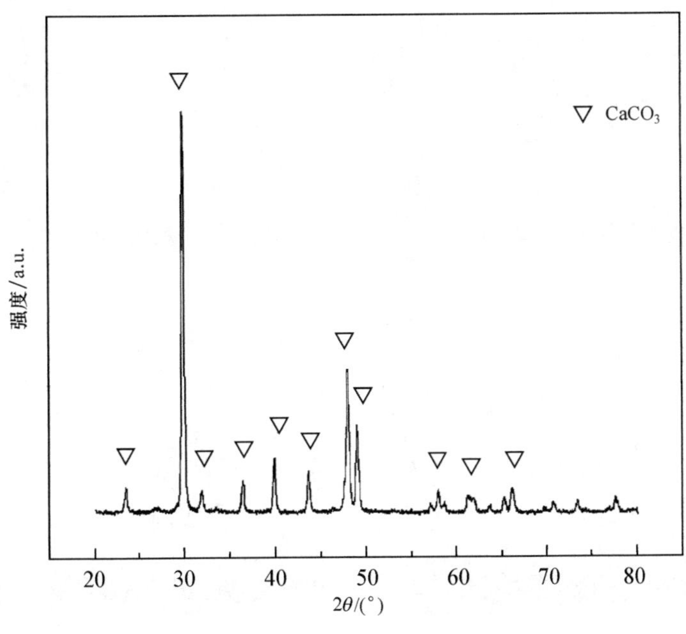


图 3-4　牡蛎壳 XRD 分析

由图 3-4 可以看出，各衍射峰的位置、强度与 $CaCO_3$ 的衍射数据较好吻合，且峰强较强，说明未经处理的牡蛎壳粉末的主要成分为 $CaCO_3$，且 $CaCO_3$ 结晶性较好，纯度较高。$CaCO_3$ 物相是三方晶系，晶胞参数是：$a=b=978$nm，$c=17.354$nm。

2. X 射线荧光分析

利用 X 射线荧光光谱仪，对牡蛎壳的化学组成进行半定量分析，确定牡蛎壳成分含量。牡蛎壳的主要成分如表 3-1 所示。

**表 3-1 牡蛎壳的化学组成**（质量分数） （单位：%）

| 组成 | $SiO_2$ | $Al_2O_3$ | $Fe_2O_3$ | CaO | MgO | $K_2O$ | $Na_2O$ | $TiO_2$ | 中间层 | 总量 |
|---|---|---|---|---|---|---|---|---|---|---|
| 牡蛎壳 | 1.25 | 0.64 | 0.11 | 54.31 | 0.01 | 0.01 | 0.93 | 0.01 | 42.96 | 100.12 |

从表 3-1 可以发现，牡蛎壳的主要成分为 $CaCO_3$，除 $CaCO_3$ 外，还含有少量 $SiO_2$、MgO、$Al_2O_3$、$Fe_2O_3$、$Na_2O$、$K_2O$、$TiO_2$ 等金属氧化物杂质成分。

3. SEM 分析

将牡蛎壳断面进行 SEM 扫描，样品形貌如图 3-5 所示。

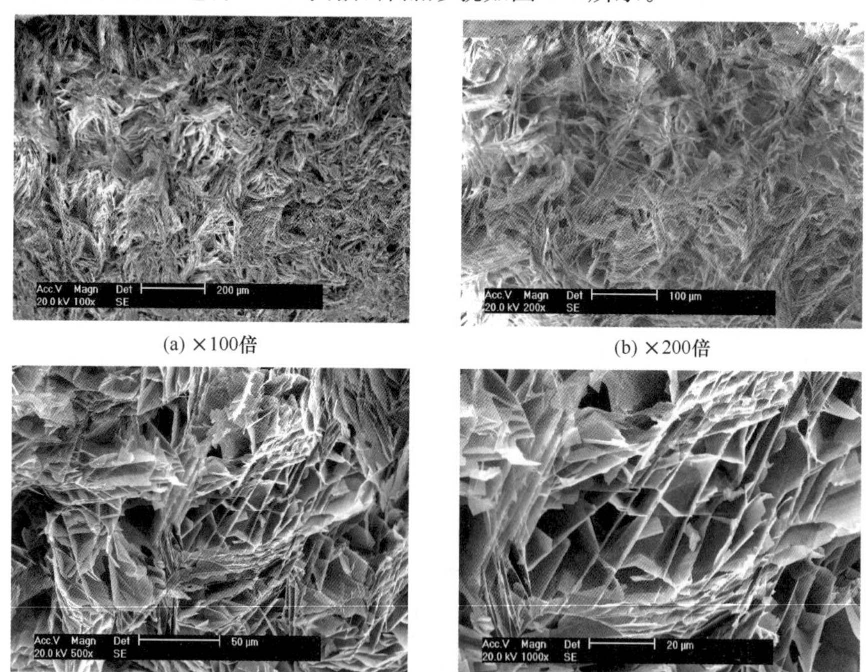


(a) ×100倍 (b) ×200倍

(c) ×500倍 (d) ×1000倍

图 3-5 常温下未处理的牡蛎壳 SEM 图

由图 3-5 可以看出，牡蛎壳具有丰富的天然多孔表面，质松，具有特殊的物理构造，叶片状结构交错堆积而成棱柱孔洞，孔洞直径为 2～5μm。这种特殊的结构决定其具有天然的吸附特性。

4. 差热分析

图 3-6 为牡蛎壳的热重分析（TG）及差示扫描量热法分析（DSC）曲线。从 TG 曲线可以看出从室温到 550℃左右，相对的 TG 曲线上失重 1.884%，这是由于牡蛎壳粉末中的吸附水、游离水和牡蛎壳残留的有机物的燃烧。从 550℃到 770℃左右，相对的 TG 曲线上失重 41.91%，这是由于牡蛎壳中的碳酸钙分解。对应于 DSC 曲线上 752.15℃左右有一明显的吸热峰，这说明碳酸钙分解为氧化钙和二氧化碳是吸热反应。

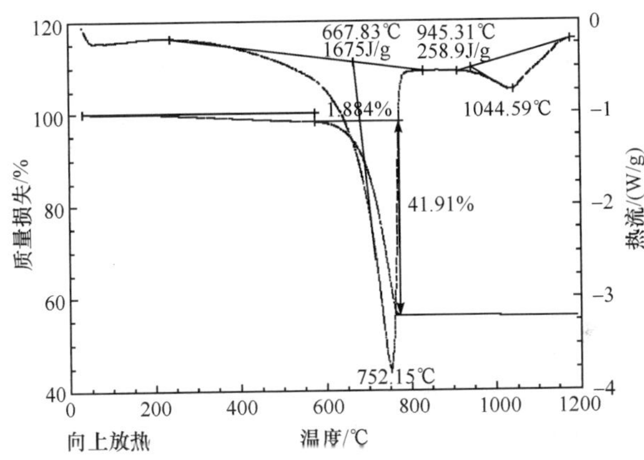


图 3-6　不同温度下热处理的牡蛎壳粉末的 TG-DSC 曲线

5. 小结

(1) XRD 分析表明，牡蛎壳的主要成分为 $CaCO_3$。X 射线荧光分析表明，牡蛎壳中还含有 $SiO_2$、$MgO$、$Al_2O_3$、$Fe_2O_3$、$Na_2O$、$K_2O$、$TiO_2$ 等金属氧化物。

(2) SEM 分析表明，牡蛎壳具有丰富的天然多孔表面，质松，具有特殊的物理构造，叶片状结构交错堆积而成棱柱孔洞，孔洞直径为 2～5μm。这种特殊的结构决定其具有天然的吸附特性。

(3) 差热分析表明，牡蛎壳中 $CaCO_3$ 分解温度为 550～770℃，相对的 TG 曲线上失重 41.91%，对应于 DSC 曲线上 752.15℃左右有一明显的吸热峰，这说明碳酸钙分解为氧化钙和二氧化碳是吸热反应。

### 3.3.3　硅微粉-牡蛎壳结构自生长吸附材料的表征

将硅酸盐法制备好的环状试样置于马弗炉中烧结，在 650℃条件下，保温 2h。

采用日本岛津 XD-5A 型 X-射线衍射仪，衍射角范围 10°～80°，扫描速率为4°/min，对未烧结、烧结后试样进行 XRD 分析，结果如图 3-7 所示。

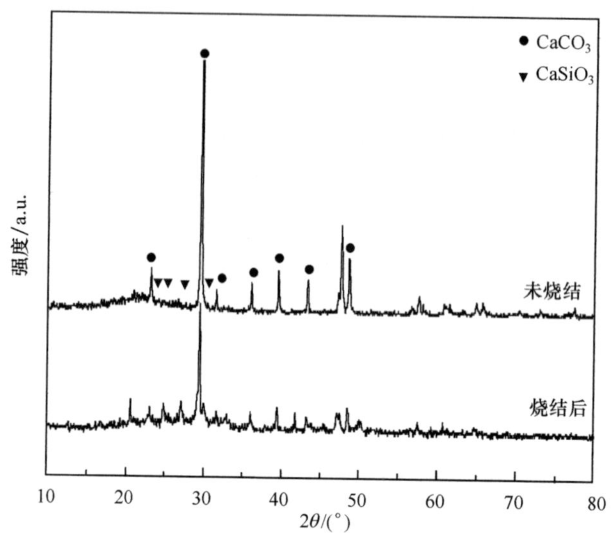


图 3-7 硅酸盐水热改性除铅材料未烧结、烧结后 XRD 图谱

结果表明，烧成前，样品中主要含有 $CaCO_3$，在 XRD 图谱上存在较强的 $CaCO_3$ 的衍射峰。而经 650℃烧成后，样品中的 $CaCO_3$ 部分分解，相应的烧结后 XRD 图谱中 $CaCO_3$ 的衍射峰减弱，分解产生的 CaO 与硅微粉中的 $SiO_2$ 生成了 $CaSiO_3$。经过水热过程后，$CaSiO_3$ 进一步与水反应生成硅酸钙的水合物 $[Ca_5(Si_6O_{18}H_2)\cdot 4H_2O]$。

## 3.4 结构自生长吸附材料去除水相中重金属的特性和机理

### 3.4.1 重金属水污染的现状及处理方法

1. 含铜废水

1）含铜废水的来源及危害

铜普遍存在于自然界中，主要以辉铜矿、斑铜矿、赤铜矿、黄铜矿和孔雀石的形式存在。铜与人类生活息息相关。在现代社会中，铜及其合金广泛应用在轻工、建筑工业、机械制造、国防工业等领域。同时，铜也是人类必需的微量营养元素，适当摄入铜能增强人体的新陈代谢，对于血液、免疫系统和中枢神经，皮肤、骨骼组织以及肝、心、大脑等内脏的发育和功能有重要作用[75]。但是，铜的过量摄入会给人体带来极大的危害。过量的铜会影响人体内部相关酶的活性，使人产生恶心、呕吐、腹泻等症状[76-78]。

随着工业的迅速发展，大量含有铜离子的废水肆意排放至江河湖海中。在这些排放的废水中，铜离子的含量大大超过了国家废水排放的标准。GB/T 5750—2006 标准中规定，饮用水中的铜含量不得超过 1.0mg/L[79]。当水中的铜含量≤0.01mg/L 时，就会对水体自净功能产生明显的抑制作用；当水中的铜含量>3.00mg/L 时，水体会产生明显的异味；当水中的铜含量≥15.00mg/L 时，水体不能饮用。一旦这些未经处理的工业废水用于农田的灌溉，铜就会在土壤和农作物中累积，污染粮食籽粒。同时，铜对水生生物的毒性也很大。有研究表明，水中铜含量>0.002mg/L 时，鱼类开始产生中毒现象[80-82]。在沿岸地区，曾发生铜污染引起的牡蛎肉变绿事件[83-85]。

2）废水除铜研究现状

常见的废水除铜方法有四种[86-93]：电解法、离子交换法、化学沉淀法和吸附法。

电解法主要是对含铜废水进行通电，使其阴阳两极发生电极反应；铜离子向阴极迁移，发生还原反应并从阴极表面析出，从而除去废水中的铜离子。电解法设备简单、操作简便，但是电解装置工作时的耗电量较高、废水除铜的容量小、效率低[94]。

离子交换法[95]是通过重金属离子铜与离子交换树脂进行离子交换，从而达到降低废水中铜离子浓度的目的。离子交换前后废水中的离子总电荷数不发生改变，但是经过离子交换后废水中离子数量和成分会发生改变。离子交换法设备简单、操作简便、处理效率高、有利物质可回收循环利用并且无须对废水进行处理。但也有不足之处，如投资成本大、对所处理的废水要求较高，需要对废水进行预处理，调整其 pH。

化学沉淀法[96]的原理是利用某些化学物质作为沉淀剂；这些化学物质或试剂可与废水中的铜离子发生沉淀反应，生成的沉淀化合物不溶或难溶于水，从而达到去除铜的目的。

吸附法[97]是利用吸附介质的物理或化学吸附功能来对废水进行净化处理的方法。吸附剂会表现出一定的剩余表面活性能，这是由其表面原子或分子的受力不均衡引起的。当废水中的铜离子接触吸附介质表面时，会受到吸附介质表面引力的吸引，从而被吸附于吸附介质表面，达到废水净化的目的。当吸附过程结束后，吸附介质及被吸附于吸附介质表面的铜离子经过一定的后续处理，均可循环回收利用。

用吸附法[98]来处理含铜废水，具有适用范围较为广泛、操作简易、吸附介质可重复利用、有用重金属可回收等优点；且所用吸附介质来源极为广泛、吸附效果良好、成本较低。但吸附介质的再生率相对较低，使用寿命不长。

2. 含铅废水

1）铅的物理化学性质

铅是最软的重金属，呈灰白色，熔点低（327.4℃）、密度大（$11.68g/cm^3$）、展性好、延性差，对电和热的传导性能不好，高温下易挥发。铅在空气中表面能生成氧化铅膜，在潮湿和含有二氧化碳的空气中，表面生成碱式碳酸铅膜。这两种化合物均能阻止铅的继续氧化。铅是两性金属，既能生成铅酸盐，又能与盐酸、硫酸作用生成 $PbCl_2$ 和 $PbSO_4$ 的表面膜。因其膜几乎不再溶解，而能起到阻止继续被腐蚀的钝化作用。

铅能溶于稀硝酸，但不能溶于浓硝酸。在氧存在时，铅可溶于有机酸（乙酸、柠檬酸等）。在浓碱液中，铅可形成二价铅酸盐。铅可生成+2 和+4 价态的化合物。铅的无机化合物有 $Pb_2O$、$PbO$、$PbO_2$、$Pb(OH)_2$、$PbCO_3$ 等，大多数的铅盐均难溶或不溶于水，但均溶于稀硝酸[99]。

2）含铅废水的来源及危害

20 世纪 60 年代起，随着国民经济的不断发展，工业废水的排放量，废水中污染物的种类和数量呈不断增加的趋势，导致地表水重金属污染和有机污染日渐加重。废水中含有的重金属不能被生物降解，并能在生物体内富集，最终进入食物链。所有含铅的化学品和化合物都被认为是累积性毒物[100]。铅在现代工农业生产中的用途十分广泛。蓄电池、油漆、印刷、颜料等行业都在消耗铅，与此同时，铅又导致大气、土壤和水资源的污染。铅和可溶性铅盐都是有毒的，含铅废水对人体健康和农作物生长都有严重危害[101]。铅对人体的神经系统、造血系统、消化系统和肝、肾等器官危害较大。铅中毒会出现高度神经机能障碍，严重时会导致血管壁抗力降低，出现血管痉挛等病症[102]。人体吸入 0.04g 的铅就会引起急性中毒，主要效应与 4 个组织系统相关：血液、神经、肠胃和肾。急性铅中毒通常表现为肠胃效应。在剧烈的爆发性腹痛后，出现厌食、消化不良和便秘。慢性铅中毒可引起慢性脑综合征，具有呕吐、嗜睡、昏迷、运动失调、活动过度等视野神经病学症状。大量摄入铅后还会导致不育、流产、死婴、新生婴儿的死亡[103]。各国都逐步通过立法手段制定更加严格的排放标准，来阻止地表水的进一步恶化。《污水综合排放标准》（GB 8978—1996）将铅列为第一类污染物严加控制，总铅的最高允许排放浓度为 1mg/L[104]。据研究，儿童对铅的吸收量比成人高出几倍，铅毒对儿童智力有较大影响。国家规定饮用水中铅的含量要低于 0.05mg/L[105]。

由于铅的严重危害，以及环境污染和资源短缺问题日趋严重，人们对含铅废水的处理日益重视，因此，开发经济、高效、简单、无二次污染，对于工业应用的去除重金属离子的废水净化材料和工艺十分有意义。

3）国内外含铅废水的治理情况

目前国内外治理含铅废水的方法主要分为化学形态改变法、化学形态不变法和生物法[106]。化学形态改变法是指通过某些化学反应产生新物质，从而将有毒物质转化为无毒可利用的物质。生物法是借助微生物或植物的絮凝、吸收、积累、富集等作用去除废水中重金属的方法，包括生物絮凝、生物吸附、植物整治等方法[107]。化学形态改变法包括中和沉淀法、化学沉淀法、氧化还原法、气浮法、电解法、生化法、高分子重金属捕集剂法等。这些方法一般适用于高含量铅的去除，对于1g/L以上的去除效果较好，但对1g/L以下的去除能力较差。化学形态不变法是通过物理作用，在不产生新物质的前提下去除废水中的铅[101]。化学形态不变法包括蒸发法、凝固法、离子交换法、吸附法、溶剂萃取法、电渗析法、液膜法、反渗透法[104]。其中使用较多的是化学沉淀法、离子交换法、吸附法等。

(1) 化学沉淀法。

利用某些化学物质为沉淀剂，使其与废水中的铅发生化学反应，生成难溶于水的化合物从废水中沉淀出来的水处理方法称为化学沉淀法[108]。化学沉淀法包括氢氧化物沉淀法、硫化物沉淀法、磷酸盐沉淀法等[109]。

① 氢氧化物沉淀法。

氢氧化物沉淀法是向废水中加入石灰或苛性碱等中和剂，使废水中$Pb^{2+}$生成$Pb(OH)_2$沉淀而除去[110]，其反应式为

$$Pb^{2+} + 2OH^{-} = Pb(OH)_2 \downarrow \tag{3-1}$$

用该方法处理时，应知道各种重金属形成氢氧化物沉淀的最佳pH及其处理后溶液中剩余的铅离子浓度。在饱和溶液中不仅有游离的铅离子，而且有不同的各种羟基络合物，它们都参与沉淀-溶解平衡[111]。$Pb(OH)_2$溶度积为$3\times10^{-5}$，易于沉淀，但铅的氢氧化物具两性，如废水碱性过强就可能生成氢氧化铅络离子（如$HPbO_2^-$），使沉淀物溶解而影响处理效果，该法除铅的最佳pH较高且范围较窄，废水水质波动会导致最佳pH的差异[112]，因此，严格控制和保持最佳的pH是该法的关键。

② 硫化物沉淀法。

硫化物沉淀法是向废水中加入$Na_2S$等沉淀剂，使废水中$Pb^{2+}$生成PbS沉淀[113]，即

$$S^{2-} + Pb^{2+} = PbS \downarrow \tag{3-2}$$

PbS溶解度很小，其溶度积为$3.4\times10^{-28}$，在热水中几乎不溶，每除去1mg

$Pb^{2+}$理论上需加入 0.1544mg $S^{2-}$。

与中和沉淀法相比，重金属硫化物的溶解度低于氢氧化物，沉渣含水量低，不易返溶而造成污染，但硫化剂自身有毒，价格贵，硫化物沉淀物的颗粒小，易形成胶体。若硫化剂过量，在酸性废水中易生成 $H_2S$，需要进一步处理。利用资源丰富的硫化铁($FeS_2$)制成硫化剂 FeS 可以避免硫化物沉淀过程中生成 $H_2S$。

③ 磷酸盐沉淀法。

磷酸盐沉淀法是以 $Na_3PO_4$ 为沉淀剂，$Na^+$ 与废水中 $Pb^{2+}$ 发生置换反应，形成 $Pb_3(PO_4)_2$ 沉淀[114]，即

$$3Pb^{2+} + 2PO_4^{3+} = Pb_3(PO_4)_2 \downarrow \tag{3-3}$$

在给定温度下的不溶性铅盐中，磷酸铅溶度积最小($8\times10^{-43}$)，其在水中的溶解度也小，有利于 $Pb_3(PO_4)_2$ 从废水中沉淀析出，降低废水中 $Pb^{2+}$浓度，该法处理费用较高，处理效果也较好。

④ 铁氧化法(氧化还原法)。

铁氧化法是日本电气公司(NEC)研究出来的一种从废水中除去重金属的工艺技术[115]，是在含重金属离子的废水中加入铁盐，通过工艺控制，达到有利于形成铁氧体的条件，使污水的多种重金属离子与铁盐生成稳定的铁氧体共沉淀，再通过适当的固液分离手段，达到去除重金属离子的目的[116]。投加 $Fe_3O_4$ 可使多种重金属离子形成磁性铁氧体晶体而沉淀析出[117]。

铁氧体的通式为 $FeO \cdot Fe_2O_3$，在形成铁氧体的过程中重金属离子通过吸附、夹带、包裹的作用取代铁氧体晶格 $Fe^{2+}$，三价重金属离子占据 $Fe^{3+}$ 晶格，形成过程大致如下：

$$Mn^+ + Fe^{2+} + OH^- \longrightarrow M \cdot M(OH)_n \cdot Fe(OH)_3 + Fe(OH)_2 \longrightarrow \text{复合铁氧体} \tag{3-4}$$

该法可一次除去废水中多种重金属离子，形成的沉淀颗粒大，易于分离，且颗粒不会再溶解，无二次污染问题，而且形成的沉淀是一种优良的半导体材料，分离方法简单。但是这种方法在操作过程中需加热到 60～70℃或更高温度，需消耗能量且需通空气氧化，氧化速度慢，操作时间长[118]。

(2) 离子交换法。

离子交换法是利用重金属离子与离子交换树脂发生离子交换，使废水中重金属浓度降低，从而使废水得以净化的方法[119]。这是一种特殊的物理化学方法，即在固体物质上吸附离子并进行离子交换，它可以改变所处理液体的离子成分，但不改变交换前后废水中离子的总电荷数。

离子交换法其优点是[120]：离子的去除效率高，可浓缩回收有利物质，设备简

单,操作控制容易等。其缺点是:①应用范围还受到离子交换剂品种、产量和成本的限制;②对废水的预处理要求高;③离子交换剂的再生及再生液的处理问题难以解决。

(3) 吸附法。

吸附法是应用多种多孔性吸附材料去除废水中重金属离子的一种方法。吸附法的核心是吸附剂的选择,传统的吸附剂是活性炭。活性炭有较强的吸附能力,去除率高,但再生效率低,处理水质达不到国标标准,价格高,应用被限制[121]。因此,近年来,国内外许多学者把注意力转向寻找可替代的吸附材料,某些天然物质具有吸附铅离子的性能,且吸附效果好,价格低,来源广。天然沸石是最早用于重金属污染治理的矿物材料。王强[122]采用辽宁阜新天然斜发沸石,利用水热方法对天然斜发沸石进行改性,并对改性沸石的物化性质,化学组成,以及对钾离子的吸附特性,特别是在钙、钠、镁、钾二元混合体系和多元混合体系下改性斜发沸石对钾离子竞争吸附进行深入研究。通过对改性沸石阳离子交换量的测定,获得了对钾离子具有较高选择性和较大吸附量的改性斜发沸石,钾离子的交换量为 1.912mmol/g;天然斜发沸石 1.203mmol/g;其交换量提高了 60%左右。茶叶渣、花生壳屑等自然资源也是天然吸附材料,如张军科等[123]利用废弃茶叶渣吸附废水中铅(Ⅱ)和镉(Ⅱ)。通过改变 $Pb^{2+}$ 和 $Cd^{2+}$ 的初始浓度、吸附时间和调节溶液 pH,废弃茶叶渣对废水中 $Pb^{2+}$ 和 $Cd^{2+}$ 具有良好的去除效果。杨义等[124]研究了花生壳对 $Pb^{2+}$ 的吸附特性。在 25℃,$Pb^{2+}$ 的质量浓度为 30mg/L 条件下得出最佳吸附 pH 为 4.5,吸附平衡时间为 30 min,吸附后的花生壳在 600℃灼烧灰化回收,$Pb^{2+}$ 的回收率达到 93%以上。利用吸附法进行水处理,具有适用范围广、处理效果好、可回收有用物料以及吸附剂可重复使用等优点,因此随着现有吸附剂性能的不断完善以及新型吸附剂的研制成功,吸附法在水处理中的应用前景将更加广阔。

(4) 生物法。

① 生物絮凝法。

生物絮凝法是借助微生物或植物产生的代谢物进行絮凝沉淀的一种方法[125]。微生物絮凝剂是一类由微生物产生并分泌到细胞外、具有絮凝活性的代谢物,一般由多糖、蛋白质、DNA、纤维素、糖蛋白和聚氨基酸等高分子物质构成,分子中含有多种官能团,能使水中胶体悬浮物相互凝聚沉淀[126]。目前的生物絮凝剂主要有五大类,即淀粉类、半乳甘露聚糖类、纤维素衍生物类、微生物多糖类和复合型生物混凝剂。生物絮凝剂以其安全无毒、无二次污染、絮凝效果好等优良特性,在水处理中有着广泛的应用前景。康建雄等[127]进行了生物絮凝剂 Pullulan 絮凝水中 $Pb^{2+}$ 的实验,探讨了 Pullulan 与电解质 $AlCl_3$ 的复合比、絮凝溶液 pH

以及初始 $Pb^{2+}$ 浓度对絮凝效果的影响。生物絮凝法具有无机絮凝剂和合成有机絮凝法无法比拟的优点，处理废水安全方便无毒、不产生二次污染、絮凝效果好，在水处理中有着广泛的应用前景。但当前生物絮凝剂也有不利之处，如生产成本较高、活体絮凝剂保存困难、难以进行工业化生产的难题，大部分生物絮凝剂还处于探索研究阶段。

② 生物吸附法。

生物吸附是指经过一系列生物化学作用使重金属离子被生物细胞吸附，这些作用主要包括络合、螯合、离子交换、吸附等[128]。凡具有从溶液中分离重金属能力的生物体或其衍生物都称为生物吸附剂。已经发现的生物吸附剂有细菌、真菌、藻类以及一些细胞提取物，都具有吸附金属离子的能力。

对于生物吸附法处理含铅废水，国内外都有较多研究，但国内普遍处于实验室阶段。陈灿等[129]用啤酒酵母对废水中 $Cu^{2+}$ 的生物吸附特性进行了研究。实验证明，酵母吸附 $Cu^{2+}$ 的吸附平衡时间为 3h，最佳条件为 pH＝4～5，温度为 20～30℃。啤酒酵母吸附 $Cu^{2+}$ 为自发过程。利用废弃啤酒酵母去除废水中 $Cu^{2+}$ 是可行的。谢新征[130]利用自行筛选的一株霉菌进行金属铜离子吸附实验。结果发现，最佳菌体生长时间为 120h；最优预处理方式为碱处理；最佳 NaOH 预处理浓度为 0.1mol/L；最佳 NaOH 预处理时间为 45min。在上述最优条件下，菌体对 $Cu^{2+}$ 的吸附率达到 98.2％。

生物法主要的优点在于生物材料对重金属天然的亲和力，可用以净化浓度范围较广的铅离子废水以及混合的金属离子废水，能有效地将废水中的重金属离子降到非常低的浓度。而且所用的生物材料易得，价格便宜。生物吸附法尤其适合处理较低浓度的重金属废水。但目前，这种吸附技术的有效吸附剂没有大规模生产，而且这种技术只是在实验阶段，缺乏实际应用。

③ 植物修复法。

植物修复是利用植物发达的根须和微生物对重金属离子进行富集、积累及亲合作用把重金属转化为毒性较低的物质。重金属离子进入植物的根部主要有两种途径，即质体流动和扩散。植物处理重金属离子与植物的根、土壤微生物及根部环境有关，在不同的环境中，重金属离子有不同的化学性质[131]。如重金属酸碱反应、生化反应等，都能使重金属离子的化学性质发生变化，从而可以改变重金属离子对生物的有效性和生物毒性。

植物修复法与其他的方法相比具有技术和经济上的双重优势，实施较简便、成本较低和对环境扰动少。种植植物不仅可以净化和美化环境，而且在清除土壤中重金属污染物的同时，可以从富含金属的植物残体中回收贵重金属，取得直接的经济效益。缺点是治理效率较低,不能治理重污染土壤。由于一种植物只吸收一种或两种重金属,难以全面清除土壤中的所有污染物。另外施加有机螯合剂虽能增强对重金属的富集能力,却可能会造成有毒元素地下的渗漏,形成潜在的污染风险,且增加运行成本。

(5) 国内外含铅废水处理总发展趋势。

目前,世界各国重金属废水处理方法主要有三类[132]:第一类是废水中重金属离子通过发生化学反应除去的方法,包括中和沉淀法、硫化物沉淀法、铁氧体共沉淀法、化学还原法、电化学还原法和高分子重金属捕集剂法等。第二类是使废水中的重金属在不改变其化学形态的条件下进行吸附、浓缩、分离的方法,包括吸附、溶剂萃取、蒸发和凝固法、离子交换和膜分离等。第三类是借助微生物或植物的絮凝、吸收、积累、富集等作用去除废水中重金属的方法,其中包括生物絮凝、生物化学法和植物生态修复等。

国内含铅废水处理工程上应用较多、较成熟可靠的技术有:中和沉淀、混凝沉淀、离子交换、吸附、过滤、反渗透以及以上工艺的组合。其他处理技术如电解法、生物法、电渗析等一般实验室中用得较多,实际应用少有报道,是今后的发展方向[133]。

化学沉淀法会产生大量的铅盐污泥不易处理,容易造成二次污染,且化学沉淀法具有占地面积大、处理量小、选择性差等缺点。离子交换法处理铅不但占地面积小、管理方便、铅离子脱除率很高,而且处理得当可使再生液作为资源回收,不会对环境造成二次污染。但目前应用范围还受到离子交换剂品种、性能、成本的限制。生物法具有投资小、运行费用低、操作 pH 及温度范围宽、吸附率高、选择性多、无二次污染等优点,但生物法也有一定的局限性,无论植物还是微生物,一般都具有选择性,只吸取或吸附一种或几种金属,有的在重金属浓度较高时会导致生物中毒,从而限制其应用。生物法大多还处在实验阶段,进行大规模工业应用的研究成果还很少[128]。

由于上述的除铅方法存在各种缺陷,寻找天然无毒,无二次污染具有较高吸附容量的除铅材料,仍是除铅技术研究方面要解决的关键问题之一。

牡蛎壳具有丰富的天然多孔表面,对其开发利用很有现实意义。在所查阅文献中,尚未发现国内对牡蛎壳吸附铅离子的研究报道。

### 3.4.2 硅微粉-牡蛎壳结构自生长吸附材料除铅实验结果分析

1. 最佳工艺条件的确定

1) 最佳烧结温度的确定

为了确定样品的最佳烧结温度,将压制好的试样在110℃下烘干2h,放入马弗炉中进行烧结。烧结温度分别为550℃、600℃、650℃、700℃、750℃、800℃,将烧成结的试样，分为水热处理与未水热处理，后进行模拟废水除铅（废液初始浓度40mg/L，接触时间为24h），根据除铅效果确定最佳的烧结温度，实验结果如表3-2及图3-8所示。

**表3-2 烧结温度（水热、未水热）对平衡吸附量的影响**

| 烧结温度/℃ | 水热处理/(mg/L) | 未水热处理/(mg/L) |
|---|---|---|
| 550 | 1.2694 | 0.5757 |
| 600 | 1.3120 | 0.6572 |
| 650 | 1.4816 | 0.7052 |
| 700 | 1.4794 | 0.7222 |
| 750 | 1.4190 | 0.6220 |
| 800 | 1.4681 | 0.5304 |

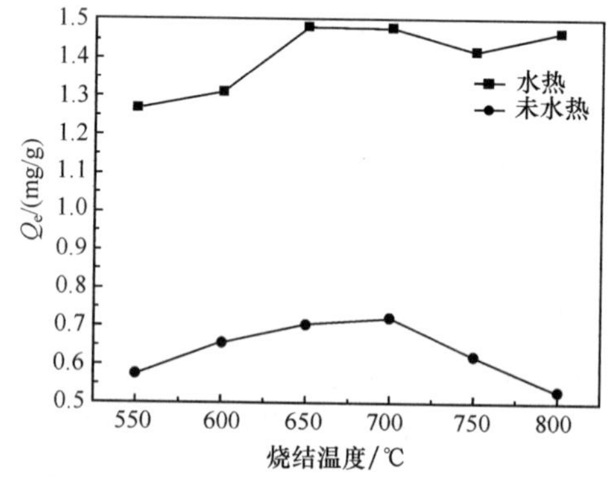


图3-8 烧结温度（水热、未水热）对平衡吸附量的影响

从图3-8可以明显发现，样品水热处理与否，对其除铅效率有非常大的影响，经水热处理的样品，平衡吸附量明显高于未经水热处理的样品，这主要是因为经过水热处理之后，会形成硅酸钙的水合物，表明硅酸盐改性对提高除铅效果有显著影响。其次，发现在相同的水热处理条件下，随着烧结温度的变化，样品的除铅效果呈现一定规律。随着烧结温度的升高，样品除铅率逐渐增加，当温度升高到650℃以上时，样品除铅率变化不大。烧结温度过高，样品容易开裂，所以从节约能耗和实际应用的角度出发，最佳烧结温度为650℃。

2）最佳水热温度的确定

烧结好的试样，分别在130℃、150℃、170℃、190℃、210℃下进行水热处理，水热时间为12h，水热后，将试样干燥、称量，按1g/40mL含铅废水的比例，废液初始浓度为5mg/L、实验环境温度30℃，吸附24h后测定溶液中$Pb^{2+}$浓度，探讨硅酸盐改性牡蛎壳的最佳水热温度。其结果如表3-3及图3-9所示。

表 3-3　水热温度对平衡吸附量的影响

| 水热温度/℃ | 平衡吸附量/(mg/g) |
| --- | --- |
| 130 | 0.1775 |
| 150 | 0.1832 |
| 170 | 0.1892 |
| 190 | 0.1824 |
| 210 | 0.1644 |

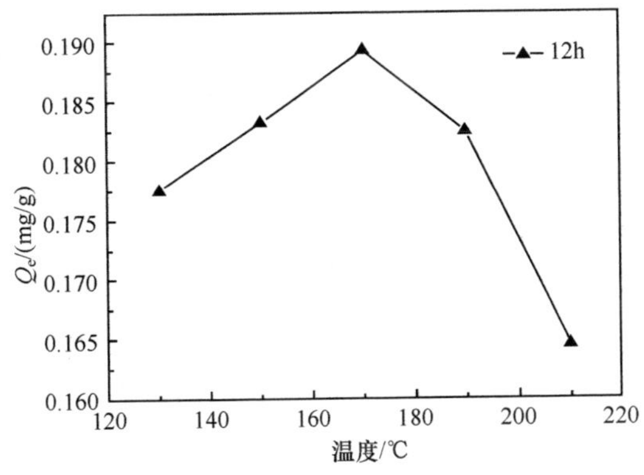


图 3-9　水热温度对平衡吸附量的影响

从图 3-9 可以看出，在相同水热时间的条件下，随着水热温度的变化，硅酸盐改性牡蛎壳的除铅效率呈现一定规律。起初，随着水热温度的增加，样品的吸附量逐步提高，当水热温度为 170℃时，吸附量达到最大值，表明在 170℃条件下，有利于硅酸钙水合物的生成。水热温度进一步升高，吸附量逐渐下降。所以最佳水热温度为 170℃，此时的吸附量达到 0.1892mg/g。

3）最佳水热时间的确定

确定最佳水热温度后，将烧成的试样分别在 170℃的水热温度下保温 12h、16h、20h、24h、28h、32h、36h。水热后，将试样干燥、称量，按 1g/40mL 含铅废水的比例，初始浓度为 5mg/L，实验温度为 30℃进行除铅实验，探讨硅酸盐改性牡蛎壳的最佳水热时间，其结果如表 3-4 及图 3-10 所示。

表 3-4　水热时间对平衡吸附量的影响

| 水热时间/h | 平衡吸附量/(mg/g) |
| --- | --- |
| 12 | 0.1695 |
| 16 | 0.1749 |
| 20 | 0.1789 |
| 24 | 0.1819 |
| 28 | 0.1856 |
| 32 | 0.1749 |
| 36 | 0.1779 |

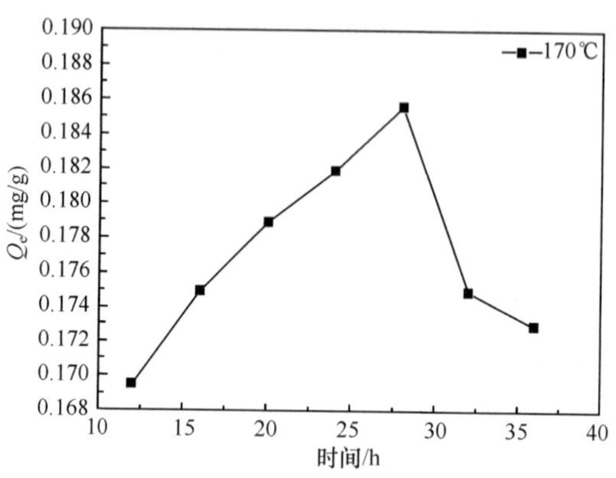


图 3-10 水热时间对平衡吸附量的影响

从图 3-10 可以看出，在最佳水热温度 170℃条件下，样品的除铅效果随着水热时间的增加先增加后下降，这主要是由于随着水热时间的延长，生成的硅酸钙水合物的含量逐渐增加，28h 达到最大值，除铅效率达到最大。水热时间继续延长，部分硅酸钙的水合物结构被破坏，导致除铅效率下降。在 28h 时，吸附量最大为 0.1856mg/g，除铅率为 97.27%；而当水热时间超过 28h 后，样品的平衡吸附量明显下降。所以最佳的水热时间为 28h。

2. 废液初始浓度对硅酸盐水热制备的材料除铅效果的影响

分别配制初始浓度为 3mg/L、5mg/L、10mg/L、15mg/L、20mg/L 的含铅废水，实验环境温度 30℃，样品/废水用量比例为 1g/40mL，测试样品的除铅效果，探讨废液初始铅浓度对除铅效果的影响，结果如表 3-5 及图 3-11 所示。

**表 3-5 废液初始铅浓度对平衡吸附量的影响**

| 铅浓度/(mg/L) | 平衡吸附量/(mg/L) | | | | | | | | |
|---|---|---|---|---|---|---|---|---|---|
| | 3h | 6h | 9h | 12h | 24h | 36h | 48h | 72h | 96h |
| 3 | 0.1020 | 0.1000 | 0.0992 | 0.1000 | 0.1004 | 0.1008 | 0.1040 | 0.1008 | 0.1080 |
| 5 | 0.0165 | 0.0751 | 0.1763 | 0.1793 | 0.1800 | 0.1812 | 0.1829 | 0.1808 | 0.1777 |
| 10 | 0.0320 | 0.4104 | 0.4188 | 0.4244 | 0.4280 | 0.4300 | 0.4296 | 0.4320 | 0.4372 |
| 15 | 0.0640 | 0.2040 | 0.2556 | 0.5600 | 0.6132 | 0.7080 | 0.7116 | 0.7140 | 0.7176 |
| 20 | 0.1080 | 0.2760 | 0.8456 | 0.9288 | 0.9376 | 0.9432 | 0.9436 | 0.9456 | 0.9488 |

从图 3-11 可以明显看出，随着废液初始铅离子浓度的增加，铅离子吸附量也随之升高。吸附曲线的斜率代表铅离子的吸附速率，随着铅离子浓度的升高，吸附曲线的斜率逐渐增加，样品吸附铅的速率也逐渐提高，这主要是由于除铅材料具有

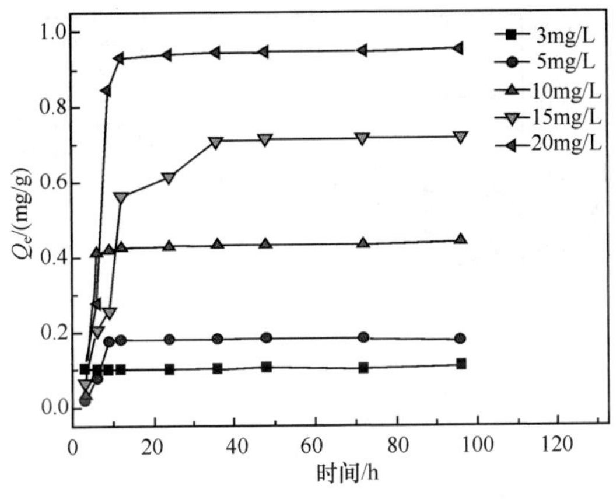


图 3-11 废液初始浓度对平衡吸附量的影响

丰富的气孔结构，有很强的吸附能力，而初始浓度高的废液，提供了较多的 $Pb^{2+}$，满足了吸附的动力学条件。尽管初始铅浓度不同，随着时间的增加，铅离子吸附量都逐渐增加，然后趋于平缓。初始浓度为 3mg/L 和 5mg/L 的废液，分别吸附 3h 和 9h 后达到吸附平衡，说明除铅材料对低浓度含铅废水具有高效的除铅效果，可以在较短的时间内达到吸附平衡。吸附 36h 后，不同初始浓度废液的单位质量吸附剂吸附量趋于平衡，吸附反应基本达到平衡，表明除铅材料可以处理较宽浓度范围的含铅废水。初始浓度分别为 3mg/L、5mg/L、10mg/L、15mg/L、20mg/L 时，$Pb^{2+}$ 的平衡吸附量分别为 0.1080mg/g、0.1829mg/g、0.4372mg/g、0.7176mg/g、0.9488mg/g。

3. pH 值对硅酸盐水热制备的材料除铅效果的影响

取最佳工艺条件下制备好的样品在不同 pH 条件下进行除铅测定(废液初始浓度为 5mg/L、实验环境温度 30℃)，样品/废水用量比例为 1g/40mL，pH 范围为 3～11，探讨各种酸性或碱性环境对材料除铅性能的影响，其结果如表 3-6 及图 3-12 所示。

**表 3-6 pH 对平衡吸附量的影响**

| pH | 平衡吸附量/(mg/g) | | | | | | | | |
|---|---|---|---|---|---|---|---|---|---|
| | 3h | 6h | 9h | 12h | 24h | 36h | 48h | 72h | 96h |
| 3 | 0.0360 | 0.0807 | 0.0879 | 0.1075 | 0.1029 | 0.1073 | 0.1147 | 0.1227 | 0.1896 |
| 5 | 0.1680 | 0.1666 | 0.1624 | 0.1654 | 0.1638 | 0.1750 | 0.1776 | 0.1932 | 0.1816 |
| 7 | 0.0392 | 0.0390 | 0.0434 | 0.0524 | 0.1136 | 0.1260 | 0.1222 | 0.1176 | 0.1452 |
| 9 | 0.1087 | 0.1108 | 0.1129 | 0.1131 | 0.1179 | 0.1295 | 0.1320 | 0.1252 | 0.1097 |
| 11 | 0.0525 | 0.0636 | 0.0651 | 0.0752 | 0.0901 | 0.1004 | 0.0933 | 0.0864 | 0.0753 |

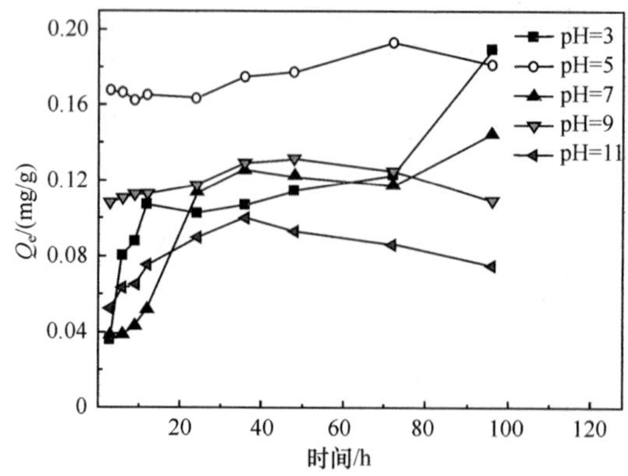


图 3-12　pH 对平衡吸附量的影响

从图 3-12 可以看出，pH 对硅酸盐水热法除铅效果有较大影响。当 pH 大于 9 时，溶液中的 $OH^-$ 直接和 $Pb^{2+}$ 结合生成 $Pb(OH)_2$ 沉淀物或者铅酸盐，改变了铅的配位能力，使 $Pb^{2+}$ 的吸附效率显著下降。当溶液酸性增加时，由于体系 $H^+$ 浓度增加，其与 $Pb^{2+}$ 的发生竞争吸附，也使 $Pb^{2+}$ 的吸附效率降低，故 pH 为 3 时，吸附量较小。由于处理后废水排放有一定的 pH 要求，所以选择 pH＝5 为最佳，此时最大平衡吸附量为 0.1932mg/g。

4. 探讨循环实验对硅酸盐水热制备的材料除铅效果的影响

为了探讨水热制备的材料的持续除铅能力，将最佳配方制备的样品进行连续除铅循环实验，循环次数为 55 次，每次一天，即探讨样品 55 天的循环除铅能力。实验条件为模拟含铅废水铅浓度 5mg/L，样品/废水用量比例为 1g/40mL，环境温度为 30℃。每隔一天测定一次废液浓度，同时用新的含铅废水取代原有废液，累积铅吸附量如图 3-13 和图 3-14 所示。

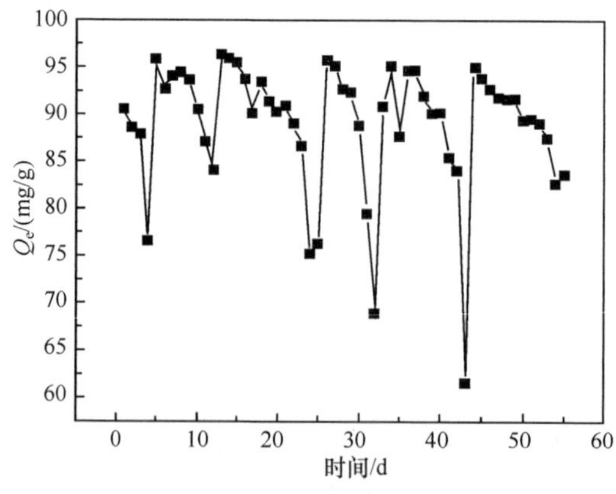


图 3-13　硅酸盐水热法制备的除铅材料循环实验除铅率

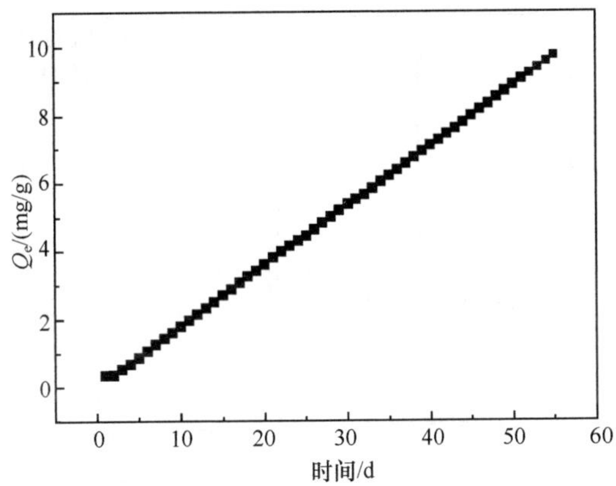


图 3-14　硅酸盐水热法制备的除铅材料循环实验累积吸附量

从图 3-13 可以看出，硅酸盐水热法制备的除铅材料具有极好的循环使用性能，平均除铅率为 89.01%。除铅率的整体变化趋势是随着时间的延长波动下降。出现这种情况的原因是样品吸附的铅量在表面富积到一定程度后，在其表面形成一层吸附层，影响其吸附性能，除铅率下降，当这层附着层被人为剥离后，原来被封闭的有效吸附表面又重新裸露，恢复了吸附能力，结果使样品吸附能力再次提高。从图 3-14 可以看出，硅酸盐水热法制备的除铅材料的累积吸附量随着循环天数的增加不断增加，经过 55 天，累积单位质量吸附剂吸附量达 9.7128mg/g。

### 5. 硅微粉-牡蛎壳结构自生长吸附材料除铅结构表征及机理分析

1）XRD 分析

将硅酸盐法制备好的坯状试样置于马弗炉中烧结，在 650℃条件下，保温 2h。采用日本岛津 XD-5A 型 X 射线衍射仪，衍射角范围 10°～80°，扫描速率为4°/min，对未烧结、烧结后试样进行 XRD 分析，结果如图 3-15 所示。

结果表明，烧成前，样品中主要含有 $CaCO_3$，在 XRD 图谱上存在着较强的 $CaCO_3$ 的衍射峰。而经 650℃烧成后，样品中的 $CaCO_3$ 部分分解，相应的烧结后 XRD 图谱中 $CaCO_3$ 的衍射峰减弱，分解产生的 CaO 与硅微粉中的 $SiO_2$ 生成了 $CaSiO_3$。经过水热过程后，$CaSiO_3$ 进一步与水反应生成硅酸钙的水合物[$Ca_5(Si_6O_{18}H_2)\cdot 4H_2O$]。

2）除铅前后样品的 SEM 分析

由图 3-16(a)、(b)可以发现，经硅酸盐水热改性后，生成了大量细小棒状硅酸钙水合物晶体，水合物相互交织，形成网状结构，且保持较高的气孔性，这种结构为 $Pb^{2+}$ 提供了良好的附着位，保证了样品强大的蓄铅能力。从图 3-16(c)、(d)可以发现，除铅后样品表面出现许多团状物，团状物仍然堆积呈多孔结构，故经过多次循环实验，试样仍能保持较高的吸附率。

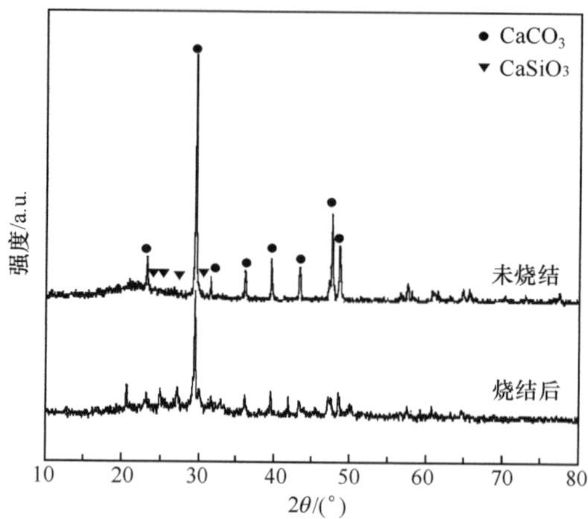


图 3-15　硅酸盐水热改性除铅材料未烧结、烧结后 XRD 图谱

(a) 除铅前×2000倍SEM图　(b) 除铅前×5000倍SEM图

(c) 除铅后×2000倍SEM图　(d) 除铅后×5000倍SEM图

图 3-16　除铅前后样品 SEM 图

3）除铅前后样品的 EDS 分析

对除铅后的试样进行形貌分析的同时，还对选定的物相进行(EDS)能谱分析，所得的结果如图 3-17 和图 3-18 所示。

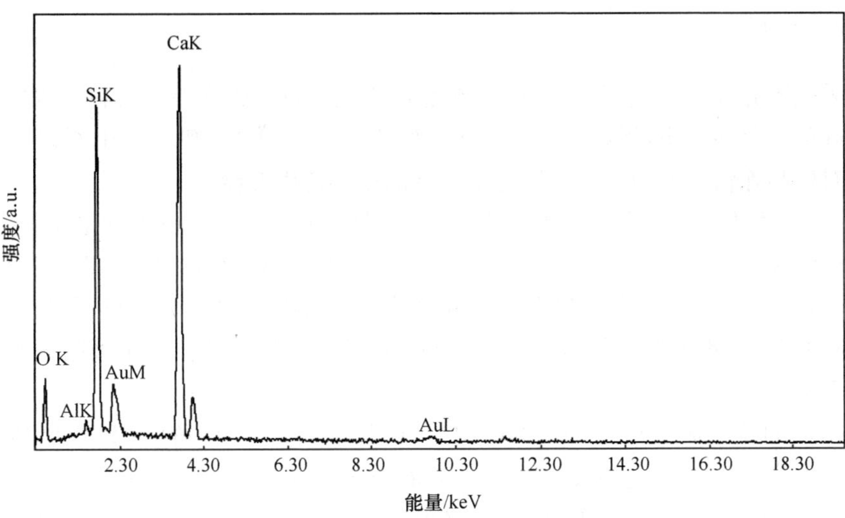


图 3-17　除铅前试样表面 EDS 图

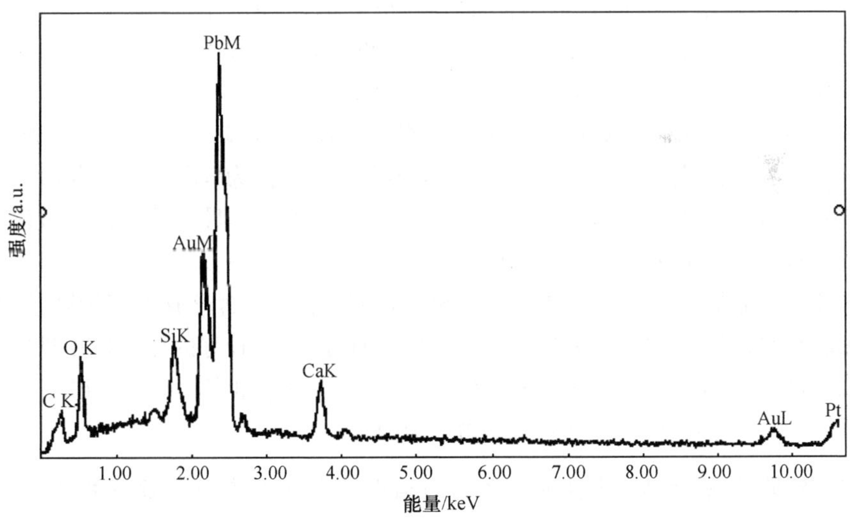


图 3-18　除铅后试样表面 EDS 图

由图可以看出，除铅实验后，除铅后样品表面出现许多团状物，对应的 EDS 谱显示有 $Pb^{2+}$ 离子的强谱峰。说明硅酸盐改性后的试样确实能够除去溶液中的 $Pb^{2+}$ 。牡蛎壳是一种天然的多孔材料，同时硅酸盐水热改性后形成的水合物是一种网状结构，这种结构为 $Pb^{2+}$ 提供了良好的附着位，所以在整个吸附过程中主要是物理吸附。

6. 小结

采用废弃牡蛎壳、硅微粉为原料经烧结-水热制备了废水除铅材料。确定了最佳的硅酸盐改性方案，探讨了不同废液初始浓度、吸附时间、废液 pH、循环实验等因素对样品除铅性能的影响并探讨了样品的循环使用性能。

(1) 硅酸盐水热改性法最佳工艺条件为：牡蛎壳粉与硅微粉质量比为 58∶42，最佳烧结温度为 650℃，最佳水热条件为水热温度 170℃，水热时间 28h。

(2) 废液初始浓度于吸附影响非常明显，随着溶液浓度增大，单位质量吸附剂所吸附的 $Pb^{2+}$ 量逐渐上升。36h 后，不同初始浓度废液的单位质量吸附剂吸附量趋于平衡。

(3) pH 对吸附 $Pb^{2+}$ 有较大的影响。当 pH>9 时，溶液中的 $OH^-$ 直接和 $Pb^{2+}$ 结合生成 $Pb(OH)_2$ 沉淀物或者铅酸盐；溶液酸性增加时，由于体系 $H^+$ 浓度增加，其与 $Pb^{2+}$ 的发生竞争吸附，也使 $Pb^{2+}$ 的吸附效率降低。由于处理后废水排放有一定的 pH 要求，所以选择 pH=5 为最佳 pH，此时最大平衡吸附量为 0.1932mg/g。

(4) 硅酸盐水热法制备的吸附剂具有极好的循环使用性能，平均除铅率为 89.01%。除铅率的整体变化趋势是随着时间的延长波动下降；随着循环天数的增加不断增加，经过 55 天，累积单位质量吸附剂吸附量达 9.7128mg/g。

(5) 烧结前、烧结后 XRD 分析表明，未烧结的试样，主要成分为 $CaCO_3$ 和 $SiO_2$，经过烧结，生成了部分 $CaSiO_3$，再经过水热处理，样品改性为硅酸钙的水合物。

(6) 硅酸盐水热改性除铅材料除铅前后 SEM 分析表明：除铅前，经硅酸盐水热改性后，水合物相互交织，形成网状结构，这种结构为 $Pb^{2+}$ 提供了良好的附着位，保证了样品的强大的蓄铅能力。除铅后，在样品的表面形成了大量团状物，其主要成分为含铅化合物，且保持着多孔结构，使样品具有较好的循环使用性能。除铅后的试样对应的 EDS 能谱上显示有 $Pb^{2+}$ 的强谱峰，说明废水中的 $Pb^{2+}$ 进入吸附材料内部，整个吸附过程中主要是物理吸附。

### 3.4.3 铝质-牡蛎壳结构自生长吸附材料结构、表面特性与废水除铜关系的研究

硅微粉颗粒呈球形，极细，具有比表面积大、活性高的特点，同时，牡蛎壳拥有特殊的物理构造，含有大量的微孔。硅微粉和牡蛎壳都具有一定的吸附性能和可塑性，因此本研究在铝厂污泥中掺杂硅微粉、牡蛎壳对其改性，制备可成型、不易破损、吸附效率高的废水净化材料。

1. 最佳制备工艺的确定

1) 最佳配方的确定

将铝厂污泥、硅微粉、牡蛎壳粉末分别按照表 3-7 中的配比进行混合制备样

品，通过样品对铜的吸附效果确定最佳配方。制备条件：煅烧温度 900℃，水热温度 140℃，水热时间 14h。实验条件：样品剂量为 2g/50mL 模拟废液，废液初始 pH=5.5，初始废液浓度为 20mg/L，吸附时间为 24h，吸附环境温度 25℃。实验结果如图 3-19 所示。

**表 3-7　样品配方**　（单位：%）

| 配方号 | 1# | 2# | 3# | 4# | 5# |
|---|---|---|---|---|---|
| 铝厂污泥 | 80 | 70 | 65 | 60 | 50 |
| 牡蛎壳 | 10 | 15 | 17.5 | 20 | 25 |
| 硅微粉 | 10 | 15 | 17.5 | 20 | 25 |

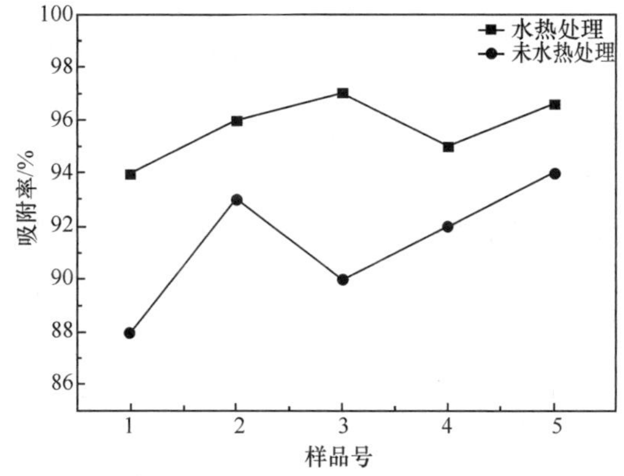


图 3-19　不同配比样品的吸附率

从图 3-19 可以看出，未经水热处理的 1#～5# 样品对溶液中的 $Cu^{2+}$ 均有较好的吸附效果，在 20mg/L 的初始废液中，经过 24 h 吸附率都达到了 85.0%以上。其中，5# 样品对铜的吸附效果最佳，为 94.0%。

对未经水热处理的 1#～5# 样品进行 XRD 分析，其结果如图 3-20 所示。

从图 3-20 可以看出，1#～5# 样品中所含物质不同。1#～2# 样品的主要物质为 $\gamma$-$Al_2O_3$、$CaSiO_3$、$SiO_2$。随着牡蛎壳、硅微粉的含量增多，3# 样品出现了薄弱的 $Ca_2Al_2SiO_7$ 的衍射峰。4# 和 5# 样品则出现了明显的 $Ca_2Al_2SiO_7$ 强衍射峰，而 $SiO_2$、$\gamma$-$Al_2O_3$ 的衍射峰减弱。其中，$CaSiO_3$ 和 $Ca_2Al_2SiO_7$ 中含有大量的硅氧键和铝氧键，过剩的电子能够形成电子转移型络合物，与 $Cu^{2+}$ 形成络合物，从而将 $Cu^{2+}$ 吸附到吸附剂上。

这与图 3-19 所示的吸附率变化规律一致。1# 和 2# 样品中存在较多高活性、吸附性能良好的 $\gamma$-$Al_2O_3$，使吸附率提升。而 3# 样品中，铝厂污泥含量减少，且 $CaSiO_3$、$Ca_2Al_2SiO_7$ 含量也较少，因此吸附效果减弱。随着铝厂污泥含量的继续

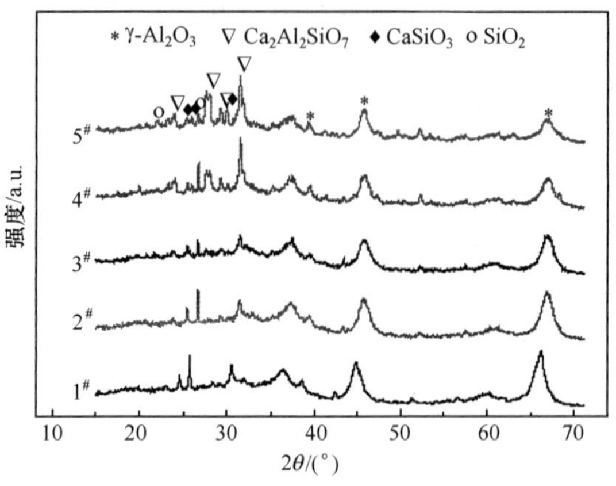


图 3-20 不同配方经 900℃煅烧后的 XRD 图

降低，牡蛎壳、硅微粉含量的继续增加，4# 和 5# 样品中大量存在的 $CaSiO_3$、$Ca_2Al_2SiO_7$ 又提高了吸附率。

其次，经水热处理的样品吸附率均高于未经水热处理的样品。在 20mg/L 的初始废液中，经过 24h 吸附率都达到了 90.0%以上(除 4# 样品吸附率为 88%)。其中，5# 样品对铜的吸附效果最佳，为 96.0%。因此，确定最佳配方为 5# 配方，即铝厂污泥∶牡蛎壳∶硅微粉＝50∶25∶25(质量浓度比)。

2) 最佳烧结温度的确定

将铝厂污泥、牡蛎壳、硅微粉按照 2# 配方制备样品，分别在 800℃、850℃、900℃、950℃、1000℃下高温煅烧。煅烧后的样品分为两组：未水热组和水热组(水热处理温度：140℃，水热时间 14h)，分别在初始浓度 20mg/L、初始 pH 为 5.5 的模拟废液中进行 24h 的吸附实验，吸附环境温度 25℃。实验结果如图 3-21 所示。

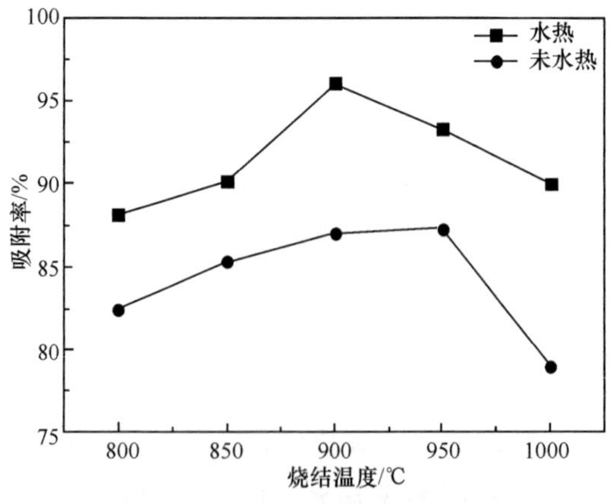


图 3-21 烧结温度对吸附率的影响

从图 3-21 可以看出，烧结温度对样品的吸附率有明显影响。随着烧结温度的升高，水热和未水热的样品吸附率均呈现先上升后下降的趋势。并且，当温度达到 1000℃时，吸附率均明显下降。当煅烧温度为 900℃时，经水热处理的样品吸附效果最好，吸附率为 96.0%。当煅烧温度为 900℃、950℃时，未经水热处理的样品吸附率分别为 83%、83.3%，十分接近。

对不同煅烧温度下的 5# 样品进行 XRD 分析，结果如图 3-22 所示。

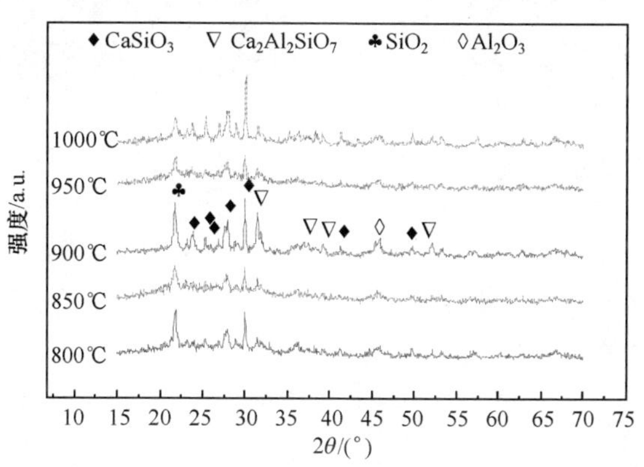


图 3-22　样品不同煅烧温度下的 XRD 图

由图 3-22 可以看出，随着煅烧温度的升高，未水热样品中的 $Ca_2Al_2SiO_7$、$CaSiO_3$ 衍射峰不断增强，表明其含量不断增加。而 γ-$Al_2O_3$ 的衍射峰强度从 800～900℃不断增加，从 900～1000℃呈现下降趋势。这是由于当温度为800～900℃时，铝厂污泥中的 γ-AlOOH 逐渐转变为高活性 γ-$Al_2O_3$，而随着温度继续升高，高活性的 γ-$Al_2O_3$ 转变为稳定的 α-$Al_2O_3$。因此，随着烧结温度的升高，样品中 $Ca_2Al_2SiO_7$、$CaSiO_3$ 的含量增多，大量的硅氧键和铝氧键提高了样品的吸附性能；同时，γ-AlOOH 转变为高活性的 γ-$Al_2O_3$ 也利于吸附的进行。但当烧结温度过高（1000℃）时，γ-$Al_2O_3$ 含量减少，使得样品吸附性能降低，表现为吸附率下降。

水热处理对样品的吸附效果也有显著影响。由图 3-21 可以看出，经水热处理后样品的吸附率均高于未经水热处理的样品，这很可能是由于水热后生成了水热化合物，具有更高的吸附位点。对煅烧温度 900℃，水热温度 140℃，水热时间 14h 处理的 5# 样品进行 SEM 分析，其结果如图 3-23 所示。

从图 3-23 可以看出，水热后样品表面分布着许多纵横交错互相交织的网状结构。放大至 10000 倍后可以看出，这些网状结构提供了大量的微米级别的孔隙，利于 $Cu^{2+}$ 的吸附。因此，确定 900℃为最佳烧结温度。

3）最佳水热温度的确定

将 5# 样品在 900℃下煅烧，保温 2h，随炉冷却后置于水热釜中分别在 130℃、

(a) 水热前放大2000倍SEM图　(a′) 水热后放大2000倍SEM图

(b) 水热前放大5000倍SEM图　(b′) 水热后放大5000倍SEM图

(c) 水热前放大10000倍SEM图　(c′) 水热后放大10000倍SEM图

图 3-23　水热前后样品 SEM 图

140℃、150℃、160℃、180℃下进行水热处理，水热时间 14h。将制备好的样品置于初始浓度 20mg/L、初始 pH=5.5 的模拟废液中进行 24h 的吸附实验，吸附环境温度 25℃。实验结果如图 3-24 所示。

由图 3-24 可以看出，在实验所设置的五个水热温度下，样品的吸附率均达到 92.0%以上。其中，水热温度为 140℃和 150℃时，吸附率较高，分别达到了 96.0%和 95.9%。

对不同水热温度下的 5# 样品进行 XRD 分析，结果如图 3-25 所示。

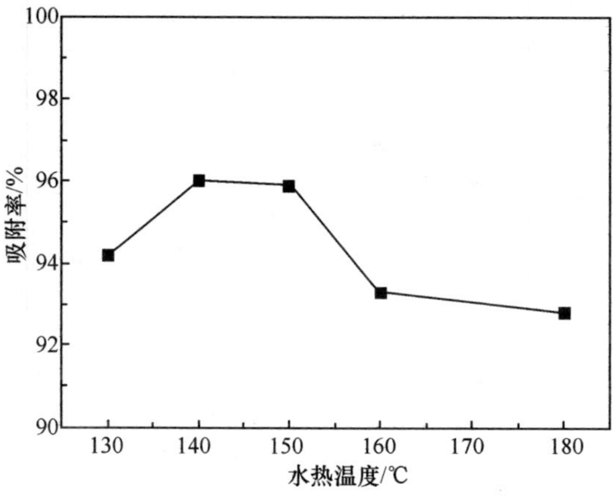


图 3-24　水热温度对吸附率的影响

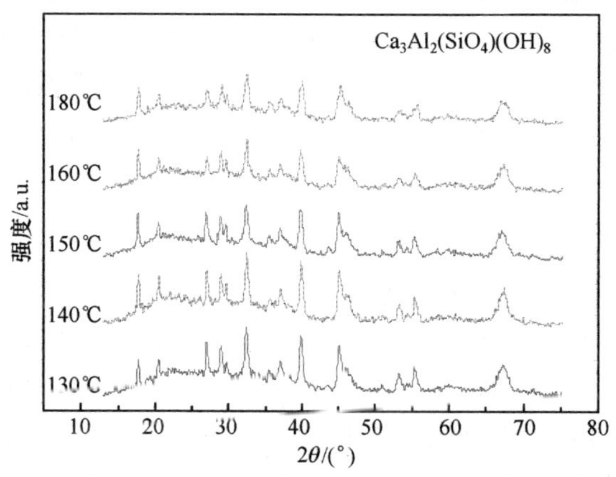


图 3-25　样品在不同水热温度下的 XRD 图

从图 3-25 可以看出，经水热处理的样品生成了新的水热化合物，为 $Ca_3Al_2(SiO_4)(OH)_8$。当水热温度从 130℃上升到 140℃时，$Ca_3Al_2(SiO_4)(OH)_8$ 的衍射峰有所增强。随着水热温度的继续升高，衍射峰逐渐减弱。这表明，当水热温度为 140℃时，样品结晶性最佳，吸附效果最好。因此，确定最佳的水热温度为 140℃。

4）最佳水热时间的确定

将 5# 样品在 900℃下煅烧，保温 2h，随炉冷却后置于水热釜中在 140℃下分别水热处理 12h、13h、14h、15h、16h、18h、20h。将制备好的样品置于初始浓度 20mg/L、初始 pH=5.5 的模拟废液中进行 24h 的吸附实验，吸附环境温度 25℃。实验结果如图 3-26 所示。

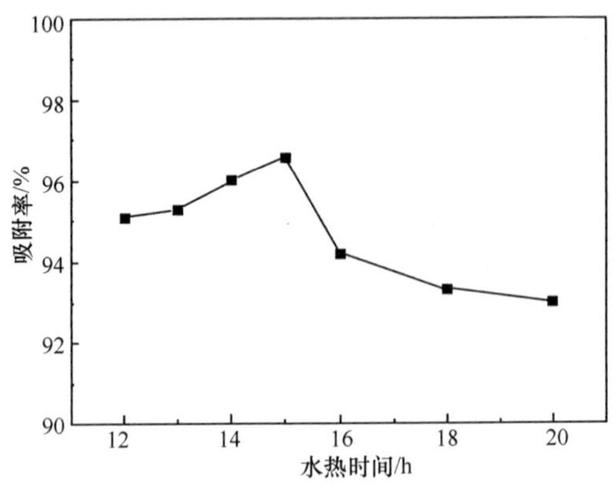


图 3-26 水热时间对吸附的影响

由图 3-26 可以看出,随着水热温度的上升,样品的吸附先率缓慢上升,当水热时间达到 16h 时,吸附率呈现下降趋势。这很可能是因为,随着水热时间的增加,水热产物不断产生,吸附率逐渐上升。当水热时间为 15h 时,吸附率达到最高,为 96.6%。随着水热时间继续延长,水热产物搭建的结构可能遭到破坏,导致吸附效果减弱,吸附率下降。尽管水热 15h 时,样品的吸附效果最佳,但是当水热 14h 时,样品吸附率达到了 96.0%,综合考虑节能减排等因素,选取 14h 为最佳水热时间。

2. 除铜影响因素探讨

1) 模拟废液 pH 对吸附的影响

溶液的 pH 是影响金属离子吸附的重要因素,金属离子在不同的 pH 环境下会呈现不同的形态,进而影响吸附剂的吸附作用。尤其,当金属离子 M 在溶液呈现 $MOH^+$ 形态时,最容易被吸附剂吸附[100]。

将最佳工艺条件下制备的吸附剂置于初始废液浓度 20mg/L 的溶液中。采用 0.1mol/L 的盐酸或氢氧化钠溶液将溶液的 pH 分别调整为 4、4.4、5、5.5、6、7,吸附时间 24h,实验环境温度 25℃。实验结果如图 3-27 所示。

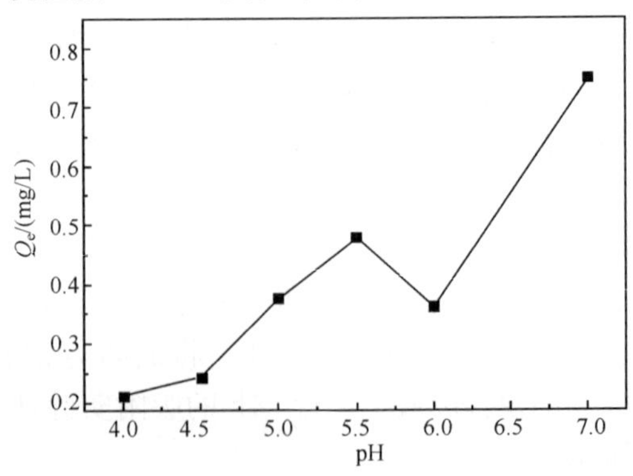


图 3-27 pH 对吸附的影响

由图 3-27 可知,随着 pH 升高,样品的吸附量逐渐上升,当 pH 为 5.5 时,样品的吸附量达到 0.480mg/g。随着 pH 继续升高至 6,吸附量有所下降,但是当 pH 达到 7 时,吸附量达到最高,为 0.750mg/g。这可能和铜离子在溶液中的存在形式有关,不同的 pH 环境中,铜离子以不同形式存在。表 3-8 为铜离子在不同 pH 溶液中的存在形式。

**表 3-8 铜离子在不同 pH 环境下的存在形式**

| pH | $Cu^{2+}$的存在形式 |
|---|---|
| pH< 4.0 | $Cu^{2+}$ |
| 4.0 ≤ pH< 5.0 | $Cu^{2+}$和 $CuOH^+$ |
| 5.0 ≤ pH< 6.0 | $CuOH^+$和 $Cu(OH)_2$ |
| 6.0 ≤ pH | $Cu(OH)_2$ |

如表 3-8 所示,当 pH<5 时,铜离子在溶液中主要以 $Cu^{2+}$、$CuOH^+$ 两种形式存在,其中,$CuOH^+$ 这种形态最容易被吸附剂吸附。溶液 pH 过低,溶液中的 $H^+$ 越多,会和 $Cu^{2+}$、$CuOH^+$ 竞争吸附剂表面的吸附位点。当 pH≥5 时,铜离子在溶液中主要以 $CuOH^+$ 和 $Cu(OH)_2$ 两种形式存在,其中 $Cu(OH)_2$ 表现为蓝色絮状沉淀物。实验中发现,当 pH=6 时,产生了少量的蓝色絮状沉淀物。此时蓝色絮状沉淀物覆盖在样品表面阻碍了吸附的进一步进行,在数据上表现为吸附量的下降。而当 pH=7 时,产生了大量的蓝色絮状沉淀物,此时沉淀作用远大于吸附作用,在数据上表现为吸附量的大量提高。因此,综合考虑 pH 对吸附的影响及废水排放的要求,选定实验最佳的 pH 为 5.5。

2) 吸附时间对吸附的影响

将最佳工艺条件下制备的吸附剂分别置于初始浓度为 10mg/L、20mg/L、30mg/L、40mg/L、50mg/L 的模拟废液中,将溶液 pH 调至 5.5,实验环境温度 25℃。分别测定吸附时间为 0.5h、1h、3h、9h、12h、24h、48h 的模拟废液含铜浓度,结果如图 3-28 所示。

如图 3-28 所示,在实验设置的五个初始浓度下,样品对铜的吸附趋势大体一致,呈现“快速吸附—缓慢吸附—吸附平衡”三个阶段。随着吸附时间的增加,吸附率先迅速提高。当吸附时间为 9h 时,吸附率分别达到 94.7%、90.0%、88.2%、85.7%、83.7%。随着吸附时间的继续增加,吸附率缓慢提高。当吸附时间为 24h,吸附率分别达到 99.3%、96.0%、92.7%、90.6%、88.1%。随着吸附的继续进行,吸附率仅有少量提高。当吸附时间为 48h 时,吸附率基本不变,分别为 99.3%、96.2%、93.0%、90.8%、88.1%(由于作图美观原因,图中未给出数据)。因此,在实验设置的五个初始浓度下,铝质-牡蛎壳结构自生长吸附材料对铜的吸附在 24h 内达到平衡状态。

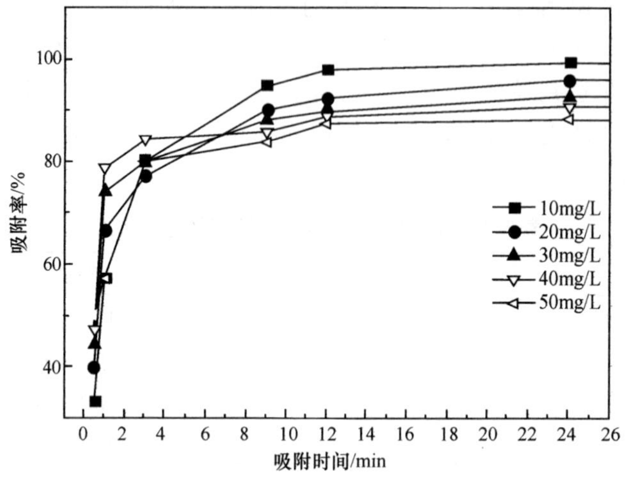


图 3-28　时间对吸附的影响

3) 模拟废液的初始浓度对吸附影响

将最佳工艺条件下制备的吸附剂分别置于初始浓度为 10mg/L、20mg/L、30mg/L、40mg/L、50mg/L 的模拟废液中，将溶液 pH 调至 5.5，实验环境温度 25℃。分别测定吸附时间为 0.5h、1h、3h、9h、12h、24h 的模拟废液含铜浓度，结果如图 3-29 和图 3-30 所示。

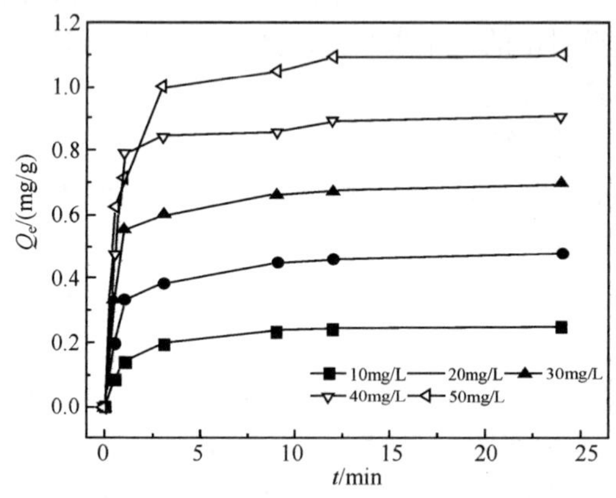


图 3-29　初始废液浓度对吸附量的影响

由图 3-29 可以看出，模拟废液的初始浓度对吸附有很大的影响。随着初始浓度的提高，样品对铜的吸附量也增大。当废液初始浓度分别为 10mg/L、20mg/L、30mg/L、40mg/L、50mg/L 时，平衡吸附量分别为 0.248mg/g、0.480mg/g、0.696mg/g、0.951mg/g、1.101mg/g。但是，如图 3-30 所示，随着初始浓度的提高，样品对铜的吸附率却呈现下降趋势。这很可能是因为在不同初始浓度的废液

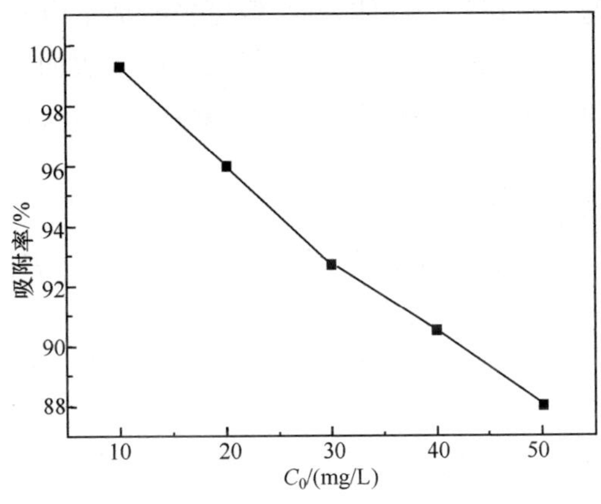


图 3-30　初始浓度对吸附率的影响

中，铜离子和吸附剂表面的吸附位点比例不同。Usman 等曾报道，吸附剂对于重金属离子的吸附仅发生在特定的吸附位点[78]。因此，对于一定量的吸附位点，当初始废液浓度较低时，仅有较少的铜离子相互竞争，吸附率较高；当初始废液浓度较高时，较多的铜离子相互竞争吸附位点，吸附率较低。这也和图 3-29 所示的吸附速率变化的规律一致。曲线的斜率代表了吸附的速率。从图 3-29 可以看出，废液的初始浓度越高，曲线的斜率越大，初始吸附速率越高，表明溶液中存在的铜离子越多，在初始阶段快速地吸附到特定的吸附位点上。随着吸附的进行，吸附位点逐渐被铜离子占据。吸附剂表面的铜离子与溶液中的铜离子产生静电排斥，以及溶质扩散至吸附剂表面的浓度差下降，造成后期吸附缓慢，曲线上表现为斜率下降，曲线趋于平缓。

3. 除铜吸附机理分析

1）等温线模型

吸附现象很久之前就已经为人们所利用，利用吸附剂对动植物及食品等进行染色和脱色。随着界面科学的发展，吸附科学的研究也得到全面的发展。然而，由于水溶液中相关变量参数较为复杂，影响因素较多，目前并没有专门应用于溶液吸附科学的吸附理论，主要是采用对气体吸附的相关理论，来进行水溶液中吸附分析研究。目前气体吸附的主要吸附理论[101,102]有 Henry 理论、Freundlich 理论、Langmuir 理论和 BET 理论等。在液相吸附研究中应用较多的是 Langmuir 理论和 Freundlich 理论。

(1) Langmuir 吸附理论。

该理论是 Langmuir 在 1916～1918 年从动力学理论推导出的一种单分子层吸附等温式。Langmuir 理论认为，固体表面存在能够吸附分子或原子的吸附位，这些吸附位可以均匀分布在整个固体表面，但更多的是非均匀分布。

Langmuir 等温吸附线基本观点认为吸附质在固体表面上的吸附是吸附质分子吸附在吸附剂表面凝集和逃逸（即吸附与解吸）两种相反过程达到动态平衡的结果。

Langmuir 等温吸附线模型有如下几个基本假定。

① 吸附热与表面覆盖度无关，即吸附剂的表面是均匀表面，且各个吸附中心的吸附能相等，并在各中心均匀分布。

② 吸附为单分子层吸附，即吸附剂表面吸附达到饱和时，吸附剂达到最大吸附量。

③ 吸附剂表面上的各个吸附点间不存在吸附质的转移，吸附分子之间没有相互作用。

④ 吸附平衡是一个动态平衡，即吸附达到平衡时吸附速率和脱附速率应该相等。

利用动力学方法推导出 Langmuir 等温吸附式，得出平衡吸附量 $Q_e$ 与液相平衡浓度 $C_e$ 关系式为

$$Q_e=\frac{Q_m bC_e}{1+bC_e} \tag{3-5}$$

将式(3-5)进行变换，得到以下关系式：

$$\frac{1}{Q_e}=\frac{1}{Q_m}+\frac{1}{bQ_m}\cdot\frac{1}{C_e} \tag{3-6}$$

式中，$Q_e$ 为平衡吸附量(mg/g)；$Q_m$ 为饱和吸附量(mg/g)；$C_e$ 为平衡吸附浓度(mg/L)；$b$ 为平衡吸附常数(L/mg)。

式(3-5)和式(3-6) 均为 Langmuir 等温吸附式。通过以 $1/Q_e$ 对 $1/C_e$ 作图，若两者沿直线分布，表明吸附符合 Langmuir 等温吸附式。由等温吸附线可以得到直线的斜率和截距，进而求出平衡吸附常数 $b$ 和饱和吸附量 $Q_m$。

同时，常数 $R_L$ 可用于判断吸附过程是否自发进行，其计算方法如下：

$$R_L=\frac{1}{1+bC_0} \tag{3-7}$$

①当 $0<R_L<1$ 时，吸附朝着有有利方向进行进行；②当 $R_L>1$ 时，吸附过程朝着不利的方向进行；③当 $R_L=1$ 时，吸附过程为线性吸附；④当 $R_L=0$ 时，吸附过程不可逆[103]。

(2) Freundlich 吸附理论。

若固体的表面不是均匀的，此时吸附常数将与表面覆盖度 $\theta$ 有关，在比较大的表面覆盖度范围内，大多数体系不能使用 Langmuir 等温吸附式来拟合，因此，人们又推导出 Freundlich 等温吸附式。Freundlich 吸附理论非常适合不均匀表面的

吸附，它能够在比较广的浓度范围内很好地拟合实验结果。

通过对大量的实验数据进行总结归纳，得到一个能够描述平衡吸附量 $Q_e$ 和平衡浓度 $C_e$ 的关系式：

$$Q_e = kC_e^{1/n} \tag{3-8}$$

式中，$k$ 和 $n$ 是经验常数，与吸附剂、吸附温度和吸附质的种类有关。式(3-8)即为 Freundlich 等温吸附式。将式(3-4)写成对数形式，就可以得到 Freundlich 等温吸附式的另一种形式：

$$\lg Q_e = \lg k + \frac{1}{n}\lg C_e \tag{3-9}$$

式中，$Q_e$ 为平衡吸附量(mg/g)；$C_e$ 为平衡吸附浓度(mg/L)；$k$ 和 $n$ 为吸附相关常数。

对于符合 Freundlich 等温吸附式的吸附，以 $\lg C_e$、$\lg Q_e$ 作图，得到一条直线，该直线的斜率和截距分别为 $1/n$ 和 $\lg k$。

液相吸附的数据大多数可以采用 Langmuir 等温吸附式和 Freundlich 等温吸附式来拟合。虽然 Freundlich 等温吸附式是一个经验公式，但应用较为广泛。对于吸附质浓度变化范围很宽的液相吸附，实验数据会与 Freundlich 等温吸附式有些偏离。在相对较窄的浓度范围内，许多吸附体系都能够很好地符合 Freundlich 等温吸附式。

(3) 铝质-牡蛎壳结构自生长吸附材料除铜的等温线模型拟合。

根据最佳制备工艺制备样品，分别置于初始浓度为 10mg/L、20mg/L、30mg/L、40mg/L、50mg/L、60mg/L、80mg/L、100mg/L、120mg/L 的模拟废液中，将溶液 pH 调至 5.5，实验环境温度为 25℃，测定吸附时间 24h 后的模拟废液铜浓度，计算出吸附量，根据上述公式进行 Langmuri 和 Freundlich 模型拟合，结果如图 3-31、图 3-32、图 3-33 和表 3-9 所示。

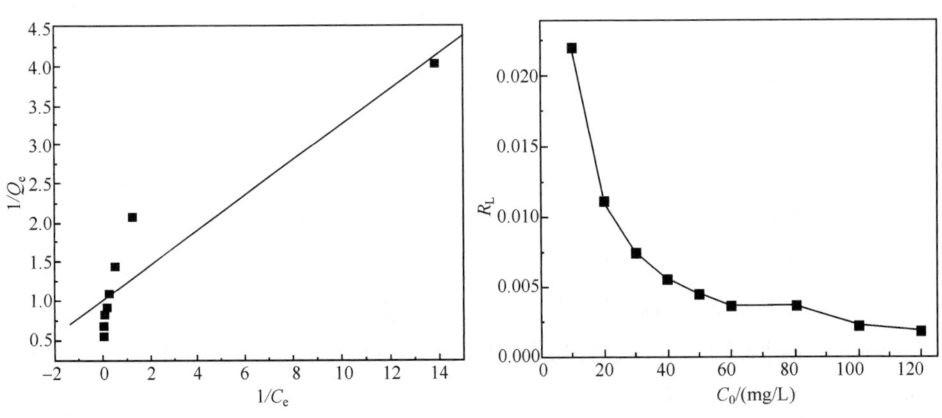


图 3-31　Langumir 模型拟合

图 3-32　不同初始浓度下的 $R_L$

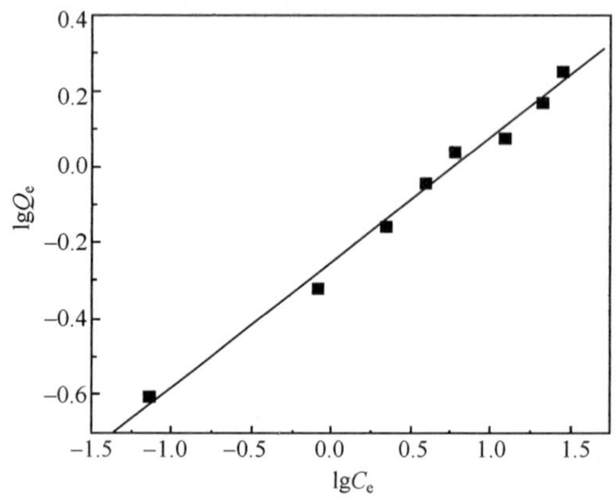


图 3-33　Freundlich 模型拟合

**表 3-9　$Cu^{2+}$ 的吸附等温线方程拟合参数**

| Langmuir 吸附等温线方程 | | | Freundlich 吸附等温线方程 | | |
|---|---|---|---|---|---|
| $Q_m$/(mg/L) | $b$/(L/mg) | $R^2$ | $n$ | $k$/(L/mg) | $R^2$ |
| 1.000 | 4.443 | 0.937 | 3.030 | 0.563 | 0.995 |

可以看出，Langmuir 的拟合参数 $R^2$＝0.95，拟合程度较高。如图 3-33 所示，在实验所设置的浓度下，$R_L$ 均小于 1，因此吸附过程朝着有利的方向进行。由 Langmuir 模型拟合出的最大吸附量为 1.000mg/g，与在 120mg/L 的初始模拟废液浓度中吸附 24h 后得出的实际测量值 1.101mg/g 很接近。同时，Freundlich 模型的拟合参数 $R^2$＝0.995，高于 Langmuir 模型的 $R^2$，因此可以认为 Freundlich 模型更适合用于描述样品对铜的吸附过程。其中，如果 $n>1$，则表示吸附过程自发进行。如表 3-10 所示，$n=3.030>1$，表示吸附过程自发进行，这与 Langmuir 模型中 $R_L<1$，吸附朝着有利方向进行的结论一致。

2）动力学模型

前面利用等温吸附式研究了铝质-牡蛎壳结构自生长吸附材料对铜离子的吸附作用，计算吸附质在特定温度下在吸附剂上的平衡吸附量，对认识铝质-牡蛎壳结构自生长吸附材料吸附本质是很重要的。与此同时，研究铝质-牡蛎壳结构自生长吸附材料对铜离子的吸附速率，即探究需要多长时间才能达到平衡，对铝质-牡蛎壳结构自生长吸附材料高效吸附剂的研制也很重要。

吸附是通过吸附质分子碰撞吸附剂固体表面来实现的。通常来说，吸附速率主要取决于以下几个因素。

① 吸附质分子对单位固体表面的碰撞次数，即吸附质分子对固体表面的碰撞频率越高，吸附速率越大。

② 吸附活化能，即在所有碰撞中只有能量达到或超过活化能的分子才有可能被吸附。

③ 吸附质分子必须碰撞在固体表面未被占据的活性吸附位点上。碰撞在固体表面上的吸附质分子只有一部分是碰撞在未被占据的活性吸附位点上，即有效碰撞与固体表面尚未被覆盖的吸附位点有关。

吸附动力学模型能够反映吸附剂吸附的速率问题，吸附速率是评价吸附剂性能的一个重要指标。目前，研究吸附速率常用的动力学方程有 Lagergren 准一级动力学方程、Ho 准二级动力学方程和 Elovich 速率方程等[100,101]。

(1) Largergren 准一级动力学模型。

Lagergren 准一级动力学方程认为吸附速率与吸附剂上未被占据的吸附位点成正比，其方程表达式为

$$\lg(Q_e - Q_t) = \lg Q_e - \frac{k_1}{2.303} \cdot t \tag{3-10}$$

式中，$k_1$ 为准一级吸附速率常数(1/min)；$Q_e$ 为平衡吸附量(mg/g)；$Q_t$ 为 $t$ 时刻吸附量(mg/g)。

(2) Ho 准二级动力学模型。

Ho 准二级动力学方程认为吸附速率与吸附剂上未被占据的吸附位点的平方成正比，其方程表达式为

$$\frac{t}{Q_t} = \frac{1}{k_2 Q_e^2} + \frac{1}{Q_e} \cdot t \tag{3-11}$$

式中，$k_2$ 为准一级吸附速率常数(1/min)；$Q_e$ 为平衡吸附量(mg/g)；$Q_t$ 为 $t$ 时刻吸附量(mg/g)；$t$ 为吸附时间(min)。

(3) Elovich 动力学模型。

Elovich 动力学模型是 Elovich 在 20 世纪 30 年代提出的。他认为，吸附速率随吸附剂表面吸附量的增加而呈指数下降。其方程表达式(3-12)如下所示：

$$Q_t = a\ln t + b \tag{3-12}$$

式中，$a$、$b$ 为吸附速率常数；$Q_t$ 为平衡吸附量(mg/g)；$t$ 为吸附时间(min)。

(4) 铝质-牡蛎壳结构自生长吸附材料除铜的动力学模型拟合。

根据最佳制备工艺制备样品，分别置于初始浓度为 10mg/L、20mg/L、30mg/L、40mg/L、50mg/L 的模拟废液中，将溶液 pH 调至 5.5，实验环境温度为 25℃，分别测定吸附时间为 0.5h、1h、3h、9h、12h、24h 后的模拟废液铜浓度，计算出吸附量，根据上述公式进行 Largergren 准一级、Ho 准二级、Elovich 模型拟合，结果如图 3-34、图 3-35、图 3-36 和表 3-10 所示。

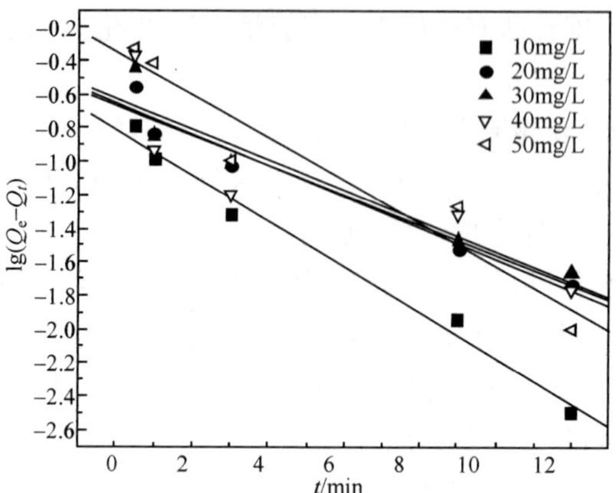


图 3-34　Largergren 准一级动力学模型拟合

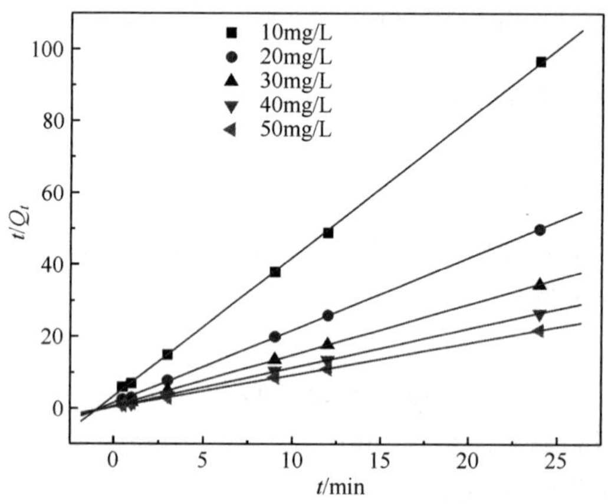


图 3-35　Ho 动力学模型拟合

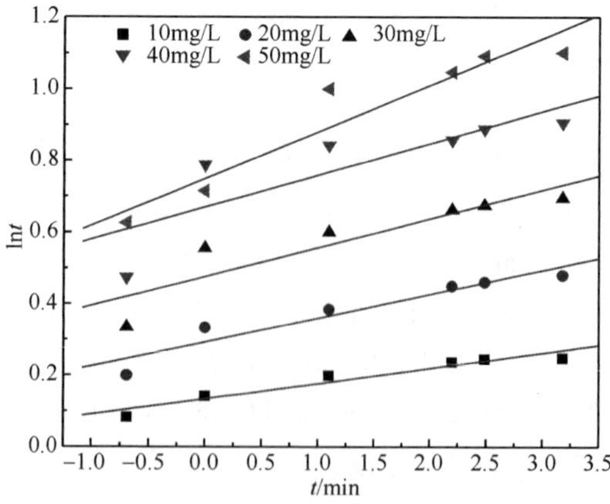


图 3-36　Elovich 动力学模型拟合

表 3-10　铝质-牡蛎壳结构自生长吸附材料除铜的动力学方程参数

| $C_0$ | Largergren 准一级 | | | Ho 准二级 | | | Elovich | | | |
|---|---|---|---|---|---|---|---|---|---|---|
| /(mg/L) | $k_1$ | $R^2$ | $Q_e$(cal) | $k_2$ | $R^2$ | $Q_e$(cal) | $R^2$ | $a$ | $b$ | $Q_e$(exp) |
| 10 | 0.31 | 0.99 | 0.16 | 0.140 | 0.999 | 0.258 | 0.97 | 0.04 | 0.13 | 0.248 |
| 20 | 0.21 | 0.98 | 0.22 | 0.083 | 0.999 | 0.493 | 0.96 | 0.07 | 0.29 | 0.483 |
| 30 | 0.21 | 0.95 | 0.24 | 0.059 | 0.999 | 0.708 | 0.90 | 0.08 | 0.48 | 0.702 |
| 40 | 0.29 | 0.88 | 0.45 | 0.039 | 0.999 | 0.916 | 0.83 | 0.09 | 0.67 | 0.900 |
| 50 | 0.29 | 0.96 | 0.45 | 0.027 | 0.999 | 1.122 | 0.96 | 0.13 | 0.75 | 1.100 |

注：$Q_e$(exp)为实验测得的吸附量(mg/g)；$Q_e$(cal)为理论计算得到的吸附量(mg/g)。

从表 3-10 可以看出，Largergren 准一级和 Ho 准二级动力学模型均有较好的 $R^2$。其中，Ho 准二级动力学模型在实验设置的五个浓度下，拟合程度均达到了 $R^2=0.999$。同时，由 Ho 准二级动力学模型拟合出的理论吸附量 $Q_{e(cal)}$ 分别为 0.258mg/g、0.493mg/g、0.708mg/g、0.916mg/g 和 1.122mg/g，实际测量得到的平衡吸附量分别为 0.248mg/g、0.483mg/g、0.702mg/g、0.900mg/g 和 1.100mg/g。两者十分接近，而由 Largergren 准一级动力学模型拟合出的吸附量则与实际平衡吸附量有较大出入，因此，Ho 准二级动力学模型更适合于描述样品对 $Cu^{2+}$ 的吸附过程。这表明，样品对 $Cu^{2+}$ 的吸附速率与吸附剂上未被占据的吸附位点的平方成正比。这是很有意义的，因为 Ho 准二级动力学模型包含了吸附的所有过程，如表面吸附、粒子内部扩散、外部液膜扩散等，能更真实全面地反映吸附剂对重金属粒子吸附的动力学机制。

3）扩散模型

前面分析铝质-牡蛎壳结构自生长吸附材料吸附的速率方程主要是研究吸附的总速率问题。但多孔吸附剂的吸附作用是很复杂的，其包含了多个过程。在等温的条件下，多孔吸附剂的吸附作用主要可分为三个过程：①吸附质分子在固体表面液膜扩散作用；②吸附质分子在吸附剂表面和细孔内扩散；③吸附质分子吸附到吸附剂上。

因此，吸附剂的吸附速率主要由这三个过程的速率控制：①吸附质分子在固体表面液膜内的扩散速率；②吸附质分子在吸附剂表面和细孔内的扩散速率；③吸附质分子吸附到吸附剂上的速率。由于吸附质分子吸附到吸附剂上的速率很快，可以认为吸附速率主要由过程①和②的速率控制。

(1) 液膜扩散模型。

吸附质分子由溶液中扩散到吸附剂上常常是吸附的控制过程。在吸附过程中，沿着固体吸附剂表面与溶液的界面处会存在一层液体膜。液膜扩散是表述液膜内的吸附质浓度随时间的变化，其关系式为

$$-\ln\left(1-\frac{Q_t}{Q_e}\right)=R_d \cdot t \tag{3-13}$$

式中，$Q_t$ 为 $t$ 时刻的吸附量(mg/g)；$Q_e$ 为平衡吸附量(mg/g)；$R_d$ 为膜扩散常数。

(2) 粒子内部扩散模型。

粒子内部扩散模型是表述吸附质分子在多孔吸附剂细孔内的扩散速率，其表达式为

$$Q_t=k \cdot t^{1/2}+I \tag{3-14}$$

式中，$Q_t$ 为 $t$ 时刻的吸附量(mg/g)；$k$ 为粒子内部扩散常数[mg/(g · min)]；$I$ 为常数。

若拟合满足线性关系，则粒子内部扩散由吸附过程的唯一速率决定；否则认为吸附过程是由两个或多个步骤共同控制决定的。

(3) 铝质-牡蛎壳结构自生长吸附材料除铜的扩散模型拟合。

根据最佳制备工艺制备样品，分别置于初始浓度为 10mg/L、20mg/L、30mg/L、40mg/L、50mg/L 的模拟废液中，将溶液 pH 调至 5.5，实验环境温度为 25℃，分别测定吸附时间为 0.5h、1h、3h、9h、12h、24h 后的模拟废液铜浓度，计算出吸附量，根据上述公式进行液膜扩散模型和粒子内部扩散模型拟合，结果如图 3-37、图 3-38 和表 3-11所示。

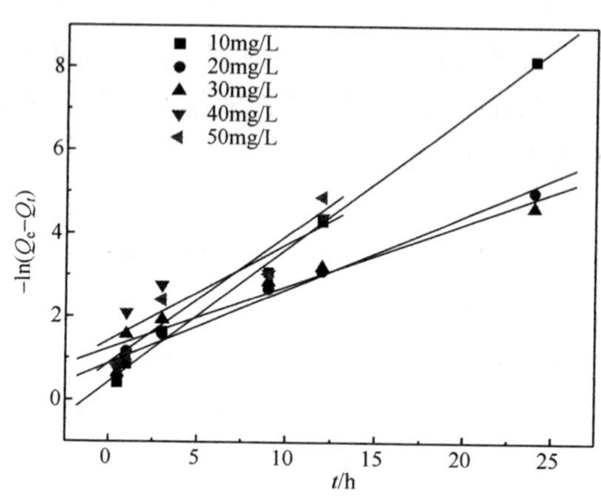


图 3-37　液膜扩散模型

**表 3-11　铝质-牡蛎壳结构自生长吸附材料吸附 $Cu^{2+}$ 的拟合程度 $R^2$**

| $C_0$/(mg/L) | 10 | 20 | 30 | 40 | 50 |
| --- | --- | --- | --- | --- | --- |
| 液膜扩散 | 0.998 | 0.989 | 0.965 | 0.892 | 0.958 |
| 粒子内部扩散 | 0.876 | 0.872 | 0.806 | 0.720 | 0.866 |

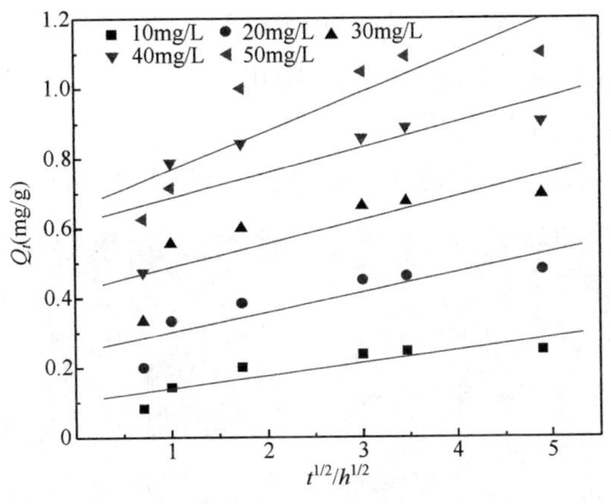


图 3-38　粒子内部扩散模型

从表 3-11 可以看出，液膜扩散模型的拟合程度 $R^2$ 较高，而粒子内部扩散拟合程度偏低，$R^2$ 均小于 0.900。这表明在整个吸附过程中，液膜扩散是吸附速率的主要控制步骤。但是液膜扩散模型方程并未过原点，这表明液膜扩散并不是吸附速率的唯一决定性过程，而是与其他过程共同作用控制吸附速率。

4. 铝质-牡蛎壳结构自生长吸附材料除铜材料的结构、表面特性表征

1) 除铜前后样品 XRD 分析

取最佳条件下制备的吸附剂(原料配比：铝厂污泥：牡蛎壳：硅微粉＝50：25：25(质量比)，煅烧温度 900℃，水热温度 140℃，水热时间 14h。吸附条件为：含铜溶液初始浓度 20mg/L，吸附时间 24h，pH＝5.5)进行除铜前后的 XRD 分析，结果如图 3-39 所示。

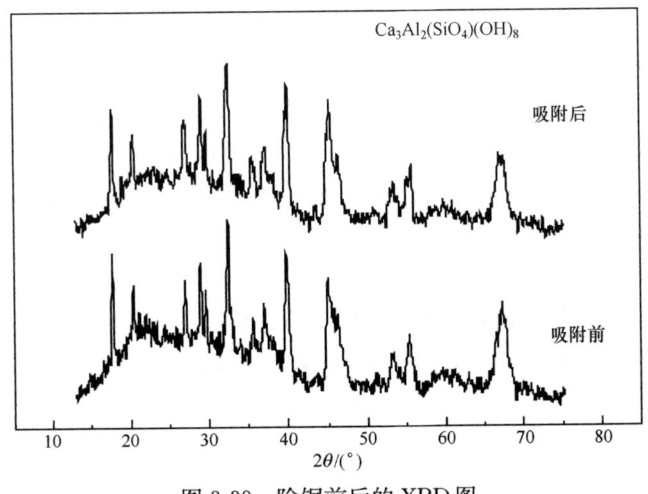


图 3-39　除铜前后的 XRD 图

从图 3-39 可以看出，除铜后，样品中 $Ca_3Al_2(SiO_4)(OH)_8$ 依旧为主晶相，衍射峰强度有所减弱，吸附并未改变样品的物相。

2）除铜前后样品 SEM 分析

取最佳条件下制备的吸附剂进行除铜前后 SEM 分析，结果如图 3-40 所示。

(a) 除铜前×2000倍SEM图　(b) 除铜前×5000倍SEM图

(c) 除铜后×2000倍SEM图　(d) 除铜后×5000倍SEM图

图 3-40　除铜前后样品 SEM 图

从图 3-40(a)、(b)可以看出，铝质-牡蛎壳结构自生长吸附材料分布着许多纵横交错互相交织的网状多孔结构。根据孔隙大小大体分为两种：第一种为水热化合物交联搭建出的孔，孔径≤1μm；另一种为原料混合不均匀或水热结构遭到破坏坍塌后出现的大孔，孔径>5μm。这些丰富的孔隙可以为 $Cu^{2+}$ 提供良好的附着位点。从图 3-40(c)、(d)可以看出，除铜后样品表面附着一些团状物质，整体形貌无特别大的改变，仍为多孔结构。

3）除铜前后样品 EDS 分析

对除铜前后的样品进行 SEM 形貌分析的同时，还对选定的物相进行(EDS)能谱分析，结果如图 3-41、图 3-42 和表 3-12、表 3-13 所示。

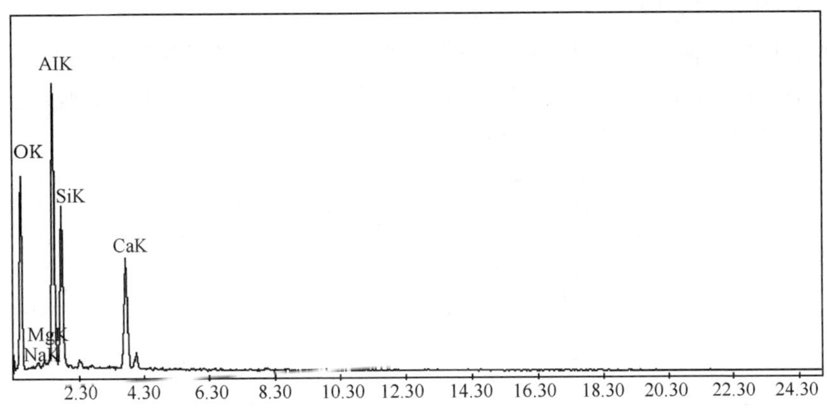


图 3-41　除铜前试样表面 EDS 图

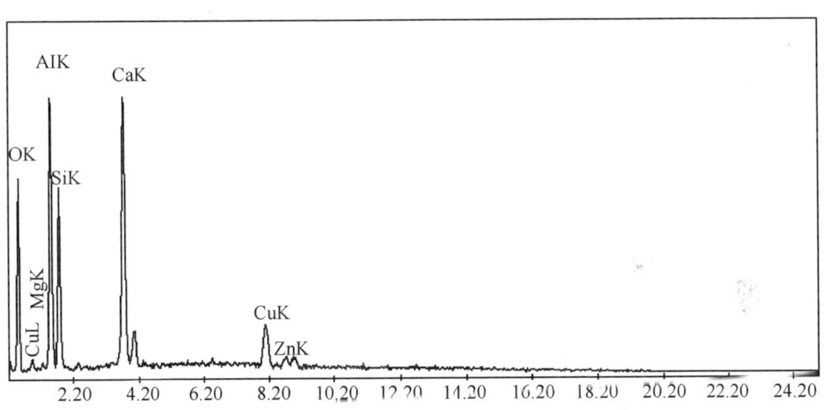


图 3-42　除铜后试样表面 EDS 图

**表 3-12　除铜前试样表面的元素**

| 元素 | O | Al | Si | Ca | Na | Mg |
|---|---|---|---|---|---|---|
| 质量分数/% | 38.03 | 25.17 | 18.94 | 16.36 | 0.75 | 0.75 |
| 原子分数/% | 53.35 | 20.93 | 15.13 | 9.16 | 0.73 | 0.70 |

**表 3-13　除铜后试样表面的元素**

| 元素 | O | Al | Si | Ca | Cu | Mg | Zn |
|---|---|---|---|---|---|---|---|
| 质量分数/% | 22.43 | 18.57 | 12.57 | 22.57 | 18.45 | 0.58 | 4.82 |
| 原子分数/% | 40.18 | 19.73 | 12.83 | 16.14 | 8.32 | 0.68 | 2.11 |

由表 3-12 和表 3-13 数据可知，吸附前样品主要含有 Ca、Al、Si、O，还有少量的 S；吸附后样品主要含有 Ca、Al、Si、O、Cu，其中的 Au 是在做扫描电镜分析时，对样品进行喷金处理，表面附着的 Au 元素。从图 3-41 和图 3-42 可以看出，除铜后样品新增了 $Cu^{2+}$ 的吸收峰，说明样品吸附了废液中的铜离子。

4）红外光谱分析

取水热处理前后的样品在最佳条件下制备的吸附剂进行除铜前后红外光谱分析。除铜条件：模拟废液初始浓度 20mg/L，pH＝5.5，吸附时间 24h，吸附溶液量 50mL。结果如图 3-43 和图 3-44 所示。

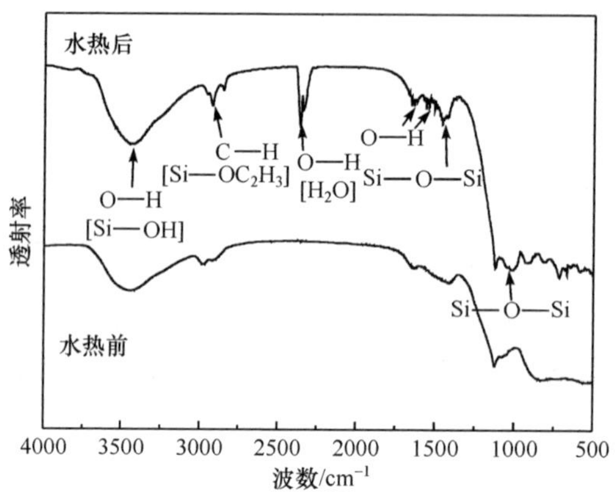


图 3-43　样品水热处理前后的红外光谱图

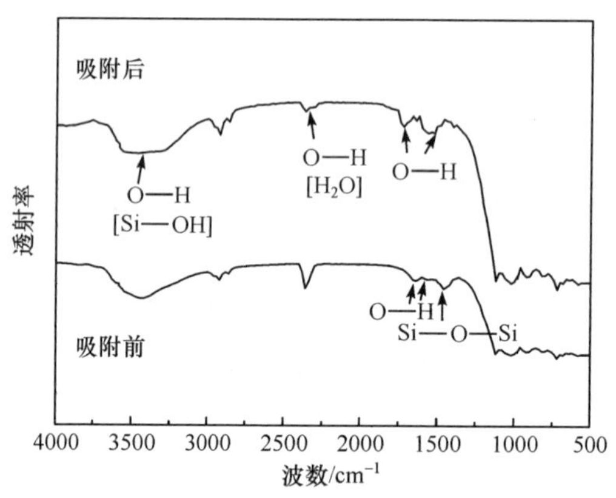


图 3-44　样品除铜前后的红外光谱图

从图 3-43 可以看出，经水热处理和未经水热处理的样品在 $3430cm^{-1}$ 位置均出现一个较宽的吸收峰，该峰处于 $3500\sim3200cm^{-1}$ 的范围之内，代表着分子间氢键 O—H 的伸缩运动，是羟基 OH 键的特征峰，属于 Si—OH 的伸缩振动。样品经水热处理后，在 $1650\sim1400cm^{-1}$ 处出现了更明显的吸收峰，属于 O—H 键的面内变形振动所致，为 $3430cm^{-1}$ 处的相关峰。同时，经水热处理后的样品，在 $1130cm^{-1}$ 出现了一个新峰，属于 Si—O—Si 键的反对称伸缩振动。可以看出，经水热处理的吸附剂具有更多更明显的 O—H 键特征峰，更有利于吸附。

从图 3-44 中可以看出，吸附后的红外曲线在 $3430cm^{-1}$ 处的 OH 特征峰及 $2362cm^{-1}$ 处水的 OH 特征峰强度明显变小。$1650cm^{-1}$、$1444cm^{-1}$ 处的峰蓝移到 $1725cm^{-1}$、$1548cm^{-1}$ 左右位置，而 $1130cm^{-1}$ 处的 Si—O—Si 峰消失。这表明铝质-牡蛎壳结构自生长吸附材料吸附 $Cu^{2+}$ 的过程中发生了一系列化学反应和物理反应，改变了铝质-牡蛎壳结构自生长吸附材料的一些红外特征。这其中的化学反应是 $Cu^{2+}$ 与—OH 发生粒子交换作用，其反应式如下：

$$2M—OH+Cu^{2+} \longrightarrow (2M—O)Cu+2H^{+} \quad (3\text{-}15)$$

或

$$M—OH+Cu(OH)^{+} \longrightarrow (M—O)Cu(OH)+H^{+} \quad (3\text{-}16)$$

而 $Cu^{2+}$ 与铝质-牡蛎壳结构自生长吸附材料表面发生粒子交换作用或者诱导力等物理性质力的作用，从而引起峰的蓝移。

5) Zeta 电位分析

(1) 水热温度对样品表面 Zeta 电位的影响。

称取 1mg 不同水热温度的样品粉末置于去离子水中，将其充分分散。利用 0.1mol/L 的盐酸或氢氧化钠溶液，将待测溶液 pH 分别调节为 4.0、5.0、6.0、7.0、8.0、9.0、10.0、11.0、12.0 等，利用微电泳仪测定上述溶液 Zeta 电位，其结果如图 3-45 所示。

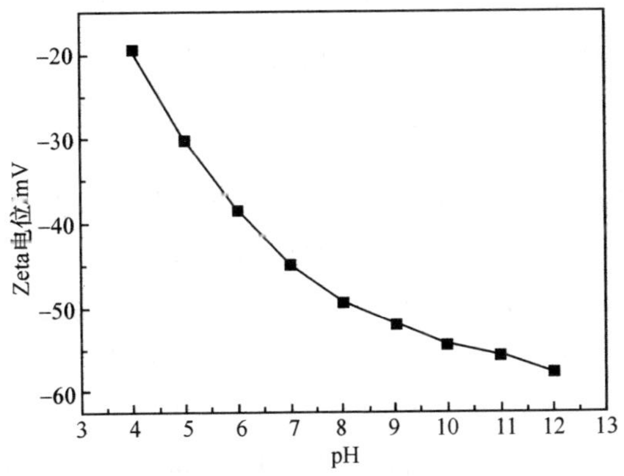


图 3-45　pH 对样品表面 Zeta 电位的影响

从图 3-45 可以看出，铝质-牡蛎壳结构自生长吸附材料在 pH＝4～12 范围内，表面均带负电，这是吸附剂表面大量的—OH 官能团电离的结果。随着 pH 的升高，样品表面含氧官能团去质子化，导致吸附剂表面负电荷量增加。因此，在对铜离子吸附时，吸附剂表面所带的负电荷利于溶液中 $Cu^{2+}$ 的扩散，使吸附剂在较短时间内对 $Cu^{2+}$ 的吸附量快速增加。由于静电引力的作用，$Cu^{2+}$ 扩散到吸附剂表面，通过范德华力等物理性质力的作用，吸附到吸附剂表面。

(2) $Cu^{2+}$ 对样品表面 Zeta 电位的影响。

称取 1mg 最佳制备工艺条件下制备的样品粉末，分别置于 0mg/L、0.001mg/L、0.0025mg/L、0.005mg/L、0.01mg/L 和 0.02mol/L 的含铜溶液中，将粉末充分分散，测定样品粉末在 pH=5.5 下的 Zeta 电位，结果如图 3-46 所示。

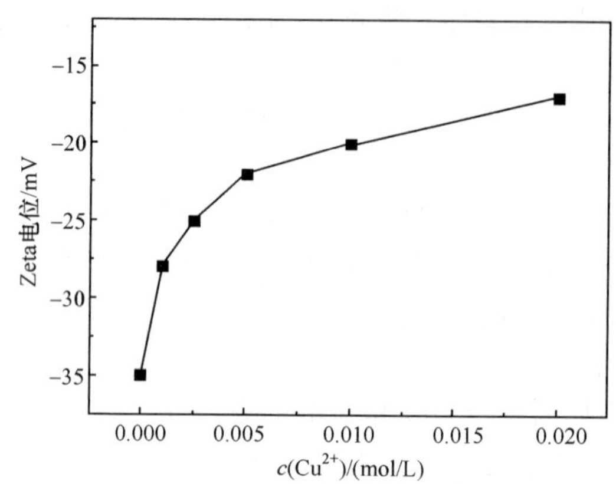


图 3-46　$Cu^{2+}$ 对样品表面 Zeta 电位的影响

从图 3-46 可以看出，随着溶液中 $Cu^{2+}$ 浓度的提高，样品表面的 Zeta 电位不断提高。这是由于带正电的 $Cu^{2+}$ 被吸附到带负电的吸附剂表面，导致吸附剂的双电层结构被压缩，厚度减小，所带负电荷的绝对值减小。

5. 小结

采用铝厂污泥为基础原料，掺杂硅微粉和牡蛎壳作为改性剂，经烧结-水热合成一种不易破损、对废水中 $Cu^{2+}$ 去除效率高的铝质-牡蛎壳结构自生长吸附材料。经实验研究确定了最佳的制备合成方案，探讨了不同模拟废液初始浓度、吸附时间、废液 pH 对铝质-牡蛎壳结构自生长吸附材料除铜性能的影响。结合等温线、动力学及扩散模型探讨了铝质-牡蛎壳结构自生长吸附材料的除铜机理。并对铝质-牡蛎壳结构自生长吸附材料进行 XRD、SEM、EDS、红外、Zeta 分析，探究了铝质-牡蛎壳结构自生长吸附材料结构、表面特性与废水除铜功效之间的关系。

(1) 铝质-牡蛎壳结构自生长吸附材料的最佳合成工艺条件为：铝厂污泥∶牡蛎壳∶硅微粉（质量比）=50∶25∶25；最佳烧结温度 900℃，最佳水热条件为 140℃、水热时间 14h。

(2) 模拟废液 pH 对吸附 $Cu^{2+}$ 有很大的影响。当溶液酸性较强时，废液中的 $H^+$ 与 $Cu^{2+}$、$CuOH^+$ 竞争吸附剂表面的吸附位点，不利于吸附；而当溶液碱性较强时，废液中的 $OH^-$ 直接与 $Cu^{2+}$ 结合生成 $Cu(OH)_2$ 或铜酸盐，沉淀作用大于吸附作用。因此，吸附最佳的 pH 为 5.5。

(3) 在实验设置的五个浓度下，铝质-牡蛎壳结构自生长吸附材料对 $Cu^{2+}$ 的吸附在24h内达到平衡。吸附率随时间变化的趋势大体一致，经历了"快速吸附-缓慢吸附-吸附平衡"三个阶段。

(4) 模拟废液的初始浓度对于吸附效果影响显著。随着废液初始浓度增大，铝质-牡蛎壳结构自生长吸附材料对 $Cu^{2+}$ 的吸附量逐渐上升，最终达到饱和吸附。但吸附率随着初始浓度的增大而逐渐下降。模拟废液的初始浓度越高，铝质-牡蛎壳结构自生长吸附材料对 $Cu^{2+}$ 的初始吸附速率就越大。

(5) 当含铜废水的初始浓度为10mg/L，吸附时间为24h，实验环境温度为25℃时，吸附剂对铜离子的吸附率最高为99.3%，吸附的最佳pH为5.5。

(6) 利用Langmuir和Freundlich等温线模型对吸附过程进行拟合发现：Freundlich拟合程度 $R^2=0.997$ 大于Langmuir的拟合程度 $R^2=0.95$，因此Freundlich模型更适合描述铝质-牡蛎壳结构自生长吸附材料对 $Cu^{2+}$ 的吸附行为。这说明在表面的吸附位点被占据时，铝质-牡蛎壳结构自生长吸附材料开始进行多分子层吸附作用。

(7) 利用Largergren准一级动力学、Ho准二级动力学、Elovich动力学模型对吸附过程进行拟合发现，Ho准二级动力学的拟合程度最佳，$R^2=0.999$。同时，模拟出的理论平衡吸附量与实际测量值最接近。因此，Ho准二级动力学模型更适合描述铝质-牡蛎壳结构自生长吸附材料对 $Cu^{2+}$ 的吸附行为。

(8) 利用液膜扩散和内部粒子扩散模型对吸附过程进行拟合发现：在整个吸附过程中，液膜扩散模型能够很好地拟合吸附过程。但是液膜扩散模型并未过原点，表明液膜扩散模型不是决定吸附速率的唯一过程。

(9) XRD分析结果表明，水热前样品的主要物相为 $CaSiO_3$、$Ca_2Al_2SiO_7$ 及少量的 $SiO_2$、$\gamma$-$Al_2O_3$；经水热处理后，样品主要物相为 $Ca_3Al_2(SiO_4)(OH)_8$。除铜前后并未改变吸附剂的物相。

(10) SEM分析结果表明，经水热处理的铝质-牡蛎壳结构自生长吸附材料具有丰富的多孔结构，这些空间网状结构由Ca、Si、Al生成的水热化合物搭建而成。孔隙大小为微米级别，为铜离子的吸附提供了良好的吸附位点。除铜前后，样品表面附着少量团状物质，形貌改变很小。

(11) EDS分析结果表明，除铜后的样品出现了 $Cu^{2+}$ 的吸收峰，表明铜离子被吸附到吸附剂上。

(12) 红外分析结果表明，经水热处理的样品表面羟基增多。除铜前后样品的吸收峰发生了消失、蓝移等变化，表明铝质-牡蛎壳结构自生长吸附材料除铜过程兼有物理吸附和化学吸附过程。

(13) Zeta电位分析结果表明，铝质-牡蛎壳结构自生长吸附材料在pH=4～12的范围内表面带负电，对于溶液中带正电的 $Cu^{2+}$ 有很好的静电引力作用，利于吸附。

### 3.4.4 免烧结构自生长材料的研制

采用硅微粉作为原料之一对牡蛎壳进行硅酸盐水热改性制备的废水除铅材料具有良好的除铅性能和优异的循环使用特性，是一种极具潜力的废水除铅吸附材料。但这种吸附材料的制备需要烧结-水热等过程，工序复杂，能耗较高，为了制备一种低能耗的废水除铅材料，本章将主要探讨以水泥为结合剂，将牡蛎壳粉末胶结成型，制备一种免烧废水除铅吸附剂，探讨其除铅特性和最佳工作条件。

1. 免烧法制备的样品除铅实验结果分析

1）最佳方案的确定

（1）除铅效率。

将牡蛎壳与水泥不同质量比的配方，在相同条件下（废液初始浓度为 5mg/L、实验环境温度 30℃）进行除铅测定，对除铅效率进行比较，同时结合对成本控制、可回收再利用方面进一步分析，进而确定最佳配方。首先，对各配方进行除铅测定，结果如表 3-14 及图 3-47 所示。

表 3-14　各配方除铅效率

| 配方号 | 水泥质量分数/% | 3h 除铅率/% | 6h 除铅率/% | 9h 除铅率/% | 12h 除铅率/% | 24h 除铅率/% | 48h 除铅率/% |
|---|---|---|---|---|---|---|---|
| 1 | 20 | 8.23 | 15.2 | 28.8 | 47.65 | 69.47 | 74.5 |
| 2 | 18 | 9.47 | 16.69 | 29.16 | 49.94 | 75.36 | 78.5 |
| 3 | 14 | 10.28 | 18.37 | 31.36 | 52.63 | 77.54 | 82.5 |
| 4 | 10 | 12.41 | 19.25 | 33.2 | 56 | 82.16 | 89.66 |
| 5 | 6 | 12.45 | 20.96 | 36.98 | 57.7 | 85 | 90.1 |
| 6 | 4 | 13.56 | 24.75 | 39.92 | 62.34 | 89.12 | 93.46 |

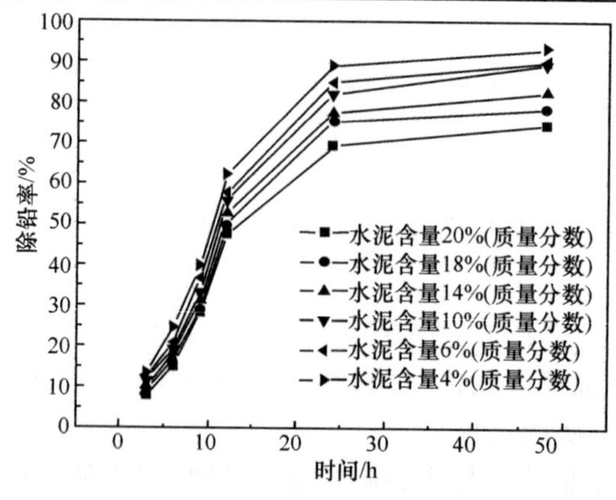


图 3-47　各配方除铅率

从图 3-47 可以看出，各样品的除铅率随着水泥添加量的增加呈下降趋势，而随着除铅时间的延长，各配方的除铅率逐渐提高，但 24h 后增加幅度不大。水泥含量超过 10%（质量分数）的配方，48h 的除铅率基本可达 90%以上。

(2) 强度测试。

按照上述配方，将试样压成条状，通过万能材料试验机对各配方柱条状试样进行强度测量。其结果如表 3-15 及图 3-48 所示。

**表 3-15　各配方强度**

| 编号 | 水泥含量/% | 断裂弯曲应力/MPa | 最大弯曲力/N |
|---|---|---|---|
| 1 | 20 | 14.53 | 75.84 |
| 2 | 18 | 12.63 | 96.75 |
| 3 | 14 | 11.97 | 80.18 |
| 4 | 10 | 11.26 | 66.57 |
| 5 | 6 | 5.71 | 35.11 |
| 6 | 4 | 1.08 | 21.03 |

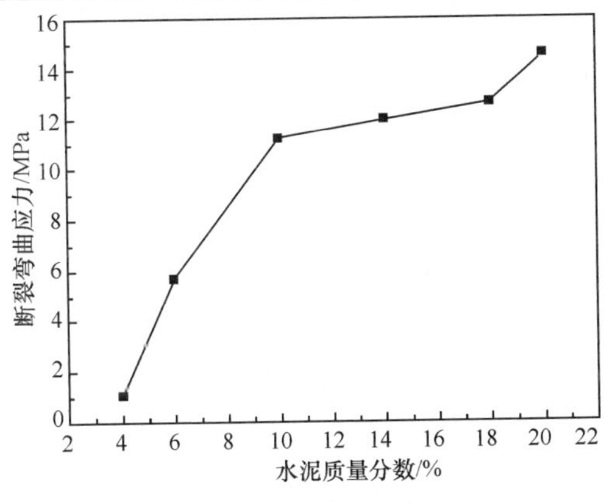


图 3-48　各配方强度

由图 3-48 可以看出，水泥的添加对试样强度影响很大，水泥的添加量越大，材料的强度越高。但过高的水泥添加量将使材料的气孔率降低，致密度提高，影响牡蛎壳粉末自身优越的天然孔洞结构，因此除铅效率随之降低，同时水泥的含量太高，所需成本也越高。当样品中水泥含量超过 10%时，样品的断裂弯曲应力已经超过 11MPa，可以达到循环再生的使用要求。综合考虑除铅效率与经济效益，在保证试样强度的前提下，尽量降低水泥的用量。水泥添加量小于 4%的试样在实验过程中粉化现象严重，容易造成二次污染，且无法满足回收使用的目的。根据以上数据，选择水泥的添加量为 10%，牡蛎壳粉末含量为 90%的配方，此时样品的除铅效率为 89.66%，断裂弯曲应力为 11.26MPa，在水中不粉化，性能稳定。

2）牡蛎壳细度对免烧法材料除铅效果的影响

取分别过 40 目、60 目、100 目、150 目、200 目筛的牡蛎壳粉，添加 10％的水泥制成样品进行除铅实验，废液铅浓度 5mg/L，样品剂量 1g/40mL；实验环境温度 30℃。其结果如图 3-49 所示。

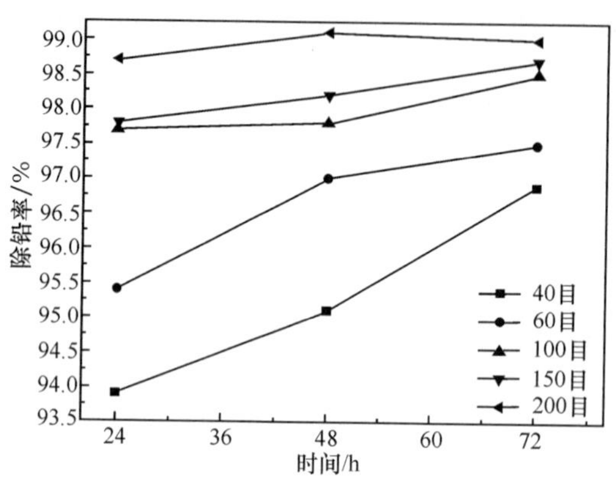


图 3-49　细度对免烧法材料除铅效果的影响

从图 3-49 可以看出，通过不同筛的牡蛎壳粉与水泥制成的样品在 24h 之后除铅效率都能达到 90％以上，当粉磨细度大于 100 目时，除铅率均达到 97％以上，此时继续增加细度对除铅率影响不大，从制料省时省力的角度出发，粉料过 100 目的筛为最佳工艺条件，粒径控制约为 0.150mm。

3）废液初始浓度对免烧法材料除铅效果的影响

分别配置初始浓度为 3mg/L、5mg/L、10mg/L、15mg/L、20mg/L 的含铅废水，实验环境温度 30℃，样品/废水用量比例为 1g/40mL，测试免烧样品的除铅效果，探讨废液初始浓度对除铅效果的影响，结果如表 3-16 和图 3-50 所示。

**表 3-16　废液初始浓度对 $Pb^{2+}$ 吸附的影响**

| 实验号 | 铅浓度/(mg/L) | 3h 吸附量/(mg/g) | 6h 吸附量/(mg/g) | 9h 吸附量/(mg/g) | 12h 吸附量/(mg/g) | 24h 吸附量/(mg/g) | 36h 吸附量/(mg/g) | 48h 吸附量/(mg/g) | 72h 吸附量/(mg/g) |
|---|---|---|---|---|---|---|---|---|---|
| 1 | 3 | 0.020 | 0.074 | 0.080 | 0.086 | 0.11 | 0.11 | 0.12 | 0.12 |
| 2 | 5 | 0.025 | 0.038 | 0.066 | 0.11 | 0.16 | 0.17 | 0.17 | 017 |
| 3 | 10 | 0.012 | 0.11 | 0.37 | 0.40 | 0.48 | 0.49 | 0.49 | 0.49 |
| 4 | 15 | 0.004 | 0.080 | 0.4 | 0.31 | 0.72 | 0.76 | 0.76 | 0.77 |
| 5 | 20 | 0.032 | 0.16 | 0.33 | 0.51 | 0.77 | 0.92 | 0.94 | 0.95 |

由图 3-50 可以明显看出，浓度梯度对吸附的影响非常明显，随着溶液浓度增大，单位质量吸附剂所吸附的 $Pb^{2+}$ 量逐渐上升。吸附曲线的斜率代表铅离子的吸附速率，吸附曲线的斜率逐渐增加，样品吸附铅的速率也逐渐提高。与硅酸盐法相

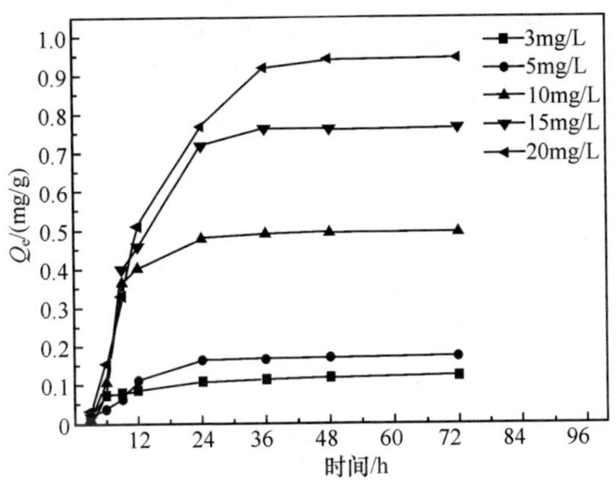


图 3-50　废液初始浓度对 $Pb^{2+}$ 吸附的影响

比较，初始浓度较低的废液达到吸附平衡所需的时间较长，初始浓度为 3mg/L 和 5mg/L 的废液需 24h 才能达到吸附平衡。吸附 36h 后，15mg/L 和 20mg/L 初始浓度废液的单位质量吸附剂吸附量趋于平衡，初始浓度为 20mg/L 的溶液，最大单位质量吸附剂吸附量为 0.95mg/g。

4）pH 对免烧法材料除铅效果的影响

通过调节废液的 pH，采用最佳配方进行实验，探讨各种酸性或碱性环境对材料除铅性能的影响。其中废液 pH 为 3、5、7、9、11。除铅实验中，废液铅浓度 5mg/L，样品剂量 1g/40mL；实验环境温度 30℃。其结果如表 3-17 和图 3-51 所示。

**表 3-17　pH 对平衡吸附质量的影响**　（单位：mg/g）

| 实验号 | pH | 3h | 6h | 9h | 12h | 24h | 36h | 48h | 72h |
|---|---|---|---|---|---|---|---|---|---|
| 1 | 3 | 0.027 | 0.063 | 0.078 | 0.10 | 0.12 | 0.14 | 0.14 | 0.15 |
| 2 | 5 | 0.17 | 0.17 | 0.16 | 0.17 | 0.16 | 0.18 | 0.18 | 0.19 |
| 3 | 7 | 0.048 | 0.043 | 0.039 | 0.048 | 0.051 | 0.039 | 0.058 | 0.072 |
| 4 | 9 | 0.47 | 0.47 | 0.47 | 0.48 | 0.49 | 0.49 | 0.49 | 0.45 |
| 5 | 11 | 0.12 | 0.12 | 0.15 | 0.15 | 0.14 | 0.15 | 0.17 | 0.20 |

从图 3-51 可以明显看出，pH 对样品的除铅率影响很大。当 pH 为中性（pH=7）时，除铅效率最低。在低 pH 强酸性区，金属离子的吸附量也较小。随着 pH 的升高，去除率逐渐增大。这种现象可以通过金属离子与吸附剂表面发生络合反应来解释，如下所示：

$$(Si,Mg,Al,Na,Sr)—OH+Pb^{2+} \rightleftharpoons (Si,Mg,Al,Na,Sr)—OPb^{+}+H^{+}$$

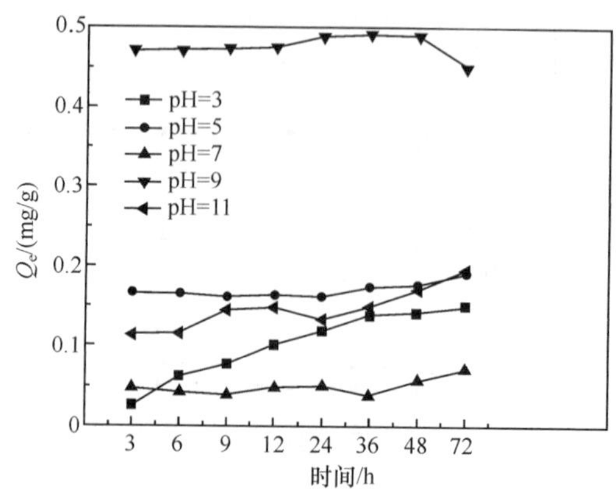


图 3-51 pH 对 $Pb^{2+}$ 吸附的影响

$$2(Si,Mg,Al,Na,Sr){-}OH + Pb^{2+} \rightleftharpoons [(Si,Mg,Al,Na,Sr){-}O]_2Me^{+} + 2H^{+}$$

$$(Si,Mg,Al,Na,Sr){-}OH + Pb^{2+} + H_2O \rightleftharpoons (Si,Mg,Al,Na,Sr){-}OPbOH + 2H^{+} \tag{3-17}$$

在酸性条件下，当 $H^+$ 浓度增加时，平衡向解吸方向进行，吸附量减少；所以 pH=3 时的吸附量小于 pH=5 的吸附量。在碱性条件下，$H^+$ 浓度减少，平衡向有利于吸附反应的方向进行，吸附量增加。一般 pH 到 6 后，$Pb^{2+}$ 开始形成 $Pb(OH)_2$ 沉淀物，pH 到 10 时，沉淀开始溶解。所以 pH=9 时的吸附量最大。但是在碱性条件下，$Pb^{2+}$ 与溶液中 $OH^-$ 形成微溶的 $Pb(OH)_2$ 沉淀，容易造成二次污染，所以除铅的最佳 pH 为 5。

5）循环实验对免烧法除铅效果的影响

采用免烧法除铅最佳配方进行连续除铅循环实验，持续 55 天。实验条件为模拟含铅废水浓度 5mg/L，样品/废水用量比例为 1g/40mL，环境温度为 30℃。每隔一天测定一次废液浓度，同时用新的含铅废水取代原有废液，累计铅吸附量如图 3-52和图 3-53 所示。

由图 3-52 可以看出，与硅酸盐水热法制备的样品相似，免烧试样除铅率变化的整体趋势也是随着时间的延长波动下降，但下降速率更快。免烧工艺制备的吸附剂连续除铅 55 天时仍可达到 62.68%的除铅效率。从图 3-53 可以看出，免烧试样累积吸附量逐渐增加，经过 55 天，累积单位质量吸附剂吸附量达 9.04mg/g。

### 2. 免烧法制备的除铅材料对 $Pb^{2+}$ 的吸附机理探讨

1）Langmuir 吸附等温线模型

吸附等温曲线是指在一定温度下溶质分子在两相界面上进行的，吸附过程达到平衡时，它们在两相中浓度的关系曲线。通常用来描述水溶液中吸附过程的吸

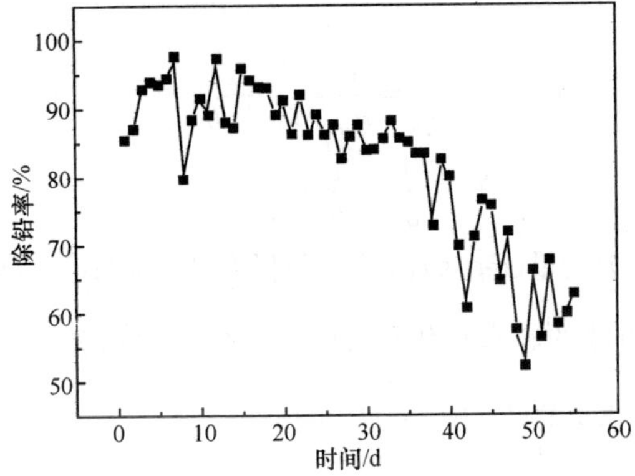


图 3-52　免烧工艺制备的除铅材料循环实验除铅率

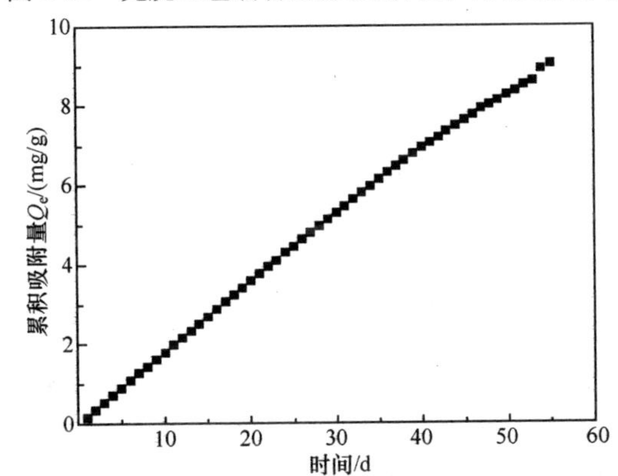


图 3-53　免烧工艺制备的除铅材料循环实验累积吸附量

附等温线包括 Langmuir 方程(朗缪尔方程,简称 L 型)和 Freundlich 方程(弗罗因德利希方程,简称 F 型)。

Langmuir 吸附等温线基本观点认为气体在固体表面上的吸附是气体分子吸附在吸附剂表面凝集和逃逸(即吸附与解吸)两种相反过程达到动态平衡的结果。

Langmuir 吸附等温线模型是根据气固两相间的单分子吸附的假设而推导得出的,所以 Langmuir 吸附模型是单分子层吸附模型,它只考虑单一组分的定域吸附,有如下几个基本假定[64]。

(1) 吸附剂表面是均匀表面,各个吸附中心的吸附能相等,并在各中心均匀分布。

(2) 为单分子层吸附。当吸附剂表面吸附质达到饱和时,达到最大吸附量。

(3) 在吸附剂表面上的各个吸附点间没有吸附质转移运动,吸附的分子之间没有相互作用。

(4) 吸附平衡是动态平衡,即达到平衡时吸附速率和脱附速率相等。

由动力学方法推导出平衡吸附量 $q_e$ 与液相平衡浓度 $C_e$ 关系如下。

直线式

$$\frac{1}{q_e}=\frac{1}{q_m}\cdot\frac{1}{C_e}+\frac{1}{b} \tag{3-18}$$

$$\frac{1}{q_e}=\frac{1}{b}+\frac{1}{q_mC_e} \tag{3-19}$$

式中，$q_m$ 为静态饱和吸附量(mg/g)；$b$ 为吸附强度(L/mg)；$C_e$ 为平衡浓度(mg/L)。

作$\frac{1}{q_e}$-$\frac{1}{C_e}$图，由直线的斜率和截距可以求得静态饱和吸附量 $q_m$ 和吸附强度 $b$。Langmuir 吸附等温线示意图如图 3-54 所示。

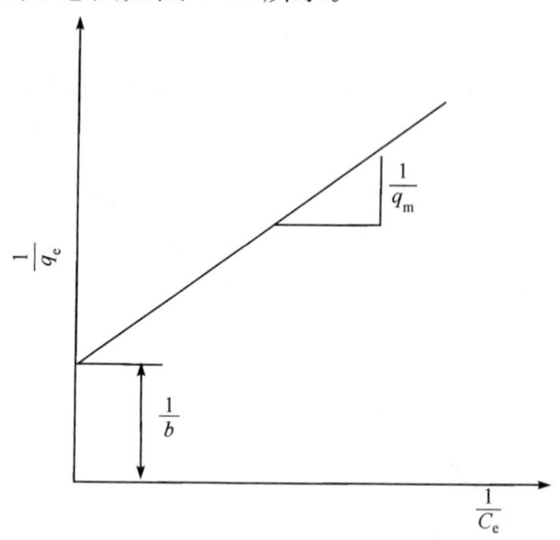


图 3-54 Langmuir 吸附等温线线性拟合示意图

式(3-18)适用于 $C_e<1$ 的情况，而式(3-19)则适用于 $C_e$ 较大的情况，这是根据比例关系式的数学性质所决定的。

2) Freundlich 吸附等温线模型

Freundlich 吸附等温线模型，非常适合不均匀表面的吸附，它往往能够在相当广的浓度范围内很好地吻合实验结果。但是如果溶质的浓度变化范围很宽，从很高浓度变化到很低浓度，实验数据与 Freundlich 吸附等温线模型偏离。在一定的范围内，许多吸附都符合 Freundlich 吸附等温线模型，即使是符合 Langmuir 吸附等温线模型的实验数据，除低浓度和高浓度外，中等浓度范围也符合 Freundlich 吸附等温线模型。Freundlich 吸附等温线模型指数形式的经验式为

$$q_e=K\cdot C_e^{\frac{1}{n}} \tag{3-20}$$

式中，$K$ 为 Freundlich 吸附系数；$n$ 为吸附常数，通常大于 1；$C_e$ 为平衡浓度(mg/L)。

一般认为，$\frac{1}{n}$介于 0.1～0.5 时易于吸附，而$\frac{1}{n}>2$ 时难以吸附。将式(3-20)两边取对数 $\lg q_e=\lg K+\frac{1}{n}\lg C_e$。作 $\lg q_e$-$\lg C_e$ 图，直线的斜率为$\frac{1}{n}$，截距为 $K$。

Freundlich 吸附等温线示意图如图 3-55 所示。

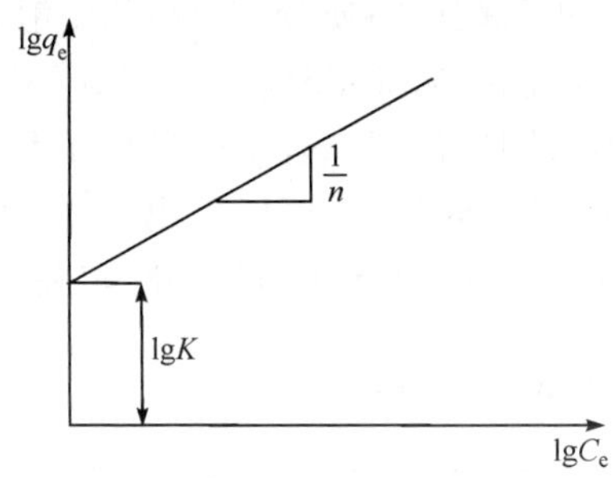


图 3-55　Freundlich 吸附等温式线性拟合示意图

上述两种吸附等温式，仅适用于单组分吸附体系。对于同一组吸附实验数据，究竟更符合 L 型还是 F 型，应根据 L 型和 F 型对实验数据进行线性拟合，并求出相应的相关系数，相关系数越高，线性越好，符合度越高。

3. 免烧法制备的除铅材料等温吸附拟合

将每个制备好的环状试样（质量为 2g/个）分别加入 80mL 不同浓度（20～300mg/L）的 $Pb^{2+}$ 溶液，在 30℃下吸附一定时间，离心分离出上层清液，测量吸附前后铅离子的浓度，根据公式（3-21）计算出平衡吸附量 $Q_e$（mg/g），并绘制出吸附等温线，如图 3-56 所示。

$$Q_e=\frac{V\times(C_0-C_e)}{m}\times10^{-3} \tag{3-21}$$

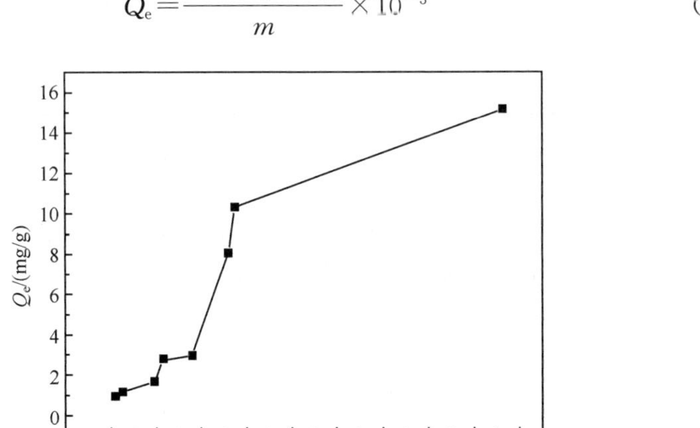


图 3-56　免烧法制备的除铅材料吸附 $Pb^{2+}$ 的吸附等温线

式中，$V$ 为溶液的体积（mL）；$C_0$ 为处理前废水中 $Pb^{2+}$ 的浓度（mg/L）；$C_e$ 为处理后废水中 $Pb^{2+}$ 的浓度（mg/L）；$m$ 为吸附剂量的质量（g）。

由图 3-56 可以看出免烧法制备的除铅材料对 $Pb^{2+}$ 的吸附等温线基本上呈双“S”型。S 型等温线是由于被吸附的溶质分子对液相中溶质分子吸引的结果。

用 L 型和 F 型对免烧法制备的除铅材料吸附 $Pb^{2+}$ 离子的实验数据进行线性回归分析，如图 3-57 所示，吸附等温线拟合所得参数如表 3-18 所示。

通过表 3-18，比较线性相关系数 $R^2$ 可以看出，L 型的线性相关系数为 0.95，高于 F 型，表明 L 型能较好地拟合免烧法制备的除铅材料对 $Pb^{2+}$ 的吸附，L 型为 $\frac{1}{q_e}=\frac{0.26}{C_e}-1.67$，最大吸附量为 3.85mg/L。

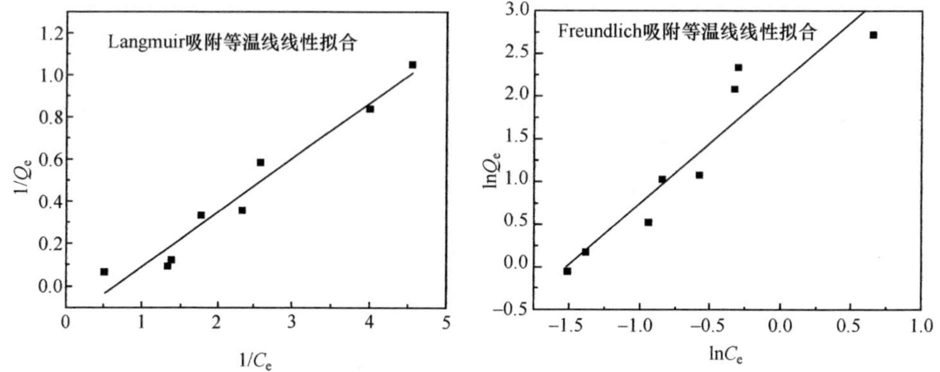


图 3-57　$Pb^{2+}$ 吸附等温线线性拟合

**表 3-18　$Pb^{2+}$ 的吸附等温线方程拟合参数**

| Langmuir 吸附等温线方程 | | | Freundlich 吸附等温线方程 | | |
|---|---|---|---|---|---|
| $q_m$ | $b$ | $R^2$ | $n$ | $k$ | $R^2$ |
| 3.85 | −5.99 | 0.95 | 0.709 | 144.87 | 0.878 |

4. 免烧法制备的除铅材料吸附 $Pb^{2+}$ 的动力学分析

吸附动力学模型能反映吸附材料去除污染物的速率问题，吸附速率是评价吸附材料性能的一个重要指标，所以对除铅材料进行动力学分析对污水处理的设计与运行具有重要的意义。

1）吸附动力学模型

常用于描述吸附动力学方程的数学模型有 Lagergren 准一级动力学方程、Ho 准二级动力学方程和 Elovich 方程。通过免烧法制备的除铅材料对 $Pb^{2+}$ 的吸附量随时间的变化来表征免烧法制备的除铅材料的吸附效率。

（1）Lagergren 准一级动力学方程。

准一级动力学模型认为吸附剂上活性点被金属离子占据的速率与未被占据的活性点成正比，数学表达式为

$$\lg(q_e - q_t) = \lg q_e - \frac{k_1}{2.303} \cdot t \tag{3-22}$$

式中，$k_1$ 为一级吸附速率常数（1/min）；$q_e$ 为平衡时除铅材料吸附 $Pb^{2+}$ 的质量（mg/g）；$q_t$ 为时间 $t$ 时除铅材料吸附 $Pb^{2+}$ 的质量（mg/g）。

（2）Ho 准二级动力学方程。

准二级动力学模型认为吸附剂上活性点被金属离子占据的速率与未被占据的活性点的平方成正比，数学表达式为

$$t/q_t = \frac{1}{2k_2 \cdot q_e^2} + \frac{t}{q_e} \tag{3-23}$$

式中，$k_2$ 为准二级吸附速率常数[g/(mg · min)]。

初始吸附速率 $v_0$ 可由以下公式计算：

$$v_0 = 2k_2 \cdot q_e^2 \tag{3-24}$$

（3）Elovich 方程。

Elovich 动力学方程是 Elovich 在 20 世纪 30 年代提出的，他认为，吸附速率随吸附剂表面吸附量的增加呈指数下降。数学表达式为

$$q_t = a\ln t + b \tag{3-25}$$

式中，$q_t$ 为 $t$ 时刻离子在吸附剂表面吸附的数量；$b$ 为常数。

2）免烧法制备的除铅材料吸附 $Pb^{2+}$ 的动力学模型

（1）吸附量随时间变化曲线。

实验条件：$Pb^{2+}$ 溶液初始浓度分别为 3mg/L、5mg/L、10mg/L、15mg/L、20mg/L，吸附剂投加量为 1g/40mL，反应温度为 30℃，溶液 pH 为 5。吸附时间分别为 3h、6h、9h、12h、24h、36h、48h、72h、96h。吸附时间与单位质量吸附剂吸附量的关系如图 3-58 所示。

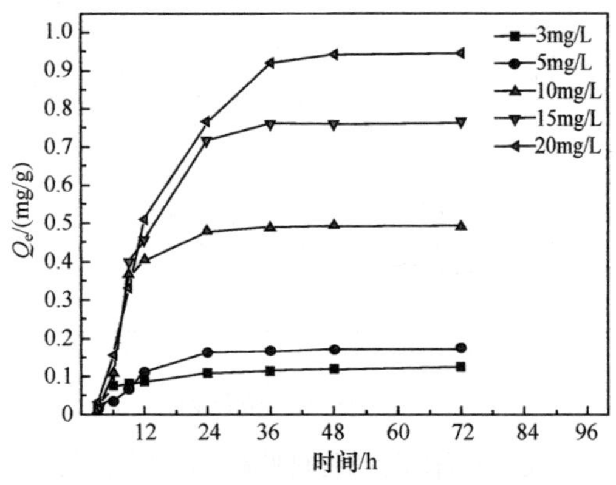


图 3-58　不同初始浓度下免烧法制备的除铅材料吸附 $Pb^{2+}$ 的吸附曲线

吸附过程中的前 3h，不同初始浓度废液除铅效果差不多，且除铅量比较少。随着反应时间延长，吸附量逐渐增加。6～24h 的过程中，不同初始浓度废液除铅量都有较大幅度提升，初始浓度为 20mg/L 的废液增加速率最大。主要是由于样品具有丰富的气孔结构，所以具有很强的吸附能力。而初始铅浓度高的废液提供了较多的铅离子，满足动力学条件，使高浓度废液初期反应迅速进行。但随着吸附接近平衡，逐渐趋近于一个限值。36h 后，不同初始浓度废液的单位质量除铅材料吸附量趋于平衡，其原因是吸附与解吸附趋于动态平衡。

(2) 吸附动力学模型拟合。

将图 3-58 得到的实验数据进行处理，得到免烧法制备的除铅材料吸附 $Pb^{2+}$ 的动力学方程，分别以 $\lg(q_e-q_t)$ 对 $t$、$t/q_t$ 对 $t$ 作图，$q_t$ 对 $\ln t$ 作图，如图 3-59 所示。然后对实验数据进行线性回归分析，从斜率和截距可得到 $k_1$、$k_2$ 以及相关系数 $R_1$、$R_2$、$R_3$ 值，结果如表 3-19 所示。

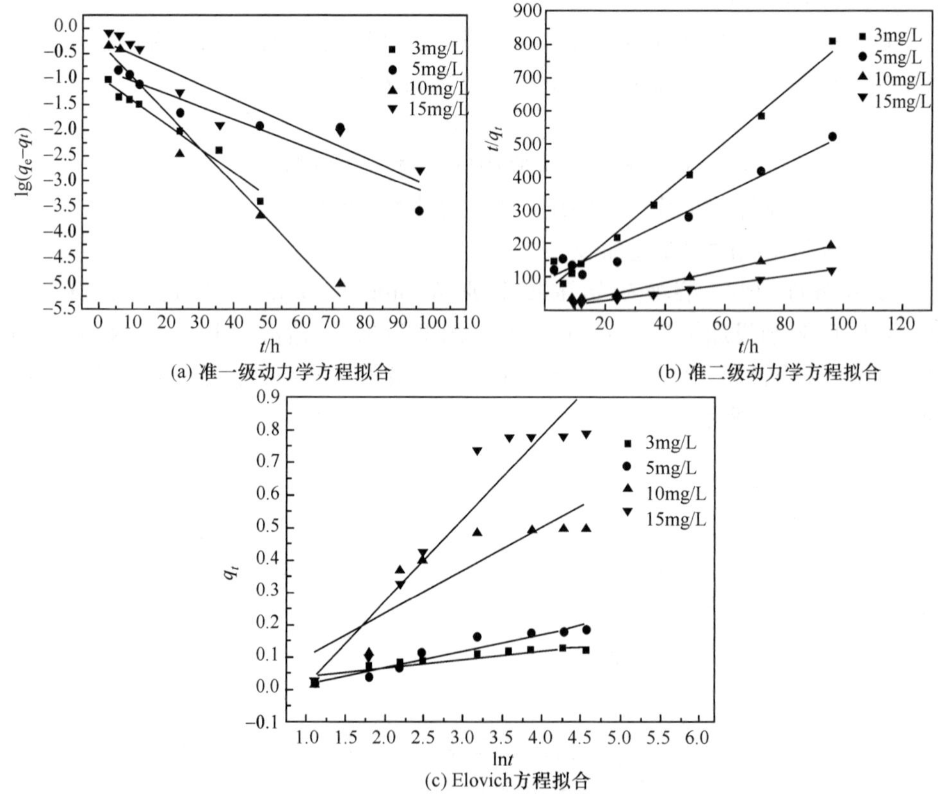


图 3-59　免烧法制备的除铅材料吸附 $Pb^{2+}$ 的动力学方程拟合

**表 3-19 免烧法制备的除铅材料吸附 $Pb^{2+}$ 的动力学方程参数**

| $C_0$(mg/L) | 一级速率方程 | | | | 二级速率方程 | | | Elovich 方程 | | |
|---|---|---|---|---|---|---|---|---|---|---|
| | $k_1$ | $R_1^2$ | $Q_{e(exp)}$ | $Q_{e(cal)}$ | $k_2$ | $R_2^2$ | $Q_{e(cal)}$ | $R_3^2$ | $a$ | $b$ |
| 3.00 | 0.11 | 0.96 | 0.12 | 0.12 | 0.62 | 0.98 | 0.13 | 0.84 | 0.03 | 0.02 |
| 5.00 | 0.06 | 0.85 | 0.18 | 0.17 | 0.17 | 0.96 | 0.23 | 0.90 | 0.05 | −0.03 |
| 10.00 | 0.16 | 0.97 | 0.48 | 0.51 | 0.41 | 0.99 | 0.51 | 0.73 | 0.13 | −0.04 |
| 15.00 | 0.07 | 0.87 | 0.79 | 0.58 | 0.07 | 0.98 | 0.90 | 0.89 | 0.26 | −0.24 |

注：$Q_{e(exp)}$ 为实验测得的吸附量(mg/g)；$Q_{e(cal)}$ 为理论计算得到的吸附量(mg/g)。

由表 3-19 可以看出，二级速率方程可以较好地模拟免烧法制备的除铅材料吸附 $Pb^{2+}$ 的吸附过程，不同初始浓度二级速率方程分别为 $t/q_t=47.72+7.69t$，$t/q_t=55.6+4.35t$，$t/q_t=4.69+1.96t$，$t/q_t=8.82+1.11t$，相关系数 $r$ 的值分别为 0.98、0.96、0.99、0.98。由二级速率方程计算得到的 $Pb^{2+}$ 吸附量（分别为 0.13mg/g、0.23mg/g、0.51mg/g、0.90mg/g）与实验测得的吸附量（分别为 0.12mg/g、018mg/g、0.48mg/g、79mg/g）基本一致。

5. 扩散模型分析

吸附质从液相被吸附到吸附剂颗粒中，需经历以下三个步骤：一是膜扩散阶段，膜扩散是指吸附质从水相主体通过吸附剂表面的一层假想的流体介膜扩散到颗粒外表面；即 $Pb^{2+}$ 由溶液经液膜扩散到吸附剂表面。二是内扩散阶段，内扩散是指吸附质从颗粒外表面进入颗粒内孔中向颗粒内表面扩散；即 $Pb^{2+}$ 由吸附剂表面向吸附剂内部扩散。三是吸附反应阶段，即 $Pb^{2+}$ 在吸附剂活性基位置发生化学反应。吸附反应速率通常很快，吸附反应可以迅速在微孔表面各点上建立吸附平衡。所以吸附过程的总速率取决于前面两个阶段速率最慢的阶段，总的吸附速率由膜扩散、内扩散或由两者共同控制。

1）主要扩散模型

由于准二级动力学方程不能确定吸附的机理，为了确定吸附速率的控制步骤，用膜扩散和粒子扩散方程来描述金属离子的吸附过程。

（1）膜扩散。

$$R_d t=-\ln(1-F) \tag{3-26}$$

式中，$F=\dfrac{q_t}{q_e}$；$q_t$ 为 $t$ 时刻离子在吸附剂表面吸附的数量；$q_e$ 为平衡吸附量；$R_d$ 为膜扩散速率常数。

用 $-\ln(1-F)$ 对 $t$ 作图，所得直线如果通过原点，表明膜扩散是吸附过程的控制步骤。

(2) 粒子内部扩散。

$$Bt=-\ln(1-F)-0.4997 \tag{3-27}$$

式中，$B=\pi^2D_i/d^2$；$D_i$ 为内部扩散系数；$d$ 为粒子半径。

用 $-\ln(1-F)-0.4997$ 对 $t$ 作图，所得直线如果通过原点，表明粒子内部扩散是吸附过程的控制步骤。

2）免烧法制备的除铅材料吸附 $Pb^{2+}$ 的扩散模型

将图 3-58 得到的实验数据进行处理，以 $-\ln(1-F)$ 对 $t$ 作图，对免烧法制备的除铅材料吸附 $Pb^{2+}$ 进行膜扩散拟合，如果所得直线通过原点，说明膜扩散是吸附过程的决速步。所得结果如图 3-60 所示。

图 3-60 中，初始浓度为 3mg/L 的溶液进行膜扩散拟合所得直线为 $y=0.1091x+0.01845$，线性相关系数 $R^2$ 为 0.963；初始浓度为 10mg/L 的溶液进行膜扩散拟合所得直线为 $y=0.08546x-0.25$，线性相关系数 $R^2$ 为 0.936；初始浓度为 15mg/L 的溶液进行膜扩散拟合所得直线为 $y=0.15794x-0.055$，线性相关系数 $R^2$ 为 0.97；可以近似认为膜扩散拟合所得直线通过原点，表明膜扩散是免烧法制备的除铅材料吸附 $Pb^{2+}$ 的吸附过程的控制步骤。

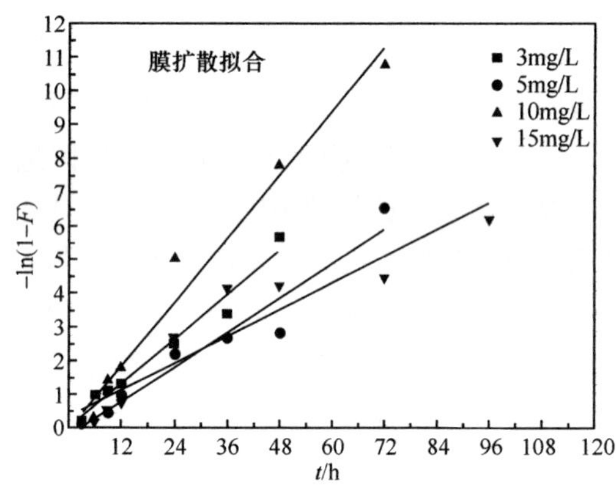


图 3-60 免烧法制备的除铅材料吸附 $Pb^{2+}$ 膜扩散拟合曲线

将图 3-58 得到的实验数据进行处理，以 $-\ln(1-F)-0.4997$ 对 $t$ 作图，对免烧法制备的除铅材料吸附 $Pb^{2+}$ 进行粒子内部扩散拟合，如果所得直线通过原点，说明粒子内部扩散是吸附过程的决速步。结果如图 3-61 所示。

图 3-61 中，初始浓度为 3mg/L 的溶液进行粒子内部扩散拟合所得直线为 $y=0.1091x-0.47925$，线性相关系数 $R^2$ 为 0.963；初始浓度为 10mg/L 的溶液进行粒子内部扩散拟合所得直线为 $y=0.08546x-0.75017$，线性相关系数 $R^2$ 为 0.936；初始浓度为 15mg/L 的溶液进行粒子内部扩散拟合所得直线为 $y=0.15794x-0.55279$，线性相关系数 $R^2$ 为 0.97；直线没有通过原点，表明粒子内部扩散不是

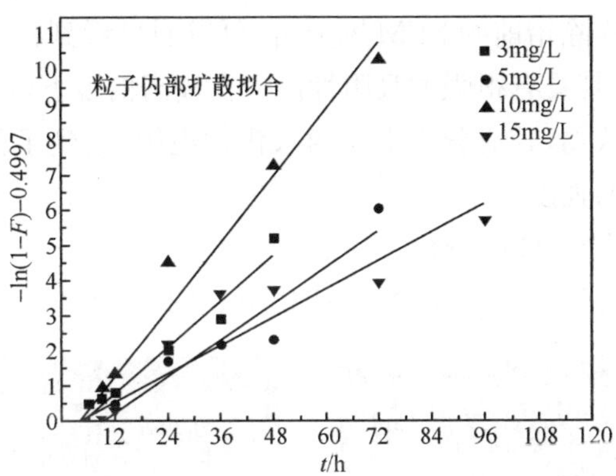


图 3-61　免烧法制备的除铅材料吸附 $Pb^{2+}$ 粒子内部扩散拟合曲线

吸附过程的主要控制步骤。

6. 吸附机理分析

1）除铅前后样品 SEM 分析

（1）除铅前样品 SEM 分析。

通过扫描电子显微镜对配方四试样除铅前进行扫描，其结果如图 3-62 所示。

(a) ×500倍　(b) ×1000倍

(c) ×2000倍　(d) ×5000倍

图 3-62　除铅前试样表面 SEM 图

通过对配方试样除铅前的 SEM 图分析,可以明显看到样品内部结构很疏松,具有大量的孔穴,使其具有很强的吸附性能。在较高倍镜下可以很明显看到,在试样表面存在大量针状物,其成分为水泥的水化物组织,起到了强化作用,使实验制备的样品具有较高的强度。

(2) 除铅后样品 SEM 图分析。

除铅后不同放大倍数的试样的 SEM 如图 3-63 所示。

(a) ×500倍　(b) ×1000倍　(c) ×2000倍　(d) ×5000倍

图 3-63　除铅后试样表面 SEM 图

通过对除铅后四配方试样的 SEM 图进行分析:在较低倍镜下可以明显看到,$Pb^{2+}$ 在免烧法制备的除铅材料表面发生吸附后,会生成片状表面络合物沉淀,经能谱分析可知其成分为含铅化合物。

2) 除铅前后样品的能谱分析

对除铅前后的试样进行形貌分析的同时,还对选定的物相进行(EDS)能谱分析,所得的结果如图 3-64 和图 3-65 所示。

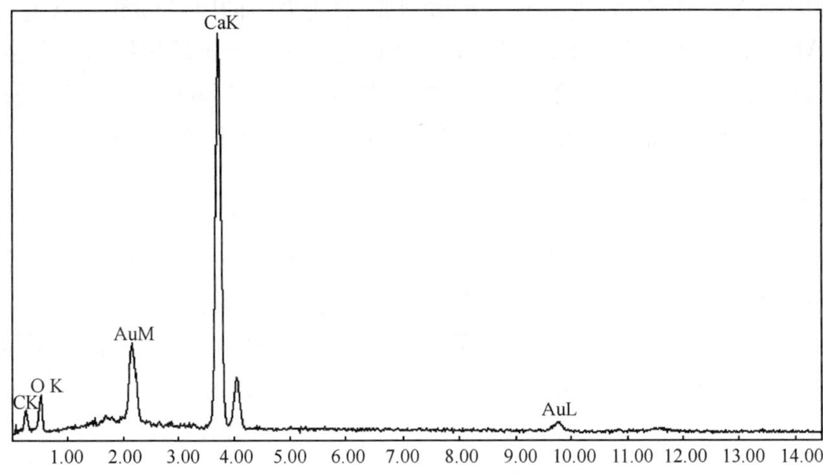


图 3-64　除铅前试样表面 EDS 图

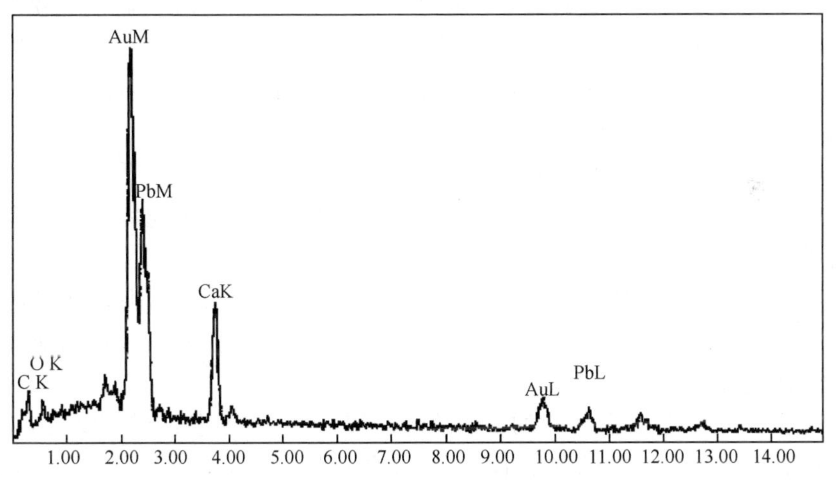


图 3-65　除铅后试样表面 EDS 图

从图 3-64 可以看出，除铅前样品只有 $Ca^{2+}$ 的强吸收峰；而除铅实验后，样品表面有薄片状沉淀颗粒。从图 3-65 看出，对应的 EDS 谱显示有 $Pb^{2+}$ 的强谱峰，说明试样吸附了废水中的铅离子。

3）吸附模型分析

吸附剂分子碰撞到固体表面后，发生吸附，按吸附分子与固体表面作用力的性质不同，可以把吸附分为物理吸附和化学吸附。物理吸附在吸附过程中没有电子转移，没有化学键的生成与破坏，产生吸附的只是范德华引力，吸附没有选择性。化学吸附实质上是一种化学反应，吸附力是化学键力，吸附具有选择性。牡蛎壳含有丰富的天然多孔结构，具有较强的物理吸附能力。同时牡蛎壳中含有 $SiO_2$、$MgO$、$Al_2O_3$、$Fe_2O_3$、$Na_2O$、$K_2O$、$TiO_2$ 等金属氧化物。金属氧化物和水合金属氧化物颗粒对重金属离子的吸附，主要是颗粒物界面上的—OH 与金属离子发生表面络合反应。所以免烧法改性除铅材料对 $Pb^{2+}$ 的吸附兼有物理吸附和化学吸附。

7. 小结

用废弃牡蛎壳为主要原料，水泥为结合剂，采用免烧工艺制备废水净化除铅材料，在最佳配方的基础上探讨不同的原料细度、废液初始浓度、pH、循环实验等因素对除铅效果的影响，并进行吸附等温线拟合、吸附动力学拟合及扩散模型拟合。

(1) 采用牡蛎壳和水泥为原料，用免烧工艺制备废水除铅材料的最佳工艺条件为水泥质量分数 10%、牡蛎壳粉末质量分数 90%，成型后在水中养护 28 天，得到的样品抗弯强度为 11.26MPa，最大弯曲力 66.57N，在废液初始浓度为 5mg/L、实验环境温度 30℃，吸附时间为 24h 条件下，样品除铅率为 89.66%。

(2) 细度对除铅效果影响不大。通过 40 目～200 目不同筛的牡蛎壳粉与水泥制成的样品在 24h 之后除铅效率都能达到 90%以上，当细度大于 100 目时，除铅率均达到 97%以上，目数的增加对除铅率影响不大，粉料过 100 目的筛为最佳工艺条件，粒径约为 0.150mm。

(3) 浓度梯度对吸附影响非常明显，随着溶液浓度增大，单位质量除铅材料所吸附的 $Pb^{2+}$ 量逐渐上升。36h 后，不同初始浓度废液的单位质量除铅材料吸附量趋于平衡。

(4) pH 对 $Pb^{2+}$ 有较大的影响。pH＝9 时的吸附量最大。但是在碱性条件下，$Pb^{2+}$ 与溶液中 $OH^-$ 形成微溶的 $Pb(OH)_2$ 沉淀，容易造成二次污染，所以除铅的最佳 pH 为 5～8。

(5) 在循环实验中，除铅率的整体趋势是随着时间的延长波动下降，连续除铅 55 天时仍可达到 62.68%的除铅率。累计单位质量除铅材料吸附量达 9.04mg/g。

(6) 免烧法制备的除铅材料对 $Pb^{2+}$ 的吸附等温线基本上呈双"S"形。L 型吸附等温线能较好地拟合免烧法制备的除铅材料对 $Pb^{2+}$ 的吸附，线性相关系数为 0.95，最大吸附量为 3.85mg/L。

(7) 当含铅废水初始浓度分别为 3mg/L、5mg/L、10mg/L、15mg/L、20mg/L 时，$Pb^{2+}$ 的平衡吸附量分别为 0.12mg/g、0.184mg/g、0.4824mg/g、0.79mg/g、0.95mg/g；与一级速率方程和 Elovich 方程相比，二级速率方程可以较好地模拟免烧法制备的除铅材料吸附 $Pb^{2+}$ 的吸附过程。由二级速率方程计算得到的 $Pb^{2+}$ 吸附量与实验测得的吸附量基本一致。二级速率方程为

$$t/q_e=\frac{1}{0.82q_e^2}+\frac{t}{q_e}$$

(8) 扩散模型分析表明:膜扩散是免烧法制备的除铅材料吸附 $Pb^{2+}$ 的吸附过程的控制步骤,粒子内部扩散不是吸附过程的主要控制步骤。

(9) SEM 分析表明:养护后样品产生明显针状网络结构的水泥水化物形貌,与牡蛎壳粉末组织相互交杂在一起。除铅后样品表面出现片状结构含铅络合物,相应的 EDS 能谱上有显示有 $Pb^{2+}$ 离子的强谱峰。

(10) 牡蛎壳含有丰富的天然多孔结构,较强的物理吸附能力。同时牡蛎壳中含有 $SiO_2$、$MgO$、$Al_2O_3$、$Fe_2O_3$、$Na_2O$、$K_2O$、$TiO_2$ 等金属氧化物。金属氧化物和水合金属氧化物颗粒对重金属离子的吸附,主要是颗粒物界面上的—OH 与金属离子发生表面络合反应。所以免烧法改性除铅对 $Pb^{2+}$ 的吸附兼有物理吸附和化学吸附。

## 3.5 结构自生长吸附材料去除水相中磷的特性和机理

### 3.5.1 除磷背景与方法介绍

1. 我国的磷污染与水质富营养状况

水体富营养化是指氮、磷、碳、钾、铁等植物营养物质含量过多所引起的水质污染现象。当过量营养物质进入湖泊、海湾水库、河口等水体后,水生生物特别是藻类将大量繁殖,使水中溶解氧含量急剧下降,引发一系列恶性循环[134]。水体中有机碳经一般的生物处理后可基本去除,氮、磷之外的其他成分含量相对于富营养化发生过程中的需求量极低,因此不会成为富营养化的限制因子[135,136]。所以氮、磷是藻类繁殖所需的各种成分中的限制性因素,水体中氮、磷含量的高低与水体富营养化程度有密切的关系[137,138]。

当富营养化增加到一定程度后,湖水中浮游植物、沉水植物以及在湖岸边的高大植物生长繁茂。它的具体危害可以分为下面几个方面[139-141]。

1) 发生赤潮或水华

水体富营养化时,浮游生物大量繁殖,往往呈现蓝色、乳白色、红色、棕色等的现象,在江河湖泊中称为水华,在海中则称为赤潮,这是水体发生富营养化的重要标志。当水体发生富营养化时,水体生态平衡遭到破坏,水体的经济价值降低,恶化到一定程度后,会导致水中缺氧、鱼虾死亡、水色变异,这就是赤潮[142]。发生这些现象的主要原因是藻类和异养细菌的代谢活动,耗尽了水中的溶解氧,大量藻类覆盖于水面,大气中的氧不易溶于水造成缺氧,使浮游动物、鱼、虾、贝类等无法生存,其次有些藻类分泌致臭,致毒物质及本身的死亡腐败使水质严重恶化,再加上赤潮生物很容易附在鱼鳃上使其窒息死亡,水产业受到严重危害[143-145]。在我国五大淡水湖之一的巢湖,每年都发生以铜绿微囊藻为主的水华,犹如水面上活动的绿漆,被风吹到沿岸水域后,偶然会形成数公分厚的水华层,糜烂剖析后,发出恶臭,破坏湖库的水体功效及周围情况。

2）破坏原有生态环境

富营养化水体底部沉积大量有机物，富营养化造成水体缺氧，在水体缺氧情况下，加剧水体底部的厌氧发酵，如沼气发酵、硫酸盐还原反应等，也相应引起微生物种群和群落的演替，改变了原来的生态环境[146]。

3）破坏水质，影响水质量

人类社会的飞速发展，对大自然造成了许多干扰，最主要的是淡水和海水的氮、磷营养成分的增加，造成富营养化，为水中部分微小生物的爆发性生长创造有利条件[141,147]。海水中含有浮游藻类约4000种，其中可导致海水变色的赤潮种约300种，其中约有70赤潮种能产生毒素，通过鱼和贝类等生物食用再通过生物链危害人类健康，可造成人类消化系统或神经系统中毒[148]。同时淡水中的水华现象可造成饮用水的质量下降。

4）引发藻类产生毒素危害人类健康

赤潮生物中的微原甲藻、裸甲藻等能产生一种麻痹性有毒物质贝毒（PSP），而有些水产动物对其有较大抗性，当人误食了体内积聚了PSP的水产品时，就能致病，重者死亡[149]。有些赤潮生物能产生一种腹泻性贝毒（DSP），主要积累在扇贝、贻贝等双壳动物的中肠腺，误食这些贝类后引起腹泻、恶心、呕吐等。赤潮生物中的硅藻也能产生一种遗忘性贝毒（ASP），其主要成分是软骨藻酸[150]。

磷作为造成水体富营养化的“凶手”之一，我国水体富营养化情况严峻。近年来，我国许多湖泊、水库和河流频繁发生污染，包括近几年来蓝藻的大面积暴发、我国近海海域赤潮的频繁出现以及青岛等沿海城市浒苔的出现。“冰冻三尺，非一日之寒”。我国经济的高速发展，是以在工农业的生产中高能耗、高资源消耗为代价的，大量没有被利用的能源和资源以污水、废气和固体废物的形式排入环境，造成对水、大气和土壤环境的污染。大气中污染物的沉降和降水流经农田和城镇地面的地表径流，最终也将其污染物排入水体。

水体中磷的来源是以下几个方面[151,152]：①天然来源，如从天然降水中接纳氮磷等营养物质，从地表土壤的侵蚀和淋溶中得到氮磷物质；②人们排放出的含有大量氮磷营养物质的生活污水进入水体；③农业化肥农药和人工饲养业与水产养殖业排泄物经雨水冲刷和渗透，最终进入水体；④工厂与汽车尾气等排放出来的氮氧化合物溶入水体；⑤未经处理及已经处理的废水排放；⑥水土流失产物。据调查分析，水体中磷元素主要来源于人为作用，如农业施肥、水土流失、工业废水不达标排放、养殖废渣液、人畜排泄和含磷洗涤剂等。

据分析，废水中磷绝大多数以正磷酸盐、聚磷酸盐和有机磷的形式存在[153]，而且废水来源不同，总磷及各种形式的磷含量差别较大。例如，如典型的生活污水中总磷含量3～15mg/L（以磷计，下同）；在原生活污水中，磷酸盐的分配大致如下：正磷酸盐5mg/L，三聚磷酸盐3mg/L，焦磷酸盐1mg/L以及有机磷＜1mg/L。

焦磷酸盐、缩聚磷酸盐在酸性条件下，可以水解为正磷酸盐；有机磷通过水中细菌生物酶的作用，可以大大加快水解转化过程，被细菌分解转换为正磷酸盐[137]。因此，在废水除磷过程中，首要关注正磷酸盐的去除。

2. 国外磷排放标准

通过贯彻《中华人民共和国环境保护法》《中华人民共和国水污染防治法》和《中华人民共和国海洋环境保护法》，控制水污染，为保护江河、湖泊、运河、渠道、水库和海洋等地面水以及地下水水质处于良好状态，以保障人体健康，维护生态平衡，促进国民经济和城乡建设的发展，特制定标准。根据污水综合排放标准 GB 8978—1996规定[154]，我国的磷允许排放标准如表 3-20 所示。

**表 3-20　磷污染物最高允许排放标准**　　单位：(mg/L)

| 污染物 | 适用范围 | 一级标准 | 二级标准 | 三级标准 |
|---|---|---|---|---|
| 磷酸盐(以 P 计) | 其他排污单位 | 0.5 | 1.0 | — |
| 有机磷农药(以 P 计) | 一切排污单位 | 不得检出 | 0.5 | 0.5 |
| 元素磷 | 一切排污单位 | 0.1 | 0.3 | 0.3 |

3. 除磷方法介绍

查阅国内外文献，常见的废水除磷方法如下所示[155-161]。

1) 化学除磷法

化学除磷法是向污染水源中投放化学药剂，使水中磷酸根离子生成难溶性盐，形成絮凝体，与水分离，从而去除废水中所含的磷[162-164]。投加的沉淀剂将有助于提高分离效率，常用的沉淀剂主要有钙盐（石灰）、铁盐（氯化亚铁、氯化铁、硫酸亚铁、硫酸铁）、铝盐（硫酸铝、聚合氯化铝）以及现在发展较快的无机-有机复合阳离子絮凝剂等[165]。杨建峰等用模拟废水进行了石灰沉淀-浮选分离法回收废水中磷的研究，通过添加 CaO 调节 pH 沉淀废水中的磷，去除率可高达 99.88%，再通过浮选的方法回收磷[166]。

结晶法是一种化学除磷方法[167]。除磷机理为：利用污水中的磷酸根离子与钙离子生成各种磷酸钙，而当 pH 呈碱性时，生成碱式磷酸钙（羟基磷灰石）的析晶现象。即在作为晶核的除磷剂上析出羟基磷灰石，主要的除磷剂主要为含钙矿物，如磷矿石，高炉铁渣，骨炭等[168]。为牡蛎壳作为除磷剂奠定理论基础。主要的反应式如下所示：

$$5Ca^{2+}+4OH^{-}+3HPO_4^{2-} = Ca_5OH(PO_4)_3+3H_2O \tag{3-28}$$

结晶法除磷效果优异，一般在除磷剂表面生成磷化合物，产生污泥含量极少，效率高于一般化学法除磷。

石灰法也是一种常见的除磷手段，属于化学法的范畴[166,169]，即向污水中投入石灰，与水体作用除磷时，主要有以下反应：

$$Ca^{2+} + HCO_3^- + OH^- = CaCO_3 \downarrow + H_2O \quad (3\text{-}29)$$

$$5Ca^{2+} + 4OH^- + 3HPO_4^{2-} = Ca_5(OH)PO_3 \downarrow + 3H_2O \quad (3\text{-}30)$$

生成碳酸钙的化学反应在除磷中发挥很重要的作用，因为有效的除磷所需要的石灰投加量主要取决于软化和脱碱所消耗的石灰量；生成的碳酸钙可以作为增重剂，有助于沉淀。特别是对高碱度废水的处理，要求投加大量石灰将 pH 调节至 10～11，在此氢离子浓度下，磷的沉淀才更有效，同时磷酸钙沉淀在动力学角度远快于碳酸钙沉淀。而且只有在碱度非常低的废水中，所用石灰才主要消耗在磷沉淀反应中。石灰法除磷效率很高，但其污泥产量比采用其他絮凝剂时要多得多，而且会造成溶液的 pH 升高。

化学沉淀法的最大缺陷就是引入了新的化合物，而且该法的试剂消耗量大，运行费用高，产生大量无用且易造成二次污染的化学污泥。虽然有的方法可做到以磷制磷，但这些方法都有局限性。在当今世界各国普遍强调水环境应大规模控磷的情况下，化学沉淀法很难满足实际应用的需要[170]。

2）生物除磷法

生物法除磷是基于聚磷菌在好氧及厌氧条件下摄取及释放磷的原理，通过好氧-厌氧的交替运行来实现除磷的方法[171]。在好氧环境下，聚磷菌的活力加强，并以聚磷的形式存储超出需求的磷量，使磷酸盐从废水中除去[172,173]。在厌氧环境下，细菌通过发酵作用将溶解性 BOD 转化为低分子发酵产物，即挥发性有机酸，聚磷菌吸收这些原废水中的有机酸，并将其同化成胞内碳能源储存物(PHB/PHV) [172]。但生物法除磷对废水中有机物浓度依赖性很强，当废水中有机物含量较低，或磷含量超过 10mg/L 时，处理后的出水不能满足磷的排放标准，因此，往往需要对出水进行二次除磷处理。

3）吸附除磷法

吸附法除磷是利用多孔或大比表面的固体物质对水中磷酸根离子的吸附亲和力，实现废水的除磷。除磷吸附剂的选择要求需要满足以下条件：高吸附容量；高选择性；吸附速度快；抗其他离子干扰能力强；无有害物溶出；吸附剂再生容易、性能稳定；原料易得且造价低等。吸附剂主要有一些天然矿物、工业炉渣、进行改性或者人工合成试剂。因此国内外对吸附除磷的研究目前主要集中在提高吸附剂的效能上[174]，在吸附法除磷工艺中天然磷灰石已经表现出潜在的高效性。张志峰等以赤泥为吸附剂，用静态吸附实验方法研究了赤泥对模拟含磷废水除磷的一般规律，进而研究了其吸附动力学行为[175]。也有研究表明钢渣对废水中的磷有明显的去除效果[176]。王萍[177]研究了以锰砂、海绵铁金属多孔物质对含磷废水的处理。结果表明：在最佳实验条件下，海绵铁与锰砂的混合物对磷的吸附容量大于 9mg/g，磷的去除率在 89%以上。专家研究了预载镧氧化物稀土吸附剂对水中磷的吸附性能[178]。沸石作为废水除磷吸附剂具有很好的发展前景[179]。此外，粉煤灰在废水除磷方面也有一定的成效[180~182]。洪鹏志等[183]介绍了一种强效的吸附剂，不仅吸附效果好，而且可循环利用性也很好，同时还研究了吸附剂除磷后碱性溶液中磷的回收及铝的再利用。因此吸附法除磷具有投资少、处理效率高等特点，在实际应用中应根据实际废水水质及经济条件要求选择不同种类的吸附剂，但它的吸附效率仍有待进一步提高[184]。

4）电解法

电解法[185]相对于其他的废水处理方法而言，装置简单、控制容易，如今直流、交流电解处理废水技术已经工业化，电解法常采用铜、铝、铁等材料做电极，以去除污水中的污浊物质。电解法去除污水中的磷效率高。有人研究将电解法与生物法相结合，使用铝板做电极，通过循环电解与不循环相比，可使磷的去除率提高约40%[186]。有日本人实验使用碳、铜、铝或铁为电极，必要时可以添加电解质氯化钠，在直流 0.5A 的条件下，电解家庭污水 2h，使磷的去除率高达 99.5%[187]。电解法的优点除了高效除磷，还能同时去氮、降低 COD 和 BOD；缺点主要是沉淀生成量及电极材料消耗量较大，易形成二次污染，成本高，同时不适用于大面积水域[188]。

5）膜技术除磷法

膜技术应用于废水生物处理，以膜组件（UF 或 MF）替代二沉池，提高了泥水分离率，在此基础上又通过增大曝气池中活性污泥的浓度来提高反应速率。同时通过降低 F/M 的值减少污泥发生量[189]，其优点是：固液分离效率高；膜分离可使微生物完全截留在生物反应器内；剩余活性污泥量减少；耐冲击负荷；易于实现自动控制，操作管理方便；易于回收纯净的磷盐。

膜技术以其独特的优点在高浓度有机废水的处理、难降解有机废水的处理和给水处理等方面得到有效的广泛运用。但从经济角度分析，单一膜技术除磷还不能达到经济效益。生物法与膜分离技术相比较，膜技术的劣势不仅在于经济上，技术上也存在难度，因为生物技术可使生物体不断生长，膜技术却缺乏这种能力。而且无论除磷还是回收磷，膜技术只针对于特定的磷化合物，特定的污水源，无法广泛应用，这是膜技术除磷和磷回收难以克服的应用上的障碍。因此，膜技术在大多数除磷的领域，都要与生物法结合，以获得更高的经济效益[190]。

6）构建人工湿地除磷法

广泛认知的湿地是水域和陆地的交汇地带，水位接近于或处于地表面，或含有浅层积水，并至少有一个或一个以上的特征：底层土主要是湿土；至少周期性地以水生植物为植物优势种；在每年的生长季节，底层有时被水淹没[191]。

大自然中的天然湿地功能很多，主要表现在两个方面。

（1）可以成为直接利用的水源，可以补充地下水，又能防止土壤沙化和有效控制洪水，还能滞留有毒物、沉积物、营养物质，从而改善环境。

(2) 以有机质的形式储存碳元素，减少温室效应，保护海岸不受风浪侵蚀，还能提供清洁方便的运输方式。

因此天然湿地被人们称为“地球之肾”。湿地培育众多植物、动物，特别是水禽，又向人类提供食物(谷物、水产品、禽畜产品)、原材料(芦苇、药用植物、木材)、能源(水能、薪柴、泥炭)和旅游场所，是人类赖以生存和持续发展的重要基础。而且当一些工农业废水或生活污水排入湿地时，湿地可以利用生物过程和化学转换将污水中的有毒有害成分储存或者转换，从而对污水起到较强的过滤作用，达到净化水质的功用[192]。

人工湿地是效法天然湿地的污水处理技术，人工建造的、工程化的和可控制的湿地系统，它是人为地在有一定长宽比和底面坡度的洼地上用土壤和填料混合组成填料床，又在床体表面种植性能好，成活率较高，生长周期较长，抗水性强，美观又具有经济价值的水生植物(如蒲草、芦苇等)，从而形成一个独特的动植物生态体系，将污水控制在床体表面流动或在床体的填料缝隙中流动[193]。可以得知，人工湿地一般由人工基质和其上生长的水生植物两部分组成，形成一个独特的土壤-植物-微生物一体的生态系统。

基质一方面为植物和微生物生长提供基本的条件，另一方面通过沉积、过滤和吸附等作用直接去除污染物[193]，有研究得出将牡蛎壳加入人工湿地过滤介质中可延长磷饱和度及人工湿地使用寿命[194]。同时湿地植物对污染物具有吸收、代谢、累积作用。因此，当污水流经人工湿地时，经砂石、土壤过滤等物理化学作用，如吸收、吸附、过滤、离子交换、络合反应，植物的富集吸收及植物根际微生物活动等多种作用，使其中污染物质和营养物质被湿地吸收、转化或分解，从而达到水质净化的目的[195]。

湿地植物对磷的去除是指污水中的无机磷在植物吸收及同化作用下，被合成为 ATP/DNA 和 RNA 等有机成分，通过植物的定期收割得以去除，但这只能除去很少一部分磷。湿地中的有机磷经过磷细菌的代谢活动转变成磷酸盐，溶解性较差的无机磷酸盐则经过磷细菌的代谢活动增加溶解度，磷细菌对磷的过量积累，通过对湿地床体的定期更换将其从系统中去除，从而除去污水中的磷[196]。但是，当污水中的磷浓度较低时，可能会发生磷的释放，使出水中的磷浓度反而升高。所以对人工湿地的研究，不能只局限于对高效吸附基质的研究[197]。

7) 离子交换法

离子交换法原理是利用多孔性的阴离子交换树脂，有选择性地吸收污水中的磷酸根离子，磷酸根在水溶液中根据废水中 pH 的变化以不同的化学形式 $H_3PO_4$、$H_2PO_4^-$、$HPO_4^{2-}$、$PO_4^{3-}$ 存在，在中性范围内主要以 $HPO_4^{2-}$ 形式存在，与树脂反应的一般形式如下所示[188]：

$$3RCl+H_3PO_4 = R_3—PO_4+3Cl^-+3H^+ \tag{3-31}$$

$$3RCl + H_2PO_4^- \longrightarrow R_3—PO_4 + 3Cl^- + 2H^+ \quad (3\text{-}32)$$

$$3RCl + HPO_4^{2-} \longrightarrow R_3—PO_4 + 3Cl^- + H^+ \quad (3\text{-}33)$$

$$3RCl + PO_4^{3-} \longrightarrow R_3—PO_4 + 3Cl^- \quad (3\text{-}34)$$

但在实际的废水除磷过程中，树脂存在容易中毒、交换容量小和选择性比较差等一系列问题，使得该法难以得到广泛的实际应用。

### 3.5.2　硅微粉-牡蛎壳结构自生长吸附材料去除水相中磷的特性和机理

利用硅微粉颗粒尺寸小、比表面积大、活性高的特点对牡蛎壳进行硅酸盐改性，将牡蛎壳与硅微粉按适当的质量比混合以达到一定的 $CaO/SiO_2$ 比例，通过烧结水热工艺改性为硅酸钙的水合物，放入模拟废水中除磷测试。

1. 烧结法最佳工艺结果分析

1) 除磷最佳配方工艺

对烧成温度 800℃的 10 组配方进行除磷测定。其结果如表 3-21 及图 3-66 所示。从图表中除磷 1 天和 2 天的曲线和数据可以明显看出，随 Ca/Si 摩尔比的增加，样品的除磷效率先增加，在 3 号样达到一个极值，后 4 号样有所下降，而后又大幅度提高。硅微粉是一种细度小，比表面积大，活性很高的火山灰物质，添加至牡蛎壳中使材料具有一定的抗压、抗弯、耐腐蚀性能，1～4 号配方由于硅微粉含量较高，材料气孔率降低，反应接触面积小，2 天除磷效率相对较低。5～10 号配方除磷效果显著上升，除磷机理与石灰法相似，因为 800℃烧成，牡蛎壳粉末转化为生石灰，部分水热反应与硅微粉产生硅酸钙水合物，剩余 CaO 多转化为消石灰，在废水中直接与磷酸根离子反应，生成磷酸钙沉淀，呈絮状沉淀，除磷效率极佳，2 天时全部除尽。但是 5～10 号试样由于牡蛎壳含量的逐渐提高，成型性能降低，在模拟废水实验中均出现粉化现象，产生二次沉淀，因此虽然 5～10 号试样除磷效果优异，但试样在废水环境下强度低，抗腐蚀性差，产生二次污泥，故不予以采用。

**表 3-21　不同配方的除磷效果**

| 编号 | Ca/Si 摩尔比 | 1 天除磷率/% | 2 天除磷率/% |
|---|---|---|---|
| 1 | 0.704 | 29.15 | 51.91 |
| 2 | 0.764 | 32.34 | 59.36 |
| 3 | 0.829 | 42.98 | 62.55 |
| 4 | 0.900 | 40.85 | 58.30 |
| 5 | 1.022 | 67.02 | 100.00 |
| 6 | 1.218 | 80.85 | 100.00 |
| 7 | 1.400 | 85.11 | 100.00 |
| 8 | 1.622 | 65.96 | 100.00 |
| 9 | 1.900 | 85.11 | 100.00 |
| 10 | 2.257 | 88.30 | 100.00 |

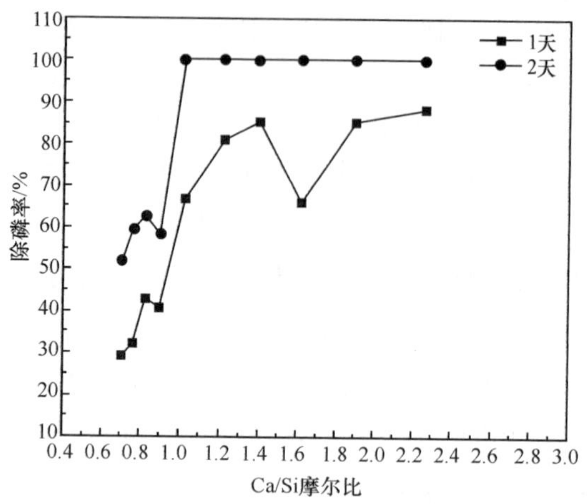


图 3-66　不同配方的除磷效果

综合分析，根据硅酸钙的水合物中 Ca/Si 摩尔比为 5∶6，3 号配方中 Ca/Si 摩尔比最接近，1、2 号牡蛎壳与硅微粉 Ca/Si 摩尔比偏小，4 号配方 Ca/Si 摩尔比偏大，水热反应不充分，水热产生的硅酸钙水合物比较少，除磷效果较差。因此可以确定 3 号配方是最佳配方，硅微粉添加量为 42%（质量分数），牡蛎壳添加量为 58%（质量分数）。

2）最佳烧结温度的确定

根据最佳配方除磷效果、成本等方面分析，3 号配方为最佳配方，硅微粉/牡蛎壳最佳质量百分比为 42/58，其 Ca/Si 摩尔比为 0.829，因此在探讨最佳烧成温度时，采用 3 号配方，烧成温度范围为 700～900℃，水热温度为 150℃，保温 12h，在环境温度 30℃，模拟废液磷浓度 5mg/L，样品与废液比例为 1g/40mL 条件下进行除磷实验。样品除磷结果如图 3-67 所示，两条曲线分别为 1 天、2 天各温度点下的除磷率。

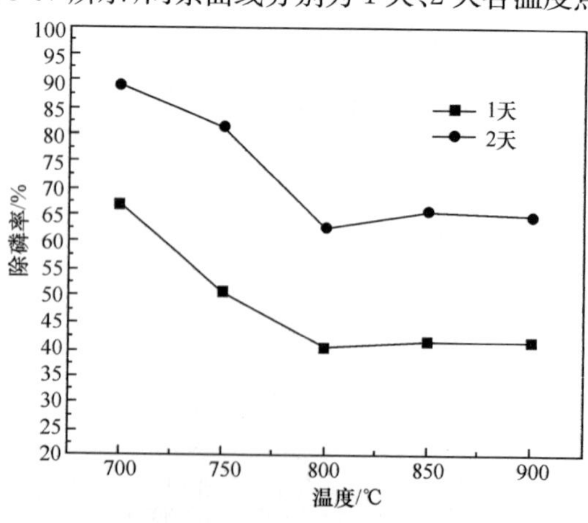


图 3-67　不同烧成温度除磷率

从图 3-67 可以看出，试样除磷效率下降后平衡的趋势，除磷率最高的样品烧成温度为 700～750℃，1 天除磷率可达到 65%以上，2 天时最高除磷率可达 80%以上；800～900℃除磷率基本保持平衡，1 天除磷率变化保持在 40%左右，2 天除磷率在 60%～65%，除磷相对较差。由于在烧成温度高于 800℃时试样有明显的烧结现象，致密度提高，孔隙变少，强度增大；烧结产生的样品表面致密化，也会降低水热处理生成的硅酸钙水合物含量。因此，样品在 800℃以后除磷效果较差且变化比较小。而烧成温度在 700℃时，虽然除磷效果显著，但由于烧成温度不够，放置废水环境时间过长，就会发生粉化现象，影响实际的应用。综合上述因素，750℃烧成试样既有较好的除磷效果，放入废水又无粉化现象，强度较好，符合实验要求。因此烧结-水热法最佳烧成温度定为 750℃。

3）最佳水热温度的确定

3 号配方 750℃烧成，保温 2h，水热温度为 130～180℃，水热保温时间 12h，在环境温度 30℃，模拟废液磷浓度 5mg/L，样品投加量为 1g/40mL 条件下，探讨不同烧成温度对材料除磷性能的影响，其结果如图 3-68 所示。

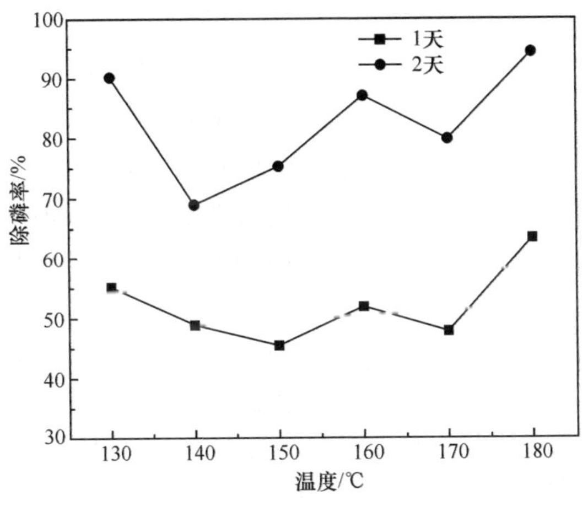


图 3-68　不同水热温度除磷率

由图 3-68 可以看出，除磷时间为 1 天时，水热温度为 140℃、150℃、160℃、170℃试样除磷率基本保持在 47%，试样 180℃水热除磷效果最好，为 63%，130℃次之，达到 55.2%。除磷时间为 2 天时，130℃水热试样除磷率较好，除磷率为 90.2%，140℃除磷试样除磷率最低，仅为 68.9%，180℃水热试样除磷率达到最大值 94.3%。图中数据表明，水热温度为 130℃、180℃都具有优异的除磷效果，但 130℃水热条件所需能耗低于 180℃，结合节能低成本，将最佳水热温度定于 130℃。

4）最佳水热时间的确定

将 3 号配方 750℃烧成，保温 2h，水热温度为 130℃，水热保温时间为 8～16h，实验条件：环境温度 30℃，模拟废液磷浓度 5mg/L，样品与废液比值 1g/40mL。探讨不同水热时间对材料除磷性能的影响，其结果如图 3-69 所示。

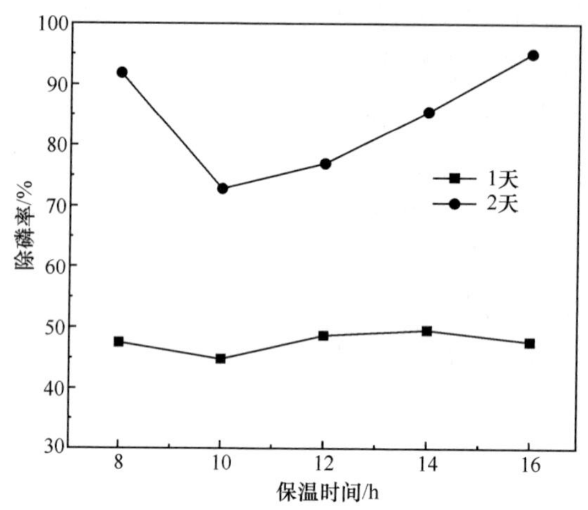


图 3-69　不同水热保温时间试样除磷率

由图 3-69 可以得出：除磷时间为 1 天时，不同水热保温时间试样除磷率变化不大，基本保持在 45%以上。除磷时间为 2 天时，8h 水热时间试样的除磷率为 91.8%；后除磷效率先是随水热时间的延长而降低，在水热时间为 10h 时除磷效率达到最小值 72.8%；而后除磷效率随水热时间的增加而增大，水热保温时间为 16h 的除磷效果最好，除磷率达 95.1%。综合比较，水热时间 8h 与 16h 试样都具有优异的除磷效果，但在实际过程总发现，水热保温时间较短，样品放入废水中静置时间较长时，会有掉粉现象产生，而水热保温时间较长的样品则具有足够的强度和优越的耐久性，因此确定本实验的最佳水热保温时间为 16h。将最佳工艺试样进行抗弯强度测试，测得的最大弯曲力为 63.28N，抗弯强度为 10.96MPa，符合废水除磷要求。

综合分析可以得出利用硅微粉改性制备的牡蛎壳废水除磷材料的最佳制备工艺为：配方为 42%（质量分数）硅微粉＋58%（质量分数）牡蛎壳，经 750℃烧成，130℃水热、水热保温时间 16h。此时制备的样品 2 天后的除磷率达到 95.1%，抗弯强度为 10.96MPa，符合结构自生长吸附材料对除磷效果与成型性能的要求。

5）微观结构表征

（1）XRD 分析。

对 750℃烧结前后试样进行 XRD 分析。烧成前后的 XRD 图谱如图 3-70 所示（No.1 为烧成前，No.2 为烧成后）。

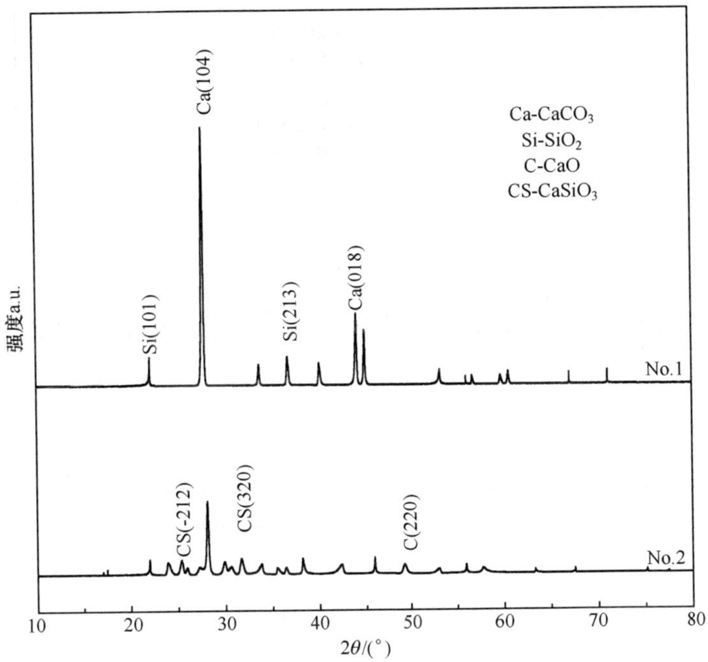


图 3-70　烧成前后样品的 XRD 图谱

结果表明:烧成前,样品中含有 $CaCO_3$ 和 $SiO_2$ 二者的衍射峰。而经 750℃烧成后,样品中的 $CaCO_3$ 晶相消失,$CaSiO_3$ 成为主晶相;除此以外,还而出现 CaO 晶相和少量残存 $SiO_2$,这表明样品烧成后生成了 $CaSiO_3$ 晶相。

将经 130℃水热处理 16h 试样除磷前后样品进行 XRD 分析,如图 3-71 所示(No. 3 为除磷前,No. 4 为除磷后)。图中表明,样品在水热处理后,$CaSiO_3$ 仍为主晶相;除此以外,在水热过程中还生成了硅酸钙的水合物[$Ca_5(Si_6O_{18}H_2)\cdot 4H_2O$]晶相,除磷后,样品中 $CaSiO_3$ 依旧为主晶相,但硅酸钙的水合物晶相消失,而出现 HAP 晶相[$Ca_5(Si_6O_{18}H_2)\cdot 4H_2O$],HAP 即羟基磷灰石,系 $Ca_5(Si_6O_{18}H_2)4H_2O$ 与废水中的磷酸根反应生成,即说明硅微粉烧结水热改性制备的牡蛎壳除磷材料的除磷机理是吸附与化学反应同时进行。

(2) 荧光分析。

将最优工艺除磷前后试样进行荧光分析,结果如表 3-22 所示。

从表 3-22 可以看出,除磷前的样品中 $CaO/SiO_2$ 比值接近配方中的比值,且样品中不含有 P 元素,而除磷后的样品中 P 的含量增加了 0.1%,证明样品从模拟废水中吸附了磷。同时由于部分 CaO 会溶解在废水中,导致除磷后的样品中 CaO 的相对含量下降而 $SiO_2$ 相对含量增加,其 $CaO/SiO_2$ 比值下降。

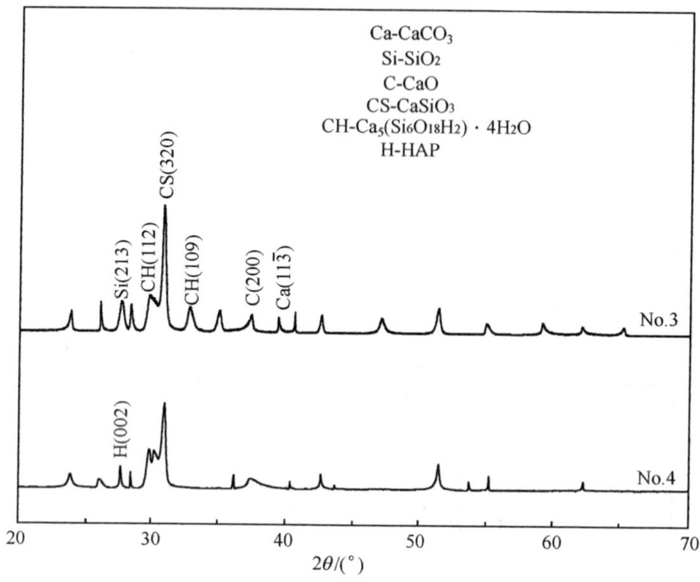


图 3-71　除磷前后样品的 XRD 图谱

**表 3-22　除磷前后样品的荧光分析结果**

| 组成 | $Al_2O_3$ | CaO | $Fe_2O_3$ | $SiO_2$ | $P_2O_5$ |
|---|---|---|---|---|---|
| 除磷前 | 1.29 | 44.00 | 1.27 | 53.44 | 0.00 |
| 除磷后 | 1.18 | 41.23 | 1.21 | 56.37 | 0.10 |

(3) SEM 分析。

图 3-72 所示为最佳条件制备的样品在除磷前后的 SEM 图。

从图 3-72(a)(b)可以看出，当样品经过水热处理只生成了大量细小针柱状晶体，且交织成空间网络结构时试样仍保持高气孔性。结合 XRD 分析可以得知，该物相为 $Ca_5(Si_6O_{18}H_2)$。这种发达的网状结构可为材料除磷创造良好的条件。观察图(c)和(d)可以看出，原来的网状细小针柱状晶体(硅酸钙水合物)表面又衍生出新的晶体。由于这些硅酸钙水合物的存在，样品的除磷效果更好，而且除磷机理发生了改变。未水热的样品除磷机理与石灰法相似，而水热过的样品主要在磷酸钙的晶种或适当的晶核存在条件下，因此在表面上析出 $Ca^{2+}$ 与磷酸根反应后在除磷净化材料中生成了新的物质，经 XRD 分析为羟基磷酸钙[$Ca_5(OH)(PO_4)_3$]。在样品表面上析出并沉积，但新的生成物并未覆盖活性表面，而是有规律地叠加并形成絮状产物，从而保证样品有持久的功效。

对图 3-72(a)和(d)中微区中成分进行能谱分析，结果如图 3-73 和图 3-74 所示。

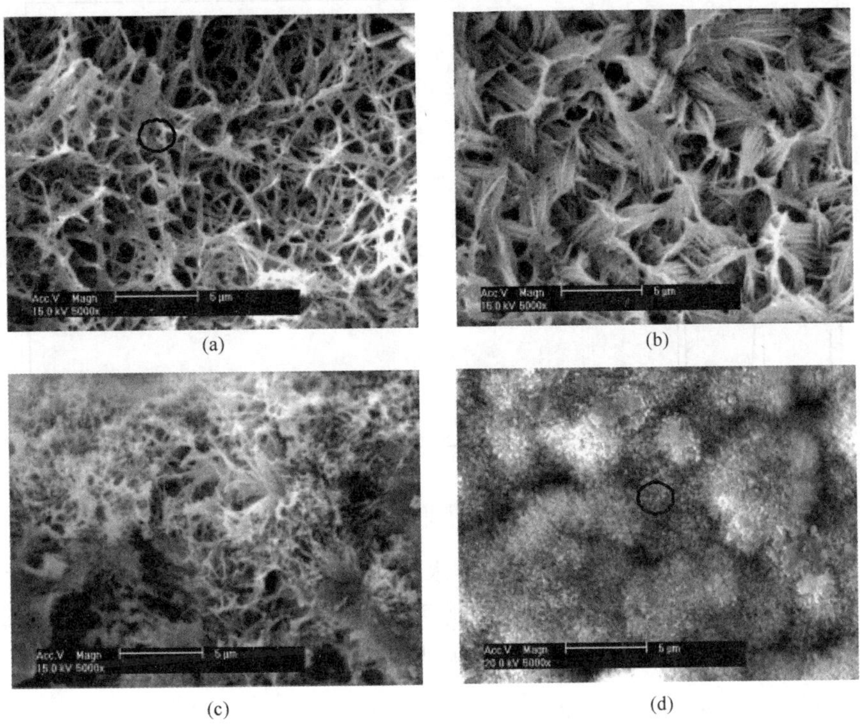


图 3-72　样品除磷前后 SEM 图

(a)(b)除磷前；(c)(d)除磷后

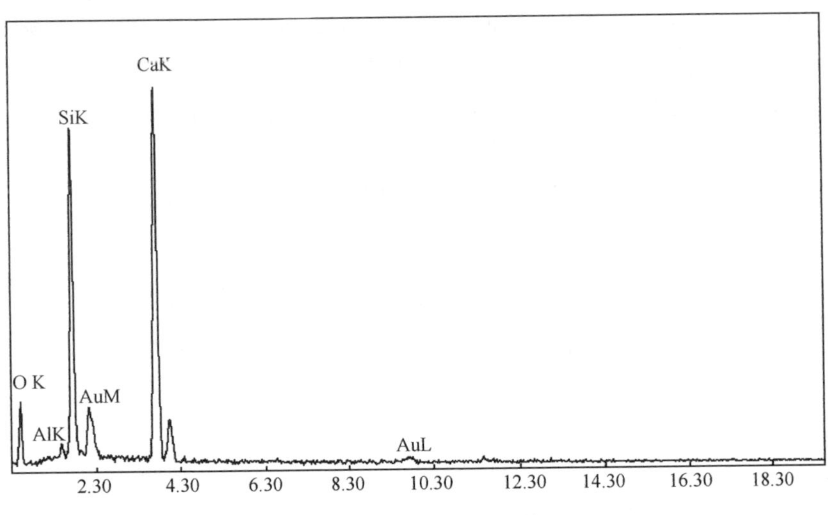


图 3-73　能谱分析图谱

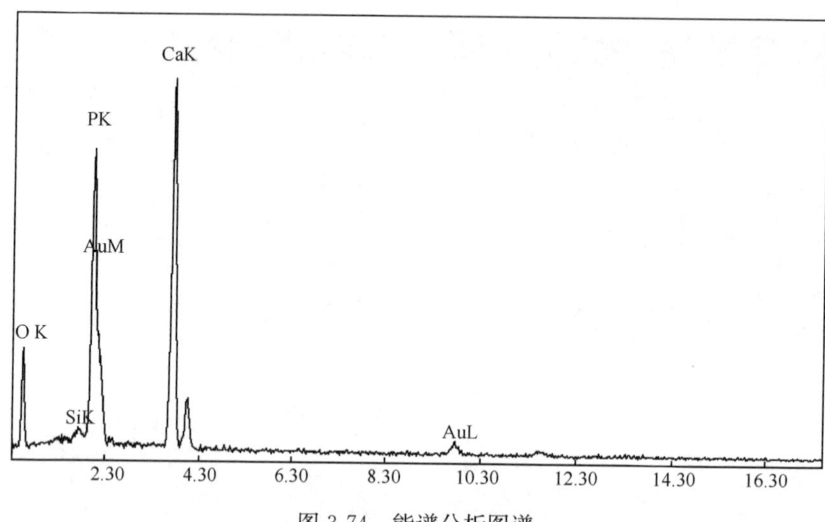


图 3-74 能谱分析图谱

从能谱图(图 3-73)可以看出,试样水热除磷后生成的细小针柱状晶体含钙、硅、氧化合物。由图 3-74 可以看出,除磷后的样品含有磷元素。除磷前后能谱分析的结果与荧光分析的结果一致,充分说明材料对废液中磷的吸附特性。

2. 除磷循环实验结果分析

为了验证硅微粉改性牡蛎壳制备的除磷材料的长期除磷效果,将最佳条件制备的样品[42%(质量分数)硅微粉+58%(质量分数)牡蛎壳,750℃烧成,保温 2h,130℃水热,保温 16h]在环境温度为 30℃时进行连续除磷循环实验,废水初始含磷浓度分别为 5mg/L 和 10mg/L,每 2 天更换一次废水溶液,分别用新的浓度为 5mg/L 和 10mg/L 的含磷废水取代原有溶液,得到的不同除磷率如图 3-75 所示。

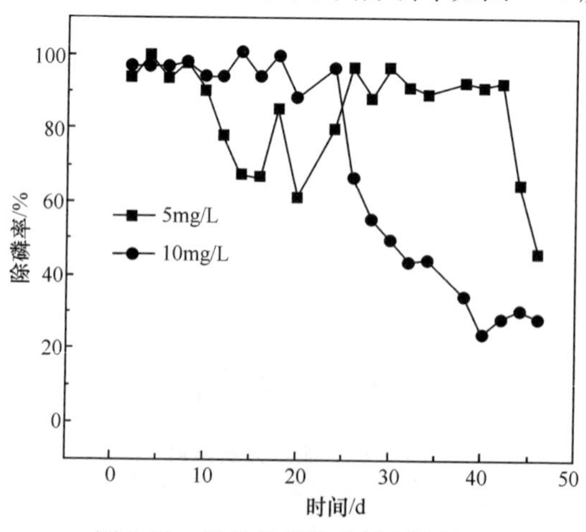


图 3-75 样品长期除磷循环效果图

由图 3-75 可以看出，样品的循环除磷效果优异，对磷浓度为 5mg/L 的模拟废水连续除磷 42 天时仍可达到 92.45%的除磷率。此后除磷率有较大幅度的下降；而且除磷率并不是很有规律的降低，而是伴随一定波动下降，但总体趋势是随着时间的延长，除磷率降低。磷初始浓度为 10mg/L 的模拟废水的长期除磷效果变化规律相似，连续除磷 24 天时仍可达到 96.22%的除磷率，此后除磷率持续下降，直至连续除磷 46 天时，除磷效率降低。

各样品在 46 天时间里累积除磷量如图 3-76 所示。

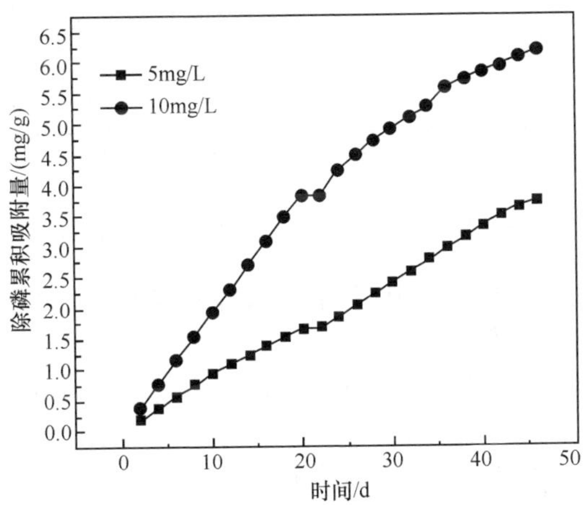


图 3-76　烧结法样品循环除磷累积吸附量图

从图 3-76 可以看出：累积除磷量随着时间延长，约呈直线上升。样品对 5mg/L 的模拟废水连续除磷 42 天累积除磷量达到 3.51mg/g；样品对 10mg/L 的模拟废水连续除磷 24 天累积除磷量达到 5.22mg/g。

3. 循环活水与静水除磷对比实验结果分析

烧结法最优试样进行循环活水实验与静水实验有效除磷率测定，如图 3-77 所示。

由图 3-77 可以看出：循环活水系统比静态水系统 3h、6h、9h，24h 的除磷率分别提高 40.88%、50.71%、51.75%、18.11%。循环活水系统的除磷效果比静态水系统的好。静态系统温度测得为 24℃，循环活水系统温度测得为 28℃。循环活水系统水流不断循环流动，有利于磷酸根离子与样品的接触，更有利于除磷。

4. 小结

本实验采用废弃牡蛎壳与铁合金厂的废弃物硅微粉为原料，在不同烧成温度及不同水热处理条件下探讨样品的除磷效果和最佳处理工艺。

(1) 烧结法最佳工艺为 42%(质量分数)硅微粉＋58%(质量分数)牡蛎壳，

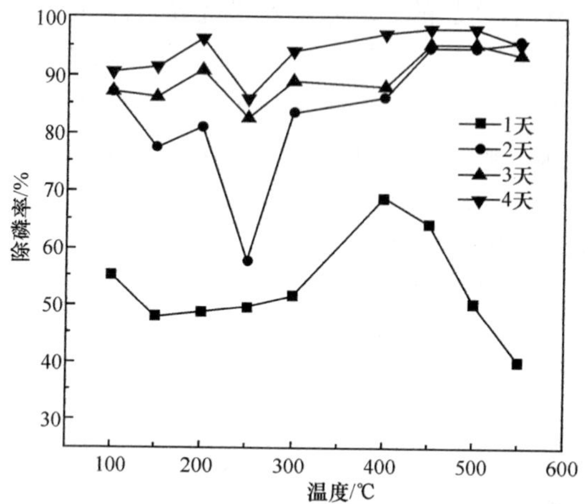


图 3-77 烧结法样品循环活水系统与静态水系统除磷效果对比图

750℃烧成，130℃水热，水热保温时间 16h，在环境温度 30℃，原始废液磷浓度 5mg/L 条件下除磷率达到 95.1%。

(2) XRD 分析结果表明未经烧成的样品中主要是 $CaCO_3$ 和 $SiO_2$ 两种化合物的混合物。烧成后，样品中的 $CaCO_3$ 分解生成 CaO，CaO 与 $SiO_2$ 高温下反应生成了 $CaSiO_3$。水热后产生 $CaSiO_3$ 的水合物[$Ca_5(Si_6O_{18}H_2)\cdot 4H_2O$]，这种水合物在与含磷废水接触后生成羟基磷灰石[$Ca_5(OH)(PO_4)_3$]。

(3) 由 SEM 观察结果可以看出，水热处理后，样品中产生了大量长柱状晶体互相交织，成为高度发达的网状，为磷的吸附提供了良好的条件。样品与废水接触后，游离 $Ca^{2+}$ 在硅酸钙水合物提供的晶种或晶核表面上与磷酸根反应后生成了新的物质——羟基磷酸石[$Ca_5(OH)(PO_4)_3$]，在样品表面上析出并沉积，但新的生成物并未覆盖活性表面，而是有规律地叠加并形成絮状产物，从而保证样品有持久的功效。

(4) 样品的连续除磷效果优异，对磷浓度为 5mg/L 的模拟废水连续除磷 42 天时可达到 92.45%的除磷率，累积除磷量为 3.51mg/g；对磷初始浓度为 10mg/L 的模拟废水连续除磷 24 天时仍保持高效除磷效果，除磷率为 96.22%，累积除磷量为 4.22mg/g；样品经过一定时间高效除磷后，除磷率降低。采用循环水有助于提高材料的废水除磷率。

(5) 采用硅微粉烧结改性牡蛎壳制备的除磷材料，强度好，遇水不粉化，解决了牡蛎壳粉末无成型性的缺点，同时保持较高的除磷率，长期除磷效果好，是一种理想的除磷材料，但由于制备工艺包括预处理、煅烧、水热等工艺，工艺烦琐，能耗较高，所以样品制备成本较高。

### 3.5.3 铝质-牡蛎壳结构自生长吸附材料去除水相中磷的特性和机理

该部分探讨了铝质-牡蛎壳结构自生长吸附材料结构、表面特性与废水除铜功效的关系，本章继续探讨铝质-牡蛎壳结构自生长吸附材料结构、表面特性与废水除磷功效的关系。

1. 最佳制备工艺的确定

1）最佳配方的确定

采用 3.4.4 节的原料配比合成铝质-牡蛎壳结构自生长吸附材料。制备条件：煅烧温度 900℃，水热温度 140℃，水热时间 14h。实验条件：样品剂量为 2g/50mL 模拟废液，废液初始 pH=8，初始废液浓度为 3mg/L，吸附时间 6h，吸附环境温度 25℃。实验结果如图 3-78 所示。

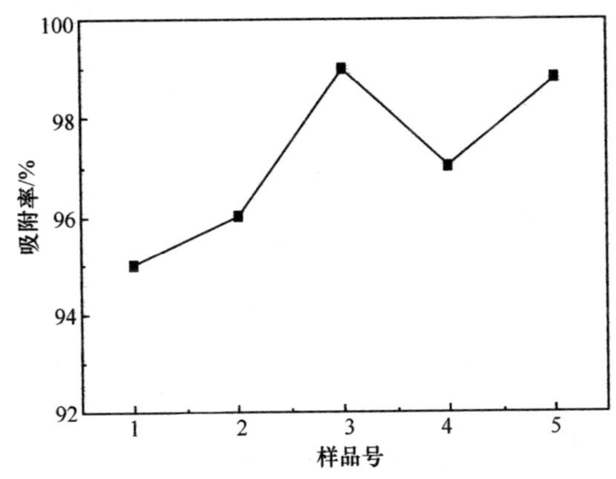


图 3-78　不同配比的样品的吸附率

从图 3-78 可以看出，1# ～5# 样品对磷的吸附效果较好，吸附率分别为 95.0%、96.0%、99.0%、97.0%、98.9% 。3 号样品的吸附效果最佳，但是考虑各个样品的吸附率相差不大，且 5# 样品的除铜效果最佳，因此，接下来的实验以 5# 配方制备样品，即铝厂污泥：牡蛎壳：硅微粉=50：25：25(质量比)。

2）烧结温度的确定

按照 5# 配方制备样品，分别在 800℃、850℃、900℃、950℃、1000℃下进行高温煅烧。煅烧后的样品分为两组：未水热组和水热组（煅烧后样品经水热温度 140℃、水热时间 14h 处理），分别在初始浓度 3mg/L、初始 pH=8 的模拟废液中进行 6h 的吸附实验，吸附环境温度 25℃。实验结果如图 3-79 所示。

从图 3-79 可以看出，烧结温度对样品除磷效果的影响规律与除铜相近。首先，经水热处理的样品吸附效果均优于未经水热处理的样品。这表明，水热产物搭建的空间多孔结构，也为废液中的磷酸根离子提供了良好的吸附位点。其次，随着烧结温度的升高，未经水热处理的样品吸附率呈现先上升后下降的趋势。这很可能是由于未经水热处理的样品中含有大量的 $\gamma\text{-}Al_2O_3$，对废液中的磷酸根有良好的吸附性能。

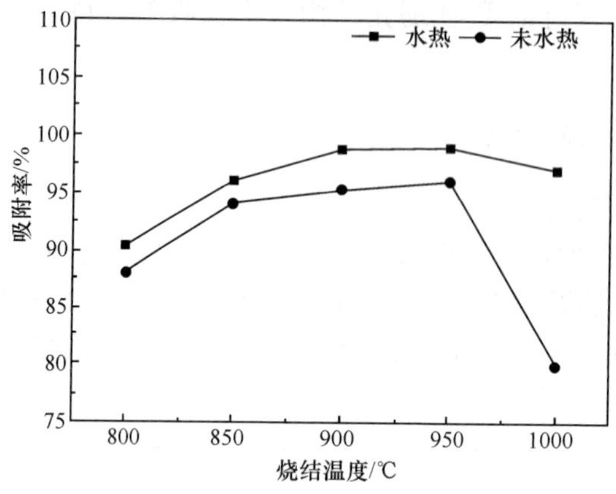


图 3-79　烧结温度对吸附率的影响

通常认为，活性氧化铝表面分子与水结合生成氢氧化铝，与磷酸根发生离子交换，产生磷酸盐。其过程如下所示：

$$Al_2O_3 + 3H_2O \longleftrightarrow 2Al(OH)_3 \tag{3-35}$$

$$Al(OH)_3 + H_2PO_4^- \longleftrightarrow AlPO_4 + OH^- + 2H_2O \tag{3-36}$$

表面络合吸附理论认为，活性氧化铝表面的铝离子先和配位水分子络合，络合配位水分子在氧化铝表面发生质子迁移，表面羟基化。从而氧化铝表面随着 pH 的不同，非特性吸附 $H^+$ 或者 $OH^-$，产生表面带电现象。因此，活性氧化铝对磷酸根的吸附是离子交换和静电吸附共同作用的结果。

经 900℃、950℃煅烧、水热处理后的样品吸附率分别为 98.8%、99.0%，两者接近。考虑到第 3 章中除铜样品的制备工艺，确定 900℃为最佳烧结温度。

3）最佳水热温度的确定

将 5# 样品在 900℃下煅烧，保温 2h，随炉冷却后置于水热釜中分别在 130℃、140℃、150℃、160℃、180℃下进行水热处理，水热时间 14h。将制备好的样品置于初始浓度 3mg/L、初始 pH=8 的模拟废液中进行 6h 的吸附实验，吸附环境温度 25℃。实验结果如图 3-80 所示。

由图 3-80 可以看出，130℃、140℃、150℃、160℃、180℃水热后的样品对磷的吸附率分别为 95.2%、98.8%、97.9%、97.3%、96.8%，吸附效果相差不大。经 140℃水热处理的样品对磷的吸附效果最佳，因此，确定 140℃为最佳水热温度。

4）最佳水热时间的确定

将 5# 样品在 900℃下煅烧，保温 2h，随炉冷却后置于水热釜中在 140℃下分别水热处理 12h、13h、14h、15h、16h、18h、20h。将制备好的样品置于初始浓度 3mg/L、初始 pH=8 的模拟废液中进行 6h 的吸附实验，实验环境温度 25℃。实验结果如图 3-81 所示。

由图 3-81 可以看出，经水热时间 12h、13h、14h、15h、16h、18h、20h 处理的样

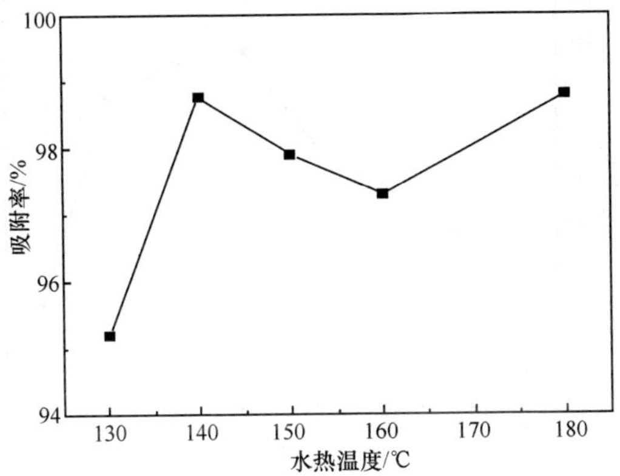


图 3-80　水热温度对吸附率的影响

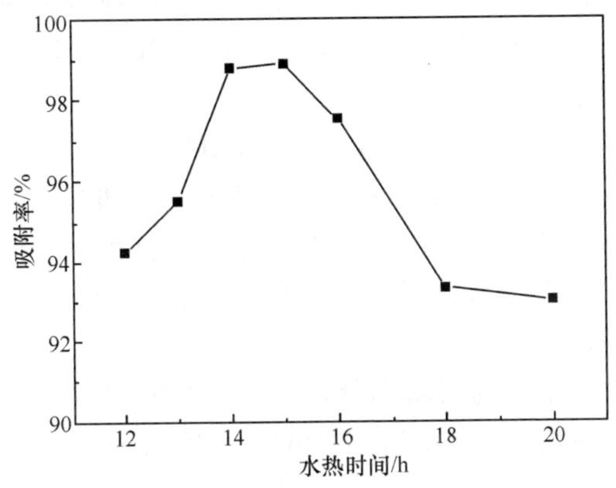


图 3-81　水热时间对吸附的影响

品对磷的吸附率分别为 94.2%、95.5%、98.8%、98.9%、97.5%、93.3%。样品对磷的吸附影响规律和除铜相近，当水热时间为 15h 时，吸附效果最佳，但仅比水热时间 14h 的样品高 0.1%，因此，综合考虑节能减排及除铜样品的制备工艺，确定 14h 为最佳水热时间。

2. 除磷影响因素探讨

1）模拟废液 pH 对吸附的影响

将最佳工艺条件下制备的吸附剂置于初始废液浓度 3mg/L 的溶液中。采用 0.1mol/L 的盐酸或氢氧化钠溶液将溶液的 pH 分别调整为 4、5、6、7、8、9、10、11，吸附 6h，实验环境温度 25℃。实验结果如图 3-82 所示。

如图 3-82 所示，随着 pH 升高，样品的吸附率呈现先上升后下降的趋势。溶液在两个极值 pH＝4、11 时，吸附效果最差。当 pH＝8～10 时，样品的吸附效果

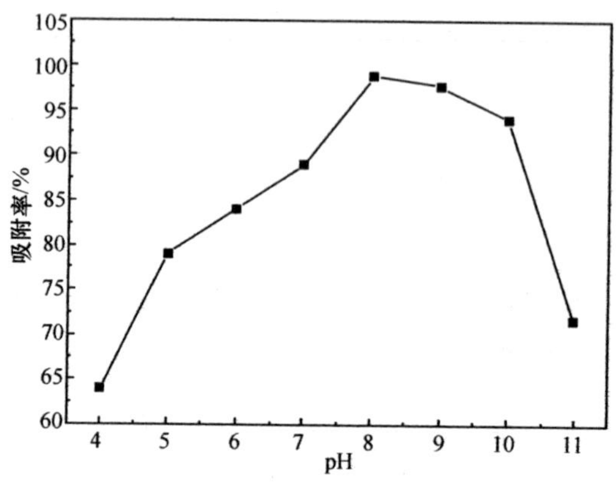


图 3-82 模拟废液 pH 对吸附的影响

最佳，分别为 98.8%、97.7%、94.0%。吸附剂在碱性环境下的吸附效果均优于酸性环境，这很可能是由于在弱碱性环境下，$Ca^{2+}$、$OH^-$ 不断溶解出，与溶液中的 $HPO_4^{2-}$ 发生如下反应：

$$Ca^{2+} + HPO_4^{2-} + 2H_2O \longrightarrow CaHPO_4 \cdot 2H_2O \downarrow \tag{3-37}$$

而随着 pH 的继续升高，部分 $CaHPO_4 \cdot 2H_2O$ 又和 $OH^-$ 反应溶解，使得溶液中的 $HPO_4^{2-}$ 增多，样品的吸附率下降。因此，铝质-牡蛎壳结构自生长吸附材料对磷的吸附行为兼有物理吸附和化学吸附。后续实验的 pH 定为 8。

2）吸附时间对吸附的影响

将最佳工艺条件下制备的吸附剂分别置于初始浓度为 3mg/L、5mg/L、7mg/L、9mg/L、11mg/L 的模拟废液中，调节溶液 pH=8，实验环境温度为 25℃。分别测定吸附时间为 0.5h、1h、2h、3h、4h、5h、6h 的模拟废液含磷浓度，结果如图 3-83所示。

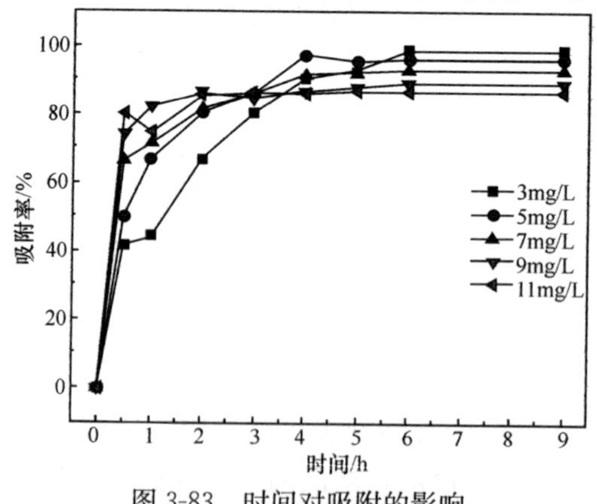


图 3-83 时间对吸附的影响

如图 3-83 所示，随着吸附时间的延长，样品对磷的吸附率逐渐提高（当初始浓度为 11mg/L，吸附进行至 1h 时，吸附率出现下降趋势，判断该点为坏点）。当废液初始浓度为 3mg/L、5mg/L、7mg/L、9mg/L 时，样品磷的吸附在 6h 后趋于平衡，而当废液初始浓度为 11mg/L 时，吸附率在 3h 后基本维持不变。因此，后续实验的吸附时间定为 6h。在实验设置的五个浓度下，铝质-牡蛎壳结构自生长吸附材料对磷的吸附在 6h 后达到平衡状态，吸附率分别达到了 98.8%、96.1%、92.7%、88.9%和 86.2%。

3）模拟废液初始浓度对吸附的影响

将最佳工艺条件下制备的吸附剂分别置于初始浓度为 3mg/L、5mg/L、7mg/L、9mg/L、11mg/L 的模拟废液中，调节溶液 pH=8，实验环境温度为 25℃。分别测定吸附时间为 0.5h、1h、2h、3h、4h、5h、6h 的模拟废液含磷浓度，结果如图 3-84 和图 3-85 所示。

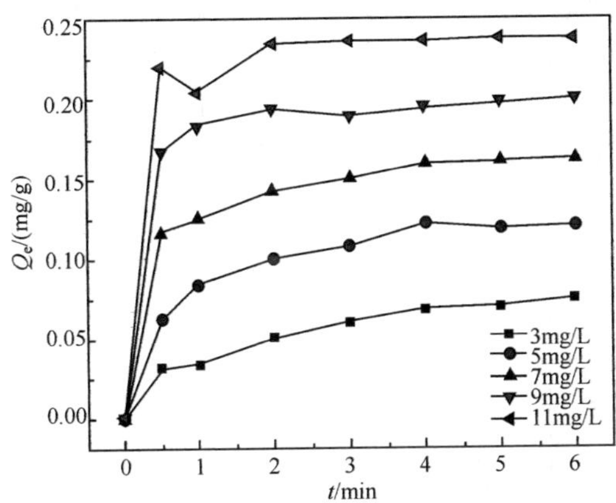


图 3-84　模拟废液初始废液浓度对吸附量的影响

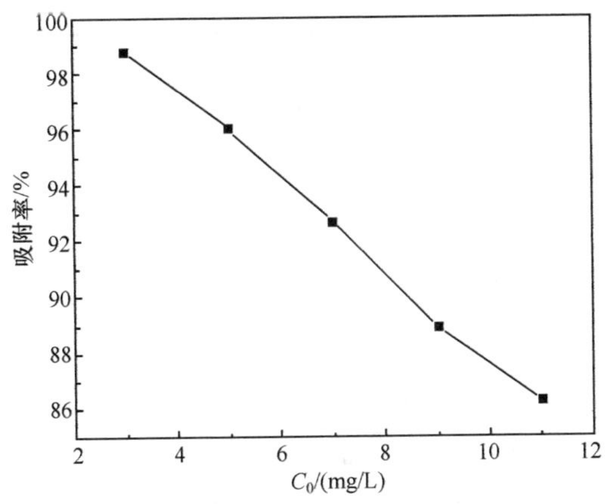


图 3-85　初始浓度对吸附率的影响

由图 3-84 可以看出，模拟废液的初始浓度对吸附有很大的影响。随着初始浓度的提高，样品对磷的吸附量也增大。当废液初始浓度分别为 3mg/L、5mg/L、

7mg/L、9mg/L、11mg/L 时，平衡吸附量分别为 0.074mg/g、0.120mg/g、0.162mg/g、0.200mg/g、0.237mg/g。如图 3-85 所示，随着初始浓度的提高，样品对磷的吸附率呈现下降趋势，但吸附率都维持在 86.0%以上，表明样品对磷有较好的吸附性能。同时，从图 3-85 可以看出，废液的初始浓度越高，曲线的斜率越大，吸附速率越高，表明溶液中存在的磷越多，由于溶液本体和吸附剂液膜表面产生了较大的浓度差，迫使磷向样品表面扩散，吸附在其表面。

3. 除磷吸附机理分析

1）铝质-牡蛎壳结构自生长吸附材料除磷的等温线模型拟合

根据最佳制备工艺制备样品，分别置于初始浓度为 3mg/L、5mg/L、7mg/L、9mg/L、11mg/L、20mg/L、25mg/L、30mg/L 的模拟废液中，调节溶液 pH＝8，实验环境温度为 25℃，测定吸附时间 6h 后的模拟废液铜浓度，计算出吸附量，根据 3.4 节的式(3-10)～式(3-12)进行 Langmuir 和 Freundlich 模型拟合，结果如图 3-86～图 3-88 和表 3-23 所示。

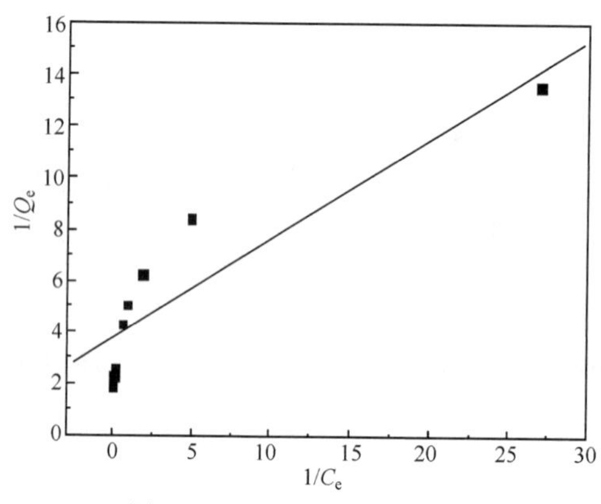


图 3-86 Langmuir 模型拟合

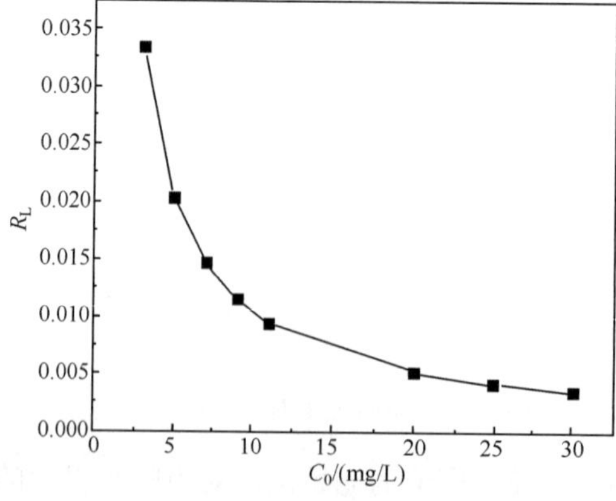


图 3-87 不同初始浓度下的 $R_L$

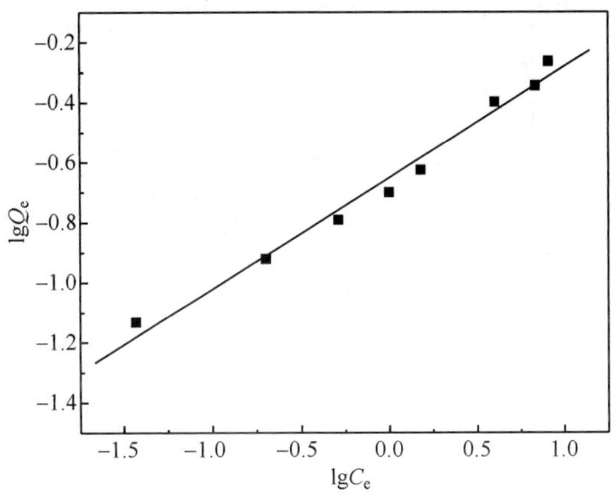


图 3-88　Freundlich 模型拟合

**表 3-23　P 的吸附等温线方程拟合参数**

| Langmuir 吸附等温线方程 | | | Freundlich 吸附等温线方程 | | |
|---|---|---|---|---|---|
| $Q_m$/(mg/L) | $b$/(L/mg) | $R^2$ | $n$ | $k$/(L/mg) | $R^2$ |
| 0.268 | 9.69 | 0.906 | 2.703 | 0.223 | 0.991 |

可以看出，Langmuir 的拟合参数 $R^2$=0.906，拟合程度良好。如图 3-87 所示，在实验所设置的浓度下，$R_L$ 均小于 1，因此吸附过程朝着有利的方向进行。由 Langmuir 模型拟合出的最大吸附量为 0.268mg/L，小于在 30mg/L 的初始模拟废液浓度中吸附 6h 后得出的实际测量值 0.545mg/L。同时，Freundlich 模型的拟合参数 $R^2$=0.991，高于 Langmuir 模型的 $R^2$，因此可以认为 Freundlich 模型更适合用于描述样品对磷的吸附过程。其中，如果 $n>1$，则表示吸附过程自发进行。如表 3-23 所示，$n$=2.703>1，表示吸附过程自发进行，这与 Langmuir 模型中 $R_L<1$，吸附朝着有利方向进行的结论一致。

2）铝质泥吸附剂除磷的动力学模型拟合

根据最佳制备工艺制备样品，分别置于初始浓度为 3mg/L、5mg/L、7mg/L、9mg/L、11mg/L 的模拟废液中，调节溶液 pH=8，实验环境温度为 25℃，测定吸附时间 6h 后的模拟废液磷浓度，计算出吸附量，根据 3.4 节式(3-6)～式(3-8)进行 Largergren 准一级动力学、Ho 准二级动力学、Elovich 动力学模型拟合，结果如图 3-89～图 3-91 和表 3-24 所示。

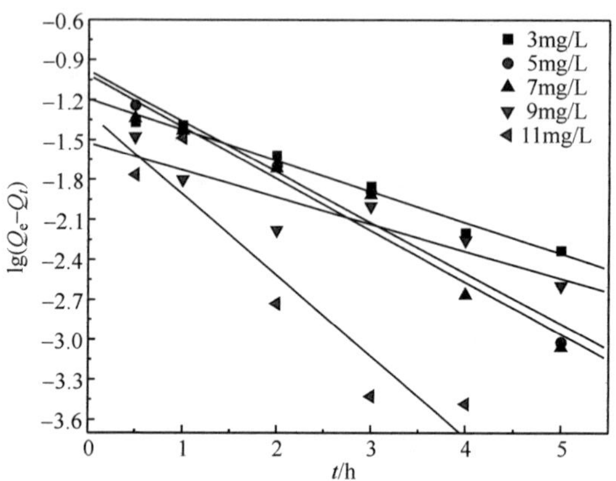


图 3-89　Largergren 准一级动力学模型拟合

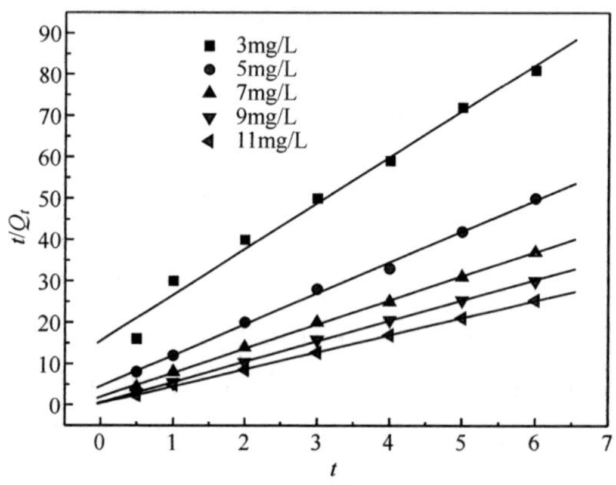


图 3-90　Ho 准二级动力学模型拟合

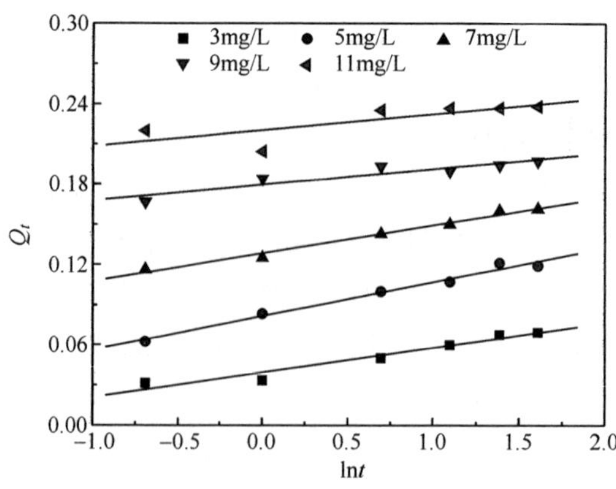


图 3-91　Elovich 动力学模型拟合

**表 3-24　铝质-牡蛎壳结构自生长吸附材料除磷的动力学方程参数**

| $C_0$ /(mg/L) | Largergren 准一级 | | | Ho 准二级 | | | | Elovich | | |
|---|---|---|---|---|---|---|---|---|---|---|
| | $K_1$ | $R^2$ | $Q_{e(cal)}$ | $K_2$ | $R^2$ | $Q_{e(cal)}$ | $Q_{e(exp)}$ | $R^2$ | $a$ | $b$ |
| 3.00 | 0.54 | 0.99 | 0.06 | 8.04 | 0.993 | 0.089 | 0.074 | 0.97 | 0.04 | 0.02 |
| 5.00 | 0.88 | 0.98 | 0.10 | 12.45 | 0.999 | 0.133 | 0.120 | 0.99 | 0.08 | 0.02 |
| 7.00 | 0.90 | 0.98 | 0.10 | 17.43 | 0.999 | 0.171 | 0.162 | 0.99 | 0.13 | 0.02 |
| 9.00 | 0.47 | 0.92 | 0.03 | 40.81 | 0.999 | 0.202 | 0.200 | 0.93 | 0.18 | 0.01 |
| 11.00 | 1.40 | 0.94 | 0.05 | 46.13 | 0.999 | 0.242 | 0.237 | 0.77 | 0.22 | 0.01 |

注：$Q_{e(exp)}$为实验测得的吸附量(mg/g)；$Q_{e(cal)}$为理论计算得到的吸附量(mg/g)。

从表 3-24 可以看出，Largergren 准一级动力学模型、Ho 准二级动力学模型和 Elovich 动力学模型对于吸附过程均有较好的拟合程度，其 $R^2$ 都大于 0.90。但是，Ho 准二级动力学模型的拟合程度更高，其拟合程度都能达到 $R^2=0.999$(除初始浓度为 3mg/L 时，$R^2=0.993$)。并且，由 Ho 准二级动力学模型拟合出的理论吸附量 $Q_{e(cal)}$ 分别为 0.089mg/g、0.133mg/g、0.171mg/g、0.202mg/g 和 0.242mg/g，实际测量得到的平衡吸附量分别为 0.074mg/g、0.120mg/g、0.162mg/g、0.200mg/g 和 0.237mg/g，两者十分接近。而由 Largergren 准一级动力学模型拟合出的吸附量则与实际平衡吸附量有较大出入，因此，Ho 准二级动力学模型更适合于描述铝质-牡蛎壳结构自生长吸附材料对磷的吸附过程。

Ho 准二级动力学模型中的速率常数 $k^2$ 代表吸附速率。随着初始浓度的升高，$k^2$ 逐渐增大，表明吸附速率越大。这与上述废液初始浓度对吸附影响的讨论结果一致，初始浓度越高，图 3-90 中曲线的斜率越大，表明初始吸附速率越大。

3) 铝质-牡蛎壳结构自生长吸附材料除磷的扩散模型拟合

根据最佳制备工艺制备样品，分别置于初始浓度为 3mg/L、5mg/L、7mg/L、9mg/L、11mg/L 的模拟废液中，调节溶液 pH=8，实验环境温度为 25℃，测定吸附时间 6h 后的模拟废液含磷浓度，计算出吸附量，根据 3.3 节式(3-13)、式(3-14)进行液膜扩散和粒子内部扩散模型拟合，结果如图 3-92、图 3-93 和表 3-25 所示。

**表 3-25　铝质-牡蛎壳结构自生长吸附材料除磷的扩散模型方程拟合程度**

| $C_0$/(mg/L) | 3 | 5 | 7 | 9 | 11 |
|---|---|---|---|---|---|
| 液膜扩散 | 0.991 | 0.978 | 0.976 | 0.918 | 0.968 |
| 粒子内部扩散 | 0.999 | 0.972 | 0.989 | 1 | 0.902 |

将缓慢吸附阶段 2～4h 的数据进行粒子内部扩散模型拟合，整个吸附阶段的数据进行液膜扩散拟合。从表 3-25 可以看出，在快速吸附阶段，粒子内部扩散模型拟合很好，表明缓慢吸附阶段粒子内部扩散是样品吸附 $Cu^{2+}$ 的主要速率控制过

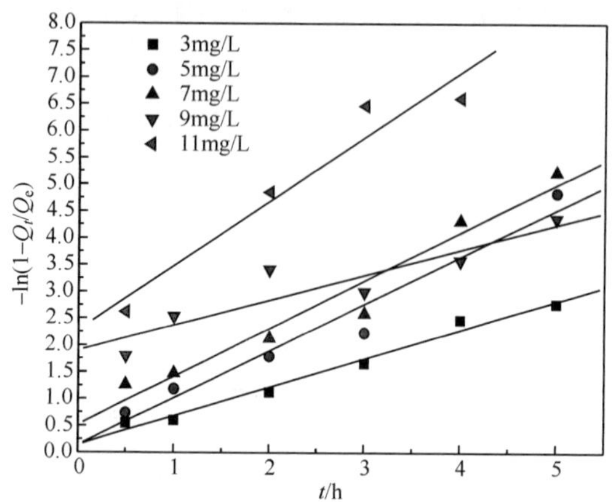


图 3-92 液膜扩散模型图

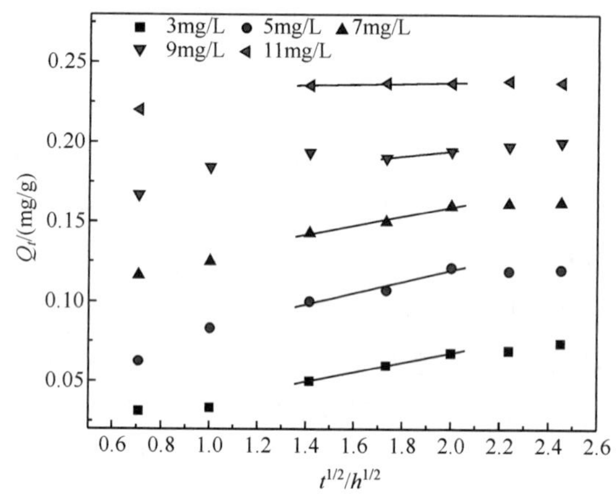


图 3-93 粒子内部扩散模型

程。但是,从图 3-93 可以看出,拟合直线未过原点,表明粒子内部扩散不是吸附速率控制的唯一步骤。同时,液膜扩散模型在整个吸附阶段均有较好的拟合程度,这表明吸附速率是由液膜扩散和粒子内部扩散共同决定的。

### 4. 铝质-牡蛎壳结构自生长吸附材料去除水相中磷的特性和机理

#### 1) 除磷前后样品 XRD 分析

取最佳条件下制备的吸附剂(原料配比:铝厂污泥:牡蛎壳:硅微粉=50:25:25,煅烧温度 900℃,水热温度 140℃,水热时间 14h。吸附条件为:含磷溶液初始浓度 3mg/L,吸附时间 6h,pH=8)进行除磷前后的 XRD 分析,结果如图 3-94 所示。

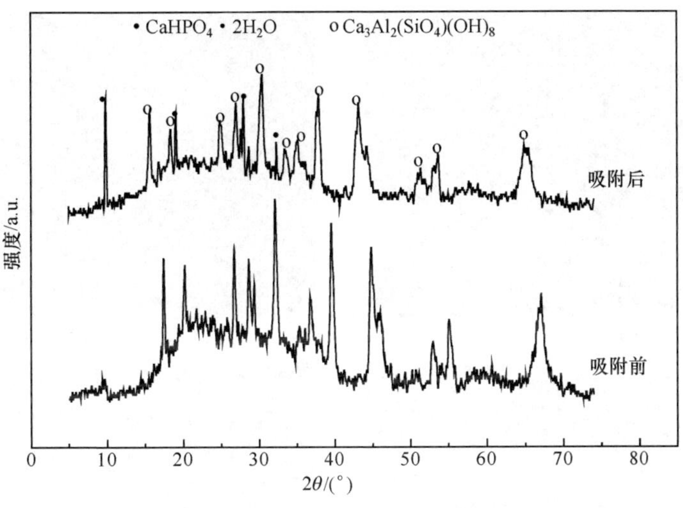


图 3-94　除磷前后的 XRD 图谱

从图 3-94 可以看出，样品除磷后生成了新的物质，XRD 图谱中出现了 $CaHPO_4 \cdot 2H_2O$的衍射峰，由 $Ca^{2+}$ 与废液中的 $HPO_4^{2-}$ 反应生成。这表明铝质-牡蛎壳结构自生长吸附材料的除磷过程含有化学吸附过程。除磷后，样品中仍存在 $Ca_3Al_2(SiO_4)(OH)_8$ 的衍射峰，但强度有所减弱。这表明，$Ca_3Al_2(SiO_4)(OH)_8$ 并未完全释放 $Ca^{2+}$ 与溶液中的 $HPO_4^{2-}$ 反应，可能是由于生成的 $CaHPO_4 \cdot 2H_2O$ 覆盖在样品表面，使内部 $Ca^{2+}$ 不能完全参与反应。这与扩散模型拟合结果相一致，在缓慢吸附阶段，粒子内部扩散为速率的主要控制过程。

2) 除磷前后样品 SEM 分析

取最佳条件下制备的吸附剂进行除磷前后 SEM 分析，结果如图 3-95 所示。

除磷样品的制备工艺和除铜相同。从图 3-95(c)、(d)可以看出，除磷前样品表面存在丰富的微孔，除磷后，样品表面生成了少量的片状物质，原有的孔隙有所变小。结合 XRD 的分析结果可知，铝质-牡蛎壳结构自生长吸附材料对磷的吸附兼有物理吸附和化学吸附。

3) 除磷前后样品 EDS 分析

对除磷前后的样品进行形貌分析的同时，还对选定的物相进行(EDS)能谱分析，结果如图 3-96、图 3-97 和表 3-26、表 3-27 所示。

由表 3-26 和表 3-27 数据可知，吸附前样品主要含有 Ca、Al、Si、O，还有少量的 S；吸附后样品主要含有 Ca、Al、Si、O、P，其中的 Au 是在做扫描电镜分析时，对样品进行喷金处理，表面附着着 Au 元素。从图 3-96 和图 3-97 可以看出，除磷后样品新增 P 的吸收峰，说明样品吸附了水中的磷。

(a) 除磷前×2000倍SEM图

(b) 除磷前×5000倍SEM图

(c) 除磷后×2000倍SEM图

(d) 除磷后×5000倍SEM图

图 3-95　除磷前后样品 SEM 图

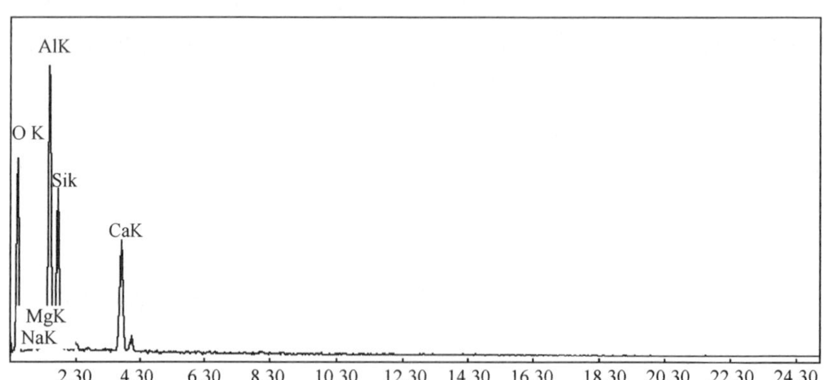


图 3-96　除磷前试样表面 EDS 图

**表 3-26　除磷前试样表面的元素**

| 元素 | O | Al | Si | Ca | Na | Mg |
|---|---|---|---|---|---|---|
| 质量分数/% | 38.03 | 25.17 | 18.94 | 16.36 | 0.75 | 0.75 |
| 原子分数/% | 53.35 | 20.93 | 15.13 | 9.16 | 0.73 | 0.70 |

表 3-27　除磷后试样表面的元素

| 元素 | O | Al | Si | Ca | P | K |
|---|---|---|---|---|---|---|
| 质量分数/% | 38.39 | 18.95 | 14.30 | 11.29 | 10.62 | 6.45 |
| 原子分数/% | 54.53 | 15.96 | 11.57 | 6.4 | 7.79 | 3.75 |

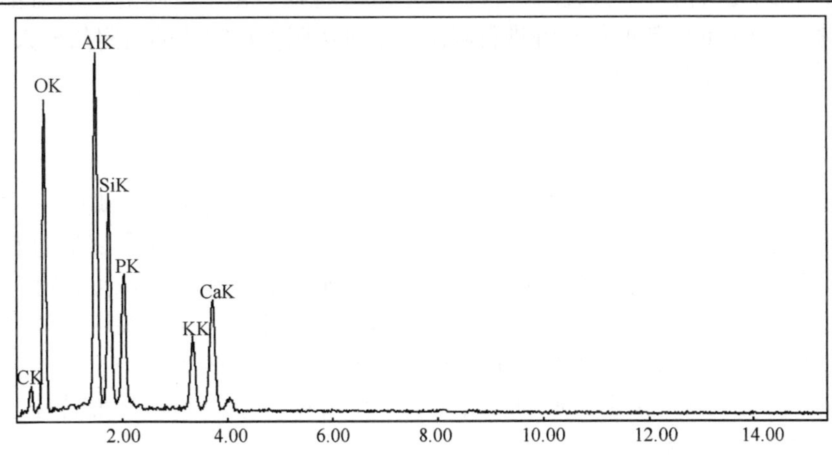


图 3-97　除磷后试样表面 EDS 图

4）除磷前后样品红外光谱分析

取最佳制备条件下制备的吸附剂进行除磷前后红外光谱分析。实验条件：模拟废液初始浓度 3mg/L，溶液 pH=8，吸附时间 6h，溶液量 50mL。结果如图 3-98 所示。

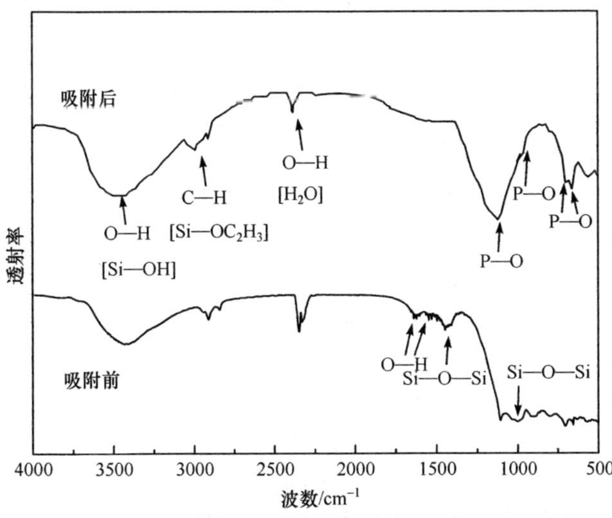


图 3-98　样品除磷前后的红外光谱图

从图 3-98 可以看出，除磷后的红外曲线在 $1130cm^{-1}$、$1400\sim1500cm^{-1}$处属于 Si—O—Si 的吸收峰明显减弱。而在 $1047cm^{-1}$、$960cm^{-1}$、$705cm^{-1}$、$658cm^{-1}$处生

成了新的吸收峰，归属于 P—O 键的不对称伸缩振动峰和对称伸缩振动峰。这表明除磷后的样品存在着磷酸盐或者磷酸氢盐化合物，这与 XRD 分析结果一致，并进一步说明铝质-牡蛎壳结构自生长吸附材料除磷的过程中发生了化学反应，改变了铝质-牡蛎壳结构自生长吸附材料的一些红外特征。化学吸附的作用力主要是化学键力，通过形成新的化学键进行吸附。这种吸附作用需要的吸附热较大，吸附速率低、稳定且不易脱附。

5. 小结

采用铝厂污泥为基础原料，掺杂硅微粉和牡蛎壳作为改性剂，经烧结—水热合成一种不易破损、对废水中磷去除率高的的铝质-牡蛎壳结构自生长吸附材料。经实验研究确定了最佳的制备合成方案，探讨了不同模拟废液初始浓度、吸附时间、废液 pH 对铝质-牡蛎壳结构自生长吸附材料除磷性能的影响。采用不同的热力学、动力学、扩散模型探讨吸附机理。运用 XRD、SEM、EDS、红外分析对铝质进行结构、表面特性表征，探寻铝质-牡蛎壳结构自生长吸附材料结构、表面特性与废水净化功效之间的关系。

(1) 铝质-牡蛎壳结构自生长吸附材料的最佳合成工艺条件为：铝厂污泥：牡蛎壳：硅微粉(质量比)为 50：25：25；最佳烧结温度 900℃，水热温度为 140℃、水热时间 14h。

(2) 模拟废液 pH 对除磷效果有很大的影响。在碱性环境下，铝质-牡蛎壳结构自生长吸附材料的除磷效果优于酸性环境。当 pH=8～10 时，吸附剂的吸附效果最佳。

(3) 当废液初始浓度为 11mg/L 时，铝质-牡蛎壳结构自生长吸附材料对磷的吸附在 3h 内达到平衡，而当废液初始浓度为 3mg/L、5mg/L、7mg/L、9mg/L 时，吸附在 6h 内达到平衡。

(4) 模拟废液的初始浓度对于磷的吸附效果影响显著。随着废液初始浓度增大，铝质-牡蛎壳结构自生长吸附材料对磷的吸附量逐渐上升，最终达到饱和吸附。但吸附率却随着初始浓度的增大而逐渐下降。初始浓度高的模拟废液中存在更多的磷，更高的浓度差迫使磷移动至吸附剂表面，导致初始吸附速率更高。

(5) 当含磷废水初始浓度为 3mg/L，吸附时间为 6h，实验环境温度为 25℃时，对磷的吸附率最高为 98.8%，吸附的最佳 pH 为 8.0。

(6) 利用 Langmuir 和 Freundlich 等温线模型对吸附过程进行拟合发现：Freundlich 拟合 $R^2=0.991$ 大于 Langmuir 的拟合 $R^2=0.906$，因此 Freundlich 更适合描述铝质-牡蛎壳结构自生长吸附材料对磷的吸附行为。Freundlich 模型的常数 $n=2.703>1$，表明吸附过程是自发的。

(7) 利用 Largergren 准一级动力学、Ho 准二级动力学、Elovich 动力学模型对吸附过程进行拟合发现：Ho 准二级动力学的拟合程度最佳，初始浓度为 3mg/L

的溶液，$R^2 = 0.993$；3mg/L、5mg/L、7mg/L、9mg/L 的溶液，$R^2 = 0.999$。通过 Freundlich 模拟出的理论平衡吸附量与实际测量值最接近。由 Ho 准二级动力学模型计算出的速率常数 $k_2$ 随着初始浓度的升高而增大，表明初始吸附速率随着初始浓度的升高而增大，与实验测得的数据一致。

(8) 利用液膜扩散和内部粒子扩散模型对吸附过程进行拟合发现：粒子内部扩散模型在缓慢吸附阶段的拟合程度较好，液膜扩散模型在整个吸附阶段拟合程度较好，表明铝质-牡蛎壳结构自生长吸附材料对磷的吸附速率是由液膜扩散和粒子内部扩散共同决定的。

(9) XRD 分析结果表明：吸附前，样品的主晶相为 $Ca_3Al_2(SiO_4)(OH)_8$；吸附后，样品的主晶相为 $CaHPO_4 \cdot 2H_2O$ 和 $Ca_3Al_2(SiO_4)(OH)_8$。$CaHPO_4 \cdot 2H_2O$ 由 $Ca_3Al_2(SiO_4)(OH)_8$ 中的 $Ca^{2+}$ 与溶液中的 $HPO_4^{2-}$ 反应而成。

(10) SEM 分析结果表明：经水热处理的铝质-牡蛎壳结构自生长吸附材料具有丰富的多孔结构，这些空间网状结构由 Ca、Si、Al 生成的水热化合物搭建而成，为磷吸附提供了良好的吸附位点。除磷后样品表面生成了新的片状物质，原有的孔也有所变小。

(11) EDS 分析结果表明：除磷后的样品出现了 P 的吸收峰，表明 P 被吸附到吸附剂上。

(12) 红外分析结果表明：吸附前后，样品的官能团发生改变，出现了 P—O 的吸收峰，表明吸附过程中，样品和溶液中的磷酸根发生了化学反应。

(13) 铝质-牡蛎壳结构自生长吸附材料对磷的吸附兼有物理过程和化学过程。

### 3.5.4 免烧结构自生长吸附材料

利用硅微粉高温烧结、水热改性牡蛎壳法制备的免烧结构自生长吸附材料除磷效果优异，长期使用效果良好，但烧结法工艺比较复杂，成本较高，不能很好地体现“以废治废”的优异性。在本节中，将从牡蛎壳自身的除磷性能出发，探索一种免烧工艺，直接利用牡蛎壳与黏结剂混合成型制备净化材料，从而弥补烧结法的不足，节约能耗。

#### 1. 免烧法工艺除磷实验结果分析

1) 最佳方案的确定

对不同配方的九组样品分别进行除磷测定，结果如图 3-99 所示。

由图 3-99 可以看出：随除磷时间的延长，除磷率逐渐提高；除磷时间为 3h 时，各配方样品的除磷率基本一致，随时间延长不同配方样品除磷率提高的幅度差异明显；水泥质量分数超过 10%的配方，48h 的除磷率基本可达 93%以上，随着水泥质量分数的增加，除磷率变化幅度总体趋于一致，都是先提高然后逐渐降低。水泥质量分数小于 4%的试样在实验过程中粉化现象严重，无法满足回收使用的目的。

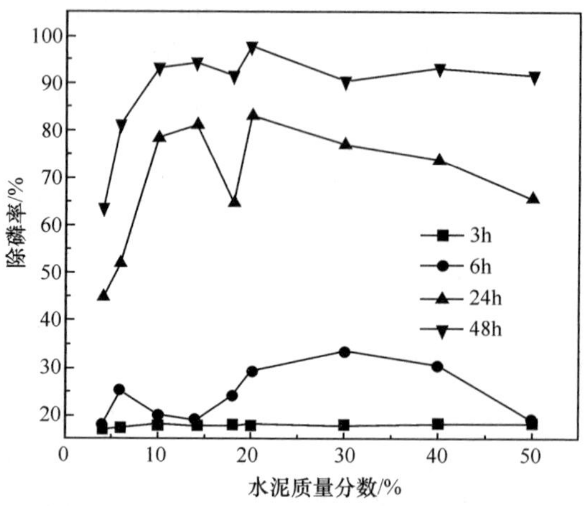


图 3-99 水泥-牡蛎壳粉末系列配方除磷率

水泥的添加量越大，材料的强度越高，但过高的水泥添加量将使材料的气孔率降低，致密度提高，影响牡蛎壳粉末自身优越的天然孔洞结构，因此除磷率随之降低。同时水泥的含量太高，所需成本也越高，综合考虑除磷效率与经济效益，在保证试样强度的前提下，尽量降低水泥的用量，根据图 3-99 的数据，选择水泥的质量分数为 10%，此时样品的除磷效率为 93.3%，符合材料除磷要求。

通过万能抗折测试仪对配方条状试样进行强度测试，如表 3-28 所示。

**表 3-28 配方强度**

| 编号 | 水泥质量分数/% | 断裂弯曲应力/MPa | 最大弯曲力/N |
|---|---|---|---|
| 1 | 50 | 19.56 | 118.77 |
| 2 | 40 | 15.17 | 114.92 |
| 3 | 30 | 18.33 | 123.96 |
| 4 | 20 | 13.53 | 72.83 |
| 5 | 18 | 12.43 | 96.95 |
| 6 | 14 | 11.97 | 80.18 |
| 7 | 10 | 12.26 | 67.57 |
| 8 | 6 | 5.81 | 35.21 |
| 9 | 4 | 1.03 | 21.13 |

从表 3-28 中可以看出水泥的添加对试样强度影响很大，随着添加量的增加，强度总体上升；水泥质量分数为 10%的配方断裂弯曲应力可达 12.26MPa，最大弯曲力可达 67.57N，已具备强度要求，在水域环境中不粉化，性能稳定。因此，最佳配方可确定为配方 7，即水泥质量分数为 10%、牡蛎壳粉末质量分数为 90%的配方。

2）环境温度对免烧法材料除磷率的影响

取最佳配方 7(水泥添加量为 10%)在不同废液环境温度条件下进行除磷测定

(废液初始浓度为5mg/L),温度范围为20～70℃,其结果如图3-100所示。

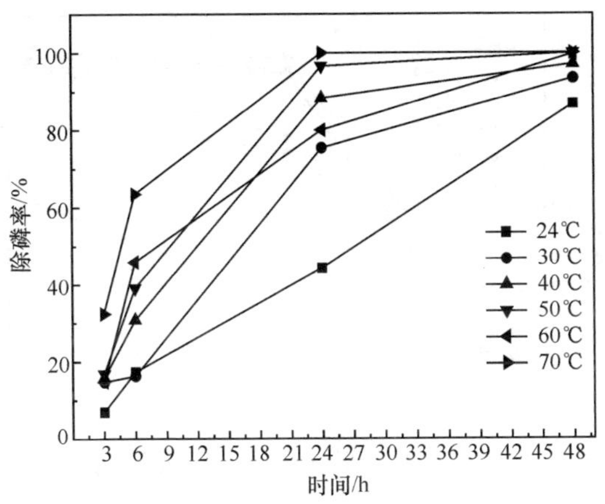


图3-100 温度对除磷效率的影响

从图3-100可以明显看出,随着时间的延长,除磷效果逐渐变好;随着环境温度的升高,除磷性能也随之逐渐增加;20～70℃温度范围内材料的48h除磷效果都高达90%以上,除磷效果明显。在30℃以上温度,除磷率基本达到100%。由于牡蛎壳粉末天然的多孔性,添加水泥后仍保持空洞结构,具有强物理吸附性,同时又含有丰富的活性钙离子,可以与磷酸根离子产生化学吸附。试样可能在低温下进行物理吸附,而在高温下为化学吸附或者两者同时进行,考虑到实际操作中提高废水温度的可能性较小,因此除磷在室温到30℃左右都可达到满意的效果。

3) pH对免烧法材料除磷效果的影响

取配方7在不同pH条件下进行除磷测定(废液初始浓度为5mg/L、实验环境温度30℃),pH范围为1～13,探讨各种酸性或碱性环境对材料除磷性能的影响,其结果如图3-101所示。

从图3-101中可以明显看出,随着pH的升高,除磷效率也随之升高;pH为中性或偏碱时除磷率出现最大值;此后随着pH的继续升高,除磷率出现下降趋势。磷酸根与钙离子反应生成的磷酸钙沉淀类型与pH相关,在酸性条件下,易形成$CaHPO_4$、$Ca_4H(PO_4)_3$、$Ca_3(PO_4)$沉淀;中性或碱性条件下,形成$Ca_3(PO_4)$、$Ca_5(PO_4)_3OH$沉淀,其中$Ca_5(PO_4)_3OH$在热力学上最稳定,不易分解[89-91]。图中pH=1除磷效果最差,这是由于酸性过强,$H^+$含量高,使材料本来吸附的磷酸钙沉淀不稳定,易分解,从而将磷酸根离子重新解析到废液中,失去除磷的效用。随着pH的升高,产生稳定的磷酸钙沉淀,尤其在碱性条件下除磷效果增强,这是由于在除磷过程中,产生磷酸钙沉淀物吸附在材料表面,对于磷酸钙的形成起主要作用的不仅是$Ca^{2+}$,还包括$OH^-$,碱性条件磷酸钙的形成反应为

$$5Ca^{2+} + 3PO_4^{3-} + OH^- \longrightarrow Ca_5(PO_4)_3OH \tag{3-38}$$

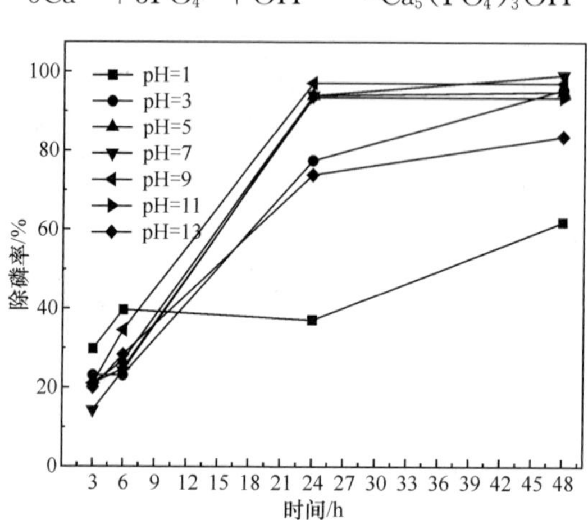


图 3-101　pH 对除磷效率的影响

$Ca^{2+}$浓度和 pH 的提高可增加除磷率。pH＝13 时，$OH^-$浓度过高，样品出现部分溶解，钙解离到溶液中形成自由钙离子，与碳酸根、磷酸根产生共沉淀，影响磷酸根的有效去除。由反应式(3-38)可以看出，水泥-牡蛎壳粉末结构自生长吸附材料在 pH 为 3～11 范围内都具有除磷作用，尤其在中性与碱性条件下，除磷率达 90％。

4）初始废液浓度对免烧法材料除磷效果的影响

分别配置不同初始浓度的含磷废水(5～50mg/L)，测试免烧样品的除磷效果，仍选最佳的 7 号配方放置在不同的初始废液浓度条件下进行除磷测定(实验环境温度 30℃，废水 pH＝7)，其结果如图 3-102 所示。

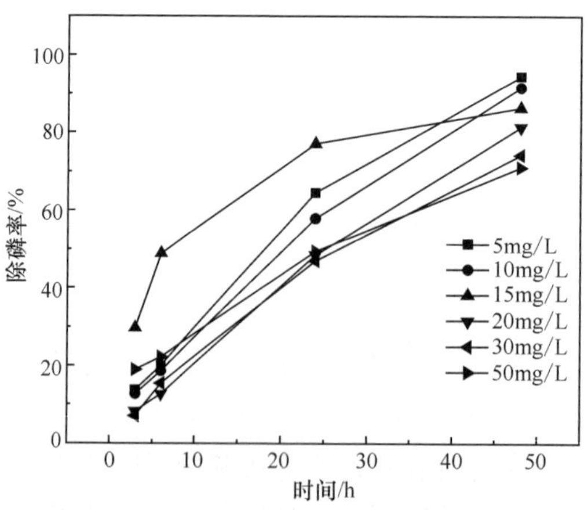


图 3-102　不同废液初始浓度对样品除磷率的影响

从图 3-102 可以明显看出，随着除磷时间的延长，样品在不同初始浓度废液中除磷率提高，各曲线趋势相似。除磷时间为 3h 时，样品在 15mg/L 磷浓度废液表现出最佳的除磷率，达到 29.7%，50mg/L 废液的除磷率也达到 19.0%；除磷时间为 24h 时，除磷率持续上升，15mg/L 磷废液的试样除磷率仍保持最佳状态，达 77.1%，5mg/L磷废液试样上升趋势最大，达到 64.5%，比 6h 上升 51%，在 50mg/L 时初始废液除磷试样达到 49.4%，增长 30%。在除磷时间为 48h 时，初始浓度 5mg/L 的除磷试样除磷率达到最高值 94.5%，而后随着初始废液浓度的提高，试样对磷的除磷率降低。其原因是样品具有丰富的气孔结构，具有很强的吸附能力，初始磷浓度高的废液提供了磷酸根离子与活性钙离子反应的动力学条件，使高浓度初期反应迅速进行，但随着反应的继续进行，由于强吸附作用会在短时间内将大量的磷酸根离子吸附并沉积在样品表面，造成试样表面气孔一定程度的堵塞，后期影响了吸附的进行效率，后期除磷速率变缓，除磷不够彻底，需要进行二次除磷。因此，材料在磷高浓度废液中除磷效果优异，可适用高浓度磷水域处理，但需进行二次除磷。

5）微观结构表征

对配方试样，选择水泥添加质量分数分别为 50%、10%、6%的除磷前后的试样进行 SEM 扫描，部分区域进行 EDS 分析，其结果分别如图 3-103～图 3-105 所示。

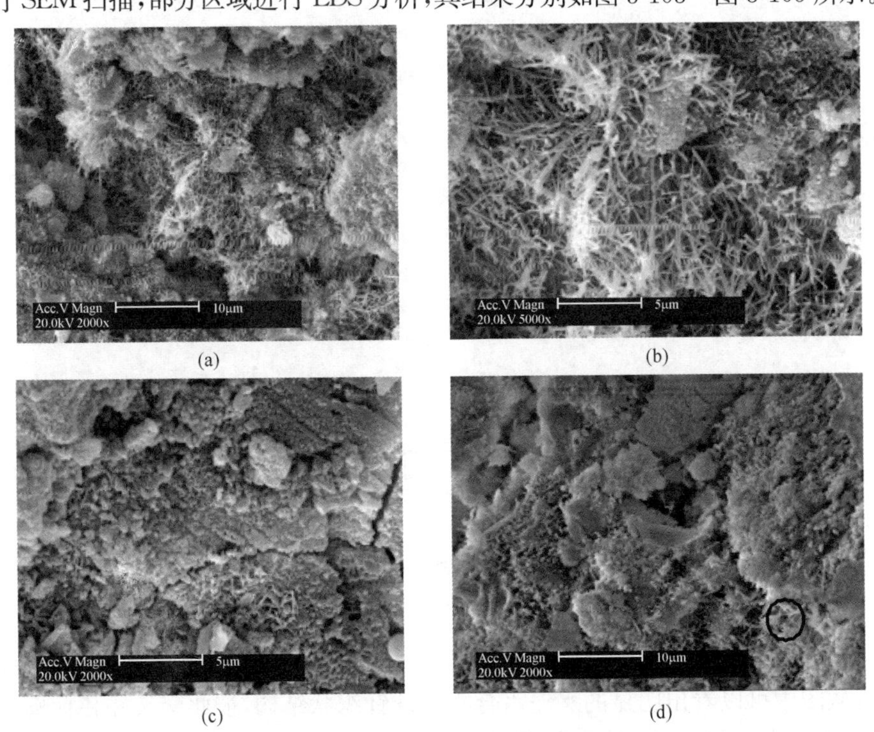


图 3-103　配方 1 除磷前后 SEM 图

(a)(b)除磷前；(c)(d)除磷后

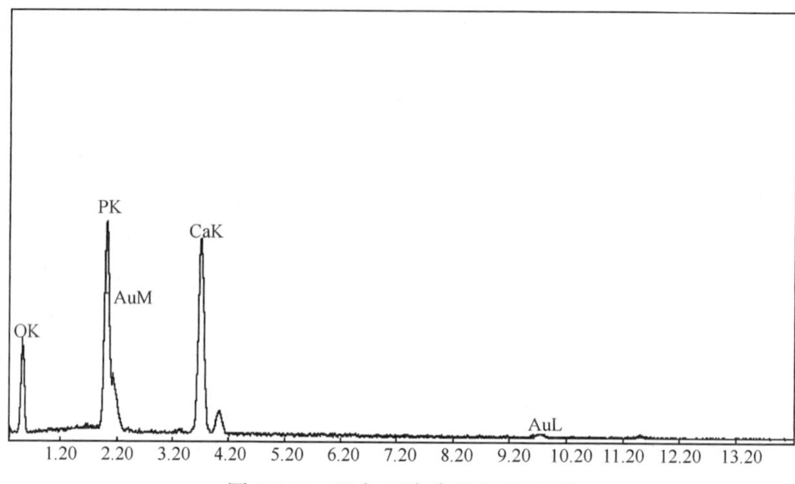


图 3-104　配方 1 除磷后的 EDS 图

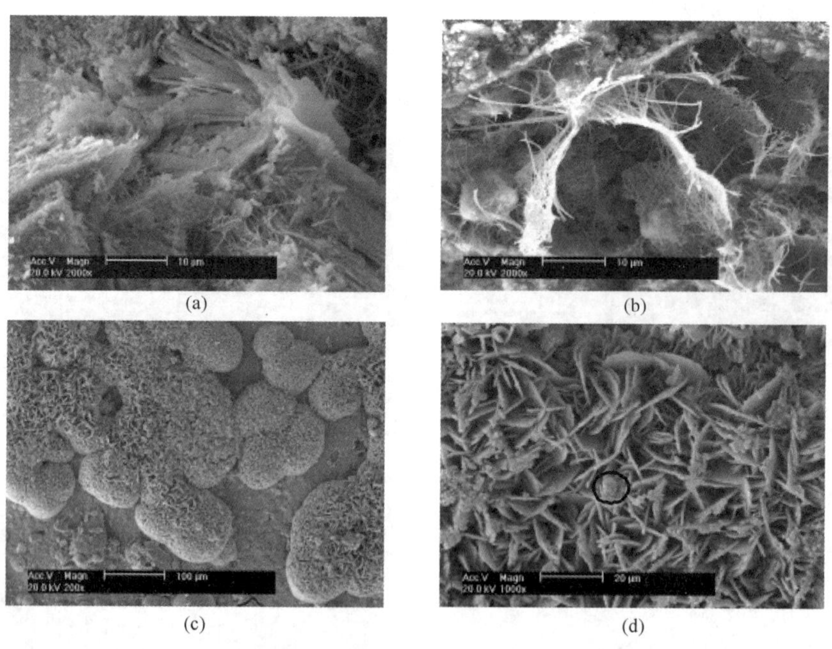


图 3-105　除磷前后 SEM 图

(a)(b)除磷前；(c)(d)除磷后

图 3-103 为配方 1(添加质量分数为 50%水泥)除磷前后 SEM 图，由于水泥含量高，从图中可以看出明显的水泥水合物特殊针织状结构，彼此交叉并和牡蛎壳粉末颗粒连生在一起。因为水泥随着水化反应的不断进行，逐渐失去流动能力，转变为具有一定强度的固体，即水泥的凝结和硬化。硬化的水泥浆体中的各种水化产物的相互交织，与牡蛎壳粉末相互生长为一体，使材料达到固化的作用，水泥在水

体中强度仍保持很高的性质，造就了废水除磷材料在废水除磷中优越的强度。除磷后可以看到些许片状结构组织，且此片状组织交叉叠堆在一起。

将图 3-103(d)片状晶体区域(圆圈表示区域)成分进行能谱分析，如图 3-104 所示。片状结构晶体中含有 P 元素，可以确定该形貌晶体为磷酸钙晶体。除磷后样品仍然保持着多孔结构，说明了材料对磷的去除特性。

根据图 3-105(a)和(b)可以观察到：水泥质量分数为 10%的试样，虽然水泥含量不高，但材料表面仍存在大量明显水泥水化物的针状物结构，水泥与牡蛎壳粉末组织交织得比较紧密，体现出两种组织的亲和力；整体组织结构仍保持多孔状态，从而体现其具备较强的吸附能力。从图(c)和(d)可以得出，在较低倍镜下可以很明显看到在除磷后试样表面形成大量“带刺球状”组织，通过对其放大观察可以发现该形貌下的组织结构为片状结构，且此片状组织叠堆在一起，仍然保持着多孔结构，孔隙一般不超过 10μm；由于片状组织的不断重叠生长，故试样保持着持续的除磷效果。将带刺球状放大后的片状组织区域进行 EDS 分析，得到的图谱如 3-106所示。由图可知，该晶粒为含磷化合物，磷含量跟钙含量相近。因此，材料水泥水合物含量高，在保证牡蛎壳粉末多孔性的同时，水泥本身水合物也形成了多孔特性，与牡蛎壳的多孔结构相互作用，使除磷材料具有多孔性质。

图 3-107 为水泥质量分数为 6%的试样除磷前后 SEM 图。由图可见，除磷前试样的水泥水合物相对含量较低，明显地看出针状水化物含量较少，不能起到交叉增强的作用，因此可以推测材料强度较低。除磷后试样的形貌与图 3-107(d)一致，确定为磷酸钙晶体，证明了材料的除磷特性。

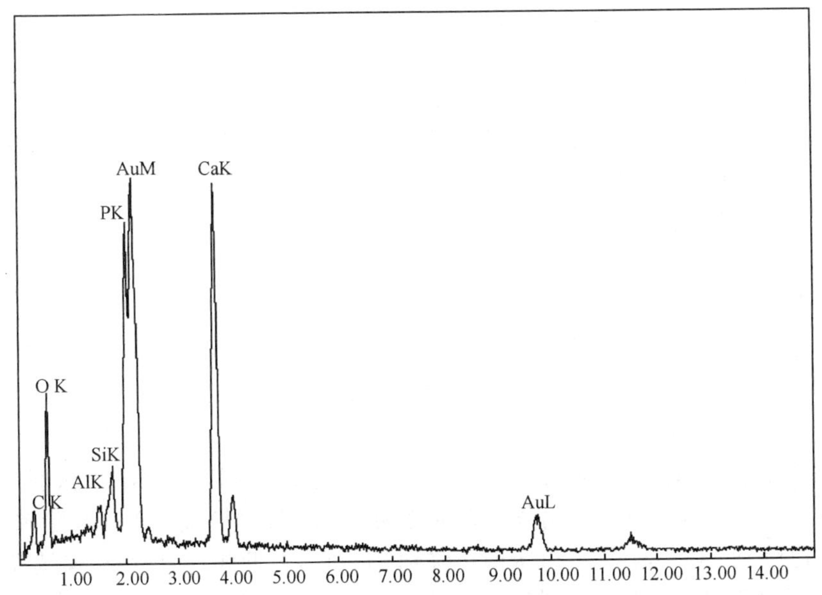


图 3-106　配方 7 除磷后的 EDS 图

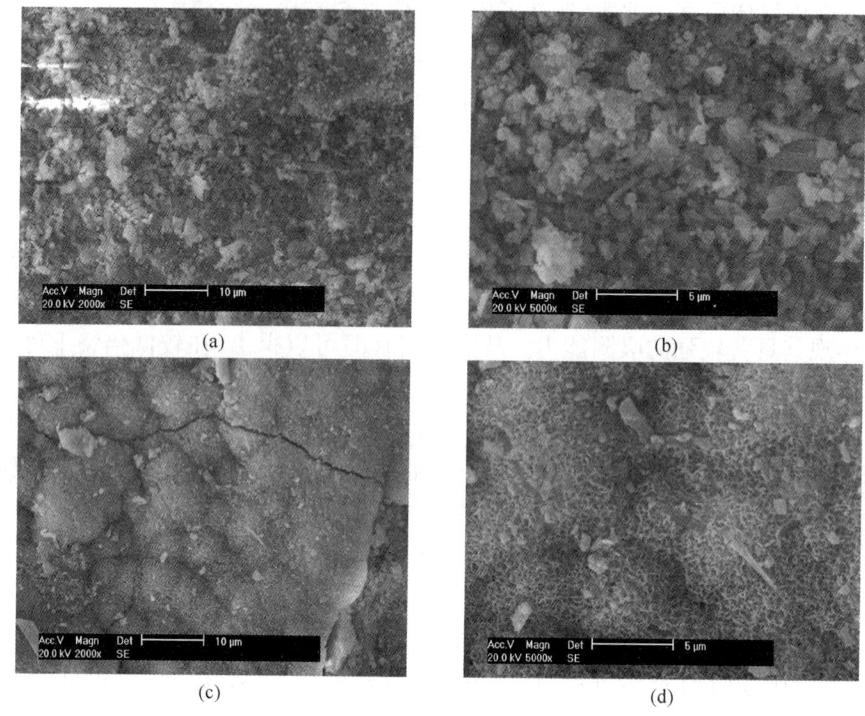


(a)　(b)　(c)　(d)

图 3-107　配方 8 除磷后的 SEM 图

(a)(b)除磷前；(c)(d)除磷后

2. 除磷循环实验结果分析

采用免烧法除磷最佳配方为连续除磷实验配方，成分(质量分数)为 90%牡蛎壳粉末+10%水泥。实验条件为模拟废水磷浓度 5mg/L、10mg/L，样品/废水用量比例为 1g/40mL，环境温度为 30℃。隔两天测定一次吸光度，同时用新的含磷废水取代原有废液，计算吸附容量及去除率。

样品 5mg/L 溶液循环除磷率、10mg/L 溶液循环除磷率如图 3-108 所示，对应累积吸附量如图 3-109 所示。

从图 3-108 可以看出：免烧法最佳的配方循环除磷效果比烧结法差，烧结法对磷浓度为 5mg/L 的模拟废水循环除磷 42 天时仍可达到 92.5%的除磷率，免烧法磷浓度 5mg/L 废液初次除磷率达到 90%，连续除磷 10 天除磷率已降到 54.2%，此后除磷率连续降低，第 18 天升高 45.9%，此后继续下降，直到第 22 天时除磷率降到 37.6%，除磷效果已不明显。磷浓度为 10mg/L 的模拟废水连续除磷 10 天除磷率已降到 44.0%，除磷 22 天时下降到 21.2%，与此相比，烧结法连续除磷 18 天时仍可达到 99.9%的除磷效率。由此可见，免烧法材料虽然制备工艺简单，成

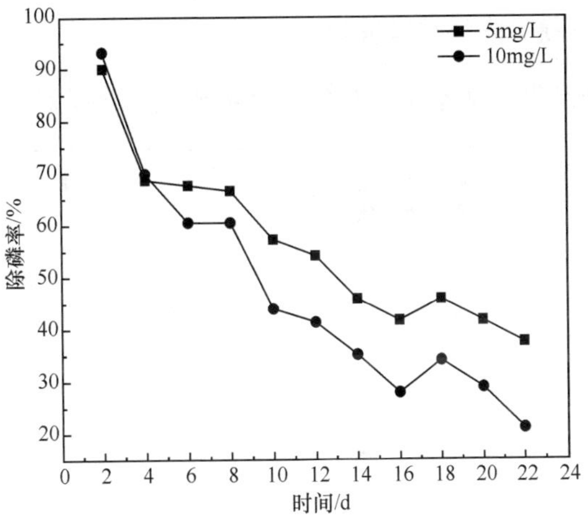


图 3-108　免烧法样品除磷循环效果图

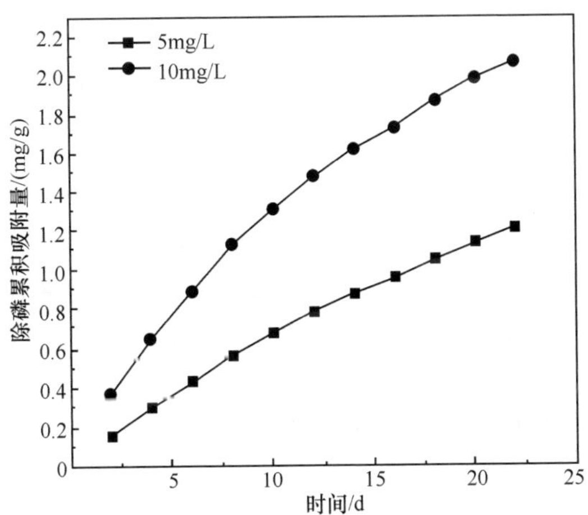


图 3-109　免烧法样品循环除磷累积吸附量

本低，但循环使用性能远远差于烧结法制备废水净化材料。

从图 3-109 可以看出：随着时间延长，免烧法制备的除磷材料累积除磷量不断上升。样品对 5mg/L 磷浓度模拟废水连续除磷 22 天累积除磷量达到 1.21mg/g，对磷浓度为 10mg/L 模拟废水连续除磷 22 天累积除磷量达到 2.07mg/g。与烧结法比较，烧结法样品磷浓度为 5mg/L 的废水连续除磷 22 天累积除磷量为 1.69mg/g，循环 10mg/L 模拟废水累积除磷量达到 3.84mg/g，且仍保持很高的上升速率。由此可见，免烧法试样长期除磷性能较差，低于烧结法试样的长期除磷效果。

3. 循环活水与静水除磷对比实验

免烧法最优样品循环活水系统与静态水系统除磷效果对比如图 3-110 所示。

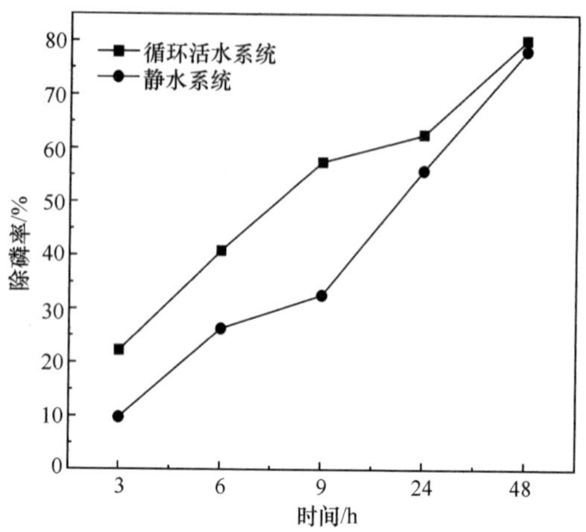


图 3-110 免烧法样品循环活水系统与静态水系统除磷效果比较

从图 3-110 可以看出:循环活水系统比静态水系统 3h、6h、9h,24h、48h 的除磷率分别高 12.42%、14.49%、24.84%、6.73%、2.07%。循环活水系统的除磷效果比静态水系统的好。循环活水系统的水不断流动,加大了废水与样品接触,更有利于除磷。综上所述,对于免烧样品,循环活水系统的除磷效果比静态水系统的好,这与烧结法制备的样品结果相似,不同之处在于,循环水对提高烧结法制备的样品的除磷效果作用更大,其试样 24h 的除磷率达到 95%,而免烧法试样仅达到 65%,再次说明烧结法制备的样品比免烧法具备更优异的性能。

4. 小结

本实验采用废弃牡蛎壳、水泥为原料。确定出最佳配方,探讨不同的温度、pH、废液初始浓度条件下除磷因素的影响。

(1) 采用牡蛎壳和水泥为原料,用免烧工艺制备废水除磷材料的最佳工艺条件为水泥质量分数 10%、牡蛎壳粉末质量分数 90%,成型后在水中直接养护 28 天,得到的样品抗折强度为 12.26MPa,最大弯曲力 67.57N,在废液初始浓度为 5mg/L、实验环境温度 30℃条件下除磷时间 2 天时的除磷率达到 93.2%。

(2) 环境温度对免烧法制备的样品除磷效果的影响很大,随环境温度的升高,除磷率也升高,环境温度高于 30℃条件下 2 天除磷率基本趋于 100%;随着 pH 的升高,除磷率也升高,pH 为中性或偏碱时除磷率出现最大值,达到 99.2%,适宜的 pH 范围为 3~11。

(3) SEM 分析结果：除磷前，样品存在明显针状组织形貌的水泥水化物，与牡蛎壳粉末组织相互交杂在一起，提高了牡蛎壳强度，同时样品保持多孔结构，为磷的吸附提供了条件；除磷后，在样品的表面出现含磷化合物，组织呈现片状结构，并堆叠在一起，但仍然保持多孔结构，保证了样品具有一定的持续除磷效果。

(4) 免烧法循环除磷实验除磷效果随着次数的增加逐渐降低，采用循环水有助于提高材料的废水除磷率；与烧结法制备的试样相比，二者的初始除磷率基本相似，约为 90%，但连续循环测量后免烧法的除磷性能降低幅度很大，磷累积量也相对较低，这充分说明免烧法制备的样品虽然工艺简单，成本低，但循环利用效能差，使用寿命低，因此在实际使用过程中可以依据实际需要选择相应的样品制备方法，以达到高效经济除磷的目的。

## 参考文献


[1] Athens G L, Shayib R M, Chmelka B F. Functionalization of mesostructured inorganic-organic and porous inorganic materials[J]. Current Opinion in Colloid & Interface Science, 2009, 4(4): 281-292.

[2] Limousin G, Gaudet J P, Charlet L, et al. Sorption isotherms: A review on physical bases, modeling andmeasurement[J]. Applied Geochemistry, 2007, 22(2): 249-275.

[3] Dabrowski A. Sorption -from theory to practice[J]. Advances in Colloid and Interface Science, 2001, 93(1-3): 135-224.

[4] 申淑琦，徐春，佟瑞山. 牡蛎的营养保健功能及其开发利用[J]. 河北农业科学，2009，13(10)：79-81.

[5] 洪鹏志，章超桦，郭家辉，等. 牡蛎壳制备活性钙[J]. 湛江海洋大学学报，2000，20(4)：46-49.

[6] 陈春祥，詹玲. 牡蛎壳污染的治理思路及资源化综合利用对策——以福建省惠安县为例[J]. 福建农林大学学报(哲学社会科学版)，2008，(5)：59-61.

[7] Gil L Y, Byung T K, Baeck O K, et al. Chemical mechanical characterics of crushed oyster-shell[J]. Waste Management, 2003, (23): 825-834.

[8] 李泳，宋文东，洪鹏志. 变废为宝——谈牡蛎壳的综合开发利用[J]. 博士 · 专家论坛，2007：26-26.

[9] Hhyok B K, Chan W L, Byung S J, et al. Recycling waste oyster shells for eutrophication control[J]. Resources, Conservation and Recycling, 2004, (4l): 75-82.

[10] 刘顺梅. 牡蛎壳土壤调理剂对北沙参生理生化影响的研究[D]. 青岛：中国海洋大学，2004：1-2.

[11] 王亮，杜卫华，孙金才，等. 牡蛎壳超微粉碎工艺及粉体性质[J]. 无锡轻工大学学报，2004，23(1)：58-61.

[12] Yurtsever M, Senqil I A. Biosorption of Pb(II) ions by modified quebracho tannin resin[J]. Hazardous Materials, 2009, 1(163): 58-64.

[13] 王善飏，翁珍慧，何艳红. 从贝壳中制取柠檬酸钙[J]. 杭州师范学院学报，1995 (6)：69-73.

[14] 秦秀娟. 用贝壳制备醋酸钙[J]. 食品工业科技,1996,(3):57-59.

[15] 洪鹏志,章超桦,郭家辉,等. 牡蛎壳制备活性钙[J]. 湛江海洋大学学报,2000,20 (4):46-49.

[16] 周森麟,葛福平,朱列伟,等. 复方牡蛎补钙剂的动物实验研究[J]. 中国医药学报,1998,13 (6):23-26.

[17] 邢湘臣. 中药瑰宝——牡蛎[J]. 家庭中医药,2006,(11):63.

[18] 陈玉枝,林舒. 牡蛎壳与龙骨成分的分析[J]. 福建医科大学学报,1999,33(4):432-434.

[19] 王俊,姚涝,张建鹏,等. 牡蝠多糖的制备和生物学活性研究[J]. 医学研究生学报,2006,19 (3):217-220.

[20] 姚没,魏江洲,王俊,等. 厚壳贻贝多糖的提取和免疫学活性研究[J]. 第二军医大学学报,2005,26(8):896-899.

[21] Mount A S,Wheeler A P,Paradkar R P,et al. hemocyte mediated shell mineralization in the eastern oyster[J]. Science,2004,304(5668):297-230.

[22] 董晓伟,姜国良,李立德,等. 牡蛎综合利用的研究进展[J]. 海洋科学,2004,28 (4):62-65.

[23] Currey J D,Zioupos P,Davies P,et al. Mechanical properties of nacre and highly mineralized bone[J]. Biological Sciences,2001,268(1462):107-111.

[24] 薛恩兴,徐华梓,彭磊. 牡蛎壳材料填充兔股骨骨缺损的实验研究[J]. 浙江创伤外科,2009,14(5):437-438.

[25] 吴少林,徐京鹏. 废弃牡蛎壳生产活性钙[J]. 资源开发与市场,2003,19(4):195-196.

[26] Yang M C,Jong H W,Jin M K,et al. The effect of oyster shell powder on the extension of the shelf life of Kimchi[J]. Food Control,2006,17(9):695-699.

[27] 许永安. 国内外贝类加工流通研究动态[J]. 福建水产,2007,(2):58-62.

[28] 张玉林,雷霆,方树铭. 硅微粉在水泥及制品行业的应用[J]. 混凝土与制品,2006 (4):75.

[29] 刘晓华,盖国胜. 硅微粉在国内外应用概述[J]. 铁合金,2007,(5):41-43.

[30] Ahmad M,Usman A R A,Lee S S,et al. Eggshell and coral wastes as low cost sorbents for the removal of $Pb^{2+}$, $Cd^{2+}$ and $Cu^{2+}$ from aqueous solutions[J]. Journal of Industrial and Engineering Chemistry,2012,18 (1):198-204.

[31] Taşar Ş, Kaya F, Özer A. Biosorption of lead(II) ions from aqueous solution by peanut shells:Equilibrium,thermodynamic and kinetic studies[J]. Journal of Environmental Chemical Engineering,2014,2(2):1018-1026.

[32] 周强,于岩. 牡蛎壳粉制备废水除铅吸附剂[J]. 硅酸盐学报,2012,40(282):1284-1288.

[33] Chen W T,Lin C W,Shih P K,et al. Adsorption of phosphate into waste oyster shell:Thermodynamic parameters and reaction kinetics[J]. Desalination and Water Treatment,2012,47 (1-3):86-95.

[34] Hsu T C. Experimental assessment of adsorption of $Cu^{2+}$ and $Ni^{2+}$ from aqueous solution by oyster shell powder[J]. Journal of Hazardous Materials,2009,171 (1/2/3):995-1000.

[35] Park W H,Polprasert C. Phosphorus adsorption characteristics of oyster shells and alum sludge and their application for nutrient control in constructed wetland system[J]. Journal

of Environmental Science and Health,2008,43 (5):511-517.

[36] Yu Y,Wu R P,Clark M. Phosphate removal by hydrothermally modified fumed silica and pulverized oyster shell[J]. Journal of Colloid and Interface Science,2010,350 (2):538-543.

[37] Sari A,Tuzen M. Cd(II) adsorption from aqueous solution by raw and modified kaolinite [J]. Applied Clay Science,2014,88-89 (0):63-72.

[38] 范琼,张弦,冯思苗. 橘子皮对水中亚甲蓝的吸附性能研究[J]. 中国生物工程杂志,2007,27:85.

[39] 吴春,刘宁. 玉米芯吸附处理工业废水中染料的方法研究[J]. 食品科学,2007,28:188-190.

[40] 李芳,丁纯梅. 壳聚糖微粒对水中铜离子吸附性能研究[J]. 环境与健康杂志,2010,27 (9):794-796.

[41] 薛雪,周旭章,张桂军. 乙二胺改性磁性壳聚糖微球制备及其对 $Cu^{2+}$ 和 $Pb^{2+}$ 吸附[J]. 广州化工,2010,38 (6):81-84.

[42] 刘莉,朱晓帆,刘家丽,等. 尿素基纤维的制备及对水中 $Cu^{2+}$ 和 $Cd^{2+}$ 的吸附[J]. 化工环保,2008,27 (2):184-187.

[43] 耿卫东,徐兴志,杨亚玲. 丁二酸酐改性的玉米芯对 Cu(II)的吸附性能研究[J]. 水处理技术,2011,37 (4):37-41.

[44] Debnath S,Maity A,Pillay K. Magnetic chitosan-GO nanocomposite: Synthesis, characterization and batch adsorber design for Cr(Ⅵ) removal[J]. Journal of Environmental Chemical Engineering,2014,2 (2):963-973.

[45] Hu X J,Liu Y G,Wang H,et al. Removal of Cu(II) ions from aqueous solution using sulfonated magnetic graphene oxide composite[J]. Separation and Purification Technology,2013,108(16):189-195.

[46] Zhang L,Wan L,Chang N,et al. Removal of phosphate from water by activated carbon fiber loaded with lanthanum oxide[J]. Journal of Hazardous Materials, 2011, 190 (1/2/3): 848-855.

[47] Zhang M,Gao B,Yao Y,et al. Synthesis of porous MgO-biochar nanocomposites for removal of phosphate and nitrate from aqueous solutions[J]. Chemical Engineering Journal,2012,210 (0):26-32.

[48] Kannamba B,Reddy K L,AppaRao B V. Removal of Cu(II) from aqueous solutions using chemically modified chitosan[J]. Journal of Hazardous Materials, 2010, 175 (1/2/3): 939-948.

[49] Jeon C. Adsorption characteristics of copper ions using magnetically modified medicinal stones[J]. Journal of Industrial and Engineering Chemistry,2011,17 (2):321-324.

[50] 王萍. 海绵铁除磷技术研究[J]. 环境科学学报,2000,20 (6):798-800.

[51] 康家伟,杨琦,尚海涛,等. 含铁矿物吸附剂除磷机理研究及中试应用[J]. 给水排水,2006,32 (10):28-31.

[52] 牛利民,邓春玲,宁平. 稀土吸附剂对废水深度除磷研究[J]. 云南环境科学,2004,23 (3):51-53.

[53] Berg U, Donnert D, Ehbrecht A, et al. "Active filtration" for the elimination and recovery of phosphorus from waste water[J]. Colloids and Surfaces A: Physicochemical and Engineering Aspects, 2005, 265 (1/2/3): 141-148.

[54] 王挺,王三反,陈霞. 活性氧化铝除磷吸附作用的研究[J]. 水处理技术,2009,35 (3): 35-38.

[55] 丁春生,邹英龙,张越茜,等. 改性活性氧化铝除磷性能的试验[J]. 城市环境与城市生态,2011,24 (2): 31-34.

[56] 李艳君,王莉红,兰尧中. 活性氧化铝除磷吸附剂的试验研究[J]. 昆明冶金高等专科学校学报,2009,25 (1): 59-60.

[57] 丁文明,黄霞. 废水吸附法除磷的研究进展[J]. 环境污染治理技术与设备,2002,3 (10): 23-27.

[58] 王峰,张昱,杨敏,等. 活性氧化铝对饮用水中氟离子的吸附行为[J]. 中国农业大学学报,2003,8 (4): 63-65.

[59] 王榕树,李海明,冯为. 活性氧化铝/硅胶吸附剂对环境水体的脱氟行为研究及应用初探[J]. 环境科学学报,1992,12 (3): 333-339.

[60] Zhou J, Yang S, Yu J, et al. Novel hollow microspheres of hierarchical zinc-aluminum layered double hydroxides and their enhanced adsorption capacity for phosphate in water[J]. Journal of Hazardous Materials, 2011, 192 (3): 1114-1121.

[61] 杨艳玲,李星,范茜. 复合铁铝吸附剂的制备及对水中痕量磷的去除[J]. 北京理工大学学报,2009,29 (1): 73-75.

[62] 解彦刚,盛祥,王玉春,等. 七铝酸十二钙对水中硫酸根的去除研究[J]. 中国给水排水,2008,24 (1): 92-94.

[63] 魏宁,栾兆坤,王军,等. 铝改性赤泥吸附剂的制备及其除氟效能的研究[J]. 无机化学学报,2009,25(5): 849-854.

[64] 路英杭,冯翰林,孙中溪. 铝硅酸盐对亚甲基蓝的吸附行为[J]. 济南大学学报: 自然科学版,2009,23 (1): 18-21.

[65] 路英杭,孙中溪. 纳米铝硅酸盐的合成和吸附行为研究. 中国化学会第 26 届学术年会胶体与界面化学分会场论文集,2008: 65.

[66] 于岩,阮玉忠,黄清明,等. 铝厂污泥在不同煅烧温度的晶相结构研究[J]. 结构化学,2003,22 (5): 607-612.

[67] 余梅芳,胡晓斌,倪生良. 化学改性活性炭对 Cu (II) 离子吸附性能的研究[J]. 湖州师范学院学报,2006,28 (2): 43-45.

[68] 韩严和,全燮,薛大明,等. 活性炭改性研究进展[J]. 环境污染治理技术与设备,2003,4 (1): 33-37.

[69] Noh J S, Schwarz J A. Estimation of the point of zero charge of simple oxides by mass titration[J]. Journal of Colloid and Interface Science, 1989, 130 (1): 157-164.

[70] Babic B, Milonjic S, Polovina M, et al. Point of zero charge and intrinsic equilibrium constants of activated carbon cloth[J]. Carbon, 1999, 37 (3): 477-481.

[71] Hashiba M, Okamoto H, Nurishi Y, et al. The zeta-potential measurement for concentrated aqueous suspension by improved electrophoretic mass transport apparatus—Application to $Al_2O_3$, $ZrO_3$ and SiC suspensions[J]. Journal of Materials Science, 1988, 23 (8): 2893-2896.

[72] Barton S, Evans M, Halliop E, et al. Acidic and basic sites on the surface of porous carbon[J]. Carbon, 1997, 35 (9): 1361-1366.

[73] Menéndez J A, Xia B, Phillips J, et al. On the modification and characterization of chemical surface properties of activated carbon: microcalorimetric, electrochemical, and thermal desorption probes[J]. Langmuir, 1997, 13 (13): 3414-3421.

[74] Jagie J, Bandosz T J, Schwarz J A. Inverse gas chromatographic study of activated carbons: The effect of controlled oxidation on microstructure and surface chemical functionality[J]. Journal of Colloid And Interface Science, 1992, 151 (2): 433-445.

[75] Sarioglu M, Atay Ü A, Cebeci Y. Removal of copper from aqueous solutions by phosphate rock[J]. Desalination, 2005, 181 (1/2/3): 303-311.

[76] Lin J, Zhan Y, Zhu Z. Adsorption characteristics of copper (II) ions from aqueous solution ontohumic acid-immobilized surfactant-modified zeolite[J]. Colloids and Surfaces A: Physicochemical and Engineering Aspects, 2011, 384 (1-3): 9-16.

[77] Cheng Z, Liu X, Han M, et al. Adsorption kinetic character of copper ions onto a modified chitosan transparent thin membrane from aqueous solution[J]. Journal of Hazardous Materials, 2010, 182 (1/2/3): 408-415.

[78] Chen H, Dai G, Zhao J, et al. Removal of copper(II) ions by a biosorbent—Cinnamomum camphora leaves powder[J]. Journal of Hazardous Materials, 2010, 177 (1-3): 228-236.

[79] Chen A L, Qiu G Z, Zhao Z W, et al. Removal of copper from nickel anode electrolyte through ion exchange[J]. Transactions of Nonferrous Metals Society of China, 2009, 19 (1): 253-258.

[80] 谢炎福，祖恩普. 硫酸铜引起鱼类中毒原因的分析及对策[J]. 水利渔业，2006，25 (6): 98-99.

[81] 李达，陈道印，肖秀兰. 硫酸铜引起鱼类中毒的原因初析[J]. 淡水渔业，2000，30 (5): 38-39.

[82] 刘福军，张饮江，王明学. 铜对鱼类慢性毒性研究进展[J]. 水生生物学报，2003，27 (3): 302-307.

[83] 陆超华，谢文造. 近江牡蛎作为海洋重金属 Cu 污染监测生物的研究[J]. 海洋环境科学，1998，17 (2): 17-23.

[84] 张聪，陈聚法，马绍赛，等. 褶牡蛎对水体中重金属铜和镉的富集动力学特性[J]. 渔业科学进展，2012，33 (5): 64-72.

[85] 胡小玲，王丽玲，刘志峰，等. 珠海市海域养殖牡蛎中铜锌含量调查[J]. 中国热带医学，2004，4 (4): 624-625.

[86] A Tobiasz, S Walas, B Trzewik, et al. Cu(II)-imprinted styrene-divinylbenzene beads as a new sorbent for flow injection-flame atomic absorption determination of copper[J]. Micro-

chemical Journal,2009,93 (1):87-92.

[87] 袁汪洁,郭广勇.不同伴随阴离子对水稻土铜吸附-解吸的影响研究[J].环境科学与管理,2011,36 (1):40-42.

[88] 李见云,化全县,冉桂花.沸石粉对溶液中铜的吸附性能研究[J].中国农学通报,2011,27(14):240-243.

[89] 孙华,洪英,高廷耀,等.内电解法处理染料生产废水试验研究[J].工业用水与废水,2001,32(3):22-25.

[90] 王瑞祥,曾青云.离子交换法处理含络合铜废水的实验研究[J].江西有色金属,2003,17(1):35-36.

[91] 王文丰,黄翠萍.螯合沉淀法处理含重金属离子废水[J].中国给水排水,2002,18 (11):49-50.

[92] Benjamin M M,Leckie J O. Multiple-site adsorption of Cd,Cu,Zn,and Pb on amorphous iron oxyhydroxide[J]. Journal of Colloid and Interface Science,1981,79 (1):209-221.

[93] Goddard P J,Lambert R. Adsorption-desorption properties and surface structural chemistry of chlorine on Cu (III) and Ag (III)[J]. Surface Science,1977,67(1):180-194.

[94] Lee H W,Cho H J,Yim J H,et al. Removal of Cu(II)-ion over amine-functionalized mesoporous silica materials[J]. Journal of Industrial and Engineering Chemistry,2011,17(3):504-509.

[95] Sze K F,Lu Y J,Wong P K. Removal and recovery of copper ion ($Cu^{2+}$) from electroplating effluent by a bioreactor containing magnetite-immobilized cells of Pseudomonas putida 5X [J]. Resources,Conservation and Recycling,1996,18(1/2/3/4):175-193.

[96] 刘涛.鸡蛋壳对酸性废水中的铅、铜、铬的吸附研究[J].哈尔滨商业大学学报,2011,27(1):44-46.

[97] 王桂仙,张启伟.竹炭对水溶液中铜(II)的吸附特性研究[J].沈阳化工大学学报,2010 ,24 (2):126-129.

[98] Belarra M A,Crespo C,Resano M,et al. Direct determination of copper and lead in sewage sludge by solid sampling-graphite furnace atomic absorption spectrometry—Study of the interference reduction in the gaseous phase working in non-stop flow conditions[J]. Spectrochimica Acta Part B:Atomic Spectroscopy,2000,55(7):865-874.

[99] 肖娜.活性污泥生物吸附剂处理含铅废水的应用基础研究[D].昆明:昆明理工大学,2006:2.

[100] Qin F,Wen B,Shan X Q,et al. Mechanisms of Competitive Adsorption of Pb,Cu,and Cd on peat[J]. Environmental Pollution,2006,144(2):669-680.

[101] 顾国梁.含铅废水治理的研究进展[J].山东建筑大学学报,2006,21(6):557-560.

[102] 廖自基.环境中微量重金属的污染危害与迁移转化[M].北京:科学出版社,1989.

[103] Muhammad N,Mahmood A,Shahid S A,et al. Sorption of lead from aqueous solution by chemically modified carbon adsorbents [J]. Journal of Hazardous Materials, 2006, 6:604-613.

[104] 刘芬. 草酸生产含铅废水处理工艺研究[J]. 给水排水，2004，30(11)：50-53.
[105] 罗春雷，胡均平，刘伟，等. 钴结壳开采装置及方法[J]. 中南工业大学学报，2002，6(33)：618.
[106] 杨胜科，周春雨，张威，等. 非金属矿物材料处理含铅废水影响因素探讨[J]. 化工矿物与加工，2002，(05)：11-12.
[107] 庄金陵. 砷对世界地下水源的污染[J]. 矿产与地质，2003，17(2)：177-178.
[108] 王绍文，姜风有. 重金属废水治理技术[M]. 北京：冶金工业出版社，1993.
[109] 贺俊兰，迟丽荣. 化学沉淀法处理含铅废水[J]. 工业水处理，1992，12(2)：36-37.
[110] 郑荣光，张丽. 白云石灰乳处理含铅废水的研究[J]. 环境开发，2000，15(1)：35-36.
[111] 王绍文. 中和沉淀法处理重金属废水的实践和发展[J]. 环境工程，1993，19(5)：11-12.
[112] 汪大翚，徐新华，宋爽，等. 工业废水中专项污染物处理手册[M]. 北京：化学工业出版社，2000.
[113] 魏先勋. 环境工程设计手册(修订版)[M]. 长沙：湖南科学技术出版社，2002.
[114] 曹伟，黄绍德，胡佳山，等. 活性磷酸钙处理含铅废水的研究[J]. 山东建材学院学报，1998，12(2)：165-167.
[115] 刘建国，卢学实，曾虹燕. 水体系中砷污染及除砷方法探讨[J]. 湖南环境生物职业技术学院学报，2002，8(2)：119-122.
[116] Chang D, Fukushi K, Ghsh S. Stimulation of activate sludge cultures for metal removal[J]. Water Environment Research, 1995, 67(5): 822-827.
[117] 徐海岩，颜望明. 细菌抗砷特性研究进展[J]. 微生物学通报，1995，22(4)：228-231.
[118] William W, Didier L, Magalie P. Oxdation of arsenite to arsenate by a bacterium isolated from Aquatic environment[J]. Biometals, 1999, 12: 141-149.
[119] 雷兆武，孙颖. 离子交换技术在重金属废水处理中的应用[J]. 环境科学与管理，2008，(10)：82-84.
[120] Kasan H C. The role of waste activated sludge and bacteria in metal ion removal from solution[J]. General Review in Environmental Science and Technology, 1993, 23(1): 79-111.
[121] 鲁栋梁. 重金属废水处理方法与进展[J]. 化工技术与开发，2008，(12)：32-37.
[122] 王强. 水热改性天然斜发沸石吸附钙、镁、钠和钾离子特性的研究[D]. 大连：大连理工大学. 2007，6.
[123] 张军科，郝庆菊，江长胜，等. 废弃茶叶渣对废水中铅(II)和镉(II)的吸附研究[J]. 中国农学通报，2009，25(04)：256-259.
[124] 杨义，宋晓梅，蒋敏. 花生壳对 $Pb^{2+}$ 的吸附特性研究[J]. 工业用水与废水，2009，40(4)：74-77.
[125] 马士军. 微生物絮凝剂的开发及应用[J]. 工业水处理，1997，12(1)：7-10.
[126] 马前，张小龙. 国内外重金属废水处理新技术的研究进展[J]. 环境工程学报，2007，(07)：10-14.
[127] 康建雄，吴磊，朱杰，等. 生物絮凝剂 Pullulan 絮凝 $Pb^{2+}$ 的性能研究[J]. 中国给水排水，2006，22(19)：62-64.

[128] 王小艳. 浅议含重金属废水处理技术[J]. 有色冶金设计与研究,2008,29(6):41-42.

[129] 陈灿,周芸,胡翔,等. 啤酒酵母对废水中 $Cu^{2+}$ 的生物吸附特性[J]. 清华大学学报(自然科学版),2008,48(12):2093-2095.

[130] 谢新征. 霉菌在含 $Cu^{2+}$ 废水处理中的试验研究[J]. 广东化工,2009,8(36):163-164.

[131] 朱媛媛,蒋新元,胡讯. 生物质材料在重金属废水处理中的应用[J]. 环境保护科学,2008,34(1):9-12.

[132] 韩剑宏,倪文. 常温条件下颗粒污泥处理含铅废水[J]. 北京科技大学学报,2004,(2):122-124.

[133] 蒋克彬,张小海,蔡冉. 含铅废水工程治理技术综述[J]. 科技情报开发与经济,2008,(14):118-119.

[134] Smayda T J. Complexity in the eutrophication-harmful algal bloom relationship with comment on the importance of grazing[J]. Harmful Algae,2008,8(1):140-151.

[135] 梁鸣. 我国城市湖泊富营养化现状及外源控制技术[J]. 武汉理工大学学报,2007,29(8):194-197.

[136] 赵不凋,刘柏朱,卢晓芳,等. 水体富营养化的形成、危害和防治[J]. 安徽农学通报,2007,13(17):51-53.

[137] 马经安. 浅谈国内外江河湖库水体富营养化状况[J]. 长江流域资源与环境,2002,11(6):575-578.

[138] Huang X P,Huang L W,Yue W Z. The characteristics of nutrients and eutrophication in the Pearl River estuary,South China[J]. Marine Pollution Bulletin,2003,47(1/2/3/4/5/6):30-36.

[139] 汤桂兰. 水体中磷的生物去除技术研究[D]. 安徽:安徽农业大学,2005.

[140] Dale B. Marine dinoflagellate cysts as indicators of eutrophication and industrial pollution:a discussion[J]. The Science of the Total Environment,2001,264(3/17):235-240.

[141] Newton A,Icely J D,Falcao M,et al. Evaluation of eutrophication in the Ria Formosa coastal lagoon[J]. Portugal Continental Shelf Research,2003,23(17-19):1945-1961.

[142] 常会庆,杨肖娥,濮培民. 微生物除磷研究与工艺技术的发展前景[J]. 农业环境科学学报,2005,24(增刊):375-378.

[143] 孔繁翔,高光. 大型浅水富营养化湖泊中蓝藻水华形成机理的思考[J]. 生态学报,2005,2(3):589-595.

[144] Lee J H W,Arega F. Eutrophication dynamics of tolo Harbour[J]. Hong Kong Marine Pollution Bulletin,1999,39(1-12):187-192.

[145] Janse J H,Peter J T M. Van Puijenbroek. Effects of eutrophication in drainage ditches[J]. Environmental Pollution,1998,102(1):547-552.

[146] Smith V H,Tilman G D,Nekola J C. Eutrophication:Impacts of excess nutrient inputs on freshwater,marine,and terrestrial ecosystems[J]. Environmental Pollution,1999,100(1/2/3):179-196.

[147] McQuatters-Gollop A,Gilbert A J,Mee L D,et al. how well do ecosystem indicators com-

municate the effects of anthropogenic eutrophication? [J]. Estuarine, Coastal and Shelf Science, 2009, 82(4): 583-596.

[148] 邵林广,游映玖,陶惠芳,等. 控磷除磷在水体富营养化控制中的作用[J]. 环境与开发, 1999, 14(2): 19-20.

[149] Håkanson L. A general process-based mass-balance model for phosphorus/eutrophication as a tool to estimate Historical reference values for key bioindicators, as exemplified using data for the Gulf of Riga[J]. Ecological Modelling, 2009, 220(2): 226-244.

[150] Y L Chen. Comparisons of Primary productivity and phytoplankton size structure in the marginal regions of Southern East China Sea[J]. Continental Shelf Research, 2000, 20(4-5): 437-458.

[151] 高英. 环境中磷回收的磷酸盐矿物结晶热力学计算模拟[D]. 北京:中国地质大学, 2007.

[152] 金根东. 我国湖泊富营养化研究现状[J]. 现代农业科技, 2008, 16: 334-336.

[153] 丁云,廖学品,石碧. 胶原纤维固载 Fe(III)对磷酸根的吸附特性[J]. 化工学报, 2007, 58(5): 1225-1231.

[154] 污水综合排放标准, GB 8978—1996.

[155] 吴燕,安树林. 废水除磷方法的现状与展望[J]. 天津工业大学学报, 2001, 20(1): 74-78.

[156] 贾晓燕,废水除磷技术的研究进展[J]. 重庆环境科学, 2003, 25(12): 191-192.

[157] 李军,杨秀山,彭永臻. 微生物与水处理工程[M]. 北京:化学工业出版社, 2002.

[158] 夏宏生,向欣. 废水除磷技术及进展分析[J]. 环境科学与管理, 2006, 31(1): 125-128.

[159] Morse G K, Lester J N, Perry R. Economic impact of phosphorus removal from waste water in the European Union[J]. European Water Pollution Control, 1994, 4: 46.

[160] Bhargava D S, Sheldarkar S B. Use of TNSAC in phosphate adsorption studies and relationships[J]. Water Research, 1993, 27(2): 303.

[161] Pratt C, Shilton A, Haverkamp R G, et al. Assessment of physical techniques to regenerate active slag filters removing phosphorus from wastewater[J]. Water Research, 2009, 43(2): 277-282.

[162] 万亚珍,刘金盾,陆伟才,等. 工业含磷废水除磷研究[J]. 化工矿物与加工, 2002, 8: 19-24.

[163] 龚云峰,孙素敏,钱玉山. 污水化学除磷处理技术[J]. 能源环境保护, 2009, 23(3): 1-5.

[164] Ann Y, Reddy K R, Delfino J J. Influence of chemical amendments on phosphorus immobilization in soils from a constructed wetland[J]. Ecological Engineering, 2000, 14(1-2): 157.

[165] Zhou Y N, Xing X H, Liu Z H, et al. Enhanced coagulation of ferric chloride aided by tannic acid for phosphorus removal from wastewater[J]. Chemosphere, 2008, 72(2): 290-298.

[166] 杨建峰,孙体昌,寇珏,等. 石灰沉淀-浮选分离法回收废水中磷的研究[J]. 矿产保护与利用, 2006, 6: 36-40.

[167] 吴海林,杨开,王弘宇,等. 废水除磷技术的研究与发展[J]. 环境污染治理技术与设备, 2003, 4(1): 53-57.

[168] Bashan L E, Bashan Y. Recent advances in removing phosphorus from wastewater and its

future use as fertilizer (1997-2003)[J]. Water Research,2004,38(19):4222-4246.
[169] 李京雄,孙水裕,苑星海. 城市生活污水化学除磷试剂的应用比较[J]. 广东微量元素科学,2006,13(1):19-22.
[170] 杨宏,周清水,李若征,等. 废水中磷的去除及其回收研究进展[J]. 北京工业大学学报,2006,32(10):935-938.
[171] 侯红娟,周琪. 城市污水除磷技术发展[J]. 四川环境,2004,23(6):41-46.
[172] 王弘宇,杨开,贾文辉,等. 废水生物除磷技术及其研究进展[J]. 环境技术,2002,(2):38-42.
[173] 易灵,赵仕林. 生活废水生物除磷工艺研究[J]. 新疆环境保护,2005,27(1):32-35.
[174] Bellier N,Chazarenc F,Comeau Y. Phosphorus removal from wastewater by mineral apatite[J]. Water Research,2006,40(15):2965-2971.
[175] 张志峰,吴浩汀. 赤泥处理含磷废水的试验研究[J]. 安全与环境工程,2005,12(4):49-55.
[176] 邓雁希,许虹,黄玲,等. 钢渣对废水中磷的去除[J]. 金属矿山,2003,5:49-51.
[177] 王萍. 海绵铁除磷技术研究[J]. 环境科学学报,2000,20(6):798-800.
[178] 牛利民,邓春玲,宁平. 稀土吸附剂对废水深度除磷研究[J]. 云南环境科学,2004,23 (3):51-53.
[179] 赵增迎,黄成华. 沸石吸附废水中磷污染物的研究[J]. 工业安全与环保,2005,31(12):5-6.
[180] 相会强,张杰,战启芳. 粉煤灰在废水除磷中的应用与展望[J]. 应用技术,2004,5:39-40.
[181] 曾炎林. 天然沸石和粉煤灰的改性及在城市景观水体脱氮除磷中的应用研究[D]. 西安:西安建筑科技大学,2008.
[182] 陈莉荣,贾飞虎,张连科. 工业固体废弃物在工业废水处理中的应用研究进展[J]. 化工技术与开发,2009,38(2):31-34.
[183] 洪鹏志,章超桦,郭家辉,等. 牡蛎壳制备活性钙[J]. 湛江海洋大学学报,2000,20(4):46-49.
[184] Genz A,Kornmüller A,Jekel M. Advanced phosphorus removal from membrane filtrates by adsorption on activated aluminium oxide and granulated ferric hydroxide[J]. Water Research,2004,38(16):3523-3530.
[185] Drogui P,Asselin M,Brar S K,et al. Electrochemical removal of pollutants from agro-industry wastewaters[J]. Separation and Purification Technology,2008,61(3/15):301-310.
[186] Maurer M,Pronk W,Larsen T A. Treatment processes for source-separated urine[J]. Water Resource,2006,40(17):3151-3166.
[187] Wang S L,Cheng C Y,Tzou Y M,et al. Phosphate removal from water using lithium intercalate gibbsite[J]. Journal of Hazardous Materials,2007,147(1/2):205-212.
[188] 马伟. 水厂铁污泥对磷酸盐吸附性能研究[D]. 大连:大连理工大学,2008.
[189] 吴燕,安树林. 废水除磷方法的现状与展望[J]. 天津工业大学学报,2001,20(1):74-78.
[190] 欧阳勇,罗建中,陈宝才,等. 低浓度废水处理的研究进展[J]. 广西轻工业,2009,1:85-87.
[191] 许艳丽,魏巍. 湿地生态系统土壤微生物研究进展裴希超[J]. 湿地科学,2009,7(2):

181-186.

[192] David A K, David M B, Gentry L E, et al. Effectiveness of constructed wetlands in reducing nitrogen and phosphorus export from agriculture tile drainage[J]. Journal of Environment Quality, 2000, 29: 1262-1272.

[193] Lai D Y F, Lam K C. Phosphorus sorption by sediments in a subtropical constructed wetland receiving stormwater runoff[J]. Ecological Engineering, 2009, 35(5): 735-743.

[194] Seo D C, Cho J S, Lee H J, et al. Phosphorus retention capacity of filter media for estimating the longevity of constructed wetland[J]. Water Research, 2005, 39(11): 2445-2457.

[195] Park W H. Integrated constructed wetland systems employing alum sludge and oyster shells as filter media for P removal[J]. Ecological Engineering, 2009, 35(8): 1275-1282.

[196] 李慧君. 人工湿地除磷过程中关键因素的影响研究[D]. 广东:广东工业大学, 2007.

[197] 熊国祥, 罗建中, 冯爱坤. 废水除磷技术与研究动态[J]. 工业安全与环保, 2006, 32(10): 19-20.

# 第4章 MCM-41介孔分子筛双功能吸附材料的研制

20世纪以来，伴随着世界科技的飞速进步，我国的经济也得到了迅猛发展。然而，经济的发展也带来了相应的环境问题，生活污水以及工业废水的乱排乱放，直接造成严重的水环境污染。在众多的环境污染中，重金属污染在近几年呈现越来越严重的趋势。重金属污染是指由重金属或其相应的化合物未经处理而直接排放于环境中所造成的环境污染。其主要出现在水体污染中，也有部分存在于土壤中。而重金属具有的富集性，很难在环境中降解。

近些年来，有关重金属污染的报道时常出现在各大新闻中，全国各地出现的儿童铅中毒，主要河流重金属超标，乃至我们平日使用的建筑用材都有重金属污染。我国重金属污染目前已相当严重，其易通过动植物而富集进入人体，危害人们的生命安全。由于重金属带来了严重的环境污染，而且世界资源短缺问题也日趋严重，所以人们越来越重视污水处理。因此，开发经济、高效、简单、无二次污染，易于工业应用的废水净化材料和工艺具有十分重要的意义。

随着人类社会的不断发展，环境污染问题在全球范围内日益严重，其中水污染问题已成为人类经济可持续发展的重要制约因素。水污染是指水体因某种物质的介入，其化学、物理、生物或者放射性等方面特征的改变，造成水质恶化，从而影响水的有效利用，危害人体健康或者破坏生态环境的现象[1]。我国绝大多数的城市都存在较为严重的水污染问题，随着现代工业和经济的飞速发展，城市产生的生活垃圾、生活污水、农药化肥和工业污水大量进入水体，其中矿业废水、有色金属冶炼及加工厂废水、电镀工业废水、农药化肥厂废水、油漆颜料厂废水及医药废水是水体污染的主要来源[2]。水中污染物主要分为无机有害物、无机有毒物、有机有害物、有机有毒物四类，其中无机有毒物污染最为严重。无机有毒物主要有包括非金属无机毒性物质，如氰化物(CN)、砷(As)、磷(P)、硫(S)；金属毒性物质，如铅(Pb)、铬(Cr)、镉(Cd)、铜(Cu)、镍(Ni)等。水中无机有毒物因其在水中不能被生物降解，还能够进入食物链进行生物富集，对生物的新陈代谢造成破坏，进而对人体健康和环境造成很大的威胁[3]。因此，对废水中的无机有毒物在排放之前进行必要的处理，回收利用，不仅能够减缓有毒物质对人类的毒害和对环境的污染，而且能使废水得以循环利用，具有较高的经济、环境和社会效益。

为了控制水体污染以满足人类身体健康和水体环境的安全，多种水体污染控制技术的发展也日臻完善，包括空气吹脱和曝气、混凝和絮凝、沉淀和浮选、过滤、离子交换、化学沉淀、膜过滤、化学氧化、吸附和消毒等[4,5]。在众多环境治理技术中，吸附技术由于工艺简单，成本较低，操作方便，已成为水污染控制的主流方法之一[6-8]。吸附法[9]是利用吸附介质的物理或化学吸附功能来对废水进行净化处理的方法，是化学物质在两个毗邻相界面之间的富集过程。根据吸附质与吸收剂表面分子间结合力的性质，可分为物理吸附和化学吸附。物理吸附由吸附质与吸附剂分子间引力所引起，吸附热较小，结合力较弱，容易脱附。化学吸附则由吸附质与吸附剂间的化学键所引起，犹如化学反应，吸附质分子不能在表面自由移动，吸附通常是不可逆的，吸附热较大[10]。吸附主要基于材料的多孔结构、巨大的比表面积以及分布在其表面的活性基团，其通过物理静电作用特别是通过化学配位与污染物离子作用实现对水的净化。水处理过程中常用的吸附剂有活性炭、$Al_2O_3$、离子交换树脂、黏土、沸石和硅胶等。吸附剂是决定高效能吸附处理过程的关键因素，吸附剂应具有吸附能力强、吸附选择性好、速度快、化学性质稳定、成本低、易回收、易再生、重复使用性能良好等特点。

吸附剂的性质包括吸附剂的种类、颗粒大小、比表面积、颗粒的孔构造与分布、吸附剂是否是极性分子等。吸附剂的粒径越小，或者微孔越发达，其比表面积越大。吸附剂的比表面积越大，吸附点位越多，则吸附能力就越强。对于一些大分子吸附质，吸附剂的比表面积越大，则微孔提供的表面积难以起吸附作用。吸附剂内孔的大小和分布对吸附性能的影响很大。孔径越大，比表面积越小，吸附能力越差；而孔径太小，则不利于吸附质扩散，并对分子直径较大的吸附质起位阻作用。大部分吸附表面积由微孔提供，因此吸附量主要受微孔支配。采用不同的原料和活化工艺制备的吸附剂孔径分布是不同的，再生情况也影响孔的结构。分子筛因其孔径分布十分均匀，而对某些特定大小的分子具有很高的选择性。

一些吸附剂在制备过程中会在表面形成一定量的不均匀氧化物，其成分和数量随制备原料和活化工艺不同而异。一般把表面氧化物分成酸性和碱性两大类，并按这种分类来解释其吸附机理。经常指的酸性氧化物基团有羧基、酚羟基、醌型羰基、正内酯基及环式过氧基等。其中羧酸基、酯基及酚羟基为主要酸性氧化物，对碱金属氢氧化物有很好的吸附能力。对于碱性氧化物的说法尚有分歧，有的认为是如氧萘的结构，有的则认为类似吡喃酮的结构，碱性氧化物在高温（800～1000℃）活化时形成，在溶液中吸附酸性物[11-13]。另外，根据不同的吸附质，可以对吸附剂进行改性，从而得到吸附性能不同的吸附剂。由于水中污染物具有不同的化学性质和不同的存在形态，单一的吸附剂不能完全去除水中的污染物，或者只能去除水中单一阳离子或阴离子，对于废水中多种污染物离子，只能分步进行处理，分步处理对于复杂的多离子共存体系吸附效果甚微。因此，发展廉价稳定、多活性位点、大吸附容量、具有广谱性的吸附材料[14-16]、能同时去除废水中的多种污染物的吸附剂迫在眉睫。

多孔材料是20世纪发展起来的一种新型的材料。依照国际纯粹和应用化学联合会(IUPAC)对多孔类材料的定义,可按孔径大小进行分类:微孔材料(孔径小于2nm),中孔材料(孔径在2～50nm),大孔材料(大于50nm)。它有规则的孔道结构、大小可调的孔径、比表面积大等,因此在吸附、分离、催化等方面及光、电、磁等领域具有广阔的应用前景。1992年美国Mobil公司的研究者[17,18]首次采用烷基季铵盐类阳离子型表面活性剂为中孔模板剂,用纳米结构自组装技术合成了具有M41S系列(MCM-41、MCM-48和MCM-50)有序介孔分子筛,结构如图4-1所示。该系列材料主要特点:长程有序;具有较大的比表面积(>700$m^2/g$);孔径大小均匀(1.5～10nm),规则排列有序;孔隙率高;孔径在2～20nm范围内可以连续调节;表面富含弱酸性硅端羟基等,将分子筛的孔径由微孔扩展到介孔,对于那些在微孔分子筛中无法进行的大分子催化、吸附、分离等过程带来了新的方向。在介孔领域中,MCM-41具有均匀的六方孔道,孔径分布较窄(2～10nm)且可调,比表面积较高,是目前研究较多的一种结构。在以后的20年,介孔分子筛被大量研究,由于独特的理化性质使其在化工、医药、催化、环保、吸附分离等方面备受瞩目,这些对于介孔材料的理论研究和实际生产都具有重要意义。

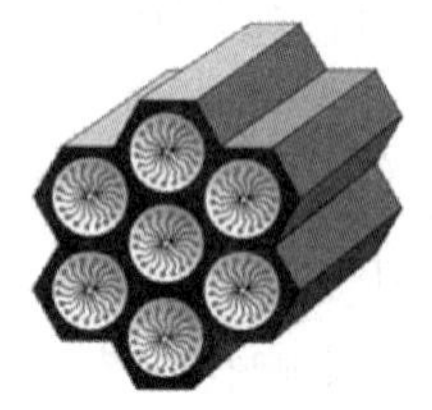

(a) MCM-41(2D六方,空间群p6mm)

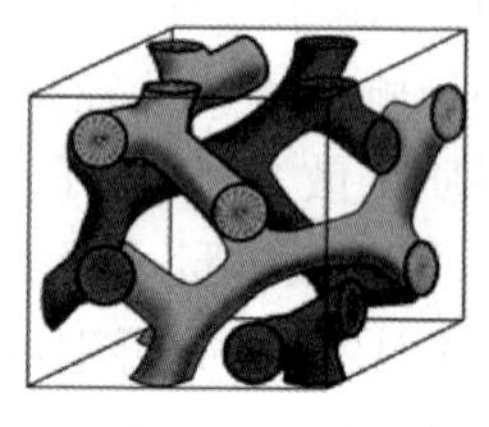

(b) MCM-48(立方,空间群Ia3d)

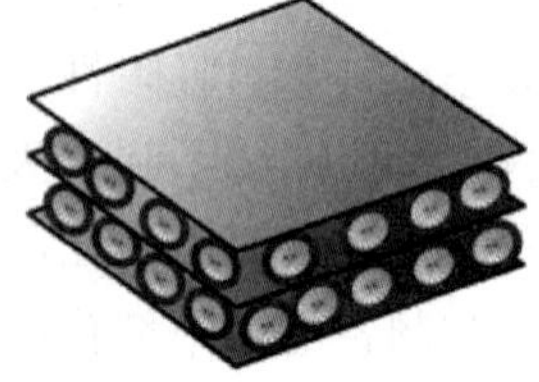

(c) MCM-50(层状空间群p2)

图4-1 M41S材料结构

# 4.1 MCM-41的合成与应用

## 4.1.1 MCM-41的合成

目前合成介孔材料的方法主要有溶胶-凝胶法、水热合成法,室温合成法、微波合成法、相转变法等[19]。

### 1. 水热合成法

水热合成法通常将一定量的表面活性剂、硅源、碱或酸配成混合溶液,经搅拌形成水凝胶后,置于反应釜中,在一定温度下进行水热反应并且晶化一段时间。最后经过滤、洗涤、干燥、煅烧等一系列步骤，得到有序介孔分子筛。水热合成法是合成介孔分子筛最常用的方法，有水热稳定好、晶化程度高、操作简单等优点，但是花费时间较长且存在安全隐患。

2. 室温合成法

室温合成法通常将表面活性剂、硅源、碱或酸配成混合溶液，经搅拌形成水凝胶后，在室温下静置并晶化一段时间。最后经过滤、洗涤、干燥、煅烧等一系列步骤，得到有序的介孔分子筛。在体系中可溶性硅物种以正电离子($I^+$)的形态存在，通过 $S^+X^-I^+$ 自组装的路径形成。室温下合成介孔材料的步骤简单，反应条件温和，对设备的要求不高，所得材料的形貌均匀。

3. 微波合成法

微波合成法不同于传统的加热方式，将分子筛的合成体系置于微波辐射范围内，具有加热均匀、升温速度快、操作便利、晶化时间短等特点，从一定程度上克服了水热合成法的缺点。

### 4.1.2 MCM-41 合成机理

通常可以通过 $S^+I^-$、$S^+X^-I^+$、$S^-M^+$、$S^-I^+$、$S^-M^+I^-$、$N^0S^0$、$S^0I^0$ 等多种途径来合成介孔分子筛。其合成机理较为复杂，一般有液晶模板机理、协同作用机理、棒状自组装机理、电荷匹配机理等[17]。

1. 液晶模板机理

Mobil 公司首次合成出 M41S 系列材料时，就对介孔材料的合成机理提出了假设，他们首次提出表面活性剂形成的溶质液晶，即液晶模板机理(LCT)[18]，如图 4-2(a)所示。其原理是具有两性(亲水和疏水)基团的表面活性剂首先随着表面活性剂浓度的不断增加在水中形成球形胶团，然后由胶团形成胶束，进而堆积成六方相。当加入无机硅源后，溶解在溶剂中的无机硅源与表面活性剂的亲水端存在相互作用力，使硅源发生水解并沉淀在表面活性剂的柱状胶团上，最后通过焙烧除去有机物种就得到了 M41S 介孔分子筛。LCT 认为表面活性剂形成的胶团在加入无机硅源之前就已形成，以此作为合成 MCM-41 介孔材料的模板。由于 MCM-41 介孔材料在合成过程中，模板剂的浓度一般都大大低于形成液晶所需的最低浓度，故 LCT 的解释与此实验现象相矛盾[17,18,20]。随着对介孔材料的深入研究，LCT 就暴露出其不符合事实的方面，其适用性受到限制。

2. 协同模板机理

后来Mobil公司经实验证明当表面活性剂浓度较低时也能合成MCM-41，这与上述介孔材料的液晶模板合成机理在表面活性剂浓度较高的情况下发生的理论不相符，提出了协同模板机理(CFM)，认为液晶结构是硅源加入后与表面活性剂相互作用而形成有序结构，MCM-41合成机理如图4-2(b)所示[21]。Stucky等[22]提出了较全面的生成机理：无机硅源所带的负电荷与表面活性剂的亲水基团相互作用，加速了无机物种的缩聚过程，界面上自发聚集在一起。随着缩聚反应的进行，进一步促进了无机硅源与表面活性剂的作用，最终形成了有序的介孔结构。协同模板机理较好地解释了介孔分子筛合成中诸多LCT无法解释的实验现象，如低表面活性剂浓度下介孔分子筛的合成，以及合成过程中的相转变现象等[23,24]。这种机理很好有助解释了介孔材料合成时的一些实验结论，具有普遍性，也适用于一些非硅基材料的合成。协同作用主要包括静电库仑力作用、配位共价键作用以及氢键作用，在不同的表面活性剂与无机硅源之间，共有多种作用模式，如图4-3所示。根据协同模板机理，表面活性剂(S)、硅源(I)以及共存离子($X^-$或$M^+$)的性质对介孔材料的合成起到了决定作用。因为硅源在不同的pH条件下，其水解方式不同，就导致其表面电荷不同。例如，MCM-41的合成中，pH在10左右，溶液呈碱性，这时正硅酸乙酯会水解并且形成带负电荷的低聚物($I^-$)，而CTAB是阳离子型表面活性剂($S^+$)，它们之间正是通过库仑力($S^+I^-$)，发生协同作用，组装、缩聚成为有序的液晶结构。相反地，当使用阴离子表面活性剂时，如十二烷基苯磺酸钠，也能通过库仑力与无机物种之间发生$S^-I^+$作用，形成具有介孔结构的材料[25]。当在强酸介质中，如卤素($Cl^-$，$Br^-$或$I^-$)、$SO_4^{2-}$、$NO_3^-$等离子时，共存离子为$X^-$，无机硅源会水解成为带有正电荷的低聚物，并与这些阴离子盐的过渡离子结合为表面带负电荷的中间体($X^-I^+$)，再与带有正电荷的亲水基头的表面活性剂发生静电作用，形成介孔结构。

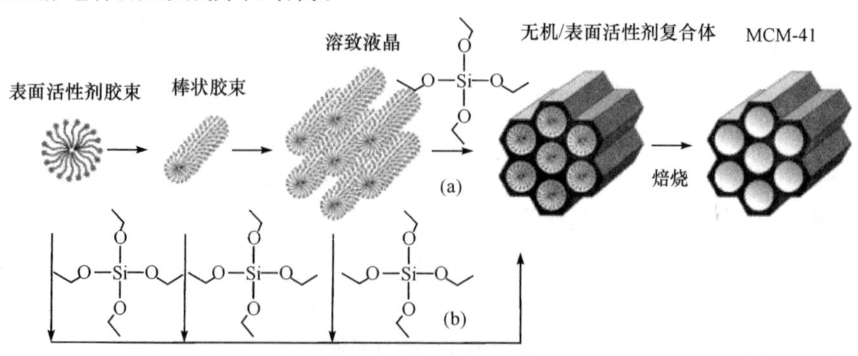


图4-2 MCM-41分子筛的合成机理示意图

(a)液晶模板机理；(b)协同模板机理

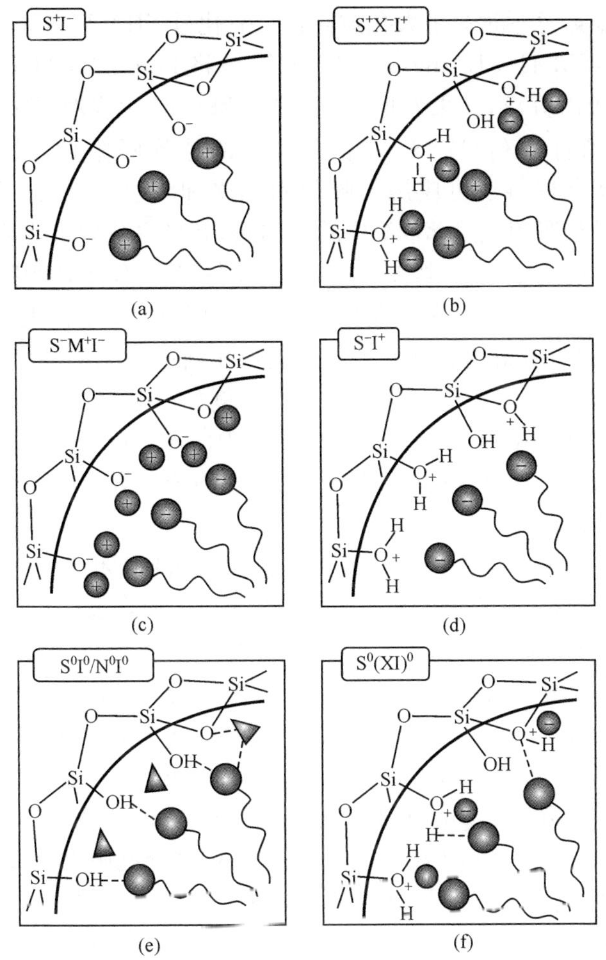


图 4-3　无机物种和表面活性剂头部在酸性、碱性或中性介质的可能合成途径之间的相互作用

### 4.1.3　MCM-41 分子筛的应用

1. MCM-41 分子筛在水处理中的应用

无机介孔硅材料 MCM-41 不仅比表面积大，而且表面含有大量的羟基，并且等电点较低，具有一定的憎水性质，因此，利用 MCM-41 的结构特性和表面特性，将其应用于水处理过程中得到了一定的关注。

Li 等[26]研究了具有 Al 骨架有序介孔二氧化硅的合成的 MCM-41。采用小角 X 射线衍射、$N_2$ 吸附、TEM、$NH_3$-TPD 进行表征，研究了 pH 对材料的影响。结果表明，材料在 pH 为 10，硅铝摩尔比为 2 时，具有最大的孔体积是 0.98cm$^3$/g，以及最高的比表面积 1020m$^2$/g。利用这种材料作为磷酸盐的吸附剂，常温下吸附容量达到 64.2mg/g，这远远高于大孔隙介孔二氧化硅 SBA-15（53.5mg/g）、硅藻土（62.7mg/g）、MCM-41（31.1mg/g）。Chen 等[27]将 $Fe_3O_4$-MCM-41 复合材料应用于氯的氧化物吸附分离，结果发现，在 $CrO_4^{2-}$ 和 $Cu^{2+}$ 存在时，$Fe_3O_4$-MCM-41 复合材料在酸性条件下（pH＜3）对氯有很好的选择吸附性，最大吸附量达到 99mg/g，这种复合材料还可应用于吸附山泉水和河水中的氯。Wei 等[28]发现 MCM-41 能有效地吸附烟草萃取液中的亚硝胺，并且去除效果比活性炭好。当在 MCM-41 骨架中引入铝原子时，能促进亚硝胺的吸附。作者认为吸附亚硝胺的原因有 MCM-41 孔径几何维数的限制作用、表面阳离子的静电作用和吸附剂的酸性作用。M41S 系列介孔硅材料在水处理中的应用研究才刚刚开始，对于该材料实际应用于水处理中，还需要进行详细的研究。例如，MCM-41 虽然具有很高热稳定性，但是在水溶液中结构容易发生坍陷。其中的 Si—O—Si 键在水中容易发生水解，导致孔容和比表面积减小。因此一些水热稳定性高的硅介孔材料已被制备并应用于水处理过程中。

由于 MCM-41 介孔材料表面含有大量的 Si—OH 基团，对重金属离子也有较强的亲和力。因此，常作为吸附剂处理含重金属离子的废水。Yilmaz 等[29]用经典合成法和超声波方法制备了介孔二氧化硅 MCM-41，作为吸附剂去除水溶液中的 $Sr^{2+}$。作者对合成材料的物理性质进行了 X 射线衍射和比表面积分析。结果表明，MCM-41 经典的合成方法比超声波法有较高的比表面积和孔隙体积。作者也对吸附剂进行吸附等温线和动力学的研究。表明 MCM-41 吸附 $Sr^{2+}$ 强烈依赖于 pH。用三个两参数（Langmuir、Freundlich、Temkin）和两个三参数（Redlich-Peterson 和 Koble-Corrigan）吸附等温线模型来拟合介孔吸附剂吸附 $Sr^{2+}$ 平衡数据。结果表明，利用 Freundlich 模型对等温线数据拟合得最好，实验数据也较好地符合伪二级动力学模型。Raji[30]等用甲苯溶剂分散法制备了一种新型吸附剂 $ZnCl_2$-MCM-41，合成的 $ZnCl_2$-MCM-41 吸附剂具有高的比表面积（602.3$m^2$/g），孔隙大小分布窄（2.37nm），总孔隙体积为 0.46$cm^3$/g。混合吸收剂用来移除水溶液中的汞离子，作者研究了在不同的实验条件下、不同的接触时间、不同初始浓度的汞离子和 pH 对吸附性能的影响。得出最佳吸附条件的温度为 20℃，pH＝10，反应时间为 30min。实验得出初始浓度在 2～50mg/L，最大吸附量达到 204.1mg/g，数据拟合更符合 Langmuir 等温线。从 D-R 等温线计算出自由能为 9.128kJ/mol，说明了汞离子发生化学反应。

2. MCM-41 介孔分子筛在其他领域中的应用

催化领域是 MCM-41 合成以来的重要应用领域。一般把 MCM-41 作为载体，在其表面或者骨架中负载或者掺杂金属，使其具有独特择形功能的催化剂。Farzaneh 等[31]利用维生素 B6 和 $FeCl_3$ 的碱性溶液，与甲醇溶液混合进行回流，合成[Fe(L)$_2$OH·(H$_2$O)$_3$]复合体，将其固定在 Al-MCM-41 上。结果表明，[Fe(L)$_2$OH·(H$_2$O)$_3$]复合体/Al-MCM41 用 $H_2O_2$ 作为氧化剂，可以成功地催化氧化环己烷、环辛烷、金刚烷，45%～90%都转换成相应的醇类和酮类，具有重大意义。Zang 等[32]采用直接热液法合成了不同铜含量的 Cu-MCM41，评估其对环己酮的氧化作用。实验只用了 2mol 的苯甲醛作为底物，Cu-MCM-41 反应 3h 后，检测到高转化率(99%)的环己酮和高选择性己内酯(100%)。作者通过理化性质表征，包括 BET、XRD、红外、TPR 等，表明了在 MCM-41 上存在着孤立的 $Cu^{2+}$ 为催化中心，且合成的催化剂可循环使用三次，无明显的活性和选择性损失。Li 等[33]将钌功能化的磁性介孔硅材料用于亚胺的不对称氢化反应，转化率达到 99%。通过外磁场分离催化剂，重复使用 9 次，其催化性能仍然能保持很好。Ursachi[34]等将α-$Fe_2O_3$-MCM-41 复合材料用于亚甲基蓝的降解，通超声耦合模拟 Fenton 过程，亚甲基蓝的降解率达到 96%，并且很容易通过磁场实现固液分离。磁性介孔硅材料具有规则的孔道和形貌，硅材料可溶于水，对生物体无毒害作用，有良好的生物相容性。药物分子可以被吸附或储存于其表面或者内部，通过控制其释放。通过外磁场进行导向，使其实现靶向给药。Zhao[35]等使用赤铁矿粒子为磁性中心，通过溶胶-凝胶将其包覆于 MCM-41 材料内部，然后通过加氢还原使其变为具有铁磁性的磁性中心。通过研究布洛芬的储存过程，布洛芬填充进介孔材料会导致其孔容下降 70%，布洛芬的储存量大约为 12%(质量分数)。模拟体液过程，布洛芬在 24h 后释放最快，随后随时间逐渐减缓，70h 后释放率为 87%。

### 4.1.4　MCM-41 对水中污染物的吸附机理

无机离子在 MCM-41 上的吸附主要是静电吸引和表面络合作用[36]，而水中有机物在 MCM-41 表面上的吸附过程可能有多种途径。阳离子有机物的吸附主要基于异种电荷之间的相互吸引作用、离子交换作用和表面络合作用[37,38]。而 MCM-41 对水中非离子有机物吸附一般认为存在三种作用。

1. 非极性和弱极性化合物的分配作用

非极性和弱极性化合物在 MCM-41 表面附近区域的分配作用，其驱动力是有机物的疏水性。在水体中，非离子型有机物在吸附到亲水性 MCM-41 表面之前，有机物需要替代早已吸附在表面上的水分子，由于非极性和弱极性有机物与 MCM-41 表面没有氢键结合作用，这些有机物不会像水分子那样与无机表面进行有效的相互作用。因此，从水相到水覆盖的亲水性固体的表面吸附可能不能解释非极性或弱极性有机物在 MCM-41 表面的吸附过程。这存在两种推测的机理。首先，中等极性 MCM-41 的部分表面(—Si—O—Si—)可以允许极性水分子和非极性有机物存在某种程度的交换；其次，水体中的有机物可以很快扩散到与固体表面邻近的“特殊”水中或填充到固体的纳米级孔隙中，固体表面具有一层有序表面的水膜，即微层水，当有机物在固体表面发生吸附时，微层水中的水分子发生脱附，这一层水分子与水分子之间的相互作用破裂，就为整个有机物的吸附过程提供了额外的能量[39-42]。

2. 络合与电子供体/受体配位作用

这两种作用是硝基苯类化合物在黏土上的吸附机理。由于芳香环上硝基取代物具有很强的吸电子特性，许多硝基化合物都有很强的吸引电子供体能力，靠近芳香环上π电子云(即硝基化合物是电子受体)。黏土表面的硅氧烷上存在多余电子，只要这些硅氧烷表面氧没有被大量的水合阳离子所阻挡，硝基化合物就能与其构成一个电子供体/受体的复合物。Haderlein 和 Schwarzenbach[43]研究了硝基苯类化合物在高岭土上的吸附情况，发现硝基苯类化合物可逆地吸附到高岭土中的硅氧烷表面上，并且在几分钟内吸附就达到平衡，其吸附量随着硝基苯上的吸电子取代基增多而增大。当高岭土可交换阳离子是强水合阳离子($Na^+$、$Mg^{2+}$、$Ca^{2+}$、$Ba^{2+}$)时，硝基苯类化合物基本不发生吸附，作者认为吸附机理是硅氧烷中的氧原子与苯环发生了电子供体/受体配位作用。这种电子供体与电子受体配位程度也取决于单位质量黏土中硅氧烷丰度，硅氧烷越多，吸附量就越大[44]。然而，Boyd 等[45]利用 FTIR 光谱、量子化学计算和分子动力学模型认为硝基苯类化合物在钾蒙脱石上的吸附是通过硝基与钾离子的络合作用，因为作者观察到了吸附在钾蒙脱石上的硝基化合物中的硝基在 FTIR 光谱上发生了迁移。Li 等[46]通过计算硝基苯类化合物在钾蒙脱石上的吸附焓变，也认为硝基苯类化合物是与蒙脱石上的钾离子发生络合作用而被去除的。

3. 氢键作用

氢键是两个原子间由氢原子生成的键，氢原子的配位数不超过 2，另外，只有电负性最强的原子才能生成氢键，而且两个成键原子的电负性越大，氢键的强度就越大，例如，氟、氧和氮都会具有生成氢键的能力[47]。MCM-41 表面含有大量的硅羟基，能与非离子有机物生成氢键。Park 等[48]也证明了在低 pH 下，分子态吡啶甲酸中的 N 原子能与硅胶表面的羟基形成氢键。在 pH>5 时，吡啶甲酸中的羧基官能团发生电离，其羧酸官能团也能与硅胶表面的羧基形成氢键。

### 4.1.5 功能化方法及应用

虽然介孔材料尚未获得大规模的工业化应用，但它所具有的孔道大小均匀、排列有序、比表面积较大、孔径可调等特性，使其在分离提纯、催化、生物材料、新型组装材料等方面有着巨大的应用潜力。介孔材料可作为吸附剂、催化载体、固体酸催化剂、离子交换剂等，其稳定性是非常关键的[49,50]。但由于纯的介孔材料的孔壁是非晶态的，其骨架中的晶格缺陷较少、酸含量和酸强度低，且不具备氧化还原能力，在催化应用中有一定的局限性[51,52]。这需要对其进行功能化设计，通过各种途径在介孔材料的孔壁或孔道中引入活性中心，对介孔材料进行化学改性。从而改善分子筛的综合性能，如骨架的稳定性、吸附选择性、表面缺陷浓度。近年来国内外研究者从事了大量的研究，在一定程度上改善了这方面的弱点。其主要的改进方法如下。

### 1. 金属杂原子取代

金属原子的取代是指在合成的时候直接引入金属杂原子以取代其中部分的硅原子，当骨架中引入金属离子后，可增加缺陷数量，形成骨架电荷，增加缺陷数量，提高反应活性。由于金属离子的可交换性，可提高表面的吸附性能和酸碱性，从而改善其催化性能。而引入的过渡金属离子具有可变价性，从而分子筛具有氧化还原性。被引入的金属元素通常有 Al、Ti、Mn、Cr、Nb、Zr、V、Cu、Ga、B、Mo 等。一般有两种引入的方法，第一种是先合成介孔材料，然后将含有金属离子的溶液与该材料混合搅拌，经干燥、煅烧等步骤，金属原子通过范德华力作用使其负载在分子筛的表面，这种方法制得的分子筛在反应中金属原子不稳定，易流失。第二种是材料制备初期骨架直接引入金属杂原子参与形成过程和晶化过程，分别使其嵌入分子筛骨架。金属原子和分子筛之间形成稳定的共价键，这种方法有利于金属杂原子的均匀分散，且操作简单，易于合成。MCM-41 的改性一直以来是研究的热点，杂原子的引入有效地改善了它的水热稳定性和结构的有序性[53]。MCM-41 孔道呈现一维六方规则有序排列，孔道大小均匀，可调节的纳米级孔道可作为负载纳米微粒的“微型反应器”。当骨架中引入其他金属离子后，可增加缺陷数量，提高反应活性。同时由于金属离子的可交换性，可提高表面的吸附性能、酸碱性，从而大大提高其催化性能。

### 2. 活性组分负载

在介孔分子筛中负载的活性组分有很多，如金属氧化物、金属络合物、杂多酸、有机碱、纳米粒子等。以杂多酸的负载为例，杂多酸是由中心原子(如 P、Si、Fe)和配位原子(W、Mo、V)通过氧原子配位而形成具有强酸性和氧化性的含氧多核酸。杂多酸的酸性远远高于无机酸，作为氧化剂时极易氧化其他物质，且自身呈还原状态，又极易再生。杂多酸离子之间有一定空隙，有些极性分子可进出，这样固体杂多酸如浓溶液一样，有均相催化反应的特点，因此又称此为“假液相”。因为杂多酸具有很多独特的性能，如结构优良，具有 Bronsted 酸位，改变化学组成能改变其酸碱性和还原性，易接收和释放电子，质子流动性高等。然而纯的 HPW 比表面积小，且作为非均相催化剂在极性体系中溶解度较高，因此反应后难以分离，不利于实际应用。但是通过部分的离子，如 $Cs^+$、$Rb^+$、$K^+$、$Ag^+$、$Cu^{2+}$ 等取代后形成了磷钨酸盐,能有效提高反应效率[54-56]。此时将取代后的磷钨酸盐负载在比表面积比较大的介孔材料上,能有提高液-固及气-固多相反应性能。Rath 等[57]首次将含有铜的 HPW 附着在 MCM-41 上得到 $Cu_xH_{3-2x}PW_{12}O_{40}$/MCM-41,用来催化卤化物与烯烃反应,取得了良好的效果。

3. 有机-无机杂化

与微孔材料相比,介孔材料孔道空间大,表面富含大量的硅羟基(—Si—OH),可以将有机基团作为活性中心被引入从而合成有机-无机杂化的功能材料。一般有两种方法,第一种是嫁接法,将有机基团接枝到合成好的介孔材料的孔道表面,通过硅烷偶联剂将有机基团与材料上的硅羟基反应,从而得到高性能的介孔材料。这样形成的表面结合型的功能材料操作简单、可选的有机基团种类多且在表面分布较均匀,但嫁接量少、孔道上分布不均匀、可能会形成孔道堵塞。第二种是通过共缩聚的方法,将正硅酸酯与有机硅烷聚合使有机官能团嵌入到介孔材料的孔壁中。这类材料分布均匀、有机官能团含量较高。但可能会破坏材料的有序性。这两种方法如图 4-4 所示。总体来说,通过有机改性对材料的内、外表面进行修饰,有利于水解稳定性,使其具有有机和无机的两种特性。Inagaki 等[58]和 Asefa 等[59]报道了以带有键桥型的有机硅化合物为硅源,表面活性剂为模板,经共水解、缩聚一步法合成了一种新型的周期性介孔有机硅材料(PMOs)。这种材料具有表面积大、分布均匀、水热稳定性好、机械强度高、活性位点多、不会堵塞孔道等特点。PMOs 作为固体催化剂,具有以下优点[60]:①孔径比微孔分子筛大,反应物在孔内易扩散;②有机基团均匀分布在孔壁中,有利于有机反应物在催化剂表面的吸附;③可掺杂金属或改变有机功能基团,实现不同种类 PMOs 的制备与应用;④活性组分均匀地嵌入在骨架结构中,活性中心位点多且不易流失。目前 PMOs 中使用的有机基团主要有杂环类、烃类、芳香类等,而含有金属的有机基团报道很少。

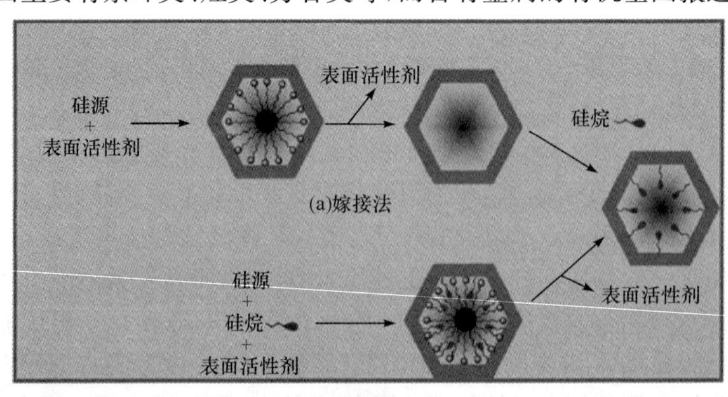


(b) 共缩聚法

图 4-4　介孔表面用硅烷改性

### 4.1.6　功能化 MCM-41 的合成

由于 MCM-41 具有大的比表面积和孔容、均一可调的介孔孔径和大的吸附容量，所以可以作为催化剂、吸附剂或催化剂载体。但 MCM-41 介孔材料的表面官能团种类较少，对一些特定的污染物不能产生吸附作用，因此研究人员开始对 MCM-41 进行改性。改性的方法有均相嫁接方法和异相嫁接方法[61-64]。均相嫁接方法是在制备 MCM-41 的过程中加入改性剂，当混合液反应一定时间后，放入高压反应釜反应一段时间，得到的固体用有机溶剂洗涤，其中的表面活性剂用萃取的方法去除。异相嫁接方法是在合成后的 MCM-41 表面上嫁接官能团。在介孔 MCM-41 硅材料表面上有三种硅羟基：孤立的、氢键的、成对的。硅烷化时只有那些自由的—SiOH 和—$Si(OH)_2$ 参加硅烷化反应，氢键的硅羟基形成亲水网络，很难被硅烷化。常见的表面硅烷化有引入巯基、氨基、羧基、磺酸基等。由于 MCM-41的表面只有硅羟基（40%～60%），并且改性剂只与硅羟基反应，所以 MCM-41 的改性一般都在氮气氛围下的有机溶剂中进行。常见的有机溶剂有甲苯、二甲基甲酰胺、1-4 二氧六环。改性剂有三甲基氯硅烷、环式糊精、嘧啶、2-巯基噻唑啉、3-氨丙基三乙氧基硅烷等。改性温度 70～180℃，回流 24h，最后得到的改性 MCM-41 介孔材料用有机溶剂（甲苯、异丙醇、乙醇、丙酮和乙醚）和水洗涤去除剩余的改性剂并在一定温度下真空干燥（100℃）。嫁接后的介孔材料，由于有机官能团接枝在 MCM-41 的内表面，占据了孔道内部空间，使其比表面积、孔容和孔径都减小。硅烷化后的介孔材料也改变了表面极性和水热稳定性。

Park 和 Komarneni[65]将 MCM-41 用不同烷基化试剂处理 6h，脱除模板剂后，改性的介孔材料除孔径变化外，孔容、比表面积均保持不变。将 MCM-41 用癸基和甲基进行双功能化处理，癸基修饰孔的边缘，甲基修饰孔的内部，修饰后的介孔材料显示出疏水性。Igarashi 等[66]用异相嫁接方法利用有机硅烷（甲基三乙氧基硅烷、甲基三甲氧基硅烷和乙烯基三乙氧基硅烷）改性 MCM-41 提高材料的憎水性，从而提高结构的水热稳定性，有利于该材料作为吸附剂和催化剂使用。Zhao 和 Lu[61]用三甲基氯硅烷改性 MCM-41，发现自由硅羟基和偕硅羟基是硅烷化的主要作用点。硅烷化的处理程度可以通过前期的热处理得到提高。通过研究水蒸气吸附等温线可以得出，改性的 MCM-41 表面憎水性很强，并且没有发现小孔堵塞和毛细管凝聚情况。而在研究苯蒸气吸附过程中，发现了毛细管凝聚现象。这种研究结果表明硅烷化的 MCM-41 可以有效地选择性去处水中有机物。此外，一种比较少见的改性方法是炭沉积方法[67]，该方法不仅提高了 MCM-41 的结构稳定性，而且相比较硅烷化改性的 MCM-41，其孔容和孔尺寸相比未改性的 MCM-41 只有较少的降低。

### 4.1.7 功能化 MCM-41 分子筛的应用

水体中污染物包括无机污染物(重金属和阴离子)和有机污染物(极性、弱极性和非极性有机物)。不同的污染物在吸附剂上的吸附方式不同,有分配机制、静电作用、氢键作用和络合作用等。为了有效地去除水中污染物,对于不同的污染物,吸附剂表面必须具备与之相匹配的吸附点位。因此,通过合成不同表面官能化的 MCM-41,可以选择性地吸附去除水中的污染物。

1. 功能化 MCM-41 对水中有机物的吸附

对于水体中非离子有机物的吸附,一般在吸附剂表面上嫁接一些烷烃使其表面的憎水性增强,有利于有机物的分配。

碱性染料,如亚甲蓝,碱性绿 5[68,69] 和碱性紫 10,结晶紫[70] 和红景天胺 B[71],都含有阳离子位点,可以被未修改和羧酸官能化的 MCM-41 中去除。容量值为 0.17～1.04mmol/g,并且由于涉及离子相互作用的染料的保持范围,有可能通过水酸化至 pH=2 来洗涤负载的吸附剂使其再生。在这种低 pH 下,二氧化硅表面是带正电排斥碱性染料的阳离子基团。虽然染料迅速地从水中去除(5min 内),但如果该吸附剂不从水中去除,在吸附 150h 之后,染料会释放到溶液中[69]。有人提议[69,70],这种缺乏吸附性能的现象,部分是由于孔隙的破坏。也有人说,MCM-41 和 MCM-48 在用于去除碱性染料方面都不是好的吸附剂。有趣的是,MCM-50、MCM-41 与 MCM-48 相比,显示出对亚甲基蓝相似的吸附能力,提取后几乎完全(94 %)保留染料。二氧化硅骨架出现更强地保留染料的层状形式,由 Lee[71] 第一次提出动力学数据的染料吸附质-吸附剂相互作用和内扩散模型。三扩散步骤解释了吸附质-吸附剂相互作用是由于:①吸附质迁移是通过吸附剂外部被液体包围的边界层膜[图 4-5(a)];②溶质运动从表面到孔和/或表面扩散[图 4-5(b)];③表面的吸附[图 4-5(c)]。所述速率控制步骤是动力学模型,即所述第二步骤控制,动力学是由染料分子扩散到孔限定的。表明染料吸附由表面吸附和颗粒内(孔)扩散与外部传质控制的速率确定吸附过程(图 4-5)。

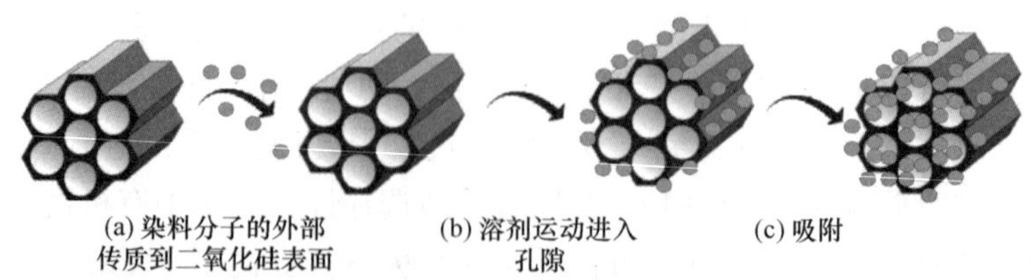


图 4-5 染料由内扩散模型吸附到 MCM-41 过程示意图

阴离子染料具有阴性磺化官能团，因此与介孔硅材料有很好的相互作用，因为在低pH含胺或吡啶改性的二氧化硅表面具有正电荷。其中研究最多的是阴离子染料酸性蓝[72,68]，该染料不能使用传统碳基吸附剂去除，但胺改性的MCM-41对其具有0.6mmol/g的吸附容量。吡啶改性的SBA-15进行了染料茜素红S(简称ARS)、艳红X-3B和活性黄X-RG的吸附研究[73]。溶液pH控制在3.5可以使吡啶分子质子化，不仅增加阳离子吸附位点，也增加了与带负电荷的磺酸盐基团的酸性染料之间有吸引力的质子。茜素红S和艳红X-3B符合Langmuir吸附等温线模型，表明均匀分布的活性位点的分子是单分子层覆盖；活性黄X-RG更适合Freundlich等温模型，单层吸附是通过氢键作用。类似阴离子染料，甲基橙、橙四、活性艳红X-3B和酸性品红与胺功能化MCM-41[74]的吸附作用研究表明为内扩散动力学模型，该步骤斜率与染料的大小有关，较大尺寸的分子具有较长动力学(慢扩散)。Santos等[75]用APTES对MCM-41进行表面修饰，作者分别用X射线衍射、傅里叶变换红外光谱学、热重分析法/微分热重量分析法、氮吸附和解吸分析等研究了合成材料的结构秩序和性质，研究了$NH_2$-MCM-41对Remazol红色染料吸附过程中pH、温度、吸附剂用量、初始浓度和解吸过程的影响。$NH_2$-MCM-41吸附等温线符合Freundlich模型。对染料最大吸附容量估计是45.9mg/g，去除率为99.1%。$NH_2$-MCM-41材料表现出高的解吸能力为98.1%。Kannan等[76]合成了具有高水热稳定性(1173K)和大孔径(40nm)的$AlPO_4$分子筛，用于吸附孔雀石绿(MG)和亚甲基蓝(MB)的有害染料，探讨了反应时间、染料浓度、pH、温度、吸附剂量对吸附的影响，结果表明$AlPO_4$分子筛对MG和MB有较高的吸附率。Inumaru等[77]则用辛基硅烷改性介孔硅材料去除水中壬基酚，相比较活性炭而言，辛基硅烷改性的介孔材料对壬基酚具有较好的去除效果，而对苯酚则没有明显的效果。另外，烷基链越长，对壬基酚的去处效果越好，由于憎水性的增加，这种烷基改性的介孔材料可以设计成分子选择性分离吸附剂。

2. 功能化MCM-41对水中重金属的吸附

功能化MCM-41对水中重金属的吸附，主要是利用表面嫁接的巯基或者氨基等进行配位络合，因而在实现金属离子的选择性吸附方面有很好的应用前景。Kumar等[78]利用3-氨丙基三乙氧基硅烷(APTES)在介孔二氧化硅外表面接枝乙二胺四乙酸(EDTA)，合成过程如图4-6所示。吸附研究表明，EDTA-MCM-41对水溶液中的$Cu^{2+}$、$Zn^{2+}$、$Ni^{2+}$的吸附符合准二级动力学，且与颗粒内扩散机制有关。对三种离子的最大吸附量分别达到79.36mg/g、74.07mg/g，67.56mg/g。Lam等[79]研究了由有机胺(包括$RNH_2$、$R_2NH$和$R_3N$；R=丙基)修饰的介孔分子筛MCM-41对金的选择性吸附。他们发现，这些有机官能团修饰后的MCM-41

很容易吸附含有两种金属离子（金和铜或镍）的溶液中的金离子，这种吸附选择性达 100%。Yuan[80]等采用一步组装法，用膦酸胺对介孔二氧化硅进行双功能化，提高了对水溶液中钍的去除性能。结果表明，通过调整介孔氧化硅表面上官能团的覆盖率可对吸附进行优化，在低的 pH 下，对钍的吸附容量达到了 160mg/g 以上。Gomes 及其研究小组[81]的工作，他们将制备好的介孔球形硅活化后，加入一定量 3-氨基丙基三乙氧基硅烷（APTES）和甲苯溶液进行预处理，洗涤后，再加入一定量的 EDTA 和二异丙基碳化二亚胺溶液进行功能化，得到了一种Si-APTS-EDTA 的双功能化吸附剂，证实了对废水中的 $Pb^{2+}$、$Cd^{2+}$、$SO_4^{2-}$、$H_2PO_4^{2-}$ 都同时具有一定的吸附能力，实现了对废水阴阳离子的同时吸附。

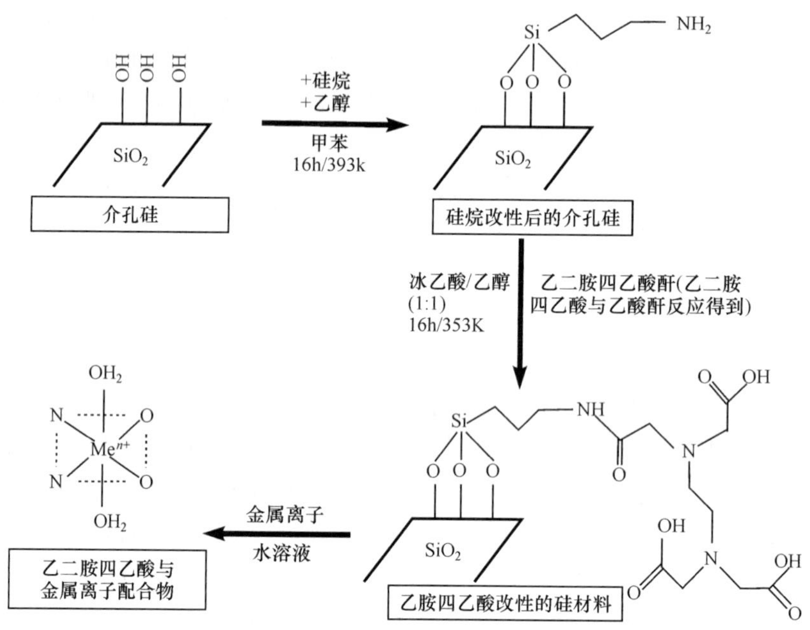


图 4-6　EDTA 改性二氧化硅的合成及吸附重金属应用

3. 功能化 MCM-41 对水中无机阴离子的吸附

在中性 pH 条件下，MCM-41 由于表面含有—SiOH 和—Si—O—Si—官能团，其表面带负电荷，因此对溶液中无机阴离子的吸附，需要通过改性使 MCM-41 的表面带正电荷。Sad 等[82]制备的 MCM-48-$NH_4^+$ 介孔分子筛用于吸附浓度高达 700g/L 溶液中的 $H_2PO_4^-$ 和 $NO_3^-$。结果表明，改性的介孔材料对 $H_2PO_4^-$ 和 $NO_3^-$ 有很好的吸附效果，且吸附率随着温度的升高而减弱。龙庚等[83]合成了不同 $n(Al):n(Al\text{-}SiO_2)$ 比的 Al-$SiO_2$ 介孔材料用于吸附电解锰的废水。结果表明，

$n$(Al)∶$n$(Al-$SiO_2$)＝1∶1 的 Al-$SiO_2$ 介孔材料对废水中锰和铬的总吸附率达到了 99.1%。Yokoi 等[84]用 $Fe^{3+}$ 配位氨基改性的 MCM-41(Fe/NN-MCM-41)去除水中有毒阴离子，即砷酸根、铬酸根、硒酸根和钼酸根。发现改性后 MCM-41 的结构受到一定的破坏并且比表面积和孔径大大减少，其对各个有毒阴离子的最大吸附量分别为 1.56mmol/g、0.99mmol/g、0.81mmol/g 和 1.29mmol/g。当阴离子的初始浓度小于 1mmol/L 时，各种阴离子均能完全被吸附去除，其分配系数达到 200000。当水中存在其他竞争阴离子如 $NO_3^-$、$SO_4^{2-}$、$PO_4^{3-}$ 和 $Cl^-$ 时，$PO_4^{3-}$ 对有毒阴离子的吸附影响最大，而 $NO_3^-$、$SO_4^{2-}$ 和 $Cl^-$ 的影响较小。这种改性吸附剂对有毒阴离子的高效去除率和选择性是由于 $Fe^{3+}$ 与阴离子的特殊作用。吸附饱和的吸附剂可以用酸进行恢复，最大吸附量可恢复 87%～90%，如图 4-7 所示。Benhamou 等[85]分别用十六烷基胺、十二烷基胺、二甲基十二烷胺对 MCM-41 和 MCM-48 进行修饰，发现修饰后依然保持原有结构，改性后的 MCM-41 和 MCM-48 对铬酸盐和砷酸盐的吸附效率大大提高，吸附容量增大。Qiang[86]等利用席夫碱配体 $H_2L^1$ 嫁接到硅胶表面(图 4-8)，合成了新型硅基吸附剂 SG-$H_2L^1$，能够同时吸附水中阴离子和阳离子。结果表明，SG-$H_2L^1$ 吸附 Cu(Ⅱ)和 $SO_4^{2-}$ 能迅速达到平衡，最大吸附量都为 0.65mmol/g。由于席夫碱的特点，解吸和再生只需调节溶液 pH。SG-$H_2L^1$ 表现出了良好的循环和再生利用性能。SG-$H_2L^1$ 同时吸附阳离子和阴离子的机理如图 4-9 所示。这对今后合成同时去除有毒的重金属离子和阴离子的吸附剂具有指导意义。

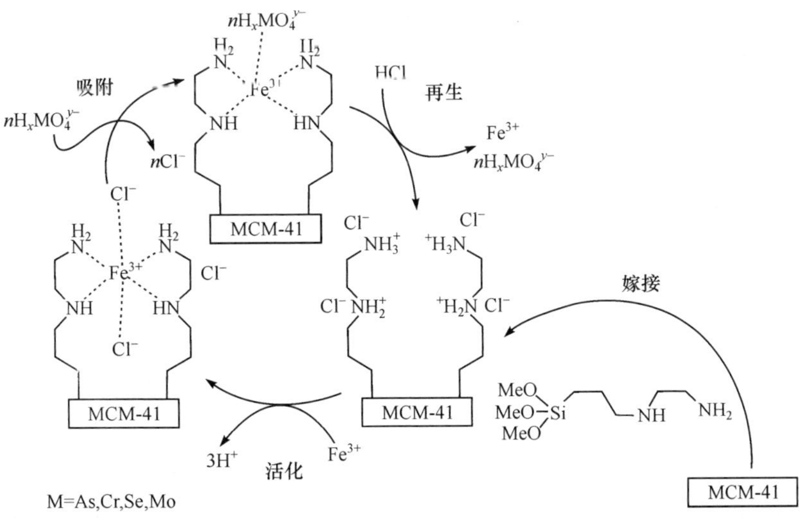


图 4-7　阴离子在 Fe/NN-MCM-41 的吸附过程

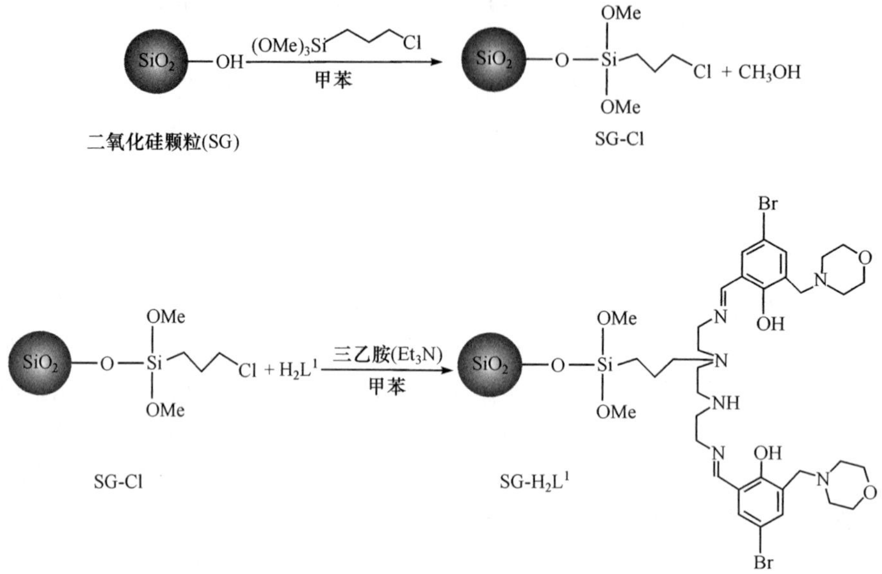

$SiO_2$—OH　$(OMe)_3Si$~~~Cl　甲苯　→　$SiO_2$—O—Si(OMe)(OMe)~~~Cl + $CH_3OH$

二氧化硅颗粒(SG)　　SG-Cl

SG-Cl + $H_2L^1$　三乙胺($Et_3N$)　甲苯　→　$SG-H_2L^1$

图 4-8　功能化 ditopic 两性席夫碱配体 $H_2L^1$ 改性硅胶吸附剂的制备

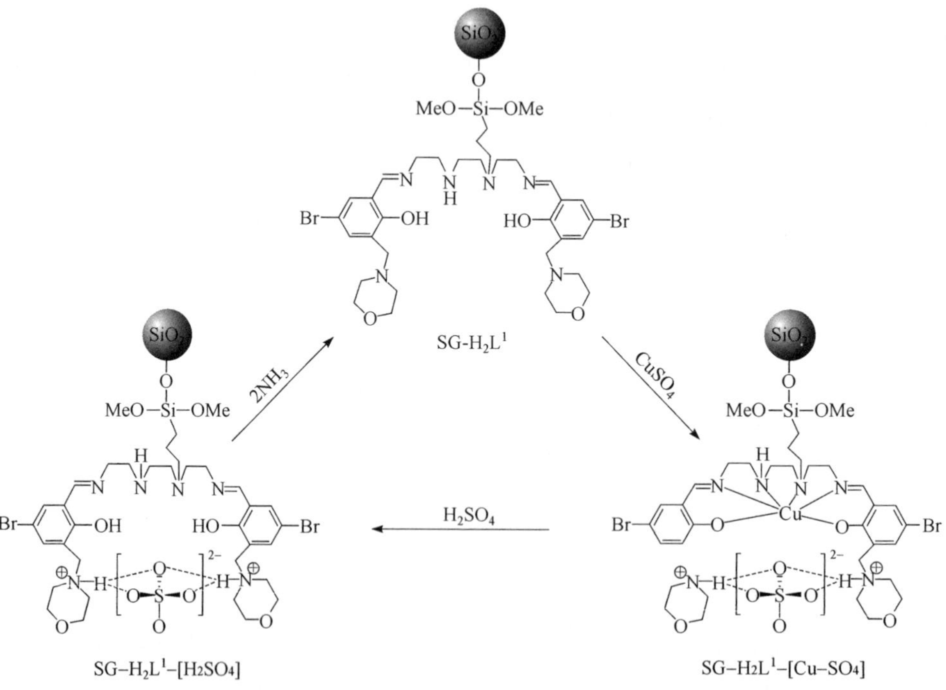


图 4-9　$SG-H_2L^1$ 对 Cu(Ⅱ)和 $SO_4^{2-}$ 同时吸附及再生循环图示

### 4.1.8　本章主要研究内容

本章以介孔二氧化硅为原料，利用阳离子模板剂等合成 MCM-41 载体，经过嫁接或共缩聚方法对骨架或孔壁表面进行改性，探究其对废水中阴阳离子的吸附特性。主要研究内容如下。

(1) 吸附基体的制备及相关工艺参数的确定。

实验通过水热法，利用表面活性剂辅助模板制备氧化硅基 MCM-41 作为吸附基体，确定其相关工艺参数，并进行材料组成与结构的分析表征，如孔结构、微观表征等。

(2) 吸附基体的酸碱双功能化研究。

探讨和选择对 MCM-41 介孔分子筛进行骨架酸功能化及碱功能化的途径和方法，得出最佳双功能化工艺及条件，分析 MCM-41 表面酸碱中心相互作用机制，如羟基密度测定、酸碱中心的强度和含量测定等。

(3) 双功能吸附材料的吸附功效评价。

用 $Pb^{2+}$ 作为目标吸附离子评价吸附材料对阳离子的吸附功效；用 $MnO_4^-$ 作为目标吸附离子评价吸附材料对阴离子的吸附功效；探讨双功能化吸附材料对阴阳两性离子共存的复杂体系的吸附特性，与未改性基体进行比较。

(4) 吸附环境对功能基团的影响机制研究。

比较和分析不同 pH 和离子强度下，吸附材料的表面酸碱性位、酸碱浓度、酸碱量分布、表面官能团密度及分布等与吸附容量的关系，研究吸附材料表面特性、构效关系和特定吸附质之间的规律性关系。

(5) 双功能化吸附材料同时吸附溶液中阴阳离子的动力学与热力学机理研究，如应用 Langmuir、Freudlich、Sips 等模型进行拟合分析。

### 4.1.9　研究的目的意义

通过对二氧化硅基体进行改性，获得一种兼具酸碱活性中心位点、能够实现对废水中的阴阳离子同步高效去除的双功能吸附材料。同时，对吸附材料活性中心和空间分布进行调控，寻找酸碱中心“和平共处”途径和方法，阐明材料表面双功能活性位点以及吸附废水中阴阳离子的协同效应、作用机理及酸碱活性位点在不同吸附环境的变迁机制等基础科学问题，制备出能同时吸附溶液中阴阳离子的新型净化材料，促进净化材料的发展。

理论意义：目前环境问题已受到越来越多的关注，工业、社会活动产生的污染问题急切需要解决。水污染相当严重，针对水污染的处理技术也得到相应的发展。通过研究对介孔二氧化硅进行双功能化，探索吸附材料多功能化的原理、过程和方法，建立吸附剂酸碱特性与其吸附容量之间的数量关系，测试和表征该吸附材料对废水中阴阳离子的吸附去除功效，并在此基础上完善和发展吸附理论并扩展吸附新技术，推动废水净化吸附材料的基础研究和开发应用。

实际意义：通过对介孔二氧化硅双功能化改性以及吸附水中有毒离子行为的研究，制备出的吸附剂将其应用到废水处理过程中，可以缓解水污染程度，同时高效去除阴阳离子，解决了已有吸附剂单一吸附的缺点，具有重要的实际应用价值。

## 4.2 实验方法

### 4.2.1 实验内容

#### 1. MCM-41 合成、表征及吸附性能研究

利用合成的 MCM-41 材料进行废水吸附性能研究。

实验主要内容包括以下几点。

(1) 用水热合成以及表面活性剂辅助模板途径制备氧化硅基 MCM-41 作为吸附基体材料。

(2) 用 XRD、TEM、SEM、低温 $N_2$ 吸附及 FT-IR 等表征手段对 MCM-41 材料组成与结构进行分析表征。

(3) 除 $Pb^{2+}$ 和 $MnO_4^-$ 因素探讨：①模拟废液 pH 对吸附的影响；②吸附时间对吸附的影响；③模拟废液初始浓度对吸附的影响；④吸附机理分析，包括吸附等温线模型、吸附动力学模型、扩散模型。

#### 2. 单一功能化 MCM-41 吸附材料合成与、表征及吸附性能研究

利用单一功能化的 MCM-41 吸附材料进行除 $Pb^{2+}$ 和 $MnO_4^-$ 实验，探究不同条件下对吸附性能的影响。

实验主要内容包括以下几点。

(1) 用原位掺杂法对 MCM-41 分子筛骨架进行修饰，合成 Al-MCM-41，即在合成过程中，Al 原子取代部分 Si 原子，使基体表面有更多的—OH，作为阳离子吸附位点；在 MCM-41 表面嫁接有机官能团(氨基)，得到 MCM-41-NN。

(2) 通过 XRD、TEM、SEM、低温 $N_2$ 吸附及 FT-IR 等方法对比骨架与孔道表面修饰后的结构变化，分析表面官能团组成。

(3) Al-MCM-41 除 $Pb^{2+}$，MCM-41-NN 除 $MnO_4^-$ 因素探讨：① 模拟废液 pH 对吸附的影响；② 吸附时间对吸附的影响；③ 模拟废液初始浓度对吸附的影响。

#### 3. 双功能化 MCM-41 吸附材料的研制及吸附性能研究

利用酸碱双功能化的 MCM-41 进行吸附实验，探究不同实验条件下对吸附性能的影响。实验主要内容包括以下几点。

(1) 在酸化的 MCM-41 即合成的 Al-MCM-41 的表面嫁接 3-氨丙基三乙氧基

硅烷和二亚乙基三胺，得到 Al-MCM-41-NN 吸附材料。

(2) 通过 XRD、TEM、SEM、低温 $N_2$ 吸附及 FT-IR 等方法对比双功能化后的结构变化，进行表面元素分析，分析表面官能团组成。

(3) Al-MCM-41-NN 除 $Pb^{2+}$ 和 $MnO_4^-$ 因素探讨：① 模拟废液 pH 对吸附的影响；② 吸附时间对吸附的影响；③ 模拟废液初始浓度对吸附的影响。

(4) 吸附机理分析，包括吸附等温线模型、吸附动力学模型、扩散模型。

### 4.2.2　实验路线

#### 1. 实验合成路线

实验以介孔二氧化硅为原料，利用阳离子模板剂等合成 MCM-41 载体，经过嫁接或共缩聚方法对骨架或孔壁表面进行改性，探究其对废水中阴阳离子的吸附特性，合成路线如图 4-10 所示。

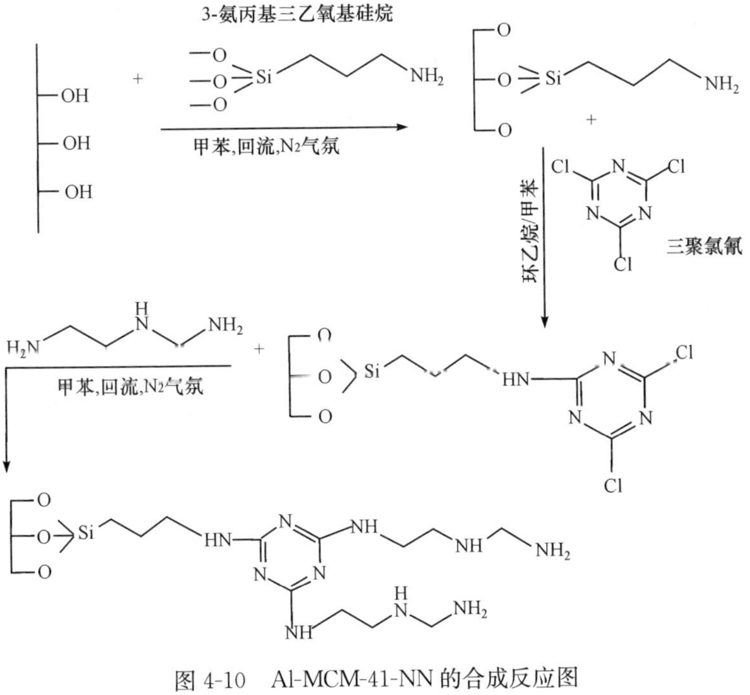

图 4-10　Al-MCM-41-NN 的合成反应图

#### 2. 实验技术路线

将制得的多孔硅质废水吸附材料放入模拟废水中进行吸附性能测试。探讨样品吸附机理，并对样品吸附前后的结构及表面特性进行分析。实验流程如图 4-11 所示。

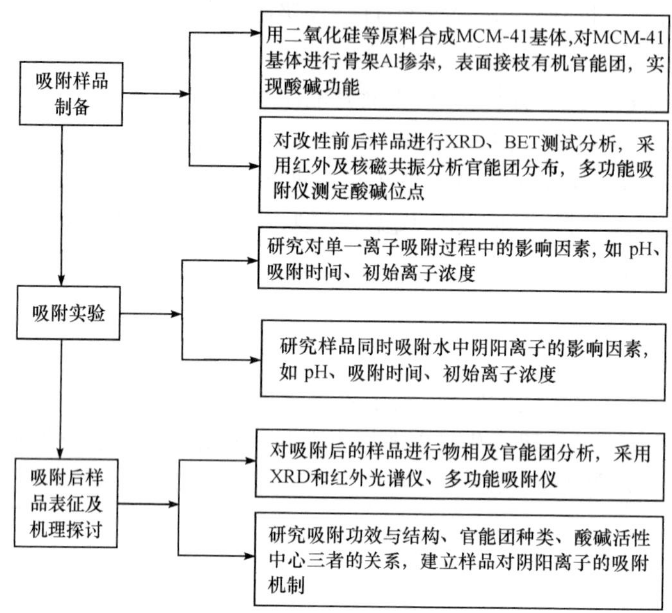


图 4-11　实验流程图

### 4.2.3　实验与设备

1. 实验原料

本实验所用的主要化学药品如表 4-1 所示。

**表 4-1　主要实验药品**

| 试剂名称 | 分子式 | 纯度 | 生产厂家 |
|---|---|---|---|
| 正硅酸乙酯 | $Si(OC_2H_5)_4$ | 化学 | 天津市福晨化学试剂厂 |
| 十六烷基三甲基溴化铵 | $CH_3(CH_2)_{15}(CH_3)_3NBr$ | 分析 | 国药集团化学试剂有限公司 |
| 氢氧化铵 | $NH_3 \cdot H_2O$ | 分析 | 国药集团化学试剂有限公司 |
| 3-氨丙基三乙氧基硅烷 | $NH_2(CH_2)_3Si(OC_2H_5)_3$ | >98% | 阿拉丁试剂有限公司 |
| 乙醇 | $CH_3CH_2OH$ | 分析 | 国药集团化学试剂有限公司 |
| 异丙醇铝 | $C_9H_{21}AlO_3$ | 分析 | 国药集团化学试剂有限公司 |
| 正己烷 | $C_6H_{14}$ | 分析 | 西陇化工股份有限公司 |
| 甲苯 | $CH_3C_6H_5$ | 分析 | 衡阳市凯信化工试剂有限公司 |
| 异丙醇 | $(CH_3)_2CHOH$ | 分析 | 西陇化工股份有限公司 |
| 四氢呋喃 | $C_4H_8O$ | 分析 | 广东光华科技股份有限公司 |
| 三聚氯氰 | $C_3N_3Cl_3$ | 分析 | 国药集团化学试剂有限公司 |
| 二乙烯三胺 | $H_2N(CH_2)_2NH(CH_2)_2NH_2$ | 化学 | 国药集团化学试剂有限公司 |
| 硝酸铅 | $Pb(NO_3)_2$ | 分析 | 国药集团化学试剂有限公司 |

2. 实验仪器

实验主要仪器如表 4-2 所示。

**表 4-2　实验主要仪器**

| 仪器名称 | 仪器型号 | 仪器名称 | 仪器型号 |
| --- | --- | --- | --- |
| X 射线衍射仪 | XD-5A | 反应釜 | 钛材 CJ-2 |
| 傅里叶红外光谱仪 | Nicolet 5700 | 箱式高温炉 | KSL-1600X |
| 扫描探针显微镜 | HC-1 | 耦合等离子体发射光谱仪 | Optima7000 |
| 同步热分析仪 | Q600 | 原子吸收分光光度计 | AA-7003 |
| TPD/TPR 动态吸附仪 | TP-5076 | 高温真空烧结炉 | VQS-223 |

### 4.2.4　表征方法

1. X 射线衍射分析

X 射线衍射(XRD)分析利用衍射图中的衍射峰位置和强度来测定晶格常数和晶型,利用衍射峰的角度及峰形测定晶粒的直径和结晶度,根据特征峰可以判断粉末试样中某元素或某化合物的存在。MCM-41 介孔材料的孔道结构具有“长程有序,短程无序”的特点。在 XRD 谱图上,只在 $2\theta$ 在 2°～10°的低角度区有明显的衍射峰,其强度可作为判断 MCM-41 介孔材料有序度的基本手段之一。样品晶相分析采用 Philips PW1710 型 X 射线衍射仪上进行测定,Cu 靶,Kα 辐射源,管电压 40kV,管电流 30mA,扫描步长 0.02°,扫描速度 1.2°/min,扫描范围$2\theta$=1.0°～10°。

2. 透射电镜分析

透射电子显微镜(TEM)以电子束代替光束来进行微细组织的形貌观察,其分辨率是光学显微镜的 1000 倍,为 0.1～0.2nm,放大倍数为几万至百万倍,用于观察超微结构,即小于 0.2μm 不仅可以看到介孔孔道的排列情况,还可以得到其他的一些精细结构,如无序结构、层状结构等,可测定样品的晶胞参数、晶体取向关系等结构参数。实验样品的 TEM 采用 H-8100 透射电子显微镜进行表征,电子加速电压为 200kV。

3. 扫描电子显微镜分析

采用扫描电子显微镜(SEM)观察样品的表面形貌。将样品敲成碎片,选取其中平整度较好的碎片用作测试试样。对试样进行喷金处理后,用 PHILIPS XL30E

SEM 型环境扫描电子显微镜对样品微观形貌进行观察分析。

4. 红外光谱分析

功能化 MCM-41 介孔材料的红外光谱分析是用介孔材料骨架原子基团的特征振动谱带来鉴定骨架原子的类型以及基团变化等结构信息。此外，利用红外光谱分析可以检测各改性剂是否嫁接在 MCM-41 表面上。采用溴化钾压片法，扫描波长范围为 4000～400$cm^{-1}$，在 Spectrum One 型傅里叶红外光谱仪(FT-IR)上测定样品骨架振动和负载有机官能团的红外光谱。

5. 氮气吸附-脱附分析

$N_2$ 吸附-脱附等温线是表征介孔材料结构特征的手段。它主要是通过测量在液氮温度下(77K)，吸附气体在不同的相对压力下的吸附和脱附量，从而得到关于比表面积，孔容和孔径分布的结构参数。对于介孔材料 MCM-41，其 $N_2$ 吸附-脱附等温线的形状按照 IUPAC 的划分，属于 Langmuir Ⅳ型吸附平衡等温线。在较低的相对压力下，发生的吸附主要是单分子层的吸附，然后是多层吸附，直至压力足以发生毛细管凝聚时(一般相对压力 $P/P_0$ 在 0.25～0.5)，吸附等温线上表现为一个突跃，这与介孔材料孔道中的毛细凝聚现象有关，突跃的形状可作为孔结构几何特性的表征，突跃的位置决定了样品的孔直径，而飞跃的幅度决定了孔体积大小。介孔的孔径越大，毛细凝聚发生的压力也就越高，之后是外表面的吸附。通过对 $N_2$ 吸附-脱附等温线的计算，可以得出材料的比表面积、孔容和孔径等结构参数。样品的比表面积和孔结构采用 ASAP2020 比表面分析仪进行分析。比表面积测试的相对压力为 $P/P_0=0\sim0.35$，样品的比表面积采用 BET(Brunauer-Emmett-Teller)法计算，孔径分布对脱附曲线采用 BJH(Barrett-Joyner-Halenda)方法进行计算。

6. 热重分析

热重分析(TG)是在程序温度下测量试样的重量与温度或时间关系的一种方法。温度程序包括升温、降温或某一温度下的恒温。影响试验结果准确性的因素有升温速度、气氛、样品状态等。采用 TGA 分析可以确定结构中水和改性剂嫁接的量。样品热重分析在 Netzsch 公司的 STA 449 C 型热分析仪上测定，加热气氛为氮气，升温速度为 10℃/min，升温范围为 30～1000℃。

7. X 射线光电子能谱分析

X 射线光电子能谱分析(XPS)是用 X 射线去辐射样品，使原子或分子的内层电子或价电子受激发射出来。被光子激发出来的电子称为光电子。可以测量光电子的能量，以光电子的动能/束缚能（$E_b = h\nu - E_k - W$，其中，$h\nu$ 为光能量，$E_k$ 为动能，$W$ 为功函数）为横坐标，相对强度（脉冲/s）为纵坐标可作出光电子能谱图。

### 4.2.5　吸附实验

1. 方法和原理

采用火焰原子吸收分光光度法测定废水中铅和锰含量。测量的基本原理：空心阴极元素灯光源会发出被测元素的特征辐射光，这些辐射光被火焰原子化器产生的样品蒸气中的待测元素基态原子所吸收，通过测定特征辐射光的被吸收量计算出待测元素的含量[87]。火焰法测定元素的参数如表 4-3 所示。

**表 4-3　火焰法测定元素的参数**

| 元素 | 波长/nm | 介质 | 火焰类型［乙炔流量/(L/min)］ | 工作曲线范围/(μg/mL) | 灵敏度/(μg/mL%) | 检出限/(μg/mL) |
|---|---|---|---|---|---|---|
| Pb | 283.3 | 1%$HNO_3$ | 1.2～1.4 | 0.5～5 | 0.2 | 0.03 |
| Mn | 279.5 | 1%$HNO_3$ | 1.4～1.7 | 0.25～4.0 | 0.02 | 0.007 |

测量的基本步骤：根据表 4-3 选择波长，调节火焰，吸入去离子水，进行仪器调零，用标准样作出标准曲线。吸入样品，记录被测样品中所含金属离子的浓度。

2. 模拟废液的配制

1）模拟含铅溶液的配制

准确称量 1.598g 分析纯 $Pb(NO_3)_2$，置于蒸馏水中溶解。待完全溶解后，将溶液转移到 1L 的容量瓶中，定容至刻度线，配制成 1.00g/L 铅离子储备液，备用。按照比例，将储备液稀释至所需的浓度，进行实验。

2）模拟含锰酸根溶液的配制

准确称量 2.877g 分析纯 $KMnO_4$，置于蒸馏水中溶解。待完全溶解后，将溶液转移到 1L 的容量瓶中，定容至刻度线，配制成 1.00g/L 的 $MnO_4^-$ 储备液备用。按照比例，将储备液稀释至所需的浓度，进行实验。

3. 吸附动力学实验

为了确定吸附平衡时间和吸附机理，在 25℃条件下，将一定量的吸附剂加入到含有不同初始浓度的吸附质溶液中，采用磁力搅拌器进行搅拌，每隔一段时间取样，样品经过 0.7μm 的玻璃纤维滤膜过滤，然后确定滤液中的剩余吸附质浓度。根据吸附时间和吸附量即可得出吸附动力学曲线。

4. 吸附等温线实验

称取一定量的吸附剂加入到含有不同浓度吸附质的溶液中，在不同温度下，恒温水浴振荡一定时间直至达到吸附平衡，用 0.7μm 的玻璃纤维滤膜过滤，然后确定滤液中的剩余吸附质浓度。吸附率 $\eta$ 和吸附量 $Q_e$ 的计算方法可以用以下公式：

$$\eta=\frac{C_0-C_e}{C_0}\times 100\% \tag{4-1}$$

$$Q_e=\frac{V\times(C_0-C_e)}{m}\times 10^{-3} \tag{4-2}$$

式中，$V$ 为溶液的体积(mL)；$C_0$ 为吸附前模拟液中铅(锰)的浓度(mg/L)；$C_e$ 为吸附后模拟液中铅(锰)的浓度(mg/L)；$m$ 为吸附剂量的质量(g)。

5. 脱附实验

为了确定脱附等温线，在吸附达到平衡后，用离心的方法进行固液分离，移取一定量的上清液后，加入同等量的脱附溶液，然后在一定温度下恒温振荡一定时间，用 0.7μm 的玻璃纤维滤膜过滤，确定滤液中的剩余吸附质浓度，并根据式(4-2)计算吸附剂的吸附量，得到脱附等温线。对于脱附动力学，方法同脱附等温线，只是在不同间隔的时间内取样，测定脱附量。

### 4.2.6 数据分析方法

1. 吸附动力学方程

吸附动力学是研究吸附过程和时间关系的理论，即吸附速率和吸附动态平衡的问题。吸附速率和吸附动态平衡都涉及物质的传递现象和物质扩散速率的大小，除了和温度、压力(浓度)等外界条件有关，还由吸附材料的孔结构、颗粒的形状和大小等内在因素所决定。吸附动力学决定了吸附过程的传质速率，是吸附过程模拟的关键之一。研究物质在吸附剂颗粒上的吸附速率模型，对于了解和掌握固体多孔介质中传质机理及规律，建立吸附过程数学模型十分必要。

吸附过程基本上可分为三个连续的阶段：第一阶段为吸附质扩散通过水膜面到达吸附剂表面(膜扩散)；第二阶段为吸附质在吸附剂上的扩散(颗粒扩散)；第三阶段为吸附质在吸附剂内表面发生吸附。通常表面上的吸附反应速率远大于被吸附物的迁移扩散速率，它对整体吸附速率的影响可以忽略不计，因此总的吸附过程速率由第一、第二阶段速率所控制。在一般情况下，吸附过程开始时往往由膜扩散控制，而在吸附接近完成时，颗粒扩散起决定作用。常用来描述吸附动力学的方程主要有：假一级吸附动力学、假二级吸附动力学和粒子内扩散反应等方程[88,89]。经常用来描述吸附动力学行为的数学模型有 Lagergren 准一级动力学方程、Ho 准二级动力学方程以及 Elovich 方程。

1) Lagergren 准一级动力学方程

准一级动力学模型基于假定吸附受扩散步骤控制，认为吸附剂上活性点被金属离子占据的速率与未被占据的活性点成正比，数学表达式为

$$\log(q_e - q_t) = \log q_e - \frac{k_1}{2.303} \cdot t \tag{4-3}$$

式中，$k_1$ 为准一级吸附速率常数(1/min)；$q_e$ 为平衡时铁铝硅固溶体吸附铅(锰)的质量(mg/g)；$q_t$ 为时间 $t$ 时铁铝硅固溶体吸附铅(锰)的质量(mg/g)。

应当注意：①参数 $q_e$ 并不表示实际的可吸附点位数；②参数 $\log q_e$ 是一个可调整的数，并不一定等于 $\log(q_e - q_t)$ 对 $t$ 作直线所得的截距，虽然理论上应该相等。因此，对于一级吸附动力学，式(4-3)只是一个近似的解决方法。在许多情况下 $q_e$ 并不知道，而且即使吸附量变化已相当慢，但其数值仍小于平衡吸附量，甚至在许多情况下假一级动力学方程不能在全部时间范围与实验数据有很好的符合。另外，假一级吸附动力学是建立在膜扩散的基础上，因此，提高吸附的搅拌速度可以加快吸附速率，但这种吸附速率的提高只发生在前几分钟内。

2) Ho 准二级动力学方程

准二级动力学模型是基于假定吸附速率受化学吸附机理的控制，吸附剂上的活性位点被金属离子占据的速率与未被占据的活性位点的平方成正比，数学表达式为

$$t/q_t = \frac{1}{2k_2 \cdot q_e^2} + \frac{t}{q_e} \tag{4-4}$$

式中，$k_2$ 为准二级吸附速率常数[g/(mg · min)]。

2. 吸附平衡方程

1) Langmuir 吸附理论

该理论是 Langmuir 在 1916～1918 年从动力学理论推导出的一种单分子层吸附等温式。Langmuir 理论认为，固体表面存在能够吸附分子或原子的吸附位，这些吸附位可以均匀地分布在整个固体表面，但更多的是非均匀的分布。

Langmuir 等温吸附线基本观点是认为吸附质在固体表面上的吸附是吸附质分子吸附在吸附剂表面凝集和逃逸(即吸附与解吸)两种相反过程达到动态平衡的结果。

Langmuir 等温吸附线模型有如下几个基本假定。

(1) 吸附热与表面覆盖度无关，即吸附剂的表面是均匀表面，且各个吸附中心的吸附能相等，并在各中心均匀分布。

(2) 吸附为单分子层吸附，即吸附剂表面吸附达到饱和时，吸附剂达到最大吸附量。

(3) 吸附剂表面上的各个吸附点间吸附质不发生转移，吸附分子之间没有相

互作用。

(4) 吸附平衡是一个动态平衡,即吸附达到平衡时吸附速率和脱附速率应该相等。

利用动力学方法推导出 Langmuir 等温吸附式,得出平衡吸附量 $Q_e$ 与液相平衡浓度 $C_e$ 关系式为

$$Q_e=\frac{Q_m bC_e}{1+bC_e} \tag{4-5}$$

将式(4-5)进行变换,得到

$$\frac{1}{Q_e}=\frac{1}{Q_m}+\left(\frac{1}{bQ_m}\right)\left(\frac{1}{C_e}\right) \tag{4-6}$$

式中,$Q_e$ 为平衡吸附量(mg/g);$Q_m$ 为饱和吸附量(mg/g);$C_e$ 为平衡吸附浓度(mg/L);$b$ 为平衡吸附常数(L/mg)。

上述式(4-5)和式(4-6)均为 Langmuir 等温吸附式。通过以 $1/Q_e$ 对 $1/C_e$ 作图,若直线成立,表明吸附符合 Langmuir 等温吸附式。由等温吸附线可以得到直线的斜率和截距,进而求出平衡吸附常数 $b$ 和饱和吸附量 $Q_m$。

2) Freundlich 吸附理论

若固体的表面不是均匀的,此时吸附常数将与表面覆盖度 $\theta$ 有关,在比较大的表面覆盖度范围内,大多数体系不能使用 Langmuir 等温吸附式来拟合,因此,人们又推导出 Freundlich 等温吸附式。Freundlich 吸附理论非常适合不均匀表面的吸附,它能够在比较广的浓度范围内很好地拟合实验结果。

通过对大量的实验数据进行总结归纳,得到一个能够描述平衡吸附量 $Q_e$ 和平衡浓度 $C_e$ 的关系式:

$$Q_e=kC_e^{1/n} \tag{4-7}$$

式中,$k$ 和 $n$ 是经验常数,与吸附剂、吸附温度和吸附质的种类有关。式(4-7)即为 Freundlich 等温吸附式。将式(4-7)写成对数形式,就可以得到 Freundlich 等温吸附式的另一种形式:

$$\lg Q_e=\lg k+\frac{1}{n}\lg C_e \tag{4-8}$$

式中,$Q_e$ 为平衡吸附量(mg/g);$C_e$ 为平衡吸附浓度(mg/L);$k$ 和 $n$ 为吸附相关常数。

对于符合 Freundlich 等温吸附式的吸附,以 $\lg C_e$、$\lg Q_e$ 作图,得到一条直线,该直线的斜率和截距分别为 $1/n$ 和 $\lg k$。

液相吸附的数据大多数可以采用 Langmuir 等温吸附式和 Freundlich 等温吸附式来拟合。虽然 Freundlich 等温吸附式是一个经验公式,但应用较为广泛。对于吸附质浓度变化范围很宽的液相吸附,实验数据会与 Freundlich 等温吸附式有

些偏离。在相对较窄的浓度范围内，许多吸附体系都能够很好地符合 Freundlich 等温吸附式。

## 4.3　MCM-41 合成、表征及吸附性能研究

结晶有序的孔材料是与无序介孔材料不同的新型材料，其中以美国 Mobil 公司所合成的 M41S 系列材料最具代表性。这些介孔材料在原子水平上是无序无定形的，但由于其孔道排列有序及孔径大小分布窄等显著的长程有序特点，因而也具有一般晶体的某些特征。自 MCM-41(Mobil composite of mater，MCM)成功制备后，很多具有新结构新组成的有序孔材料被陆续合成出来，现被文献报道最为广泛的有 MCM-41、MCM-48、MCM-50；SBA-15(Santa Barbara，SBA)、SBA-1、SBA-2、SBA-6、SBA-8、SBA-11、SBA-12、SBA-16 和低有序的 HMS(Hexagonal mesopoorus silica，HMS)、MSU-n(Michigan State University Material，MSU)、KIT-I(Korea Advanced Institute of Science and Technology)等，但其中研究得最为成熟的还是 MCM-41 介孔材料，相对于其他类型的有序孔材料具有以下优点。

(1) 具有较高的比表面积、孔道结构规整有序、孔径分布狭窄。

(2) 合成方法相对简单，对制备条件要求不高。

(3) 所需的硅源和模板剂等原材料价格便宜，有利于广泛工业应用。

基于以上几点，本章工作主要围绕 MCM-41 型介孔材料展开，探索并制备出新型环保绿色材料。

### 4.3.1　MCM-41 的制备

实验中所用的 MCM-41 在碱性条件下通过水热法合成[90]。首先，将 2.5g (0.007mol)的溴化十六烷基三甲基铵(CTAB)溶于 50g 的去离子水中，然后加入 13.2g(0.25mol)的氢氧化铵溶液，在室温下磁力搅拌约 20min，再加入 60g (1.3mol)乙醇，搅拌直至溶液澄清，记作溶液 A。向溶液 A 中缓慢加入 4.7g (0.022mol)的正硅酸乙酯(TEOS)，并同时搅拌约 2h，得澄清的乳白色溶液 B(整个溶液反应物的摩尔比为 1TEOS：0.3CTAB：11$NH_3$：144$H_2O$：58EtOH)。将溶液 B 移到聚四氟乙烯反应釜中，100℃下水热晶化 24h。冷却后，经洗涤、过滤、90℃下干燥 24h，得白色 MCM-41 半成品。该半成品在以 2℃/min 速度升温的马弗炉中，升温至 200℃保温 2h，后升至 540℃温度下煅烧 6h，得到在碱性条件下制备的样品 MCM-41。

### 4.3.2　MCM-41 的表征

1. XRD 和 TEM 分析

图 4-12 表示碱性条件下制备 MCM-41 的 XRD 图谱。从图中可以看出，

MCM-41 的标准 XRD 图谱上存在(100)面、(110)面和(200)面三个特征衍射峰[18],说明在碱性条件下制备的 MCM-41 在 $2\theta$ 为 1.80°处有较强的衍射峰,并且在 3.38°和 3.96°也有较强的衍射峰,分别对应于(100)、(110)和(200)晶面,这与文献报道的具有六方对称(p6mm)特征的典型介孔材料 MCM-41 的特征衍射峰相符,表明碱性条件下所合成的 MCM-41 具有长程有序的六方形介孔结构并且结晶度好。图 4-13 是典型的 MCM-41 材料的 TEM 图,它具有二维六方孔道结构,并且从图中可看出,该材料的孔道分布均匀,保持了很好的晶体结构特性。

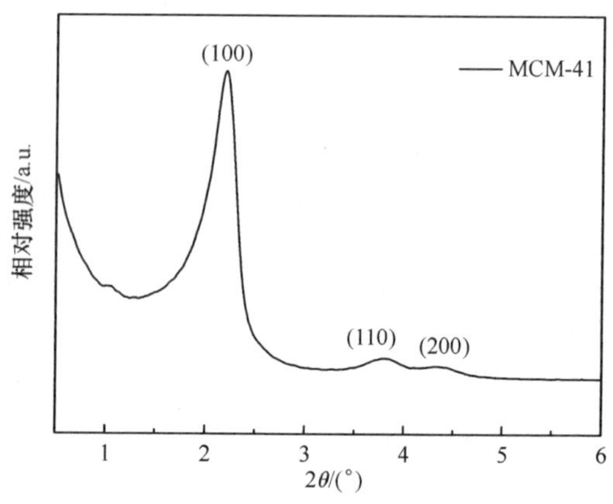


图 4-12　MCM-41 的 XRD 图谱

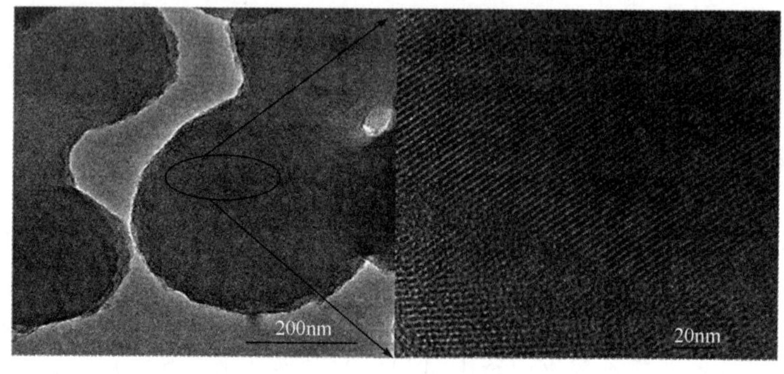


图 4-13　MCM-41 的 TEM 图

2. SEM 分析

对 MCM-41 进行 SEM 分析,结果如图 4-14 所示。从图中可以看出,样品的粒度范围在 420～700nm。样品虽然有部分团聚,但能清晰地看到大多数粒子呈现几乎完美的球形。并且样品表面存在大量的微孔,这些丰富的孔隙可以为铅离子提供良好的附着位点,保证样品强大的吸附能力。

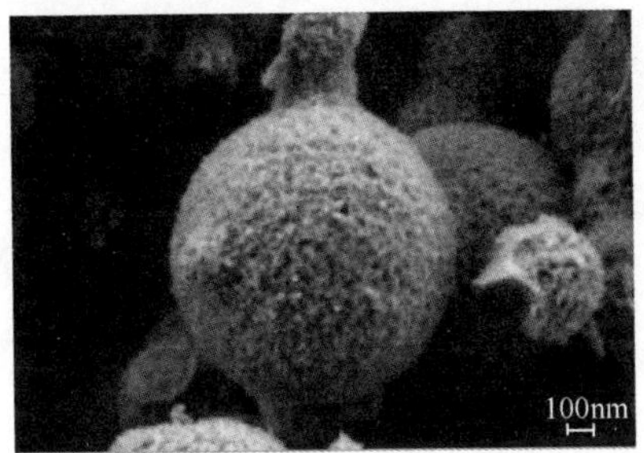


图 4-14　MCM-41 的 SEM 图

3. N2 吸附-脱附分析

从图 4-15 可以看出，MCM-41 的氮气吸附图呈现出Ⅳ型吸附曲线，在 $P/P_0=0.1\sim0.4$ 时吸附量急剧上升，是高度有序的介孔材料的特征[91]。在低分压段（$P/P_0<0.2$）时，$N_2$ 的吸附量随 $P/P_0$ 的升高呈线性增加，这是由于 $N_2$ 在孔表面发生单分子层吸附。在 $P/P_0$ 为 0.3～0.4 时，由于 $N_2$ 的毛细管凝聚作用，$N_2$ 的吸附量急剧增加。这一突跃位置取决于样品的孔径大小，孔径越大发生突跃时的 $N_2$ 分压越大。另外，此阶段 $N_2$ 吸附量变化的大小可作为衡量介孔均一性的依据，即变化率越大则表明孔分布越均一，规整性越高。从样品的吸附等温线可知，样品在中间段的突跃处的相应压力较大，表明样品的孔径较大；突跃较迅速，相对压力的变化较窄，可以判断样品的介孔分布均匀。从图 4-16 可以看出，MCM-41 具有较窄范围的孔径分布。在 $P/P_0>0.4$ 时，$N_2$ 吸附等温线出现一个相当宽的平台，吸附得到平衡，说明外部的比表面积较低并且介孔率可以忽略不计。MCM-41 的 BET 比表面积为 916m²/g，孔容 0.68cm³/g，BJH 平均孔径为 2.59nm。

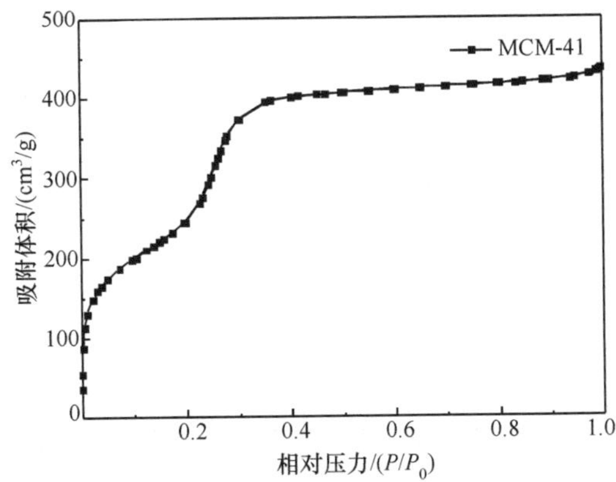


图 4-15　MCM-41 的 $N_2$ 吸附-脱附等温线

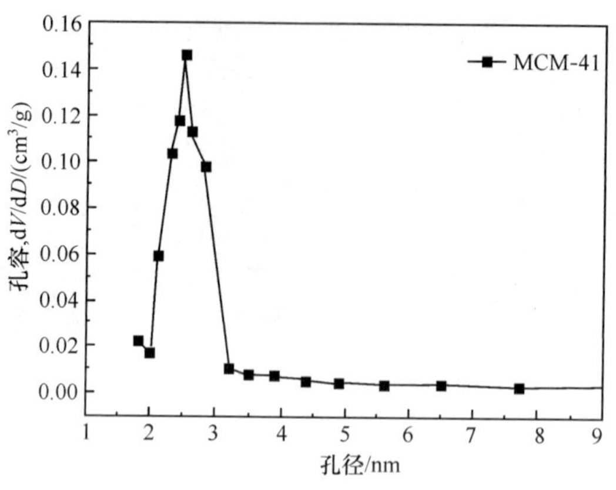


图 4-16　MCM-41 孔径分布图

4. FT-IR 分析

由图 4-17 中 MCM-41 样品的红外图谱可以看出，在 400～4000$cm^{-1}$出现了下列特征吸收谱带：波数 1086$cm^{-1}$和 1240$cm^{-1}$附近的吸收谱带，是由孔道内部和外部的 Si—O 非对称伸缩振动引起的，800$cm^{-1}$和 460$cm^{-1}$附近的吸收峰归因于对称 Si—O—Si 伸缩振动和四面体 Si—O—Si 弯曲振动，以上四个吸收带是完全无定形 $SiO_2$ 的典型特征振动吸收带，说明样品在经过 540℃焙烧后，样品的结构未被破坏，骨架缺陷很少。在 970$cm^{-1}$附近样品有一个窄而尖的吸收谱带，归因于 Si—O 基团的伸缩振动，这是 MCM-41 介孔分子筛骨架特征吸收峰[92]。其他的主要峰还有：3447$cm^{-1}$吸收峰对应 Si—OH 和水中的—OH；1628$cm^{-1}$的吸收峰对应于 Si—O 晶格泛频峰。

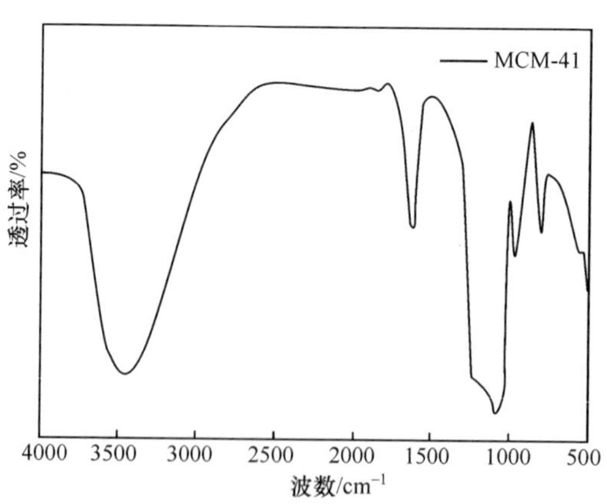


图 4-17　MCM-41 的红外图谱

### 4.3.3　MCM-41 除铅及锰酸根影响因素探讨

1. 模拟废液 pH 对吸附的影响

溶液 pH 是影响吸附过程的重要参数之一，pH 不仅影响吸附剂表面化学性质，还影响可电离物质的存在状态。实验中采用 0.1mol/L 的盐酸或氢氧化钠溶液分别将溶液的 pH 调整为 1.0～11.0，考察了铅离子（$Pb^{2+}$）和锰酸根离子（$MnO_4^-$）初始浓度为 20mg/L，吸附时间为 30min 时，不同 pH 对 MCM-41 吸附 $Pb^{2+}$ 和 $MnO_4^-$ 的影响，结果如图 4-18 所示。从图中可以看出，$Pb^{2+}$ 的去除率随着 pH 的升高而升高；当 pH 低时，废液中的 $H^+$ 会与 $Pb^{2+}$ 竞争吸附剂表面的吸附位点，不利于吸附；而当 pH$>$ 6 时，废液中的 $OH^-$ 直接与 $Pb^{2+}$ 结合生成 $Pb(OH)_2$ 或铅酸盐[93]。因此，$Pb^{2+}$ 吸附最佳的 pH＝5.0，$Pb^{2+}$ 去除率达到 46％。而对于 $MnO_4^-$，当溶液酸性较强时，废液中的 $H^+$ 会促进 $MnO_4^-$ 的吸附；而当溶液碱性较强时，废液中的 $OH^-$ 会和 $MnO_4^-$ 形成竞争吸附。因此，$MnO_4^-$ 的去除率随 pH 的增大先提高后降低，在 pH＝3 时，$MnO_4^-$ 的去除率达到最大，为 42％。

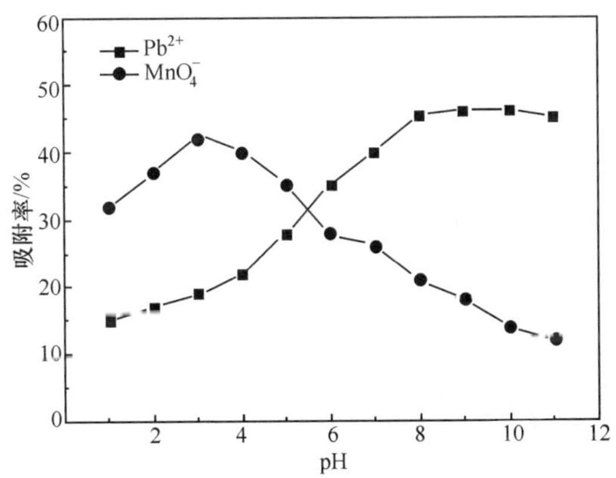


图 4-18　pH 对 MCM-41 吸附 $Pb^{2+}$ 和 $MnO_4^-$ 的影响

2. 吸附时间对吸附的影响

饱和吸附时间是设计吸附剂应用于水处理中的重要参数之一。吸附剂的吸附速率越小，饱和吸附时间就越长，越不利于吸附剂的应用。吸附剂的吸附速率与自身孔隙结构、吸附剂的用量、吸附质起始浓度、pH 及吸附剂已达到的吸附饱和度等因素有关。不同的吸附速率达到吸附平衡的时间也不同，因此不管在实验或实际使用中都需要先确定达到吸附平衡的时间。将 MCM-41 分别置于含铅和锰酸根浓度为 20mg/L 的溶液中，调节溶液 pH＝5.0，吸附剂投量为 1g/L，实验环境温度 25℃。吸附时间为 5min、10min、20min、40min、60min、90min、120min、180min。

分别测定吸附后溶液中的 $Pb^{2+}$ 和 $MnO_4^-$ 浓度，结果如图 4-19 所示。

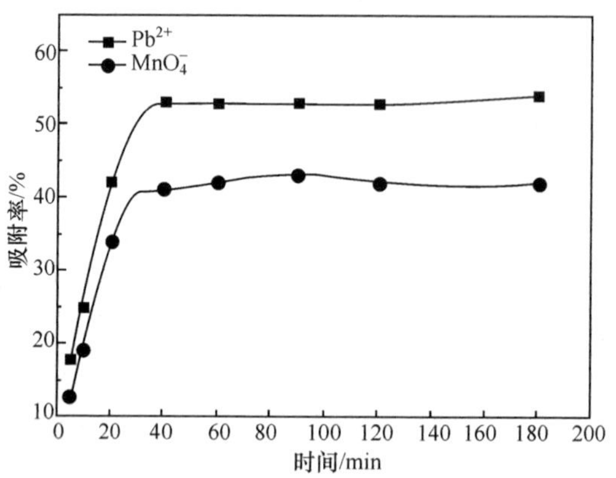


图 4-19　时间对 MCM-41 吸附 $Pb^{2+}$ 和 $MnO_4^-$ 的影响

从图 4-20 可以看出，在实验设置下，MCM-41 对 $Pb^{2+}$ 和 $MnO_4^-$ 吸附率变化趋势一致：在 5～40min 时，吸附率快速增长；在 40～90min 时，吸附率缓慢增长；在 90min 之后，吸附率几乎没有变化。因此，可以确定吸附在 90min 之后达到了吸附平衡。当废液初始浓度为 20mg/L 时，MCM-41 对 $Pb^{2+}$ 和 $MnO_4^-$ 的吸附率在吸附 40min 之后分别为 53%和 42%。

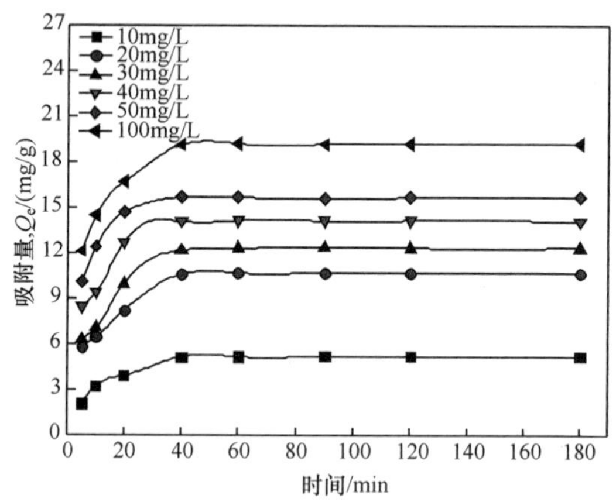


图 4-20　废液初始浓度对 MCM-41 吸附 $Pb^{2+}$ 的影响

3. 模拟废液初始浓度对吸附的影响

将 MCM-41 分别置于初始废液 $Pb^{2+}$ 和 $MnO_4^-$ 浓度为 10mg/L、20mg/L、30mg/L、40mg/L、50mg/L、100mg/L 的模拟废液中，调节溶液 pH= 5.0，吸附剂投量 1g/L，实验环境温度 25℃。分别测定经样品吸附 5min、10min、20min、

40min、60min、90min、120min、180min 后测定废液中的 $Pb^{2+}$ 和 $MnO_4^-$ 浓度，计算吸附量，结果如图 4-20 和图 4-21 所示。不同废液初始浓度对 MCM-41 去除 $Pb^{2+}$ 和 $MnO_4^-$ 效率的影响如图 4-22 所示。

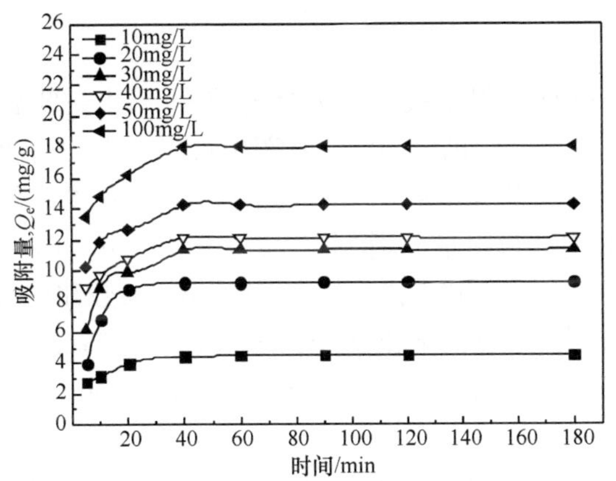


图 4-21　废液初始浓度对 MCM-41 吸附 $MnO_4^-$ 的影响

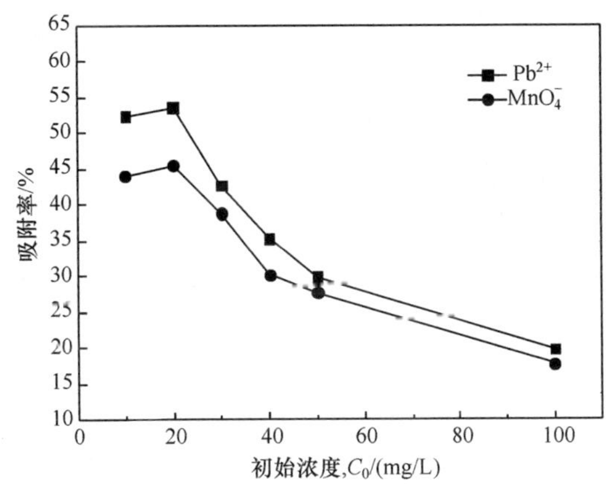


图 4-22　废液初始浓度对吸附率的影响

从图 4-20 和图 4-21 可以看出，随着废液初始浓度的增加，样品对铅离子和锰酸根离子的吸附量也升高，这主要是由于初始浓度高的废液提供了更多的离子，容易快速在样品表面达到吸附平衡后进入样品内部，使样品对离子吸附量得到提高。当废液初始浓度分别为 10mg/L、20mg/L、30mg/L、40mg/L、50mg/L、100mg/L 时，$Pb^{2+}$ 平衡吸附量分别为 5.22mg/g、10.7mg/g、12.36mg/g、14.15mg/g、15.68mg/g、19mg/g、18mg/g，$MnO_4^-$ 的吸附量分别为 4.46mg/g、9.2mg/g、11.3mg/g、12.1mg/g、14.25mg/g、18mg/g。从图中还可以看出，尽管废液初始浓度不同，但样品对各浓度下的含 $Pb^{2+}$ 和 $MnO_4^-$ 废水都能在较短的时间内达到吸附平衡，说明样品对 $Pb^{2+}$ 和 $MnO_4^-$ 具有较好去除效果。从图 4-22 可以看出，随着废液初始浓度的提高，样品对离子吸附率呈现下降趋势，这主要是由于实验过程中吸附剂的量是固定的，样品对离子吸附量有限。

4. 吸附等温线

吸附等温线是设计吸附系统的重要指标之一。图 4-23 表示在温度 25℃下 MCM-41 吸附 $Pb^{2+}$ 和 $MnO_4^-$ 的等温线。从图中可以看出，所有的吸附等温线均呈非线性，MCM-41 对 $Pb^{2+}$ 和 $MnO_4^-$ 的吸附量随着平衡浓度的升高而增大。MCM-41 对 $Pb^{2+}$ 和 $MnO_4^-$ 的饱和吸附量分别为 20mg/g 和 16.5mg/g。为了描述吸附等温线，用 Langmuir 和 Freundlich 模型进行拟合，其等温线参数和线性回归系数如表 4-4 所示。从表中可以看出，Langmuir 和 Freundlich 模型均能有效地拟合吸附等温线。然而，从线性回归系数可以看出，Langmuir 模型相比 Freundlich 模型能更好地拟合 MCM-41 对 $Pb^{2+}$ 和 $MnO_4^-$ 的吸附等温线，最大单层吸附量达到 22mg/g 和 19mg/g。据此，可表明 MCM-41 吸附剂表面是均匀的，并且是单层吸附。

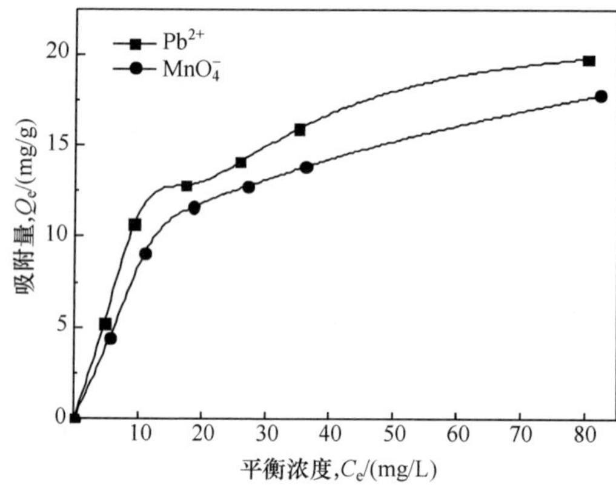


图 4-23 MCM-41 吸附 $Pb^{2+}$ and $MnO_4^-$ 等温线

**表 4-4 Langmuir 和 Freundlich 模型拟合的参数及相关系数**

| 吸附质 | Langmuir 模型 | | | Freundlich 模型 | | |
|---|---|---|---|---|---|---|
| | $q_m$/(mg/g) | $K_L$/(L/mg) | $R^2$ | $n$ | $K_F$/(L/mg) | $R^2$ |
| $Pb^{2+}$ | 22 | 0.218 | 0.998 | 2.95 | 0.79 | 0.866 |
| $MnO_4^-$ | 19 | 0.174 | 0.990 | 1.83 | 0.62 | 0.882 |

5. 脱附等温线及再生

脱附是吸附的逆过程，是表示吸附质在吸附剂上吸附能力的大小。图 4-24 表示硝基苯的吸附-脱附等温线。从图中可以看出，在 0.1mol/L HCl 中，吸附和脱附过程没有滞后现象，说明吸附和脱附是可逆的过程，吸附上的硝基苯可以交换溶液中的水分子，脱附等温线可以用吸附等温线描述。

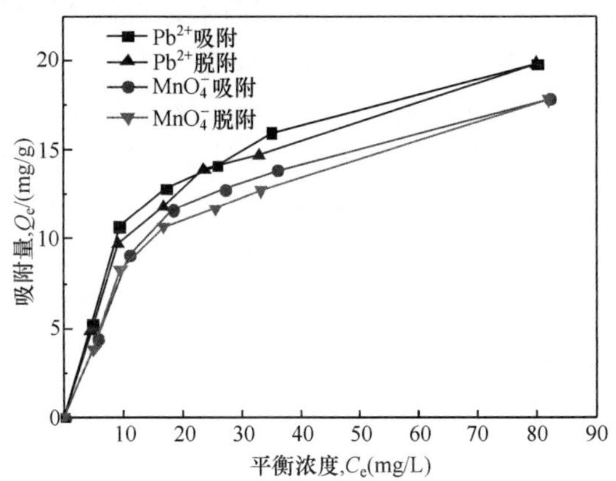


图 4-24　$Pb^{2+}$ 和 $MnO_4^-$ 的吸附-脱附等温线

一个良好的吸附剂在吸附饱和再生后对吸附质应该也有较好的吸附效果。MCM-41 吸附 $Pb^{2+}$ 和 $MnO_4^-$ 饱和后用 HCl 洗涤，并在 105℃烘箱中烘干。从图中可以看出，再生后 MCM-41 对 $Pb^{2+}$ 和 $MnO_4^-$ 的吸附效果有明显降低，再生后的 MCM-41 结构有可能被破坏并且比表面积也减少，这些原因均导致再生后 $Pb^{2+}$ 和 $MnO_4^-$ 吸附量降低。因此，对 MCM-41 进行表面改性以提高其憎水性能从而提高其水热稳定性是未来发展的重要方向，同时寻找和合成水热稳定性高的介孔材料也是该类材料应用于水处理过程的发展方向之一。

## 4.4　单一功能化 MCM-41 的研制及吸附性能研究

MCM-41 介孔分子筛不仅在催化，而且在吸附、分离、光学、生化及纳米材料等领域都具有广阔的应用前景。当在 MCM-41 中引入 Al 原子后，与四配位骨架铝(Ⅳ)相连的内孔道羟基，提供了 Bronsted 酸中心和催化活性位，特别是含有高骨架铝含量的 Al-MCM-41 引起了催化科学家的重视。六方相的介孔分子筛 MCM-41 具有有序的一维线性孔道，其内表面是具有化学活性的内表面. 组成 MCM-41 孔道内表面的硅中有 8%～27%含有孤立的羟基基团 Si—OH[94]，Si—OH 之间平均距离约为 0.7nm[18]，利用这些硅羟基可以将一些含有功能基团的化合物固定于介孔分子筛的孔道内表面，用作许多有机合成反应，药物合成反应、石油化工、环境废物处理过程等方面的催化剂和吸附剂[17,18,53,95,96]。如第 1 章所述，介孔分子筛 MCM-41 引入有机基团可以通过后嫁接处理使有机硅烷，如 RSi

$(OR')_3$(R 和 R′代表有机基团)与 MCM-41 表面的硅羟基发生硅烷化作用,形成新的有机-无机复合材料。这类材料也可以在合成过程中将有机硅氧烷 $RSi(OR')_3$ 作为一种硅源与其他硅前驱体共水解-缩聚,使有机基团以共价键的方式进入 MCM-41 孔道内。修饰基团 R 不仅可以有效地控制 MCM-41 的自由孔道和孔容,提高其在催化反应中的选择性,而且引入的有机官能团中所含的 N、O、S 等原子可以和金属离子配位从而达到对金属离子的吸附-分离[97-99]。

本节中,以正硅酸乙酯(TEOS)为硅源,用阳离子表面活性剂十六烷基三甲基溴化铵(CTAB)作为模板剂,在碱性条件下掺入 Al 原子合成介孔分子筛 Al-MCM-41;将 3-氨丙基三乙氧基硅烷(APTES,$-Si(CH_2)_3NH_2$)嫁接到合成好的 MCM-41 孔道内,合成出有机功能化的 MCM-41-NN 材料。同时,运用 XRD、SEM、FTIR、$N_2$ 吸附脱附等方法对 Al-MCM-41 和 MCM-41-NN 进行表征,并研究其对金属离子的吸附分离性能。

### 4.4.1 单一功能化 MCM-41 的制备

#### 1. 单一酸功能化 Al-MCM-41 的制备

Al-MCM-41[Si/Al=10(质量比)]的制备方法参照文献[100],将 2.5g(0.007mol)的溴化十六烷基三甲基铵(CTAB)溶于 50g 的去离子水中,然后加入 13.2g(0.25mol)的氢氧化铵溶液,在室温下磁力搅拌约 20min,再加入 60g(1.3mol)乙醇,搅拌直至溶液澄清,记作溶液 A。将 0.461g(0.0022mol)的异丙醇铝溶于 20mL 正己烷中,搅拌 15min,形成溶液 B。将 B 溶液倒向溶液 A 中,搅拌 30min 后,逐滴加入 4.7g(0.022mol)的正硅酸乙酯(TEOS),并同时搅拌约 2h,得澄清的乳白色溶液 C。C 溶液处理方法同 MCM-41 合成方法。

#### 2. 单一碱功能化 MCM-41-NN 的制备

氨基化 MCM-41 的制备方法同文献[85]。将已焙烧过的在碱性条件下制备的 MCM-41 在 105℃烘箱内活化 24h,以便去除水分,然后取 2g 加入含有 8mmol APTES 的 50mL 甲苯溶液中,在 70℃水浴锅中 $N_2$ 保护下回流 24h。反应完毕后待溶液冷却至室温,用离心机进行固液分离,分离后的固体在索式提取器中用甲苯和甲醇循环洗涤 4h,然后在 90℃下干燥 12h,得到的白色固体记作 MCM-41-N。

取 1g 合成的 MCM-41-N 加入的含有 50mL 的四氢呋喃溶液(冰浴)中,加入 $X$g 三聚氯氰,在 $N_2$ 保护下回流 24h,过滤,用大量乙醇洗涤,干燥,得到中间产物。最后中间产物加入到含有 2gDETA 的四氢呋喃溶液中,在 45℃下水浴 24h,过滤洗涤干燥,得到最终产品 MCM-41-NN。

### 4.4.2 Al-MCM-41 和 MCM-41-NN 的表征

1. XRD 分析

Al-MCM-41 和 MCM-41-NN 的 XRD 图谱如图 4-25 所示。从图中可以看出，Al-MCM-41[Si/Al=10(质量比)]约在 2.3°处出现了(100)晶面很强的衍射峰，这是介孔分子筛的 XRD 特征峰，但介孔峰强度明显减弱并且宽化。(110)、(200)、(210)面的衍射峰几乎不可见，这是由于样品中铝含量高，样品的粒径减小。而 MCM-41-NN 的 XRD 图谱表明，虽然在较高指数的反射峰均几乎不存在，但合成材料的结构顺序依然保持，即有机功能化后的 MCM-41 仍然保持其原有的典型六方介孔结构。但(100)峰的强度明显降低，而且衍射峰的位置有向高角度迁移的趋势。这意味着 MCM-41 的细微结构敏感于有机改性，引入的官能团对 MCM-4l 的有序孔道有一定的有序度降低作用。此外，硅烷耦合剂与 MCM-41 内表面反应，覆盖在孔道内壁，引起晶格参数的增大而导致衍射峰强度的降低和衍射峰位的高角度位移。

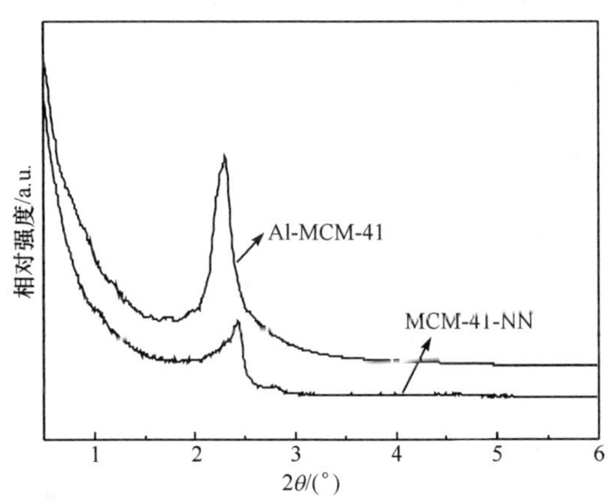


图 4-25　MCM-41 的 XRD 图谱

2. SEM 分析

如图 4-26(a)所示，从扫描电子显微镜可观察到固体酸 Al-MCM-41 分子筛颗粒结构有部分被破坏，成了板状。但从图 4-26(b)仍可以看出 Al-MCM-41 颗粒表面的孔隙，均匀有序，为吸附提供了有效位点。从图 4-26(c)、图 4-26(d)可以看出，MCM-41-NN 颗粒形状均呈球形结构，大小均匀，说明有机改性后基团嫁接在 MCM-41 表面上，未破坏原有结构。

图 4-26 Al-MCM-41[(a)、(b)]和 MCM-41-NN[(c)、(d)]的 SEM 图

3. $N_2$ 吸附-脱附分析

图 4-27 为分子筛 AI-MCM-41 和 MCM-41-NN 的 $N_2$ 吸附-脱附等温线。由图可见,Al-MCM-41 其类型为Ⅳ型吸附等温线,属于典型的介孔物质的吸附曲线。在相对压力($P/P_0$)为 0.3~0.4 时,由于毛细管凝聚作用使 $N_2$ 吸附量激增,吸附曲线出现了陡峭的阶跃,随后长的吸附平台则表明 $N_2$ 在毛细管内的吸附达到了

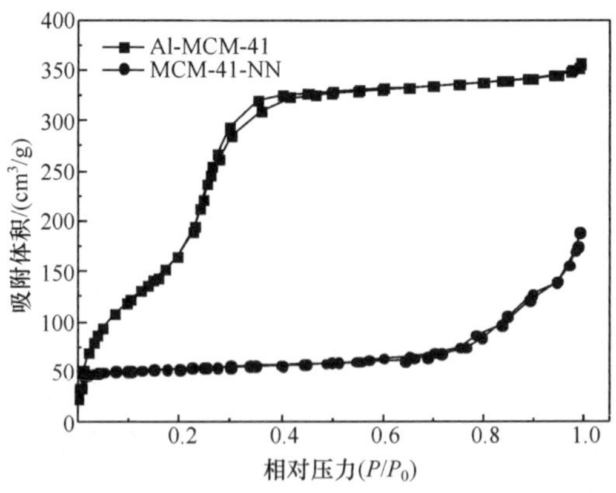


图 4-27 Al-MCM-41 和 MCM-41-NN 的 $N_2$ 吸附-脱附等温线

平衡，这表明分子筛 A1-MCM-41 具有窄而均一的孔道结构。图 4-28 中分子筛 Al-MCM-41 的孔径分布曲线表明其具有较窄的孔径分布特征，绝大多数孔径分布在 1.5～3.0nm。Al-MCM-41 的比表面积为 694m²/g。从 MCM-41-NN 的 $N_2$ 吸附-脱附等温线可以看出，吸附曲线不在再呈Ⅳ型。从表 4-5 可以看出，引入有机官能团后，表面积和孔体积逐渐减小，比表面积降低至 378m²/g，但平均孔径增大至 6～8nm。这些参数值变化可以归因于部分介孔入口被空间大的有机基团所堵塞，孔容积减小，使得平均孔径变大。

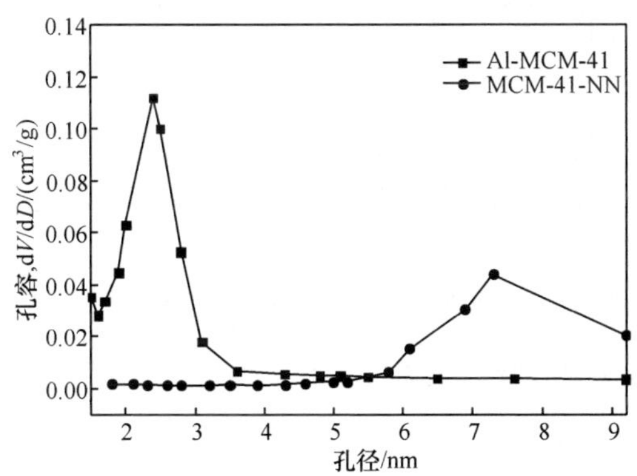


图 4-28　Al-MCM-41 和 MCM-41-NN 孔径分布图

**表 4-5　Al-MCM-41 和 MCM-41-NN 的结构理化性质**

| 分子筛 | 比表面积 /(m²/g) | 孔容/(cm³/g) | 孔径 /nm |
|---|---|---|---|
| Al-MCM-41 | 694 | 0.55 | 2.36 |
| MCM-41-NN | 378 | 0.29 | 6.67 |

4. FT-IR 分析

由 Al-MCM-41 分子筛的红外光谱(图 4-29)可见，在 1080cm⁻¹和 801cm⁻¹处的吸收峰分别是 T—O—T(T 为 Si 或者 A1)键的反对称伸缩振动吸收峰和对称伸缩振动吸收峰；在 466cm⁻¹处的吸收峰是由于 A1-MCM-41 分子筛骨架 Si—O—Si 弯曲伸缩振动引起的；在 1637cm⁻¹处有一个吸收峰，该吸收峰为 H—O—Al 的吸收峰，表明分子筛表面同时具有 Lewis 和 Brønsted 酸位[101,102]。

MCM-41-NN 的频谱显示出与 MCM-41 相同的特性频带，说明在有机基质的引入下仍然保持结构的完整性。然而，大约在 3500cm⁻¹(νO—H)吸收峰减弱以及在 2830cm⁻¹ 区域的弱吸收，都表明了 C—H 拉伸振动的存在[103,104]，即表示 MCM-41 成功接枝了 APTES。此外，与第 3 章 MCM-41 谱带相比，出现了新的谱带 1750cm⁻¹和 1500cm⁻¹，这可以归因于三聚氯氰三嗪环的伸缩振动。这些吸收带(1750cm$^{-1}$和 1446cm$^{-1}$)表明了三嗪化合物与 APTES 已经成功相连。最后，1647cm$^{-1}$ $NH_2$ 的剪切振动证实成功接枝了二亚乙基三胺。

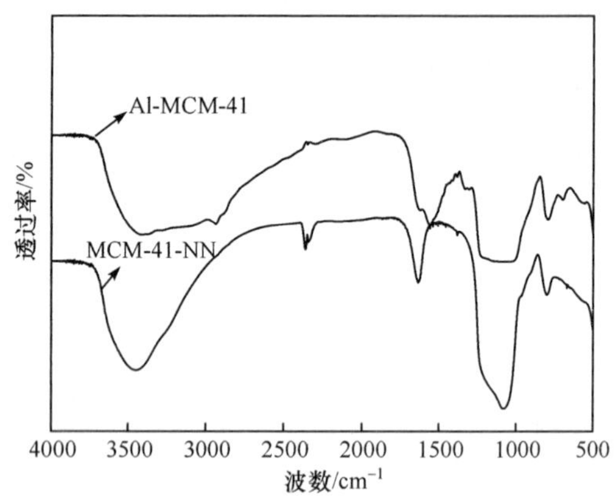


图 4-29 Al-MCM-41-NN 和 MCM-41-NN 的红外图谱

### 4.4.3 Al-MCM-41 吸附 $Pb^{2+}$ 效果

1. 模拟废液 pH 对吸附的影响

实验中采用 0.1mol/L 的盐酸或氢氧化钠溶液分别将溶液的 pH 调整为 1.0～11.0，考察了 $Pb^{2+}$ 初始浓度为 50mg/L，吸附时间为 30min，吸附剂投量1g/L 时不同 pH 对 Al-MCM-41 吸附 $Pb^{2+}$ 的影响，结果如图 4-30 所示。

从图中可以看出，pH 对 Al-MCM-41 吸附 $Pb^{2+}$ 的影响规律一致，先随着 pH 的升高而急剧上升，但在 pH＞6 时上升达到一个吸附平台，去除率最大达到 83%。这也说明了 MCM-41 通过在骨架上掺杂 Al 原子，的确能得到更多—OH，为吸附 $Pb^{2+}$ 提供了更多位点。

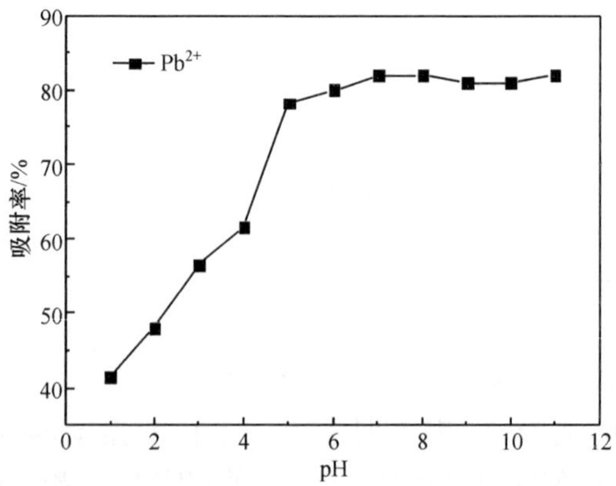


图 4-30 pH 对 Al-MCM-41 吸附 $MnO_4^-$ 的影响

2. 吸附时间对吸附的影响

将 Al-MCM-41 置于 $Pb^{2+}$ 浓度为 20mg/L 的溶液中，调节溶液 pH=5.0，吸附剂投量为 1g/L，实验环境温度 25℃，吸附时间为 5min、10min、20min、40min、60min、90min、120min、180min。实验结束后，分别测定吸附后溶液中的 $Pb^{2+}$ 浓度，结果如图 4-31 所示。

由图 4-31 可以看出，在实验设置下，Al-MCM-41 对 $Pb^{2+}$ 吸附率变化趋势与 MCM-41 一致：在 5～20min 时，$Pb^{2+}$ 能迅速吸附到 Al-MCM-41 上，短时间内吸附率急剧上升；在 20～40min 时，吸附率缓慢增长；在 40min 之后，吸附出现一个平台，吸附率几乎没什么变化。因此，可以确定吸附在 40min 之后达到了吸附平衡。当废液初始浓度为 20mg/L 时，Al-MCM-41 对 $Pb^{2+}$ 吸附率在吸附 40min 之后为 85%。

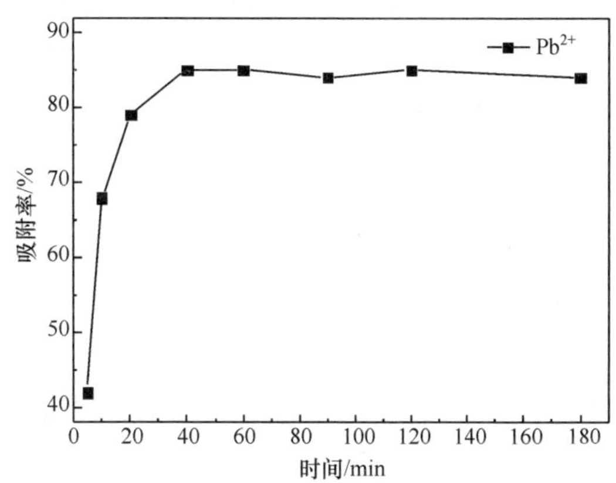


图 4-31　时间对 Al-MCM-41 吸附 $Pb^{2+}$ 的影响

3. 模拟废液初始浓度对吸附的影响

将 Al-MCM-41 置于 $Pb^{2+}$ 初始浓度为 10mg/L、20mg/L、30mg/L、40mg/L、50mg/L、100mg/L 的模拟废液中，调节溶液 pH=5.0，吸附剂投量 1g/L，实验环境温度 25℃。分别测定经样品吸附 5min、10min、20min、40min、60min、90min、120min、180min 后测定废液中的 $Pb^{2+}$ 浓度，结果如图 4-32 所示。不同废液初始浓度对 Al-MCM-41 去除 $Pb^{2+}$ 效率的影响如图 4-33 所示。

由图 4-32 可以看出，随着废液初始浓度的增加，样品对 $Pb^{2+}$ 吸附量也升高，这主要是由于初始浓度高的废液提供了更多的 $Pb^{2+}$，容易快速在样品表面达到吸附平衡后进入样品内部，使样品对离子的吸附量得到提高。当废液初始浓度分别为 10mg/L、20mg/L、30mg/L、40mg/L、50mg/L、100mg/L 时，$Pb^{2+}$ 平衡吸附量分别为 9.7mg/g、17.2mg/g、23.6mg/g、26.5mg/g、28.7mg/g、32.5mg/g。从图中还可以看出，尽管废液初始浓度不同，但样品对各浓度下的含 $Pb^{2+}$ 废水都能在较

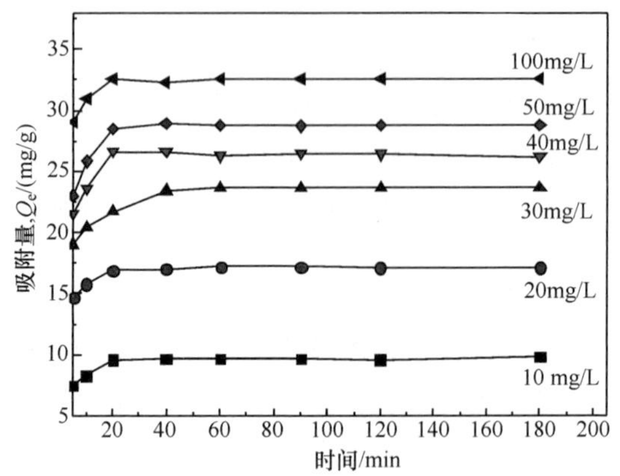


图 4-32　废液初始浓度对 Al-MCM-41 吸附 $Pb^{2+}$ 的影响

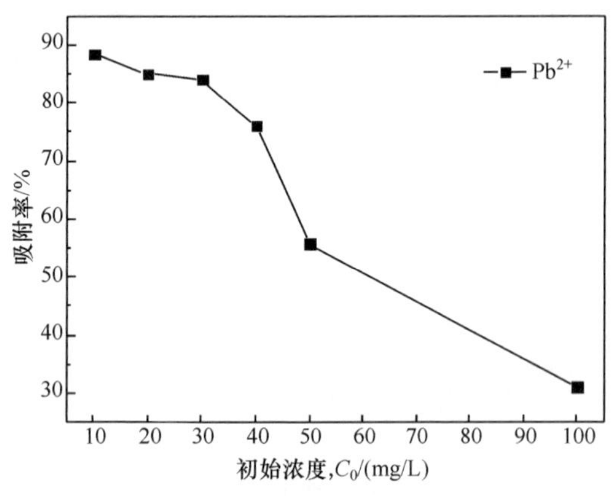


图 4-33　废液初始浓度对吸附率的影响

短的时间内达到吸附平衡,说明样品对 $Pb^{2+}$ 具有较好去除效果。从图 4-33 可以看出,随着废液初始浓度的提高,样品对 $Pb^{2+}$ 吸附率呈现下降趋势,从吸附量大小可以看出,在浓度 30mg/L 之后吸附量相差不大,这主要是由于实验过程中吸附剂的量是固定的,吸附剂吸附位点有限。

### 4.4.4　MCM-41-NN 吸附 $MnO_4^-$ 的效果

1. 模拟废液 pH 对吸附的影响

实验中采用 0.1mol/L 的盐酸或氢氧化钠溶液分别将溶液的 pH 调整为 1.0～11.0,考察了 $MnO_4^-$ 初始浓度为 50mg/L,吸附时间为 30min,吸附剂投量 1g/L 时不同 pH 对 MCM-41-NN 吸附 $MnO_4^-$ 的影响,结果如图 4-34 所示。

由图 4-34 可以看出,pH 对 MCM-41-NN 吸附 $MnO_4^-$ 的影响规律也同 MCM-41 吸附剂一致,但 MCM-41-NN 对 $MnO_4^-$ 的吸附率远大于 MCM-41。这是因为

MCM-41-NN 表面有氨基，氨基质子化（$NH_3^+$）后会和 $MnO_4^-$ 形成强的静电引力作用，使得吸附率提高。但在 pH 低于 3 时，$MnO_4^-$ 的吸附量逐渐降低，这可能是因为 $MnO_4^-$ 被质子围绕着，阻碍了 $MnO_4^-$ 和氨基的结合。随 pH 升高，氨基质子化的数目变少，导致 $MnO_4^-$ 吸附量的降低。因此，MCM-41-NN 对 $MnO_4^-$ 的吸附最佳 pH 应保持在 pH＝3。MCM-41-NN 对 $MnO_4^-$ 的吸附率最大达到了 96％，最低仍有 51％的去除率，说明 MCM-41-NN 对于阴离子具有良好吸附效果。

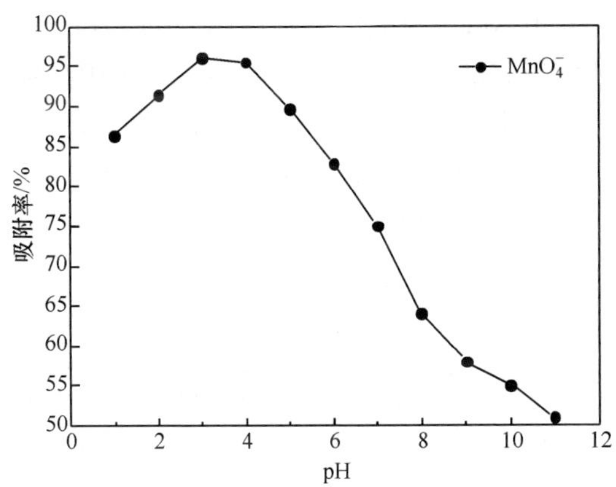


图 4-34　pH 对 MCM-41-NN 吸附 $MnO_4^-$ 的影响

2. 吸附时间对吸附的影响

将 MCM-41-NN 置于 $MnO_4^-$ 浓度为 20mg/L 的溶液中，调节溶液 pH－3.0，吸附剂投量为 1g/L，实验环境温度 25℃，吸附时间为 5min、10min、20min、40min、60min、90min、120min、180min。测定吸附后溶液中的 $MnO_4^-$ 浓度，结果如图 4-35 所示。

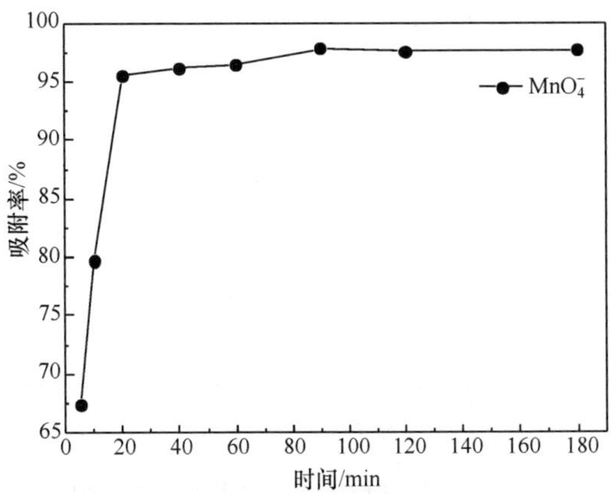


图 4-35　时间对 MCM-41-NN 吸附 $MnO_4^-$ 的影响

从图中可以看出，整个规律呈直角变化。由于 MCM-41 表面上接枝了二亚乙基三胺，MCM-41-NN 表面大量氨基的存在使得在 20min 内吸附率急剧上升；在接触时间大于 20min 后，吸附达到平衡。当废液初始浓度为 20mg/L 时，MCM-41-NN 对 $Pb^{2+}$ 吸附率在吸附 40min 之后为 97%。

3. 模拟废液初始浓度对吸附的影响

将 MCM-41-NN 置于 $MnO_4^-$ 初始浓度为 10mg/L、20mg/L、30mg/L、40mg/L、50mg/L、100mg/L 的模拟废液中，调节溶液 pH=3.0，吸附剂投量 1g/L，实验环境温度 25℃。分别测定经样品吸附 5min、10min、20min、40min、60min、90min、120min、180min 后测定废液中的 $MnO_4^-$ 浓度，结果如图 4-36 所示。不同废液初始浓度对 MCM-41-NN 去除 $MnO_4^-$ 效率影响如图 4-37 所示。

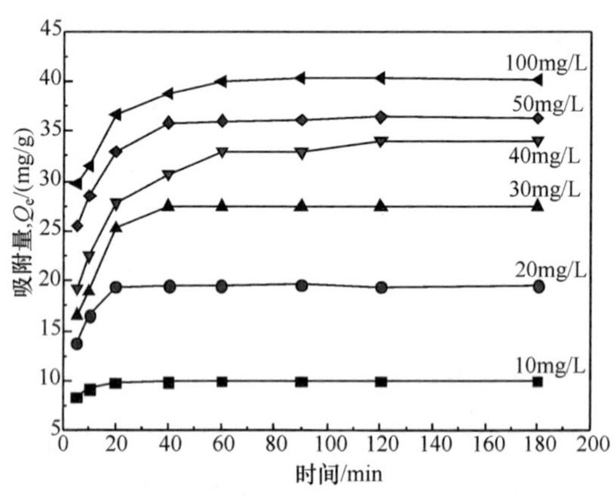


图 4-36 废液初始浓度对 MCM-41-NN 吸附 $MnO_4^-$ 的影响

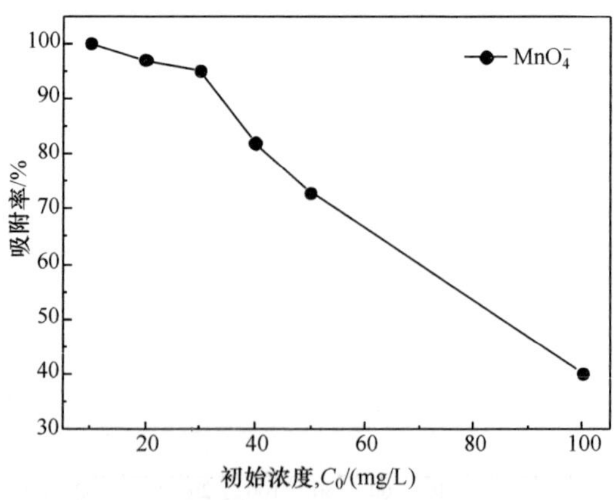


图 4-37 废液初始浓度对吸附率的影响

从图 4-36 可以看出，MCM-41-NN 对 $MnO_4^-$ 吸附量随着废液初始浓度的增加而增加，这主要是由于初始浓度高的废液提供了更多的 $MnO_4^-$ 离子，容易快速在样品表面达到吸附平衡后进入样品内部，使样品对离子的吸附量得到提高。当废液初始浓度分别为 10mg/L、20mg/L、30mg/L、40mg/L、50mg/L、100mg/L 时，$MnO_4^-$ 平衡吸附量分别为 10mg/g、19.4mg/g、27.5mg/g、34mg/g、36.4mg/g、40.3mg/g。从图 4-37 可以看出，低浓度时 MCM-41-NN 几乎能完全去除溶液中的 $MnO_4^-$。随着废液初始浓度的提高，样品对 $Pb^{2+}$ 吸附率呈现下降趋势，浓度为 50mg/L 时，去除率仍在 72%。这说明了 MCM-41-NN 对 $MnO_4^-$ 有很好的吸附效果。尽管在浓度为 100mg/L 时，吸附率下降到 40%，这是由于 1g/L 的吸附剂投量太小，吸附位点不足以吸附 $MnO_4^-$。

## 4.5 双功能化 MCM-41 吸附材料的研制及吸附性能研究

目前，治理可溶性无机污染物的主要策略是分步处理法，即先利用一种吸附材料选择性吸附废水中一种电性的离子，而后再选用另外一种吸附材料吸附相反电性的离子。如采用富含酸性中心的吸附材料去除阳离子，再用含有碱性中心的吸附材料去除阴离子。这种方法对于简单的污染体系可能是有效的，但是对于多离子共存的复杂水溶液体系，因受腐殖酸浓度、酸碱度、离子强度、温度和溶解氧的循环等各种因素影响，不同离子和不同基团之间会发生电荷传质、氢键作用、疏水作用等，导致阴、阳离子在吸附材料上发生吸附/络合、解吸释放和迁移转化等复杂的变化，因此很难取得满意的净化效果。因此，发展同时具有多功能活性吸附位点的材料，使之既具有酸性吸附位点，也具有特定碱性吸附位点，则可以实现对废水中阴、阳离子的同时吸附脱除，从而达到对无机废水的理想净化效果。

然而，要在同一个吸附材料表面使荷电性相反的酸、碱位点的“和平共处”，必须解决相互之间的自发复合而引起活性位点中和的问题，否则难于获得良好的效果。Alauzun 等[105]采用二硫化物和 Boc 保护的氨基作为前体，再通过还原、氧化和热分解，得到了一个骨架上含有磺酸中心，孔道内含有氨基基团的多孔硅材料，这两个基团在催化剂材料表面被隔离。Alauzun 的工作展示了一个在骨架上和表面上都有有机官能团的介孔有机硅的自组装合成，Jaronie[106]高度评价了 Alauzun 的工作，启示人们可以尝试对性质相反的基团进行协调。此后，不断有学者探索新的表面双功能化途径，其中有机基团和无机载体之间的协同取得了很多进展，利用载体的刚性结构，可较为方便地调控基团间距，实现酸碱和平共处，Asefa 等[107]通过后接枝改性的方法，用氨基对 MCM-41 分子筛表面进行一步修饰，利用 MCM-41 分子筛本身硅醇键氢质子的弱酸性得到了酸碱共存的催化剂，此外一系列钒的席夫碱配合物、伯胺和叔胺等通过长链成功固载到了 MCM-41 系列分子筛和无定形硅铝基质上[108,109]。这些材料虽然以催化过程为目标，但完全可以扩展到吸附材料的设计制备，通过设计和制备骨架酸性-表面碱性或者骨架碱性-表面酸性的双功能化吸附材料，可达到同时吸附去除不同荷电性污染物的目的。

介孔分子筛具有有序的孔道、巨大的比表面积、可调变的孔径、稳定的骨架结构、易于掺杂的骨架组成和可修饰的表面结构，是双功能吸附材料的理想载体。借鉴关于分子筛表面修饰的已有研究方法，有望以其为基体得到符合要求的双功能吸附材料：①选择分子筛（如 SBA-15、MCM-41、TS-1 等）为基体，通过合成和合成后修饰在其骨架中引入一些杂原子，在其骨架中制造出一定强度的酸性中心，然后以这种酸功能化的分子筛为基体，利用表面羟基的反应性，选择分子尺寸大于分子筛孔道尺寸的有机碱与之进行接枝反应，将碱性基团接枝在外表面，从而制造出孔道内表面呈酸性而外表面呈碱性的分子筛材料；②以两种同质分子筛或异质分子筛为基体，将其中一种分子筛进行表面酸性修饰，另一种分子筛进行表面碱性修饰，然后将两种分子筛进行混合，制备出碱性和酸性共存的复合分子筛材料；③利用分子筛的巨大比表面，同时负载固体超强酸（如硫酸化 $TiO_2$）及固体超强碱（如 $Cs_2O$-γ-$Al_2O_3$）制备双功能吸附剂。基于这些思路，本章采用 3-氨丙基三甲氧基硅烷（APTES）改性 Al-MCM-41。为了得到更多氨基，接枝三聚氯氰，使得二亚乙基三胺能固定在 Al-MCM-41 的表面上，得到 Al-MCM-41-NN 吸附剂，来去除水中的 $Pb^{2+}$ 和 $MnO_4^-$。考察了 pH、吸附时间、吸附浓度对 Al-MCM-41-NN 吸附特性的影响。吸附等温线用 Langmuir 模型描述，吸附动力学用来描述吸附过程，分析吸附机理。

### 4.5.1 双功能化 Al-MCM-41-NN 的制备

将已焙烧过的 Al-MCM-41 在 150℃烘箱内活化 24h，以便去除水分，然后取 2g 加入到含有 2mL APTES 的 50mL 甲苯溶液中，在 $N_2$ 保护下回流 24h。反应完毕后待溶液冷却至室温，用离心机进行固液分离，分离后的固体在索式提取器中用甲苯和甲醇循环洗涤 4h，然后在 85℃下真空干燥 8h，得到的白色固体记作 Al-MCM-41-N。在冰浴下取 2g 干燥后的 Al-MCM-41-N 加入到含有 2g 三聚氯氰的四氢呋喃溶液中，加入 $N_2$ 保护下回流 24h，过滤洗涤干燥，得到中间产物。最后取干燥后的中间产物加入到含有 2g DETA 的四氢呋喃溶液中，在 45℃下水浴 24h，过滤洗涤，在 65℃下干燥 12h，得到最终产品 Al-MCM-41-NN。

### 4.5.2 Al-MCM-41-NN 的表征

1. XRD 和 SEM 分析

图 4-38 显示了 Al-MCM-41-NN 的 XRD 衍射角度为 0°～6°的 XRD 分析。从图中可以看出，尽管（100）处的峰接近消失，但 Al-MCM-41-NN 改性后仍保持结

构的稳定。(100)峰强度的降低,表明了介孔材料 MCM-41 对于有机改性是敏感的,且这些变化可能是有机官能团的引入导致介孔材料孔结构的缺失。

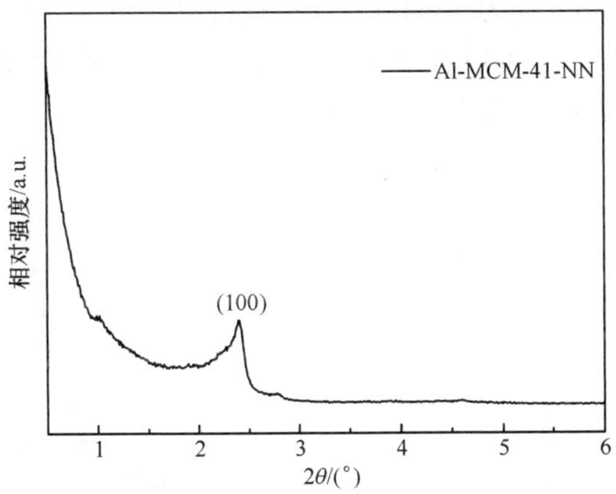


图 4-38　Al-MCM-41-NN 的 XRD 图谱

图 4-39 是 Al-MCM-41-NN 的 SEM 图。从图中可以看出,Al-MCM-41-NN 表面较粗糙,颗粒形貌不规则,一些 MCM-41 原有颗粒被破坏,颗粒大小分布不均匀,最大颗粒直径可达 1μm。

图 4-39　Al-MCM-41-NN 的 SEM 图

2. $N_2$ 吸附-脱附分析

图 4-40 表示 Al-MCM-41-NN 的 $N_2$ 吸附-脱附等温线。图 4-41 为由 $N_2$ 吸附-脱附等温线经 BJH 计算方法得到 Al-MCM-41-NN 的孔径分布曲线。从图 4-40 可以看出,Al-MCM-41-NN 呈现标准的 Langmuir Ⅳ型等温线,是典型的介孔结构特征,并且 $N_2$ 吸附-脱附等温线没有明显的滞后环,表明样品孔道结构高度均匀有序。Al-MCM-41-NN 的 $N_2$ 吸附-脱附等温线与 MCM-41 的相似,说明改性后 MCM-41 的有序介孔结构特性没有改变。而 $N_2$ 的毛细管凝聚作用发生在 $P/P_0$ 为 0.78 时,这一变化可以归属于改性剂嫁接在 MCM-41 孔道内使得 MCM-41 孔

容降低，平均孔径增大，从而导致毛细管凝聚现象在相对较高的压力时发生。由$N_2$吸附等温线计算可得到Al-MCM-41-NN的BET比表面积为157m$^2$/g，孔容为0.22cm$^3$/g，BJH平均孔径为7.54nm。说明改性后MCM-41的表面积和孔容减小，孔径增大。由图4-41可以看出，改性后MCM-41的孔径分布范围较宽，说明改性官能团已经嫁接在孔道内。

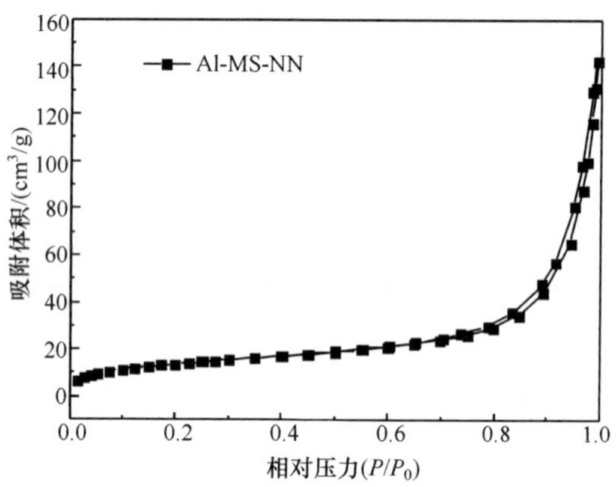


图4-40　Al-MCM-41-NN的$N_2$吸附-脱附等温线

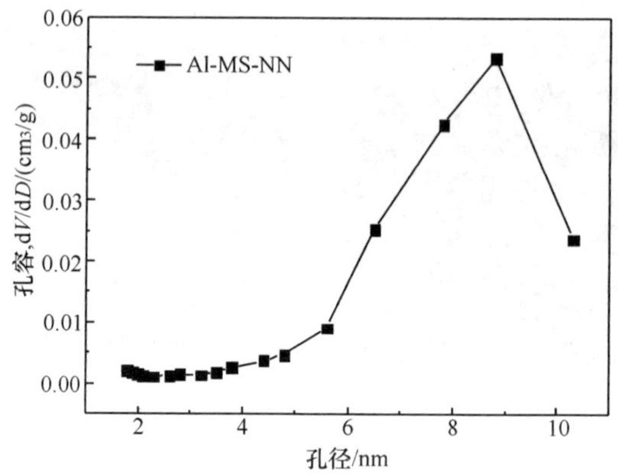


图4-41　Al-MCM-41-NN的BJH孔径分布图

3. FT-IR分析

图4-42显示了Al-MCM-41-NN的红外光谱图。在Al-MCM-41-NN的红外振动光谱中，687cm$^{-1}$和1650cm$^{-1}$处的峰为N—H伸缩振动，1647cm$^{-1}$为$NH_2$的剪切振动，这都说明了Al-MCM-41-NN中氨基的存在[110,111]。另外，检测到3500cm$^{-1}$（$\nu$O—H）峰值降低，且在2830cm$^{-1}$有一弱峰的出现，都是C—H振

动[91]。在 $1570cm^{-1}$ 峰值的出现，归因于三聚氯氰中环的振动。这都说明了 MCM-41 接枝 APTES 后，成功的接枝了三聚氯氰和二亚乙基三胺。

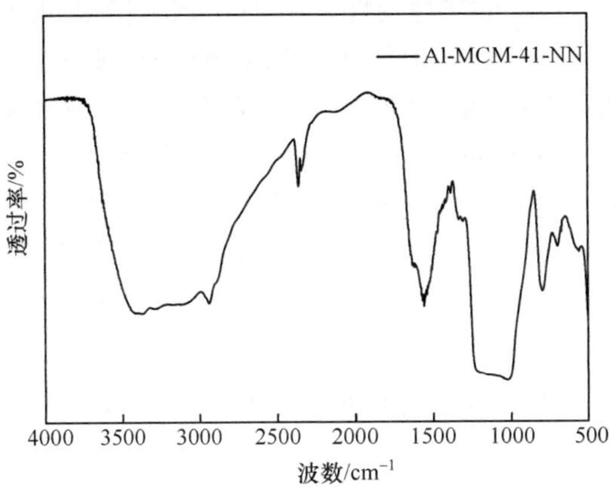


图 4-42　Al-MCM-41-NN 的红外图谱

4. XPS 分析

Al-MCM-41-NN 化学改性后的表面进行 XPS 分析，结果如图 4-43 所示。Al-MCM-41-NN 的主要元素组成为 Si、C、O 和 N。Al-MCM-41-NN 的 XPS 图谱显示，在 153eV 和 102eV 分别为 Si 的 $Si_{2s}$ 和 $Si_{2p}$ 轨道的结合能。Al-MCM-41-NN 中 C 的 $C_{1s}$ 轨道和 O 的 $O_{1s}$ 轨道分别出现在 284eV 和 533 eV[112]。而在 400eV 为 $N_{1s}$ 轨道信号证明了氨基的存在。高氮含量[10.16%(原子分数)]也说明了 Al-MCM-41-NN 成功接枝了二亚乙基三胺和 APTES。

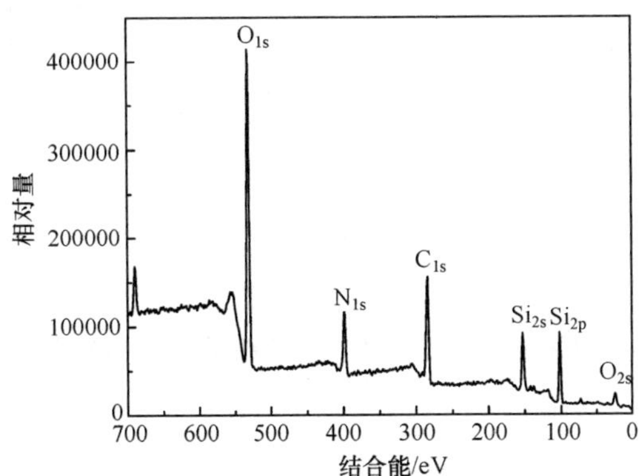


图 4-43　Al-MCM-41-NN 的 XPS 分析

5. TG分析

改性前后的MCM-41的热稳定性采用TG分析，结果如图4-44所示。从图中可以看出，MCM-41在温度从30℃升高到800℃时，质量损失7.6%。在30～120℃的质量损失为5.2%，属于MCM-41外表面物理吸附水和孔道内表面物理吸附的水，在120～800℃的质量损失为2.4%，属于表面的结晶水、MCM-41中残存的表面活性剂分解燃烧和表面硅羟基缩聚形成硅氧键(Si—O—Si)。在温度为120～1000℃时，未有MCM-41骨架坍塌而引起的放热峰，说明在碱性条件下合成的MCM-41热稳定性良好。而Al-MCM-41-NN在温度从30℃升高到800℃时，质量损失24.42%，从室温升到120℃时的质量损失6.82%。在温度250℃左右时，Al-MCM-41-NN的损失量突然增加，说明在此温度，氨基已经开始被高温大量分解。在120～750℃的质量损失为17.6%，属于Al-MCM-41-NN上有机氨基和三聚氯氰中环的分解[113]。

根据元素分析可以得出MCM-41和Al-MCM-41-NN中的氮含量为分别为0.02%和10.82%，说明三聚氯氰和二亚乙基三胺已经成功嫁接到MCM-41表面上。改性后MCM-41的一些物理和化学参数如表4-6所示。

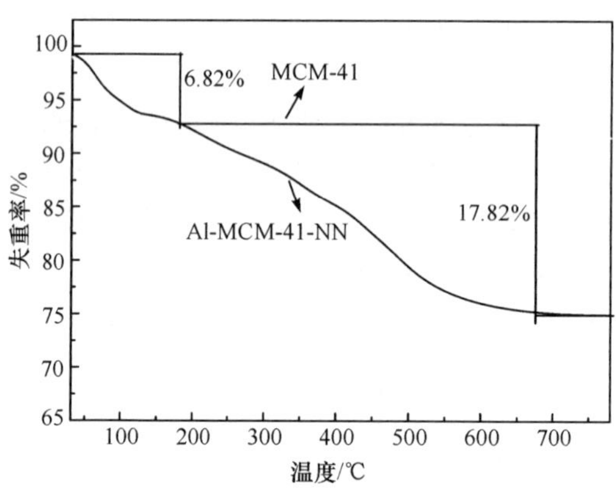


图4-44 MCM-41和Al-MCM-41-NN的热重分析

**表4-6 功能化MCM-41的物理和化学参数**

| 样品 | 比表面积/($m^2$/g) | 孔容/($cm^3$/g) | 孔径/nm | N含量/(mmol/g) |
|---|---|---|---|---|
| MCM-41 | 916 | 0.68 | 2.59 | — |
| Al-MCM-41-NN | 157 | 0.22 | 7.54 | 10.82 |

### 4.5.3　Al-MCM-41-NN 除 $Pb^{2+}$ 和 $MnO_4^-$ 影响因素探讨

1. 模拟废液 pH 对吸附的影响

pH 会影响官能团的活性(氨基、羧基),进而影响吸附。实验中采用0.1mol/L的盐酸或氢氧化钠溶液分别将溶液的 pH 调整为 1.0～7.0,考察了 $Pb^{2+}$ 和 $MnO_4^-$ 初始浓度为 50mg/L,吸附时间为 30min,吸附剂投量 1g/L 时,不同 pH 对 Al-MCM-41-NN 吸附 $Pb^{2+}$ 和 $MnO_4^-$ 的影响,结果如图 4-45 所示。Al-MCM-41-NN 吸附 $Pb^{2+}$ 主要通过静电交互作用和螯合作用,而 $MnO_4^-$ 则是通过静电引力与质子化的氨基结合。

在小的 pH 下,Al-MCM-41-NN 上改性的官能团质子化与 $Pb^{2+}$ 形成竞争吸附,不利于吸附。pH 增大,吸附剂表面去质子化,$Pb^{2+}$ 吸附量增大[114]。pH 从 5.5 降至 1.0,$Pb^{2+}$ 吸附量不断减少。pH 大于 6 时,$Pb^{2+}$ 会在溶液中会以 $Pb(OH)_2$的形式存在,属于沉淀而非吸附。对于 $MnO_4^-$ 吸附,氨基质子化后会和 $MnO_4^-$ 形成强的静电引力作用,使得吸附量提高。但在 pH 低于 3 时,$MnO_4^-$ 的吸附量逐渐降低,这可能是因为 $MnO_4^-$ 被质子围绕,阻碍了 $MnO_4^-$ 和氨基的结合。随 pH 升高,氨基质子化的数目变少,导致 $MnO_4^-$ 吸附量降低。Al-MCM-41-NN 对 $Pb^{2+}$ 和 $MnO_4^-$ 的可能吸附机理如图 4-46 所示。

因此,通过对 $Pb^{2+}$ 和 $MnO_4^-$ 吸附研究,吸附最佳 pH 应分别保持在 pH=5 和 pH=3。另外,Al-MCM-41-NN 对 $Pb^{2+}$ 和 $MnO_4^-$ 的吸附量在 pH 从 6.5 降至 1.0 时变化不大,说明 $Pb^{2+}$ 和 $MnO_4^-$ 与吸附剂表面官能团结合是稳定的。

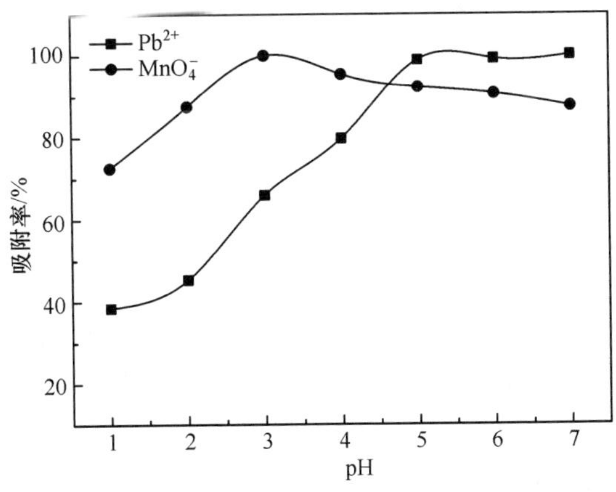


图 4-45　pH 对 Al-MCM-41-NN 吸附 $Pb^{2+}$ 和 $MnO_4^-$ 的影响

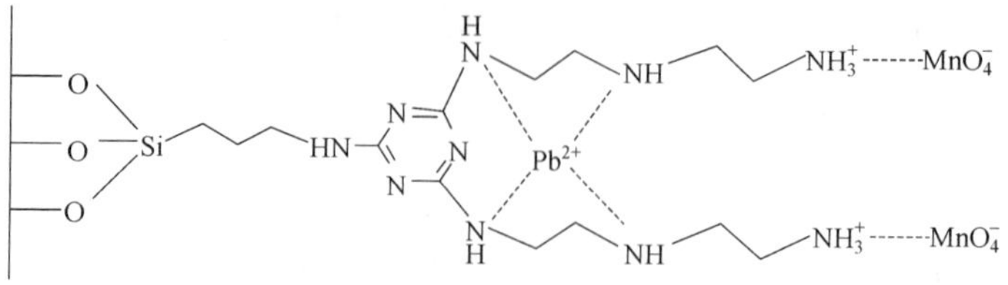

图 4-46 Al-MCM-41-NN 吸附 $Pb^{2+}$ 和 $MnO_4^-$ 的可能机理图

2. 吸附时间对吸附的影响

Al-MCM-41-NN 吸附 $Pb^{2+}$ 和 $MnO_4^-$ 的动力学如图 4-47 所示。从图中可以看出，由于吸附剂表面吸附位点大量存在，在 30min 内，Al-MCM-41-NN 对 $Pb^{2+}$ 和 $MnO_4^-$ 的吸附量随着时间的增加而增加。在接触时间大于 30min 后，吸附达到平衡。当 $Pb^{2+}$ 和 $MnO_4^-$ 初始浓度分别为 100mg/L 和 200mg/L 时，Al-MCM-41-NN 对 $Pb^{2+}$ 和 $MnO_4^-$ 的最大平衡吸附量分别为 137mg/g 和 92mg/g，去除率分别为 91.3%和 92%。另外，平滑和连续的动力学曲线表明 $Pb^{2+}$ 和 $MnO_4^-$ 在 Al-MCM-41-NN 上形成单层吸附。

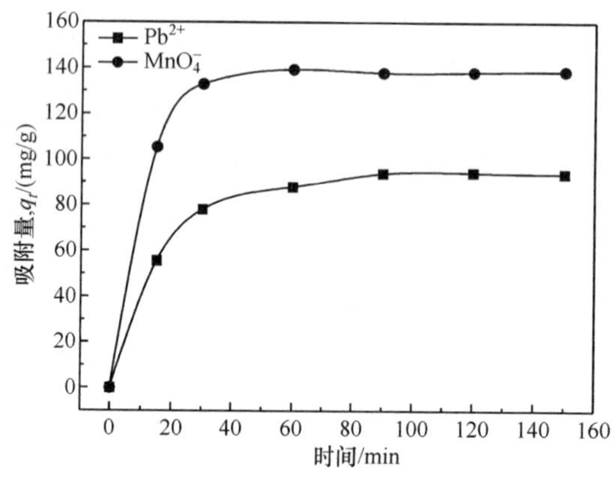


图 4-47 时间对 Al-MCM-41-NN 吸附 $Pb^{2+}$ 和 $MnO_4^-$ 的影响

吸附动力学通常用 Lagergren 准一级动力学和 Ho 准二级动力学来描述。实验中，Al-MCM-41-NN 对 $Pb^{2+}$ 和 $MnO_4^-$ 的吸附动力学分别用准一级和准二级动力学模型来描述，如图 4-48 所示。从图中可以看出，$t/q_t$ 与 $t$ 呈明显的直线关系，计算得出的动力学参数如表 4-7 所示。从表中可以看出，准二级动力学的 $R^2>0.998$，说明用准二级动力学模型对 $Pb^{2+}$ 和 $MnO_4^-$ 吸附数据拟合得较好。同时，准二级动力学模型计算出的吸附量 $q_{e(cal)}$，更接近于实验数据，说明了用准二级动力学能很好地描述 $Pb^{2+}$ 和 $MnO_4^-$ 的吸附过程。这可能是由于准一级动力学的假

定是吸附过程受化学速率控制[115]。

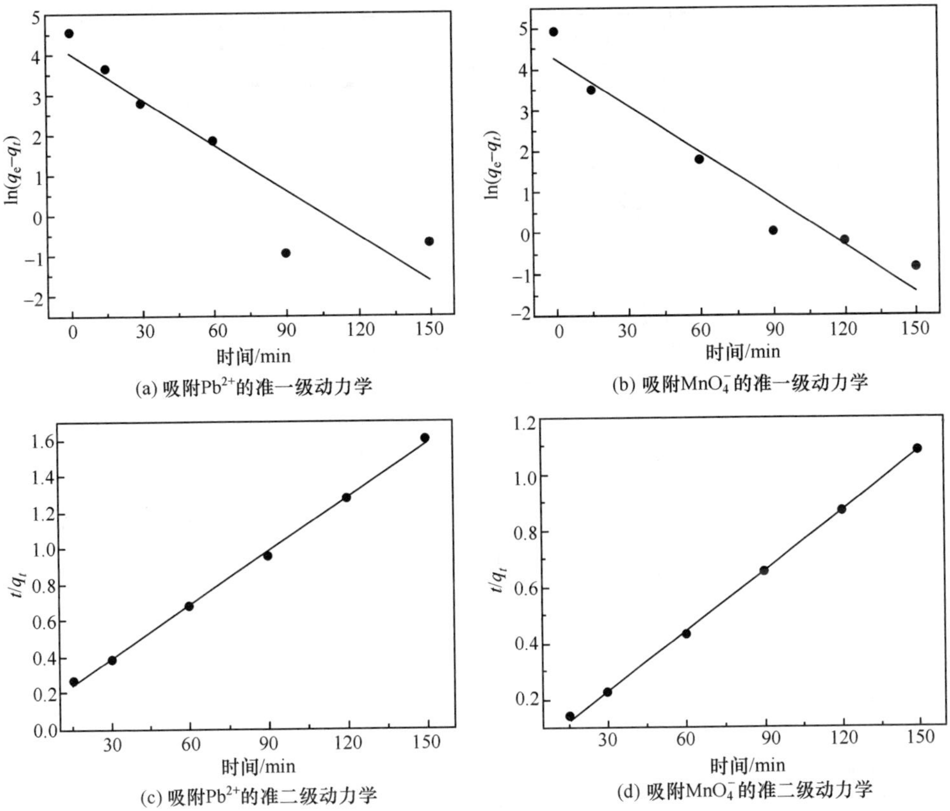

(a) 吸附$Pb^{2+}$的准一级动力学

(b) 吸附$MnO_4^-$的准一级动力学

(c) 吸附$Pb^{2+}$的准二级动力学

(d) 吸附$MnO_4^-$的准二级动力学

图 4-48　Al-MCM-41-NN 吸附 $Pb^{2+}$ 和 $MnO_4^-$ 的准一级动力学和准二级动力学

**表 4-7　Al-MCM-41-NN 吸附 $Pb^{2+}$ 和 $MnO_4^-$ 的动力学参数**

| 吸附质 | 准一级动力学 | | | | 准二级动力学 | | |
|---|---|---|---|---|---|---|---|
| | $q_{e(exp)}$ | $q_{e(cal)}$ | $k_1$ | $R^2$ | $k_2$ | $q_{e(cal)}$ | $R^2$ |
| $Pb^{2+}$ | 95.8 | 89.3 | 0.0870 | 0.821 | $1.00\times10^{-3}$ | 101 | 0.998 |
| $MnO_4^-$ | 138 | 129 | 0.0870 | 0.927 | $2.37\times10^{-3}$ | 141 | 0.999 |

3. 吸附等温线

Al-MCM-41-NN 对 $Pb^{2+}$ 和 $MnO_4^-$ 的吸附等温线如图 4-49 所示。Al-MCM-41-NN 吸附 $Pb^{2+}$ 和 $MnO_4^-$ 的等温线可以用 Langmuir 和 Freundlich 模型来描述吸附过程，拟合曲线如图 4-50 所示，模型参数如表 4-8 所示。从表中可以看出，Langmuir 模型能较好地拟合吸附等温线（相关系数>0.99），说明 $Pb^{2+}$ 和 $MnO_4^-$ 在 Al-MCM-41-NN 形成了单层吸附，并且计算得到的最大吸附量与实验结果相差不大。另外，$Pb^{2+}$ 和 $MnO_4^-$ 最大吸附分别为 147mg/g 和 156mg/g。

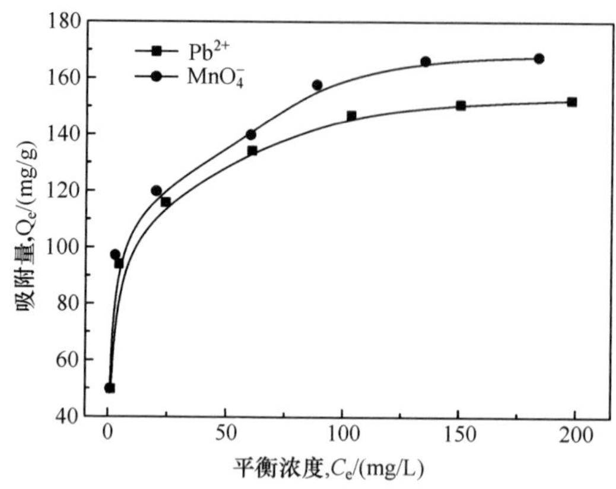


图 4-49　Al-MCM-41-NN 吸附等温线

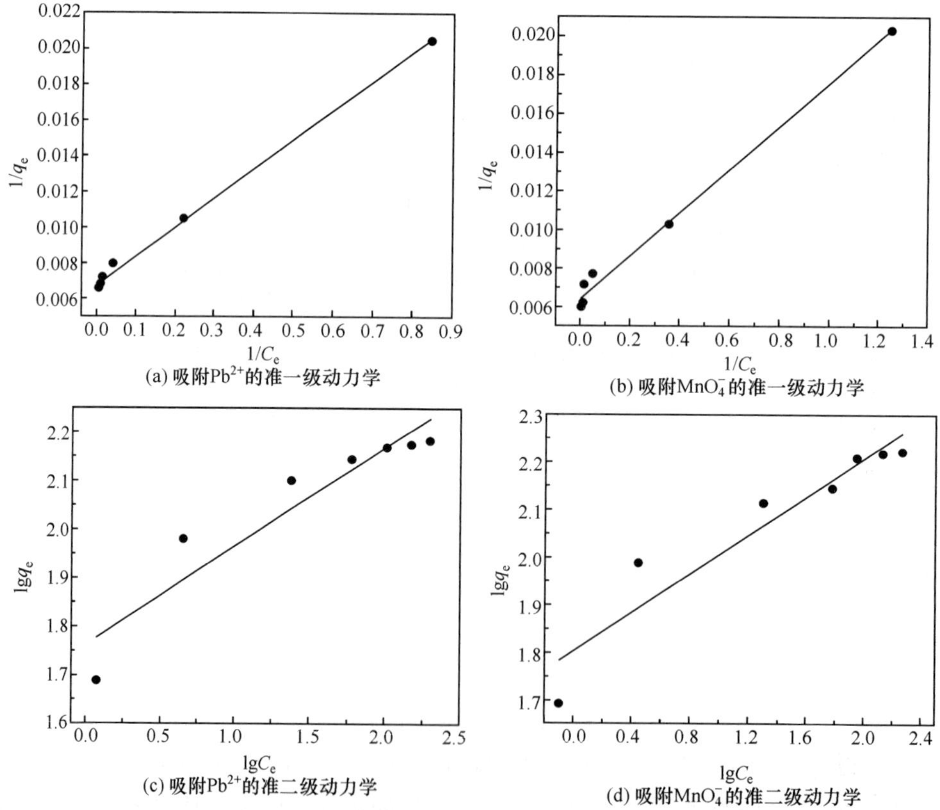

(a) 吸附$Pb^{2+}$的准一级动力学

(b) 吸附$MnO_4^-$的准一级动力学

(c) 吸附$Pb^{2+}$的准二级动力学

(d) 吸附$MnO_4^-$的准二级动力学

图 4-50　Al-MCM-41-NN 吸附 $Pb^{2+}$ 和 $MnO_4^-$ 的准一级动力学及准二级动力学

**表 4-8　Al-MCM-41-NN 吸附 $Pb^{2+}$ 和 $MnO_4^-$ 的 Langmuir 和 Freundlich 等温线参数**

| 吸附质 | Langmuir 模型 | | | Freundlich 模型 | | |
|---|---|---|---|---|---|---|
| | $q_m$/(mg/g) | $K_L$/(L/mg) | $R^2$ | $n$ | $K_F$/(L/mg) | $R^2$ |
| $Pb^{2+}$ | 147 | 0.418 | 0.998 | 4.95 | 57.9 | 0.866 |
| $MnO_4^-$ | 156 | 0.574 | 0.990 | 4.95 | 76.2 | 0.882 |

表 4-9 列出 Al-MCM-41-NN、MCM-41 和文献中其他吸附剂吸附 $Pb^{2+}$ 和 $MnO_4^-$ 时的 Langmuir 最大单层吸附量。从表中可以看出，实验中所制备的 Al-MCM-41-NN 对 $Pb^{2+}$ 和 $MnO_4^-$ 的吸附量大于其他吸附剂，包括未改性的 MCM-41，说明制备的 Al-MCM-41-NN 吸附剂对 $Pb^{2+}$ 和 $MnO_4^-$ 有良好的吸附能力。

**表 4-9　Al-MCM-41-NN 与文献中其他吸附剂对 $Pb^{2+}$ 和 $MnO_4^-$ 的最大吸附量对比**

| 吸附质 | 吸附剂 | 吸附容量/(mg/g) | pH | 时间 | 参考文献 |
|---|---|---|---|---|---|
| $Pb^{2+}$ | $NH_2$/MCM-41/NTAA | 147.5 | 5 | 12h | 本书 |
| | MCM-41 | 37.8 | 5 | 12h | 本书 |
| | HDTMA-改性沸石 | 135.3 | 5 | 24h | [116] |
| | γ-Al | 65.7 | 7 | 35min | [117] |
| | $NaClO_2$-改性木棉纤维 | 34.6 | 6 | 2h | [118] |
| $MnO_4^-$ | $NH_2$/MCM-41/NTAA | 164.5 | 3 | 12h | 本书 |
| | MCM-41 | 23.2 | 3 | 12h | 本书 |
| | HDTMA-改性沸石 | 46.38 | 5 | 24h | [116] |
| | 表面活性剂改性的蒙脱石 | 111.4 | 4 | 45min | [119] |
| | 水葫芦植物 | 8.6 | 4.5 | 24 h | [120] |

4. 脱附及再生

吸附剂的良好解吸性能是必要的其潜在应用的重要因素。从 pH 的影响研究中发现，Al-MCM-41-NN 吸附 $Pb^{2+}$ 在 pH＝1 可以忽略不计。这一结果表明，吸附剂在 pH 低的酸性溶液解吸 $Pb^{2+}$ 是有可能的。但 $MnO_4^-$ 解吸要用氨水($NH_3 \cdot H_2O$)溶液(pH＝10)，以再生氨基[121,122]。因此，在解吸过程中使用一定浓度的硝酸和 $NH_3 \cdot H_2O$ 溶液。实验证明，98%已吸附的 $Pb^{2+}$ 和 $MnO_4^-$ 均可以通过 $HNO_3$ 和 $NH_3 \cdot H_2O$ 解吸剂进行解吸，如表 4-10 所示(循环 1)。

可重复利用性是通过五个周期的吸附-解吸过程，并测定每个周期的吸附-解吸效率。在第五次循环中，Al-MCM-41-NN 对 $Pb^{2+}$ 和 $MnO_4^-$ 吸附容量分别表现出约 8%和 10%损失，在可接受范围。因此，再生实验研究表明 Al-MCM-41-NN 具有良好的再生性能，可重复使用。在实际的废水处理中 Al-MCM-41-NN 可以作为有效的吸附剂。

表 4-10　Al-MCM-41-NN 回收利用后的吸附和脱附效率

| | 循环 1 | 循环 2 | 循环 3 | 循环 4 | 循环 5 |
|---|---|---|---|---|---|
| $Pb^{2+}$ 吸附率/% | 98 | 96 | 95 | 93 | 92 |
| $Pb^{2+}$ 脱附率/% | 96 | 95 | 92 | 90 | 89 |
| $MnO_4^-$ 吸附率/% | 98 | 95 | 93 | 92 | 90 |
| $MnO_4^-$ 脱附率/% | 97 | 96 | 95 | 94 | 91 |

## 参考文献


[1] Huang F, Wang X, Lou L, et al. Spatial variation and source apportionment of water pollution in Qiantang River (China) using statistical techniques[J]. Water Research, 2010, 44(5): 1562-1572.

[2] 冯源. 重金属铅离子和镉离子在水环境中的行为研究[J]. 北方环境, 2013, 3: 87-93.

[3] Xiao Y, Liang H, Chen W, et al. Synthesis and adsorption behavior of chitosan-coated $MnFe_2O_4$ nanoparticles for trace heavy metal ions removal[J]. Applied Surface Science, 2013, 285: 498-504.

[4] Letterman R D. Water Quality and Treatment: A Handbook of Community Water Supplies [M]. New York: McGraw-hill, 1999.

[5] Reynolds T D, Richards P A. Unit operations and processes in environmental engineering[J]. Boston: PWS-Kent, 1996: 173.

[6] Chang W C, Deka J R, Wu H Y, et al. Synthesis and characterization of large pore cubic mesoporous silicas functionalized with high contents of carboxylic acid groups and their use as adsorbents[J]. Applied Catalysis B: Environmental, 2013, 142: 817-827.

[7] Repo E, Warchol J K, Bhatnagar A, et al. Aminopolycarboxylic acid functionalized adsorbents for heavy metals removal from water[J]. Water Research, 2013, 47(14): 4812-4832.

[8] Loganathan P, Vigneswaran S, Kandasamy J. Enhanced removal of nitrate from water using surface modification of adsorbents—A review[J]. Journal of Environmental Management, 2013, 131: 363-374.

[9] 李凝玉, 傅庆林, 郭彬, 等. 改性明矾浆吸附剂的制备及其除镉性能研究[J]. 环境科学学报, 2012, 4: 808-814.

[10] Sposito G. The surface chemistry of natural particles[M]. New York: Oxford University Press, 2004.

[11] Franz M, Arafat H A, Pinto N G. Effect of chemical surface heterogeneity on the adsorption mechanism of dissolved aromatics on activated carbon [J]. Carbon, 2000, 38 (13): 1807-1819.

[12] 韩严和, 全燮, 薛大明, 等. 活性炭改性研究进展[J]. 环境污染治理技术与设备, 2003, 4(1): 33-37.

[13] 许光眉. 石英砂负载氧化铁(IOCS)吸附去除锑、磷研究[D], 长沙: 湖南大学, 2006: 32-34.

[14] Marjanović V, Lazarević S, Janković-Častvan I, et al. Adsorption of chromium (Ⅵ) from aqueous solutions onto amine-functionalized natural and acid-activated sepiolites[J]. Applied Clay Science, 2013, 80: 202-210.

[15] Mahmoodi N M. Synthesis of amine-functionalized magnetic ferrite nanoparticle and its dye removal ability[J]. Journal of Environmental Engineering, 2013, 139(11): 1382-1390.

[16] Yu X, Zou Y, Wu S, et al. Synthesis of acid-base bifunctional mesoporous materials by oxidation and thermolysis[J]. Materials Research Bulletin, 2011, 46(6): 951-957.

[17] Kresge C T, Leonowicz M E, Roth W J, et al. Ordered mesoporous molecular sieves synthesized by a liquid-crystal template mechanism[J]. Nature, 1992, 359(22): 710-712.

[18] Beck J S, Vartuali J C, Roth W J, et al. A new family of mesoporous molecular sieves prepared with liquid-crystal mechanism[J]. Journal of the American Chemical Society, 1992, 114(27): 10834-10843.

[19] Yilmaz M S, Özdemir Ö D, Pişkin S. Synthesis and characterization of MCM-41 with different methods and adsorption of $Sr^{2+}$ on MCM-41[J]. Research on Chemical Intermediates, 2015, 141(1): 199-211.

[20] Vartuli J C, Schmitt K D, Kresge C T, et al. Effect of surfactant/silica molar ratios on the formation of mesoporous molecular sieves: Inorganic mimicry of surfactant liquid-crystal phases and mechanistic implications[J]. Chemistry of Materials, 1994, 6(12): 2317-2326.

[21] Selvam P, Bhatia S K, Sonwane C G. Recent advances in processing and characterization of periodic mesoporous MCM-41 silicate molecular sieves[J]. Industrial and Engineering Chemistry Research, 2001, 40(15): 3237-3261.

[22] Stucky G D, Huo Q S, Firouzi A, et al. Progress in zeolite and microporous materials[J]. Studies in Surface Science Catalysis, 1997, 105: 3-28.

[23] Horvath G, Kawazoe K J. Generalized synthesis of periodic surfactant/inorganic composite materials[J]. Chemistry Engineering of Japan, 1983, 16: 470-477

[24] Huo Q, Margolese D I, Ciesla U, et al. Organization of organic molecules with inorganic molecular species into nanocomposite biphase arrays[J]. Chemistry of Materials, 1994, 6(8): 1176-1191.

[25] Stein A, Melde B J, Schroden R C. Hybrid inorganic-organic mesoporous silicates-nanoscopic reactors coming of age[J]. Advanced Materials, 2000, 12(19): 1403-1419.

[26] Li D, Min H, Jiang X, et al. One-pot synthesis of Aluminum-containing ordered mesoporous silica MCM-41 using coal fly ash for phosphate adsorption[J]. Journal of Colloid and Interface Science, 2013, 404: 42-48.

[27] Chen X, Lam K F, Yeung K L. Selective removal of chromium from different aqueous systems using magnetic MCM-41 nanosorbents[J]. Chemical Engineering Journal, 2011, 172(2): 728-734.

[28] Wei F, Gu F N, Zhou Y, et al. Modifying MCM-41 as an efficient nitrosamine trap in aqueous solution[J]. Solid State Sciences, 2009, 11(2): 402-410.

[29] Yilmaz M S, Özdemir Ö D, Pişkin S. Synthesis and characterization of MCM-41 with differ-

ent methods and adsorption of $Sr^{2+}$ on MCM-41[J]. Research on Chemical Intermediates, 2015,141(1):199-211.

[30] Raji F, Pakizeh M. Study of Hg (II) species removal from aqueous solution using hybrid $ZnCl_2$-MCM-41 adsorbent[J]. Applied Surface Science, 2013, 282:415-424.

[31] Farzaneh F, Husseini F, Hamidipour L, et al. Synthesis, characterization and immobilization of iron (III) pyridoxinato complex within Al-MCM-41 as catalyst for cycloalkanes oxidation [J]. Journal of Porous Materials, 2014, 21(2):189-196.

[32] Zang J, Ding Y, Yan L, et al. Highly efficient and reusable Cu-MCM-41 catalyst for the Baeyer-Villiger oxidation of cyclohexanone[J]. Catalysis Communications, 2014, 51:24-28.

[33] Li J, Zhang Y, Han D, et al. Asymmetric transfer hydrogenation using recoverable ruthenium catalyst immobilized into magnetic mesoporous silica[J]. Journal of Molecular Catalysis A: Chemical, 2009, 298(1):31-35.

[34] Ursachi I, Stancu A, Vasile A. Magnetic $\alpha$-$Fe_2O_3$/MCM-41 nanocomposites: Preparation, characterization, and catalytic activity for methylene blue degradation[J]. Journal of Colloid and Interface Science, 2012, 377(1):184-190.

[35] Zhao W, Gu J, Zhang L, et al. Fabrication of uniform magnetic nanocomposite spheres with a magnetic core/mesoporous silica shell structure[J]. Journal of the American Chemical Society, 2005, 127(25):8916-8917.

[36] Csobán K, Párkányi-Berka M, Joó P, et al. Sorption experiments of Cr (III) onto silica[J]. Colloids and Surfaces A, 1998, 141(18):347-364.

[37] Rauf M A, Bukallah S B, Hamour F A, et al. Adsorption of dyes from aqueous solutions onto sand and their kinetic behavior[J]. Chemical Engineering Journal, 2008, 137(2):238-243.

[38] Lee C K, Liu S S, Juang L C, et al. Application of MCM-41 for dyes removal from wastewater[J]. Journal of Hazardous Materials, 2007, 147(3):997-1005.

[39] Su Y H, Zhu Y G, Sheng G, et al. Linear adsorption of nonionic organic compounds from water onto hydrophilic minerals: silica and alumina[J]. Environmental Science and Technology, 2006, 40(22):6949-6954.

[40] Li S, Tuan V A, Noble R D. MTBE Adsorption on all-silica $\beta$ Zeolite[J]. Environmental Science and Technology, 2003, 37(17):4007-4010.

[41] Bottero J Y, Khatib K, Thomas F. Adsorption of atrazine onto zeolites and organoclays, in the presence of background organics[J]. Water Research, 1994, 28(2):483-490.

[42] Anderson M A. Removal of MTBE and other organic contaminants from water by sorption to high silica zeolites[J]. Environmental Science and Technology, 2000, 34(4):725-727.

[43] Haderlein S B, Schwarzenbach R P. Adsorption of substituted nitrobenzenes and nitrophenols to mineral surfaces[J]. Environmental Science and Technology, 1993, 27(2):316-326.

[44] Haderlein S B, Weissmahr K W, Schwarzenbach R P. Specific adsorption of nitroaromatic explosives and pesticides to clay minerals[J]. Environmental Science and Technology, 1996, 30(2):612-622.

[45] Boyd S A, Sheng G, Teppen B J. Mechanisms for the adsorption of substituted nitrobenzenes by semctite calys[J]. Environmental Science and Technology, 2001, 35(21): 4227-4234.

[46] Li H B, Teppen J, Johnston C T. Thermodynamics of nitroaromatic compound adsorption from water by smectite clay[J]. Environmental Science and Technology, 2004, 38(20): 5433-5442.

[47] Pauling L. 化学键的本质[M]. 卢嘉锡，等译. 上海：上海科学技术出版社，1966: 442-445.

[48] Park Y J, Jung K H, Park K K. Effect of complexing ligands on the adsorption of Cu (II) onto the silica gel surface: adsorption of ligands[J]. Journal of Colloid and Interface Science, 1995, 171(1): 205-210.

[49] Corma A. From microporous to mesoporous molecular sieve materials and their use in catalysis [J]. Chemical Reviews, 1997, 97: 2373-2419.

[50] Ying J Y, Mehnert C P, Wong M S. Synthesis and applications of supramolecular-templated mesoporous materials [J]. Angewandte Chemie International Edition, 1999, 38(1/2): 56-77.

[51] Trong On D, Desplantier-Giscard D, Danumah C, et al. Perspectives in catalytic applications of mesostructured materials[J]. Applied Catalysis A—General, 2001, 222: 299-357.

[52] Taguchi A, Schuth F. Ordered mesoporous materials in catalysis[J]. Microporous and Mesoporous Materials, 2005, 77: 1-45.

[53] Moller K, Bein T. Inclusion chemistry in periodic mesoporous hosts[J]. Chemistry of Materials, 1998, 10(10): 2950-2963.

[54] Choi S, Wang Y, Nie Z, et al. Cs-substituted tungstophosphoric acid salt supported on mesoporous silica[J]. Catalysis Today, 2000, 55: 117-124.

[55] Pizzio L R, Blanco M N. A contribution to the physicochemical characterization of nonstoichiometric salts of tungstosilicic acid[J]. Microporous and Mesoporous Materials, 2007, 103: 40-47.

[56] Yadav J S, Subba Reddy B V, Purnima K V, et al. Cu-exchanged phosphotungestic acid: An efficient and reusable hetropoly acid for the cyclopropanation of alkenes via C-H insertion [J]. Journal of Molecular Catalysis A—Chemical, 2008, 285: 36-40.

[57] Rath D, Rana S, Parida K M. $Cu_xH_{3-2x}PW_{12}O_{40}$ supported on MCM-41: Their activity to heck vinylation of aryl halides[J]. Industrial and Engineering Chemistry Research, 2010, 49: 8942-948.

[58] Inagaki S, Guan S, Fukushima Y, et al. Novel mesoporous materials with a uniform distribution of organic groups and inorganic oxide in their frameworks[J]. Journal of the American Chemical Society, 1999, 121(41): 9611-9614.

[59] Asefa T, MacLachlan M J, Coombs N, et al. Periodic mesoporous organosilicas with organic groups inside the channel walls[J]. Nature, 1999, 402: 867-871.

[60] Hatton B, Landskron K, Whitnall W, et al. Periodic mesoporous organosilicas (PMOs)—Past, present, future[J]. Accounts of Chemical Research, 2005, 38(4): 305-312.

[61] Zhao X S, Lu G Q. Modification of MCM-41 by surface silylation with trimethylchlorosilane

and adsorption study[J]. The Journal of Physical Chemistry B,1998,102(9):1556-1561.

[62] Mercier L,Pinnavaia T J. Heavy metal ion adsorbents formed by the grafting of a thiol functionality to mesoporous silica molecular sieves: factors affecting Hg (II) uptake[J]. Environmental Science and Technology,1998,32(18):2749-2754.

[63] Jaroniec C P, Kruk M, Jaroniec M, et al. Tailoring surface and structural properties of MCM-41 silicas by bonding organosilanes[J]. The Journal of Physical Chemistry B,1998,102(28):5503-5510.

[64] Song S W, Hidajat K, Kawi S. Functionalized SBA-15 materials as carriers for controlled drug delivery: Influence of surface properties on matrix-drug interactions[J]. Langmuir,2005,21(21):9568-9575.

[65] Park M,Komarneni S. Stepwise functionalization of mesoporous crystalline silica materials [J]. Microporous and Mesoporous Materials,1998,25(1):75-80.

[66] Igarashi N,Hashimoto K,Tatsumi T. Studies on the structural stability of mesoporous molecular sieves organically functionalized by a direct method[J]. Journal of Materials Chemistry,2002,12(12):3631-3636.

[67] Ribeiro Carrott M M L,Estêvao Candeias A J,Carrott P J M,et al. Stabilization of MCM-41 by pyrolytic carbon deposition[J]. Langmuir,2000,16(24):9103-9105.

[68] Ho K Y,Mckay G,Yeung K L. Selective adsorbents from ordered mesoporous silica[J]. Langmuir,2003,19(7):3019-3024.

[69] Wang S,Li H. Structure directed reversible adsorption of organic dye on mesoporous silica in aqueous solution[J]. Microporous and Mesoporous Materials,2006,97:21-26.

[70] Juang L C,Wang C C,Lee C K. Adsorption of basic dyes onto MCM-41[J]. Chemosphere,2006,64(11):1920-1928.

[71] Lee C K, Liu S S, Juang L C, et al. Application of MCM-41 for dyes removal from wastewater[J]. Journal of Hazardous Materials,2007,147(3):997-1005.

[72] Cooper C,Burch R. An investigation of catalytic ozonation for the oxidation of halocarbons in drinking water preparation[J]. Water Research,1999,33(6):3695-3700.

[73] Yan Z,Li G,Mu L,et al. Pyridine-functionalized mesoporous silica as an efficient adsorbent for the removal of acid dyestuffs[J]. Journal of Materials Chemistry,2006,16:1717-1725.

[74] Qin Q,Ma J,Ke L. Adsorption of anionic dyes on ammonium-functionalized MCM-41[J]. Journal of Hazardous Materials,2008,162(1):30-35.

[75] Santos D O,Santos M L N,Costa J A S,et al. Investigating the potential of functionalized MCM-41 on adsorption of Remazol Red dye[J]. Environmental Science and Pollution Research,2013,20(7):5028-5035.

[76] Kannan C,Muthuraja K,Devi M R. Hazardous dyes removal from aqueous solution over mesoporous aluminophosphate with textural porosity by adsorption [J]. Journal of Hazardous Materials,2013,15(244/245):10-20.

[77] Inumaru K,Kiyoto J,Yamanaka S. Molecular selective adsorption of nonylphenol in aqueous

solution by organo-functionalized mesoporous silica[J]. Chemical Communications, 2000(11):903-904.

[78] Kumar R, Barakat M A, Daza Y A, et al. EDTA functionalized silica for removal of Cu (II), Zn (II) and Ni (II) from aqueous solution[J]. Journal of Colloid and Interface Science, 2013, 408:200-205.

[79] Lam K F, Fong C M, Yeung K L, et al. Selective adsorption of gold from complex mixtures using mesoporous adsorbents[J]. Chemical Engineering Journal, 2008, 145(2):185-195.

[80] Yuan L Y, Bai Z Q, Zhao R, et al. Introduction of bifunctional groups into mesoporous silica for enhancing uptake of thorium (IV) from aqueous solution[J]. ACS Applied Materials and Interfaces, 2014, 6(7):4786-4796.

[81] Gomes E C C, de Sousa A F, Vasconcelos P H M, et al. Synthesis of bifunctional mesoporous silica spheres as potential adsorbent for ions in solution[J]. Chemical Engineering Journal, 2013, 214:27-33.

[82] Sad R, Belkaeemi K, Hamoudi S. Adsorption of phosphate and nitrate anions on ammonium-functionalized MCM-48: Effects of experimental conditions [J]. Journal of Colloid and Interface Science, 2007, 311(2):375-381.

[83] 龙庚,龙步明. Al-$SiO_2$介孔材料吸附电解锰废水中的锰、铬离子[J]. 化工环保, 2011, 31(5):418-422.

[84] Yokoi T, Tatsumi T, Yoshitake H. $Fe^{3+}$ coordinated to amino-functionalized MCM-41: An adsorbent for the toxic oxyanions with high capacity, resistibility to inhibiting anions, and reusability after a simple treatment[J]. Journal of Colloid and Interface Science, 2004, 274(2):451-457.

[85] Benhamou A, Basly J P, Baudu M, et al. Amino-functionalized MCM-41 and MCM-48 for the removal of chromate and arsenate[J]. Journal of Colloid and Interface Science, 2013, 404:135-139.

[86] Qiang W, Wei G, Yang L, et al. Simultaneous adsorption of Cu(II) and $SO_4^{2-}$ ions by a novel silica gel functionalized with a ditopic zwitterionic Schiff base ligand[J]. Chemical Engineering Journal, 2014, 250(6):55-65.

[87] Min-Yun C, Ruey-Shin J. Adsorption of tannic acid, humic acid, and dyes from water using the composite of chitosan and activated clay[J]. Journal of Colloid and Interface Science, 2004, 278:18-25.

[88] Ho Y S, Mckay J C Y N G. Kinetics of pollutant sorption by biosorbents: review[J]. Separation and Purification Reviews, 2011, 29(2):189-232.

[89] Ho Y S. Review of second-order models for adsorption systems[J]. Journal of Hazardous Materials, 2006, 136(48):681-689.

[90] Grün M, Unger K K, Matsumoto A, et al. Novel pathways for the preparation of mesoporous MCM-41 materials: Control of porosity and morphology[J]. Microporous and Mesoporous Materials, 1999, 27(2):207-216.

[91] Das D, Lee J F, Cheng S. Selective synthesis of Bisphenol—A over mesoporous MCM silica catalysts functionalized with sulfonic acid groups[J]. Journal of Catalysis, 2004, 223: 152-160.

[92] Umamaheswari V, Palanichamy M, Murugesan V. Isopropylation of m-cresol over mesoporous Al-MCM-41 molecular sieves[J]. Journal of Catalysis, 2002, 210: 367-374.

[93] Largitte L, Gervelas S, Tant T, et al. Removal of lead from aqueous solutions by adsorption with surface precipitation[J]. Adsorption, 2014, 20: 689-700.

[94] Ishikawa T, Matsuda M, Yasukawa A, et al. Surface silanol groups of mesoporous silica FSM-16[J]. Journal of the Chemical Society Faraday Transactions, 1996, 92(11): 1985-1989.

[95] O'Brien S, Keates J M, Barlow S, et al. Synthesis and characterization of ferrocenyl-modified mesoporous silicates[J]. Chemistry of Materials, 1998, 10(12): 4088-4099.

[96] Aronson B J, Blanford C F, Stein A. Solution-phase grafting of titanium dioxide onto the pore surface of mesoporous silicates: synthesis and structural characterization[J]. Chemistry of Materials, 1997, 9(12): 2842-2851.

[97] 霍涌前，王伟，李瑶，等. 水杨醛希夫碱配合物及其修饰 MCM-41 的合成及表征[J]. 西北大学学报，2004，34(3)：289-292.

[98] 霍涌前，李珺，王伟，等. MCM-41 介孔分子筛组装过渡金属配合物的电子光谱[J]. 光谱学与光谱分析，2004，24(3)：281-284.

[99] 霍涌前，李珺，李菲，等. MCM-41 型介孔分子筛的合成及其化学修饰[J]. 西北大学学报：自然科学版，2003，33(1)：57-60.

[100] Mokaya R, Jones W, Moreno S, et al. n-heptane hydroconversion over aluminosilicate mesoporous molecular sieves [J]. Catalysis Letters, 1997, 49(1-2): 87-94.

[101] 谢芳菲，刘福胜，解从霞，等. 中孔分子筛 Al-MCM-41 的制备及催化聚乙烯裂解反应[J]. 青岛科技大学学报：自然科学版，2007，28(1)：34-38.

[102] Palani A, Pandurangan A. Esterification of acetic acid over mesoporous Al-MCM-41 molecular sieves[J]. Journal of Molecular Catalysis A: Chemical, 2005, 226(1): 129-134.

[103] Parida S K, Dash S, Patel S, et al. Adsorption of organic molecules on silica surface[J]. Advances in Colloid and Interface Science, 2006, 121(121): 77-110.

[104] Sharma R K, Das S, Maitra A. Surface modified ormosil nanoparticles[J]. Journal of colloid and interface science, 2004, 277(2): 342-346.

[105] Alauzun J, Mehdi A, Reyé C, et al. Mesoporous materials with an acidic framework and basic pores. A successful cohabitation[J]. Journal of the American Chemical Society, 2006, 128: 8718-8719.

[106] Jaroniec M. Organosilica the conciliator[J]. Nature, 2006, 442: 638-640.

[107] Sharma K K, Asefa T. Efficient bifunctional nanocatalysts by dimple postgrafting of spatially isolated catalytic groups on mesoporous materials[J]. Angewandte Chemie International Edition, 2007, 46: 2879-2882.

[108] Ken Motokura M T, Iwasawa Y. Heterogeneous organic base-catalyzed reactions enhanced by acid Supports[J]. Journal of the American Chemical Society, 2007, 129: 9540-9541.

[109] Bass J D, Solovyov A, Pascall A J, et al. Acid-base bifunctional and dielectric outer-sphere effects in heterogeneous catalysis: a comparative investigation of model primary amine catalysts[J]. Journal of the American Chemical Society, 2006, 128: 3737-3747.

[110] Hao S, Chang H, Xiao Q, et al. One-pot synthesis and $CO_2$ adsorption properties of ordered mesoporous SBA-15 materials functionalized with APTMS[J]. Journal of Physical Chemistry C, 2011, 115: 12873-12882.

[111] Heidari A, Younesi H, Mehraban Z. Removal of Ni (II), Cd (II), and Pb (II) from a ternary aqueous solution by amino functionalized mesoporous and nano mesoporous silica[J]. Chemical Engineering Journal, 2009, 153: 70-79.

[112] Maria Chong A S, Zhao X S. Functionalization of SBA-15 with APTES and characterization of functionalized materials[J]. Journal of Physical Chemistry B, 2003, 107: 12650-12657.

[113] Bois L, Bonhommé A, Ribes A, et al. Functionalized silica for heavy metal ions adsorption [J]. Colloids and Surfaces A, 2003, 221(1/2/3): 221-230.

[114] Gurgel L V A, Gil L F. Adsorption of Cu (II), Cd (II) and Pb (II) from aqueous single metal solutions by succinylated twice-mercerized sugarcane bagasse functionalized with triethylenetetramine[J]. Water Research, 2009, 43: 4479-4488.

[115] Cheng Z, Liu X, Han M, et al. Adsorption kinetic character of copper ions onto a modified chitosan transparent thin membrane from aqueous solution[J]. Journal of Hazardous Materials, 2010, 182: 408-415.

[116] Chao H P, Chen S H. Adsorption characteristics of both cationic and oxyanionic metal ions on hexadecyltrimethylammonium bromide-modified NaY zeolite[J]. Chemical Engineering Science, 2012, 193: 283-289.

[117] Bhat A, Megeri G B, Thomas C, et al. Adsorption and optimization studies of lead from aqueous solution using γ-Alumina[J]. Journal of Environmental Chemical Engineering, 2015, 3: 30-39.

[118] Wang R, Shin C H, Park S, et al. Removal of lead (II) from aqueous stream by chemically enhanced kapok fiber adsorption[J], Environmental Earth Sciences, 2014, 72: 5221-5227.

[119] Mahadevaiah N, Vijayakumar B, Hemalatha K, et al. Uptake of permanganate from aqueous environment by surfactant modified montmorillonite batch and fixed bed studies[J]. Materials Research Bulletin, 2011, 34: 1675-1681.

[120] Hafez M B, Ramadan Y S. Treatment of radioactive and industrial liquid wastes by Eichornia crassipes[J]. Journal of Radioanalytical and Nuclear Chemistry, 2002, 252: 537-540.

[121] Tasker P A, Tong C C, Westra A N. Co-extraction of cations and anions in base metal recovery[J]. Coordination Chemistry Reviews, 2007, 251: 1868-1877.

[122] White D J, Laing N, Miller H, et al. Ditopic ligands for the simultaneous solvent extraction of cations and anions[J]. Chemical Communications, 1999, 21: 2077-2078.

# 第 5 章　SBA-15 双功能介孔吸附材料的研制

## 5.1　水污染现状、危害及治理方法

### 5.1.1　含离子废水来源及危害

近年来，随着工业的飞速发展，源自于冶金、化工、化肥、机械制造、电子仪表、涂料等工业生产过程产生的大量含离子的工业废水被排放到环境中，造成河流、湖泊甚至地下水的严重污染[1,2]。这类工业废水中所含的离子污染物主要由 $Cu^{2+}$、$Pb^{2+}$、$Cd^{2+}$、$Zn^{2+}$、$Hg^{+}$ 等金属阳离子和 $Cr_2O_7^{2-}$、$CrO_4^{2-}$ 等金属阴离子及 $CN^-$、$F^-$、$Cl^-$、$PO_4^{3-}$、$SO_4^{2-}$ 等无机阴离子所组成。水体中的这类阴阳离子污染物不能自行分解为无害物质，排放到环境中后，只会发生一些形态的转变，从而导致其进入土壤或水体中[3]。

水体中的重金属离子可以通过生物的食物链，成千上万倍地富集，达到相当高的浓度，通过食物进入人体，与生理高分子物质如蛋白质和酶等发生强烈的相互作用，使其失去活性，也可能累积在人体内的某些器官中，造成慢性累积中毒，最终造成严重危害[4]。例如，过量铜一旦进入人体，被胃肠道吸收，就会进入血液、肌肉、肝脏和大脑，引起胃肠疾病、肾损伤、贫血等一系列病症[5,6]；六价铬化合物进入人体后则有可能引起很多急性病，如肝损伤，溃疡、鼻中隔穿孔和呼吸癌等[7,8]。而水体中的无机阴离子，如 $PO_4^{3-}$、$HPO_4^{2-}$、$H_2PO_4^-$ 等的存在，也对生态水系统存在严重的危害。由 $PO_4^{3-}$、$HPO_4^{2-}$、$H_2PO_4^-$ 造成的水体富营养化，导致浮游生物（如各种藻类等）快速繁殖，水体中溶解氧大量下降，水质恶化，进而使得水体中大量生命体死亡，水生态系统和水功能受到抑制和破坏[9,10]。因此，水体中阴阳离子污染物已成为关系到人类健康和生命的重大环境问题。

### 5.1.2　含离子废水治理方法

当前含阴阳离子废水治理已成为社会关注的热点。对于这类阴阳离子污染物，常规的治理方法有化学沉淀法、电解法、膜分离技术、离子交换法、吸附法等[11,12]。

1. 化学沉淀法

化学沉淀法的原理是向废水中加入化学药剂，废水中的可溶性有害物会生成不溶或难溶的化合物，随后，通过过滤和沉淀等方法分离沉淀物，包括中和沉淀法、硫化物沉淀法、铁氧体共沉淀等[13]。这种方法能去除水中的 Ca、Mg 硬度，以及重金属阳离子和某些阴离子。例如，化学沉淀法除铬的基本原理：在 pH＝2～4 的含

铬废水中，加入某些还原性物质，如 Fe、$FeSO_4$、$SO_2$、$NaHSO_4$ 等，把 Cr(Ⅵ)还原成 Cr(Ⅲ)；然后将 pH 调至 8～9，向体系中加入 $Ca(OH)_2$、NaOH 等碱性物质，生成 $Cr(OH)_3$ 沉淀，从而去除废水中的铬离子。

化学沉淀法能将可溶性有害物质转化为不溶性颗粒沉降下来，处理效果较好，但是大量的沉降污泥不易处理，容易造成二次污染，且化学沉淀法具有占地面积大、处理量小、选择性差等缺点[14]。

### 2. 电解法

电解法的基本原理是使废水中有害物质通过电解过程在阳、阴两极上分别发生氧化和还原反应转化成为无害物质以实现废水净化的方法。电解法的优点有去除率高，无二次污染，所沉淀的重金属可回收利用，使用低压直流电源，不必大量耗费化学剂[15]；但是简单的单阴/阳极体系，阴极电流效率较低，沉积速率较小，在稀溶液中电解时，浓差极化使重金属的析出电位变得更负，在电解过程中有大量氢气析出，使其电流效率不高，难以实现深度净化，因此电解法一般适用于重金属含量高的废水。此外，电解法耗电大，投资成本高，因此在废水处理中未能得到广泛应用[16]。

### 3. 膜分离法

膜分离法是通过膜的选择透过性将污染物和水进行分离的方法，包括扩散渗析、超滤法、反渗透和电渗析等方法[17,18]。扩散渗析是依靠膜两侧溶液的浓度差进行溶质扩散的方法；超滤法是利用超滤膜进行筛孔分离，主要用于分离液相物质中的溶质，所采用的膜是高聚物；反渗透是在浓溶液一边加上比自然渗透压更高的压力(一般操作压力为 2～10MPa)，扭转自然渗透方向，把浓溶液中的溶剂(水)压到半透膜的另一边稀溶液中，这和自然界正常渗透过程相反，因此称为反渗透；电渗析是以电能为动力的渗析过程，即废水中的金属在直流电场的作用下，有选择地通过渗析膜所进行的定向迁移过程。

膜分离技术是近年发展迅速、应用广泛的高新技术，其中电渗析和反渗透技术已大规模用于处理镀 Zn、Ni、Cr 的漂洗水，电镀废水及混合重金属废水，该技术具有分离效率高、无相变、无化学反应、体积小、能耗低和操作方便等优点。但因膜组件的设计较困难，且膜易被污染物堵塞，投资高，运行费用高，薄膜的寿命短，大大阻碍了膜分离技术的广泛应用[19]。

### 4. 离子交换法

离子交换法是利用离子交换剂分离废水中有害物质的方法，应用的离子交换剂有离子交换树脂、沸石等。离子交换是交换剂自身所带的能自由移动的离子与被处理的溶液中的离子，通过离子交换来实现的[20]。常用的离子交换树脂有阳离子交换树脂、阴离子交换树脂、螯合树脂和腐殖酸树脂等。阳离子交换树脂由聚合体阴离子和可交换的阳离子所组成可，用于处理含 $Cu^{2+}$、$Pb^{2+}$、$Cd^{2+}$ 等重金属阳离子的废水；阴离子交换树脂由高度聚合体阳离子和可供交换的阴离子组成，树脂中的阴离子可与 $Cr_2O_7^{2-}$、$F^-$、$Cl^-$ 进行交换，从而达到净化的目的；螯合树脂具有螯合基团，对特定的离子具有选择性；腐殖酸树脂由腐殖酸和交联剂交联而成的高分子材料具有阳离子交换和络合能力。离子交换法，具有离子脱出率高、不会造成二次污染等优点，但是一次性投入较大树脂易受污染，操作费用较高等[21]。

5. 吸附法

吸附法是通过吸附质和吸附剂的分子间范德华力、静电力、氢键和化学键等作用，将吸附质吸附到吸附剂上的方法。在众多环境治理技术中，吸附法是最为传统的废水处理方法，目前，废水处理中应用的吸附剂有炭类吸附剂、矿物吸附剂、腐殖酸类吸附剂、废弃物吸附剂、高分子吸附剂、生物吸附剂等(表 5-1)。

**表 5-1　废水处理中常用的吸附剂**

| 吸附剂 | 优点 | 缺点 |
| --- | --- | --- |
| 活性炭：粉末活性炭、颗粒活性炭[22～24] | 含有许多大小不等和形状不规则的细孔，比表面积大，具有较好的吸附能力 | 再生性能，吸附选择性较差，使用周期短，价格与操作费用昂贵，被吸附的物质难以实现资源化 |
| 黏土矿物：膨润土、沸石、凹凸棒石黏土、蛭石、硅藻土、海泡石、水滑石、白云石和高岭土等及改性产品[25,26] | 原料来源广，廉价易得，天然的环境相容性，二次污染小 | 再生困难，吸附容量低，多数研究仍停留在实验室阶段 |
| 腐殖酸类：活化、炭化或经化学处理的变质程度较低的风化煤、褐煤及变质程度较高的无烟煤等[27] | 腐殖酸中含有羧基、酚羟基、醌基等活性基团，并具有巨大的比表面积，化学吸附能力强 | 被吸附物质解吸较难，易胶溶损失，机械强度不高 |
| 废弃物：果壳、树皮等农业废弃物和粉煤灰和炉渣等工业废弃物[28～31] | 有效利用废弃物，变废为宝 | 吸附容量小，吸附剂用量大，难以回收 |
| 吸附树脂：微孔吸附树脂、大孔吸附树脂、离子交换树脂、功能化吸附树脂等[32] | 吸附效率高，性能稳定，使用寿命长，易再生，操作工艺简单 | 应用范围受交换剂品种、产量、成本的限制，对废水预处理要求高 |
| 高分子吸附剂：壳聚糖、纤维素、木质素等[33,34] | 表面官能团丰富，化学吸附作用强，可降解 | 材料易被氧化、腐蚀，机械强度较差，应用场合受限制 |
| 生物吸附剂：微生物、藻类、植物以及以此为原料制备得到的衍生物[35,36] | 再生性好，吸附过程生态友好，不产生有毒污泥，吸附质易回收 | 微生物培养周期长、产率低，多数仍停留在实验室阶段 |

表 5-1 所示的吸附剂，种类繁多，各有优缺点，且其通常只能用于吸附一种的电性的污染物离子，而污水中离子污染常为阴阳离子混合体系，目前采用此类吸附剂用于治理含阴阳离子混合体系废水的主要策略是分步吸附处理法，即先利用一种吸附材料选择性吸附废水中一种电性的离子，而后再选用另外一种吸附材料吸附相反电性的离子[37]。如采用富含酸性中心的吸附材料去除阳离子，再用含有碱性中心的吸附材料去除阴离子[38,39]。这种方法对简单的离子体系是有效的，但是对于阴阳多离子共存的复杂水溶液体系，因受腐殖酸浓度、酸碱度、离子强度、温度和溶解氧的循环等各种因素影响，不同离子和不同基团之间会发生电荷传质、氢键作用、疏水作用等，导致阴、阳离子在吸附材料上发生吸附/络合、解吸释放和迁移转化等复杂的变化，因此很难取得满意的净化效果。此外，分步吸附处理法，吸附反应、分离和回收过程重复进行，耗时耗力成本高。因此，发展同时具有多功能活性吸附位点的材料，使之既具有阴离子吸附位点，也具有特定阳离子吸附位点，则可以实现对废水中阴、阳离子的同时吸附脱除，从而达到对无机废水的理想净化效果。

近年来，介孔材料成为广大科研工作者的研究热点，其具有高度有序排列的孔道结构、孔径均匀且尺寸可调（2～50nm）、比表面积大、吸附容量高、热稳定性好和无毒性等优点，并且介孔材料孔道表面具有均匀的易于修饰的硅羟基等特点，因此介孔材料在环保领域中吸附重金属离子、有机污染物、放射性核素等方面具有较大的应用价值。因此借鉴介孔分子筛骨架掺杂和表面修饰的已有研究方法[40-42]，以其为基体进行骨架掺杂和表面改性，可以制得符合要求的新型双功能吸附材料，实现对废水中阴、阳离子的同时吸附脱除的目的。

### 5.1.3　介孔材料简介

国际纯粹和应用化学联合会（IUPAC）根据多孔材料直径的大小，把多孔材料分为三类[43]：孔径小于 2nm 的微孔材料（microporous materials），如沸石、活性炭等；孔径处于 2～50nm 的介孔材料（mesoporous materials），如 MCM-41、SBA-15 等；孔径大于 50nm 的大孔材（macroporous materials），如气凝胶、多孔陶瓷等。

### 5.1.4　介孔材料的分类

介孔材料按孔道有序性特征可分为无序和有序介孔材料两类：无序介孔材料的孔径分布较宽，孔形复杂不规则，孔径尺寸不均一；有序介孔材料在空间规则排列，孔径分布较窄。有序介孔材料的出现是分子筛发展史上的一次飞跃。1992 年，美国 Mobil 公司运用季铵盐表面活性剂首次在碱性条件下成功合成了有序且结构稳定的 M41S 系列介孔材料[42]。M41S 系列介孔材料的出现为有序介孔材料的发展奠定了基础。

介孔材料按化学元素组成可分为非硅基和硅基介孔材料两类：非硅基介孔材

料发展较晚，合成机制还不完善，材料热稳定性较差，煅烧时容易造成介孔结构塌陷，且孔容积和比表面积都较小，因此研究相对较少，但非硅基介孔材料一般存在可变价态，展示出很好的应用前景，近年来引起了科学家的广泛关注；硅基介孔材料制备技术相对成熟完善，且具有孔径分布较窄，比表面积大，孔道结构有序等优点，使其在大分子催化、生物工程、选择吸附、功能材料等领域有广泛的应用前景[44]。硅基介孔材料种类多样，包括以下几类：①以六方相 MCM-41 为典型代表的 M41S 系列介孔材料，具有较大的比表面积、均匀的孔道、有序的二维或三维结构、较高的热稳定性，并且可以通过改变合成过程中表面活性剂烷基链的长度调整介孔孔道尺寸[45]；②以六方相 SBA-15 为代表的 SBA-$n$ 系列介孔材料，SBA-15 的主孔道孔径在 5～30nm，孔壁厚 6.4nm，与六方相 MCM-41 相比具有更高水热稳定性和机械稳定性，SBA-15 的出现大大促进了对有序介孔材料的广泛研究[46]；③HMS介孔材料，具有与 SBA-15 类似的六方结构，其特点是孔壁较厚，热稳定性高，合成条件较温和，在实际应用中具有很大的应用潜力[47]；④MSU-X 系列介孔材料，有十分优越的高温水热稳定性，用在催化材料上比 MCM-41 和微孔分子筛晶体具有更优异的催化性能[48]；⑤中空的纳米球状介孔材料 HNS，具有 15～25nm 的大孔径，较短的运输孔道及较好的热稳定性，广泛用于纳米反应器，药物运输，催化及扫描等领域[49]。

有序介孔材料的结构和性能主要特征为：①具有规则的孔道结构；②孔径较大，且在 2～50nm 可以调节；③经过优化合成条件或后处理，可具有很好的热稳定性和一定的水热稳定性；④颗粒具有规则外形，且可在微米尺度内保持高度的孔道有序性；⑤高比表面积，高空隙率；⑥广泛的应用前景，如大分子催化、生物工程、选择吸附、功能材料等。

### 5.1.5　介孔材料的合成方法

1. 水热合成法

水热合成法是最为常用的方法[50]，在高温、高压条件下，将一定量的表面活性剂、酸或碱加入水中组成混合溶液，再加入无机物种形成水凝胶，然后在高压釜、高温条件下，得到有序的介孔材料。水热溶剂热合成化学的特点：①水热与溶剂热条件下，反应物反应性能改变，活性提高，水热与溶剂热合成方法有可能代替固相反应以及难于进行的合成反应，并产生一系列新的合成方法；②水热与溶剂热条件下，中间态、介稳态及特殊物相易于生成，因此能合成开发出一系列具有特种介稳结构、特种凝聚态的新合成产物。水热合成法合成介孔材料有效地减少了材料的陈化时间，提高材料的晶化度，进而加强介孔材料的稳定性。

2. 溶胶-凝胶法

溶胶-凝胶合成路线是将原料分散于溶剂中，经过醇解、水解或配合等反应过程，生成的单体形成溶胶后，再逐渐转化为具有一定空间结构的凝胶，进一步干燥、热处理后，制备出介孔材料。溶胶-凝胶法具有操作可控，成本低、设备简单等优点。

### 5.1.6 介孔材料的合成机理

目前关于介孔材料具有代表性的合成机理主要有液晶模板机理[22,27]、协同作用机理[51,52]、棒状自组装机理[53]及其他。

1. 液晶模板机理

液晶模板机理是 Mobil 公司的科学家为解释 MCM-41 的合成机理提出来的(图 5-1)。液晶模板机理认为介孔分子筛的合成是以表面活性剂的不同溶质液晶相为模板。在加入无机物种之前具有疏水和亲水基团的表面活性剂在溶剂中形成球形胶束和棒状胶束，其外表面由亲水端构成，随着表面活性剂浓度的增大达到某一特定浓度后自动缔合成六方有序排列的溶致液晶结构，加入无机物种后溶解在溶剂中的无机单体分子或聚合物在范德华力作用下与表面活性剂的亲水端相结合，最终聚集沉淀在棒状胶束的孔隙间，固化后形成孔壁。因此不同表面活性剂浓度、表面活性剂在溶剂中所能形成的疏水链长度以及棒状胶束体长度决定着有序介孔材料的结构[42]。

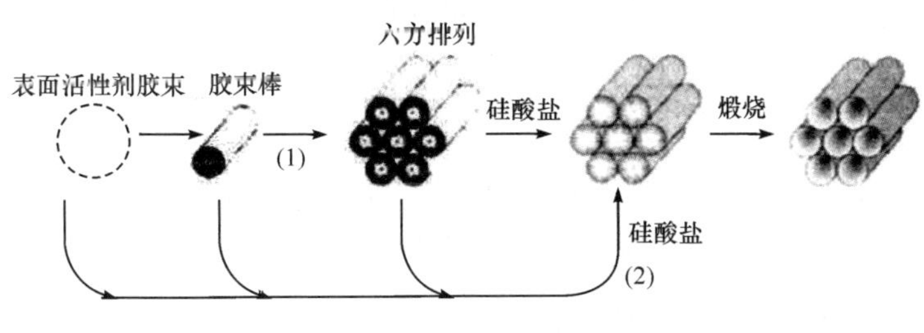


图 5-1 液晶模板模型示意图

2. 协同作用机理

协同作用机理与液晶模板机理一样也是由 Mobil 公司提出来的，与液晶模板机理相似，协同作用机理也认为表面活性剂在溶剂中形成的溶致液晶是介孔材料合成过程中的模板，但表面活性剂的液晶相是在加入无机物种后形成的，表面活性剂先期形成的胶束加速无机物种的沉淀缩聚，而无机物种的沉淀缩聚反应反促进胶束体形成六方有序的类液晶相结构，两者相互作用导致表面活性剂介观相形成。胶束加速无机物种的缩聚过程主要由有机相与无机相界面之间复杂的相互作用(如静电吸引力、氢键作用或配位键等)导致无机物种在界面的浓缩而产生。此机理弥补了液晶模板机理在解释介孔材料合成中的诸多实验现象的不足,如室温条件和低表面活性剂浓度下介孔材料的合成以及合成过程中的相转变现象等[51,52]。

3. 棒状自组装机理

棒状自组装机理是对液晶模板机理的修正[53]。硅酸盐与无序且随机排列的棒状胶束相互作用而包裹于胶束的外表面,形成随机排列的复合物,这些复合物经过自组装堆积成六方结构。随着在晶化过程中时间和温度的变化,硅酸根离子发生缩聚,变得有序,从而形成无机物种和表面活性剂的网络结构,通过进一步烧除模板剂,获得介孔结构。如图 5-2 所示,在观察过程中没有六方液晶相的形成,因此棒状自组装机理认为表面活性剂不是结构导向剂,棒状自组装机理很好地解释了六方晶系介孔材料的形成成理,却不能对层状晶系和立方晶系介孔材料的合成机理给予合理的解释,因此棒状自组装机理还是存在一定局限性。

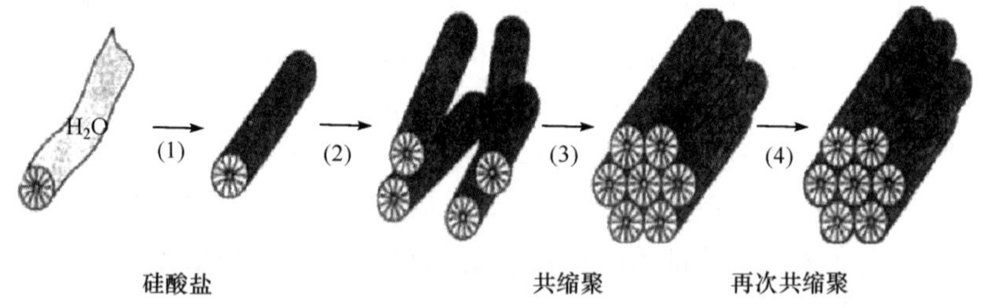


图 5-2 棒状自组装合成机理示意图

4. 其他机理

此外,科学工作者也提出层状褶皱机理[54]、氢键作用[47]、静电作用机理[55]等,但这些机理的解释应用都存在一定的局限性。

### 5.1.7 介孔材料的修饰及改性方法

以 SBA-15 为代表的介孔材料具有孔径分布较窄且可调,结构有序,具有一定壁厚且由易于掺杂的无定形骨架组成,比表面积大且内表面可修饰,稳定性强等优点;但其存在表面酸性弱,没有活性中心等缺点,使其在实际应用中受到限制。为了改变这种局面,科学工作者尝试利用化学修饰手段将活性物质引入孔道内,或部分取代其无机骨架使介孔材料具有各种活性中心。通过修饰和改性,实现介孔材料的功能化,推进介孔材料在均相催化、吸附分离、化学传感、分子识别、功能材料等方面的应用[44]。

介孔材料的表面化学修饰主要有两种方法:后表面嫁接法和共聚缩合法。

1. 后表面嫁接法

介孔材料的骨架由非晶态的二氧化硅组成，在合成的过程中硅羟基基团发生不完全缩合，从而导致介孔材料孔道表面存在三种形式的硅羟基：自由硅羟基、孪式硅羟基和氢键硅羟基，其结构示意图如图 5-3 所示[56]。其中孤立的硅羟基具有很高的化学活性，孪式硅羟基由于空间位阻效应，只有一个硅羟基具有较高的化学活性，氢键硅羟基几乎没有化学活性，但是其受热后可以转化为孤立的硅羟基。介孔材料表面这些具有活性的硅羟基(—Si—OH)是表面后嫁接修饰的基础，这些硅羟基与硅烷偶联剂发生硅烷化反应从而把不同活性的有机功能团引入介孔材料的孔道内。后嫁接反应的过程如图 5-4 所示，具体如下[57]：①硅烷化反应，在无水条件下使用硅烷偶联剂与介孔孔道内的活性硅羟基发生硅烷化反应，常见的硅烷偶联剂如有机烷氧基硅烷$(R'O)_3SiR$，有机氯硅烷 $ClSiR_3$，有机胺硅烷 $H_2N(SiR_3)$；②有机基团化学反应，在硅烷化介孔材料的基础上，通过硅烷偶联剂的偶联作用，将有机基团如氨基、巯基、苯基和卤代基等基团引入到介孔分子筛的孔道内，从而使介孔材料表面根据不同需要，选择性地接枝不同的有机基团，实现不同目标的功能化需求。后嫁接法，能将大量的有机基团接枝到介孔材料的表面，且能保持其结构的完整有序性，但嫁接基团易聚集在孔道孔口处，从而造成孔道口堵塞，不利于应用中分子在孔道中的扩散。

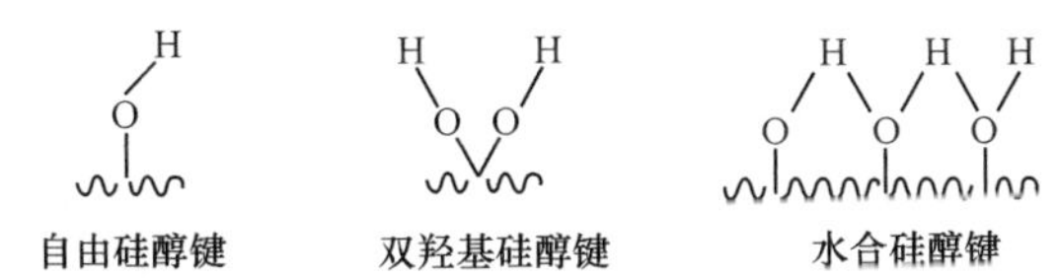


图5-3　介孔分子筛孔道内 Si—OH 的三种主要存在形式

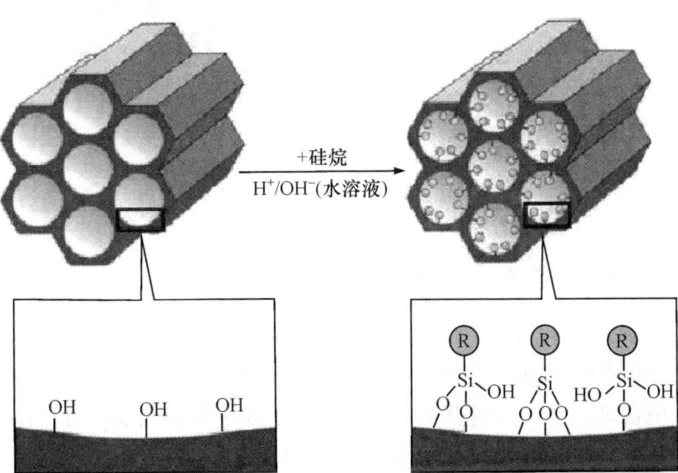


图 5-4　后嫁接过程示意图

2. 共聚缩合法

共聚缩合法[57]是指在合成介孔材料过程中，在模板剂的存在下，无机硅源四氧烷基硅烷（TEOS）或金属氧化物与硅烷偶联剂有机烷氧基硅烷（$(R'O)_3SiR$）进行水解、缩聚反应，经过萃取去除模板剂，有机基团铆接于介孔孔道内或金属离子掺杂于介孔骨架内，进而得到有机功能化或金属功能化的介孔材料，从而实现介孔材料的化学修饰，如图 5-5 所示。该方法合成步骤简单，前驱体在均相中反应，避免相分离，获得的改性介孔材料其接枝的基团或金属离子在材料的孔道表面或骨架上分布更加均匀，但是这种合成方法只能实现少量功能基团的负载，当负载量较高时，不易保持介孔材料的结构有序性。

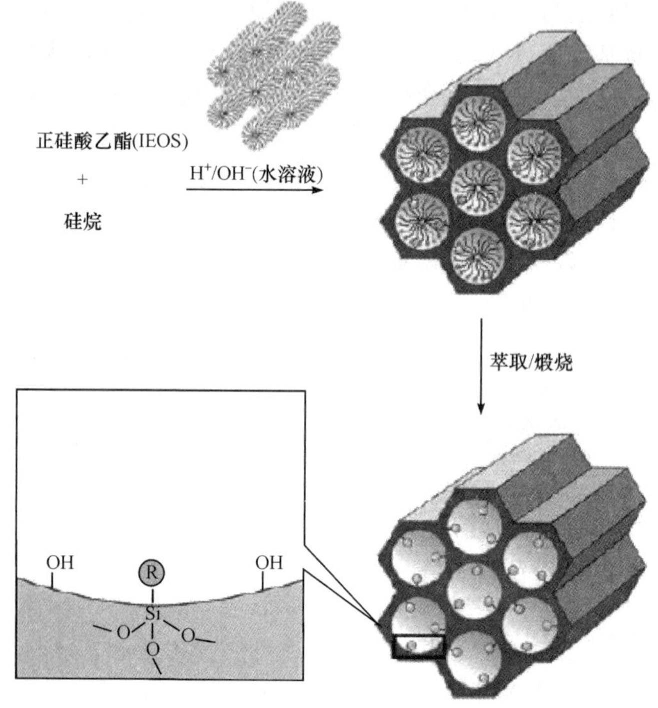


图 5-5　共聚缩合法示意图

### 5.1.8　功能化介孔材料在离子吸附方面的应用

介孔硅材料孔径分布范围窄、大小可调，骨架稳定，结构规整有序，是良好的吸附剂载体；尤其是其表面易于功能化，可用以制备表面性能不同的介孔吸附剂，适应不同的环境需求。另外，这些材料在吸附后易与母液分离，通过酸洗、焙烧或萃取等工序，可实现污染物资源化及吸附剂再生，因而在治理重金属离子、无机阴离子等方面具有良好的应用前景。

1. 功能化介孔材料吸附阳离子的应用

针对金属阳离子而言，有机官能团（—$NH_2$、—SH 等）可提供与其结合的活性吸附位点，1997 年，Feng 等[58]首次报道了利用巯丙基三甲氧基硅烷修饰的介孔硅吸附剂，得到巯基修饰率为 10%～76%的 FMMS。经巯基修饰率为 10%～25%的 FMMS 处理后的水体，汞含量低于美国环保署（EPA）制定的有毒物质指标限，甚至低于饮用水标准。Liu 和 Pinnavaia 等[59,60]研究小组相继报道了通过共缩聚或后接枝的方法，将—SH 引入 MCM-41、SBA-15、MSU 及 HMS 介孔材料，它们对 $Hg^{2+}$ 具有良好的选择性吸附能力。他们发现，吸附能力不仅与巯基的负载量有关，而且强烈依赖于其孔径的大小，如孔径约为 2nm 的 HMS 上仅有 50%的巯基可与 $Hg^{2+}$ 结合，而较大孔径的 MSU 和 MCM-41 上几乎所有的巯基都可以与 $Hg^{2+}$ 结合。但是，巯基改性的介孔材料对 $Hg^{2+}$ 亲和力过强，不易再生。

近年来，使用不同官能团修饰的介孔硅材料，对金属阳离子的吸附研究有了很大进展。大量研究表明[61～71]，硫醇、硫脲等改性的介孔硅材料显示了对废水中 $Hg^{2+}$ 的选择性吸附；胺基功能化的介孔硅材料则显示对不同离子（$Cu^{2+}$、$Cr^{3+}$、$Ni^{2+}$、$Zn^{2+}$）的高亲和性；含 N—、S—有机官能团引入硅基介孔材料对 $Pb^{2+}$ 和 $Cd^{2+}$ 具有高的选择吸附特性。Gao 等[65]报道了亚胺基二乙酸改性的 SBA-15 对 $Cd^{2+}$ 具有很好的吸附特性；Mureseanu 等[66]使用水杨酸胺改性 SBA-15 介孔材料，并研究其对重金属离子的吸附能力，结果发现该材料对 $Cu^{2+}$ 具有高选择性的吸附能力。Yoo、Ballesteros 和 Shahbazi 等[67～69]报道了大树枝状多分子胺功能化的 SBA-15 对废水中金属离子的吸附效果，由于胺基基团的大大提高，去除废水中的阳离子能力显著提高。Da'na[70]对胺基功能化的 SBA-15 吸附 $Cu^{2+}$ 的性能展开了系统研究，采用共聚合的方法合成了 $NH_2$-SBA-15，用于处理含 $Cu^{2+}$ 的污水，探讨了吸附温度、时间、pH、搅拌速度对吸附性能的影响。实验结果表明，改性后的介孔材料（即 $NH_2$-SBA-15）对 $Cu^{2+}$ 的吸附能力显著提高，是一种性能良好的新型吸附剂，其吸附机理是 $NH_2$-SBA-15 表面接枝的—$NH_2$ 官能团与水中的 $Cu^{2+}$ 发生了络合作用；介孔材料对 $Cu^{2+}$ 的吸附受溶液的 pH、温度及时间的影响。吸附热力学表明：吸附过程是一个自发的吸热过程，因此升高温度有利于 $NH_2$-SBA-15 对 $Cu^{2+}$ 的吸附。在稳定的实验条件下 $NH_2$-SBA-15 对低浓度的 $Cu^{2+}$ 的仍有很好的吸附能力，去除率达到 95%。Wang 等[71]报道了用胶体化学法合成的胺基功能化的磁性 SBA-15 介孔复合材料，其对 $Pb^{2+}$ 有很好的吸附效果，吸附容量高达 243.9mg/g，此外由于其带有磁性，吸附后在外界磁场的作用下，极易从水体中分离出来，用弱酸处理后，便可重复利用，具有很好的分离性和可再生性。

2. 功能化介孔材料吸附阴离子的应用

在去除水体中阴离子方面，功能化介孔材料也取得了一定的进展。目前功能化介孔材料吸附阴离子的主要方法是利用胺基功能化的介孔材料在酸性条件下$—NH_2$质子化成$—NH_3^+$，利用的$—NH_3^+$正电性吸附水体中的阴离子。Yoshitake等[72]研究了功能化 MCM-41 和 SBA-1 对水体中的铬酸根($Cr_2O_7^{2-}$)、砷酸根($HAsO_4^{2-}$)具有较好的吸附效果。Rabin、Hamoudi 等[73,74]采用后嫁接表面改性的方法，以甲苯为溶剂，将氮含量不同的硅烷偶联剂(APTES、TMPED、TMPDT)接枝到 SBA-15 表面，得到胺基功能化的 SBA-15，然后用 HCl (0.1mol/L)对其进行质子化处理得到$(NH_3^+)_x$-SBA-15，用于吸附处理 $NO_3^-$ 和 $H_2PO_4^-$，吸附结果表明，$(NH_3^+)_x$-SBA-15 对 $NO_3^-$ 和 $H_2PO_4^-$ 都具有较好的吸附能力。Wu 等[75]研究了质子化胺基功能化介孔材料对 $Cr_2O_7^{2-}$、$HAsO_4^{2-}$ 的吸附机理，当 pH 分别为 2 和 4 时，$Cr_2O_7^{2-}$ 和 $HAsO_4^{2-}$的吸附效果最好。此外，吸附后的材料用 $NaHCO_3$ 可进行全脱附，洗脱后的再生吸附剂仍具有很好的吸附能力。

### 3. SBA-15 双功能介孔吸附材料研制的背景及创新点

#### 1) SBA-15 双功能介孔吸附材料研制背景与意义

目前环境问题已受到越来越多的关注，工业、社会活动产生的污染问题急切需要解决。水体中所含的由 $Cu^{2+}$、$Pb^{2+}$、$Cd^{2+}$、$Zn^{2+}$、$Hg^+$ 等金属阳离子和 $Cr_2O_7^{2-}$、$CrO_4^{2-}$ 等金属阴离子及 $CN^-$、$F^-$、$Cl^-$、$PO_4^{3-}$、$SO_4^{2-}$ 等无机阴离子所组成的混合离子污染物成为了亟待解决的环境问题。长期来治理可溶性离子污染物的主要策略是分步处理法，这种方法对于简单的污染体系可能是有效的，但是对于多离子共存的复杂水溶液体系难取得满意的净化效果。

20 世纪末发展起来的介孔硅材料，具有比表面高、孔道结构可控、稳定性好等优点，适于用作吸附剂载体；更重要的是介孔硅材料表面及孔壁上有均匀分布的高密度的 Si—OH，可以和 RSiOR′发生缩合反应，有机官能团可以通过“Si—O—Si”共价键的形式引入到介孔材料表面和孔壁上。在介孔材料的表面和骨架孔道修饰不同的官能团后，可具备不同的吸附性能，从而适应不同的环境需求。

本研究提出发展同时具有多功能活性吸附位点的材料，以 $Cu^{2+}$ 和 $Cr_2O_7^{2-}$ 为模拟目标离子，研究该吸附材料对水中阴、阳离子的同时吸附脱除，阐明材料表面双功能活性位点同时吸附脱除废水阴阳离子的协同效应、作用机理，揭示吸附过程的新现象，发展吸附理论并发展吸附新技术，推动废水净化吸附材料的研究和应用。通过研究该吸附材料对废水中阴阳离子的同时吸附脱除，将其应用到废水处理过程中，以缓解水污染程度，发展具有经济价值的吸附剂投放市场，减少对环境的污染，具有重要的实际应用价值。

#### 2) 研究的主要内容与创新

本研究将针对可溶性离子净化存在的基础科学和实际问题，拟以 SBA-15 介孔分子筛作为吸附基体材料，通过无机离子的掺杂、改性等手段提高基体材料的阳离子活性吸附位点，再以该单功能化的吸附基体为基础，通过后接枝的方法引入具备大空间位阻效应的树枝状多胺基团,制备出新型的双功能吸附材料。本研究内容如下。

(1) 功能化吸附基体的合成。

用水热法合成介孔硅基 SBA-15 以及骨架掺杂 Al 离子的单功能化 A-SBA-15,以 SBA-15 和 A-SBA-15 为基体材料采用后嫁接法将大空间位阻效应的树枝状多胺基团分别接枝到 SBA-15 和 A-SBA-15 的孔道表面,分别获得单功能化 SBA-15-G 和双功能化 AG-SBA-15。并用 XRD、$N_2$ 吸附-脱附、FT-IR、SEM、TEM 及 $NH_3$-TPD 等表征手段进行材料组成与结构进行分析表征。

(2) 功能化吸附材料的吸附功效评价。

① 用 $Cu^{2+}$ 作为目标吸附离子评价吸附材料对阳离子的吸附功效。

② 用 $Cr_2O_7^{2-}$ 作为目标吸附离子评价吸附材料对阴离子的吸附功效。

③ 用 $Cu^{2+}$ 和 $Cr_2O_7^{2-}$ 的共存体系作为目标离子,评价双功能化吸附材料对阴阳两性离子共存的复杂体系的吸附特性。

(3) 双功能化介孔吸附材料吸附机理的研究。

采用 Langmuir 和 Freundlich 吸附等温式对吸附方程进行拟合,对吸附热力学进行分析。采用 Largergren 准一级动力学、Ho 准二级动力学和 Elovich 动力学模型,对吸附动力学进行分析。采用液膜扩散和粒子内部扩散模型,对吸附的速率进行分析。采用 XPS 对吸附后离子电价变化进行分析。在此基础上,探讨 AG-SBA-15 废水同时除 $Cu^{2+}$ 和 $Cr_2O_7^{2-}$ 的机理。

本研究创新之处表现在以下几个方面。

(1) 提出设计制备同时具有阳离子活性吸附位点和阴离子活性吸附位点的双功能废水净化吸附材料,以实现对废水中阴阳混合污染离子的同步高效吸附,是解决无机可溶性污染物废水净化吸附问题的一个新策略。

(2) 通过掺杂无机离子制备出具有阳离子吸附功效的分子筛,再将具备阴离子吸附功效的大位阻树枝状多胺基团接枝在分子筛的孔道表面,制备的双功能分子筛为构建可溶性无机物水污染净化材料提供新思路。

## 5.2 SBA-15 双功能介孔吸附材料的制备与表征

本章的主要内容是用水热法合成介孔硅基 SBA-15 以及骨架掺杂 Al 离子的单功能 A-SBA-15,再以 SBA-15 和 A-SBA-15 为基体材料采用后嫁接法将大位阻多胺基团分别接枝到 SBA-15 和 A-SBA-15 的孔道表面,获得单功能 SBA-15-G 和双功能 AG-SBA-15。并用 XRD、SEM、TEM、$N_2$ 吸附-脱附、FTIR、$NH_3$-TPD 及 TGA 等表征手段对四种合成材料组成与结构进行分析表征,为后续展开的吸附实验做好材料分析。

### 5.2.1 实验药品和仪器

本实验所用的药品和仪器如表 5-2 所示。

**表 5-2 实验主要药品与仪器**

| 试剂 | 生产厂家 | 规格或型号 |
|---|---|---|
| P123($EO_{20}PO_{70}EO_{20}$,MW=5800) | Aldrich | 分析纯 |
| 正硅酸四乙酯(TEOS) | 国药集团化学试剂有限公司 | 分析纯 |
| 异丙醇铝 | 国药集团化学试剂有限公司 | 分析纯 |
| 3-氨丙基三乙氧基硅烷(APTES) | 国药集团化学试剂有限公司 | 分析纯 |
| N-N 二异丙基乙胺(DIPEA) | 国药集团化学试剂有限公司 | 分析纯 |
| 三聚氯氰 | 国药集团化学试剂有限公司 | 分析纯 |
| 乙二胺(EDA) | 国药集团化学试剂有限公司 | 分析纯 |
| 四氢呋喃(THF) | 国药集团化学试剂有限公司 | 分析纯 |
| 二氯甲烷 | 国药集团化学试剂有限公司 | 分析纯 |
| 甲醇 | 国药集团化学试剂有限公司 | 分析纯 |
| 甲苯 | 国药集团化学试剂有限公司 | 分析纯 |
| 盐酸(37%) | 国药集团化学试剂有限公司 | 分析纯 |
| 硝酸(浓) | 浙江盘龙化工试剂厂 | 分析纯 |
| 氢氧化钠 | 广东汕头新宁化工厂 | 分析纯 |
| 超声波清洗器 | 昆山市超声仪器有限公司 | KQ-300B |
| 磁力加热搅拌器 | 江苏常州奥森电器有限公司 | 79-1 |
| 电子分析天平 | 塞多利斯科学仪器(北京)有限公司 | BS124S |
| 电子天平 | 上海精科天美科学仪器有限公司 | FA2204B |
| 集热式恒温加热磁力搅拌器 | 巩义市英予华仪器厂 | DF-101S |
| 微量进样器 | 上海光正医疗仪器有限公司 | W-221 |
| 高速离心机 | 北京医用离心机厂 | LG10-2.4A |
| 电热鼓风恒温干燥箱 | 上海康路仪器设备有限公司 | 101A-1 |
| 箱式电阻炉 | 上海实验电炉厂 | SX2-10-13 |
| pH 计 | 优特仪器有限公司 | PH 510 |

### 5.2.2 样品的制备

1. SBA-15 的制备

参照 Zhao 等[46]在文献中提及的合成路线,采用水热晶化法合成纯硅基 SBA-15,具体步骤如下:将 4g 三嵌段表面活性剂(P123)溶于 30mL 去离子水和 120mL

HCl(2mol/L)中,在室温下搅拌4h,待P123完全溶解后,在40℃下缓慢滴加9.0g的正硅酸乙酯(TEOS),在40℃下剧烈搅拌24h,然后转移至聚四氟乙烯反应釜中在100℃下晶化24h,然后过滤,用去离子水洗至中性,在60℃下干燥12h,在550℃下煅烧6h,升温速率为2℃/min,得到白色粉末SBA-15。SBA-15的原子结构如图5-6(a)所示。

2. A-SBA-15的制备

采用参考文献[76]报道的方法合成Al原子掺杂SBA-15骨架单功能A-SBA-15,具体步骤如下:将4g三嵌段表面活性剂(P123)溶于30mL去离子水和120mL HCl(2mol/L)中,在室温下搅拌4h,待P123完全溶解后,在40℃下缓慢滴加9.0g的正硅酸乙酯(TEOS),在40℃下剧烈搅拌45min后,加入所需量的异丙醇铝,继续在40℃下剧烈搅拌24h,然后转移至聚四氟乙烯反应釜中在100℃下晶化48h,然后过滤,用去离子水洗至中性,在60℃下干燥12h,在550℃下煅烧6h,升温速率为2℃/min,得到白色粉末A-SBA-15。Al原子掺杂SBA-15的原子结构如图5-6(b)所示。

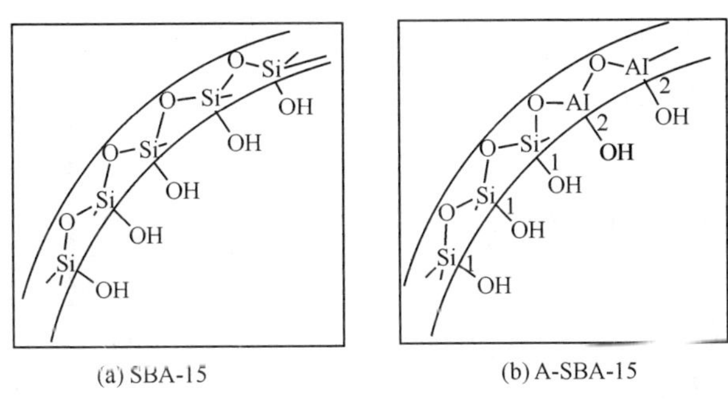


图5-6 原子结构示意图

3. SBA-15-G的制备

参考文献[67]～[69]报道的方法合成大位阻多胺基团接枝SBA-15的单功能SBA-15-G,具体步骤如下:将1g SBA-15溶于100mL甲苯溶液中,然后缓慢滴加1.17mL硅烷偶联剂3-氨丙基三乙氧基硅烷(APTES)在室温下搅拌12h,过滤,用足量的异丙醇洗涤,在110℃干燥后,得到SBA-15-$NH_2$。0.9322g的三聚氯氰和1.5mL *N*,*N*-二异丙基乙胺(DIPEA)溶于300mL四氢呋喃(THF),在0℃下搅拌3h,然后加入SBA-15-$NH_2$在0℃下搅拌24h,过滤,依次用甲醇、二氯甲烷、四氢呋喃洗涤;再将该固体与0.6mL乙二胺(EDA)溶于300mL四氢呋喃中,反应回流24h,过滤,依次用甲醇、二氯甲烷、四氢呋喃洗涤,得到的样品标记为SBA-15-G,在空气中干燥备用。

4. AG-SBA-15 的制备

AG-SBA-15 的合成过程与 SBA-15-G 的合成过程相似，在这个过程中只是将基体材料 SBA-15 替换成了 A-SBA-15，具体步骤如下：①将 1g A-SBA-15 溶于 100mL 甲苯溶液中，然后缓慢滴加一定量的硅烷偶联剂 3-氨丙基三乙氧基硅烷(APTES)在室温下搅拌 12h，过滤，用足量的异丙醇洗涤，在 110℃ 干燥后，得到 A-SBA-15-$NH_2$；②0.9322g 三聚氯氰和 1.5mL $N$,$N$-二异丙基乙胺(DIPEA)溶于 300mL 四氢呋喃(THF)，在 0℃下搅拌 3h，然后加入 A-SBA-15-$NH_2$ 在 0℃下搅拌 24h，过滤，依次用甲醇、二氯甲烷、四氢呋喃洗涤；③再将该固体与 0.6mL 乙二胺(EDA)溶于 300mL 四氢呋喃中，反应回流 24h，过滤，依次用甲醇、二氯甲烷、四氢呋喃洗涤，得到的样品标记为 AG-SBA-15，在空气中干燥备用。

SBA-15-G 和 AG-SBA-15 的合成流程示意图如图 5-7 所示。

AG-SBA-15 的结构示意图如图 5-8 所示。

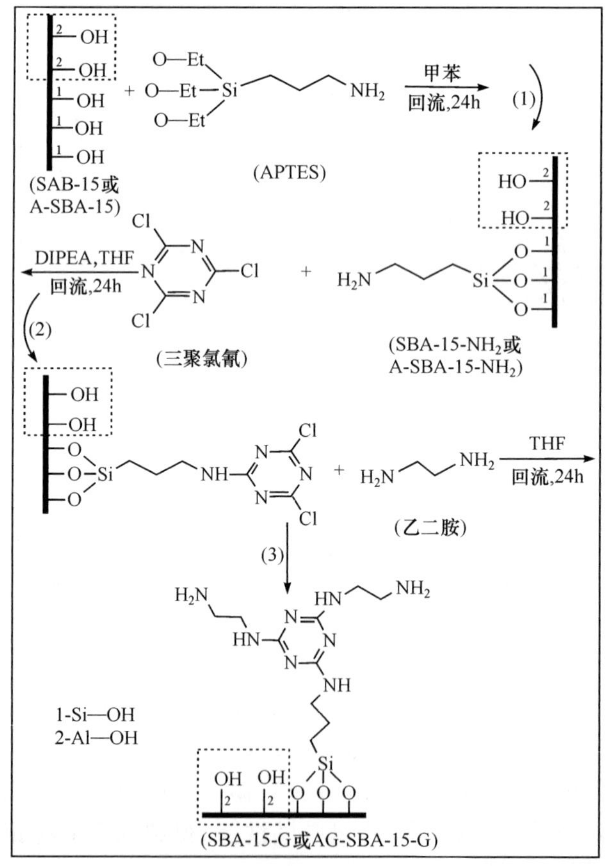


图 5-7　SBA-15-G 和 AG-SBA-15 合成流程示意图

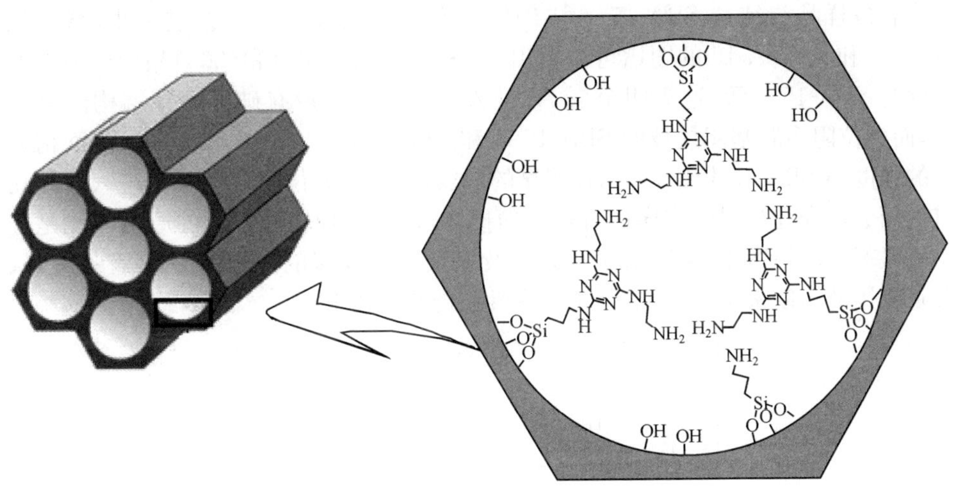


图 5-8　AG-SBA-15 结构示意图

### 5.2.3　材料的表征与结果

1. 小角度 X 射线粉末衍射分析

1）测试仪器与方法

小角度 X 射线粉末衍射(SAXRD)是揭示物质内部原子空间排列状况强有力的手段。由于介孔阵列的周期性常数处于纳米级，在 $2\theta<10°$ 的范围内能观察到由孔道规则有序而引起的 X 射线衍射的信号，不同的衍射峰对应于不同的晶格特征。因此，SAXRD 图谱常用来判断介孔材料的类型。

衍射峰对应的 $2\theta$ 越小，介孔材料的孔径越大。晶面指数 $d_{100}$ 值和晶胞参数 $a_0$（相邻孔中心的距离）可利用式(5-1)求得。

$$\lambda=2d_{100}\sin\theta$$

$$a_0=2d_{100}/\sqrt{3} \tag{5-1}$$

式中，$\lambda$ 为波长，一般取值为 0.15418nm；$d_{100}$ 为晶面指数值(nm)；$\theta$ 为掠射角(°)；$a_0$ 为晶胞参数，即相邻孔中心的距离(nm)。

本节采用日本理学 D/max Ultima Ⅲ型粉末衍射仪来分析样品介孔结构。测定条件如下。Cu K$\alpha$：$\lambda=0.15418$nm；测试管电压：30kV；测试管电流：40mA；扫描速度：0.02°/min；$2\theta$ 角扫描范围：0.5°～10°。

2）表征结果与讨论

合成样品的 SAXRD 图谱如图 5-9 所示。从图中可以看出，所有合成的材料在小角 $2\theta=0.5°\sim5°$ 范围内出现一个大的衍射峰（$2\theta=0.82°\sim0.88°$）和两个小的衍射峰（$2\theta=1.3°\sim1.8°$），分别归属于(100)、(110)和(200)晶面衍射峰。这表明所有合成样品与纯硅 SBA-15 一样仍保持有序的六方结构[77]。进一步，从对比 SBA-15 和 A-SBA-15 的图谱可以看出，A-SBA-15 的(100)和(200)晶面衍射峰的强度与 SBA-15 一致，这表明金属 Al 进入基体的骨架没有破坏介孔结构的有序性，而大位阻多胺基团接枝的 SBA-15-G 和 AG-SBA-15 的(100)和(200)晶面衍射峰的强度与 SBA-15 相比，有比较明显的减弱，这表明大位阻多胺基团进入基体孔道表面会对介孔材料的有序性有轻微的损坏，造成这种轻微损坏的原因可能是硅烷偶联剂(APTES)铆接到基体骨架以及多胺基团嫁接的过程[78]。尽管如此，从吸附应用的角度来讲，适当的结构有序性已能满足需要。

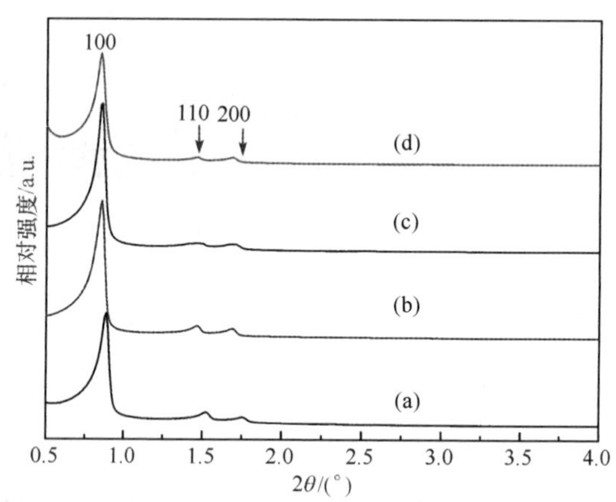


图 5-9　合成样品的小角 XRD 图谱

(a)SBA-15；(b)A-SBA-15；(c)SBA-15-G；(d)AG-SBA-15

另外，根据表 5-3 可知，双功能 AG-SBA-15 的主衍射峰 $d_{100}$ 比 SBA-15 向高角度有明显的移动，这可能是因为 SBA-15 分子筛孔道内组装 APTES 的过程中，SBA-15 分子筛主体骨架发生了收缩，导致二维六方结构的晶胞参数减小。

**表 5-3　样品的 SAXRD 结构参数**

| 样品 | $2\theta$/(°) | $d_{100}$/nm | $a_0$/nm |
|---|---|---|---|
| SBA-15 | 0.88 | 10.0 | 11.5 |
| A-SBA-15 | 0.87 | 10.2 | 11.7 |
| SBA-15-G | 0.84 | 10.5 | 12.1 |
| AG-SBA-15 | 0.82 | 10.8 | 12.4 |

2. 扫描电镜分析

1) 测试仪器与方法

扫描电镜是经常用于材料结构表征的重要仪器之一，利用电镜所发射而成的电子束聚焦在待测的样品表面，进行逐点扫描成像，通过所成的图像对样品的结构进行表征分析。

本节通过德国 ZEISS SUPRA 55 型扫描电镜测定样品外观形貌，取适量干燥后的吸附剂样品，粘在装有双面胶的样品台上，在真空镀膜机中喷金，仪器操作电压为 200kV。

2）表征结果与讨论

合成样品的 SEM 图像如图 5-10 所示。从图中可以看到，制备得到的纯 SBA-15 与文献报道一样，呈现出典型的绳结状结构[46]，粒径在 1.0μm 左右。由于吸附剂颗粒细小，颗粒与颗粒间存在许多细小的孔隙，部分团聚在一起，成为麦穗状的大颗粒，这说明合成的介孔分子筛 SBA-15 颗粒细小，表面极性大，有着丰富的比表面积，这有利于其作为载体进行功能化。此外，单功能 A-SBA-15 和 SBA-15-G，以及双功能 AG-SBA-15 分子筛表面粒度和形貌与纯 SBA-15 相比没有发生大的变化，仍然保持了基本的骨架结构和大的比表面积，这说明本实验中 Al 原子掺杂以及大位阻多胺基团嫁接过程对 SBA-15 基体骨架的破坏作用很小，所合成的 SBA-15 能为合成双功能吸附剂提供优良的载体[79]。由于吸附剂的孔径小，在 SEM 图中只能看到吸附剂颗粒的表层结构，其一维有序孔道结构将在 TEM 图中观察到。

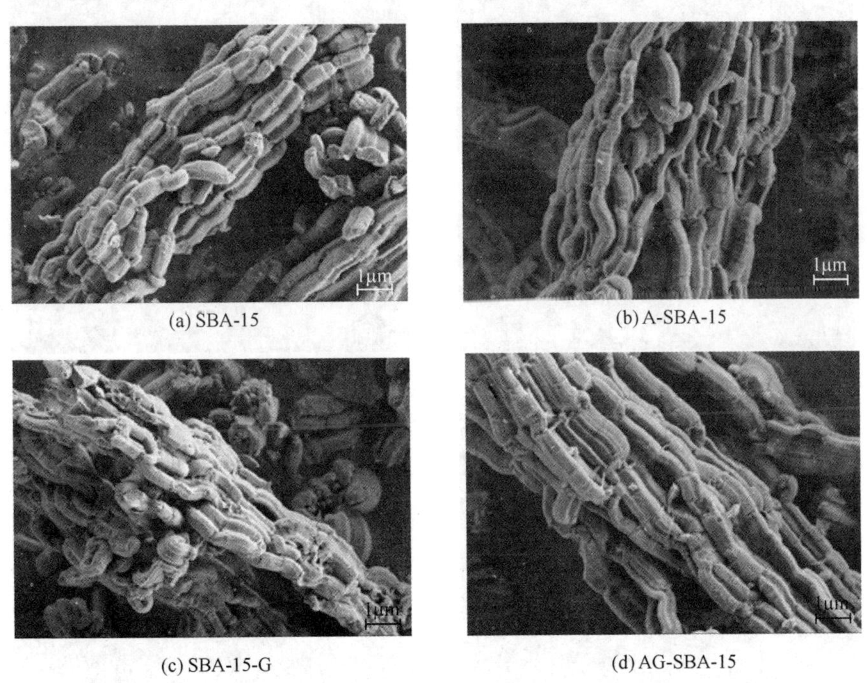

(a) SBA-15　(b) A-SBA-15

(c) SBA-15-G　(d) AG-SBA-15

图 5-10　合成样品的 SEM 图

### 3. 透射电镜分析

1）测试仪器与方法

透射电镜（TEM）是表征介孔材料的重要手段。通过 TEM，可以更加形象、直观地观察介孔材料的孔道结构特性，如孔道有序性、孔道排列方式、介孔材料结构、孔径大小与分布等。在介孔材料结构的分析中，由于介孔材料的有序性低及缺陷多的特点，TEM 有着其他分析方法不可替代的重要位置。从 TEM 图像中可以确定介孔的孔径，和 SAXRD 相互验证。

本节采用 Tecnai G2 F20 型场发射透射电子显微镜进一步分析样品的孔道结构特性，测试前样品经过仔细研磨，并在乙醇溶剂中用超声波处理后分散在覆盖有碳膜的铜网上观察，仪器操作电压为 200kV。

2）表征结果与讨论

图 5-11 为合成样品的 TEM 图。从图中可以看出，实验中合成的 SBA-15 具有有序的六方介孔结构，对于单功能 A-SBA-15、SBA-15-G 以及双功能 AG-SBA-15 的 TEM 图，同样呈现出较好的六方结构，虽然有序性有轻微降低，这与 SAXRD 的分析结果结果相一致。

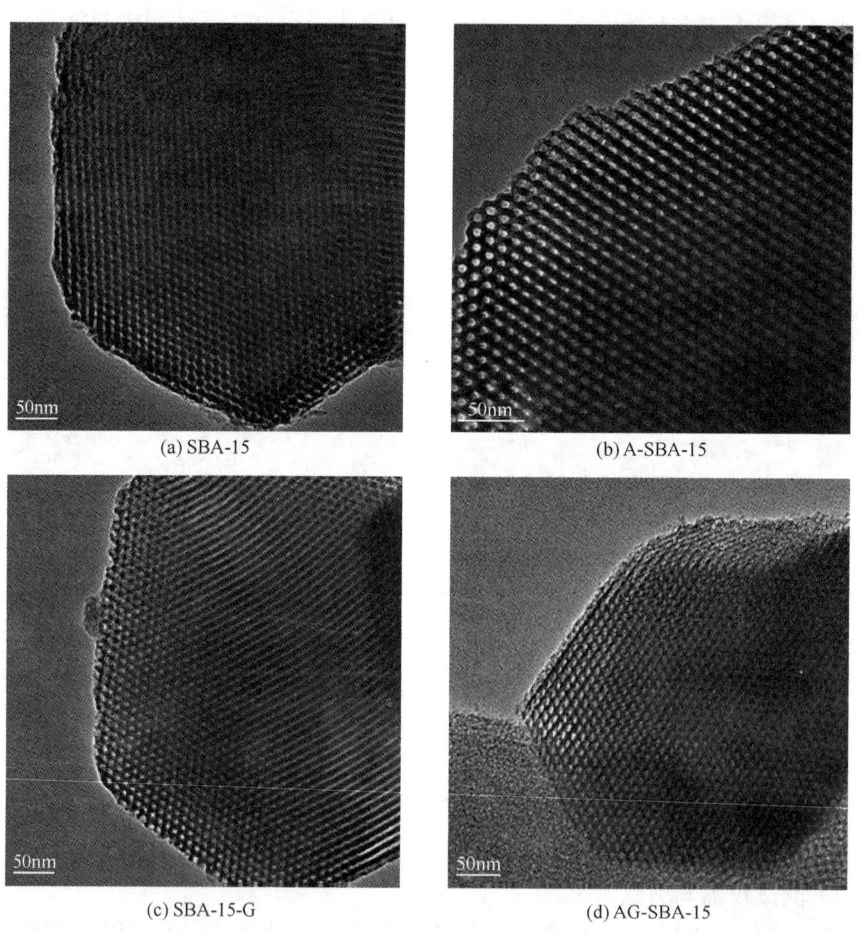


(a) SBA-15　(b) A-SBA-15　(c) SBA-15-G　(d) AG-SBA-15

图 5-11　合成样品的 TEM 图

4. $N_2$ 吸附-脱附分析

1）测试仪器与方法

低温 $N_2$ 吸附-脱附等温线是用来评价介孔材料孔道结构的重要参数。$N_2$ 吸附-脱附等温线是在温度为 77K 的条件下，以相对压力为横坐标，以 $N_2$ 的吸附量为纵坐标而得到的曲线。$N_2$ 吸附-脱附等温线可分为吸附和脱附两部分，其形状与材料的孔结构有关。IUPAC 对有孔材料的吸附-脱附等温线进行了分类，共有六种[80]，如图 5-12 所示。其中，Ⅰ型曲线代表微孔材料，其吸附量由微孔材料的孔体积决定；Ⅱ、Ⅲ和Ⅵ型曲线代表大孔材料；Ⅳ和Ⅴ型曲线代表介孔材料，而Ⅳ型吸附-脱附等温线是介孔材料最普遍的表现形式。Ⅳ型吸附-脱附等温线通常有吸附滞后环，即平衡压力增加时测得的吸附分支和平衡压力减小时测得的脱附分支，两者不相重合，形成环状。

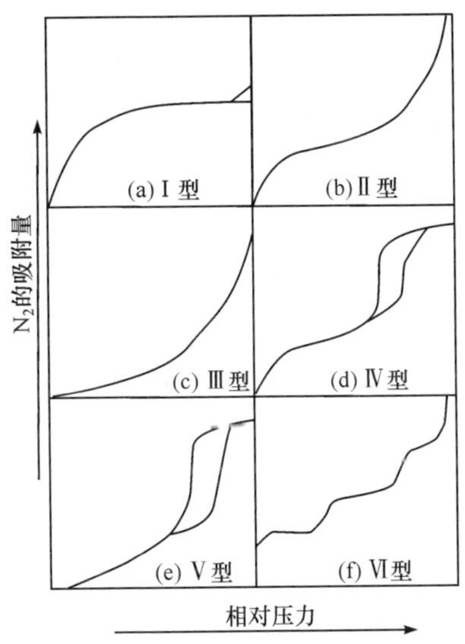


图 5-12　IUPAC 规定的六种等温吸附线

本节通过 Micromeritics ASAP2010 和 2020 型吸附测试仪测定样品比表面积和孔结构。测试前，样品在 427K 真空脱气处理 10h，氮吸附实验在液氮存在，77K 的温度条件下进行。根据所得到的 $N_2$ 吸附-脱附等温线，由 BET 方程计算样品比表面积，用 BJH 模型计算孔容及孔径分布。

2）表征结果与讨论

图 5-13 是所合成样品的 $N_2$ 吸附-脱附曲线及孔径分布曲线（里）。从图中的 $N_2$ 吸附-脱附曲线可以看出，所有样品的曲线存在明显的滞后环，呈现Ⅳ型吸附-脱附等温线的特征，表明所合成样品都属于介孔材料。曲线变化可分为三个阶段：

在低压段，吸附量平缓增加，$N_2$ 在介孔内表面发生单分子不饱和吸附：随着相对压力的升高，$N_2$ 在介孔孔道内发生毛细凝聚作用，在相对压力 0.6～0.8[图(a)和(b)]、0.5～0.7[图(c)和(d)]之间，吸附量突增，等温线急速上翘，呈现明显的拐点特征；此后的长吸附平台表明 $N_2$ 在介孔内的吸附达到平衡[81]。与样品 SBA-15 和 A-SBA-15 相比，样品 SBA-15-G 和 AG-SBA-15 的等温线拐点出现较早，表明其孔径有所减小。这一点也可以从样品的孔结构参数中得出。表 5-4 列出了样品的比表面积($S_{BET}$)、总孔容体积($V_{Total}$)和平均孔径($D_{Aver}$)，从表中可以看出，AG-SBA-15 的 $S_{BET}$、$V_{Total}$、$D_{Aver}$ 分别为 $309m^2/g$、$0.42cm^3/g$、7.2nm，与 SBA-15 相比有明显下降。这些变化说明，大位阻多胺基团加入量的增加，使得样品的孔容减小，比表面也减小。这主要是由于有机基团的加入使得介孔的部分孔道被占据。对比 A-SBA-15 与 SBA-15 的比表面积、总孔容体积和平均孔径，则没有发生剧烈明显的变化，这说明 Al 原子进入 SBA-15 骨架对基体的孔结构参数不会有影响。

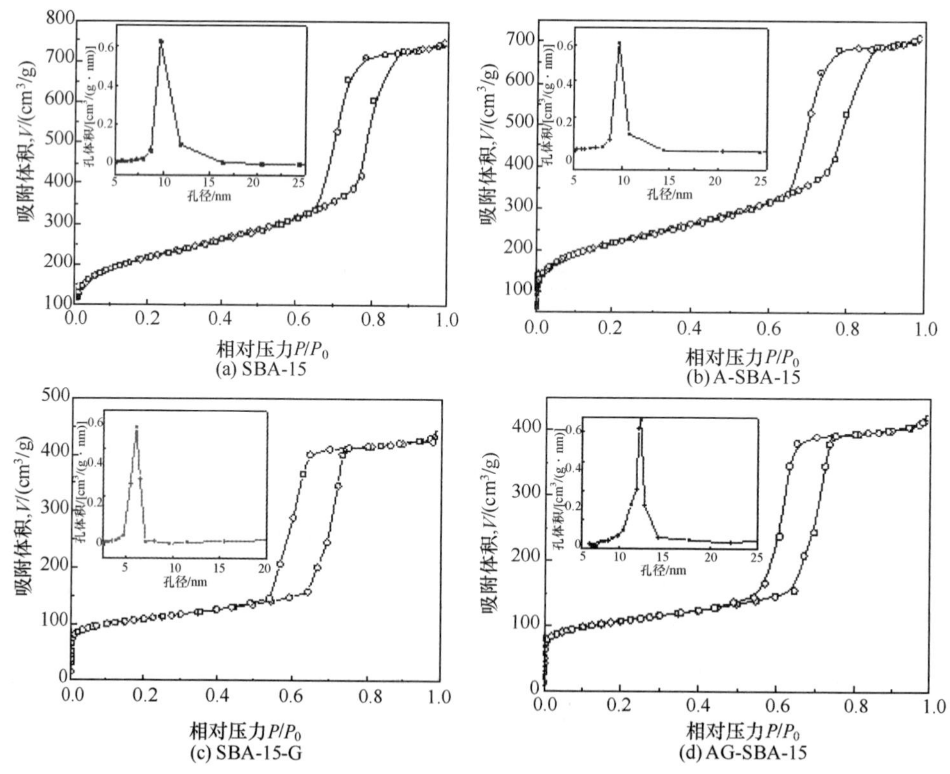


图 5-13 合成样品的 $N_2$ 吸附-脱附曲线和孔径分布曲线(里)

表 5-4　样品的孔结构参数

| 吸附剂 | $S_{BET}/(m^2/g)$ | $V_{Total}/(cm^3/g)$ | $D_{Aver}/nm$ |
|---|---|---|---|
| SBA-15 | 779 | 1.16 | 8.9 |
| A-SBA-15 | 775 | 1.05 | 8.2 |
| SBA-15-G | 315 | 0.44 | 7.3 |
| AG-SBA-15 | 309 | 0.42 | 7.2 |

5. 氨气程序升温脱附($NH_3$-TPD)

1) 测试仪器与方法

Al 原子掺杂到 SBA-15 介孔分子筛的骨架上，一定量的 Al 原子会取代基体骨架中的 Si 原子，由于 Al 原子是正三价的，而 Si 是正四价的，Al 原子取代 Si 原子后，会形成一个 Al—OH 和一个酸中心[82,83]。氨气程序升温脱附($NH_3$-TPD)法是非常有效的测试固体材料酸性能的测试方法，其原理是先让固体酸吸附 $NH_3$ 分子至饱和，然后在真空下低温加热除去物理吸附的 $NH_3$ 分子，余下的就是化学吸附的 $NH_3$ 探针分子，这些分子的吸附量对应于酸中心的数目，从而也可以知道掺杂 Al 原子的有关信息[84]。

在本节中，$NH_3$-TPD 在美国 Micromeritics 公司的 2910 型全自动化学吸附仪上进行。首先将试样在氦气流中于 600℃活化 1h，随后降温，当温度降至 50℃时，引入 $NH_3$ 进行吸附操作，吸附饱和后，氦气吹扫 30min，开始程序升温脱附，以 10℃/min 的速率升温至 600℃。

2) 表征结果与讨论

图 5-14 为合成样品的 $NH_3$-TPD 曲线。从图中可以看出，纯硅的 SBA-15 在低温处出现非常小的氨气脱附峰，这可能是由于物理吸附的氨气分子或具有弱酸性的表面硅羟基吸附的氨气分子。然而，含 Al 的 A-SBA-15 和 AG-SBA-15 在 250～450℃的温度范围内，都展示了一个较大的氨气脱附峰，这种现象表明 Al 原子成功掺杂到了基体的骨架中，基体中存在一定量的 Al—OH，同时接枝的大位阻多胺基团与 Al—OH 不会发生自发复合反应，维持比较好协同关系。AG-SBA-15 的氨气脱附峰与 A-SBA-15 相比发生一定的温度位移，这可能是由于大位阻多胺基团的后接枝过程对骨架有一定的破坏作用，从而导致 AG-SBA-15 氨气脱附峰向低温移动。

6. 红外光谱分析

1) 测试仪器与方法

傅里叶变换红外光谱分析，简称红外光谱分析(FTIR)，根据光谱吸收谱带的频率分析可以推断分子中存在某一基团或键，是考察分子筛表面硅羟基及分子筛骨架振动的有效手段，特别是对于功能化后的样品基团分析。

本节中采用 Nicolet-5700 型红外光谱仪测定样品的基团类型。以 KBr 作为

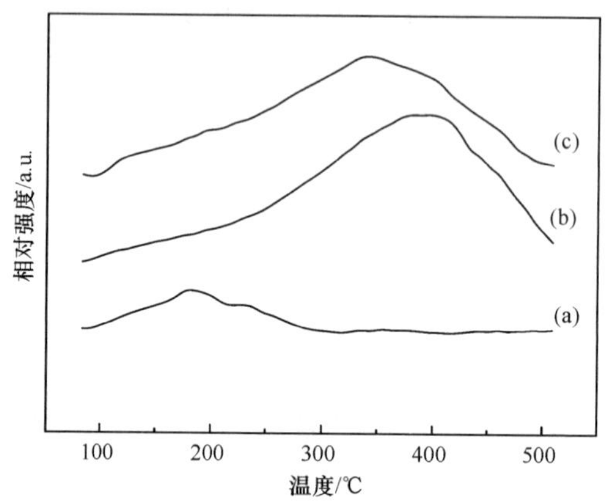


图 5-14 合成样品的 NH3-TPD 曲线

(a)SBA-15;(b)A-SBA-15;(c)AG-SBA-15

支撑片,测量样品在 400～4000$cm^{-1}$范围内的红外吸收特征峰。

2) 表征结果与讨论

合成样品的 FT-IR 图谱如图 5-15 所示。由图可以看出,功能化前后的介孔材料,FT-IR 图谱存在明显的差别。所有的样品在 3453$cm^{-1}$存在一个明显的吸收峰,这是—OH 的振动收缩峰[69]。样品位于 1093$cm^{-1}$、801$cm^{-1}$、475$cm^{-1}$处的吸收峰为 Si—O—Si 键的特征振动峰。位于 1093$cm^{-1}$和 801$cm^{-1}$处的吸收峰分别属于 Si—O—Si 非对称伸缩振动峰和对称伸缩振动峰,而位于 475$cm^{-1}$处的吸收峰属于 Si—O—Si 弯曲振动峰[85]。这表明所有合成样品聚合浓缩的硅骨架已经形成,Al 原子掺杂和大位阻多胺基团的接枝对基体的 Si—O—Si 骨架的破坏作用很小,SBA-15 具有良好的稳定性,适用于作为双功能吸附剂的载体。SBA-15-G 和 AG-SBA-15 图谱在 1580$cm^{-1}$和 1537$cm^{-1}$出现的吸收峰为属于—$NH_2$ 的伸缩振动峰,在 1375$cm^{-1}$、1434$cm^{-1}$和 1573$cm^{-1}$出现的吸收峰为芳香三嗪环的振动峰,而在 2938$cm^{-1}$出现的吸收峰则为丙基链上的 C—H 的对称和非对称伸缩振动峰,这些峰的存在证明了大位阻多胺基团成功地接枝到了基体表面[67]。此外,SBA-15-G 和 AG-SBA-15 图谱在 3453$cm^{-1}$存在—OH 的振动收缩峰,峰强变弱、峰宽变大,这是由—$NH_2$ 掺入所导致的[86,87]。

7. 热重分析

1) 测试仪器与方法

热重分析(TGA)是研究物质在加热或冷却过程中产生的某些物理变化和化学变化的技术,具有方法灵敏、快速、准确等优点,在分子筛鉴定分析中的应用包括确定分子筛的含水量、有机模板含量、热稳定性和脱附机理等。

本节采用热重分析对吸附剂的热分解行为进行表征,表征采用日本理学热分

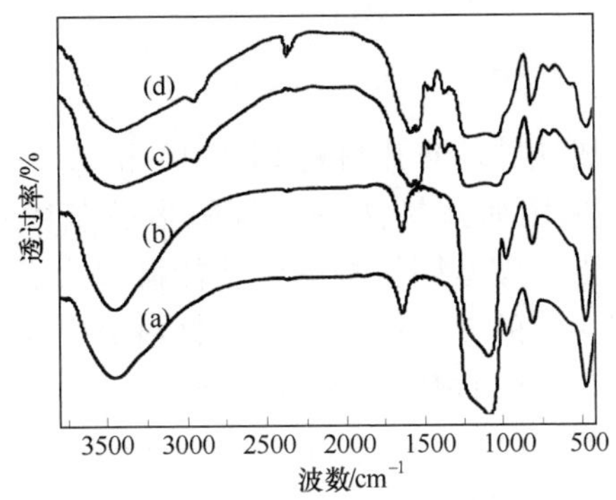


图 5-15　合成样品的 FTIR 图谱

(a)SBA-15;(b)A-SBA-15;(c)SBA-15-G;(d)AG-SBA-15

析仪 TAS-100,在氮气氛围下完成,升温速率为 10℃/min,温度范围 0～800℃。

2）表征结果与讨论

图 5-16 为合成样品在 30～800℃的热重分析图。从图中可以看出,合成的 SBA-15-G 和 AG-SBA-15 发生很明显的热失重,这说明大位阻多胺基团成功地接枝到基体材料的表面。对于 SBA-15 和 A-SBA-15,在 100℃之前存在比较明显的失重,主要是由于物理吸附水的脱去[88];而 100℃以后出现的缓慢而微弱失重则主要是由于硅基材料表面共缩聚硅羟基的损失。SBA-15-G 和 AG-SBA-15 存在三个不同温度范围内热失重的现象,具体如下:30～150℃存在的失重同样是物理吸附水的脱去;150～450℃存在的失重则是由于表面接枝的部分基团热分解损失;而 450～800℃存在的失重则是由于孔道表面硅羟基与偶联剂的偶联处由于热分解作用断裂,导致大位阻多胺基团大量损失[89]。以上热分析的结果表明,大位阻多胺基团成功地接枝到了基体材料的表面,合成的双功能 AG-SBA-15 在温度低于 150℃时具有很好的稳定性。

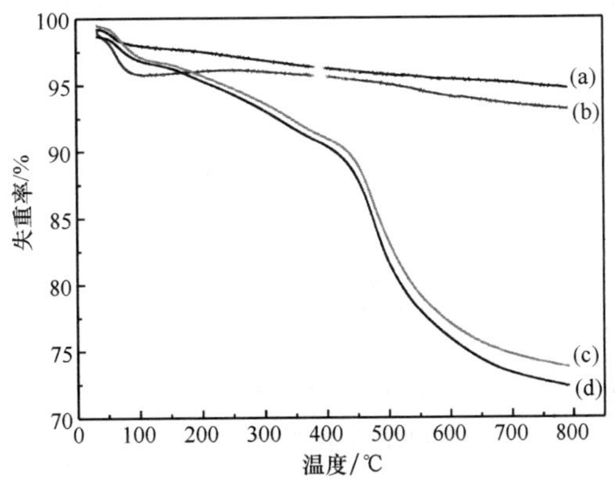


图 5-16　合成样品的热重分析图

(a)SBA-15;(b)A-SBA-15;(c)SBA-15-G;(d)AG-SBA-15

### 5.2.4 小结

本节采用直接法合成纯硅基介孔材料 SBA-15 和 Al 掺杂的单功能硅基介孔材料 A-SBA-15。然后，采用后嫁接法将大位阻多胺基团接枝到 SBA-15 和 A-SBA-15 上，制备出大位阻多胺基团接枝的单功能硅基介孔材料 SBA-15-G 和 Al 掺杂及大位阻多胺基团接枝的双功能硅基介孔材料 AG-SBA-15。对不同功能改性的介孔材料进行结构和组织的表征。结论如下。

(1) 通过 SAXRD、TEM 以及 $N_2$ 吸附-脱附表征结果表明，合成的单功能 A-SBA-15、SBA-15-G 及双功能 AG-SBA-15-G 与纯 SBA-15 一样保持长程有序二维六方结构。SEM 表征结果表明，A-SBA-15、SBA-15-G 和 AG-SBA-15 的形貌与纯 SBA-15 一样，保持麦穗状形貌。这说明 Al 掺杂及大位阻多胺接枝过程对 SBA-15 的有序二维结构和形貌的破坏作用很小，介孔骨架结构和形貌仍保持良好。

(2) FTIR 表征结果表明，大位阻多胺基团成功接枝到纯硅基介孔材料 SBA-15 和 Al 掺杂的单功能硅基介孔材料 A-SBA-15 介孔孔道表面，并且 AG-SBA-15 表面接枝的大位阻多胺基团与 Al—OH 不会发生自发复合反应，两者保持良好的协同作用关系。

(3) $NH_3$-TPD 表征结果表明，Al 原子成功地掺杂于母体 SBA-15 基体骨架中，也再次表明 AG-SBA-15 表面接枝的大位阻多胺基团与 Al—OH 不会发生自发复合反应，两者保持良好的协同作用关系。

## 5.3 SBA-15 双功能介孔吸附材料的吸附研究

本节将以合成的双功能介孔吸附材料 AG-SBA-15 为研究对象，开展重 $Cu^{2+}$ 和 $Cr_2O_7^{2-}$ 混合溶液的吸附实验，考察其对阴、阳离子共混体系的吸附性能。

### 5.3.1 实验准备

1. 实验药品与仪器

本实验所用的药品和仪器如表 5-5 所示。

表 5-5 实验主要药品与仪器

| 试剂 | 生产厂家 | 规格或型号 |
| --- | --- | --- |
| 硝酸铜[$Cu(NO_3)_2 \cdot 3H_2O$] | 国药集团化学试剂有限公司 | 分析纯 |
| 重铬酸钾($K_2Cr_2O_7$) | 国药集团化学试剂有限公司 | 分析纯 |
| 硝酸(浓) | 浙江盘龙化工试剂厂 | 分析纯 |
| 氢氧化钠 | 广东汕头新宁化工厂 | 分析纯 |

续表

| 试剂 | 生产厂家 | 规格或型号 |
| --- | --- | --- |
| 盐酸(37%) | 国药集团化学试剂有限公司 | 分析纯 |
| 电子天平 | 上海精科天美科学仪器有限公司 | FA2204B |
| pH 计 | 优特仪器有限公司 | PH 510 |
| 恒温振荡器 | | |
| ICP-OES | | |

2. $Cu^{2+}$ 和 $Cr_2O_7^{2-}$ 离子混合溶液的配置

将硝酸铜[$Cu(NO_3)_2 \cdot 3H_2O$]和重铬酸钾($K_2Cr_2O_7$)晶体置于真空干燥箱中105℃恒温干燥 2h,准确称取 3.799g$Cu(NO_3)_2 \cdot 3H_2O$ 和 2.829g$K_2Cr_2O_7$,用200mL 去离子水溶解于500mL 的烧杯中。将溶液移入 1000mL 容量瓶中;然后向容量瓶中加入去离子水稀释至刻度,摇匀,静置后避光保存,即得到 $Cu^{2+}$ 和 $Cr_2O_7^{2-}$ 混合溶液标准储备溶液。每 1mL 该标准储备液中含有的 $Cu^{2+}$ 和 $Cr_2O_7^{2-}$ 质量分别都为 1mg。后续的吸附实验中,从该标准储备溶液移取一定体积的溶液,移入 100mL 的容量瓶中,稀释至 100mL 并混匀,即可以得到相应浓度的 $Cu^{2+}$ 和 $Cr_2O_7^{2-}$ 混合标准使用液。

3. 测试方法及原理

采用电感耦合等离子体质谱仪(ICP-MS)测试过滤液中 $Cu^{2+}$ 和 $Cr_2O_7^{2-}$ 的浓度。测试的基本原理:电感耦合等合离子体原子发射光谱分析是以射频发生器提供的高频能量加到感应耦合线圈上,并将等离子炬管置于该线圈中心,因而在炬管中产生高频电磁场,用微电火花引燃,使通入炬管中的氩气电离,产生电子和离子而导电,导电的气体受高频电磁场作用,形成与耦合线圈同心的涡流区,强大的电流产生的高热,从而形成火炬形状的并可以自持的等离子体,高频电流的趋肤效应及内管载气的作用,使等离子体呈环状结构。

样品由载气(氩)带入雾化系统进行雾化后,以气溶胶形式进入等离子体的轴向通道,在高温和惰性气体中充分蒸发、原子化、电离和激发,发射出所含元素的特征谱线。根据特征谱线的存在与否,鉴别样品中是否含有某种元素(定性分析);根据特征谱线强度确定样品中相应元素的含量(定量分析)。

4. 计算方法

1) $Cu^{2+}$($Cr_2O_7^{2-}$)离子去附率 $\eta$

用上述方法测得过滤溶液中的 $Cu^{2+}$($Cr_2O_7^{2-}$)离子浓度后,通过公式计算出去除率 $\eta$,去除率 $\eta$ 的计算公式为

$$\eta=\frac{C_0-C_e}{C_0}\times 100\% \tag{5-2}$$

式中，$C_0$ 为吸附前模拟液中 $Cu^{2+}$($Cr_2O_7^{2-}$)的浓度(mg/L)；$C_e$ 为吸附后模拟液中 $Cu^{2+}$($Cr_2O_7^{2-}$)的浓度(mg/L)。

2) 除铜(铬)吸附量 $q_e$

本实验中，评价样品的除 $Cu^{2+}$($Cr_2O_7^{2-}$)效果用单位质量吸附剂的吸附量 $q_e$(mg/g)表示，计算公式为

$$q_e=\frac{(C_0-C_e)\cdot V}{m} \tag{5-3}$$

式中，$V$ 为溶液的体积(mL)；$C_0$ 为吸附前模拟液中 $Cu^{2+}$($Cr_2O_7^{2-}$)的浓度(mg/L)；$C_e$ 为吸附后模拟液中 $Cu^{2+}$($Cr_2O_7^{2-}$)的浓度(mg/L)；$m$ 为吸附剂量的质量(g)。

### 5.3.2　$Cu^{2+}$ 和 $Cr_2O_7^{2-}$ 共吸附影响因素探究

1. pH 的影响

溶液的 pH 是影响离子吸附的重要因素，离子尤其是金属离子在不同的 pH 环境下会呈现不同的形态，进而影响吸附剂的吸附作用。

用 0.1mol/L 的盐酸或氢氧化钠溶液调节溶液 pH，配置一系列不同 pH(1、2、3、4、5、6、7)的浓度为 50mg/L $Cu^{2+}$ 和 50mg/L $Cr_2O_7^{2-}$ 混合离子，并分别取上述溶液 50mL 于聚乙烯瓶子中，加入 0.03g AG-SBA-15，置于恒温水浴振荡器中，水温调至 25℃，在振速为 200r/min 下吸附 2h 后，过滤上清液，测定滤液中 $Cu^{2+}$ 和 $Cr_2O_7^{2-}$ 浓度，计算吸附量。

实验结果如图 5-17 所示。由图可以看出，溶液的 pH 变化对 $Cu^{2+}$ 和 $Cr_2O_7^{2-}$ 吸附效果都有明显的影响。对于 $Cu^{2+}$，在强酸性条件下，AG-SBA-15 对 $Cu^{2+}$ 的吸附量极低，随着 pH 的升高，吸附量逐渐增大，尤其是当 pH≥3 时，吸附量快速增大。对于 $Cr_2O_7^{2-}$，吸附量变化趋势则相反，在强酸性条件下，AG-SBA-15 对 $Cr_2O_7^{2-}$ 的吸附量较高，随着 pH 的升高，吸附量逐渐减小。这主要与 AG-SBA-15 上的胺基(伯胺、仲胺)、羟基以及离子在溶液中的存在形式有关[90,91]。胺基上的 N 原子具有孤对电子，当 pH 较低(<4)时，$H^+$ 浓度大，竞争能力强，大量胺基(如—$NH_2$)与 $H^+$ 缔合形成—$NH_3^+$(称为“胺基质子化”)，质子化后的胺基带正电，与带负电的 $Cr_2O_7^{2-}$ 产生静电引力，因而在较低 pH 时，$Cr_2O_7^{2-}$ 的吸附量大；随着 pH 的升高，—$NH_3^+$ 与 $H^+$ 的缔结能力减弱，—$NH_3^+$ 去质子化成为—$NH_2$，$Cr_2O_7^{2-}$ 的吸附量降低[7]；同时，由于—$NH_3^+$ 去质子化成为—$NH_2$，—$NH_2$ 对 $Cu^{2+}$ 有螯合作用，表现为 AG-SBA-15 对 $Cu^{2+}$ 的吸附量增加。另外，对 $Cu^{2+}$ 而言，由于 $H^+$ 和 $Cu^{2+}$ 存在竞争吸附[88]，pH 较低时，AG-SBA-15 表面的羟基吸附位点被 $H^+$ 占

据，所以在较低 pH 时 $Cu^{2+}$ 的吸附量极低。从图中可以看出，当 pH≈5.0 时，$Cu^{2+}$ 和 $Cr_2O_7^{2-}$ 吸附效果都比较好，综上分析选定实验最佳的 pH 为 5.0。

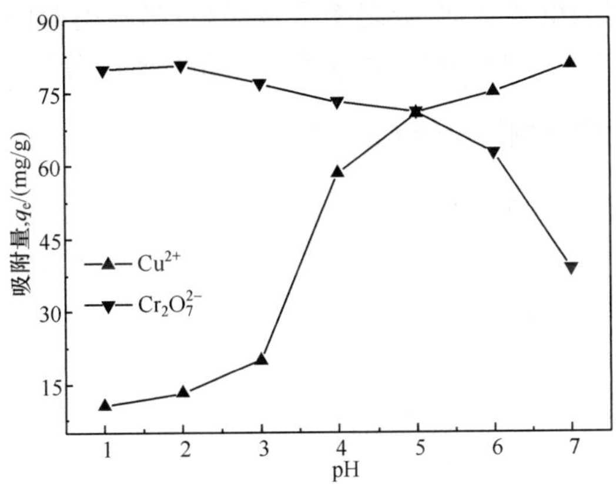


图 5-17　pH 对吸附的影响

2. 吸附时间对吸附的影响

吸附时间对吸附过程有着重要的意义，为了测定 AG-SBA-15 对 $Cu^{2+}$ 和 $Cr_2O_7^{2-}$ 的吸附平衡时间，在本节展开相关的实验与讨论。具体实验如下。

取 50mL $Cu^{2+}$ 和 $Cr_2O_7^{2-}$ 浓度分别为 10mg/L 的混合溶液于聚乙烯瓶子中，用 0.1mol/L 的盐酸或氢氧化钠溶液将 pH 调至 5.0，加入 0.03gAG-SBA-15，置于恒温水浴振荡器中，水温调至 25℃，振速为 200r/min，分别测定吸附时间为 1min、3min、5min、10min、20min、30min、60min、90min、120min 的模拟废液含 $Cu^{2+}$ 和 $Cr_2O_7^{2-}$ 的浓度，计算去除率，结果如图 5-18 所示。

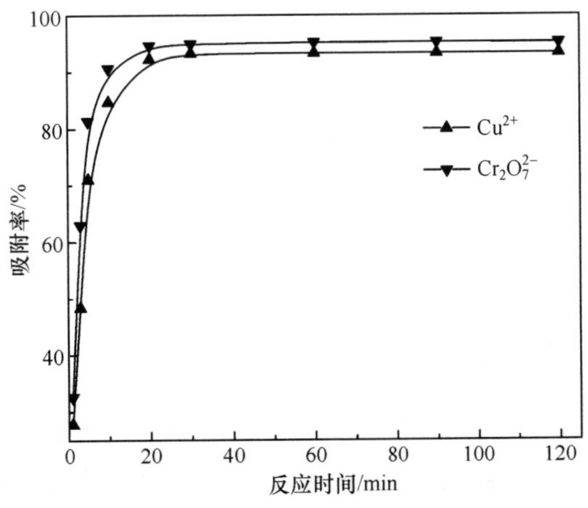


图 5-18　时间对吸附的影响

由图可知,AG-SBA-15 对 $Cu^{2+}$ 和 $Cr_2O_7^{2-}$ 的吸附趋势大体一致,呈现"快速吸附—缓慢吸附—吸附平衡"三个阶段。在 10min 内,$Cu^{2+}$ 和 $Cr_2O_7^{2-}$ 的吸附率迅速提高;随着吸附时间的继续增加,吸附率缓慢提高;当吸附时间为 60min 时,吸附率基本不变。因此,$Cu^{2+}$ 和 $Cr_2O_7^{2-}$ 的吸附平衡在 60min 分钟内就达到了。

### 5.3.3 不同功能化吸附剂同时除 $Cu^{2+}$ 和 $Cr_2O_7^{2-}$ 的比较

为了探讨不同功能化吸附剂同时去除 $Cu^{2+}$ 和 $Cr_2O_7^{2-}$ 的功效,配制 $Cu^{2+}$ 和 $Cr_2O_7^{2-}$ 浓度都为 10mg/L 的混合溶液,分别向不同的聚乙烯瓶中加入 $Cu^{2+}$ 和 $Cr_2O_7^{2-}$ 混合溶液 50mL,用 0.1mol/L 的盐酸或氢氧化钠溶液将 pH 调至 5.0。然后分别加入 0.03g 的 SBA-15、A-SBA-15、SBA-15-G 和 AG-SBA-15,将各个聚乙烯瓶置于恒温水浴振荡器中,温度调至 25℃,在振速为 200r/min 下吸附时间 120min 后,过滤,测试滤液中含 $Cu^{2+}$ 和 $Cr_2O_7^{2-}$ 的浓度。考察 SBA-15、A-SBA-15、SBA-15-G 和 AG-SBA-15 对 $Cu^{2+}$ 和 $Cr_2O_7^{2-}$ 的吸附情况,计算吸附容量,结果如图 5-19 和表 5-6 所示。

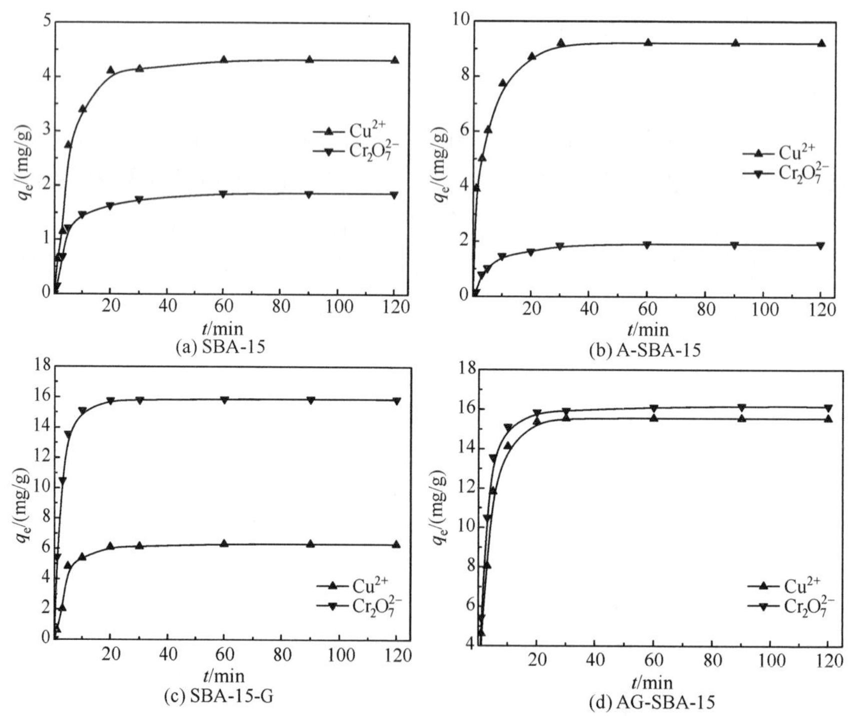


图 5-19 不同功能化吸附剂同时去除 $Cu^{2+}$ 和 $Cr_2O_7^{2-}$ 离子吸附量的比较

由图表可见,SBA-15 和 A-SBA-15 基本上不能吸附水体中的 $Cr_2O_7^{2-}$,但是能吸附水体中的 $Cu^{2+}$,吸附容量分别为 4.33mg/g、9.10mg/g。这可能是由于纯的

SBA-15 有巨大的比表面积，介孔孔道内有大量具有一定活性的硅羟基，通过物理吸附作用和可能存在的部分化学作用，表现出对水体中的 $Cu^{2+}$ 有一定的吸附能力，单功能化 A-SBA-15 对 $Cu^{2+}$ 表现出较强的吸附作用，说明 Al 原子的掺杂有利于提高对阳离子的吸附能力。单功能化 SBA-15-G 对 $Cu^{2+}$ 和 $Cr_2O_7^{2-}$ 都表现出一定的吸附能力，尤其是 $Cr_2O_7^{2-}$。SBA-15-G 对 $Cu^{2+}$ 表现出吸附能力的是由于 pH 为 5.0 时，胺基尤其是仲胺没有被质子化，氮原子可以提供孤对电子，与 $Cu^{2+}$ 发生络合作用，从而吸附 $Cu^{2+}$。双功能化 AG-SBA-15 对 $Cu^{2+}$ 和 $Cr_2O_7^{2-}$ 都表现出较强的吸附能力，吸附容量分别为 15.54mg/g 和 16.16mg/g。比较单功能化 SBA-15-G 和双功能化 AG-SBA-15 对 $Cu^{2+}$ 和 $Cr_2O_7^{2-}$ 的吸附，可以看出两者对 $Cr_2O_7^{2-}$ 的吸附能力是相当的，但是双功能化 AG-SBA-15 对 $Cu^{2+}$ 的吸附能力明显高于单功能化 SBA-15-G，这表明在单功能化 A-SBA-15 的基础上接枝大位阻胺基基团不会影响对 $Cr_2O_7^{2-}$ 的吸附能力。比较单功能化 A-SBA-15 和双功能化 AG-SBA-15 对 $Cu^{2+}$ 和 $Cr_2O_7^{2-}$ 的吸附可以看出，两者都对 $Cu^{2+}$ 有一定的吸附能力，但是双功能化 AG-SBA-15 对 $Cu^{2+}$ 的吸附明显高于单功能化 A-SBA-15。而单功能化 A-SBA-15 和单功能化 SBA-15-G 对 $Cu^{2+}$ 吸附容量之和约等于双能化 AG-SBA-15 对 $Cu^{2+}$ 吸附容量，这表明 $Cu^{2+}$ 被吸附于 AG-SBA-15 表面与接枝的大位阻胺基基团也有关系，AG-SBA-15 表面的羟基和胺基能保持较好的空间关系，不会发生自发复合反应。通过以上分析可以得出结论：双功能化 AG-SBA-15 具备同时高效去除水体中阴、阳离子的功效。

**表 5-6　不同功能化吸附剂同时去除 $Cu^{2+}$ 和 $Cr_2O_7^{2-}$ 的吸附量**

| 吸附剂 | 吸附容量/(mg/g) | |
|---|---|---|
| | $Cu^{2+}$ | $Cr_2O_7^{2-}$ |
| SBA-15 | 4.33 | 1.86 |
| A-SBA-15 | 9.10 | 1.91 |
| SBA-15-G | 6.32 | 15.86 |
| AG-SBA-15 | 15.54 | 16.16 |

### 5.3.4　吸附热力学研究

1. 吸附热力学理论

在吸附过程中，产生热效应是吸附的重要特征之一。通过吸附热力学研究，可得到吸附焓变 $\Delta H^{\ominus}$(kJ/mol)、吸附熵变 $\Delta S^{\ominus}$[kJ/(mol·K)]和吸附自由能变 $\Delta G^{\ominus}$(kJ/mol)三个热力学参数，从而推测吸附剂-吸附质之间相互作用力的大小和方式，判断反应所能达到的程度[92]。

三者关系可由下列方程表示：

$$\Delta G^{\ominus}=\Delta H^{\ominus}-T\Delta S^{\ominus} \tag{5-4}$$

$\Delta G^{\ominus}$的值可由以下公式测定：

$$\Delta G^{\ominus}=-RT\ln K_{d} \tag{5-5}$$

式中，$R$ 为摩尔气体常数(8.314J/(mol · K)；$T$ 为吸附反应的热力学温度(K)；$K_d$ 为吸附过程的热力学平衡常数，可通过 $\ln(q_e/C_e)$对 $q_e$ 作直线获得

$\Delta H^{\ominus}$和 $\Delta S^{\ominus}$通过如下 van't Hoff 公式计算：

$$\ln K_{d}=\frac{\Delta S^{\ominus}}{R}-\frac{\Delta H^{\ominus}}{RT} \tag{5-6}$$

通过 $\ln K_d$ 对 $1/T$ 作线性图确定 $\Delta H^{\ominus}$和 $\Delta S^{\ominus}$的值。

如果 $\Delta H^{\ominus}$为负值，表示吸附过程是放热的，温度升高不利于吸附的进行；如果 $\Delta H^{\ominus}$为正值，则表示吸附过程是吸热的，温度升高能够促进吸附。平衡吸附不仅依赖于 $\Delta H^{\ominus}$，还与 $\Delta S^{\ominus}$有关，因而有学者将吸附过程分为焓推动和熵推动两种类型[93]。$\Delta S^{\ominus}$表示的是吸附系统混乱度的变化情况，若系统混乱度增加，$\Delta S^{\ominus}$为正值；反之，则 $\Delta S^{\ominus}$为负值。吸附过程的热力学参数变化复杂，$\Delta H^{\ominus}$和 $\Delta S^{\ominus}$可以是正值也可以是负值；但是，只有在 $\Delta G^{\ominus}$为负值时，吸附才能自发进行。

2. 吸附热力学计算

为了探究 AG-SBA-15 对 $Cu^{2+}$ 和 $Cr_2O_7^{2-}$ 的吸附热力学情况，展开相关的吸附热力学研究实验，具体如下：取 50mL $Cu^{2+}$ 和 $Cr_2O_7^{2-}$ 混合溶液于聚乙烯瓶子中，浓度都为 10mg/L，用 0.1mol/L 的盐酸或氢氧化钠溶液将 pH 调至 5.0，加入 0.03g AG-SBA-15，在四种不同温度(298 K、308 K、318 K 和 328K)下，将聚乙烯瓶置于恒温水浴振荡器中，在振速为 200r/min 下吸附 120min 后，过滤，测试滤液中含 $Cu^{2+}$ 和 $Cr_2O_7^{2-}$ 的浓度。

图 5-20 是根据式(5-6)所作的 AG-SBA-15 对 $Cu^{2+}$ 和 $Cr_2O_7^{2-}$ 吸附的 $\ln K_d$-$1/T$ 关系图，直线斜率为$-\Delta H^{\ominus}/R$，截距为 $\Delta S^{\ominus}/R$。由式(5-4)可计算得到不同温度下的 $\Delta G^{\ominus}$。$Cu^{2+}$ 和 $Cr_2O_7^{2-}$ 吸附的热力学参数的拟合结果见表 5-7。

**表 5-7 AG-SBA-15 对 $Cu^{2+}$ 和 $Cr_2O_7^{2-}$ 吸附热力学拟合参数**

| 金属离子 | $\Delta H^{\ominus}$ /(kJ/mol) | $\Delta S^{\ominus}$ /[kJ/(mol · K)] | $\Delta G^{\ominus}$/(kJ/mol) | | | |
|---|---|---|---|---|---|---|
| | | | 298K | 308K | 318K | 328K |
| $Cu^{2+}$ | −20.05 | −0.055 | −3.66 | −3.11 | −2.56 | −2.01 |
| $Cr_2O_7^{2-}$ | −23.55 | −0.064 | −4.48 | −3.84 | −3.20 | −2.56 |

由表 5-7 中的数据可知，$\Delta G^{\ominus}$和 $\Delta H^{\ominus}$均为负值，表明 AG-SBA-15 对 $Cu^{2+}$ 和 $Cr_2O_7^{2-}$ 的吸附反应都可自发进行，且都为放热反应，这表明低的温度有利于吸附的进行。

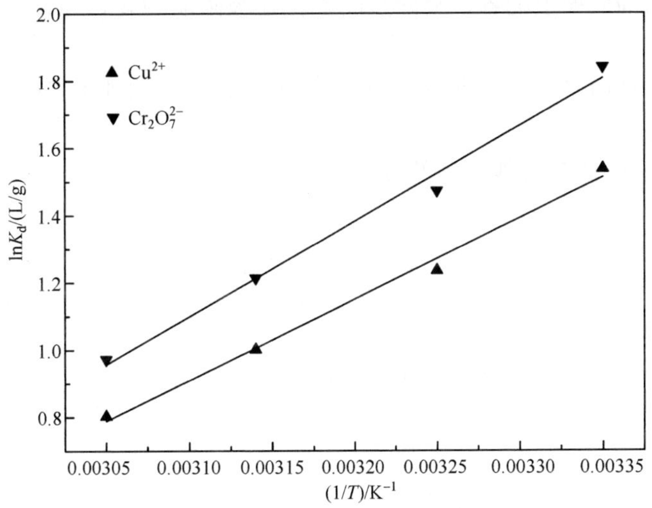


图 5-20　AG-SBA-15 对 $Cu^{2+}$ 和 $Cr_2O_7^{2-}$ 吸附的 $\ln K_d$-$1/T$ 关系图

### 5.3.5　等温吸附研究

1. 等温吸附模型

吸附通常有三种平衡状态:等温、等压和等容平衡。水污染治理中,等温吸附平衡应用较广。等温吸附平衡是指保持温度恒定(一般在常压下),吸附到动态平衡时的状态,此时吸附质在固液两相浓度的关系曲线,称为吸附等温线。由于吸附过程较为复杂,目前对吸附机理尚无统一定论。各种等温吸附式都是在一定假设条件下导出的,分别适用于一定的体系和范围。常用的吸附等温线模型包括 Langmuir 模型[94]、Freundlich 模型[95]和 Dubinin-Radushkevich 模型[96]。

1) Langmuir 模型

该模型是 Langmuir 在 1916～1918 年从动力学理论推导出的一种单分子层吸附等温式。Langmuir 理论认为,固体表面存在能够吸附分子或原子的吸附位点,这些吸附位点可均匀地分布在整个固体表面,但更多的是非均匀的分布。

Langmuir 等温吸附线基本观点是认为吸附质在固体表面上的吸附是吸附质分子吸附在吸附剂表面凝集-逃逸(吸附-解吸)两种相反过程达到动态平衡的结果。

Langmuir 等温吸附线模型有如下几个基本假定。

(1) 吸附热与表面覆盖度无关,即吸附剂的表面是均匀表面,且各个吸附中心的吸附能相等,并在各中心均匀分布。

(2) 吸附为单分子层吸附,即吸附剂表面吸附达到饱和时,吸附剂达到最大吸附量。

(3) 吸附剂表面上的各个吸附点间不存在吸附质的转移，吸附分子之间没有相互作用。

(4) 吸附平衡是一个动态平衡的结果，也就是吸附达到平衡时吸附和脱附速率应该相等。

Langmuir 吸附等温线模型的表达式为

$$q_e=\frac{q_m K_L C_e}{1+K_L C_e} \tag{5-7}$$

式中，$q_e$ 为平衡吸附量(mg/g)；$q_m$ 为饱和吸附量(mg/g)；$C_e$ 为平衡吸附浓度(mg/L)；$K_L$ 为平衡吸附常数(L/mg)。

将式(5-7)进行变换，可获得其直线方程式：

$$\frac{C_e}{q_e}=\frac{1}{q_m K_L}+\frac{C_e}{q_m} \tag{5-8}$$

通过 $C_e/q_e$ 对 $C_e$ 作图，进行线性拟合，可以得到直线的斜率和截距，进而求出平衡吸附常数 $K_L$ 和饱和吸附量 $q_m$。

另外，常数 $R_L$ 可用于判断吸附过程是否自发进行，其计算方法如下。

$$R_L=\frac{1}{1+K_L C_0} \tag{5-9}$$

①当 $0<R_L<1$ 时，吸附朝着有利方向进行进行；②当 $R_L>1$ 时，吸附过程朝着不利的方向进行；③当 $R_L=1$ 时，吸附过程为线性吸附；④当 $R_L=0$ 时，吸附过程不可逆。

2) Freundlich 模型

若固体的表面不是均匀的，此时吸附常数将与表面覆盖度 $\theta$ 有关，在比较大的表面覆盖度范围内，大多数体系不能使用 Langmuir 等温吸附式来拟合，因此，人们又推导出 Freundlich 等温吸附式。Freundlich 吸附理论非常适合不均匀表面的吸附，是一个应用广泛的经验公式，其表达式为

$$q_e=K_F C_e^{1/n} \tag{5-10}$$

式中，$q_e$ 为平衡吸附量(mg/g)；$C_e$ 为平衡吸附浓度(mg/L)；$K_F$ 和 $n$ 为吸附相关常数。

将式(5-10)进行变换，可获得其直线方程式：

$$\ln q_e=\ln K_F+\frac{1}{n}\ln C_e \tag{5-11}$$

对于符合 Freundlich 等温吸附式的吸附，以 $\ln q_e$、$\ln C_e$ 作图，可得到 $K_F$ 和 $n$。根据 Freundlich 理论，$K$ 表征吸附剂的吸附能力，$n$ 值反映了吸附剂的不均匀性或吸附反应强度。$n$ 越大，吸附性能越好。一般认为，$n$ 在 2～10，表示吸附容易进行；$n<0.5$ 时，则表示吸附很难发生。

Freundlich 公式是经验公式，它考虑到了不均匀表面的情况，适用于描述低浓度气体或溶液的吸附情况；该式也存在一些问题，例如，在过高浓度时，不能预知表面的最大吸附量。

3）Dubinin-Radushkevich 模型

Langmuir 等温式适于说明低浓度时的吸附情况；Freundlich 等温式适于说明高浓度时的吸附情况。Dubinin-Radushkevich(D-R)模型常用于对吸附机理的分析。它假设吸附材料表面的吸附能是非均匀的，能量呈高斯分布规律，其表达式为

$$\ln q_e = \ln q_m - \beta\varepsilon^2 \tag{5-12}$$

通过对吸附能 $E$ 的计算可分析吸附机理是化学吸附还是物理吸附，$E$ 的计算式为

$$E = 1/(2\beta)^{1/2} \tag{5-13}$$

式中，$q_e$ 为平衡吸附量(mg/g)；$q_m$ 为 D-R 模型的饱和吸附量(mg/g)；$\beta$ 为和吸附自由能相关的常数；$\varepsilon$ 为 Polanyi 势能，$\varepsilon = RT\ln[1+(1/C_e)]$。

2. 等温吸附模型拟合分析

配制不同浓度的混合溶液（$Cu^{2+}$ 和 $Cr_2O_7^{2-}$ 的浓度都为 5mg/L、30mg/L、50mg/L、100mg/L、150mg/L、200mg/L、250mg/L、300mg/L），分别向不同的聚乙烯瓶中加入各种浓度的 $Cu^{2+}$ 和 $Cr_2O_7^{2-}$ 混合溶液 50mL，用 0.1mol/L 的盐酸或氢氧化钠溶液将 pH 调至 5.0，加入 0.03gAG-SBA-15，将各个聚乙烯瓶置于恒温水浴振荡器中，温度调至 25℃，在振速为 200r/min 时吸附 120min 后，过滤，测试滤液中含 $Cu^{2+}$ 和 $Cr_2O_7^{2-}$ 的浓度，考察 AG-SBA-15 对 $Cu^{2+}$ 和 $Cr_2O_7^{2-}$ 的等温吸附情况，绘制等温吸附曲线，根据上述公式进行 Langmuir 和 Freundlich 模型拟合，结果如图 5-21～图 5-23 和表 5-8 所示。

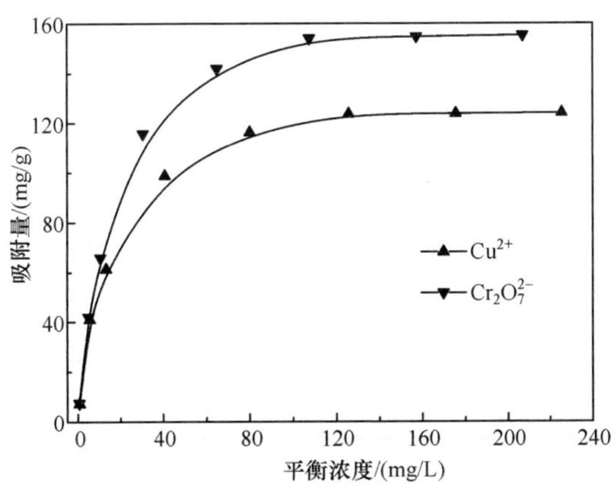


图 5-21　AG-SBA-15 对 $Cu^{2+}$ 和 $Cr_2O_7^{2-}$ 的吸附等温曲线

图 5-21 为 AG-SBA-15 对 $Cu^{2+}$ 和 $Cr_2O_7^{2-}$ 的吸附等温曲线。从图中可以看出，随着离子浓度的增大，平衡吸附量亦增大，但其提高幅度逐渐减弱，最终趋于饱和。

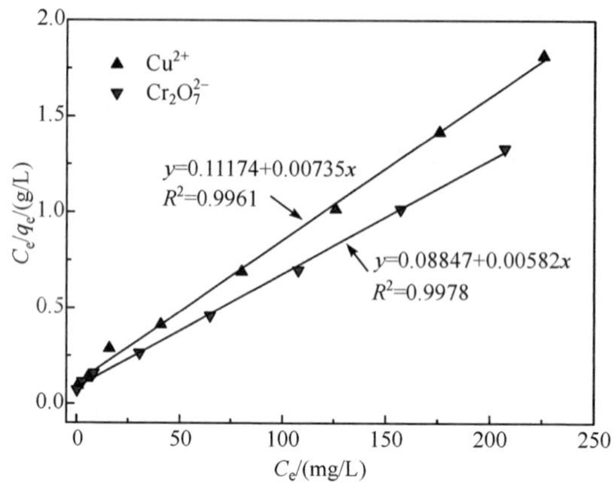


图 5-22 Langmuir 模型拟合

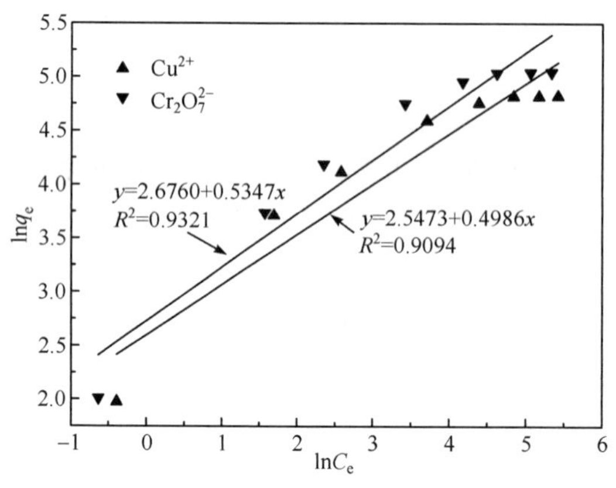


图 5-23 Freundlich 模型拟合

**表 5-8 AG-SBA-15 对 $Cu^{2+}$ 和 $Cr_2O_7^{2-}$ 吸附的热力学拟合参数**

| 吸附离子 | Langmuir 模型 | | | | Freundlich 模型 | | |
|---|---|---|---|---|---|---|---|
| | $q_m$/(mmol/g) | $q_m$/(mg/g) | $K_L$/(L/mg) | $R^2$ | $n$ | $K_F$ | $R^2$ |
| $Cu^{2+}$ | 2.126 | 141.82 | 0.06578 | 0.9961 | 2.0056 | 12.7721 | 0.9094 |
| $Cr_2O_7^{2-}$ | 3.305 | 171.86 | 0.06578 | 0.9978 | 1.8703 | 14.5253 | 0.9321 |

从表 5-8 可以看出，Langmuir 模型能更好地描述 $Cu^{2+}$ 和 $Cr_2O_7^{2-}$ 吸附数据，其相关性常数值 $R^2$ 分别为 0.9961($Cu^{2+}$)和 0.9978($Cr_2O_7^{2-}$)，说明该 AG-SBA-

15 对水中 $Cu^{2+}$ 和 $Cr_2O_7^{2-}$ 的最大吸附容量分别为 2.126mmol/g 和 3.305mmol/g。

### 5.3.6 吸附动力学研究

1. 动力学模型

吸附动力学反映的是,吸附过程中吸附随时间变化的情况。由于固液两相的接触时间有限,吸附剂对吸附质的吸附量也受到吸附速率的影响。因此,研究吸附过程的动力学具有重要意义。

目前,吸附动力学研究主要有以下三种常用模型。

1) Largergren 准一级动力学模型

Lagergren 准一级动力学方程认为吸附速率与吸附剂上未被占据的吸附位点成正比,其方程表达式如下所示:

$$\lg(q_e - q_t) = \lg q_e - \frac{k_1}{2.303} \cdot t \tag{5-14}$$

式中,$k_1$ 为准一级吸附速率常数(1/min);$q_e$ 为平衡吸附量(mg/g);$q_t$ 为 $t$ 时刻吸附量(mg/g)。

2) Ho 准二级动力学模型

Ho 准二级动力学方程认为吸附速率与吸附剂上未被占据的吸附位点的平方成正比,其方程表达式如下所示:

$$\frac{t}{q_t} = \frac{1}{k_2 q_e{}^?} + \frac{1}{q_e} \cdot t \tag{5-15}$$

式中,$k_2$ 为准一级吸附速率常数(1/min);$q_e$ 为平衡吸附量(mg/g);$q_t$ 为 $t$ 时刻吸附量(mg/g);$t$ 为吸附时间(min)。

3) Elovich 动力学模型

Elovich 在 20 世纪 30 年代提出 Elovich 动力学方程。Elovich 指出,当吸附剂表面吸附量增加时,吸附速率会呈指数型下降。其方程表达式如下所示:

$$q_t = a\ln t + b \tag{5-16}$$

式中,$a$、$b$ 为吸附速率常数;$q_t$ 为平衡吸附量(mg/g);$t$ 为吸附时间(min)。

2. 动力学模型拟合分析

配制不同浓度的混合溶液($Cu^{2+}$ 和 $Cr_2O_7^{2-}$ 的浓度都为 10mg/L、30mg/L、50mg/L),分别向不同的聚乙烯瓶中加入各种浓度的 $Cu^{2+}$ 和 $Cr_2O_7^{2-}$ 混合溶液 50mL,用 0.1mol/L 的盐酸或氢氧化钠溶液将 pH 调至 5.0,加入 0.03gAG-SBA-15,将各个聚乙烯瓶置于恒温水浴振荡器中,温度调至 25℃,振速为 200r/min,分别测定吸附时间为 1min、3min、5min、10min、20min、30min、60min、90min、120min

的废液中 $Cu^{2+}$ 和 $Cr_2O_7^{2-}$ 的浓度，计算吸附量，根据上述公式进行 Largergren 准一级、Ho 准二级、Elovich 模型拟合，结果如图 5-24～图 5-26 所示。

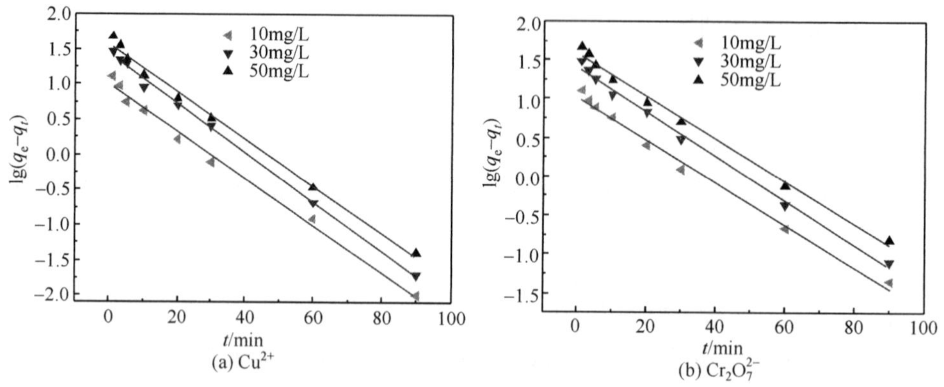


图 5-24　Largergren 准一级动力学模型拟合

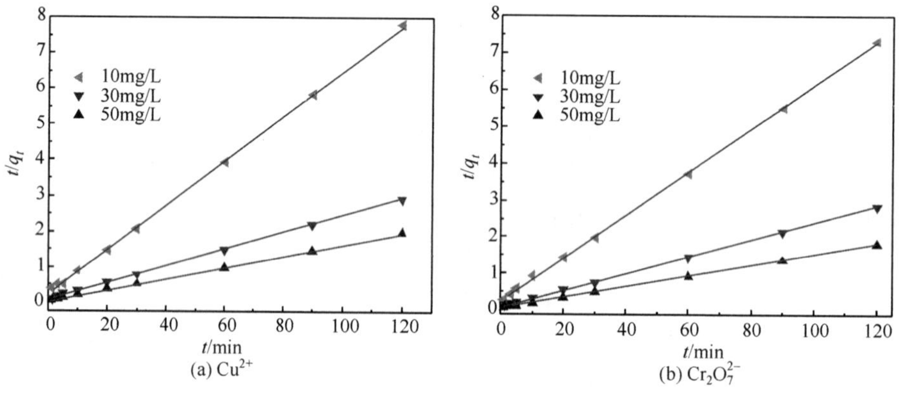


图 5-25　Ho 准二级动力学模型拟合

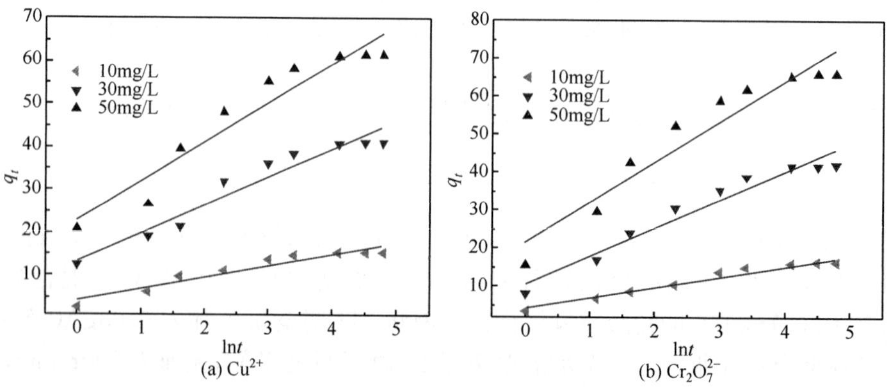


图 5-26　Elovich 动力学模型拟合

采用式(5-14)～式(5-16)的准一级、准二级、Elovich 吸附动力学模型，拟合得到的各动力学模型参数分别列于表 5-9 和表 5-10。

**表 5-9　AG-SBA-15 除 $Cu^{2+}$ 的动力学方程参数**

| $C_0$ /(mg/L) | $q_{e(exp)}$ /(mg/g) | Largergren 准一级 | | | Ho 准二级 | | | Elovich | | |
|---|---|---|---|---|---|---|---|---|---|---|
| | | $k_1$ | $R^2$ | $q_{e(cal)}$ /(mg/g) | $k_2$ | $R^2$ | $q_{e(cal)}$ /(mg/g) | $R^2$ | $a$ | $b$ |
| 10 | 15.4 | 0.077 | 0.990 | 9.74 | 0.016 | 0.999 | 16.02 | 0.909 | 2.41 | 3.15 |
| 30 | 40.97 | 0.080 | 0.997 | 26.67 | 0.0006 | 0.999 | 42.35 | 0.931 | 5.88 | 11.47 |
| 50 | 61.35 | 0.074 | 0.955 | 36.06 | 0.0005 | 0.999 | 63.13 | 0.917 | 8.24 | 19.55 |

**表 5-10　AG-SBA-15 除 $Cr_2O_7^{2-}$ 的动力学方程参数**

| $C_0$ /(mg/L) | $q_{e(exp)}$ /(mg/g) | Largergren 准一级 | | | Ho 准二级 | | | Elovich | | |
|---|---|---|---|---|---|---|---|---|---|---|
| | | $k_1$ | $R^2$ | $q_{e(cal)}$ /(mg/g) | $k_2$ | $R^2$ | $q_{e(cal)}$ /(mg/g) | $R^2$ | $a$ | $b$ |
| 10 | 16.37 | 0.063 | 0.984 | 10.25 | 0.013 | 0.999 | 17.09 | 0.961 | 2.64 | 3.50 |
| 30 | 41.98 | 0.066 | 0.994 | 25.34 | 0.0005 | 0.999 | 43.76 | 0.943 | 6.72 | 8.79 |
| 50 | 65.9 | 0.063 | 0.992 | 37.56 | 0.0005 | 0.999 | 67.89 | 0.910 | 9.42 | 17.99 |

从表 5-9 和表 5-10 可以看出，Ho 准二级动力学模型更适于描述介孔吸附剂 AG-SBA-15 对 $Cu^{2+}$ 和 $Cr_2O_7^{2-}$ 的吸附情况。对于一般的化学反应，通常所说的级数是指影响反应速率的各反应物浓度项指数的总和。对于重金属离子的吸附，准二级动力学模型可在一定程度上表示影响吸附速率的两个因素，如重金属离子浓度和介孔吸附剂性能；而准一级动力学模型仅能表示一个影响因素，如重金属离子浓度或介孔吸附剂性能。显然，这两个影响因素对于介孔吸附剂 AG-SBA-15 吸附 $Cu^{2+}$ 和 $Cr_2O_7^{2-}$ 的过程都是至关重要的，因而上述吸附过程主要是遵从 Ho 准二级动力学模型。在实验设置的三个浓度下，对 $Cu^{2+}$ 和 $Cr_2O_7^{2-}$ 的吸附拟合程度均达到了 $R^2=0.999$。同时，由 Ho 准二级动力学模型拟合出的 $Cu^{2+}$ 和 $Cr_2O_7^{2-}$ 理论吸附量 $Q_{e(cal)}$ 分别为 16.02mg/g、42.35mg/g、63.13mg/g 和 17.09mg/g、43.76mg/g、67.89mg/g，实际测量得到的 $Cu^{2+}$ 和 $Cr_2O_7^{2-}$ 平衡吸附量分别为 15.4mg/g、40.97mg/g、61.35mg/g 和 16.37mg/g、41.08mg/g、65.9mg/g，两者十分接近，而由 Largergren 准一级动力学模型拟合出的吸附量则与实际平衡吸附量有较大出入，因此，Ho 准二级动力学模型更适合于描述样品对铜离子的吸附过程。这表明，样品对铜离子的吸附速率与吸附剂上未被占据的吸附位点的平方成正比。这是很有意义的，因为 Ho 准二级动力学模型包含了吸附的所有过程，如表面吸附、粒子内部扩散、外部液膜扩散等，能更真实全面地反映吸附剂对 $Cu^{2+}$ 和 $Cr_2O_7^{2-}$ 吸附的动力学机制[97]。

3. 吸附速率控制步骤判别模型

前面分析 AG-SBA-15 吸附的速率方程主要是研究吸附的总速率问题，但多孔吸附剂的吸附作用是很复杂的，其包含多个过程。等温条件下，吸附剂对吸附质的吸附过程基本上可以分为三个连续步骤：①吸附质从液相主体扩散到吸附剂的外表面，即通过液膜到达吸附剂表面，简称膜扩散；②吸附质由颗粒的外表面，经颗粒内的孔隙内扩散到颗粒的内表面，简称颗粒内扩散；③吸附质在吸附剂内表面上发生吸附，称为吸附反应过程。以 $Cu^{2+}$ 为例，介孔吸附剂对重金属离子的吸附过程如图 5-27 所示。$Cu^{2+}$ 由膜扩散(①)到达介孔吸附剂的外表面；再经颗粒内扩散(②)，与介孔吸附剂内表面的—OH、—$NH_2$ 接触；—OH、—$NH_2$ 与 $Cu^{2+}$ 发生螯合反应(③)，$Cu^{2+}$ 得以去除。

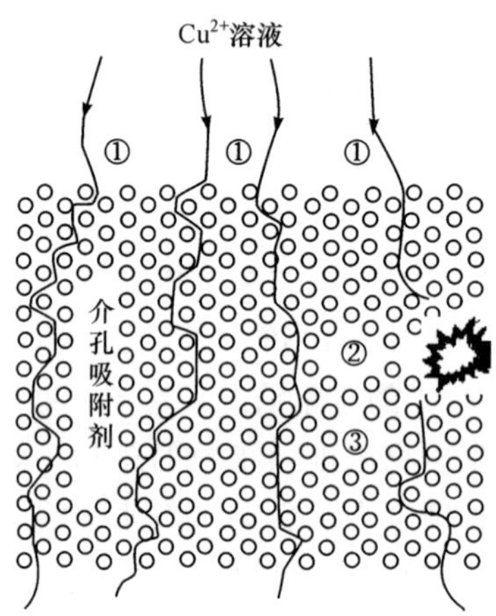

图 5-27 吸附过程示意图

吸附剂的吸附速率主要由这三个过程的速率控制[98]：①吸附质分子在固体表面液膜内的扩散速率；②吸附质分子在吸附剂表面和细孔内的扩散速率；③吸附质分子吸附到吸附剂上的速率。通常，过程③的反应速率很快，其传质阻力可以忽略不计，吸附总过程的速率由过程①、②的速率所控制。在许多情况下，吸附过程开始时由膜扩散控制，而在吸附接近终了时，内扩散起决定作用[99]。为了在实际应用中采取针对性措施，提高控制步骤的吸附速率，研究吸附过程的控制步骤十分必要。

1) 液膜扩散模型

吸附质分子由溶液扩散到吸附剂上常常是吸附的控制过程。在吸附过程中，沿着固体吸附剂表面与溶液的界面处会存在一层液体膜。液膜扩散是表示液膜内的吸附质浓度随时间的变化，其关系式为

$$-\ln\left(1-\frac{q_t}{q_e}\right)=R_d \cdot t \tag{5-17}$$

式中，$q_t$ 为 $t$ 时刻的吸附量(mg/g)；$q_e$ 为平衡吸附量(mg/g)；$R_d$ 为膜扩散常数。

比较式(5-14)和式(5-17)可发现，液膜扩散方程和准一级动力学方程是一致的，$R_d$ 与 $k_1$ 的数值相等，$R^2$ 也是相等的，则公式(3-10)可用于描述吸附的膜扩散方程。

2) 粒子内部扩散模型

对许多吸附而言，颗粒内扩散是吸附的速率控制步骤。通常，利用颗粒内扩散方程，如式(5-18)所示，可判断吸附速率的控制步骤[100]。

$$q_t=k \cdot t^{1/2}+I \tag{5-18}$$

式中，$q_t$ 为 $t$ 时刻的吸附量(mg/g)；$k$ 为粒子内部扩散常数[mg/(g · min)]；$I$ 为常数。

根据颗粒内扩散方程作图，可得到一条曲线。曲线两头弯曲，中间为直线，分别代表吸附过程的膜扩散、颗粒内扩散和吸附反应三个步骤，直线部分由颗粒内扩散的影响而形成。如果曲线 $q_t$-$t^{1/2}$ 的中间部分为一条通过原点的直线($I=0$)，则颗粒内扩散是控制吸附过程的唯一步骤；否则认为吸附过程由两个或多个步骤共同控制决定。$I$ 值反映了边界层的厚度。

### 4. 吸附速率控制步骤研究

膜扩散速率方程与准一级吸附动力学模型一致，因此膜扩散方程拟合得到的 $R^2$ 与准一级吸附动力学模型拟合得到的 $R^2$ 是一致的；而为了研究颗粒内扩散速率方程，采用式(5-14)对吸附过程进行拟合分析，得到的 $q_t$-$t^{1/2}$ 曲线如图 5-28 所示。如前所述，在图 5-28 中，$Cu^{2+}$ 和 $Cr_2O_7^{2-}$ 的 $q_t$-$t^{1/2}$ 的关系曲线都是两头弯曲，中间为直线。吸附过程中段的拟合直线均不通过原点，表明颗粒内扩散不是唯一的速率控制步骤，即吸附过程是由膜扩散和颗粒内扩散联合控制的，两者均为吸附速率控制步骤。液膜扩散模型和粒子扩散模型的拟合得到的 $R^2$ 如表 5-11 所示。由表可以看出，液膜扩散模型的拟合程度 $R^2$ 较高，而粒子内部扩散拟合程度偏低。这表明在整个吸附过程中，液膜扩散是吸附速率的主要控制步骤。

**表 5-11　AG-SBA-15 除 $Cu^{2+}$ 和 $Cr_2O_7^{2-}$ 离子扩散模型方程参数($R^2$)**

| $C_0$/(mg/L) | 10 | | 30 | | 50 | |
|---|---|---|---|---|---|---|
| 离子 | $Cu^{2+}$ | $Cr_2O_7^{2-}$ | $Cu^{2+}$ | $Cr_2O_7^{2-}$ | $Cu^{2+}$ | $Cr_2O_7^{2-}$ |
| 液膜扩散 | 0.990 | 0.984 | 0.997 | 0.994 | 0.955 | 0.992 |
| 粒子内部扩散 | 0.975 | 0.980 | 0.940 | 0.954 | 0.934 | 0.952 |

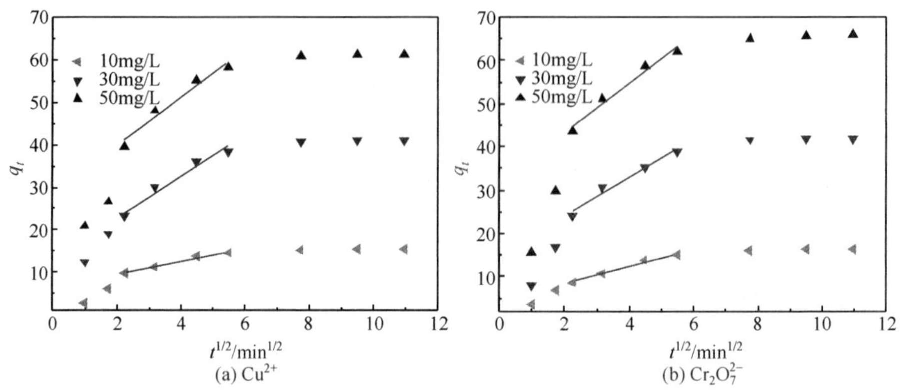


图 5-28 粒子内部扩散模型

## 5.3.7 吸附机理分析

为了进一步揭示 AG-SBA-15 同时吸附 $Cu^{2+}$ 和 $Cr_2O_7^{2-}$ 的机理，本节采用 X 射线光电子谱分析方法(X-ray photoelectronic spectroscopy, XPS)考察吸附前后 AG-SBA-15 表面的变化。

XPS 分析测试的基本原理是通过一定能量的 X 射线照射到待测样品的表面，和待测的样品发生作用，使待测样品表面原子中的电子脱离原子成为自由电子。通过对样品表面产生的光子能量的测定可以了解样品表面的元素组成，通过分峰拟合结果，可对元素存在价态进行分析。XPS 是测定材料表面基团组成的有效技术手段，应用广泛。样品在 Perkin Elmer PHI 5000 ESCT System X 射线光电子能谱仪进行测试。测试时，使用 AlKα(1486.6eV)为激发源，高压 14.0kV，功率 250W，X 射线与样品夹角 $\theta=54°$，测量时分析室压力为 $10^{-9}$ Torr($1Torr=1.33322\times10^2Pa$)，以污染碳的结合能(284.6eV)为基准进行结合能的校正。

图 5-29(a)给出了吸附 $Cu^{2+}$ 和 $Cr_2O_7^{2-}$ 前后 AG-SBA-15 表面的全扫描能谱。吸附前整个谱图中出现五个峰，即 O1s、C1s、N1s、Si2s 和 Si2p。而吸附后的样品在 934.53eV 和 587.95eV 出现了两个峰，这两个峰对应分别为 Cu2p 和 Cr2p 谱峰，这表明 $Cu^{2+}$ 和 $Cr_2O_7^{2-}$ 被成功地吸附在了 AG-SBA-15 表面[101,102]。图 5-29(b)和(c)是 AG-SBA-15 吸附 $Cu^{2+}$ 和 $Cr_2O_7^{2-}$ 前后的 N1s 谱图。图 5-29(b)中，399.35eV 归属于 C—N═C 的 N1s 结合能，吸附 $Cu^{2+}$ 和 $Cr_2O_7^{2-}$ 后，N1s 谱图在 401.05eV 处出现了一个额外的峰，这与胺基质子化和吸附 $Cr_2O_7^{2-}$ 后化学价态的变化有关[7]。如图 5-29(d)所示，Cu2p 谱图中，铜原子的 Cu2p 的 XPS 谱上在 934.58eV 处有一个主峰，在 942.78eV 处有个肩峰，两个峰分别归属为 Cu2p2/3 和 Cu2p1/2，这说明 Cu 以正二价形式被吸附于 AG-SBA-15。图 5-29(e)为 Cr2p 的 XPS 谱图。从图中可以看到，Cr2p 的 XPS 谱上的两个峰分别归属为 Cr2p1/2

(587.95eV)和 Cr2p3/2 (578.95eV),表明吸附于 AG-SBA-15 的 Cr 以三价和六价形式同时存在。

结合以上分析及 XPS 分析结果,可以认为 AG-SBA-15 通过表面的 N 和 O 提供孤对电子对和 $Cu^{2+}$ 络合从而吸附 $Cu^{2+}$。此外,还有部分的 $Cu^{2+}$ 可能通过物理作用吸附到 AG-SBA-15 表面。对于 $Cr_2O_7^{2-}$ 的吸附,在吸附过程中,Cr(Ⅵ)作为强氧化剂,与 AG-SBA-15 上的电子供体发生化学反应,自身部分被还原为 Cr(Ⅲ)。其可能吸附机理图如图 5-30 所示。

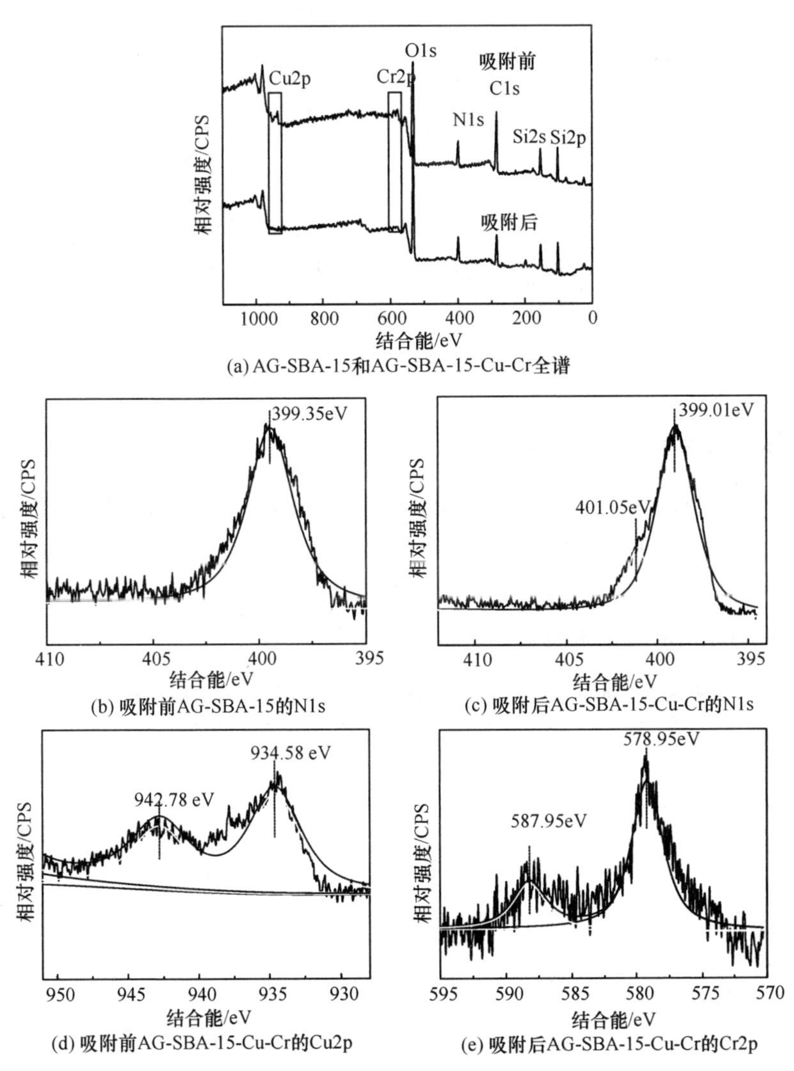


图 5-29　XPS 谱图

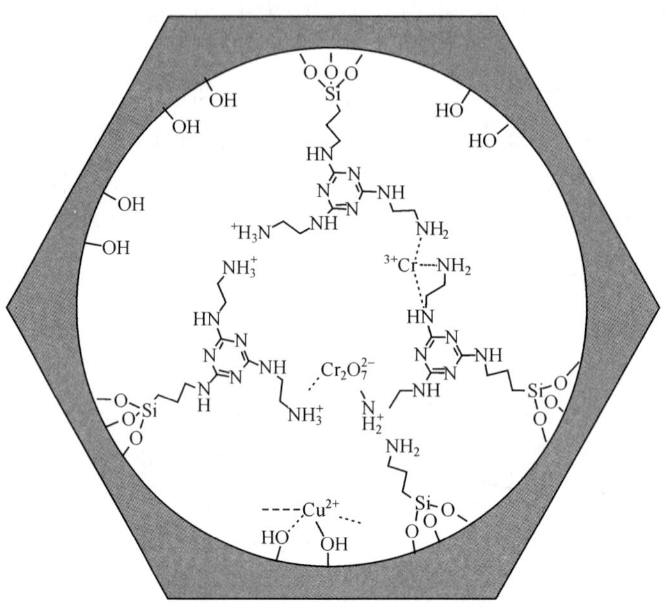


图 5-30 AG-SBA-15 吸附 $Cu^{2+}$ 和 $Cr_2O_7^{2-}$ 的机理图

### 5.3.8 吸附量与文献值的比较

表 5-12 为 AG-SBA-15 对 $Cu^{2+}$ 和 $Cr_2O_7^{2-}$ 的吸附量与一些文献所报道的吸附剂的对比。从表中可见,AG-SBA-15 同时吸附 $Cu^{2+}$ 和 $Cr_2O_7^{2-}$ 的吸附量高于大部分所列的吸附剂对单 $Cu^{2+}$ 或单 $Cr_2O_7^{2-}$ 的吸附量。由此可见,本研究中所合成的高效、快速的双功能吸附剂具有潜在的应用价值。

**表 5-12 AG-SBA-15 的吸附量与文献报道的其他吸附剂比较**

| 吸附剂 | 吸附容量/(mmol/g) | | 参考文献 |
|---|---|---|---|
| | $Cu^{2+}$ | $Cr_2O_7^{2-}$ | |
| AG-SBA-15 | 2.216 | 3.305 | 本书 |
| PEI-HNTs | — | 1.971 | [2] |
| PVA-PEI magnetic microsphere | — | 1.7 | [3] |
| Ligand immobilized facial composite | 3.318 | — | [5] |
| Ligand modified composite | 2.280 | — | [6] |
| P-NZVI | — | 5.896 | [9] |
| Modified shell | — | 3.018 | [16] |
| Organclay | — | 2.773 | [18] |

续表

| 吸附剂 | 吸附容量/(mmol/g) | | 参考文献 |
|---|---|---|---|
| | $Cu^{2+}$ | $Cr_2O_7^{2-}$ | |
| Modified kaolin clay (MKC) | — | 1.752 | [19] |
| Functionalised SBA-16 | 0.568 | — | [20] |
| Ligand modified mesoporous adsorbent | 2.280 | — | [21] |
| Functionalized SBA-15 | 1.74 | — | [27] |
| SG-$H_2$Li | 0.65 | — | [41] |
| Tailor-made composite adsorbent | 3.318 | — | [49] |
| Ligand based dual conjugate adsorbent | 3.113 | — | [50] |
| Non-cross-linked chitosan | 1.25 | 1.5 | [53] |

### 5.3.9 小结

本节研究了 AG-SBA-15 对水体中 $Cu^{2+}$ 和 $Cr_2O_7^{2-}$ 同时吸附行为，研究了吸附的影响因素、热力学参数、等温吸附模型和动力学模型，同时探讨了 AG-SBA-15 对水体中同时吸附 $Cu^{2+}$ 和 $Cr_2O_7^{2-}$ 的吸附机理。具体结论如下。

(1) pH 的变化影响水体中离子的存在状态，也影响吸附剂表面胺基基团的电荷特征。在强酸性条件下，胺基完全发生质子化与 $H^+$ 结合，与 $Cr_2O_7^{2-}$ 通过化学作用结合，$Cr_2O_7^{2-}$ 表现出很好的吸附效果。而在强酸条件下，由于 $H^+$ 与 $Cu^{2+}$ 竞争吸附剂表面的吸附位点，$Cu^{2+}$ 的吸附效果很差。随着溶液 pH 的增加，胺基质子化程度降低，$H^+$ 与 $Cu^{2+}$ 竞争吸附剂表面的吸附位点的能力减弱，$Cr_2O_7^{2-}$ 的吸附量减小，$Cu^{2+}$ 的吸附量增大。因此，吸附最佳的 pH 为 5.0。

(2) AG-SBA-15 对水体中 $Cu^{2+}$ 和 $Cr_2O_7^{2-}$ 的吸附都在 30min 内达到平衡。吸附率随时间变化的趋势大体一致，经历了“快速吸附—缓慢吸附—吸附平衡”三个阶段。

(3) SBA-15、A-SBA-15、SBA-15-G 和 AG-SBA-15 同时去除水体中 $Cu^{2+}$ 和 $Cr_2O_7^{2-}$ 的对比吸附实验表明，AG-SBA-15 具有良好的同时去除 $Cu^{2+}$ 和 $Cr_2O_7^{2-}$ 的能力。

## 5.4 SBA-15 双功能介孔吸附材料再生性及稳定性研究

吸附剂的再生性及稳定性是评判吸附剂的重要指标，目前再生性及稳定性研究成为吸附剂研究的一个重要方面。优良的再生性，可以弥补吸附剂在吸附容量和生产成本方面的不足。因此，本节对 AG-SBA-15 的再生性及稳定性展开相关的吸附试验、表征及讨论。

### 5.4.1 实验准备

实验药品与仪器及其他见 5.3 节。

1. 单离子溶液的配置

1) $Cu^{2+}$ 溶液的配置

将硝酸铜[$Cu(NO_3)_2 \cdot 3H_2O$]置于真空干燥箱中 105℃恒温干燥 2h，准确称取 3.799g $Cu(NO_3)_2 \cdot 3H_2O$，用 200mL 去离子水溶解于 500mL 的烧杯中。将溶液移入 1000mL 容量瓶中；然后向容量瓶中加入去离子水稀释至刻度，摇匀，静置后避光保存，即得到 $Cu^{2+}$ 溶液标准储备溶液。每 1mL 该标准储备液中含有的 $Cu^{2+}$ 质量都为 1mg。后续的吸附实验中，从该标准储备溶液移取一定体积的溶液，移入 100mL 的容量瓶中，稀释至 100mL 并混匀，即可以得到相应浓度的 $Cu^{2+}$ 标准使用液。

2) $Cr_2O_7^{2-}$ 溶液的配置

$Cr_2O_7^{2-}$ 溶液的配置与 $Cu^{2+}$ 溶液的配置相似，称取的重铬酸钾($K_2Cr_2O_7$)晶体的含量为 2.829g，其他步骤均一样。

2. 脱附率的计算

为了计算 $Cu^{2+}$($Cr_2O_7^{2-}$)从吸附剂表面脱附的脱附率，采用式(5-19)进行计算：

$$\text{脱附率}(\%)=\frac{C_t \times V}{q_e \times m}\times 100\% \tag{5-19}$$

式中，$V$ 为脱附溶液的体积(mL)；$C_t$ 为脱附时间 $t$ 后溶液中 $Cu^{2+}$($Cr_2O_7^{2-}$)的浓度(mg/L)；$q_e$ 为达到吸附-脱附平衡时样品的吸附剂的平衡吸附量；$m$ 为吸附剂量的质量(g)。

### 5.4.2 实验内容

1. 脱附实验

1) $Cu^{2+}$ 的脱附实验

取 0.03g AG-SBA-15 于聚乙烯瓶中，加入 10mg/L 的含 $Cu^{2+}$ 溶液 50mL，放置于 25℃恒温振荡器中，振荡 2h，使之达到饱和吸附，过滤，干燥后加入到 100mL 的 0.1mol/LNaOH 溶液中，分别在不同的时间间隔 $t$ 取样，过滤，测定溶液中的 $Cu^{2+}$ 含量，计算脱附率。

2) $Cr_2O_7^{2-}$ 的脱附实验

取 0.03g AG-SBA-15 于聚乙烯瓶中，加入 50mg/L 含 $Cr_2O_7^{2-}$ 的溶液 50mL，

放置于 25℃恒温振荡器中，振荡 2h，使之达到饱和吸附，过滤，干燥后加入到 100mL 的 0.1mol/LHCl 溶液中，分别在不同的时间间隔 $t$ 取样，过滤，测定溶液中的 $Cr_2O_7^{2-}$ 含量，计算脱附率。

2. 吸附-再生循环实验

50mL 初始浓度为 10mg/L $Cu^{2+}$ 和 10mg/L $Cr_2O_7^{2-}$ 混合溶液置于聚乙烯瓶中，用 0.1mol/L NaOH 溶液和 0.1mol/LHCl 溶液调节溶液的 pH 至 5.0，然后加入 0.03gAG-SBA-15 吸附剂，放置恒温水域振荡器中，水温调至 25℃，振速为 200r/min 下吸附 2h 后，过滤上清液，测定滤液中 $Cu^{2+}$ 和 $Cr_2O_7^{2-}$ 的浓度，考察吸附剂的吸附效果。同时，滤出的吸附剂置于带塞的 250mL 圆底烧瓶中，加入 100mL浓度为 0.1mol/L 的 NaOH 溶液，磁力搅拌 2h 以洗脱 $Cr_2O_7^{2-}$，抽滤，去离子水洗涤，置于空气中干燥；随后，将干燥后的吸附剂再次置于 250mL 圆底烧瓶中，加入 100mL 浓度为 0.1mol/L 的 HCl 溶液，磁力搅拌 2h 以洗脱 $Cu^{2+}$，抽滤，去离子水洗涤，置于空气中干燥；随后，使用浓度为 1mol/L 的 $NaHCO_3$ 溶液洗涤干燥后的介孔吸附剂，中和吸附剂中的 $H^+$，搅拌时间为 2h，抽滤，去离子水洗涤，于 60℃下真空干燥至恒重。重复进行吸附实验。反复五次，即吸附-再生五次循环。

### 5.4.3　再生 AG-SBA-15 的表征分析

为了研究再生 AG-SBA-15 的物理化学变化，本节对吸附再生五次后的 AG-SBA-15 展开相关分析表征，测试仪器与方法见 5.2 节，表征分析结果如下。

1. 小角度 X 射线粉末衍射分析

从图 5-31 可以看出，再生 AG-SBA-15 与纯 SBA-15 一样在小角 $2\theta=0.5°\sim5°$ 范围内出现一个大的衍射峰（$2\theta=0.82°\sim0.88°$）和两个小的衍射峰（$2\theta=1.3°\sim1.8°$），分别归属于(100)、(110)和(200)晶面衍射峰。这表明再生 AG-SBA-15 经过五次吸附再生后，仍保持者比较有序的六方结构，具有较好的再生稳定性。

2. 电镜分析

图 5-32 为再生 AG-SBA-15 的电镜图。图 5-32(a)为再生 AG-SBA-15 的 SEM 图。从图中可以看出，再生 AG-SBA-15 呈现出典型的绳结状结构，颗粒与颗粒间团聚在一起，成为麦穗状的大颗粒。再生 AG-SBA-15 在形貌上与 AG-SBA-15 相比没有发生明显变化，这说明再生过程对 AG-SBA-15 的形貌没有明显的破坏作用。图 5-32(b)为再生 AG-SBA-15 的 TEM 图，在垂直于孔轴方向，再生 AG-SBA-15 保持了母体的二维六方介孔结构，但是有序性受到一定的破坏，表明再生的过程中，反复多次的吸附，洗涤干燥过程会对 AG-SBA-15 的有序性产生一定的破坏作用，但是这样的有序性仍满足吸附剂的要求。

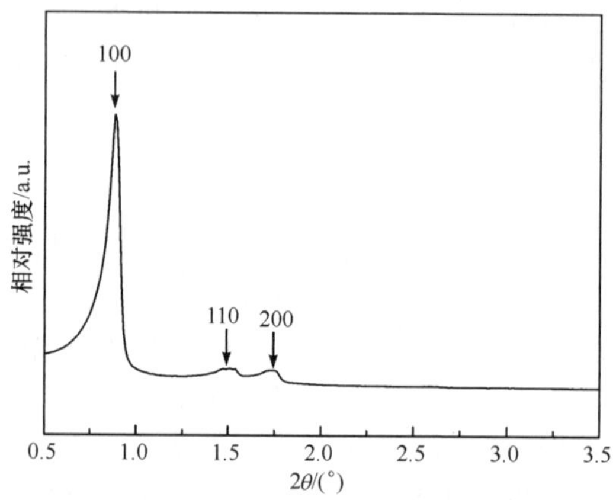


图 5-31　再生 AG-SBA-15 的 SAXRD 分析

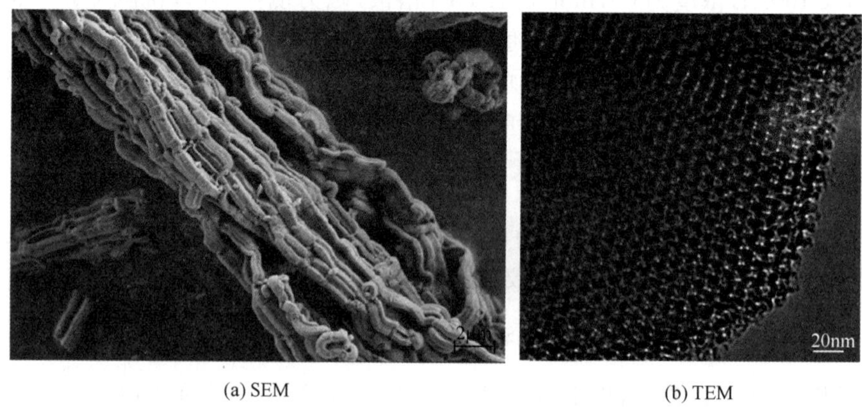


(a) SEM　(b) TEM

图 5-32　再生 AG-SBA-15 的电镜分析

3. $N_2$ 吸附-脱附分析

图 5-33 为再生 AG-SBA-15 的 $N_2$ 吸附-脱附等温曲线。再生 AG-SBA-15 依然保持介孔的Ⅳ型等温曲线和 H1 类型滞后环，但是其等温吸附分支的拐点相比 AG-SBA-15[图 5-12(d)]顺序向低相对压力方向移动，表面介孔孔径较 AG-SBA-15 顺序减小，这与上述 TEM 表征结果相吻合。再生 AG-SBA-15 的 BET 比表面积、BJH 孔径、孔容参数分别为 $298m^2/g$、6.9nm、$0.38cm^3/g$。从测试结果可知，再生过程使 AG-SBA-15 比表面积、孔径和孔容有所降低，这可能是再生过程中，部分介孔孔道发生堵塞、坍塌，占据了介孔孔道。

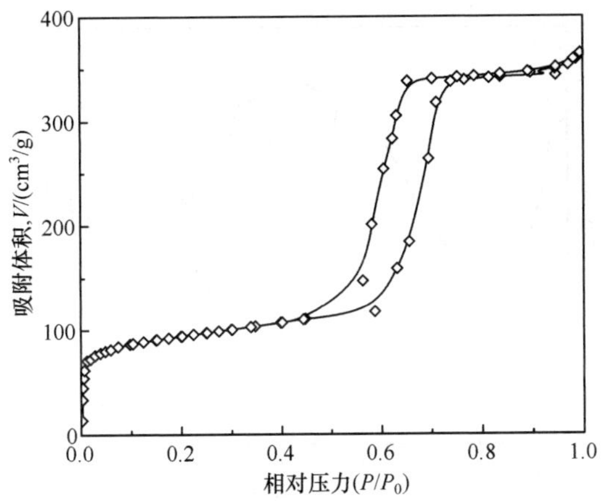


图 5-33　再生 AG-SBA-15 的 $N_2$ 吸附-脱附等温曲线

4. 红外光谱分析

图 5-34 为再生 AG-SBA-15 的 FT-IR 谱图。由图可以看出，再生 AG-SBA-15 与 AG-SBA-15 的 FT-IR 谱图(图 5-34)很相似，与 AG-SBA-15 的 FT-IR 谱图一样，再生 AG-SBA-15 的 FT-IR 谱图在 3453$cm^{-1}$ 也存在一个明显的吸收峰，这是—OH 的振动收缩峰。位于 1093$cm^{-1}$、801$cm^{-1}$、475$cm^{-1}$处的吸收峰为 Si—O—Si 键的特征振动峰。位于 1093$cm^{-1}$和 801$cm^{-1}$处的吸收峰分别属于 Si—O—Si 非对称伸缩振动峰和对称伸缩振动峰，而位于 475$cm^{-1}$处的吸收峰属于 Si—O—Si 弯曲振动峰，这表明再生 AG-SBA-15 聚合浓缩的硅骨架在再生过程中没有受到严重的破坏。在 1580$cm^{-1}$和 1537$cm^{-1}$出现的吸收峰为属于—$NH_2$ 的伸缩振动峰，在 1375$cm^{-1}$、1434$cm^{-1}$ 和 1573$cm^{-1}$ 出现的吸收峰为芳香三嗪环的振动峰，而在 2938$cm^{-1}$出现的吸收峰则为丙基链上的 C—H 的对称和非对称伸缩振动峰，这些峰的存在证明再生 AG-SBA-15 上仍然保持着大量的大位阻多胺基团，大位阻多胺基团被成功地接枝到了基体表面，在再生过程中保持良好的稳定性，没有受到破坏。

5. 氨气程序升温脱附

图 5-35 为再生 AG-SBA-15 的 $NH_3$-TPD 曲线。从图中可以看出，再生 AG-SBA-15 在 250～450℃出现一个较大的氨气脱附峰，这种现象表明再生 AG-SBA-15 的基体骨架中，存在一定量的 Al—OH，同时接枝的大位阻多胺基团与 Al—OH 在再生过程中不会发生明显的自发复合反应，维持比较好协同关系。再生 AG-SBA-15 与 AG-SBA-15 的氨气脱附峰相比，发生一定的温度位移，这可能是由于再生过程中部分介孔孔道发生坍塌，对骨架有一定的破坏作用，从而再生 AG-SBA-15 氨气脱附峰向低温移动。

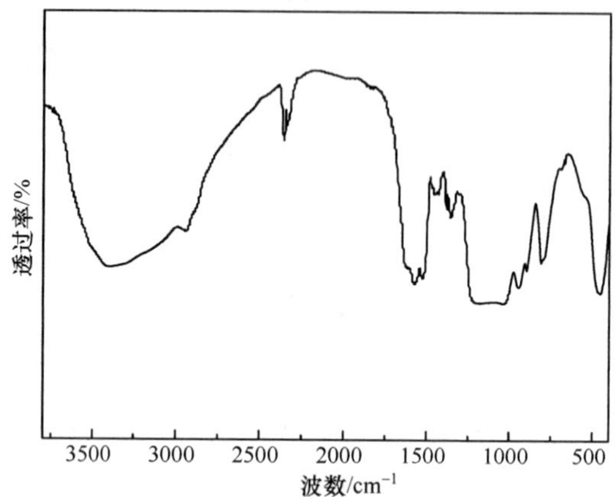


图 5-34　再生 AG-SBA-15 的 FT-IR 谱图

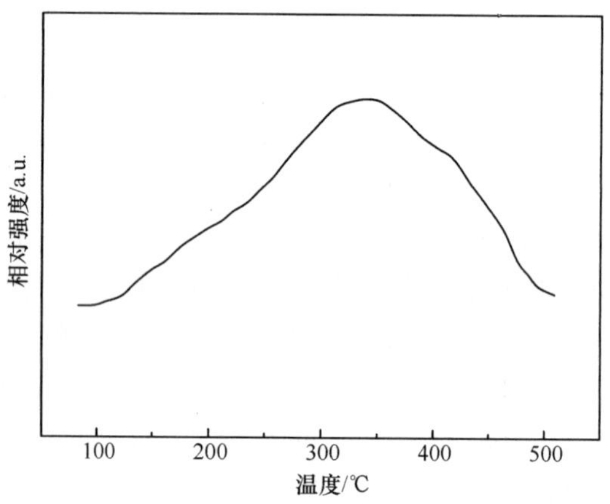


图 5-35　再生 AG-SBA-15 的 $NH_3$-TPD 曲线

### 5.4.4　再生结果与讨论

1. 脱附动力学

图 5-36 为 AG-SBA-15 脱附 $Cu^{2+}$ 和 $Cr_2O_7^{2-}$ 的脱附动力学曲线。在 $Cu^{2+}$ 的脱附过程中，介孔吸附剂由蓝变白，HCl 洗脱溶液由无色变为淡蓝色，在 $Cr_2O_7^{2-}$ 的脱附过程中，介孔吸附剂由黄色变为白色，NaOH 洗脱液从无色变为淡黄色，说明 AG-SBA-15 表面吸附的 $Cu^{2+}$ 和 $Cr_2O_7^{2-}$ 被洗脱。由图 5-36 可知，AG-SBA-15 脱附 $Cu^{2+}$ 和 $Cr_2O_7^{2-}$ 的脱附速率都较快，在 15 min 后基本上达到脱附-吸附平衡，并且脱附率均高达 90%以上，说明 AG-SBA-15 具有较好的可再生能力。

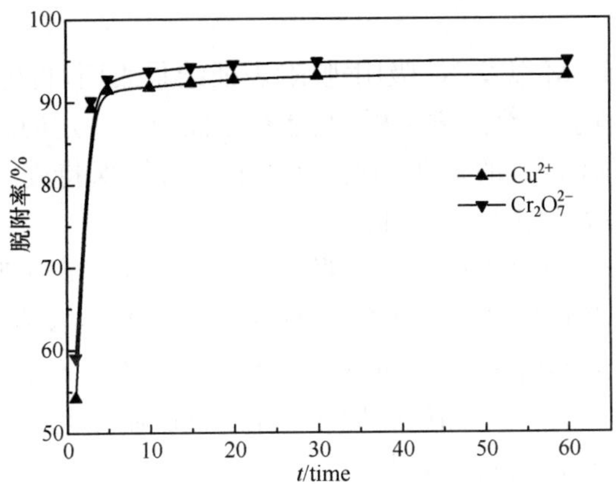


图 5-36　AG-SBA-15 脱附 $Cu^{2+}$ 和 $Cr_2O_7^{2-}$ 的脱附动力学曲线

2. 吸附-再生循环结果

图 5-37 为 AG-SBA-15 吸附-再生循环结果。从图中可以看出，在重复五次吸附-再生后，AG-SBA-15 对 $Cu^{2+}$ 和 $Cr_2O_7^{2-}$ 的去除率仍高达 90%，这说明 AG-SBA-15 具有较好的可再生能力。随着再生次数的增加，$Cu^{2+}$ 和 $Cr_2O_7^{2-}$ 去除率数据略有降低，其原因可能包括以下两个方面。

(1) 由于实验中介孔吸附剂的用量少，在抽滤和洗涤过程中，存在一定的质量损失。

(2) 介孔吸附剂 AG-SBA-15 骨架及表面修饰的官能团，在再生过程中，存在一定的破坏和流失的情况。

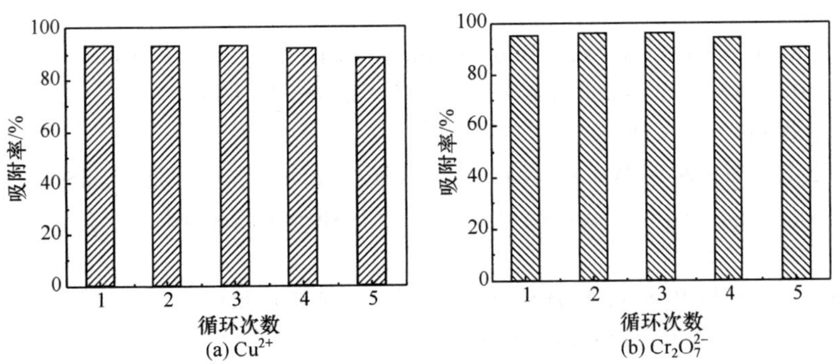


图 5-37　AG-SBA-15 吸附-再生循环结果

## 5.5 小　　结

本章对 AG-SBA-15 的再生性及稳定性展开相关的表征、吸附实验研究。具体结论如下。

(1) SAXRD、TEM 以及 $N_2$ 吸附-脱附表征结果表明，再生 AG-SBA-15-G 与纯 SBA-15 一样仍保持二维六方结构，但是有序性受到一定的影响。SEM 表征结果表明，再生 AG-SBA-15 的形貌与纯 SBA-15 一样，保持麦穗状形貌。这表明 AG-SBA-15 具有较好的再生稳定性。

(2) FTIR、$NH_3$-TPD 表征结果表明，再生 AG-SBA-15 骨架掺杂的 Al 原子和表面接枝的大位阻多胺基团在经过五次吸附-再生循环后，没有受到太大的破坏。

(3) 脱附动力学实验中，AG-SBA-15 脱附 $Cu^{2+}$ 和 $Cr_2O_7^{2-}$ 的脱附速率都较快，在 15min 后基本上达到脱附-吸附平衡，并且脱附率均高达 90%以上，说明 AG-SBA-15 具有较好的可再生能力。

(4) 吸附-再生循环实验中，在重复五次吸附-再生后，AG-SBA-15 对 $Cu^{2+}$ 和 $Cr_2O_7^{2-}$ 的去除率仍高达 90%，这说明 AG-SBA-15 具有较好的可再生能力。

## 参 考 文 献

[1] Xu B. China's Environmental Crisis[R]. Council on Foreign Relations, 2014.

[2] Hu Y N, Cheng H F. Water pollution during China's industrial transition[J]. Environmental Development, 2013, 8: 57-73

[3] Benjamin M M, Leckie J O. Multiple-site adsorption of Cd, Cu, Zn, and Pb on amorphous iron oxyhydroxide[J]. Journal of Colloid and Interface Science, 1981, 79 (1): 209-221.

[4] Nriagu J O. Global metal pollution: poisoning the biosphere[J]. Environment, 1990, 32 (7): 7-33.

[5] Awual M R, Eldesoky G E, Yaita Y, et al. Schiff based ligand containing nano-composite adsorbent for optical copper(II) ions removal from aqueous solutions[J]. Chemical Engineering Journal, 2015, 279: 639-647.

[6] Cheng Z, Liu X, Han M, et al. Adsorption kinetic character of copper ions onto a modified chitosan transparent thin membrane from aqueous solution[J]. Journal of Hazardous Materials, 2010, 182 (1-3): 408-415.

[7] Tian X K, Wang W W, Wang Y X, et al. Polyethylenimine functionalized halloysite nanotubes for efficient removal and fixation of Cr(Ⅵ)[J]. Microporous and Mesoporous Materials, 2015, 207: 46-52.

[8] Deng L, Shi Z, Li B, et al. Adsorption of Cr(Ⅵ) and phosphate on Mg-Al hydrotalcite supported kaolin clay prepared by ultrasound-assisted coprecipitation method using batch and fixed-bed systems [J]. Industrial & Engineering Chemistry Research, 2014, 53 (18): 7746-7757.

[9] Kim L H, Choi E, Stenstrom M K, et al. Sediment characteristics, phosphorus types and phosphorus release rates between river and lake sediments[J]. Chemosphere, 2003, 50(1): 53-61.

[10] Peleka E N, Deliyanni E A. Adsorptive removal of phosphates from aqueous solutions[J].

Desalination, 2009, 245 (1/2/3): 357-371.

[11] Subramani A, Jacangelo J G. Treatment technologies for reverse osmosis concentrate volume minimization: A review[J]. Separation and Purification Technology, 2014, 122: 472-489.

[12] Gogate P R, Pandit A B. A review of imperative technologies for wastewater treatment I: Oxidation technologies at ambient conditions[J]. Advances in Environmental Research, 2004, 8 (3/4): 501-551.

[13] Aderhoid D, Williams C J, Edyvean R G J, et al. The removal of heavy-metal ions by seaweeds and their derivatives[J]. Bioresource Technology, 1996, 58(1): 1-6.

[14] Wu Q, Bishop P L, Keener T C, et al. Sludge digestion enhancement and nutrient removal fromanaerobic supernatant by $Mg(OH)_2$ application[J]. Water Science & Technology, 2001, 44(1): 161-166.

[15] Barrera-Diaz C E, Lugo-Lugo V, Bilyeu B. A review of chemical, electrochemical and biological methods for aqueous Cr(Ⅵ) reduction[J]. Journal of Hazardous Materials, 2012, 223/224: 1-12.

[16] Ye L, You H, Yao J, et al. Water treatment technologies for perchlorate: A review[J]. Desalination, 2012, 298: 1-12.

[17] Ricardo A R, Carvalho G, Velizm-ov S, et al. Kinetics of nitrate and perchlorate removal and biofilm stratification in an ion exchange membrane bioreactor[J]. Water Research, 2012, 46: 4556-4568.

[18] Fox S, Oren Y, Ronen Z, et al. Ion exchange membrane bioreactor for treating groundwater contaminated with high perchlorate concentrations[J]. Journal of Hazardous Materials, 2014, 264: 552-559.

[19] Bilad M R, Declerck E, Piasecka A, et al. Development and validation of a high-throughput membrane bioreactor(HT-MBR)[J]. Journal of Membrane Science, 2011, 379: 146-153.

[20] Mao F, Zhang G, Tong J, et al. Anion exchange membranes used in diffusion dialysis for acid recovery from erosive and organic solutions[J]. Separation and Purification Technology, 2014, 122: 376-383.

[21] Dabrowski A, Hubicki Z, Podkoscielny P, et al. Selective removal of the heavy metal ions from waters and industrial wastewaters by ion-exchange method[J]. Chemosphere, 2004, 56 (2): 91-106.

[22] Baccar R, Bouzid J, Feki M, et al. Preparation of activated carbon from Tunisian olive-waste cakes and its application for adsorption of heavy metal ions[J]. Journal of Hazardous Materials, 2009, 162(2/3): 1522-1529.

[23] Wang X S, Chen L E, Li E Y, et al. Removal of Cr(Ⅵ) with wheat-residue derived black carbon: Reaction mechanism and adsorption performance[J]. Journal of Hazardous Materials, 175(1-31): 816-822.

[24] Huang G, Shi J X, Langrish T A G. Removal of Cr(Ⅵ) from aqueous solution using activated carbon modified with nitric acid[J]. Chemical Engineering Journal, 2009, 152(2/3): 434-439.

[25] Stadler M, Schindler P W. Modeling of $H^+$ and $Cu^{2+}$ adsorption on calcium-montmorillonite [J]. Clays and Clay Minerals, 1993, 41: 288-288.

[26] Pal O R, Vanjara A K. Removal of malathion and butachlor from aqueous solution by clays and organoclays[J]. Separation and Purification Technology, 2001, 24(1/2): 167-172.

[27] Duggan O, Allen S J. Study of the physical and chemical characteristics of a range of chemically treated, lignite based carbons[J]. Water Science and Technology, 1997, 35(7): 21-27.

[28] Zhu C S, Wang L P, Chen W. Removal of Cu(II) from aqueous solution by agricultural by-product: Peanut hull[J]. Journal of Hazardous Materials, 2009, 168(2): 739-746.

[29] Kadirvelu K, Kavipriya M, Karthika C, et al. Utilization of various agricultural wastes for activated carbon preparation and application for the removal of dyes and metal ions from aqueous solutions[J]. Bioresource Technology, 2003, 87(1): 129-132.

[30] Taşar Ş, Kaya F, Özer A. Biosorption of lead(II) ions from aqueous solution by peanut shells: Equilibrium, thermodynamic and kinetic studies[J]. Journal of Environmental Chemical Engineering Journal, 2014, 2 (2): 1018-1026.

[31] Ahmad M, Usman A R A, Lee S S, et al. Eggshell and coral wastes as low cost sorbents for the removal of $Pb^{2+}$, $Cd^{2+}$ and $Cu^{2+}$ from aqueous solutions[J]. Journal of Industrial and Engineering Chemistry, 2012, 18 (1): 198-204.

[32] Karcher S, Kornmuller A, Jekel M. Screening of commercial sorbents for the removal of reactive dyes[J]. Dyes and Pigments, 2001, 51(2/3): 111-125.

[33] Suzuki Y, Kametani T, Maruyama T. Removal of heavy metals from aqueous solution by nonliving Ulva seaweed as biosorbent[J]. Water Research, 2005, 39: 1803-1808.

[34] Pavan F A, Lima I S, Lima E C, et al. Use of Ponkan mandarin peels as biosorbent for toxic metals uptake from aqueous solutions[J]. Journal of Hazardous Materials, 2006, 137: 527-533.

[35] Deng L P, Su Y Y, Su H, et al. Biosorption of copper(II) and lead(II) from aqueous solutions by nonliving green algae cladophora fascicularis: Equilibrium, kinetics and environmental effects[J]. Adsorption, 2006, 1 2(4): 267-277.

[36] Sheng P X, Ting Y P, Chen J P, et al. Sorption of lead, copper, cadmium, zinc, and nickel by marine algal biomass: characterization of biosorptive capacity and investigation of mechanisms[J]. Journal of Colloid and Interface Science, 2004, 275(1): 131-141.

[37] Ong S A, Ho L N, Wong Y S, et al. Adsorption behavior of cationic and anionic dyes onto acid treated coconut coir[J]. Separation Science and Technology, 2013, 48(14): 2125-2131.

[38] Hu Z, Zhang X, Zhang D, et al. Adsorption of $Cu^{2+}$ on amine-functionalized mesoporous silica brackets[J]. Water, Air, & Soil Pollution, 2012, 223(5): 2743-2749.

[39] Raad S, Hamoudi S, Belkacemi K. Adsorption of phosphate and nitrate anions on ammonium-functionnalized mesoporous silicas [J]. Journal of Porous Materials, 2008, 15 (3): 315-323.

[40] Liang C, Li Z, Dai S. Mesoporous carbon materials: Synthesis and modification[J]. Ange-

wandte Chemie International Edition, 2008, 47(20): 3696-3717.

[41] Stein A. Advances in microporous and mesoporous solids-highlights of recent progress[J]. Advanced Materials, 2003, 15(10): 763-775.

[42] Kresga C T, Leonowicz M E, Roth W J, et al. Ordered mesoporous molecular sieves synthesized by a liquid-crystal template mechanism[J]. Nature, 1992, 359(6397): 710-712.

[43] Behrens E. Mesoporous inorganic solids[J]. Advanced Materials, 1993, 5(2): 127-132.

[44] Da'na E, Sayari A. Adsorption of copper on amine-functionalized SBA-15 prepared by co-condensation: Equilibrium properties[J]. Chemical Engineering Journal, 2011, 166 (1): 445-453.

[45] Beck J S, Vartuli J C, Roth W J, et al. A new family of mesoporous molecular sieves prepared with liquid crystal templates[J]. Journal of the American Chemical Society, 1992, 114 (27): 10834-10843.

[46] Zhao D Y, Feng J L, Huo Q S, et al. Triblock copolymer syntheses of mesoporous silica with periodic 50 to 300 angstrom pores[J]. Science, 1998, 279(5350): 548-552.

[47] Tanev P T, Pinnavaia T J. Biomimetic templating of porous lamellar silicas by vesicular surfactant assemblies[J]. Science, 1996, 271(5253): 1267-1269.

[48] Bagshaw S A, Prouzet E, Pinnavaia T J, et al. Templating of mesoporous molecular sieves by nonionic polythylene oxide surfactants[J]. Science, 1995, 269(5228): 1242-1244.

[49] Li L, Ding J, Xue J. Macroporous silica hollow microspheres as nanoparticle collectors[J]. Chemistry of Materials, 2009, 21(15): 3629-3637.

[50] Kresga C T, Vartuli J C, Roth W J, et al. M41S: A flew family of mesoporous molecular sieves prepared with liquid crystal templates[J]. Science and Technology in Catalysis, 1994, 92: 11-19.

[51] Huo Q, Leon R, Petroff P, et al. Mesostructure design with gemini Surfactants: Supercage formation in a three-dimensional hexagonal array[J]. Science, 1995, 268(5215): 1324-1327.

[52] Firouzi A, Atef F, Oertli A, et al. Alkaline lyotropic silicate-surfactant liquid crystals[J]. Journal of the American Chemical Society, 1 997, 119(15): 3596-3610.

[53] Chen C Y, Burkett S L, Li H X, et al. Studies on mesoporous materials II[J]. Synthesis mechanism of MCM-4 1, Microporous Material, 1993, 2(1): 27-34.

[54] Steel A, Cart S W, Anderson M W. $^{14}N$ NMR study of surfactant mesophases in the synthesis of mesoporous silicates[J]. Journal of the Chemical Society-Chemical Communications, 1994, (13): 1571-1572.

[55] Monnier A, Schuih F, Huo Q, et al. Cooperative formation of inorganic-organic interfaces in the synthesis of silicate mesostructures[J]. Science, 1993, 261(5126): 1299-1303.

[56] Ishikawa T, Matsuda M, Yasukawa A, et al. Surface silanol groups of mesoporous silica FSM-16[J]. Journal of the Chemical Society Faraday Transactions, 1996, 92 (11): 1985-1989.

[57] Hoffmann F, Cornelius M, Morell J, et al. Silica-based mesoporous organic-inorganic hybrid

materials[J]. Angewandte Chemie International Edition, 2006, 45(20): 3216-3251.

[58] Feng X, Fryxell G E, Wang L Q, et al. Functionalized monolayers on ordered mesoporous supports[J]. Science, 1997, 276(5314): 923-926.

[59] Liu J, Feng X, Fryxell G E, et al. Hybrid mesoporous materials with functionalized monolayers[J]. Advanced Material, 1998, 10 (2): 161-165.

[60] Mercier L, Pinnavaia T J. Heavy metal ion adsorbents formed by the grafting of a thiol functionality to mesoporous silica molecular sieves: Factors affecting Hg(II) uptake[J]. Environmental Science & Technology, 1998, 32(18): 2749-2754.

[61] Mureseanu M, Reiss A, Cioatera N, et al. Mesoporous silica functionalized with 1-furoyl thiourea urea for Hg (II) adsorption from aqueous media[J]. Journal of Hazardous Materials, 2010, 182(1): 197-203.

[62] Perez-Quintanilla D, Del H I, Fajardo M, et al. Mesoporous silica functionalized with 2-mercaptopyridine: synthesis, characterization and employment for Hg (II) adsorption[J]. Microporous and Mesoporous Materials, 2006, 89(1): 58-68.

[63] Grigoropoulou G, Stathi P, Karakassides M A, et al. Functionalized $SiO_2$ with N-, S-containing ligands for Pb (II) and Cd (II) adsorption[J]. Colloids and Surfaces A: Physicochemical and Engineering Aspects, 2008, 320(1): 25-35.

[64] Tuzen M, Saygi K O, Soylak M. Solid phase extraction of heavy metal ions in environmental samples on multiwalled carbon nanotubes[J]. Journal of Hazardous Materials, 2008, 152 (2): 632-639.

[65] Gao Z, Wang L, Qi T, et al. Synthesis, characterization, and cadmium (II) uptake of iminodiacetic acid-modified mesoporous SBA-15[J]. Colloids and Surfaces A: Physicochemical and Engineering Aspects, 2007, 304(1): 77-81.

[66] Mureseanu M, Reiss A, Stefanescu I, et al. Modified SBA-15 mesoporous silica for heavy metal ions remediation[J]. Chemosphere, 2008, 73(9): 1499-1504.

[67] Yoo S, Lunn J D, Gonzalez S, et al. Engineering nanospaces: OMS/dendrimer hybrids possessing controllable chemistry and porosity[J]. Chemistry of Materials, 2006, 18(3): 2935-2942.

[68] Ballesteros R, Pérez-Quintanilla D, Fajardo M, et al. Adsorption of heavy metals by pirymidine-derivated mesoporous hybrid material[J]. Journal of Porous Material, 2010, 17(4): 417-424.

[69] Shahbazi A, Younesi H, Badiei A. Functionalized SBA-15 mesoporous silica by melamine-based dendrimer amines for adsorptive characteristics of Pb (II), Cu(II) and Cd (II) heavy metal ions in batch and fixed bed column[J]. Chemical Engineering Journal, 2011(2), 168: 505-518.

[70] Da'na E. Amine-modified SBA-15 (prepared by co-condensation) for adsorption of copper from aqueous solutions[D]. Ottawa: University of Ottawa, 2012.

[71] Wang S G, Wang K K, Dai C, et al. Adsorption of $Pb^{2+}$ on aminofunctionalized core-shell

magnetic mesoporous SBA-15 silica composite[J]. Chemical Engineering Journal,2015,262:897-903.

[72] Yoshitake H,Yokoi T,Tatsumi T. Adsorption of Chromate and Arsenate by Amino-Functionalized MCM-41 and SBA-1[J]. Chemistry of Materials,2002,14(11):4603-4610.

[73] Rabih S,Khaled B,Safia H. Adsorption of phosphate and nitrate anions on ammonium-functionalized MCM-48:Effects of experimental conditions[J]. Journal of Colloid and Interface Science,2007,311(2):375-381.

[74] Hamoudi S,El-Nemr A,Bouguerra M,et al. Adsorptive removal of nitrate and phosphate anions from aqueous solutions using functionalized SBA-15:Effects of the organic functional group[J]. Canadian Journal of Chemical Engineering,2012,90(1):34-40.

[75] Wu Y H,Zhou J X,Jin Y P,et al. Mechanisms of chromium and arsenite adsorption by amino-functionalized SBA-15[J]. Environmental Science and Pollution Research International,2014,21(3):859-1874.

[76] Wu S,Han Y,Zou Y C,et al. Synthesis of heteroatom substituted SBA-15 by the pH-adjusting method[J]. Chemistry of Materials,2004,16(3):486-492.

[77] Wang C H,Shang F P,Yu X F,et al. Synthesis of bifunctional catalysts A-SBA-15-$NH_2$ with high aluminum content and the catalytic application for different one-pot reactions[J]. Applied Surface Science,2012,258(18):6846-6852.

[78] Liang Z J,Fadhel B,Schneider C J,et al. Stepwise growth of melamine-based dendrimers into mesopores and their $CO_2$ adsorption properties[J]. Microporous and Mesoporous Materials,2008,111(1):536-543.

[79] Laskowski L,Laskowska M. Functionalization of SBA-15 mesoporous silica by Cu-phosphonate units: probing of synthesis route[J]. Journal of Solid State Chemistry,2014,220:221-226.

[80] Brunauer S,Deming L S,Deming W E,et al. On the theory of van der Waals adsorption of gases[J]. Journal of the American Chemical Society,1940,62(7):1723-1732.

[81] Wang Y L,Song L J,Zhu L,et al. Removal of uranium(Ⅵ) from aqueous solution using iminodiacetic acid derivative functionalized SBA-15 as adsorbents[J]. Dalton Transactions,2014,43(9):3739-3749.

[82] Luan Z H,Hartmann M,Zhao D Y,et al. Alumination and ion exchange of mesoporous SBA-15 molecular sieves[J]. Chemistry of Materials,1999,11(6):1621-1627.

[83] Nie C,Huang L M,Zhao D Y,et al. Performance of Pt/A-SBA-15 catalysts in hydroisomerization of n-dodecane[J]. Catalysis Letters,2001,71(1/2):117-125.

[84] Li Y,Zhang W H,Zhang L,et al. Direct synthesis of A-SBA-15 mesoporous materials via hydrolysis-controlled approach[J]. The Journal of Physical Chemistry B,2004,108(28):9739-9744.

[85] He K Y,McKay G,Yeung K L. Selective adsorbents from ordered mesoporons silica[J]. Langmuir,2003,19(7):3019-3024.

[86] Guo C,Zhang D,Jin G. Mesoporous zeolite SBA-15 supported nickel diimine catalysts for ethylene polymerizatio[J]. Chinese Science Bulletin,2004,49(3):249-253.

[87] Socrates G. Infrared and Raman Characteristic Group Frequencies:Tables and Charts[M]. New York:John Wiley & Sons,2004.

[88] Wang Q,Gao W,Liu Y,et al. Simultaneous adsorption of Cu(II) and $SO_4^{2-}$ ions by a novel silica gel functionalized with a ditopic zwitterionic Schiff base ligand[J]. Chemical Engineering Journal,2014,250:55-65.

[89] Wu Q P,You R R,Lv Q F,et al. Efficient simultaneous removal of Cu (II) and $Cr_2O_7^{2-}$ from aqueous solution by a renewable amphoteric functionalized mesoporous silica[J]. Chemical Engineering Journal,2015,281:491-501.

[90] Justi K C,Fávere V T,Laranjeira M C M,et al. Kinetics and equilibrium adsorption of Cu (II),Cd(II),and Ni(II) ions by chitosan functionalized with 2[-bis-(pyridylmethyl) aminomethyl]-4-methyl-6-formylphenol[J]. Journal of Colloid and Interface Science,2005,291 (2):369-374.

[91] Sun X T,Yang L G,Li Q,et al. Polyethylenimine functionalized poly (vinyl alcohol) magnetic microspheres as a novel adsorbent for rapid removal of Cr(Ⅵ) from aqueous solution [J]. Chemical Engineering Journal,2015,262:101-108.

[92] Kumar K Y,Muralidhara H B,Nayaka Y A. Magnificent adsorption capacity of hierarchical mesoporous copper oxide nanoflakes towards mercury and cadmium ions:Determination of analyte concentration by DPASV[J]. Powder Technology,2014,258:11-19.

[93] Badruddoza A Z M,Tay A S H,Tan P Y,et al. Carboxymethyl-$\beta$-cyclodextrin conjugated magnetic nanoparticles as nano-adsorbents for removal of copper ions:Synthesis and adsorption studies[J]. Journal of Hazardous Materials,2011,185(2):1177-1186.

[94] Langmuir I. The constitution and fundamental properties of solids and liquids. Part I. Solids [J]. Journal of the American Chemical Society,916,38(11):2221-2295

[95] Freundlich H M F. Über die adsorption in lösungen[J]. Zeitschrift fur Physhkalische Chemhe,1906,57A:385-470.

[96] Dubinin M M. The potential theory of adsorption of gases and vapors for adsorbents with energetically non-uniform surfaces[J]. Chemical Reviews,1960,60:235-266.

[97] Demirbas E,Kobya M,Senturk E,et al. Adsorption kinetics for the removal of chromium (Ⅵ) from aqueous solutions on the activated carbons prepared from agricultural wastes[J]. Water Sa,2004,30 (4):533-539.

[98] Kannan N,Sundaram M M. Kinetics and mechanism of removal of methylene blue by adsorption on various carbons-A comparative study[J]. Dyes and Pigments,2001,51 (1): 25-40.

[99] Bulut Y,Aydin H. A kinetics and thermodynamics study of methylene blue adsorption on wheat shells[J]. Desalination,2006,194(1/2/3):259-267.

[100] Al-Ghouti M,Khraisheh M A M,Ahmad M N M,et al. Thermodynamic behaviour and the

effect of temperature on the removal of dyes from aqueous solution using modified diatomite: a kinetic study[J]. Journal of Colloid and Interface Science, 2005, 287(1): 6-13.

[101] Ma Y, Zhou Q, Zhou S C, et al. A bifunctional adsorbent with high surface area and cation exchange property for synergistic removal of tetracycline and $Cu^{2+}$ [J]. Chemical Engineering Journal, 2014, 258: 26-33.

[102] Vieira R S, Meneghetti E, Baroni P, et al. Chromium removal on chitosan-based sorbents—An EXAFS/XANES investigation of mechanism[J]. Materials Chemistry and Physics, 2014, 146(3): 412-417.

# 第 6 章　新型水相吸附材料及应用展望

在吸附控制技术领域，研究者针对不同的环境问题，开展吸附剂的研制、吸附剂的表征、吸附和脱附特性及机理的研究。目前研究者主要关注高效新型吸附剂的研制、吸附去除新兴污染物的特性和机理研究。针对不同的环境问题，吸附技术在不同应用领域又有不同的特点和要求。

关于吸附机理的研究，目前还处于定性研究阶段，很难进行定量分析。吸附机理是吸附特性的内在控制因子，研究吸附机理能为吸附材料的开发和应用提供理论支持，在环境吸附技术研究中具有重要作用。吸附剂和吸附质之间的作用力(如疏水作用、静电作用、离子交换、络合作用、氢键作用等)可以通过仪器分析进行直接或间接的推断，但还不能进行可靠的量化分析，今后需要开发微界面分子吸附机理的原位表征方法，进行定量分析，这也依赖于不断研发出的分析仪器。

## 6.1　新型水相吸附材料的优势

环境污染的情况是复杂的，因此新型吸附剂需要具有高效性、多功能性等优点。新型吸附材料具有简单易得、处理效果好等优点，在环境领域的水相和气相污染物控制中有广泛应用；在环境分析中，用于样品预处理中富集污染物；在环境污染突发事件中，吸附剂常常用来快速吸附高浓度污染物，防止其在环境中扩散。

### 6.1.1　水污染应急吸附

在突发的环境污染事件中，地表水常常会被严重污染，吸附技术能发挥快速、高效去除污染物的优势，被广泛采用。例如，粉末活性炭可以高效去除水中多种有机污染物[1]，在 2005 年硝基苯污染松花江事件和 2007 年太湖蓝藻污染事件中发挥了很好的作用。在污染源，活性炭可以快速吸附高浓度的有机污染物，防止其扩散；以低浓度的污染水为水源时，给水厂可以通过在取水口添加粉末活性炭吸附有机污染物，然后在混凝过程中去除吸附污染物的活性炭，达到去除污染物的目的；当然，给水厂也可以通过最后的颗粒活性炭吸附去除残留的污染物。活性炭对疏水性较强的有机污染物去除效果较好，但对极性强的有机物和重金属吸附能力普遍不强。因此，针对重金属和极性强的有机污染物，开发适用于环境应急的廉价高效吸附剂是以后的努力方向。

### 6.1.2　空气中污染物的吸附

废气中的污染物(如 VOC、$SO_2$、$NO_x$、Hg 等)都可以通过吸附法去除。针对传统的 VOC、$SO_2$、$NO_x$ 等污染物的研究已经很成熟,现在开始转向吸附温室气体($CO_2$、$CH_4$、$CF_4$、$C_2F_6$等)和微量高毒性有机物(二噁英等)[2]。在工业燃烧烟气中,希望在同一吸附过程将这些污染物同时去除,对多功能吸附剂的要求高,需要开发高效吸附剂,并结合催化氧化等技术才能将污染物完全降解,达到彻底去除目的。

室内空气污染直接危害人类健康,越来越受到人们的重视。室内的污染物包括燃气烹调产生的 CO、$NO_x$、$SO_2$、$PM_{10}$、油烟、卤代烃、多环芳烃等;建材装饰家具和家用电器释放的甲醛、苯、甲苯、二甲苯、氨、氡等;日用化学品,如化妆品、除蚊剂、除臭剂等[2]。除了这些传统的污染物,一些新兴污染物,如家具、家电和办公设备产生或释放的多溴联苯醚(PBDE)、六溴环十二烷(HBCD)、全氟化合物(PFCs)、纳米颗粒物、臭氧等也受到关注。目前,室内空气污染的研究场所不断扩展,办公室、汽车、飞机舱等空间也都可以作为室内进行研究,它们分别具有纳米颗粒物浓度高、$NO_x$ 和臭氧含量高等特点。吸附技术是控制室内污染的重要方法,常见的包括用活性炭吸附甲醛等有机污染物,也有很多基于活性炭吸附的空气净化器产品。开发高效专一的吸附剂是吸附法去除室内空气污染物长期任务,也要设法解决活性炭等吸附剂吸附饱和后释放污染物的问题,运用吸附氧化联合技术可能会从根本上解决该问题。

### 6.1.3　有机化合物的吸附

固相萃取(SPE)技术因其高效、可靠及耗用溶剂量少等优点,而广泛应用于空气、水样和生物样品中痕量有机化合物的萃取富集[3]。固相萃取是一个简单的色谱分离过程,吸附剂作为固定相,水样作为流动相。当流动相与固定相接触时,水样中的目标物保留在固定相中,用少量的选择性溶剂洗脱固定相,即可得到富集和纯化的目标物。用于 SPE 的吸附剂种类繁多,常见的包括正相吸附剂(硅藻土、硅胶、氧化铝、硅酸镁等强极性化合物)、反相吸附剂($C_8$、$C_{18}$等非极性烷烃类)和离子吸附剂(基质材料以聚苯乙烯/二乙烯苯类树脂为主的离子交换剂)[3]。近年来,研究者合成了多种新型聚合物萃取剂,如超高比表面积的交联树脂、亲水性树脂、选择性吸附剂等。常用的吸附剂缺乏选择性,对复杂的环境、生物体系中的样品很难进行分离;特殊吸附剂,如免疫亲和吸附剂、分子印迹聚合物吸附剂能够实现选择性分离,但价格昂贵。由于多数 SPE 吸附剂选择性不强,开发针对不同种类污染物的选择性专一的吸附剂是长期任务。特别是随着越来越多的新兴污染物被发现,需要更多专一的 SPE 吸附剂。一些新材料(如碳纳米管等)也不断用作新的固相萃取吸附材料。如果所制备的吸附剂价格高,尽管吸附效果好,在实际的污染控制中仍很难应用,但在分析中作为 SPE 吸附材料,价格稍高也可以接受,能够得到广泛应用。

## 6.2 吸附新兴污染物

在环境吸附技术研究方面,除了常见的重金属和有机污染物,研究者也关注持久性有机污染(POPs)、药物和个人护肤品(PPCPs)及内分泌干扰物(EDCs)等新兴污染物[4]。近年来,人们关注环境中的微量新兴污染物,吸附法仍是去除这些污染物的有效方法,如何发挥吸附的优势,高效去除这些污染物也是研究热点。

### 6.2.1 持久性有机污染物

近年来,POPs 的危害受到人们的高度关注,如何削减和控制这些污染物也成为热点问题。目前列入 POPs 公约的污染物有 22 种(类),产品类 POPs 物质(如农药类)列入公约后,其生产和使用就会得到有效控制,最终会停止生产,就不存在源头污染问题;而非故意产生的 POPs 类物质(UP-POPs),如二噁英、五氯苯、六氯苯和多氯联苯等,会在各种生产中作为副产品不断产生和排放,如何从源头控制是长期任务[5]。

在钢铁、水泥、垃圾焚烧等行业的燃烧过程中都会产生和排放 UP-POPs,目前有关二噁英的污染控制研究较多,其中吸附法是重要控制技术,在实际中得到广泛应用[5]。针对排放烟气中超标的二噁英(排放标准为 0.1ngI-TEQ/$Nm^3$),在除尘前注入粉末活性炭是常用的方法,能够将气相中的二噁英吸附到活性炭上得以去除。由于二噁英只是由气相转移到固相飞灰中,投加的活性炭增加了危险飞灰的处理量,需要更多场地处置这些危险固体。为了减少活性炭的使用量,可以选用合适的高效活性炭提高对二噁英的吸附效果[6];也可以使用固定的颗粒活性炭床或在除尘后喷注粉末活性炭并重复使用来充分发挥活性炭的吸附效果,从而降低其使用量。如果能将吸附和催化氧化技术结合,开发具有吸附和催化氧化功能的复合材料,将二噁英富集后催化氧化降解,不仅可以完全分解二噁英,而且可以重复使用材料。这对复合材料有较高的稳定性要求,也是研究的难点。除了二噁英研究较多,其他 UP-POPs 物质控制研究很少,烟气中氯苯类物质尽管毒性远远低于二噁英,但质量浓度比二噁英高很多,会是将来的研究热点。

### 6.2.2 药物和个人护肤品

药物和个人护肤品(PPCPs)包括各种各样的化学物质,如各种处方药和非处方药(如抗生素、类固醇、消炎药、镇静剂、抗癫痫药、止痛药、降压药、避孕药、催眠药、减肥药等)、香料、化妆品、遮光剂、染发剂、发胶、香皂、洗发水等。PPCPs 对水环境的污染在全世界范围内受到越来越广泛的关注,成为环境的热点问题。我国是世界上最大的药物生产国,拥有全球最大的药品市场。随着社会经济的发展,个人护理品的生产和使用量迅猛增加。大量 PPCPs 在生产和使用过程中通过各种途径进入水环境[7]。一些 PPCPs 具有环境持久性,生物累积性和高毒性(PBT),直接危害生态系统和人类的健康,造成潜在环境风险;作为饮用水的水源,PPCPs 也影响饮用水的安全。水污染和控制是国家中长期科技发展支持的重点,以 PPCPs 为代表的微量污染物是水污染控制的重要内容。PPCPs 种类多、水中含量低,但危害大,是今后水污染控制的重点。

随着人们对水中 PPCPs 污染的关注,去除控制这些污染的技术受到人们的重视。吸附法是去除 PPCPs 的重要有效方法之一,具有操作使用简单、效果好等特点。污水和地表水中普遍存在 PPCPs,活性炭是有效的吸附剂[8]。活性炭的孔径大小直接决定不同分子大小的 PPCPs 的吸附效果,同时不同 PPCPs 的基团和活性炭表面的基团也会发生相互作用,产生不同的吸附机理。

PPCPs 种类繁多,含有不同的分子结构和多种基团,而不同的吸附剂对其吸附效果差异也很大,需要继续开展工作阐明不同吸附剂吸附不同 PPCPs 的吸附特性和机理。特别是 PPCPs 是水中微量的污染物,开展选择性吸附也非常重要。吸附剂吸附 PPCPs 后的再生也是实际应用中需要解决的问题,开发具有吸附和氧化降解 PPCPs 的复合材料或吸附-氧化联合技术也是努力的方向。

### 6.2.3　内分泌干扰物

内分泌干扰物(EDCs)种类多,除若干金属外,主要是多氯联苯类、有机氯农药、有机磷农药、邻苯二甲酸酯类、氯代烃类、芳香族烃类、烷基酚类、双酚类、联苯酚类、氯酚类、硝基苯类、呋喃类等。所有的 POPs 物质都属于 EDCs,部分 PPCPs 是 EDCs。EDCs 能使生物体后代的内分泌功能发生改变,或导致未受损伤的有机体发生逆向健康影响,是重点削减和控制的污染物。

污水中普遍存在双酚 A 等 EDCs,吸附法能有效去除。据报道,活性炭、树脂、生物氧化锰、氨化生物吸附剂、碳纳米管等吸附剂能够有效吸附去除水中的雌二醇、双酚 A、2,4—二氯苯氧乙酸、五氯酚、邻苯二甲酸酯等[9,10]。可以看出,常见的吸附剂吸附常见的 EDCs 都有所报道,相关的吸附特性和机理也较清楚,但要吸附去除实际给水和污水中的 EDCs 时,只有活性炭可用。因此,需要开发一些针对水中微量 EDCs 实用的吸附剂,即使常用的活性炭,也需要建立活性炭和 EDCs 的性质与吸附去除效果的内在关系,研制高效的活性炭吸附剂。在真实环境中,EDCs 的浓度远远低于共存污染物的浓度,因此选择性吸附也非常重要。吸附剂的再生也是瓶颈,需要开发污染物吸附和降解同步进行的技术和工艺。

## 6.3 新型水相吸附材料的发展

吸附材料是吸附技术的核心和关键，新型高效吸附剂始终是研究中关注的热点，而在实际应用中也要关注吸附剂的成本问题，只有性价比高的吸附剂才能得到应用。因此，针对实际环境问题，人们不断研制新型高效廉价的吸附剂去除目标污染物，研制吸附-降解复合材料或联合工艺，特别是纳米材料在吸附领域受到普遍关注，有很好的应用潜力。

### 6.3.1 高效廉价吸附材料

开发廉价高效的吸附材料一直是热点问题。从事材料和化学方面的研究者在开发吸附材料方面具有优势，很多新型高效的吸附剂被开发出来，但这些材料多数没有直接针对环境需求，属于基础性研究；而从事环境研究者往往缺少制备材料的优势，但熟悉环境问题和需求。因此，加强各领域的合作能够开发出解决环境问题的实用吸附材料。

高效吸附材料主要体现在吸附量高、吸附速率快和选择性强等方面。吸附量高可以通过提高材料的比表面积和增加材料有效表面的吸附官能团密度来实现，当然要保证多孔材料具有适宜的孔径大小，保证目标吸附质能够进入；吸附质的吸附速率不仅受控于吸附剂的性质（如孔径大小、吸附官能团等），而且和吸附质的性质有关，无孔吸附剂普遍比多孔吸附剂吸附速率快，颗粒越小的多孔吸附剂吸附速率越快，孔径越大越规则吸附速率越快，吸附质和吸附剂之间的作用力也影响吸附速率；吸附选择性可以通过空间位置识别（如分子印迹技术）和专一吸附（巯基和汞）来实现。

在解决环境问题的实际应用中，吸附剂的价格也是决定因素，只有具有合适性价比的材料才能在实际中得到应用。常见的廉价天然吸附剂往往对污染物的吸附量不高，通过化学改性可以得到高效吸附剂，但往往改性吸附剂都具有较高的价格，有的甚至是非常昂贵的价格，限制其推广应用。廉价的活性炭是目前应用最广泛的吸附剂，具有来源广泛、价格低、适用范围广等特点，但对重金属、强极性有机物和大分子污染物吸附效果不理想，也存在再生能耗高、易损失等问题。价格昂贵的高效吸附剂必须具有可再生和重复使用的性能，保证其可长期使用，才可能在实际中得到应用。针对环境中特定的环境问题，开发一些专一高效的吸附剂也是今后重要的研究方向。

### 6.3.2 吸附-降解多功能复合材料

吸附只是将污染物从水相或气相中富集分离，污染物没有被降解，从饱和吸附剂上脱附的污染物如果不得到有效处理，还可能污染环境。因此，开发具有吸附和降解复合作用的多功能材料不仅能实现吸附剂的再生，而且能降解污染物，这一直是研究者努力的方向。吸附到吸附剂上的污染物可以通过生物和催化氧化等方法降解。生物活性炭是典型的吸附同时降解污染物的材料，不仅可以吸附水中的有机污染物，同时在活性炭表面生长的生物可以降解吸附的污染物，吸附和降解相互促进，达到动态平衡，使活性炭保持相对稳定的吸附能力[10]。吸附-氧化复合材料是通过吸附剂吸附环境介质的污染物，并采用氧化技术降解吸附的污染物，同时实现吸附剂的再生和污染物的降解。研究者尝试过在 $TiO_2$ 颗粒表面聚合苯二胺吸附水中的氯酚[11]，吸附饱和后采用光催化氧化吸附在吸附剂上的污染物，达到分解污染物再生吸附剂的目的。尽管该方法能够分解污染物，实现吸附剂的再生，但光催化氧化没有选择性，也会氧化破坏 $TiO_2$。表面的有机吸附官能团，降低吸附剂的吸附性能。可见，为了保证吸附剂不被氧化，必须采用抗氧化的材料。无机物在氧化中不容易被氧化，但无机材料对有机物的吸附性较弱，对水中的污染物吸附量不高。有机材料容易吸附有机污染物，但往往不具有抗氧化性，在氧化污染物的同时，吸附材料的吸附官能团也会被氧化。因此，开发稳定的吸附-氧化复合材料是难点问题。吸附剂吸附有机污染物后，也可以通过氧化再生法降解污染物，实现吸附剂的再生。例如，活性炭吸附有机污染物后，可以通过微波、光催化氧化和电化学氧化等方法再生，但活性炭也会被氧化，而出现活性炭损失的问题。因此，开发具有化学稳定性的吸附-降解复合材料是今后研究的一个重要方向。

### 6.3.3　纳米吸附材料

目前常见的纳米材料包括碳纳米管、富勒烯、纳米二氧化钛、纳米二氧化硅、纳米铁、纳米氧化铁、纳米银等，其中碳纳米管和纳米二氧化钛产量大、应用广[12]。由于纳米材料具有高比表面积和表面能，对污染物有很强的吸附能力，容易吸附环境中的有毒污染物而改变自身的毒性，影响其迁移和归趋。研究纳米材料在水环境中吸附污染物，揭示微观界面的吸附过程是近年来环境化学的研究热点。目前文献报道的纳米材料吸附的污染物主要包括天然有机物(腐殖酸、富里酸等)、芳香族化合物(酞酸酯、芘、菲、萘、氯酚、硝基苯、苯、氯苯、多环芳烃等)、药物和个人护肤品(PPCPs)(雌二醇、土霉素、四环素、诺氟沙星、卡马西平、泰乐菌素、磺胺药等)[13]；而研究的纳米材料包括碳纳米材料(碳纳米管、功能化碳纳米材料)、纳米金属(Fe、Cu、Al、Ag)、金属氧化物($TiO_2$、$SiO_2$、$Al_2O_3$、ZnO 等)，其中研究最多的是碳纳米管(CNTs)，包括单壁、多壁和功能化的碳纳米管。碳纳米管有较大的比表面积和较强的疏水性，很多研究已经证明其与有机物之间存在较强的吸附作用。有关碳纳米管吸附污染物的报道很多，重金属和有机污染物都可以在碳纳米管上吸附。杨坤和刑宝山系统地总结了碳纳米材料对水中常见的碳氢有机化合物的吸附特征与作用机制的相关研究工作[13]。多数吸附到纳米材料上的污染物在自然环境条件下,经生物和光照等作用能被降解,而持久性有机物吸附到纳米材料上,难以被降解,其危害会更大,目前这方面的研究还很少。

有关纳米材料在水环境中的稳定性、迁移以及吸附污染物的研究很多,但用纳米材料作为吸附剂去除环境中的污染物的研究并不很多。纳米材料具有较高的比表面积,是理想吸附剂,但由于在水中容易团聚,可利用的比表面积小,也存在难分离和易流失等问题,限制了其直接使用。多数纳米材料的制造成本高,也限制其实际应用。针对这些问题,可以通过将纳米材料负载到多孔材料来解决难分离和易流失等问题,如将氧化铁等金属纳米颗粒负载到多孔树脂中[9];也可以将具有磁性的金属材料负载在碳纳米管上,通过磁性分离;可以通过分散和固定的方法降低纳米材料的团聚,提高吸附效果。目前利用无机纳米材料(氧化铁、氧化锰、氧化铝、氧化钛、氧化铈等)吸附去除重金属的研究较多,而纳米材料去除有机污染物的研究不多。碳纳米管对有机物有较好的吸附能力,是理想的吸附材料,但需要克服其在水中容易团聚等问题。如何开发基于碳纳米管的高效吸附剂是将来的一个发展方向,特别是吸附到碳纳米管上的污染物可以通过电化学氧化降解,可以同时实现吸附剂的再生和污染物的降解[11]。随着碳纳米管制备成本的下降,基于碳纳米管的吸附剂的成本也会降低。

## 参 考 文 献


[1] 陆胜勇,吴海龙,陈彤,等. 活性炭和焦炭吸附气相二噁英的效率比较[J]. 浙江大学学报,2011, 45(10):1799-1803.

[2] Chi K H,Chang S H,Chang M B. Reduction of dioxin-like compound emissions from a Waelz plant with adsorbent injection and a dual baghouse filter system[J]. Environmental Science & Technology,2008,42(6):2111-2117.

[3] Vecitis C D,Gao G D,Liu H. Electrochemical carbon nanotube filter for adsorption,desorption,and oxidation of aqueous dyes and anions[J]. Journal Physical and Chemistry C,2011,115(9):3621-3629.

[4] Hua M,Zhang S J,Pan B C,et al. Heavy metal removal from water/waste water by nanosized metal oxides:A review[J]. Journal of Hazardous Materials,2012,211(SI):317-331.

[5] Zhao X,Lv L,Pan B C,et al. Polymer-supported nanocomposites for environmental application:A review[J]. Chemical Engineering Journal,2011,170(2/3):381-394.

[6] 施燕,陆少鸣. 生物活性炭滤池在给水深度处理中的应用[J]. 环境科学与技术,2009,32(8):146-148.

[7] 许亮,王文美,张余,等. 生物活性炭技术在水处理中的研究进展与应用[J]. 中国环保产业,2010,5:30-34.

[8] Shen X T,Zhu L H,Li J,et al. Synthesis of molecular imprinted polymer coated photocata-ly-

sts with high selectivity[J]. Chemical Communications, 2007, 43(11): 1163-1 165.

[9] 岳宗豪, 郑经堂, 曲降伟, 等. 活性炭再生技术研究进展[J]. 应用化工, 2009, 38(11): 1667-1670.

[10] Adamo R, Petosa D P, Jaisi Ivan R, et al. Aggregation and deposition of engineered nanomaterials in aquatic environments: Role of physicochemical interactions[J]. Environmental Science & Technology, 2010, 44(17): 6532-6549.

[11] PanB, Xing B S. Adsorption mechanisms or organic chemicals on carbon nanotubes[J]. Environmental Science & Technology, 2008, 42(24): 9005-9013.

[12] Chen W, Duan L, Wang L L, et al. Adsorption of hydroxyl-and amino-substituted aromatics to carbon nanotubes[J]. Environmental Science & Technology, 2008, 42(18): 6862-6868.

[13] Yang K, Xing B S. Adsorption of organic compounds by carbon nanomaterials in aqueous phase: Polanyi theory and its application[J]. Chemical Review, 2010, 110(10): 5989-6008.